设计史论丛书

李砚祖 主编

History of Interior Design

室内设计史

李砚祖　王春雨　编著

中国建筑工业出版社

前言

寻找适合的居住地，是人类最早的智力活动之一。在人猿相揖别之际，作为"人"的意识中一定包含着对于"住地"的选择和建造的意识在内。这也许成为人与动物相区别的重要特质之一，即使是居住在洞穴中。我们从人类早期居住地的选择和建造的行为中可以发现，这种选择和建造的基本特征是基于实用，即基于生存的基本需要。一旦这种需要得以满足，随着美的意识和设计智慧的生长，人对于居住地的美化便成为了生活和劳作的一部分。因此，早在洞穴的居住时期，人类的美化行为已经开始了，即使是那些有着巫术功能的洞穴壁画也不能排除其具有的美化和审美的功能，这也许是最早的室内设计的成果吧。当然，洞穴只能说是选择的结果，而一旦开始居住器具——所谓住宅的建造，人不仅设计"建筑"，而且设计室内的一切，包括室内的装饰设计。由此可见，人类的室内设计其历史悠久而深远。

室内相对于室外，室内可以说是生活和休息的空间，室外可以说是活动和劳动的空间；人类从远古一路走来，有三分之一的时间是在休息或在室内，对于住居的设计无疑成为极为重要的工作和要务。一部室内设计史，不仅是一部生活的文化史，也是一部艺术的生活史。作为生活的文化史，室内的设计是为生活的设计，这种设计也就因为其居住者的生活条件和文化品位的不同而千变万化；这里，既有地域的也有民族的共性也包括居住者的个性在内；作为生活的艺术，室内设计是通过设计的力量创造美的宜居空间，为生活服务，为居住者艺术化的生活提供条件和基础。

千万年来，世界各国各地的建筑流派纷呈，其相应的内在空间设计也是繁花似锦，沿着历史的长河，形成了精彩缤纷的室内设计发展的壮阔历史。当我们今天描述这部室内设计史的时候，历史的真实和现实的存在只能通过文字和图片做一个大致的巡礼，其目的是知往开今，既了解我们自己的过去，也了解世界其他国家和民族的历史，这种了解，对于我们至少有两方面的意义：

一是在知识层面上，了解在室内设计史方面，中外的历史给我们留下了什么，也就是说各国、各民族在这方面有哪些创造值得我们去汲取和学习；二是在了解发展历史事实的同时力求对发展规律和特性进行把握，各民族的室内设计之所以不同，为什么不同？这些特质的产生基于什么样的条件和可能性？有没有规律可以寻找和把握？学习和回味历史会使我们聪明起来，前人走过的道路无疑是后人前行的基础和导引。

这部室内设计史，在有限的篇幅内对古今中外的历史多有总结和叙述，挂一漏万在所难免，我们试图在知识层面的叙述上做到简洁并能够把握重点，为大学生提供一个中外室内设计史的简本；也试图对其发展的特性和规律有所揭示，但对于这一点，主要的还在于读者的解读和思考。

李砚祖

2013 年 9 月于清华园

目 录

第6章 隋唐、五代室内设计

第7章 宋、辽、金时期的室内设计

第 8 章　文艺复兴时期的室内设计

第 9 章　元、明、清室内设计

第 10 章　17 世纪与 18 世纪西方的室内设计

第 11 章　19 世纪西方的室内设计

第12章　20世纪早期西方的室内设计（1900~1920）：现代主义设计的萌芽

第13章　20世纪中期西方的室内设计（1920~1960）：现代主义设计的传播与发展

第 1 章　原始社会的建筑与室内

　　原始社会极其漫长，大约占据了整个人类历史的 90% 以上。在农耕定居的生活方式出现之前，人类获取食物的方式主要为狩猎、捕鱼和采集果实等。人们被迫随着季节变换不断迁徙至食物更为丰富的地方，并逐步掌握了火的应用，开始制造简单粗糙的打制石器工具，学界称这一漫长的时期为"旧石器时代"。在这种不安定的迁徙生涯中，人们很难获得固定的居所，一般认为这时的人们多寄居于天然洞穴之中或栖身于树枝之上。

　　距今大约一万年前，人们开始掌握了农耕技术，受到种植和收获周期的限制，定居的生活方式逐渐形成，并驯化某些动物为家畜。这时期，原始先人们发明了品类丰富的磨制石器工具以及精美的陶器等，社会生产力得到了极大提高，社会经济由狩猎经济向着食物生产经济过渡，社会生产由采集、渔猎经济演进为原始农业与畜牧业经济模式，学界一般称这一时期为"新石器时期"。距今大约 6000 年左右，西亚地区的人们已经主要依靠农业生产，同期或者稍晚时期，美洲及亚洲的中国等地也陆续出现了定居农业。定居的生活方式为建筑的真正产生奠定了最基本的条件，人们不再依靠天然洞穴或者树木栖身，而是在适合农作物生产的地方营建住居、窖藏、畜圈、神殿乃至墓葬等空间。随着建筑的普及，室内生活开始成为人类生活的基本组成部分。

1.1　旧石器时期的居住形式

　　早在约 200 万年前，中国境内的古人已经开始使用简单的打制石器作为劳动工具，并懂得使用天然火。为了抗拒恶劣的生存环境，人们多群居在一起，在靠近水源的区域内选择天然洞穴作为栖息地。虽然这些天然洞窟并不能算作是人类营造的建筑物，但是在洞窟的选择上，原始先人逐步掌握了某些规律。为了防止夏季水淹，所选洞窟洞口一般会高出水平面一定的距离；为避免潮湿对身体的伤害，多选择钟乳石较少的喀斯特岩洞；洞口往往背向寒风，以便于冬季

图 1.1（左）
拉斯科洞窟壁画

图 1.2（右）
阿尔塔米拉洞窟壁画

保暖。如距今约 10 万年前的北京周口店龙骨山"山顶洞人"的洞窟遗址，洞口向东，考古发现岩洞前部为生活起居使用，内部低洼部分早期可能也用作居住，后期改为墓葬。洞中出土了一些白色小石珠、黄绿色钻孔小砾石以及穿孔的兽牙等物品，在洞窟深处的墓葬中发现了部分随葬品以及撒于遗体周围的赤铁矿粉粒，考古界以及史学界认为这些物品均反映了原始宗教意识的萌芽和原始的审美追求。另外，在潮湿的沼泽地带，为了挡风避雨并远离野兽侵害，人们或许还在树枝间搭建栖身之所，只是这种居住方式的实物遗存已经不见。

在今法国南部和西班牙北部一带，考古学家发现了 200 多个原始社会时期的天然洞窟遗存，其中最为著名的有位于法国的拉斯科洞窟（Cave at Lascaux）和西班牙的阿尔塔米拉洞窟（Cave at Altamira）（图 1.1，图 1.2）。拉斯科洞窟由主厅、后厅和边厅以及连接各厅的通道组成；阿尔塔米拉洞窟主要包括主洞和侧洞。在这两处洞窟中，最引人注目的是绘制于岩壁及顶部的大量壁画，在美术史中常常被视为原始艺术的杰作。另有学者认为这些天然洞窟除作为当时的栖身之所外，更重要的是作为举行某种礼仪活动的场所，而那些精美的岩画则表达了原始人早期的某种宗教观念。

尽管没有固定的永久性居住地，考古发现众多史前洞窟在相当长的时间内被持续使用，或者说远古先人在迁徙的过程中，会定期回到这些洞窟中。无论这种行为的目的何在，在长时间的洞窟使用中，人们也许逐步形成了最早的建筑空间观念、原始的室内空间组织观念：*"这些岩洞大约还使古人形成了最早的建筑空间观念，使他们看到有围墙的封闭型空间具有的强大威慑力量和感召力"*。[1] 同时，在天然洞

1　刘易斯·芒福德：《城市发展史——起源、演变和前景》．宋俊岭，倪文彦译，8 页，北京：中国建筑工业出版社，2004。

窟的使用中，人们会设法清除有碍的石块或者填平地面坑洼部分，以使居住面更加平缓；当择木栖身时，会去掉某些多余的树杈等使得居住更加适宜，这些活动也促使人们逐步萌发了最早的营造观念。此外，出于某种宗教目的的图绘以及对死者墓葬的装饰，也使得原始人类萌生了宗教、墓葬建筑的原始意识以及最初的室内装饰观念，正如刘易斯·芒福德在叙述城市的发生时所说："在考察城市起源时，人们很容易把注意力集注于城市的物质性遗迹。但是，正像我们在古人类研究中一样，当我们注意研究古人类的遗骨残片、工具和武器时，我们却很不应当忽略了那些至今几乎不留任何物质性遗迹的创造发明，如语言、礼俗等，远在我们如今可以称之为城市的任何形式都还没有产生的时代，城市对某些功能就已经在发生和发挥了，城市的某些目的可能已经以某些方式在实现，城市后来的场地有些可能已经一度被占用过"。[1]因此，我们也有理由相信在任何形式的人类住居（建筑）都还没有产生的时候，住居（建筑）的某些目的和功能可能就已经在以一些方式实现，并发生和发挥作用了。

1.2　新石器时期的建筑与室内设计

1.2.1　中国：穴居与巢居的演变发展

大约一万年前，中国先民已经逐步完成了由旧石器时期向新石器时期的过渡。形成于旧石器时期中晚期的母系氏族社会制度，至新石器中晚期时已进入了全盛阶段，考古发现我国黄河、长江流域的母系氏族社会在距今约六七千年前已经达到鼎盛。母系氏族社会以母系血缘为社会组织的基础，妇女在生产活动中起主要支配作用并掌管着氏族的管理权，实行母方居住制度和走访婚制度，氏族财产实行公有制。约距今 4000 年前左右（即新石器时期晚期），母系氏族社会制度逐步被父系氏族社会制度取代。在父系氏族社会中，男子逐渐成为社会生产的主力，以父系家庭为生产的基本单位逐步削弱了原来氏族性的集体事业，农业和饲养家畜的进一步发展促使手工业和农业逐步分离，私有制开始出现，并逐步引起了社会内部的阶级分化，最终导致中国的原始社会走向解体，约于公元前 21 世纪时进入了奴隶社会时期。

新石器时期遗址几乎遍及全国各地，总体上来说，其中心地大致集中在黄河及长江流域的中、下游地区。这些遍布各地的遗址因不同

1　（美）刘易斯·芒福德：《城市发展史——起源、演变和前景》，宋俊岭，倪文彦译 .3 页，
　　北京：中国建筑工业出版社，2004。

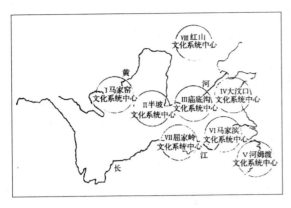 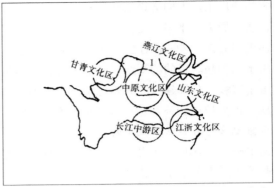

的自然条件、地理条件的影响，在建筑上显示出了明显的地域特点。在黄河流域，母系氏族繁盛时期的仰韶文化，以及继之而起的父系氏族繁盛期的龙山文化，均为其中的代表。除黄河中下游地区外，中国其他地区的文化发展颇不平衡，长江下游较为突出的有河姆渡文化；山东半岛北部、辽东半岛南部也发现有该时期的营造遗址（图1.3，图1.4）。[1]

1）聚落与城市

母系氏族时期，人们以群体形式进行农业、渔猎或者畜牧生产，采用聚居的生活方式，发展出了由多座建筑组合起来的原始聚落。在黄河中下游地区，这些聚落多选择地势较高、近河、土地肥沃的地方，可防水患，利于农业、牧业以及渔猎等。聚落整体布局也发展出了与氏族公社社会结构相适应的格局，如仰韶文化的陕西西安半坡聚落遗址，其居住区居中，外有壕堑围护，壕北为墓地，壕东为窑场；陕西临潼县姜寨聚落遗址的居住区亦居中，其西为窑场，东北、东以及东南部为墓地。上述两处聚落遗址中的居住区整体布局有一些规律可循，如在居住区中多以一所大房子为中心，周围若干小房子按照一定的规律围绕，小房子的门多朝向大房子方向而设，形成具有一定组织规范的居住形式。如目前保存最为完整的陕西临潼姜寨聚落遗址，居住房屋围绕中央大广场形成五个小集团布局，每个小集团中以一栋大房子为中心，其余小房子环绕配置周围。"这种在总体上呈周边集团式的布局，大概是我国原始社会氏族建筑在已经出现的母系亲族或母系家

1　在古代中国有很多种新石器文化，苏秉琦先生将其大致分为六个区系：包括燕山南北的红山文化、夏家店文化；山东的大汶口文化、龙山文化；关中、晋南、豫西的大地湾文化、客省庄文化、仰韶文化；环太湖的河姆渡文化、马家浜文化、良渚文化；环洞庭及四川的大溪文化、石家河文化、三星堆文化；鄱阳湖、珠江三角洲的仙人洞文化、玲珑岩文化等。它们各自有着自己的特色，并先后经历了类似的进程，发展成若干个高于部落之上的城堡，逐渐形成原始国家，即历史上的万国时期。参见苏秉琦：《中国文明起源新探》，158页，沈阳：辽宁人民出版社，2009。另见傅熹年：《中国科学技术史·建筑卷》，1页，北京：科学出版社，2008。

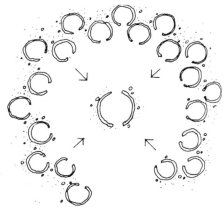

族关系上的反映"。[1] 李允鉌先生在《华夏意匠——中国古典建筑设计原理分析》中称这种"向心型"的布局方式，启发了中国传统建筑中的庭院式布局形式（图 1.5，图 1.6）。[2]

　　及至父系氏族时期，聚落布局形式出现了与社会结构相适应的变化。其陶窑被设置于住房之间，说明此时制陶生产开始由单个家庭独自进行；窖藏也开始进入到各家各户的住房内部，这应该是私有制的例证；中心广场也已不多见。如保存较为完整的河南汤阴县白营聚落遗址，建筑整体布局较为混乱，没有供公共活动的大广场，相邻几座不同朝向的建筑在布局上相对集中，似乎是父系社会发展家庭组合模式的反映。[3] 随着父系氏族社会盛期的到来，社会分工明显加强，私有制得到了一定程度的巩固，社会财富和政治权利日益集中，带来了征服与战争。为保护统治阶级与氏族集团的利益，具有较强防御功能的筑城活动频繁起来，在聚落的基础上逐步发展至原始的城市，我国黄河、长江流域遗存有多处古城遗址。[4] 考古学家认为这些古城建造于父系社会上升阶段，长江流域的古城遗址大致建造年代在公元前 4000～公元前 2100 年间，黄河流域的建造大致处于龙山文化期间。规模最大的如湖北天门市石家河古城面积达 100 万 m²，较小的如山东登封王

图 1.5（左）
陕西临潼姜寨村落遗址复原图
（孙大章：《中国民居研究》，11 页，北京：科学出版社，2008）

图 1.6（右）
"向心型"的住宅聚落布局
（李允鉌：《华夏意匠——中国古典建筑设计原理分析》，140 页，天津：天津大学出版社，2005）

1　参见刘叙杰主编：《中国古代建筑史（第一卷）》，54 页，北京：中国建筑工业出版社，2003。

2　李允鉌：《华夏意匠——中国古典建筑设计原理分析》，天津：天津大学出版社，2005。

3　参见刘致平著，王其明增补：《中国居住建筑简史——城市、住宅、园林》，2～3 页，北京：中国建筑工业出版社。另见刘叙杰主编：《中国古代建筑史（第一卷）》，54 页，北京：中国建筑工业出版社，2003。

4　如黄河流域的山东章丘龙山镇城子崖古城遗址、山东谷阳县景阳冈古城遗址、河南登封县王城岗古城遗址等；长江流域的湖南醴县城头山古城遗址、湖北天门市石家河古城遗址、四川都江堰芒城古城遗址等；以及内蒙古地区的凉城县老虎山古城遗址、包头市威俊西古城遗址等。参见刘叙杰主编：《中国古代建筑史（第一卷）》，29～36 页。北京：中国建筑工业出版社，2003。另见傅熹年：《中国科学技术史论·建筑卷》，6～10 页，北京：科学出版社，2008。

城岗古城、山西夏县古城约 2 万 m²。这些城周围均设有夯土城垣，以作为主要的防御手段。有些城中央常见夯土台基，推测为城中主要建筑所在地，部分城市中还发现了陶制的下水设施。城市的营造和发展是一种衡量人类社会文明与进步的重要尺度，城市的繁荣也可证明人类营造能力的提高，原始社会晚期大量城市遗址的发现，证明此时期人们已经具备了相当程度的营造技术与营造能力。

2）主要建筑类型及室内空间格局

无论聚落还是城市，其基本单位均为人类修筑的"房子"。结合各类史籍记载以及考古发现，该时期人们主要采用两种居住形式——穴居和巢居，并在此基础上不断发展。其中穴居形式以黄河流域的黄土地带多见，巢居形式主要集中在长江流域的沼泽地带。我国黄河流域中游有着丰厚的黄土地层，黄土质地细密，土壤结构呈垂直节理，不易坍塌，考古发现了大量新石器时期穴居建筑遗址，按照时间先后顺序以及技术发展，先后经过了穴居、半穴居，最后发展至纯粹的地上建筑。巢居形式集中于长江流域较低湿的地区，至新石器时期已经发展为初期的"干阑"式建筑。史籍中多次描述此两种居住形式，如"上古穴居而野处，后世圣人易之以宫室，上栋下宇，以待风雨"（《易经·系辞》）、"古之民未知有宫室时，就陵阜而居，穴而处"（《墨子·辞过》）、"昔者先王未有宫室，冬则居营窟，夏则居橧巢"（《礼记》）、"上古之世，人民少而禽兽众，人民不胜禽兽虫蛇。有圣人作构木为巢以避群害，而民悦之，使王天下，号之曰有巢氏"（《韩非子·五蠹》）等等，均对这两种住居形式有所描述。

（1）穴居

穴居有横穴和竖穴两种形式，掏挖横穴的做法出现较早，但这种方法须依靠适合的黄土断崖，受地理位置限制较大。为了生产方便，人们在近水的黄土高地上垂直下挖形成一定空间，产生了竖穴（袋穴），穴上再使用树枝、茅草等搭建顶棚构成实用的空间，用作住居或者储藏。如河南偃师县汤泉沟遗址 H6 复原图所示，穴内用柱子支撑着上部顶棚，柱子同时兼可用作简易木梯以供人们出入，屋顶面则用植物茎叶铺装（图 1.7）。为了更好地解决穴内潮湿、通风与采光等问题，竖穴逐步变浅为半穴居，形成我国新石器时期黄河流域的主要建筑形式。半穴居分上、下两部分，下部空间为挖掘的地坑，上部应用一定的建筑材料围合四壁及顶棚形成封闭空间，较为典型的有位于中国黄河中游的关中、晋南、豫西一代的仰韶文化居住遗址（图 1.8～图 1.11）。随着技术的进步和经验的不断积累，地坑的使用越来越浅，人们于房屋四周直立密排的小柱围合成屋身，其上再建锥形屋顶，最终脱离了地穴的使用而直接在地面上建造房屋。地面建筑的出现和发展，标志着人类在营造领域的巨大进步，脱离了对自然洞窟的模仿以

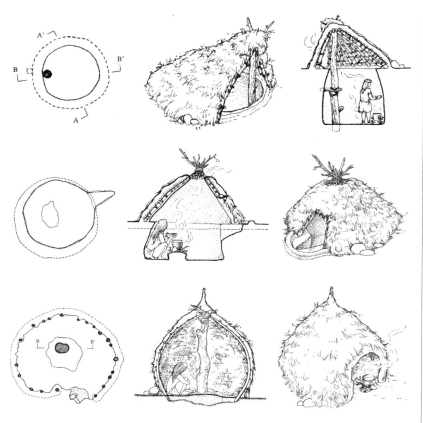

图 1.7　河南偃师县汤泉沟遗址 H6 复原图
（杨鸿勋：《杨鸿勋建筑考古论文集》，31 页，北京：清华大学出版社，2009）

图 1.8　河南洛阳涧西孙旗屯袋形半穴居遗址复原图
（杨鸿勋：《杨鸿勋建筑考古论文集》，32 页，北京：清华大学出版社，2009）

图 1.9　山东芮城东庄遗址 F201 复原图
（杨鸿勋：《杨鸿勋建筑考古论文集》，33 页，北京：清华大学出版社，2009）

及对天然地形的依赖（图 1.9 ～图 1.15），仰韶文化晚期的居住遗址已经出现有不少地面建筑，之后在山东地区的龙山文化居住遗址中也有大量被发现。[1]

　　"住房的生产是一种社会现象，基于复杂的社会因素"，人们以一定的组织方式进行生活和生产，住居（建筑）除了受到技术、材料等限制外，各种社会因素均对其产生重要影响。如摩尔根所说："与家族形态及家庭生活方式有密切关联的房屋建筑，提供一种从野蛮时代到文明时代的进步上相当完整的例解"。因此，当时的各种社会因素在很大程度上也决定了建筑的室内空间组织形式、室内装饰和家具陈设等。

　　穴居、半穴居及至地面建筑的出现，代表了人类建筑由地下转至地面，建筑内部空间由低矮至高大、宽敞的发展过程，在提高舒适度

1　源于穴居的建筑发展序列，大致经过了以下几个环节：横穴（黄土阶地断崖地段）——半横穴（麓坡地段）——袋形竖穴（平地横挖，口部以枝干茎叶做临时性遮蔽，进而为编织的活动顶盖）——袋形半穴居（浅竖穴，口部架设固定顶盖）——直壁半穴居（直壁竖穴，浅至 80cm 左右，顶盖加大）——原始地面建筑（全部维护结构均为构筑而成，可分为浑然一体的穹庐式以及半穴居矮墙体加屋盖，门开在墙体上两种形式）——地面建筑（高墙体，门开在墙上）——地面分室建筑（建筑空间的组织化）。参见刘叙杰主编：《中国古代建筑史（第一卷）》，28 页，北京：中国建筑工业出版社，2003。

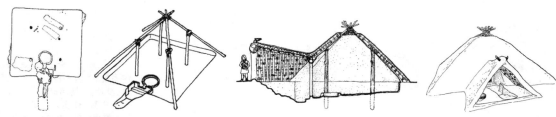

图 1.10　陕西西安半坡遗址 F21 复原图

（杨鸿勋：《杨鸿勋建筑考古论文集》，19 页，北京：清华大学出版社，2009）

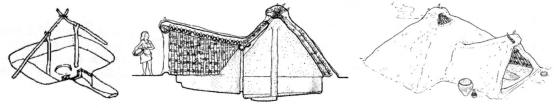

图 1.11　陕西西安半坡遗址 F41

（杨鸿勋：《杨鸿勋建筑考古论文集》，20 页，北京：清华大学出版社，2009）

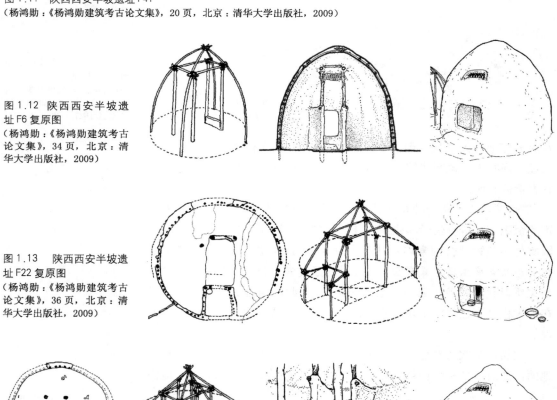

图 1.12　陕西西安半坡遗
址 F6 复原图

（杨鸿勋：《杨鸿勋建筑考古
论文集》，34 页，北京：清
华大学出版社，2009）

图 1.13　陕西西安半坡遗
址 F22 复原图

（杨鸿勋：《杨鸿勋建筑考古
论文集》，36 页，北京：清
华大学出版社，2009）

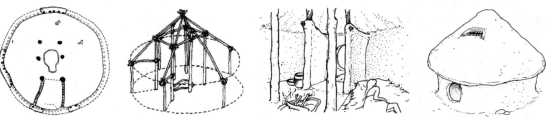

图 1.14　陕西西安半坡遗址 F3 复原图

（杨鸿勋：《杨鸿勋建筑考古论文集》，37 页，北京：清华大学出版社，2009）

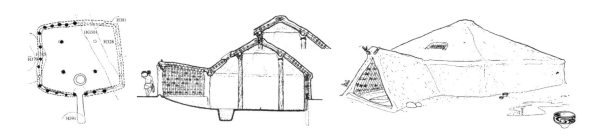

图 1.15　河南陕县庙底沟遗址 F302

（杨鸿勋：《杨鸿勋建筑考古论文集》，26 页，北京：清华大学出版社，2009）

的同时，人们也在这个过程中积累了丰富的营造经验。就具体的室内平面形式而言，早期主要有圆形、方形两种，其中圆形空间使用较多。如前述陕西西安半坡村聚落遗址中，考古发掘了较为完整的房屋有 46 座，其中呈圆形平面的有 31 座，方形或长方形平面的有 15 座；在陕西临潼县姜寨聚落遗址中发现的 120 余处房屋基址中，圆形有 65 座，方形有 55 座。[1] 就使用功能而言，这些房屋又分为用于一般住居的小房子和用于公共活动空间的"大房子"两种形式。在室内空间的组织上，早期以单室居多，后期则出现了多室划分手法。

■　**一般住居空间**

用于一般住居的小房子，无论圆形抑或方形平面，其内部均形成了一个单独的、较为狭窄的单一空间，中部设火塘，推测应为氏族公社成年女性过对偶生活的住所，一栋建筑通常可供一个"对偶"家庭使用。在河南陕县庙底沟遗址 F302（图 1.15）、陕西西安半坡遗址 F21、F41（图 1.10，图 1.11）等方形平面中，在进入主空间前均设有门道雨篷，这一方面可用于抵挡雨雪天气对室内空间的侵袭，同时也可暂时存放杂物；另外，门道雨篷的设置，缓冲了进入居寝空间的过程，使内部空间较为隐蔽和安全。为了缩小室内入口，这些方形住居多于门道处设隔墙，在居寝空间前形成了类似"门厅"的空间。建筑考古学家认为"门厅"空间的形成和使用，反映了空间组织的自发成长意识；而"门厅"空间的格局对后世影响也极为深远，开启了后世"前堂后室"、"一明两暗"格局的雏形。[2]

1　"许多'原始'的小屋都具有共同的特征，它们一般都很小，而且几乎都呈圆形。其小尺度反映了当时建筑受到材料的限制并需要花费很大力气去维护，而圆形正好可以说明这两种现实条件结合的需要。自然界的形式很少是直线或者方角形的，我们观察鸟类和昆虫在树上和岩石上筑巢，都表现出各种圆形式样。用材料去建造方形的转角比较困难，而且在这种简易结构中方形转角就会形成弱点。圆形是几何形，它可以用最小的周长包围最大的面积，这种概念不会被鸟类和昆虫所理解，但是它们凭直觉仍然能够掌握这种建造过程"。（美）约翰·派尔：《世界室内设计史》，刘先觉译，13～14 页，北京：中国建筑工业出版社，2003。

2　门厅这个独立空间正是后世"堂"的雏形。它向纵深发展，即形成了后世的"明间"，隔墙左右形成两"次间"，是为"一明两暗"的形式；这一空间横向发展，则分隔室内为前后两部分，于是形成"前堂后室"的格局。参见杨鸿勋：《杨鸿勋建筑考古学论文集》，43 页，北京：清华大学出版社，2009。

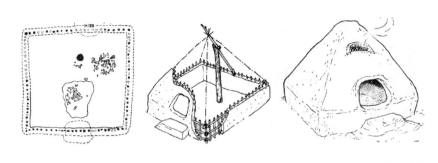

图 1.16
陕西西安半坡遗址 F39
（杨鸿勋：《杨鸿勋建筑考
古论文集》，22 页：北京，
清华大学出版社，2009）

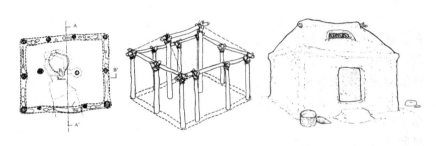

图 1.17
陕西西安半坡遗址 F25
（杨鸿勋：《杨鸿勋建筑考古
论文集》，23 页，北京：清
华大学出版社，2009）

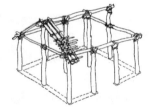

图 1.18
陕西西安半坡遗址 F24
（杨鸿勋：《杨鸿勋建筑考古
论文集》，25 页，北京：清
华大学出版社，2009）

　　在圆形平面形式中，也已经出现了功能空间的主动划分意识，如山东芮城东庄遗址 F201（图 1.9），墙体在西南隅内凹形成了一个相对隐蔽的空间，使其更适合卧寝之用。在陕西西安半坡遗址 F6、F22、F3 中（图 1.12～图 1.14），门内两侧设置隔墙形成一个进入室内空间前的缓冲空间，这一空间在功能以及空间的作用上类似于上述方形空间中的"门厅"。在门厅隔墙的背后，圆形建筑室内被分隔出了两个隐退空间，即现代居住建筑中的"隐奥（secret）"或者内室。同时，为了使居室内的隐奥空间更加宽裕，门内两侧的隔墙往往呈不平行状，形成了一个梯形的"门厅"空间。建筑考古学家认为此处的两道隔墙对于早期的室内空间格局而言，具有划时代的意义："对于居住建筑来说，在没有出现安装门扇以封闭卧室之前，隔墙背后由距门最近的地方变成距门最远的地方，而且最为隐蔽。这个隐奥空间实际上初步地具备了卧室的功能。因此可以说，这两道隔墙正体现了这种原始建筑的居住特征。以如此低级的营造条件，仅利用两道隔墙的经济手法就满足了居寝隐蔽的实用要求，不能不认为它是原始建筑的杰作。居住建筑所必备的隐奥的出现，标志着原始社会建筑空间组织观念的启

图 1.19　河南郑州大河村的并联四间房屋遗址
（杨鸿勋：《杨鸿勋建筑考古论文集》，25 页，北京：清华大学出版社，2009）

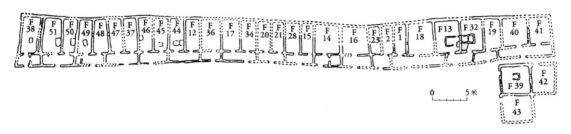

图 1.20
河南淅川下王岗长条形多间房屋遗址平面图
（傅熹年：《中国科学技术史（建筑卷）》，16 页，北京：科学出版社，2008）

蒙"。[1] 在陕西西安半坡遗址稍晚的遗址中，其西南部多发现略高起的居住面，且表面处理坚硬光洁，应该是"炕"的雏形。

及至仰韶文化晚期，地面建筑开始出现，并在个别住居实例中显示出了分间的现象。如河南郑州大河村的并联四间房屋遗址（图 1.19），距今约 5000 年左右。整组房屋无内柱，由墙壁承重。其墙壁的做法大致是先栽直径 8 ～ 12cm、间距 8 ～ 22cm 的密排立柱，在柱列外侧用藤或者草绳缚直径 4 ～ 6cm 的小横木或者芦苇束，构成墙壁骨架。然后在骨架的内外侧涂厚约 30cm 的草拌泥，再抹厚约 1.5 ～ 3.5cm 的细沙泥使墙壁面层光洁，以形成承重的木骨泥墙。再如河南淅川县下王岗遗址的多室长屋，是母系氏族晚期蜕变阶段出现的新的住居形式，东西长 78m，南北深 7.9m 的长屋，被分隔为并列的 29 间，其中 28 间房屋共用隔墙。全屋共划分出了 17 套单元，12 套为 2 室 1 厅的格局，每套均有一个前厅（图 1.20）。这种分室建筑的出现，反映了居住人口结构的重大变化，在建筑史上标志空间处理的新阶段，同时在社会学方面，生动地反映了该时期社会的变革。

新石器时期晚期，社会组织逐步转变为按父系血缘关系组成的氏族公社，此时石器制作更加精美、品类更多，农业与饲养业更进一步发展，建筑的营造技术也有了很大突破，地面建筑开始增多同时还出现了较为复杂的套间和多间联排的空间形式。由于氏族内部私有制的发展，贫富差距加大，家庭住房在面积与质量上均有所区别。对于氏族一般成员而言，仍然使用面积较小的单间居室。随着父权对于家庭统治的加强，家庭聚居成为必然，数室毗连的形式日益得到推广。如河南永城县黑堌堆龙山文化房屋遗址（图 1.21）、淮阳平粮台古城内

1　杨鸿勋：《杨鸿勋建筑考古学论文集》，43 页，北京：清华大学出版社，2009。

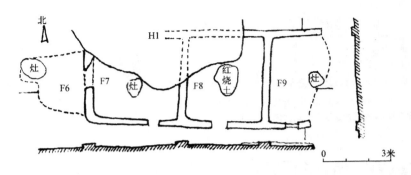

图1.21　河南永城县黑堌
堆龙山文化房屋遗址
（刘叙杰：《中国古代建筑史
（第一卷）》，102页，北京：
中国建筑工业出版社，2003）

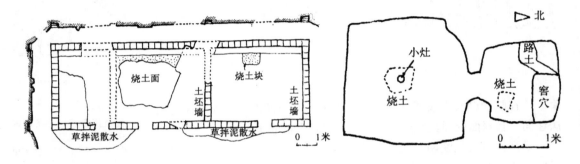

图1.22（左）
河南淮阳平粮台古城内土
坯连间房屋遗址
（刘叙杰：《中国古代建筑
史》，33页，北京：中国建
筑工业出版社，2003）

图1.23（右）
陕西西安市沣西客省庄遗
址二期文化
（刘叙杰：《中国古代建筑
史》，59页，北京：中国建
筑工业出版社，2003）

土坯连间房屋（图1.22）等。陕西西安市沣西客省庄遗址二期文化属于龙山文化期，在3000m²范围内发现有10座半穴居住房遗址，平面呈方形、圆形或者不规则形状，并多数为2～3个半穴居的组合体，空间结构较母系氏族时期复杂，但工程质量有所下降，应为该时期一般家庭用房。其中有"吕"字形横穴结构（图1.23），两室均呈方形，内室较大。尤其从功能来看，内室为卧室，外室为炊事等起居空间，反映了父系氏族晚期一般家庭的生活起居状态。窖藏设在空间并不宽裕的室内，证明此时私有化程度加深，贮藏物品有了看守的必要。

■ **公共建筑空间**

此外，除了一般住居外，此时期还有一种公共建筑，因在整个聚落中体量最大，学界称为"大房子"，目前所见的遗址以陕西西安半坡遗址F1（图1.24）、甘肃秦安大地湾遗址F901（图1.25）保存较为完整。西安半坡遗址F1属仰韶文化期，整体平面为东西略长的方形，墙体转角为弧形，约110m²。内部有隔墙，分隔为前部1个大空间与后方3个小空间，已呈"前堂后室"的格局。有学者认为此处的"大房子"兼有居住和公共福利性质。其前部大空间可作为氏族人员聚会或者举行仪式的场所，后部3个小空间用于生活起居。根据民族学领域的研究成果来看，"大房子"应为氏族中最受尊重的"老外祖母"和另外的氏族首领居住和使用，同时也作为诸如氏族中的老年、少年、儿童以及病残成员等的集体宿舍。我国现在云南纳西族的住宅中也有类似的居住方式，过婚姻生活的妇女有接待外族男友（阿柱）夜宿的"客

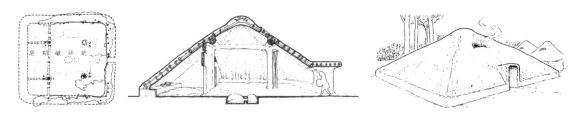

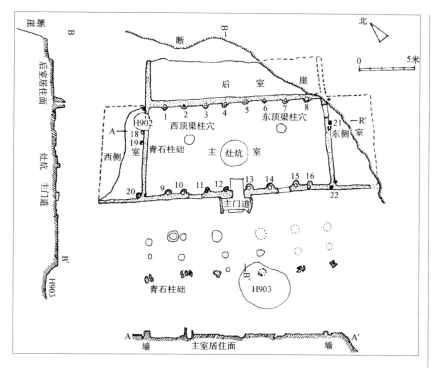

图 1.24　西安半坡 F1
（刘叙杰：《中国古代建筑史
（第一卷）》，77 页，北京：
中国建筑工业出版社，2003）

图 1.25
甘肃秦安大地湾 F901
（刘叙杰：《中国古代建筑史
（第一卷）》，76 页，北京：
中国建筑工业出版社，2003）

房"。"大房子"往往居于聚落的中心，其余小房子围绕周围，这在整体空间上反映了母系氏族时期团结向心的聚落规划原则。[1] 随着父系氏族社会制度的发展，氏族首领逐步享有了一定特权，并向着之后的奴隶主阶层转化，具有公共建筑性质的"大房子"也逐渐由氏族首领专属使用。甘肃秦安大地湾遗址 F901 大致可为此时期的代表，其室内面积约 130m²，为多空间复合体建筑。F901 位于聚落总体中心部位，其主室居中，前面正中设有门道；左右隔墙上分别设门通向左右侧室，后有隔墙隔开的独立后室。[2] 整体空间左右对称，并呈"前堂后室"的平面布局形式。该建筑大约是当时部落治理的中心建筑，居于前部的主室为议事聚会或举行典礼的场所，左右及后室应为部落首领家庭用房。

1　参见刘叙杰主编：《中国古代建筑史（第一卷）》，103 页，北京：中国建筑工业出版社，2003。

2　参见刘叙杰主编：《中国古代建筑史（第一卷）》，74 ～ 79 页，北京：中国建筑工业出版社，2003。

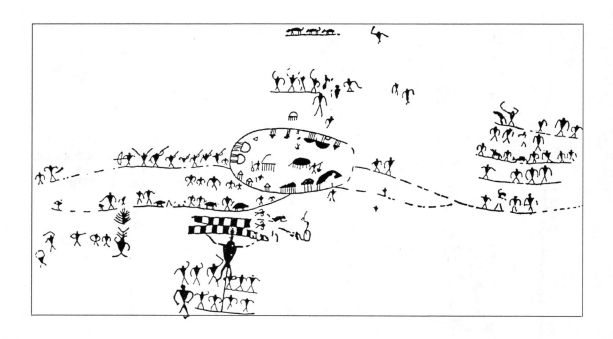

图 1.26　云南沧源岩画中所表现的干阑建筑和村落
（孙大章：《中国民居研究》，8 页，北京：科学出版社，2008）

（2）巢居

巢居多分布于中国南方潮热地区，并进一步发展成为下部架空的干阑式住居形式。云南沧源原始社会岩画中即有对初级干阑式住居的表现（图 1.26）。在长江下游的平原或者湖泊、河流附近，地势低洼，地下水位较高，人们将房屋建在密集的木桩上，下部架空，形成干阑式建筑，房屋平面呈长方形或椭圆形。如浙江钱山漾长方形遗迹，密集的木桩上留有承接地板的木梁，梁上有大块竹席，另有大量的芦苇、竹竿、树枝等，应为墙壁或屋顶材料。在浙江余姚河姆渡第四文化层，发现了原始聚落的遗址局部，研究推测应为早期干阑式住居建筑，距今约 7000 年左右，其遗址位于河姆渡村附近一座小山岗东侧，为背山面水布置。目前可见该遗址早期遗存的大量木构件，分为圆木、桩木、地板三类。其中有打入原始沉积的泥灰层的一排排木桩，顶端以榫卯连接水平的地板龙骨，还有地板、梁、柱以及芦席、树皮瓦等上部结构遗物，建筑考古学家推测其原状大约为附有前廊式的干阑长屋形式（图 1.27，图 1.28），在今天的云南、四川、西藏等地多见。这种干阑式建筑由早期的巢居发展形成，至河姆渡文化期已成为长江流域水网地区的主要住房形式。榫卯结构等多种木构件的出现，表明当时建筑技术已有很大进步，并对后世我国传统木建筑起着决定性的影响。[1]

---

[1]　参见刘叙杰主编：《中国古代建筑史（第一卷）》，50 页，北京：中国建筑工业出版社，2003。另见杨鸿勋：《杨鸿勋建筑考古学论文集》，50 页。

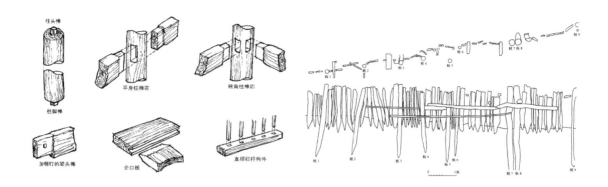

柱头榫　　　平身柱榫卯　　　转角柱榫卯

柱脚榫

加销钉的梁头榫　　企口板　　　直棂栏杆构件

桩1　　桩2　　　桩3　桩4　　桩5 桩6　　　桩7 桩8　　　桩9

3）室内居住面的处理与室内装饰

　　由上述遗址建筑的营造手法与营造材料可知，在母系氏族的半穴居中，已经逐步形成了原始的土木混合结构，通常的做法是在浅穴上使用起支撑作用的木柱，并在树木枝干扎结的骨架上涂泥构成屋顶结构，逐步发展成为使用率极高的木骨泥墙[1]。木结构构件的进一步发展，逐步出现了柱、斜梁、横梁等主要构件，并形成了直至商、周依然盛行的大叉手木构屋架[2]。

　　穴居、半穴居建筑的下半部由挖掘而来，穴底和四壁保持着黄土的自然结构，由于土壤中的水分使穴内相当潮湿，长期居住对健康极其不利，因此穴居至半穴居，再至地面建筑的发展，本身也与防潮有着一定关系。《墨子·辞过》中云："古之民，未知为宫室时，就陵阜而居，穴而处，下润湿伤民，故圣王作为宫室。为宫室之法，曰：'室高足以辟润湿，边足以圉风寒，上足以待雪霜雨露'"，言及人们解决室内防潮、保暖等问题的方法。而自早期穴居起，人们便在居住面上涂抹细泥面层隔潮，同时使用较厚的枝叶、茅草、皮毛之类的垫层来防潮。在陕西西安半坡遗址中，多见使用隔潮效果更好的"草筋泥"，[3]也即古文中的"墐"[4]。为了取得更好的防潮保暖效果，有些穴内将墐涂面层烘烤，使其陶化，形成青灰色、白灰色或者赭红色的低度陶质面层，这种烧烤居住面不但可以防潮，也可用于取暖，应是新石器时期制陶技术在室内中的应用。《诗经·大雅·绵》中有"古公亶父，陶复陶穴，

图 1.27（左）
浙江余姚河姆渡新石器时期遗址出土木构件榫卯构造
（杨鸿勋：《杨鸿勋建筑考古论文集》，53 页，北京：清华大学出版社，2009）

图 1.28（右）
河姆渡遗址干阑建筑桩木和板柱平面及立面图
（傅熹年：《中国科学技术史（建筑卷）》，26 页，北京：科学出版社，2008）

1　木骨泥墙，是以树木枝干为立柱，然后两面涂泥作成墙体。它孕育了内含木骨的垛泥墙，进而为奴隶制初期内含木骨的版筑墙的创造打下了基础。参见刘叙杰主编：《中国古代建筑史（第一卷）》，103 页，北京：中国建筑工业出版社，2003。

2　大叉手屋顶即人字木屋架，是这一时期的主要屋架方式，直至商、周时期的宫殿中，仍然沿用。参见刘叙杰主编：《中国古代建筑史（第一卷）》，102 页，北京：中国建筑工业出版社，2003。

3　常见的做法是将黄土和水成泥，再在泥中加入草筋，以增加土泥的抗拉性能并防止龟裂，汉、唐时候称之为"墐"。

4　《说文·土部》："墐，涂也"。段注："墐涂，涂有穰草也。按合和黍穰而涂之，谓之墐涂。取手则（不）易擘也。"

图 1.29（左）
山西襄汾陶寺遗址 H330 出
土刻划几何图案白灰墙皮
（刘叙杰：《中国古代建筑史
（第一卷）》，109 页，北京：
中国建筑工业出版社，2003）

图 1.30（右）
陕西临潼姜寨第一期房屋
墙壁装饰图案残片
（刘叙杰：《中国古代建筑史
（第一卷）》，109 页，北京：
中国建筑工业出版社，2003）

未有家室"之句，大致是对烧烤穴居内壁、地面以及屋面墐涂的具体描述。[1] 这些为了防潮、保暖的举措也使得室内居住面光洁整齐，起到了一定的美观作用，如西安半坡遗址 F1，内壁施墐涂后经过火烤，表面平滑，呈灰、白色。

在西安半坡遗址中期，还采用树枝、木板铺设防潮，如在遗址 F3 中，铺设直径 1cm 左右的"树枝"（或芦苇）防潮层，上覆以 8cm 的草筋泥面层；在遗址 F24 中，则以宽约 15cm 的木板铺满居住面再敷草筋泥，然后烘烤成红色硬面。[2]

从仰韶文化晚期时起，室内居住面上开始使用一种"白灰面"，至龙山文化时得到普及。这种"白灰"大致为蚌壳灰或者料礓石灰，可形成石灰质面层，具有一定的防潮作用，同时卫生、美观，对室内采光也有很好的改善作用。这种地面商、周时期称为"垩"[3]，为高级建筑中大量使用。如甘肃秦安大地湾遗址 F901 地面，使用料礓石烧制的石灰为胶结材料，将料礓石碎片与红色黏土混合进行煅烧形成人造轻骨料，两者混合作为地面面层，先压实，后加水拍打，使得地表面泛浆，形成十分坚硬的平整面层，其硬度类似今天 M10 砂浆地面的强度。

新石器时期的先民们为后世留下了众多美妙绝伦的陶器、玉器、石器，甚至漆器，均表现出原始社会时期人们在艺术上的高度追求。建筑同人们的日常生活息息相关，上述审美追求也必然会在室内装饰中有所表现。如在山西襄汾陶寺遗址 H330 出土的刻划有几何纹白灰墙皮残片（图 1.29）、宁夏固原后河遗址房屋墙下部白灰面上的红色几何形壁面、陕西临潼姜宅第一期房屋墙壁装饰图案残片（图 1.30）等，均为早期室内装饰的例证。

---

1 参照刘叙杰主编：《中国古代建筑史（第一卷）》，105 页，北京：中国建筑工业出版社，2007。
2 参见杨鸿勋：《杨鸿勋建筑考古学论文集（增订版）》，41 页，北京：清华大学出版社，2009。
3 《说文·土部》："垩，白涂也。"《释名》："垩，亚也，次也。先泥之次，以白灰饰之也。"

4）早期的门、窗及室内家具

人们活动于建筑实体所围合的内部空间中，由门、窗沟通内外，通风采光。我们通常提及的门、窗，既指出入口、通风采光口，同时也指这些设备本身，如门扇、窗扇等。门（門）的本义为双开样式，单开为户，《说文·门部》："门，闻也，从二户，象形"。"窗"字古写为"囱"，《说文》谓："在墙曰牖，在屋曰囱，象形"，可知"牖"专指开在墙壁上的窗，"囱"则开于屋顶。

人类早期营房筑室的目的非常明确，保安全、避风寒，门、窗也在营造实践中逐步发展并完善。依考古资料显示，在我国原始社会时期，人们已经开始关注建筑方位的选择，以及门、窗的朝向问题，如关中地区原始社会的居住建筑遗址，多将门开在西南向上，早期史籍中曾明确记载一日之中日照最强的方位在西南方——"昃"，房屋朝西南向设门，以便于室内获得最佳的冬季日照。[1] 在陕西西安半坡遗址中，按照聚落中心聚合的布局方式，其位于广场北部的 40 余座建筑，本应朝南面对广场设门，但考古显示大部分房屋的门偏向西南，这正与日照深入室内的要求相一致。半坡遗址反映了当时人们基于生活和营造的经验，已掌握了西南向为最好方位的知识。

依上述内容可知，至母系氏族晚期，地面建筑开始增多，墙体增高，逐步有了"墙体"和"屋盖"的区分，内部空间也相对宽敞、高大。如半坡遗址中的 F39、F25、F24 所示（图 1.16～图 1.18），尤其是 F24（图 1.18），已经形成了较为规整的柱网，内部空间初步形成了中国传统建筑中"间"的概念，其结构形式"标志着以间架为单位的'墙倒屋不塌'的中国古代木构架体系已具雏形"[2]。另外，这几处地面建筑入口较为宽敞，没有门道雨篷，推测此时门口已经采用了形式不同的掩闭设施，如帘、席以及篱笆等，从而促进了"门"的产生。为了防止雨水侵袭，门前多设有槛墙状的门限。

原始社会时期，门的形式并不完备，在早期的穴居形式中，并无今天带有启闭功能的门，而多用一些类似席、帘、篱笆等编织物作为掩蔽设施（图 1.18）。湖北枣阳雕龙碑居住遗址 F15 中，出现了横向推拉式门，其具体做法大概是在筑墙时即在墙体上留出宽 1.14m 左右的门框，右侧有宽 50.70cm 的门洞，左侧有略向内凹的实墙容纳横向推拉的门扇。在门的两侧以及底部均有宽 2.7cm 不等的沟槽，专家推测其上部对应部分也设有沟槽，以供门扇滑动之用，现存 8 个，这应

---

1 按半坡所在的西安地区，夏季（以夏至日为准）下午 2 时（昃）太阳的高度角约 60°10′，方位角约 70°；冬季（以冬至日为准）下午 2 时，高度角约 38°，方位角约 35°。以半坡遗址中的圆形房屋为例，建筑方位偏向西南，适应门内两侧隔墙，正好迎冬季最晚日照而避夏季最强日照。参见刘叙杰主编：《中国古代建筑史（第一卷）》，50 页，北京：中国建筑工业出版社，2003。

2 刘叙杰主编：《中国古代建筑史（第一卷）》，68 页，北京：中国建筑工业出版社，2003。

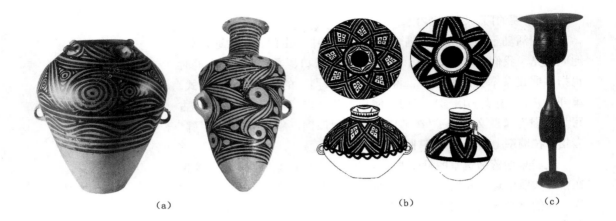

（a）　　　　　　　　　　　　　　（b）　　　　　　　（c）

图 1.31　新石器时期的各
种陶器及其装饰
(a) 马家窑型彩陶；
(b) 半山型彩陶；
(c) 龙山文化时期黑陶

该是目前可知最早的门。[1]

　　由于原始社会时期住居建筑内均设有火塘，但没有烟道，因此在注意防火的同时需要排烟。结合古代文献记载以及考古资料可以推测，新石器时期的住屋顶部均设有排烟通风口——"囱"，如陕西西安半坡 F2、F3、F20、F26、F27、F34 等遗址中，均发现了屋顶通风口的防水泥棱残段，证明屋顶已经有排烟通风口的设置。随着建筑结构的进步，"囱"的位置由屋顶逐步发展至山墙尖上或者直接开在墙体上，这样可以很好地解决雨水侵袭的问题，"牖"即逐步形成，如陕西西安半坡遗址中的 F24（图 1.18），随着墙体的增高，原来开在屋顶的通风口已经有所变化。[2]

　　就考古资料来看，该时期人们的生活用具相对简单，室内家具也较为简陋。由陶器上的印痕推断，此时期已经出现了芦席，可用于就寝时的垫层。为了更好地隔潮保暖，人们应该还使用茅草、兽皮等垫层。新石器时期，人们已经可以制作精美的陶器，主要有彩陶、灰陶、黑陶、几何印纹陶，其中彩陶以其丰富的造型与装饰纹样备受瞩目，发现于山东章丘龙山的黑陶，器壁薄如蛋壳，黑亮如漆。这些日用器皿也为当时的室内环境增色不少（图 1.31）。

1.2.2　地中海及西欧：巨石建筑

　　法国建筑理论家和历史学家维奥莱特·勒·杜克在《历代人类住屋》中，曾经例证原始居民构筑住屋的情景，题为"第一座住屋"（图 1.32）。人类利用最易获取的丛林资源，将树木枝干的顶端扎结，然后在树干表面编织其他植物茎秆或小树枝，以围合成一个可以居住

1　参见傅熹年：《中国科学技术史·建筑卷》，北京：科学出版社，2008。
2　参见刘叙杰主编：《中国古代建筑史（第一卷）》，106～107 页，北京：中国建筑工业出版社，2003。

图 1.32（上左）
"第一座住屋"
（约翰·派尔：《世界室内设计史》，13 页，刘先觉译，北京：中国建筑工业出版社，2003）
作者想象一群古代人正在建造一座茅屋，地点是在他们的森林栖息地，应用的建筑材料是他们容易获得的。这种建筑外部可以用树叶、兽皮或泥土加以覆盖。

图 1.33（上右）
美国爱达荷州克里克附近一家班诺克居民住居
（约翰·派尔：《世界室内设计史》，13 页，刘先觉译，北京：中国建筑工业出版社，2003）
美国土著人的帐篷是圆形的临时性结构，可以用树干做骨架，外面包以兽皮。其内部十分简单，没有额外的处理，也没有家具。

图 1.34（下）
英国索尔兹伯里的巨石阵
（约翰·派尔：《世界室内设计史》，12 页，刘先觉译，北京：中国建筑工业出版社，2003）

的空间。[1] 这种类型的小屋和爱斯基摩人的圆顶小屋、美国土著人的圆形帐篷、蒙古游牧民族的蒙古包等构筑物有着不解的渊源（图 1.33）。约翰·派尔在《世界室内设计史》中认为，这些保留着"原始"生活方式的实践活动能够为我们理解人类最早的构筑物提供可信线索。[2] 不过，由于材料本身的耐久性，现在可以见到的地中海以及西欧的新石器时期建筑多为巨石构筑物。这些经过设计的人工构筑物可以分为两类，一类被认为是当时的陵墓或者神庙；另一类为石圈、石阵或者独立巨石。在巨石陵墓建筑中，最为多见的是石桌（巨石冢），一般在 2 ~ 3 块直立的石头上横置一块巨石，其外初期应有泥土覆盖，形似小山。在其中一部分构筑物中，可以见到雕刻或图绘于石头上的图案，但真实含意无法确定。作为神庙的巨石建筑以地中海岛国马尔他的巨石神庙最为著名，是目前所知最早的独立石构建筑，其中一些构件十分精致，已经出现了植物枝蔓涡卷纹样。在英格兰西南部索尔兹伯里平原上的石头巨阵（Stonehenge）（图 1.34），距今已有 4000 多年的历史，

1　参见（美）约翰·派尔：《世界室内设计史》，刘先觉译，13 页，北京：中国建筑工业出版社，2003。

2　参见（美）约翰·派尔：《世界室内设计史》，刘先觉译，13 页，北京：中国建筑工业出版社，2003。

图 1.35（左）
杰里科的塔楼墙壁，约旦，
新石器时代
（陈平：《外国建筑史·从远
古至 19 世纪》，3 页，南京：
东南大学出版社，2006）

图 1.36（右）
加泰土丘建筑群复原图
（陈平：《外国建筑史·从远
古至 19 世纪》，3 页，南京：
东南大学出版社，2006）

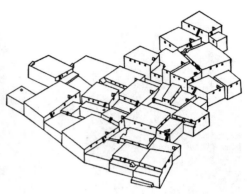

有学者认为是一座太阳神庙或者坟墓，抑或祖先祭坛，也有学者认为可能是一座古代天文台。

1.2.3　西亚：最早的村庄、聚落、城市

亚洲西部通常被欧洲人称作"近东"，尤其是地中海东部海岸地区，是人类文明的发源地之一。约公元前 9000 年前后，位于约旦河谷西侧的杰里科，出现了人类最早的定居点，大约在公元前 8000 年左右，出现了最早的农耕定居生活，并形成了有组织的聚居村落，村落周围有防御墙环绕，并建有圆形的碉楼，其房屋用烧制的陶砖砌建，室内地面使用灰泥铺就，平整光洁，房屋的整体平面多呈圆形。由出土的人物头像来看，当时已经产生了一定的宗教观念（图 1.35）。

在今土耳其境内科尼亚省也发现了约公元前 6700 至公元前 5700年间的新石器时期遗址——加泰土丘。加泰土丘是由一组矩形土坯房组成的村落，房屋由泥砖和木头砌建而成，密集地簇拥在一起，连成一片。聚居区内没有街道，房屋也没有设门，人们通过木梯从房顶上的孔洞进出，而这些高低错落的房屋也由木梯互相连接。由外观来看，这些土坯房彼此没有太大的区别，但考古学家发现其内部空间在用途上有所不同，有一些用于居住，另一些作为神庙。功能不同的室内均有相配套的室内用品与装饰，如用作住居的房间中，发现了一系列室内生活用品，灰泥质地的固定式卧榻，黑曜石古镜，石、木或柳条编制的器皿，另外还有小块编织毯等。在神庙中，发现了与图腾崇拜或巫术礼仪相关的陈设、壁画（图 1.36，图 1.37），如用于祭祀

图 1.37　加泰土丘中的公
牛神殿和秃鹫神殿
（刘珽：西方室内设计史，
6 页，同济大学博士论文，
1998）
加泰土丘神殿室内有明确的
视觉主题。在"公牛"神殿，
地上固定着成对的公牛角，
墙上陈列着公牛头骨，有时
还绘有颇具进攻性的公牛像；
在"秃鹫"神殿，壁画上张
开巨翅的秃鹫正在吞噬无头
的人形。"公牛"与"秃鹫"
在当地土著文化中显然具有
特定的象征意义，"公牛"也
许代表"男性"或"力量"，"秃
鹫"则可能与"死亡"有关。

的动物头骨、表现狩猎场面的壁画等。"这些情况表明，在人类发展的这一阶段，室内空间的使用方式已经与特定的室内生活用品配置、室内陈设选择和室内壁画内容联系在一起。尽管建立这种联系的方法是原始的和粗糙的，但它与我们今天的同类实践不存在任何本质上的区别"。[1]

1.2.4　古代埃及：陵寝与神庙

尼罗河畔的古埃及（约公元前 3200 年～公元前 322 年）是著名的文明古国之一。约公元前 4000 年末，埃及人开始了农耕定居生活，并逐步发明了最早的象形文字。约公元前 3100 年前后，埃及实现了统一，并经历了古朴时期（约公元前 3100 ～前 2707，第 1 ～ 2 王朝）、古王国时期（约公元前 2707 ～前 2170，第 2 ～ 8 王朝）、中王国时期（约公元前 2119 ～前 1794 年，第 11 ～ 12 王朝）、新王国时期（约公元前 1550 ～前 1070 年，第 18 ～ 20 王朝）以及晚期（约公元前 746 ～前 336 年，第 25 ～ 31 王朝）几个阶段。

在古埃及人的世界里，人们是在神权思想基础上发展其政治、文化、艺术等社会上层建筑的，古埃及很早就形成了一套建立在原始崇拜基础上、完整的神祇家族系统。神权具有至高无上的力量，君权神授，法老被视为太阳神的儿子以及在人世间的代表。同时，古埃及人笃信灵魂不死，只要死后遗体得到恰当保护，逝者可能获得"永生"。在古埃及发达的建筑体系里，以陵墓、神庙和住宅为主，其中以陵寝与神庙的修筑为代表。

拥有着至高无上地位的国王（法老），对其陵墓的修筑极为重视。古王国时期，法老陵寝最常见的形式有早期的马斯塔巴（mastaba），以及在此基础上发展起来的金字塔。马斯塔巴是一种平顶的石墓室形式，金字塔的形式由早期阶梯形形式向角锥体发展，以吉萨金字塔群为其顶峰。进入中王国时期，法老陵墓逐渐演变为石窟墓形式，并逐渐形成了从里向外，层层递进的中轴对称式的建筑空间形式，以约建于公元前 2000 年的门图霍特普陵墓为代表。新王国时期，在第 18 王朝第一位法老之后，法老开始更多选择在尼罗河西岸山谷险峻的岩壁上开凿陵墓，这种岩墓建筑包括前厅、中厅和墓室三部分，各部分之间通过长长的廊道连接，有些附有库房与祭祀等附属空间，以图坦卡蒙墓为代表（图 1.38）。

在新王国时期，神庙建筑进入了其繁荣期，形成了比较固定的格局，即在中轴对称的基本布局基础上，由庙前广场、带有方尖碑的塔门、柱廊院、大柱厅以及圣堂等主要建筑部分顺序排列构成一个狭长平面

1　刘珽：西方室内设计史（1800 年之前），同济大学博士学位论文，1998。

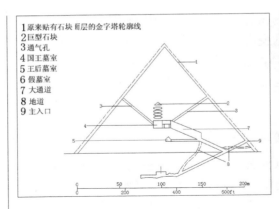

1 原来贴有石块面层的金字塔轮廓线
2 巨型石块
3 通气孔
4 国王墓室
5 王后墓室
6 假墓室
7 大通道
8 地道
9 主入口

图 1.38（左）
古埃及法老的陵墓

图 1.39（右）
古代埃及壁画

的封闭式建筑群。其中柱廊院与大柱厅可以重复建造，在这个序列上，越往内部建筑高度越矮，空间越封闭。新王国时期的神庙建筑以卡纳克神庙区和卢克索神庙区为代表。

古埃及的世俗建筑以宫殿与住宅为主，宫殿建筑在新王国时摆脱了与神庙合为一体的形式，逐步发展成为了以轴线对称的独立建筑群。住宅设计中大概受到当地炎热气候的影响，更多考虑通风与遮阳，院落中的住宅多面向内院开敞，住宅中既有柱廊与主体建筑构成的开敞式公共空间，也有较为私密的家庭内部使用空间。新王国时期，在一些大型府邸中还有下人用房、仓库、厨房、厕所、畜生棚等附属建筑，这些附属建筑的地面均比主人房低 1m 左右，大概反映了古埃及当时社会的等级制度。

在古埃及这三类重要建筑中，壁画是室内装饰的普遍特征。古埃及壁画不仅包括制作于灰泥基底上的绘画，也包括制作于石质基底上的阴刻浅浮雕。壁画以满铺方式制作于房间内壁，包括墙壁与顶棚。在居住建筑中，一般留有单色墙裙。埃及壁画体现出了其程式化的特征，人物造型遵循"正面律法则"，面部呈侧面，显示人物额、鼻、唇的侧影，眼睛做正面描写；胸部为正面，出现双肩和双臂，而腿和脚为侧面描绘。画面用色也具有一定的象征性，阿蒙神用蓝色，因为蓝色是最高贵的颜色。男性皮肤用棕红色，女性为黄色（图 1.39）。

在新王国时期，神庙建筑完全由石头砌成，并且大规模地使用了柱子与过梁结构，这种结构也成为此后西方建筑的基础和最大特色。古埃及此时也形成了历史上已知最古老的柱式，通常由柱础、柱身和柱头三部分组成，石柱大多比例粗壮，通体满饰着色阴刻浮雕，古拙质朴。位于底比斯近郊卡纳克地区的阿蒙神庙多柱厅（Hypostyle Hall at Karnak）是最为著名的一例。该厅面宽 103m，进深 52m，总面积达 5000m²。大厅内使用了 134 根巨型石柱，石柱按等距柱阵排成 16 列。正中两列柱高 21m，柱间净空 2.5m，柱径粗达 3.35m，两侧各

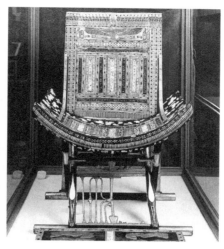

图 1.40（左）
多柱厅

图 1.41（右）
古埃及室内家具

7 列石柱，高 13m，径粗 2.7m。柱顶石梁长逾 9m，重至 65t。厅中巨石纵横堆叠，气势恢宏，阳光由高侧窗的石格栅浸入，洒向满饰着色石刻的巨柱和白色石板地面，并弥漫于柱间巨隙。埃及多柱厅巨柱拥塞，在营造有效使用空间方面并不成功。但它通过空间体量、柱网形式和采光方法等建筑语汇，创造性地阐述了永恒、力量、宏伟和神圣等艺术主题，其设计成就预示了建筑作为空间艺术的发展前景，也标志着室内空间特征的塑造从此成为室内环境创造活动的重要内容（图 1.40）。

　　古代埃及室内用品设计有了长足的进步，室内家具大致有坐具、床、箱子和小型桌台四大类，多为木制。坐面和床面一般以皮条拉制，或以莞草、灯芯草编制。床和凳常被设计为可拆卸式。一些室内家具的装饰十分讲究，其手法主要有绘画、雕刻、镶嵌和拼贴等，有些家具的工艺技艺已经十分精湛。这一部分设计与制作十分精湛的室内家具，在满足使用功能的同时，往往以进一步的艺术加工来表现某种精神意义。室内用品与特定使用者或使用场所的联系得到明确和加强，社会礼仪在家具设计中亦有明显反映。以坐具为例，由谦卑到高贵的一般顺序为凳、靠背椅、扶手椅和宝座。作为权力的象征，宝座大多极为显赫，通常以贵重材料加工制作，工艺精美，并使用鹰翼太阳、雄狮等最高等级的装饰母题（图 1.41）。

　　纺织品的作用明显加强，多用来提高室内生活舒适性和创造奢华气氛。在古王国 Hetepheres 王后的墓室中，出土有几箱优质亚麻织物，其中包括大量布幔和与床配合使用的华盖。这类物品随着所有者的社会地位越高，经济实力越强，设计选材和工艺就越讲究。而除了金、银、宝石等贵重材料外，一些在今天看来极为普通的东西，例如古埃及的玻璃制品等也被当作贵重品，这大概是当时加工能力的限制造成的。

主要参考资料

[1] 刘叙杰主编. 中国古代建筑史（第一卷）. 北京：中国建筑工业出版社，2003.

[2] 卢嘉锡总主编，傅熹年著. 中国科学技术史·建筑卷. 北京：科学出版社，2008.

[3] （美）刘易斯·芒福德. 城市发展史. 起源、演变和前景. 北京：中国建筑工业出版社，2005.

[4] 杨鸿勋. 杨鸿勋建筑考古论文集. 北京：清华大学出版社，2008.

[5] 刘敦桢. 中国古代建筑史（第二版）. 北京：中国建筑工业出版社，2005.

[6] （美）约翰·派尔. 世界室内设计史. 北京：中国建筑工业出版社，2003.

[7] 陈平. 外国建筑史. 从远古至 19 世纪. 南京：东南大学出版社，2006.

[8] 刘致平著，王其明增补. 中国居住建筑史——城市、住宅、园林（第二版）. 北京：中国建筑工业出版社，2000.

[9] 孙大章. 中国古代民居研究. 北京：中国建筑工业出版社，2005.

[10] 李允鉌. 华夏意匠. 中国古典建筑设计原理. 天津：天津大学出版社，2005.

[11] 刘珽. 西方室内设计史（1800 年之前）. 同济大学博士学位论文，1998.

[12] 苏秉琦. 中国文明起源新探. 沈阳：辽宁人民出版社，2009.

[13] 叶舒宪，彭兆荣，纳日碧力戈. 人类学关键词. 桂林：广西师范大学出版社，2006.

第 2 章　古希腊、罗马时期室内设计

西方学者往往将古希腊和罗马时期的文化、艺术称作古典艺术，并视其为西方艺术的源头，是早期基督教艺术、拜占庭艺术，乃至中世纪艺术的基础；在中世纪以后的人们看来，古希腊、罗马的艺术已经登峰造极，巴洛克和罗可可风格也在沿用着这种古典艺术的精神，以古典为本才能成就其建筑典范。甚至文艺复兴时期，亦从古典艺术中寻找灵感和启发。

2.1　古希腊的建筑与室内设计

古希腊整体上是由爱琴海（Aegean Sea）、爱奥尼亚海（Ionia Sea）、地中海（Mediterranean Sea）中的 1000 多个星罗棋布的岛屿以及巴尔干半岛（Balkan Peninsula）南端和伯罗奔尼撒半岛（Peloponnese Peninsula）为主体组成的，该地区基本位于亚、欧、非三大洲的交界处，受到古希腊地理环境的影响，其文化从一开始就具有很强的多元性特点。

古希腊建筑的发展按照文明发展的历史来看，大致经历了以下三个主要阶段，即爱琴文明时期（Aegean Civilization，约公元前 3000 到公元前 1100 年）；希腊时期（Greek Architecture，约公元前 750 到公元前 323 年）；希腊化时期（Hellenic Period，公元前 336 到公元前 31 年）。爱琴文明（Aegean Civilization）是古希腊建筑发展史的开端，又主要分为距离希腊本土相对较远的克里特岛（Crete）上的米诺斯文明（Minos），以及其后的主要发生于希腊本土的迈锡尼文明（Myce-nae）。"米诺斯文明"与"迈锡尼文明"共同构成了古代希腊时期，也是欧洲最早的青铜文化时期。爱琴文明的高潮过去之后，古希腊地区经历了几百年的黑暗发展期，直至公元前 750 年之后方才有所好转，此时期进入了古希腊文明的发展黄金时期，建筑与室内设计也随之进入了一个发展高峰。公元前 431 年开始，希腊城邦陷入了旷日持久的伯罗奔尼撒战争（Peloponnesian）和科林斯战争（Battle of Corinth）中，以公元前404年雅典陷落为标志，古希腊开始走向衰落。之后，古希腊领域内经历了来自马其顿的亚历山大大帝的短暂统治，亚历山大大帝去世后整个希腊陷入了一个分裂割据状态，这一时期习惯上被称为希腊化时期，[1] 其建筑的发展多以希腊传统风格为基础，糅合了不同的外来建筑风格，呈现出了混合多元的特征。

古希腊建筑是古希腊艺术的重要实践内容，特别是作为城邦荣誉象征的神庙建筑，更是集中反映了古希腊艺术与美学的最高成就。而古希腊在室内设计中所取得的成就对于西方室内设计史的意义，与它对西方艺术与美学发展的杰出贡献及深远影响联系在一起。那些体现于古希腊建筑艺术中的美学观念、艺术原则、构图技巧、细部设计经验等，对其后西方各时期的室内设计活动产生着广泛持久的影响。

2.1.1　史前时期的建筑与室内设计

1）米诺斯文化

一般认为，古希腊建筑的源头可追溯到爱琴海南部克里特岛上的"米诺斯文化"时期。"米诺斯文化"一词源于克里特岛克诺索斯的米诺斯国王（King Minos of Knossos），其起源可追溯至约公元前5000年的新石器时代，鼎盛时期出现于公元前2000年到公元前1400年间。克里特岛位于欧洲南缘，介于西亚、埃及和欧洲大陆之间。该岛气候温和、土地肥沃、物产丰富，作为海上的贸易中心，克里特与埃及、地中海东部地区有着密切的商业往来和文化交流。克里特岛上较为重要的建筑是一种集王宫、行政管理、宗教祭祀场所与居室为一体的宫殿式建筑群，以克诺索斯（Knossos）、马利亚（Mallia）、费斯托斯（Phaistos）、圣特里亚达（Hagia Triada）等地的宫殿为代表，其中以克诺索斯的米诺斯王宫（Place of King Minos at Knossos，图2.1）最为完整和典型，虽然屡经重建，但以围廊式建筑和曲折柱廊为主的建筑特色，始终被保留着。

米诺斯王宫是克里特岛上最显赫的宫殿建筑，总面积达 $1.2 \sim 1.6 \text{hm}^2$，是一个以庭院为中心进行布局的巨大建筑群。中央大院统领着整个建筑群，发挥着联络交通的重要作用。王宫整体规划没有严格的中轴线，不作绝对对称的布局，数以百计的房间顺山势修建。公共集会与办公场所被安排在庭院西侧，高 $2 \sim 3$ 层，前有大柱廊，具有明显的公共建筑性质；庭院东边为生活区，宫殿西边有一个大型贮藏

1　在国王腓力二世统治时期，马其顿王国开始了蚕食希腊城邦的战争，并于公元前338年基本控制了整个希腊半岛。公元前336年，亚历山大大帝继承王位，其后几年，他成功地征服了从印度河到尼罗河的广大地区。亚历山大大帝是卓越的军事家，同时也是希腊文明的崇拜者，他将希腊文明传播到他的足迹所至的土地。在这一过程中，马其顿的君主制取代了古希腊的城邦制，希腊人的世界扩展为受希腊文化影响，但又具有各自文明传统的众多民族的世界。希腊文明从内涵到形式都发生了变化，演变为希腊化文明。

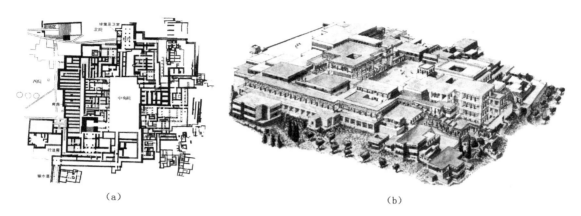

（a）　　　　　　　　　　　　　　　　　　　　（b）

区。宫中设有可冲洗式厕所、带陶制浴盆的洗澡间、并有陶管供应干净的饮用水，有些房间备有炭盆供烹饪或取暖，建筑物的底层设有贮藏室。宫中的房间大多呈开敞式或半开敞式，通过内庭或天井采光通风。由于内庭前后穿插，连廊曲折迂回，楼梯上下折转，通道纵横无序，给人易进难出之感，米诺斯王宫又被称为"迷宫"。

米诺斯王宫采用石砌墙基和夯土墙，土墙以木骨加固，墙面抹光。屋顶为木梁板上覆黏土。宫中多使用圆柱，不但出现在大小入口处，也单独一根或者多根用于过道或者室内，用以进行空间的划分。这种圆柱多为木质，上粗下细，柱头设有圆盘垫，柱础很薄，木柱通体施以鲜艳的色彩（图2.2）。米诺斯宫中重要房间的墙面多以大幅壁画装饰，这些壁画以平面手法绘制，内容大多取材于欢乐的日常生活，线条流畅、色彩艳丽。王宫内的宝座厅，墙壁上装饰着精美的壁画，以动物和植物形象为主，与室内简洁的石质地板、长凳、高靠背的石质宝座形成了鲜明的对比（图2.3）。在宫殿西入口的过道墙壁上绘有长条幅形式的壁画，内容为手捧礼品的行进队伍，行进方向与来访者进入王宫的方向一致，被称为"仪仗通道（Corridor of

图 2.1　克诺索斯皇宫平面图、复原图
（a）平面图；（b）复原图
（王其钧编著：《永恒的辉煌：外国古代建筑史》，64～65页，北京：中国建筑工业出版社，2010）

图 2.2（左下）
克诺索斯王宫的柱廊
（王其钧编著：《永恒的辉煌：外国古代建筑史》，69页，北京：中国建筑工业出版社，2010）

图 2.3（右下）
克里特岛克诺索斯城宫殿内的宝座厅（约 BC1450～BC1370）

Porcessions)"，设计得极为精巧。

　　米诺斯王宫没有统一辉煌的立面，各处均有入口，入口设计并不突出。宫内礼仪性房间规模也很节制，宫中大多数房间顶棚低矮，尺度宜人，明亮而舒适。这表明克里特人的价值观与同时代的埃及人、美索不达米亚人大异其趣，在这里室内环境整体氛围表现为朴实、自然和略显幼稚的随意性。考古学家在克里特岛上未曾发现大规模的防御工事、庙宇或纪念性墓葬品。因此有专家认为，在与古代埃及文明、美索不达米亚文明大约同一时期生活于此的人民不曾警惕外敌威胁、不关心宗教与来世，而是尽情享受现世生活。

　　2）迈锡尼文化

　　在"米诺斯文明"晚期，也是"青铜时代"的晚期，希腊大陆上兴起了"迈锡尼文明（Mycenaean Civilization）"。迈锡尼人于公元前1450年至公元前1400年入侵克里特岛，米诺斯文明就此衰落，此后200年间爱琴海地区都处于迈锡尼的统治之中。迈锡尼位于阿尔戈斯平原，是荷马史诗中国王阿伽门农（King Agamenon）的驻地，主要建筑遗址分布于迈锡尼以及其附近的梯林斯（Tiryns），迈锡尼的主要建筑遗址大致处于公元前1300年左右，梯林斯则稍晚一些。该时期的建筑是从早期的米诺斯建筑向正统古希腊建筑发展的重要过渡阶段。

　　迈锡尼人好战并精于航海术，其建筑是在融合了周边各地的经验之上发展起来的，并在砌石与建造拱券方面成就突出。与米诺斯王宫不设防的轻松惬意的风格不同，迈锡尼文明时期的人们均将宫殿建筑修筑于固若金汤的卫城之中。在卫城以及住宅建筑中，迈锡尼人更多地采用梁架结构，也由此奠定了古希腊建筑以梁柱结构为主的传统特色。虽然在古希腊文明的早期，建筑的发展呈现出了一种混杂的整体特征，但此时形成的以石质梁架结构为主要特征的建筑特色逐步形成，并在此后漫长的古希腊文明中不断发展完善。

　　迈锡尼城最令人印象深刻是其威武沉重的狮子门，该城门简单地由一横两竖的巨石构成，横梁上有一块三角形石雕，中央雕刻着一根米诺斯宫中常见的圆柱，左右两边有一对狮子相向而立，整个构图粗犷而强悍，具有王者风范（图2.4）。城内宫殿建筑规模不大，其中有一个露天庭院通向正厅（megaron），正厅前有门廊，入口两侧有一对圆柱，厅内有四根圆柱支撑木屋顶结构，中央有一火塘。墙面上的壁画十分精美，绘有武士、马匹和大车。此类宫殿格局在迈锡尼附近的梯林斯也有发现，梯林斯宫殿的规划井然有序，其入口开在东面围墙上，门内是一条通往南向的狭窄坡道，坡道尽头向西过山门进入前院，前院再向北转进入内院，这个露天大院东、西、南三面均环绕以列柱。主要建筑位于院北，沿着中轴线穿过两进前厅后进入正厅。内院左右

图 2.4　狮子门

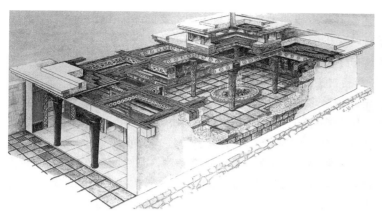

两侧房屋呈非对称性布局。这里的建筑以泥砖与木柱结构为主，墙壁上装饰有精美的壁画（图 2.5）。从一些小城镇的考古发掘中，还可以见到一些密集的住宅遗址，一般有 4～5 间房间，沿着狭窄弯曲的街巷布局。室内使用彩色地砖、陶砖，墙面上绘有壁画，但该时期没有室内家具或陈设留存下来。

　　迈锡尼城周围散落有十几座圆形陵庙，以"阿特柔斯宝库"最为著名，又称为"阿伽门农墓"，是史前希腊最宝贵的建筑遗存之一。墓室入口高 5.5m，墓室室内平面呈圆形，直径约 14.5m，拱顶高达 13m，全部使用平整的石块叠砌而成（图 2.6）。这种复杂的石结构砌筑建筑物的大量出现，说明当时的迈锡尼人已经掌握了石砌拱券和穹顶结构的制作方法，只是在墓室之中与少量建筑物中应用，并没有将拱券技术与穹顶结构大规模使用于各种功能性建筑中。但这些石砌筑物不仅表明了当时人们在石材加工、运输等技术的日趋成熟，也表明人们在大型建筑工程中计划、施工等方面组织能力的逐步提高。

图 2.5（左）
迈锡尼宫殿的正厅复原图（约 BC2000）
（约翰·派尔：《世界室内设计史》，22 页，刘先觉译，北京：中国建筑工业出版社，2003）

图 2.6（右）
阿伽门农墓

2.1.2　古希腊的建筑与室内设计

　　迈锡尼文明延续至公元前 1200 年至公元前 1000 年左右，由于古希腊北部多利安人（Dorians）的入侵以及随之而来的民族大迁徙，繁荣的迈锡尼文明开始衰落。爱琴文明衰落之后，古希腊地区经历了几百年的黑暗时期，建筑发展也陷入沉寂，直至公元前 750 年之后进入希腊时期，才逐步好转。公元前 9 世纪时，这一地区进入了铁器时代，生产力获得很大发展。公元前 8 世纪初，古希腊语言文字逐步成熟，希腊文化作为一个完整的形态开始形成。古希腊的地理范围包括希腊半岛、爱琴海诸岛和小亚细亚的西部沿海地带，以希腊半岛为主要组成部分。希腊半岛境内多山，土地比较贫瘠，农业生产不发达；但半岛和一些岛屿内矿产丰富，岛屿沿海有天然良港，为工商业的发展提供了极为有利的条件。希腊的自然环境适合果树栽培，盛产葡萄、橄榄等，葡萄酒和橄榄油是出口贸易中的主要商品。由于经济上的多样性和地理环境的复杂性，古代希腊建立了各式各样的城邦，数以百计的城邦构成了古代希腊的总称。

1）希腊古典柱式与神庙建筑

古希腊地区多处于地中海气候影响之下，冬季温热多雨，夏季炎热干燥，因此在建筑中多设有开敞的柱廊（Portico），久而久之形成了柱子固定的使用规则，形成了最早的柱式（Order）体系。古希腊人认为宇宙的秩序是完美的，他们将"和谐"与"适度"定义为"美"的最高境界，并从"数"的分析入手，建立了比例、尺度、节奏、均衡等概念。古希腊的建筑是建立在一系列数学比例基础之上的，其关键在于对"模数"的掌握和运用，建筑中所使用的柱高、柱距乃至整座建筑物的尺度均以这一"模数"为基础，从而确保了整体与局部、局部与局部之间的正确比例关系，体现了古希腊哲学思想中所表达的和谐观念。在不断的实践过程中，柱基（Base）、柱身（Shaft）、柱头（Capital）以及柱上楣（Entablature）都通过测算，并逐渐形成了三种柱式：多立克柱式（Doric Order）、爱奥尼亚柱式（Ionic Order）、科林斯柱式（Corinthian Order），以这三种柱式为主导的梁柱（Architrave and Column）建筑体系逐渐发展成熟。

多立克柱式（Doric Order）和爱奥尼亚柱式（Ionic Order）是古希腊最早形成的两种柱式，这两种柱式分别体现出类似于男、女性人体的不同之美。多立克柱式产生于希腊本土，比例粗壮，开间较小，柱头是简洁的倒立圆台，无柱础，柱身开有20道垂直凹槽，凹槽之间的交接处十分锐利。柱高通常保持在柱底径的4～6倍之间，整个柱子显示出雄强刚健、质朴庄严的性格，犹如一个有阳刚之气的伟男子（图2.7左）。爱奥尼亚柱式产生于爱琴海东部地区，修长挺拔，开间较大，柱头是由曲线连接起来的两个涡旋形或者螺旋形，拥有呈现弹性感的复杂柱础，柱高通常在柱底径的7～10倍间，并以1：9的柱底径与柱高的比率常见。柱身凹槽达24个之多，凹槽之间不再是尖锐的棱线形式，而是半圆形的小凸脊，凹槽也较多立克柱式要深很多。爱奥尼亚柱式整体有着秀美妩媚、柔和雅丽的性格，典雅、精致、轻巧，看上去犹如一个有阴柔之美的婀娜少女（图2.7右）。此外，古希腊人还发展出了更加繁复华丽的科林斯柱式，这种柱式实际上是由爱奥尼亚式发展而来，如果说爱奥尼亚柱式是一位略施淡妆的少女，科林斯柱式则可比喻为一位盛装浓艳的贵妇。科林斯柱身比爱奥尼亚柱式更加修长纤细，柱头以莨苕叶（Acanthus）作装饰，宛如插满了鲜

图2.7 希腊的建筑柱式

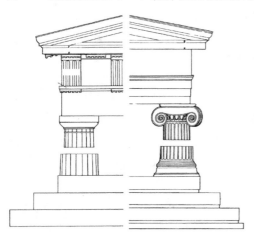

花的花瓶，使柱头更加繁复华丽，其余部分和爱奥尼亚式大致相同。在此三种柱式之外，古希腊时期还形成了一种人像柱，男性人像柱多被表现为肌肉强健的形象，搭配着相对较矮的柱身与简洁粗犷的建筑风格；女性人像柱多细高，并与装饰精细的建筑风格相搭配。为了使柱子看起来更加优美，古希腊的设计师们采用了"收分"和"卷杀"的手法，"收分"即是柱子被雕刻成上小下大的形式，是使柱子显示出更加稳定的承托力；"卷杀（entasis）"则是指柱身稍微隆起的曲线，一般在柱身的 2/3 以上向内收缩，以避免圆柱直线轮廓产生中部内陷的错觉。

　　在建筑设计中，希腊人追求的是尽一切可能令其完美，使建筑各部分之间产生均衡美感。此时期，古希腊以单体建筑为主构成的不规则建筑群组，以人性化喻义为基准形成的柱式使用规则，以及建筑中柱式与建筑、整体与细部之间复杂的比例关系等做法均逐步形成，神庙作为其中最主要的建筑类型具有代表性并获得了极大的发展。

　　神庙是上帝的居所，是神灵的住处。最初的神庙使用晒干砖砌成，只有单室，建筑物外面是牲畜献祭的祭台。之后柱子开始出现于建筑物内部，发展至公元 7 世纪晚期，神庙的主体建筑完全为柱子所包围，形成了希腊建筑独特的围廊，成为希腊建筑所保存的最大传统特色之一，并形成了以下几种主要类型与格局：①前柱式，即神庙建筑前部设有一排圆柱；②前后柱式，即建筑前后均有一排圆柱；③周柱式，是古希腊神庙建筑发展到较为成熟阶段的标准形式，内殿四周均为柱廊环绕，柱间距与柱至墙的距离相等；④伪周柱式，仅于建筑前设柱廊，其余三面柱子均嵌入内殿墙壁之中；⑤双周柱式，设两圈柱廊环绕内殿，柱距与柱子至墙壁的距离相等，这种形式一般用于大型神庙建筑；⑥伪双重周柱式，其形式与双周柱式布局一致，但内圈圆柱被省略，从而形成了一个宽大的柱廊空间。除上述方形神庙外，该时期还有圆形平面的神庙，其中一种类型为圆形柱廊形式，另一种为一圈柱廊围绕着中央的圆形内殿形式（图 2.8）。

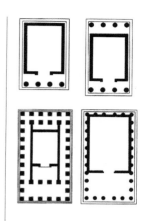
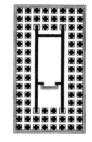
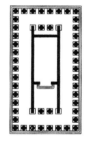

图 2.8　希腊神庙平面类型

　　在古希腊的建筑遗存中，以雅典卫城（The Acropolis, Athens）最为突出，雅典卫城也是古希腊文明发展史中最突出的标志，如帕提农神庙（Parthenon）。以雅典卫城为代表的城邦文化发展盛期历时却较短，公元前 404 年雅典陷落，标志着古希腊盛期文化随之衰落，在马其顿亚历山大大帝的短暂统治后，希腊开始进入了地区势力割据状态。自此，希腊各地也进入了以希腊传统建筑为主，各地糅合不同外来建筑风格的希腊化时期。

　　帕提农神庙（Parthenon）是为了纪念雅典城邦保护神雅典娜而建造的，由伊克提诺（Iktino）和卡里克拉特（Callicrat）担任该工程的设计师。工程始于公元前 447 年，公元前 438 年举行了竣工祝

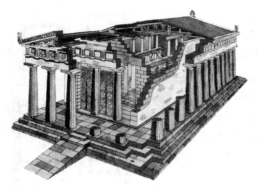

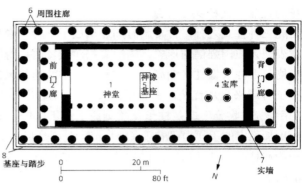

图 2.9 (左)
希腊神庙结构剖视图
（王其钧编著：《永恒的辉煌：
外国古代建筑史》，69 页，
北京：中国建筑工业出版社，
2010）

图 2.10 (右)
希腊雅典帕提农神庙平面
图（公元前 117 年～公元
前 436 年）

圣仪式。神庙坐落在一个由三层阶梯组成的 30.8m×69.5m 的平台上，由白色大理石筑就，四周全部带有围廊，共由 48 根多立克柱式（Doric Order）柱子围成。入口设在东、西端，上设两坡屋顶，东、西门廊上方设三角形山花，内饰浮雕，是希腊神庙的典型格局。帕提农神庙的立面展示了公元前 6 世纪以后所公认的多立克规范（Doric），19 世纪时对帕特农神庙的精确测量发现，这座建筑几乎没有一条真正的直线。建筑表面到处都做成内凹、隆起或逐渐变细的形状，转角处的柱子比其他柱子略粗，其柱距也小于临近柱，为防止以天空为背景时柱子显得过于细高；柱子上端略向内倾，以防止产生柱端外斜的视错觉现象。这些被后人统称为“视觉修正法（Parallax Correction）”的设计技巧表明，古希腊人对人的视觉特性已有相当的认识和研究，并注意到纠正视错觉的必要性和利用视幻觉的可能性。他们的艺术不是机械的数值完美，而是与人的生理条件相适应的视觉完美。

　　与立面设计相比，帕特农神庙的内部设计似乎不那么引人注目。与大多数希腊神庙的情况一样（图 2.9），帕特农神庙内殿的入口设于东墙，列柱将空间纵向分为三部分，中央部分明显较两侧要宽阔，使设于中跨底部的雅典娜女神像在位置上得到强调。在这个长方形平面内，包容着东、西两个室内空间，东部较小的空间用于贮藏贡奉和档案收藏，西部空间是放置着雅典娜神像的主要祭祀大厅（图 2.10），列柱采用双层叠柱形式，以较小的尺度重复外部柱廊的比例。这一处理一方面令内外设计相互呼应，统一于以柱式为基础的比例体系；另一方面为封闭的内部空间提供了更为适宜的尺度感，以反衬神像的高大。神庙中原来供奉着由菲狄亚斯（Phidias）雕刻的雅典娜神像，雕像高 12m，华丽异常。雕像前方的地面上设有一个浅水池。在气候干燥的雅典，池水的蒸发有利于保持内殿空气湿润。同时，明镜般的水面又可以反映雅典娜辉煌的形象，丰富内殿的视觉内容。内殿墙面保留细琢石砌体的原始表面，呈现出优质石材与精细加工所赋予的自然质感。由于四壁无窗，内殿仅靠向东的大门采光，室内通常是昏暗的，

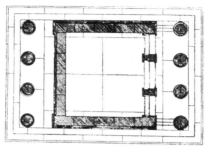

图 2.11　希腊雅典帕提农神庙
（公元前 117 ～公元前 436 年）

图 2.12　胜利女神雅典娜神庙（公元前 425 ～公元前 421 年）

但在举行宗教仪式的黎明，殿门洞开，整个内殿沐浴在灿烂的晨光中，呈现出最辉煌的景象（图 2.11）。

　　胜利女神庙也叫"无翼的胜利女神庙"，位于雅典卫城山门朝南一侧的城堡凸角上，是一座主体建筑为正方形的小神庙，其短短的前后两端各有一个由 4 根爱奥尼亚式柱子构成的柱廊，给人轻巧优雅的印象，也形成了较为独特的神庙建筑形式（图 2.12）。卫城中另一座重要的神庙建筑是伊瑞克提农神庙（Erechtheion），位于帕提农神庙北面。由于伊瑞克提农神庙后经较大规模重建，其内部空间与功能分布存在较大争议，而在这座神庙中保留了非常引人瞩目的女像柱廊（图 2.13）。柱廊平面为长方形，由 6 尊女像柱组成，正立面 4 尊，左右各 1 尊，统一被雕刻成头顶花篮、身披长袍的少女形象，栩栩如生。

　　进入希腊化时期，专政政权逐渐取代了民主体制，建筑的服务对象也由城邦民众转向了少数上层人士，大大地促进了世俗性建筑的发展，同时，古希腊时期辉煌的神庙建筑开始衰落，神庙建筑也出现了世俗化的倾向，淡化了早期神庙谨守规则的建造原则，在柱础、柱头、檐部等部位，出现了更加自由和灵活的处理。

图 2.13　厄瑞克忒翁神庙
（公元前 421 ～公元前 406 年）

图 2.14（左）
希腊厄皮道拉斯剧场（公元前 350 年）
（约翰·派尔：《世界室内设计史》，刘先觉译，26 页）

图 2.15（右）
希腊雅典广场上的亚塔罗斯柱廊内部（约公元前 150 年）
（约翰·派尔：《世界室内设计史》，刘先觉译，26 页）

2）世俗化建筑与室内

在雅典盛期，除神庙建筑之外，各类公共建筑类型和世俗建筑也在蓬勃发展中。在古希腊城邦制晚期以及进入希腊化时期后，民主制度逐步被专制制度所取代，建筑的服务对象也从城邦民众转化为少数上层人士，造成世俗性建筑的大为兴起，原来作为主要建筑形式的神庙开始衰落，神庙建筑本身也开始出现世俗化倾向。在世俗性建筑中以体育场和剧场最具代表性。

体育场的形制在整个古希腊时期变化不大，一般是一块平整而狭长的矩形场地，一端抹圆。剧场的形制在希腊化时期发展成熟，大多为露天形式，依山而建，山坡上设有阶梯式座位（图 2.14）。市镇中心往往设有中央露天广场（agora），也用作市场与公共集会场所，柱廊设在广场的一边，设有进行商业活动的房屋，后面有许多小房间作为商店贮藏或者工作空间。如雅典广场（约公元前 150 年）上的亚塔洛斯柱廊（The Stoa of Attalos，图 2.15），外部是一排多立克柱，内部是爱奥尼柱式，屋顶由木材和瓦构成。

古希腊住宅较为简朴，组合形式也比较单一，通常围绕着一个露天庭院进行布局，面向街巷的墙面为光面。住宅通常为 1～2 层粗石或泥砖结构房屋，平面布局的变化较为自由，对称格局不多见。靠近入口处通常设有厅堂（andron），为家庭男主人接待宾客时所用，露天的院子中常以柱廊围绕，是一处多用途的起居与工作空间，还设有厨房以及卧室空间。依据希腊壁画所描绘，此时住宅建筑走廊以及顶棚的装饰不多，从托罗尼湾附近的奥林索斯（olynthus）古城中挖掘出来的一些地面和墙壁遗迹可以说明这一点（图 2.16）。在奥林索斯发现的大部分房屋，其年代可以追溯到公元前 15 世纪时期。许多房屋底层地面为结实的硬土，有些铺设木地板，贫民住宅中一般使用泥土地面；较为豪华的住宅中，则多见木地面或者石板地面。在埃伊纳（Aegina）一个住宅中，地面涂深红色，墙面刷纯白色，墙裙为 1m 高也用红色，这种做法在古希腊室内较为常见。希腊早期的大部分房屋

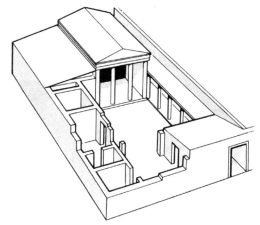

内部都涂有颜色，红色是最受欢迎的颜色之一。室内壁面多以壁画作装饰，以红色为主，护壁板多为白色、黄色，有时也采用白色、黄色、赭红三条水平色带为饰。后来还出现了采用壁柱浮雕来模仿方石砌墙的做法，并涂以生动的色彩。希腊住宅极少开窗，房间与房间、室内与室外的联系，主要通过内门或开向内庭的外门来完成，并多使用门帘。

　　当进入希腊化时期阶段，人们对住宅建筑的要求大为提高，住宅的规划和设计相当讲究。如位于小亚细亚西海岸的希腊化城市普赖依尼（Priene）住宅，规则的长方形住宅平面与经过规划的街道网络相联系。住宅沿街设入口，所有的生活区都面对内院，列柱围廊内庭成为住宅中的常规内容。内庭以赤陶或卵石铺地，有时还植有花卉、树木，为四周的起居室、卧室和餐厅提供高质量的过渡空间（图 2.17）。再如提洛岛（Deios）城市居民区的平面图所示，在这些大面积居住区中的建筑，无论平面还是布局都十分相似，似乎经过整体规划。而在一些城市的富人居住区，住居多采用三合院、四合院形制，由于住宅面积庞大，往往会占据一个街区的位置，而且还采用多层建筑的形式，大型住宅可以有多个庭院，互相之间有通道相连。希腊富人住宅的建筑格局也有一些规律可循，一般在东面的位置上建图书室，南面是方形的正厅，专供男人们集会所用。西面有欢聚室，北面是餐厅和画廊。在整个围柱式院落中，所有的柱廊均使用白色灰浆、普通灰浆以及木造顶棚进行装饰（图 2.18，图 2.19）。

　　希腊化时期，住宅的墙面装饰与装修方法走向丰富和精致化。在普赖依尼和提洛，流行一种"希腊砖石风格（Greek Masonry Style）"的墙面装修方法，即将灰泥铸成有特殊质感的面层，然后涂上逼真的颜色，模仿细琢石或大理石板的效果，这也是视幻觉艺术在室内装饰活动中已知较早的应用。也有在墙面上点缀小尺度壁画的做

图 2.16（左）
好运别墅
（约公元前 5 世纪后建成，居住区中的房屋经过统一规划布局，住宅中的所有建筑空间围绕设有家族祭坛的庭院而建，一些重要房间室内有陶瓷锦砖地面。）
（王其钧编著：《永恒的辉煌外国古代建筑史》，82 页，北京：中国建筑工业出版社，2010）

图 2.17（右）
小亚细亚，普赖依尼
（公元前 4 世纪，所有生活区均面对内院。中央露天庭院一侧设有柱廊，另一侧设各种房间，端头有一间带柱廊的正厅。沿街建筑立面为光面，大门设在一侧。）
（约翰·派尔：《室内室内设计史》，刘先觉译，25 页，北京：中国建筑工业出版社，2003）

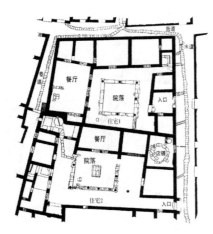

图 2.18（左）
提洛岛城市居民区平面
（王其钧编著：《永恒的辉煌
外国古代建筑史》，83 页，
北京：中国建筑工业出版社，
2010）

图 2.19（右）
城市中的大型住宅
（王其钧编著：《永恒的辉煌
外国古代建筑史》，83 页，
北京：中国建筑工业出版社，
2010）

法，另外，陶瓷锦砖地面的工艺与艺术水平明显提高。进入公元前 2
世纪中叶以后，陶瓷锦砖地面装绘开始在希腊化地区广为流行，成为
富裕家庭竞相选用的地面形式。到公元前 2 世纪后期，陶瓷锦砖地面
装绘完成了由早期卵石材料向更精细的镶嵌材料（如小块碎石、瓷片
或其他硬质材料）的过渡。这一进步不仅使画面更为细腻精致，而且
为陶瓷锦砖墙面画的出现，做好了技术上的准备。在之后的古罗马时
期和更晚的中世纪建筑中，陶瓷锦砖墙面画得到了广泛应用。

3）室内家具与陈设

古希腊时期的家具几乎没有实物保存下来，依据当时石刻、绘画
和文学作品等提供的信息可知，希腊室内所使用家具的种类、数量均
十分有限。在希吉斯托石碑（The Stele of Hegisto，约公元前 410 年）
上，表现了一把被称为"克利斯莫斯椅（Klisoms Chair）"的椅子形
象，椅腿向外弯曲，座面用皮革制成，椅背上设凹面横档，椅背曲线
十分优美。一位穿着优雅的妇女坐于其上，椅前设有矮脚踏（图 2.20）。
在希腊时期，住宅中家具的类型和数量明显有所增加，如卧榻、柜子、
独腿或三腿台等较多见。许多希腊化住宅中设有可容 3 张卧榻的餐室，
卧榻通常较高，以搁脚凳上下，设有配套使用的矮桌，可在用餐完毕
后推入榻下放置。随着私人用品日益增多，贮物要求日益强烈，希腊
化时期柜子作为新的家具类型开始普及。在当时的住宅遗址中还发现
了一些分隔出来的小房间，很可能是较早的壁橱原型。独脚或三脚台
一般较高，专门用于展示艺术品，这类家具的出现意味着艺术品欣赏
已经进入人们的日常生活中。

除上述室内家具外，日常生活器皿的设计和制作也都十分精美，
被纳入了艺术创作的范畴，体现了希腊艺术的一贯品质。如希腊的陶
器工艺，比例适度、线条流畅、功能和造型结合紧密。希腊陶器以绘
画为基本装饰手段。在不同历史时期，曾产生若干种不同的绘制风格，

图 2.20　希吉斯托石碑
（约公元前 410 年）

其中最著名的是"黑绘风格"、"红绘风格"[1]，它们均采用叙事性主题。这些日常生活器具的优美造型与装饰，也为室内整体环境起到了一定的装饰作用。

2.2 古罗马的建筑与室内设计

早在新石器时期，利古里亚人由非洲经西班牙、法国进入了意大利西北地区，成为该地区最古老的居民之一。公元前 2000 年左右，印欧人中的一支拉丁人进入意大利，并定居于拉丁平原，罗马便是在此时建立的社区之一。公元前 8 世纪时，伊特鲁斯坎人与希腊人也分别进入意大利。伊特鲁斯坎人定居于罗马北部的伊特鲁利亚地区，并逐步向南扩展，征服了包括罗马在内的拉丁各部；希腊人则定居于南部沿海、西西里岛以及高卢南部沿海地区。约在公元前 6 世纪末，罗马人推翻了伊特鲁斯坎人的统治，建立了共和国，并在此后近 3 个世纪里，罗马人逐渐控制了意大利全境。公元前 3 世纪时，罗马人开始向外扩张，征服了当时的诸希腊化城市。到公元 1 世纪奥古斯都称帝时，罗马人已经成为地中海文明世界的霸主，建立了历史上幅员最为广阔的大帝国。从公元 3 世纪起，罗马帝国经济衰退。随着帝国首都东迁拜占庭（公元 330 年），帝国分裂为东、西两部分（公元 395 年），即历史中常说的东罗马与西罗马，罗马昔日的繁荣成为了过去。

在对外扩张的一系列战争中，罗马人与希腊化世界发生了直接而广泛的接触，并被希腊艺术的魅力所征服，包括希腊的建筑与室内设计。罗马人爱慕甚至崇拜希腊艺术，但由于生活方式、价值观念和审美传统的不同，罗马人在希腊成就的基础上，开辟了自己的发展道路。

2.2.1 新材料与新技术

古罗马建筑的伟大成就，得力于它的拱券结构与混凝土工程技术。罗马人探讨了券的可能性与在大型室内空间创造中的应用。罗马人还最早在建筑中使用了混凝土，而拱券结构与混凝土工程技术的结合，使古罗马建筑在世界建筑史上创造了辉煌的一页。

1）券、拱以及穹顶

发券构造在古代埃及和希腊时期即有出现，券是用楔形石结合在一起形成的，可以跨越宽阔的门洞，相对于单根石梁而言，这种结构具有显而易见的优越性。

---

1 "黑绘风格"指以黑色颜料在天然黏土制作的陶器上绘出人与物的轮廓，然后再在黑色轮廓中刻出细部的陶器绘制方法，流行于公元前 6 世纪；"红绘风格"以红色颜料将人与物绘制在黑色背底上的陶器绘制方法，流行于公元前 5 世纪。

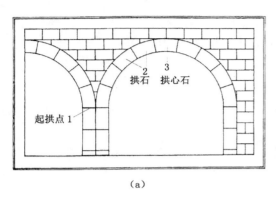 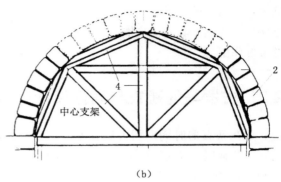

（a）　　　　　　　　　　　　　　　　（b）

图2.21
典型的罗马券与正在施工中的券和中心支架
（a）罗马拱券；
（b）中心支架

　　一座券所需使用的石头必须在它完成之前就位，在砌就的过程中首先需要一个支撑结构来支撑这些石头，并在完成后拆除，这种支撑结构一般使用木制结构，称为中心支架。罗马人逐步掌握了从券基部分使用凸出的石块来支撑中心支架的方法，从而避免了从地面开始建造木结构的中心支架的做法。此外，罗马人将这些中央支架重复利用，来建造由连续券所形成的拱廊。在发券的过程中，券石传递侧向压力使券产生向外的推力，在桥梁或者输水道中利用桥墩或者一座天然小山抵消这种推力，而在连续的券中，则依靠厚重的墙壁来完成。

　　券结构可以跨越宽阔的门道，而在屋顶的建造中，人们将券并排起来形成拱，即筒拱或隧道拱（Barrel Vault），拱下两边的厚墙吸收券所产生的推力。筒形拱在古埃及、古代西亚以及伊特鲁斯坎人的建筑中即已出现，但罗马人在此基础上实现了进一步的创造——"十字交叉拱"。"十字交叉拱"是由两个筒形拱垂直相交组成，并可重复连续建造，用以覆盖任意长度的矩形空间。由于十字交叉拱的推力由斜肋集中传至4个拱脚，室内不需要连续的厚墙支撑推力，从而营造出了更为灵活的内部空间，并有利于通风和采光（图2.21，图2.22）。此外，罗马人还发展了穹顶结构，即圆形的拱顶，呈半球形或者比半球形略小。一个穹顶可以覆盖一个圆形的空间，并要求沿着穹顶的周边进行支撑。

　　2）混凝土

　　古罗马最具特色的建筑材料是天然混凝土。在古罗马巴伊埃和维苏威火山附近出产一种天然火山灰，相当于今天的水泥，水化拌匀之后再凝固起来，其耐压的强度较高。古罗马人将这种火山灰和碎石、断砖或沙子根据实际的用途混合起来而获得混凝土，可以建造墙壁、拱券和拱顶等。拱券技术与天然混凝土结合在一起，一方面大大简化了拱券结构的施工，另一方面又充分发掘了混凝土材料的结构潜力，当混凝土材料应用于建筑拱顶与圆顶时，建筑就变成了一种模塑的壳，这极大地改变着建筑师的空间观念。因为在传统柱梁式的建筑中，建

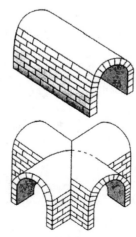

图2.22　筒形拱顶（上）
和交叉拱顶（下）

筑内部是被实墙围合起来的与外界分隔的内部空间，而在混凝土与拱券结构结合之后，室内获得了更加灵活自由的空间形状。伴随着单体建筑空间尺度的膨胀和空间形态的多样化，古罗马人以多轴线或多导向的空间组织，丰富了古希腊人主轴线和单一导向的设计方法。这一设计进步在一定程度上提高了室内装饰和陈设品配置的重要性，并对其设计技巧提出了更高的要求。

3）罗马建筑的柱式

由于混凝土和拱券结构的大范围应用，古罗马时期的建筑在结构与空间上获得了很大程度的解放。来自古希腊的传统的梁柱（Architrave and Column）结构虽然被保留了下来，但已经不再被当作主要的建筑方式，而是与古罗马的建筑形制相结合，创造出了一套新的柱式和比例尺度及使用规则。

古罗马在古希腊原有的三柱式基础上，创造出的两种新的柱式是塔司干（Tuscan）柱式、混合（Composite）柱式，至此，被后世广泛使用的古典建筑五柱式全部产生。塔司干柱式原本是罗马本土早期伊特鲁里亚的一种传统柱式，在古罗马时期加以变形，融合了古希腊柱式的形象处理，形成了一种非常简约的柱式，塔司干柱式柱身无凹槽、柱头无装饰，柱头与上部额枋之间没有顶石过渡，檐板上也没有雕刻装饰，柱底径与高度为 1：7，整体风格质朴、粗犷。混合柱式是将爱奥尼亚柱式的涡卷与科林斯柱式的莨苕叶相结合，形成了非常华丽、繁复的柱式，混合柱式是古希腊以来所形成的五种柱式中最具装饰性的，这在很大程度上也反映了古罗马人追求享乐、奢华的社会风尚。

同时，古罗马人重新赋予了希腊柱式以新的比例关系和使用规则，多立克柱式的比例被拉大，柱底径与柱高比例为 1：8，柱身 20 个凹槽，凹槽之间的锐尖角演变成了圆滑的弧线。爱奥尼亚柱式的底径与柱高比例拉长到 1：9，柱身采用 24 条凹槽，整体形象更加轻盈。而科林斯柱式与混合式柱子在此时的底径与柱高比例均为 1：10，高挑挺拔（图 2.23）。在具体实践中，古罗马五种柱式的比例尺度与设置、搭配标准等会按照建筑的造型作相应的变化与调整。更为重要的是，由于新型材料与结构的使用，古典柱式的承重作用大为减弱，而更多作为装饰元素而存在。

2.2.2　主要建筑类型及室内空间格局

1）神庙建筑

在罗马共和国建立之前的伊特鲁斯坎人统治时期，其神庙建筑深受希腊文化影响，在公元前 6 世纪时形成了一定的形制。神庙一般修建在高高的基座之上，正面设台基，为神庙唯一的入口；神庙整体平

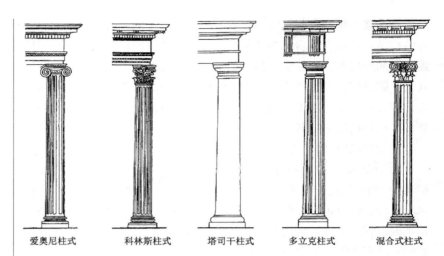

图 2.23　古典建筑五柱式

爱奥尼柱式　　科林斯柱式　　塔司干柱式　　多立克柱式　　混合式柱式

面呈长方形，在功能上分为前后两大部分，前部为圆柱支撑的深门廊，后半部为内殿，由连续的承重墙围合而成，内殿横向又分隔为三个独立的内部空间，用来供奉神祇（图 2.24）。现位于法国境内尼姆城的梅宋卡吕神庙是罗马人修建的较早至今保存完整的神庙之一，约建于公元前 1 世纪左右。在这座神庙中可以看到希腊神庙的影响，神庙主要空间是一间神堂，供奉着一尊神像，神堂前有柱廊。神堂很简单，上有石砌的筒形拱顶（图 2.25）。

　　进入帝国时期后，罗马建筑随之进入了黄金时期，为后世留下了无数辉煌的建筑遗迹，其中最为重要的建筑之一，当推哈德良皇帝时期兴建的罗马万神庙。万神庙既是一座庙宇，又是一座皇家纪念物，始建于公元 118 年，落成于公元 128 年左右。万神庙代表着罗马人设计和建造工程的最高水平，是古罗马建筑最辉煌的成就之一。万神庙结构简单，形体单纯，由一个矩形门廊加一个圆形神殿组成。神庙从基础到穹顶均使用混凝土浇筑而成，墙厚 5.9m，从穹顶根部起，逐渐变薄，到穹顶上端仅厚 1.5m。其矩形门廊为希腊式，大门两侧设深壁龛，放置着奥古斯都以及其副手阿古利巴的雕像。圆形神殿是神庙的主体，顶上覆盖一个直径 43.3m 的大穹顶，历经了两千年一直是世界最大的穹顶。穹顶的最高点距离地面 43.3m，顶中央有一个直径 8.9m 的圆形

图 2.24（左）
伊特鲁斯坎神庙平面图、模型（公元前 6 世纪晚期）

图 2.25（右）
梅宋卡吕圣庙（公元前 1世纪）
（约翰·派尔：《室内室内设计史》，30 页，刘先觉译，北京：中国建筑工业出版社，2003）

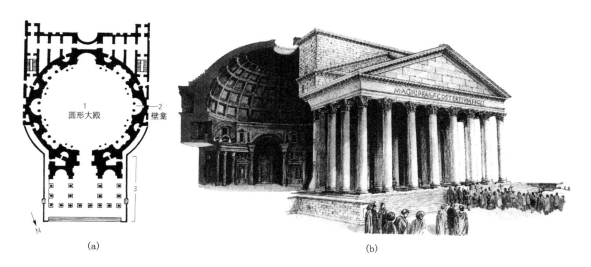

图 2.26　万神庙（公元前 118 ～ 128 年）
（王其钧编著：《永恒的辉煌 外国古代建筑史》，93 页，北京：中国建筑工业出版社，2010）
(a) 平面图；(b) 剖视图

大洞，为庙内唯一采光口。光线从上泻下，随着太阳方位角度的变化产生强弱、明暗和方向上的变化，依次照亮神庙内的壁龛雕像。置身其中，感觉从天顶来的光线犹如上帝看不见的眼睛，氤氲着一种神秘的气氛。

万神庙室内比例十分和谐，在大天窗下环顾四周，可依次看到位于底层的一系列神龛、拱门和小礼拜堂，由科林斯圆柱与壁柱划分开来，以虚实相间的节奏消除了墙体的沉重感；位于中层的相互交替的装饰镶板与假窗；第三层便是巨大的穹顶，穹窿上以藻井装饰，为了减轻穹顶的重量，从上至下分别采用了石灰华、凝灰岩、砖等重量不等的材料，最顶部则使用了最轻的浮石。圆形神殿的地面中央微微凸起，站在中央向四周看去，越往远处地势越低，给人一种更加深远的感觉。609 年万神庙曾被改为基督教堂，奉献给圣母玛利亚和所有的殉道者，这也使得万神庙避免了后来者的无情破坏，成为保存最完好的古罗马建筑（图 2.26）。

2）公共建筑

罗马人注重实践，工作勤奋，热衷征战。他们征服了当时所知道的所有西方世界，用铺设精良的公路网络连接其辽阔的土地。为了给规模庞大的城市提供水源，罗马人修建了大量的高架水道，将水源从 80km 以外或者更远的山脉输送过来；输水道进城以后，分散为许多细支直达各个居民点，并建造水池储水。在拥有这样的供水设施之前，城市地址的选择往往受到水源的限制，不能建造在离水源太远的地方，到了强大的古罗马时期，城址的选择便摆脱了这样的束缚而更加自由。坐落在法国尼姆市的加尔输水道便是其中最为著名的供水建筑。水道全长约 40km，现尚存 270m，横跨加特河谷。水道采用三层叠置的连续券结构，最高点高度达到 49m，最大跨度 24.5m。水道第一层连续拱券跨度很大，结构宽厚，兼作人行桥，第二层的连续跨度与底层相同，

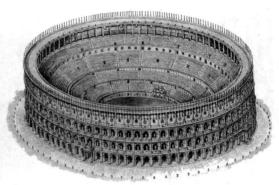

图 2.27（左）
加特输水道桥（公元前 1 世纪后期）

图 2.28（右）
罗马斗兽场想象复原图
（王其钧编著：《永恒的辉煌 外国古代建筑史》，97 页，北京：中国建筑工业出版社，2010）

但结构层较薄，顶层连续券跨度小且低很多，用于承载水道。整个加尔桥结构合理，比例匀称，规模宏伟壮观。无论是在形式还是结构上都充分显示了罗马帝国的气势和高超的土木工程技术，也显示了非凡的耐久性（图 2.27）。

罗马人修筑了众多公共建筑，如剧场、图书馆、浴场、法庭、市场等。大角斗场又叫圆形剧场，由两个半圆剧场面对面拼接起来，其形制脱胎于古希腊时期的露天剧场。在古希腊时期，剧场均依山而建，山坡上布置着层层升起的观众席，这样可以取得更好的视线和音质效果。古罗马人用新技术改变了这一切，他们利用拱券结构和混凝土工程技术将观众席在平地上直接架起，使得剧场脱离了必须选择一个山坡的地理位置限制。大角斗场是古罗马最大的椭圆形角斗场，其长轴 188m，短轴 156m，周长 527m。椭圆形的表演区设在中央，环绕在竞技场四周的看台座位根据身份分五个等级逐层排定。第一排看台比表演区高出 5m，看台的墙壁采用多重拱廊的结构，使每个部分都有自己直接通往场外的楼梯和通道，同时形成了 80 个出口，这种高效的设计既可承重又可使 8 万观众在短时间内全部退场，这种设计方法被历代沿用直至今天。大角斗场从外面看分为 4 层，总高 48.5m，下面三层是连续券柱式围廊，顶层是实墙，每层有 80 个券洞。底层使用了雄壮的多立克柱式，二层为秀丽的爱奥尼柱式，三层则采用华美的科林斯柱式。大角斗场的建造速度也非常惊人，仅 10 年便已基本完工，表现出古罗马人高效的施工程序和组织能力（图 2.28）。

"浴场"是古罗马社会的特殊产物，对于罗马人而言，公共浴场已经成为了一种不可或缺的生活方式。罗马浴场各种设施完备，形成了一个集洗浴、社交、休闲以及体育锻炼为一体的多功能场所，浴场中提供一系列水温不同的浴室，如温水浴（Tepidarium）、热水浴（Caldarium）、高温浴（Laconicum）以及冷水浴（Frigidarium），并配备有图书馆、运动场所等，浴室周围有庭院与花园。卡拉卡拉浴场

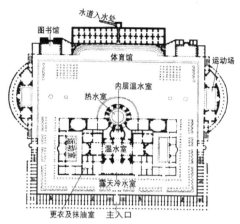

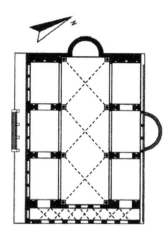

（Baths of Caracalla，公元 298～306 年）是其中规模较大的一个，可供 1600 人同时使用。内设冷水、温水、热水洗浴和各种服务性设施，并有铺设于墙内、地下的专用供水供热管道提供可靠的洗浴保障。冷水浴场是露天的，环浴池的墙面上设有钩子，可能是供随时张拉帐篷使用；温水浴大厅长 55.77m，宽 24.08m，高 32.92m，顶部由三个十字交叉拱横向相接覆盖，并以十字交叉拱上的高侧窗提供充分的采光；热水浴室是一个带穹窿顶的圆形大厅，穹窿顶直径 35m，厅高 49m，尺度仅比万神庙略小一些。浴室各部分空间以纵横交叉的多条主次轴线有机地组织在一起。在这里复杂的功能组织、多样化的空间形态、丰富而明确的轴线导向、周到的服务设施和精致的装修设计，全面地反映了帝国时期古罗马人在室内环境创造活动中所达到的较高水准（图 2.29，图 2.30）。

　　罗马人的法庭即所谓的"巴西里卡（Basilica）"，一般都拥有一个供诉讼、审判所需的中央空间（中厅），审判席位于建筑端头半圆形龛内高台上。中厅两边用拱廊分开，侧廊大致上可以起到联系中厅的作用。中厅的高度大于侧廊，窗户便开在中厅墙体上部，形成高侧窗。保留至今最大的也即最后一座巴西里卡是君士坦丁巴西里卡，位于罗马广场与圆形竞技场之间。在这座大型建筑物里，传统巴西里卡中的柱厅被放弃，而以类似于大浴场中的筒形拱与交叉拱形成宏大的室内空间。其中厅长 80m，宽 25m，混凝土交叉拱顶高 35m。中厅两侧建有略低的侧厅，上各覆盖以 3 个筒形拱顶，以抵挡中央高大拱顶的侧推力（图 2.31，图 2.32）。

　　罗马人还修筑了带有拱顶的厅堂式市场，为现代商场建设带来了惊人的启发性。如在图拉真市场（公元 100～112 年）巨大、封闭的拱顶大厅两边，设置了通向不同商店的门窗；其上层廊道可以通向附属的商店（图 2.33）。

图 2.29（左）
卡拉卡拉浴场　平面图

图 2.30（中）
卡拉卡拉浴场复原图（公元 211～217 年）
（约翰・派尔：《室内室内设计史》，刘先觉译，29 页，北京：中国建筑工业出版社，2003）

图 2.31（右）
君士坦丁巴西利卡平面图

图 2.32（左）
马克辛巴西利卡的复原图
（公元 307 ～ 312 年）

图 2.33（右）
图拉真市场（公元 100 ～
112 年）
（约翰·派尔：《室内室内设
计史》，刘先觉译，31 页，
北京：中国建筑工业出版社，
2003）

3）宫殿与住宅建筑

国家的强盛与富足除了反映在上述诸多新型功能的公共建筑领域之外，也催生了华丽的宫殿与府邸建筑。古罗马帝国历史中记载最为奢侈的皇帝宫殿是由其历史上最为残暴的皇帝尼禄（Nero）主持修建的黄金宫（Golden House），该宫殿也堪称是整个帝国最具形象力的住宅之一。黄金宫位于罗马埃斯奎利尼山丘（Esquiline Hill）的斜坡上，宫殿平面采用了海滨别墅的布局方式，总占地面积多达 130ha。长长的柱廊背后建有一层平台，平台上的建筑群俯瞰山下的人工湖，湖周围点缀着神庙、喷泉、浴室、亭阁等建筑，豪华的宫殿与自然风景园林融为一体（图 2.34）。尼禄皇帝大胆使用了混凝土浇筑、拱券等新技术和新结构形式，建造出了八角亭、十字形等丰富多样的几何图形平面格局。其中还有一个建立在八边形墙面上的圆顶八角形大厅，大厅由混凝土构筑成一座整体建筑，位于中央的八角形大厅上覆盖有一个大圆顶，圆顶中央留有采光口。大厅室内有 5 条边分别通向覆有拱顶的长方形房间，这些房间通过上面环绕着圆顶外沿的一圈隐蔽采光井（lightwells）采光，使得其下的墙壁巧妙地消融于朦胧的光影中。

这组宫殿建筑表现出尼禄皇帝对华丽装饰的极大兴趣，"金宫"的名称来源于其镀金的正立面，其内部空间也以金色为主色调。金宫中所有的房间都光辉灿烂，采用了各种装饰方法，从而震惊并取悦了所有来访者。宫中的地面采用昂贵的大理石，并设计有丰富的图案；墙壁上镶嵌有各种宝石；顶棚上装饰着帐幕图案，悬挂在空中的紫色毯中央绣有尼禄驾着战车的图案，金色的星星在他的周围闪闪发光。同时，类似宇宙玄想式的图案也被采用，出现了时间之神与其他神秘星座诸神，如丘比特、维纳斯、马尔斯等等。

除了皇帝将宫殿建造在风景优美的郊外风景区之外，当时的高官、贵族以及富商等也纷纷在乡下建造别墅。这些别墅大都修建在有山坡

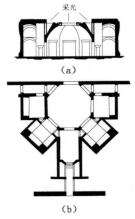

图 2.34　黄金宫，（公元
64 ～ 68 年）
（陈平：《外国建筑史：从远
古至 19 世纪》，128 页）
（a）剖面图；（b）平面图

的台地式基址上，或者通过拱券结构形成人造台地，配合地势设置了流水、花园、凉廊，由此形成独具特色的组合建筑形式。

　　不过，对于大部分城市居民来说，最常见的住宅是合院式与公寓式形式。合院式（courtyard）住宅以围绕着中心天井兴建一圈柱廊和房屋为一个单元，普通居民往往只拥有一个单元的合院，富裕人家可能拥有几个合院构成的大型住宅。主人卧室位于院落内部最里端，院落入口一侧多设置开敞的柱廊厅，附属房间设于两侧。公寓（Apartment）住宅是为城市中的低收入者提供的，以多层楼房常见，底层利用拱券结构建造高敞的空间以用于商业活动，上部各层有分隔出的标准小房间供出租使用（图 2.35）。

　　罗马时期的普通住宅，遗存实例极少。随着庞贝古城（Pompeii）的挖掘，为后世提供了系统了解该时期住宅室内的详细资料。庞贝城建于公元前 7 世纪，这座经过良好规划的古城于公元 79 年维苏里火山爆发时被完整地掩埋于火山灰下，遭遇同样命运的还有赫库兰尼姆城（Herculaneum）。庞贝住宅通常是 1～2 层，多与位于宅院围墙短边正中的大门和街道联系，住宅大小各有不同，从一个庭院周围有几间房屋的小型形式，至大型豪宅均有出现。大型住宅一般拥有两个院子，前面的院子中设有中庭，周围环绕以房间，形成一个正式的外部区域；其后是一个更大的院子，称为柱廊院，周围环绕以各种用途的房间，形成一个较为私密的区域。庞贝住宅中的生活设施十分完善，有经过设计的给水排水系统、可供热水的浴室、可冲洗厕所和取暖的火坑。维蒂住宅（House of Vettii，图 2.36）是保存较为完好的住

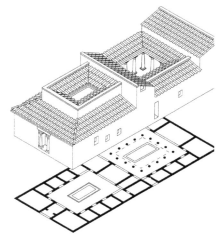

图 2.35　罗马人的住宅及其平面

（罗马城以及罗马的其他城市用地紧张，这种独立住宅一般为上层人士所有。罗马人的住宅以围绕中心露天中庭的院落为基本元素，大型宅邸可由多个院落共同构成）

（王其钧编著：《永恒的辉煌 外国古代建筑史》，106 页，北京：中国建筑工业出版社，2010）

图 2.36　维蒂住宅（公元 67～79 年）

（约翰·派尔：《室内室内设计史》，32 页，刘先觉译，北京：中国建筑工业出版社，2003）

（a）住宅平面图；

（b）住宅中厅

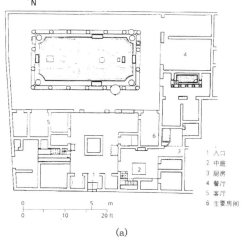

1 入口
2 中庭
3 厨房
4 餐厅
5 客厅
6 主要房间

（a）

（b）

宅例子，中庭院子里有一个中央露天水池，周围对称布置有不同用途的房间。后面设有花园，周围有柱廊环绕，并支撑屋顶。

2.2.3　室内装饰装修与家具

罗马建筑由于新材料与新技术的大量应用，室内空间发生了较大变化，同时也为室内装饰带来了全新的话题。混凝土虽然有诸多优点，

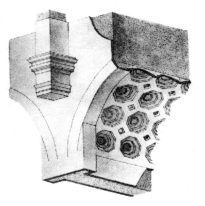

图 2.37　古罗马拱券

但在视觉上产生粗糙、生硬的感觉，为了更好地解决这一问题，罗马人大力发展了室内装饰技术，如在室内使用灰泥、大理石贴面、陶瓷锦砖等手法来装饰室内壁面与拱券（图 2.37），室外则使用砖、石做贴面。随着建筑材料的改变，建筑师在室内装饰领域获得了更为广阔的发挥空间，发展成为最优秀的室内装饰家。

一般而言，古罗马时期室内设计的许多特点均由古希腊室内设计发展而来。与古希腊的情况不同，古罗马纪念性建筑要求更进一步的内壁装饰与装修。这不仅是因为罗马人放弃了古希腊纪念性建筑所使用的细琢石墙体，转向了需要饰面处理的新型建筑材料；同时因为古罗马人的欣赏口味更趋于奢侈、华丽。在古罗马纪念性建筑中，流行三种基本饰面，即大理石饰面、灰墁浮雕饰面（stuccorelief）和陶瓷锦砖饰面。

约公元 1 世纪以后，大理石开始成为古罗马人常用的室内装饰材料，除了本地出产的白色斑岩和红色长石外，埃及、爱琴海地区的一些更为珍稀的大理石也被大量进口使用。古罗马人已经掌握了具有相当水准的大理石铺装工艺，拼装图案丰富，其中以对比色制作的几何图案最受欢迎。此类设计不但具有很好的装饰效果，另一方面也可与室内空间的整体比例相呼应。灰墁浮雕饰面在意大利本土伊特鲁斯坎人的建筑中即已广泛使用，由于灰墁浮雕饰面适用于曲率不同的各类表面，且浮雕主题可大可小，能够灵活填充于各个部位，因此受到古罗马设计师的特别青睐。古罗马人很可能是从希腊人那里获得了有关陶瓷锦砖艺术的基本知识，他们十分欣赏这种精美的艺术。加之直接借鉴希腊经验并大量雇佣希腊工匠，古罗马陶瓷锦砖艺术水平迅速提高，并将这一工艺广泛应用于建筑内壁装饰。尤其在公元 1 世纪以后，热爱空间和色彩变化的古罗马人逐步将陶瓷锦砖装饰内壁演变为一种流行形式。

为了适应日益发展的墙壁和拱形圆屋顶的装饰需求，罗马人还发

明了很多新型材料。他们在玻璃陶瓷锦砖中混合金色或彩色以达到闪闪发光的效果，陶瓷锦砖的使用既加强了混凝土新拱形圆屋顶的装饰效果，又掩盖了结构之间的接缝，因而获得飞速发展，玻璃陶瓷锦砖成为大部分复杂的室内装饰用材，如金色玻璃陶瓷锦砖就是在尼禄的金屋中最早展现出来的。

古代罗马的壁饰一直是人们注视的焦点，它丰富的内容和形式创造了最美、最具创造力的室内装饰部分。最初的壁面装饰强调墙面的平面结构特色，之后，又在墙壁和顶棚上运用绘画手法表现建筑构件的立体效果，使得壁面装饰逐渐打破了现实和幻想之间的界线，创造了错觉效果。位于庞贝的维蒂住宅，其室内墙面保留有使用绘画手法进行装饰的实例，以及制作精美的大理石饰面、灰墁浮雕饰面和陶瓷锦砖饰面，但对壁画饰面的使用更为普遍，并突出地反映了古罗马人对视幻觉技巧的兴趣（图2.38）。窗用玻璃发明于公元1世纪，当时较小的窗子使用一整块玻璃，较大的窗子由很多块矩形玻璃镶进木框或铜框架之中而成。窗户一般开在采光条件较好的墙上，保证室内可以拥有充足的光线。

古罗马家具的造型和装饰特征主要与伊特鲁斯坎设计传统以及古罗马人对奢侈与豪华的特殊爱好联系在一起。它们大多坚实、厚重、装饰繁复，明显区别于古希腊或希腊化家具的轻巧秀丽。古罗马御座

图2.38　维蒂住宅的壁画（约翰•派尔：《室内设计史》，33页，刘先觉译，北京：中国建筑工业出版社，2003）

定型于伊特鲁里亚时代，通常有圆形的靠背、向两边延伸的扶手或侧板，以及坚实的基座。基座正面往往采用大型涡卷或类似的大尺度装饰（如兽腿或裸体人像躯干）。三面设卧榻的希腊化餐室在帝国时代被引入罗马，卧榻从此成为古罗马所采用的家具类型。展示家具是重要的古罗马家具类型，在这类家具中，较高的展示架由希腊化时期的独脚展示桌演变而来，而长方形展示台则被认为是罗马人的创造。此外，各种用于陈列艺术品的展示柜也自古罗马时代起被大量生产。

主要参考资料

[1] 王其钧编著. 永恒的辉煌——外国古代建筑史. 北京：中国建筑工业出版社，2010.

[2] （美）刘易斯·芒福德. 城市发展史. 起源、演变和前景. 北京：中国建筑工业出版社，2005.

[3] （美）约翰·派尔. 世界室内设计史. 北京：中国建筑工业出版社，2003.

[4] 陈平. 外国建筑史. 从远古至19世纪. 南京：东南大学出版社，2006.

[5] 刘珽. 西方室内设计史（1800年之前）. 上海：同济大学博士学位论文，1998.

[6] 张夫也. 外国工艺美术史. 北京：中央编译出版社，2005.

[7] （英）伍德福德. 剑桥艺术史：古希腊罗马艺术. 钱乘旦译. 南京：译林出版社，2009.

第3章　先秦时期的室内设计

先秦主要指夏、商、西周以及纷争的春秋、战国时期，最早距今约5000年。随着新石器时期晚期人口密集地区的政治、经济进一步发展，产生了凌驾于氏族公社之上的原始国家，称为古国。在此基础上又逐步发展出了更为发达、成熟的国家——方国（大约距今4000年前）。诸方国中最为强大、独霸一方的国家，为其他方国所拥戴而成为了宗主国，夏、商、西周均为此种情况下所产生出来的宗主国。夏、商、西周在各自的发展过程中，都有一段互相衔接的并存时间，也表明其逐渐由强大的方国向宗主国转化的过程，[1]这种方式至东周以后逐渐发生改变。夏、商、西周时期社会发展已经进入了阶级社会的初级阶段，即奴隶社会时期，其中以殷商与西周最为强盛。至此自战国时开始了由奴隶制度逐步向封建社会转变的漫长过程，直至秦始皇统一六国，奴隶社会宣告结束。

夏代的文字不可考，随着甲骨文的大量发现，可知中国最早的文字在商中期时已经出现，以其文辞的言简意赅以及流畅程度来看，当时的语言表达已具有很高水平。商代时，人们对天文历象知识已经有了一定的掌握，地球环绕太阳一周的时间定为"年"，月球环绕地球的周期定为"月"，而地球自转的周期为"日"，一年分为四季，每季三个月。为了适应繁荣的商业贸易活动，商代还出现了货币——贝，经济的繁荣也促进了其他社会文化的繁荣。夏、商、周时期因大量使用青铜器又被称为我国历史上的"青铜时代"。至春秋、战国时，铁器逐步普及并大量应用，更加推进了社会生产力的发展，使得社会财富日益增加，社会分工进一步细化，有效促进了社会文化、科技的发展和繁荣，形成了"百家异说"的文化盛期。

3.1　夏、商时期的室内设计

夏朝约建立于公元前2070年至公元前1600年间，历经400余年，

1　苏秉奇：《中国文明起源新探》，122页，沈阳：辽宁人民出版社，2009。

是古代中国的第一个王朝。其活动范围以今山西西南部、河南西北部为中心，逐步扩展至今河北、山东境内的广大区域内。商人最早活动于今河北省西北部境内，后逐步发展至山东半岛及附近地区，势力逐步壮大，灭夏而建立了新的奴隶制王朝——商，约自公元前 1600 年至前 1046 年，前后绵延达 600 余年。商王朝的国土疆域较夏朝有所扩大，西至今陕西、南及今湖北，东抵山东境内、北部大致在今河北境内。商代早期没有固定的国都，直至公元前 14 世纪时商王盘庚于安阳定都。历史上一般将盘庚定都之前称为早商，之后为殷商。

夏、商时期社会生产力较前代大为提高，建筑技术也获得了很大的发展。在大小诸国中，王权、君权拥有最高统治地位，出现了真正意义上的都城与宫殿。夏、商时期建设了规模远超前代的都城、地方城市与宫室。由其宫室建筑总体布局来看，在此以及稍后时期，建筑上采用在平面上展开的、封闭式的院落布置格局已具雏形，并开始形成传统。在建筑空间的使用中，已经形成了初步的"前朝后寝"（前堂后室）格局。宫殿建筑除具有其实用功能外，已经出现了以建筑形象来突显王者威仪的建筑艺术作用。此时期一般民居建筑变化不大，更多因袭了新石器时期晚期的住居形式，在一些住居建筑中也出现了采取正侧向建筑互相垂直、形成开敞院落的基本格局形式。[1]

3.1.1　夏、商时期的聚落、城市

史籍中有关夏代城市的记载极少，《古本竹书纪年》中提及，夏曾迁都 6 次，说明当时应有较为活跃的城市营建活动。[2]《淮南子》中有："夏鲧作三仞之城"，《吴越春秋》："鲧筑城以卫君，造郭以守民，此城郭之始也"，"鲧"为传说中夏禹的父亲，此可作为夏代城市营造的简单记录。同样，在考古发掘中夏代城市遗址至今亦不多见，根据新石器时期城市的发展状况以及少量的文献记载可以推测，在有夏一朝的 400 余年间，城市的修筑必不可少，随着社会经济、营造技术的发展，城市的规模和形式也应该在不断发展和完善之中。

商代无论王都、诸侯王城，还是一般小城市的建造活动均较为频繁，已经出现了城、郭的明确区分，奠定了"城以卫君，郭以守民"的原则，逐步形成了内外两层城垣的构筑制度，为后世中国古代城市的建造提供了基本雏形，并被一脉相承地继承发展。随着社会制度的变迁，夏、商两代的城市内部功能发生了相应变化，其功能分区已经不再像原始社会的聚落那样以氏族血缘关系而进行聚居，而是从实际

1　参见傅熹年：《中国科学技术史·建筑卷》，54 页，北京：科学出版社，2008。
2　学界研究认为夏代 6 次迁都的顺序依次为：阳城、斟寻、帝丘（今河南濮阳县西南）、原（今河南济源县西北）、老丘（今河南开封市东）、西河（今河南安阳市东南）。见刘叙杰主编：《中国古代建筑史（第一卷）》，127 页，北京：中国建筑工业出版社，2003。

功能出发进行规划。城内建筑形式日趋丰富，除了原始社会时期即已形成的民居、庙坛、作坊建筑之外，还出现了宫殿、苑囿、陵寝、官署、监狱等建筑形式，以宫城为中心，其余建筑环绕周围。如安阳殷墟中所表现的格局，安阳殷墟自公元前 14 世纪时商王盘庚迁都始，直至公元前 11 世纪商纣王亡国止，作为商都长达 270 余年。其总体格局是以宫城为中心，周围环以手工业作坊与一般民居，宫城周围以洹水（安阳河）和壕沟作为防御设施。在宫城中已经有意识地将朝廷、后宫、祭祀建筑安排在南北轴线上。今天可见的商代其他城市的遗址主要有河南洛阳市偃师县商城遗址、河南郑州市商城遗址、湖北黄陂盘龙城遗址等，其规模均不及商殷墟。

夏、商两代的聚落遗址不多见，就考古资料所示，一般居民此时的居住条件仍然比较落后，基本沿袭了新石器时期晚期的各种建筑形式。夏代聚落遗址主要有内蒙古伊克昭盟朱开沟遗址、山西夏县东下冯村二里头文化居住遗址、河南商丘坞墙二里头文化居住建筑遗址、河南偃师县二里头文化居住建筑遗址。商代完整的聚落遗址至今尚未发现，以河北藁城台西遗址为主要代表，可见较集中的地面以及半地下房址十余处，但聚落的整体布局难以辨认。此处在建筑群体布局中，已经出现了建筑采取正侧向互相垂直、形成开敞院落的基本格局形式。[1]

3.1.2　建筑的空间形态与装饰装修

1）建筑类型与空间形态

虽然夏、商一般居民的居住条件仍十分简陋，但作为统治者的奴隶主阶级，已经开始营造相对高敞的宫室等建筑，通过规划布局和建筑设计，形成了与一般平民住居建筑在规模尺度以及建筑精度上的巨大差异。此时期的统治阶级已经有意识地通过高大的宫室建筑形象，来表达王权的威势与至高无上。商代出现的甲骨文，是我国已知最早的象形文字，其中有不少文字和当时的建筑有关，如"宫"、"高"、"宗"、"京"、"宅"、"贮"等，可较为抽象地感受到当时的建筑情形（图 3.1）。

《论语》云："夏卑宫室，而尽力于沟洫"，《史记·夏本纪》："夏作瑶室"，汉扬雄《将作大匠箴》中有："侃侃将作，经构宫室，墙以御风，宇以

图 3.1　甲骨文中有关建筑的一些文字

（刘敦桢：《中国古代建筑史（第 2 版）》，30 页，北京：中国建筑工业出版社，2005）

蔽日，寒暑攸除，鸟鼠攸去，王有宫殿，民有宅居，昔在帝世，茅茨土阶，夏卑宫观，在彼沟池，桀作瑶台，纣为璇室，人力不堪……"。由此大致可推测，夏早期的统治者多忙于农田水利而无暇宫室建造，建筑可能仍保持着"茅茨土阶"的形式。至夏桀时宫廷开始追求华丽繁复的装饰与设计，只是其华丽程度与具体形式无法考证。

《史记·殷本纪》记云："商纣作倾宫"，《尔雅·释文》谓："古者贵贱同称宫，秦汉以来惟王者所居称宫焉"。相比夏之"室"，商纣之"宫"似乎在规模和华丽程度上更近了一步。另外，在《考工记·匠人营国》中有对夏、商营建活动较为详细的记载："夏后氏世室，堂修二七，广四修一，五室，三四步，四三尺，九阶，四旁两夹，窗，白盛，门堂三之二，室三之一。殷人重屋，堂修七寻，堂崇三尺，四阿重屋"。[1] "夏世室"为夏代皇帝的宗庙；"重屋"一般解释为重檐之屋，"四阿重屋"即四面落水的屋面，也即后世所称的重檐庑殿顶，该形式一直被列为中国古代官式建筑中的最高规格。今天可以见到的夏代宫室建筑遗址以河南偃师县二里头夏代宫室[2]、商代宫室建筑遗址以河南偃师县尸乡沟商城宫室遗址[3]、河南郑州市商城宫室遗址[4]、河南安阳市殷墟晚商宫室遗址[5]、湖北黄陂县盘龙城商代宫室遗址、四川成都十二桥商代建筑遗址[6]等为代表。据考古研究成果显示，夏、商时期

1　《考工记》成书于战国时期，是我国古代第一部手工艺专著。《考工记·匠人营国》全文如下："匠人营国，方九里，旁三门。国中九经九纬，经涂九轨，左祖右社，面朝后市，市朝一夫。夏后氏世室，堂修二七，广四修一，五室，三四步，四三尺，九阶，四旁两夹，窗，白盛，门堂三之二，室三之一。殷人重屋，堂修七寻，堂崇三尺，四阿重屋。周人明堂，度九尺之筵，东西九筵，南北七筵，堂崇一筵，五室，凡室二筵。室中度以几，堂上度以筵，宫中度以寻，野度以步，涂度以轨，庙门容大扃七个，闱门容小扃三个，路门不容乘车之五个，应门二彻三个。内有九室，九嫔居之。外有九室，九卿朝焉。九分其国，以为九分，九卿治之。王宫门阿之制五雉，宫隅之制七雉，城隅之制九雉，经涂九轨，环涂七轨，野涂五轨。门阿之制，以为都城之制。宫隅之制，以为诸侯之城制。环涂以为诸侯经涂，野涂以为都经涂。"

2　遗址南部发现了大面积晚期夏代宫室建筑基址。宫室范围约8000m²，发掘宫殿基址数10处，基址平面分为方形与矩形两种，面积大约400m²～10000m²之间不等。除宫室外，考古学界推知也有制作青铜器、玉器、酒器等的作坊建筑存在。参见杨鸿勋：《建筑考古论文集（增订版）》，89页。刘致平：《中国居住建筑简史——城市、住宅、园林》，5页。孙大章主编：《中国古代建筑史（第一卷）》，134页。高炜、杨锡章、王巍、杜金鹏：《偃师商城与夏、商文化分界》，载《光明日报》，1998-7-24。

3　参见孙大章主编：《中国古代建筑史（第一卷）》，134～135页。中国社会科学院考古研究所河南二队：《1984年春偃师尸乡沟商城宫殿遗址发掘简报》，载《考古》，1985（4）。中国社会科学院考古研究所河南第二工作队：《河南偃师尸乡沟第五号建筑群遗址发掘简报》，载《考古》，1988（2）。

4　见河南文物研究所：《郑州商代城内宫殿遗址区第一次发掘报告》，载《文物》，1983（4）。孙大章：《中国古代建筑史（第一卷）》，137～138页。杨鸿勋：《建筑考古论文集（增订版）》，108～110页。

5　见《安阳发掘报告》，4期。孙大章：《中国古代建筑史（第一卷）》，139～140页。杨鸿勋：《建筑考古论文集（增订版）》，108～110页。

6　见四川省文物管理委员会，四川省文物考古研究所，成都市博物馆：《成都十二桥商代建筑遗址第一期发掘简报》，载《文物》，1987（12）。

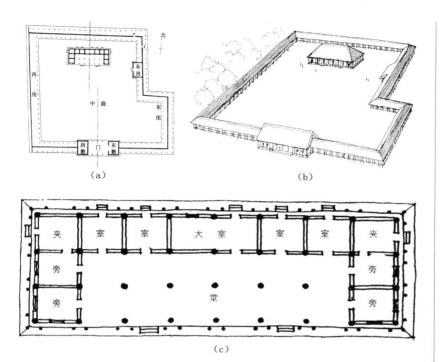

（a）

（b）

（c）

图 3.2　河南偃师二里头 1 号宫室复原设想图
（杨鸿勋：《杨鸿勋建筑考古论文集》，93 页，北京：清华大学出版社，2008）
（a）平面图；（b）鸟瞰图；
（c）主体殿堂平面复原设想图

的宫室建筑在整体布局上形成了于平面上展开的封闭式院落格局的雏形；内部空间形态上完成了"前朝后寝"（前堂后室）的功能划分格局，并逐步趋于细致多变。

　　河南偃师二里头夏宫遗址发现宫室遗址两处，是迄今为止所发现最早的廊庑环绕院落式宫殿实例。其 1 号宫室平面基本呈方形，正门位于廊庑南端中部，东廊庑北端有厢房，根据其中的灶遗迹可知该处为庖厨所在；廊庑东北隅的东、北侧各设有小门。这两处与周代时所形成的"东庖"、"闱"等礼制制度应有一定的渊源关系。[1] 庭院中的主殿建于北侧中部夯土台上，面阔 8 间、进深 3 间，采用四阿屋顶，屋面以茅草铺设。[2] 建筑结构属于大型土木混合结构的初级形式，其外围以木骨泥墙承重，同时室内还应有木骨泥墙作为隔墙。结合《考工记·匠人营国》中"夏后氏世室"的记载，建筑考古学家对其进行了想象复原（图 3.2），由图可知宫室内部空间已经形成了以"堂"为中心的"前堂后室"（前朝后寝）格局。由其面阔 8 开间（偶数开间）来看，此时期人们还没有形成"当心间"的观念。1 号宫室如果是一座夏代帝王宫室，其内部格局很好地解决了在一栋单体建筑内处理国家事务、会见朝臣的公共活动空间设计，以及帝王生活起居私人空间两

1　参见杨鸿勋：《初论二里头 F1 的复原问题——兼论"夏后氏世室"形制》，引自《杨鸿勋建筑考古学论文集（增订版）》，89 ~ 95 页，北京：清华大学出版社，2008。

2　参见杨鸿勋：《初论二里头 F1 的复原问题——兼论"夏后氏世室"形制》，引自《杨鸿勋建筑考古学论文集（增订版）》，89 ~ 95 页，北京：清华大学出版社，2008。

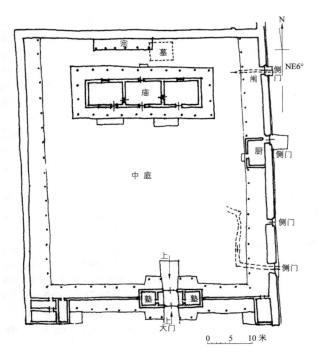

图 3.3
河南偃师二里头遗址 2
号宫室复原平面图
（杨鸿勋：《杨鸿勋建筑考
古论文集》，96 页，北京：
清华大学出版社，2008）

大部分的需求，即通常所说的朝、寝格
局安排。[1] 2 号宫室的遗址平面亦呈矩形，
其外围由廊庑环绕，整个庭院包括穿堂
式大门、廊庑、主殿和墓葬。主殿居于
庭院中部的夯土台上，面阔 9 间，进深
3 间，外围设一圈檐廊。主殿内部分为
3 间，中间面阔 8.1m，左右两间各阔 7.7m，
均有木骨泥墙围合。有学者认为该庭院
建筑是一座陵墓与宗庙结合的祭祀建筑
群，[2] 其主体建筑应作为已故帝王的寝殿，
因而没有了处理公务的前"堂"，主殿
整体仅为并列的 3 个开间（图 3.3）。

目前可见的商代宫室建筑整体格
局，在夏代二里头的基础上有所发展，
如河南偃师县尸乡沟商城遗址中的"前
朝后寝"格局，开始突破单栋建筑的限
制，由一组建筑共同完成。河南偃师商
城遗址推为商汤故都"西亳"所在，其 1 号宫城的主体宫殿大约由宫
门、外朝、内朝和后寝组成，与围绕中庭的廊庑和位于整个庭院中部
的主殿相接，分隔出了前后两座院落空间，分别解决"朝"、"寝"空间。[3]
这种利用建筑群组形式来完成"前朝后寝"空间功能格局的实例在湖
北黄陂盘龙城遗址中表现得更为明显。盘龙城遗址推测其为商代中期
某方国的诸侯王城，宫殿遗址位于城内东北部全城最高处，现已发掘
三座宫殿基址（F1、F2、F3）（图 3.4）。建筑群共同位于一个大面积
的夯土台上，由平面复原图可知，F1 遗址是一座由廊庑环绕的 4 室宫
殿，中间 2 间较大，面阔各 9.41m，进深 6.40m，并于南北墙上各辟
一门；两侧 2 间偏小，面阔各 7m 多，仅在南向墙上设门。按其格局
推测，此处为"寝殿"所在。F2 遗址位于 F1 遗址前，建筑通面阔为
27.25m，进深为 10.80m，建筑内部没有见到隔墙痕迹，形成了一个偌
大空间的厅堂，推其应该是处理政务的地方——朝。F3 遗址位于 F1
之后，推测为整组建筑的北廊庑。盘龙城宫殿将朝堂和起居空间分置
于两座不同的单体建筑中，周围再围以廊庑，形成了一个向内封闭的
庭院式建筑组合。这样的功能空间划分方式，也表明至商代时室内空

1　学界对《考工记》中"夏后氏世室"一节的断句和解释很多，观点不尽相同。此处所引用
　　参见杨鸿勋：《杨鸿勋建筑考古论文集（增订版）》，95 页，北京：清华大学出版社，2008。
2　参见杨鸿勋：《杨鸿勋建筑考古学论文集（增订版）》，96 页，北京：清华大学出版社，
　　2008。
3　参见杨鸿勋：偃师商城王宫遗址揭示"左祖右社"萌芽，引《杨鸿勋建筑考古论文集》，
　　101～107 页，北京：清华大学出版社，2008。

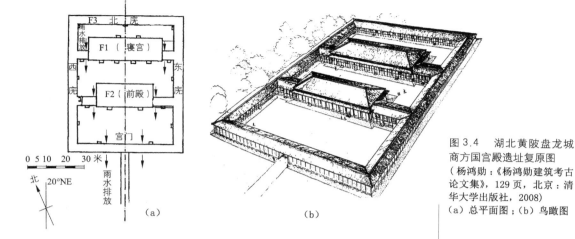

图 3.4　湖北黄陂盘龙城商方国宫殿遗址复原图（杨鸿勋：《杨鸿勋建筑考古论文集》，129 页，北京：清华大学出版社，2008）（a）总平面图；（b）鸟瞰图

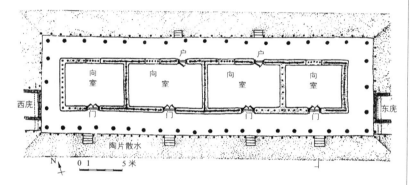

图 3.5　黄陂盘龙城商方国宫殿遗址 F2 平面复原图（杨鸿勋：《杨鸿勋建筑考古论文集》，124 页，北京：清华大学出版社，2008）

间的划分已经开始趋于精细化（图 3.5）。[1]

夏代的祭祀建筑难以考证，商代的祭祀建筑以河南安阳小屯妇好墓（M5）墓上建筑遗址为代表。妇好为商王武丁的配偶之一，推测其墓上建筑应该为东西向面阔 3 间，南北进深 2 间的一座小型建筑，用来祭祀墓主，即甲骨文中所记载的"母辛宗"。由复原图可知，该墓上建筑四面空敞，柱间无围护，推测当年应该在柱子间悬挂有帷幕等进行装饰，形成了一个上有顶盖的祭坛样式（图 3.6）。

图 3.6　河南安阳小屯妇好墓墓上享堂复原设想图

2）室内界面形态与装饰装修

建筑的实体为人们围合并组织了下可"辟润湿"，边可"围风寒"，上可"待雪霜雨露"的内部空间，人们筑高墙以"分内外"、"别男女之礼"；起围合和空间组织作用的实体如地、墙、顶等，其造型、处理手法、装饰形式均构成了室内界面装饰的主要内容。另外，中国传统建筑无论是土木混合结构还是木构架结构，其建筑构件的造型

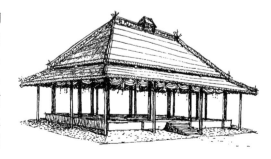

1　参见杨鸿勋：偃师商城王宫遗址揭示"左祖右社"萌芽，引《杨鸿勋建筑考古论文集》，101～107 页，北京：清华大学出版社，2008。

图 3.7 河南安阳大司空村商墓 SM301 墓室填土中的"花土"
（刘叙杰：《中国古代建筑史（第一卷）》，179 页，北京：中国建筑工业出版社，2003）

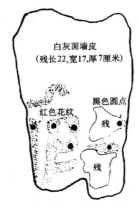

图 3.8 河南安阳小屯北地建筑遗址中彩绘残片
（刘叙杰：《中国古代建筑史（第一卷）》，179 页，北京：中国建筑工业出版社，2003）

图 3.9
甲骨文中的席、宿形象

与装饰均是室内空间中的重要因素。因此，室内装饰的内容应该主要包括围合室内空间的实体界面处理手法、建筑构件的装饰手法以及附着于建筑构件之上的装饰物品等方面。

　　夏、商时期的室内居住面仍然沿袭着新石器时期的墐涂、垩等处理手法，在防潮保暖的同时，使得屋内墙面光洁美观。由于木构件遇潮易腐，难以耐久，古人很早就开始在木材表面髹漆以防止其朽坏，商代的贵族墓葬夯土中发现了朱红色饕餮纹与雷纹印痕，应该是腐朽的棺椁表面纹饰残余所致（图 3.7）。古人"事死如事生"，由此可推测，夏、商时的地面建筑中也应该开始使用髹漆技术，并通过色彩的搭配以及精美纹饰使得木制构件更加美观。《韩非子·中过篇》中有"禹作祭器，墨染其内，而朱染其外"的记载，由考古资料显示，当时红、黑两种颜色已普遍使用。商代时除了在建筑木构件上施彩外，其室内亦开始使用彩绘的壁画，如在河南安阳小屯北地 F10 与 F11 的建筑遗址中，白灰墙皮上有红色纹样并黑色圆形斑点组合的图案（图 3.8）[1]。另外，据《墨子》所记，商代已经采用以锦绣织物装饰壁面的做法，其效果应十分华丽。刘向《说苑·反质》载："纣为鹿台糟丘，酒池肉林，宫墙文画，雕琢刻镂，锦绣被堂，金玉珍玮"，即表示商代时已经有使用锦绣被覆建筑的做法。

3.1.3　家具陈设

　　夏、商时期人们席地而坐，甲骨文中的"席"、"宿"等文字很形象地说明了这一起居方式（图 3.9）。茵席成为了此时坐、卧类家具的主要形式之一，可舒可卷，使用十分方便。依据史籍文献，至迟在夏代的宫殿中，人们就已经开始使用带有装饰花纹的茵席，并配有相应的低矮型家具，如《韩非子·十过》记有："舜禅天下而传之于禹，禹作为祭器，墨漆其外而朱画其内，缦帛为茵，蒋席颇缘，觞酌有采，而尊俎有饰。此弥侈矣，而国之不服者三十三。夏后氏没，殷人受之，作为大路，而建九旒。食器雕琢，觞酌刻镂，四壁垩墀，茵席雕文。此弥侈矣，而国之不服者五十三"。这段话描述了夏、商时期，统治者所使用的器具与装饰的奢侈情况。舜禅位于禹，禹制作了外黑内红的祭器，还有丝帛织就的茵席，以及装饰着华美纹饰的"俎"等。至殷商时，食器、酒器均精雕细刻，宫殿内壁洁白，茵席上编饰花纹。由出土的青铜器物来看，当时已经出现了案、俎、"禁"等器物（图 3.10）。河南安阳殷墟中出土的石雕鸟兽背后设有凹槽，可能是某种器物的基座。至商代中期以后，青铜器的制作与使用进入了繁荣期，殷商时期的青铜器上出现了多层次的装饰，其主纹常凸出于底面成浅浮雕，主

1　刘叙杰主编：《中国古代建筑史》，179 页，北京：中国建筑工业出版社，2003。

纹以外的空间几乎刻满精细的几何底纹，在主纹上较宽大的部分又有阴刻下去的线作为形体的补充，这种多层次的装饰被称为"三层花"式，用于室内家具上精细繁复的纹饰，给室内空间带来很强的视觉效果。

3.2 周代的室内设计

商纣王暴虐无度，周武王联合各地诸侯对其讨伐，两军于牧野会战，商不敌而亡，周朝建立。周人原是我国西北地区羌人的一支，至新石器时期中晚期迁徙至渭河流域，开始了农耕定居生活，之后南迁至土地肥沃更加适合农业耕作的岐下周原一带，位于今陕西省岐山县境内。周代实行分封制，以周王室为中心，四周地域分封其亲族以及功臣为不同等级的诸侯国，外围另有自商延续下来的拥戴周的各地方国，形成了一个以周为核心的，并以血缘和文化联系为纽带的松散的联合体。西周末年，周政权逐步衰落，周平王于公元前 770 年被迫迁都洛邑，历史上将此前称为西周，历时大约 300 余年。平王迁都之后称为东周，诸侯割据加剧，史称公元前 770 年至前 475 年称为春秋，前 475 年至前 221 年称为战国。春秋、战国时期，周作为宗主国的地位已经基本丧失，列国之间连年征战，互相兼并，开始了逐步以地缘政治关系取代血缘政治关系的过程。[1] 直至公元前 221 年，强秦灭六国，实现了全国的统一。

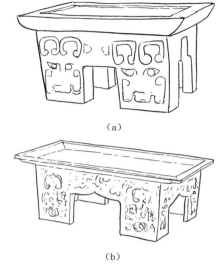

（a）

（b）

图 3.10 商代出土的各种家具
（a）辽宁义县窖藏商代铜俎；
（b）河南安阳大司空村商墓出土石俎

3.2.1 周代的主要聚落、城市

周前后绵延 800 余年，依已知文献与考古研究成果可知，周代的建筑活动十分活跃，涉及了包括城邑、宫殿、庙坛、陵墓、园林、民居、水利设施等广大范围。周代的分封制度推进了其城邑宫舍的大量营建，自周初年起，分封至各地的诸侯开始在自己的领地上修城筑屋，至春秋、战国时更趋频繁。史料中多有西周、春秋、战国各时期的周王城与诸侯王城的记载，如周王城丰、镐、雒邑、成周等，诸侯王城如鲁曲阜、齐临淄、燕上都与下都、晋新田、魏安邑、楚郢都、赵邯郸、秦雍城等。周代金文以及各种史籍中涉及的城市称谓很丰富，如国、王城、大邑、城、都、县、寨、郭、市、里、坊、巷、池、城台、

---

1 参见傅熹年：《中国科学技术史·建筑卷》，58 页，北京：科学出版社，2008。《周礼·夏官·职方氏》："乃辨九服之邦国，方千里曰王畿，其外方五百里曰侯服，又其外方五百里曰甸服，又其外方五百里曰男服，又其外方五百里曰采服，又其外方五百里曰卫服，又其外方五百里曰蛮服，又其方外五百里曰夷服，又其外方五百里曰镇服，又其外方五百里曰藩服。凡邦国千里封公，以方四百里，则四公；方四百里，则六侯；方三百里，则七伯；方二百里，则二十五子；方百里，则百男。以周知天下"。

城垣、城隅等。据《左传》、《春秋大事表·都邑表》所载，春秋时城邑总数已达351座，战国时诸侯割据加剧，城邑建设更超过前朝，《战国策》载："古者，四海之内，分为万国。城虽大，无过三百丈者；人虽众，无过三千家者。今千丈之城，万家之邑相望也"。春秋、战国时期，随着人口数量、城市规模的增多与扩大，城市经济也非常繁荣，如东周时齐临淄城内："车毂击，人肩摩，连衽成帷，举袂成幕，挥汗成雨"。

周代的城市大都由"内城"与"外郭"两大部分组成，并建有两道或更多的城墙，"城以卫君，郭以守民"的筑城思想已经十分明确，内城为王者所居，外围设居民区，即外郭。居民区实行"里"制，早期以25家为一里，出入需经过里门，是封闭式的集中居住形式。随着商业交换的频繁，城市里也设置了专门用于交易的场所——市，也是封闭式的集中贸易场所。周推行严格的等级制度，城邑、宫室的规模、尺度均按照严格的规定和法则进行，城内道路宽度的设置、建筑色彩的使用均有严格限制。如《左传》中所述："大都"（公）是帝王之都（国）的三分之一，"中都"（侯、伯）为五分之一，"子都"（子、男）为九分之一；[1]《孟子·公孙丑篇》有："三里之城，七里之廓"；《五经异义》曰："天子之城高七雉，隅高九雉"等。由目前发掘的古城遗址来看，除了西周时期的曲阜城将宫城完全包围在大城之中，春秋、战国时期的宫城大都有一面或者两面倚靠外城城墙，齐临淄、赵邯郸，甚至于在大城外另建宫城，这种格局直至唐代依然有所保留，说明当时的宫城兼防内、外，外敌来攻时可驱使居民守城，而内乱发生时统治者则可通过所倚靠的大城城墙外逃。宫城中建有主要建筑如宫室、宗庙、衙署以及配套服务的其他建筑。

周代王城的具体规划形式以《考工记·匠人营国》所记最为详细："匠人营国，方九里，旁三门。国中九经九纬，经涂九轨，左祖右社，面朝后市，市朝一夫。夏后氏世室，堂修二七，广四修一，五室，三四步，四三尺，九阶，四旁两夹，窗，白盛，门堂三之二，室三之一。殷人重屋，堂修七寻，堂崇三尺，四阿重屋。周人明堂，度九尺之筵，东西九筵，南北七筵，堂崇一筵，五室，凡室二筵。室中度以几，堂上度以筵，宫中度以寻，野度以步，涂度以轨，庙门容大扃七个，闱门容小扃三个，路门不容乘车之五个，应门二彻三个。内有九室，九嫔居之。外有九室，九卿朝焉。九分其国，以为九分，九卿治之。王宫门阿之制五雉，宫隅之制七雉，城隅之制九雉，经涂九轨，环涂七轨，野涂五轨。门阿之制，以为都城之制。宫隅之制，以为诸侯之城制。环涂以为诸侯经涂，野涂以为都经涂"。据此记载，周王城的平面呈

1　《左传》："先王之制，大都不过国三之一，中五之一，小九之一"。刘叙杰主编：《中国古代建筑史（第一卷）》，202页，北京：中国建筑工业出版社，2003。

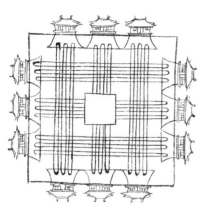
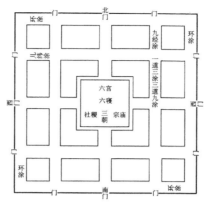

图 3.11 （左）
聂崇义依记载所绘周王城图

图 3.12 （右）
戴震依记载所绘周王城图

为方形，王宫居中，祖庙与社居宫南，宫北为市，整座王城由对称道路分划为 9 个区域，并规定了城中道路的宽度，反映了"天子居中而处"的思想；"九"已经被作为至尊数字为王者专用；由"内有九室，九嫔居之。外有九室，九卿朝焉"之句来看，当时已经明确规定了"外朝内寝"的格局。虽然后世所发掘的周代城邑大多和此记载不符，但《考工记·匠人营国》描述了周代官方对营建制度的规范与要求，这一规范与要求对汉代以后的各朝代均有巨大影响（图 3.11，图 3.12）。

3.2.2　建筑的空间形态与装饰装修

1）建筑结构与空间形态

（1）宫室、宗庙、陵墓等

周代的营造活动相对繁盛，此时见于金文与各种史籍中的和建筑相关的称谓也很多，涉及宫室、庙坛的文字如：大庙、庙、大室、社、昭、穆、宫、朝、寝、观、堂、台、囿、庭等；与居住建筑相关的文字在此期也明显增多：塾、宁、陈、阶、序、分、室、奥、房、夹、屋漏、宦等；涉及具体建筑构件的有：扉、牖、梁、栋、柱、檩、杠、节、梲、阈、枨等。这些和建筑相关的专门术语的出现和增多，也可从另一个方面表现出当时各种营造活动的繁荣。周代制作精美、品类丰富的青铜器具及其纹饰等，也为该时期的建筑提供了可贵的资料。

西周宫室建筑遗址保存较为完整的属陕西扶风召陈村周原西周宫室遗址，召陈村遗址区发现了西周早期基址 2 处，中期基址 13 处，由考古资料可知该时期宫室建筑仍然沿袭了夏、商传统，在厚夯土台基上建造单层建筑，属土木混合结构，但在规模以及施工技术上有了较大进步。现以中期基址F3、F8 为例（图 3.13），F8 基址位于遗址区中部，复原为面阔 7 间（20.6m）、进深 3 间（8.5m）的四

图 3.13　陕西扶风招陈村西周建筑遗址复原图
（傅熹年：《中国科学技术史（建筑卷）》，70 页，北京：科学出版社，2009）

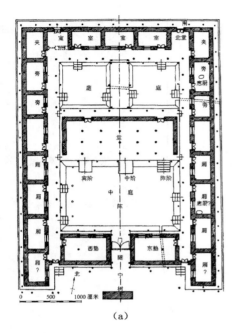

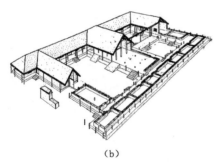

图 3.14　陕西岐山凤雏遗址甲组建筑复原图
（杨鸿勋：《杨鸿勋建筑考古论文集》，147 页，
北京：清华大学出版社，2008）
（a）平面图；（b）复原设想图

图 3.15　周代青铜器所表现的建筑形象

阿顶建筑，左右梢间处有厚达 0.8m 的夯土墙，将内部空间分割为并列的三部分。F3 基址复原为 6 间 7 柱（21.6m）、侧面 5 间 6 柱（13m），左、右次间处各有隔墙，将内部空间划分为类似于 F8 的并列三室。该建筑除下檐为矩形的四阿顶外，其上还有一圆锥形的上层屋顶。内部空间形成了位于中部的重檐圆顶前后开敞的方厅，以及左右两端面阔 5 间分别面向东、西的矩形敞厅。就其内部空间的整体格局而言，有"堂"无"室"，应非寝居所在。[1]

西周礼制建筑，以陕西岐山凤雏村早周（晚商）祭祀建筑遗址为例，该组建筑体现了后世一直沿用的一些规划格局思想，如内向封闭的庭院式整体平面格局、中轴对称、前堂后室等。凤雏甲组遗址处于殷商晚期周人活动中心，为完整的两进庭院式建筑群，推为周人灭商前一座方国祖庙（图 3.14）。由平面复原图可知，此组建筑已经采用了南北中轴对称的格局。大门位于中轴线南端，门屋左右有东、西塾，门前 4m 处设有影壁（树）。门内四面房屋围合成一个封闭型院落（古称大庭、中庭）。庭北为正殿（堂），堂后亦为三面房屋围合的庭院，院北为"室"。《渊鉴类函》中有："古者为'堂'，自半之前虚之，谓'堂'，半之后实之，谓'室'。'堂'者，当也，谓当正向阳之屋"，此所描述的是堂、室一体的单栋格局。但由此可知，"堂"的前檐空敞，仅三面设墙，而"室"则是封闭性的起居空间。[2] 此外，留存至今的周代青铜器中，有一些大型器皿器身采用建筑房屋形象的例子，由这些制作精美的青铜器也可略知周人建筑的一些端倪（图 3.15）。

东周以后的各类建筑于史籍中多有记载，和西周比较，其宫室、宗庙等重要建筑的形制发生了很大变化。随着营造技术的提高，春秋、战国时建筑内部空间开始向着高大演变，如《吕氏春秋》载："齐宣王为大堂，盖百亩，堂上三百户，三年而未成，群臣莫敢谏"，应为当时统治者追求高敞建筑的极端例子。另外，为了追求建筑的高大，春秋、战国时期开始盛行多层台榭，即高台

1　参见傅熹年：《中国科学技术史·建筑卷》，70 ～ 73 页，北京：科学出版社，2008。

2　参见杨鸿勋著：殷晚期周原邦君宗庙——岐山凤雏甲组基址复原探讨，引《杨鸿勋建筑考古论文集（增订版）》，145 页。另见刘敦桢《中国古代建筑史（增订本）》，北京：中国建筑工业出版社，2005。

建筑。高台建筑是依附于高台的建筑组合体，早在河南郑州市商城宫室遗址中就有发现，当时大概主要用于园囿中居高乘凉、眺望观赏或军事守望等。东周时期列国统治者均以高台宫室竞相夸耀，形成了"高台榭，美宫室"的普遍现象。修筑高台建筑首先需要夯筑出巨大的阶梯形多层夯土台，按实际需要环绕各层台壁挖出所需的房间，并留出分间的隔墙为承重山墙，各间均在土台边缘立檐柱，上架檐檩，并在山墙及隔墙间架檩，构成屋顶骨架，然后在各檩间架椽并铺设苇束为屋面。其主殿建于最高层夯土台上，供统治者使用。其余各层围绕土台的建筑为辅助建筑，主要供卫士和服务人员使用。台榭的出现大致有两个主要原因，其一是统治者要"居高临下"以"壮威"，需要建高大的宫室，但当时的建筑技术尚不能建高大的多层楼阁，遂不得不利用多层土台为衬垫，在其上逐层建屋，形成外观如多层楼阁的巨大建筑；其二是巨大的多层夯土台榭可以屯粮、屯兵，满足防卫要求，有非常事件时可以踞守。[1]

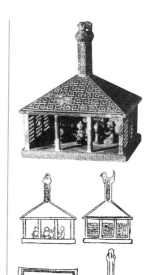

图 3.16　浙江绍兴市狮子山出土的战国铜屋

东周宫室建筑的具体形象在出土的铜器以及其纹饰上多有表现，如浙江绍兴市狮子山出土的战国铜屋（图 3.16），是我们目前可见到的东周建筑模型。铜屋面阔、进深各 3 间，平面略呈方形。正面设 4 柱无墙，两山于柱子间砌墙，墙面上有 7 列水平空洞构成的漏窗，其中当心间漏窗中开有一矩形的空窗，面积比漏窗稍大。背面当心间中部设有一"田"字形大窗，窗框内呈复斗形状的斜面。[2] 在一些青铜器的纹饰中，也往往有描绘当时建筑形象以及人们在室内的坐卧起居状态，如河南辉县出土战国宴乐射猎铜鉴（图 3.17）、上海市博物馆藏战国刻纹燕乐画像铜栖（图 3.18）、山西长治出土鎏金战国铜匜（图 3.19）等。

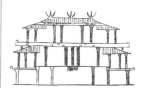

图 3.17　河南辉县出土战国铜鉴内的建筑形象

周代墓上建筑以河北平山战国中山王陵为代表，王陵一号墓中出土有一幅金银错铜版"兆域图"，即陵墓当时的规划设计图，十分珍贵难得。依据专家的复原图可知，整座王陵地上建筑共有王堂、哀后堂、后堂、夫人堂（2 座）共 5 座建筑，其中着意突出位于中央的王堂（图 3.20）。建筑形式由外观来看为 3 层楼阁，实际是在 2 层高大的夯土台基座上再建殿堂形成的高台建筑，周以回廊、上覆瓦顶的高台建筑形式。

图 3.18　上海博物馆藏战国燕乐铜栖镌凿之建筑形象

（2）居住建筑

居住建筑在此时也获得了较大发展，在山东临淄郎家庄一号东周墓出土的漆画中表现了 4 座建筑形象，均为 3 间 4 柱形式，其明间敞开，左、右次间装窗，应为当时一般居宅的形象。另外，北京故宫博

图 3.19　山西长治出土鎏金铜匜

1　参见傅熹年：《中国科学技术史·建筑卷》，99 页，北京：科学出版社，2008。
2　参见刘叙杰主编：《中国古代建筑史（第一卷）》，241 页，北京：中国建筑工业出版社，2003。

图 3.20
战国中山王陵全景复原图
（傅熹年：《中国科学技术史
（建筑卷）》，85 页，北京：
科学出版社，2009）

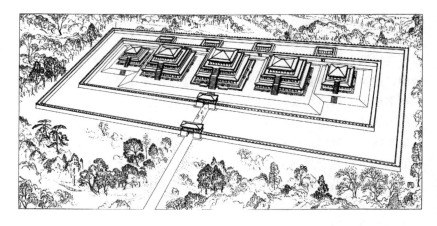

图 3.21（左）
山东淄博东周墓漆画所表
现的建筑形象

图 3.22（右）
北京故宫博物院藏战国猎
钫上二层房屋形象
（傅熹年：《中国科学技术史
（建筑卷）》，86 页，北京：
科学出版社，2009）

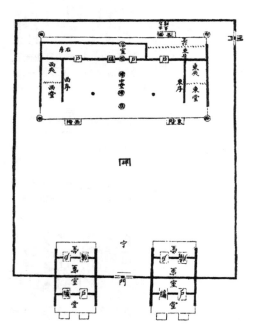

图 3.23　（清）张惠言《仪礼图》中周代士
大夫住宅图
（刘敦桢：《中国古代建筑史（第二版）》，37 页，
北京：中国建筑工业出版社，2005）

物院藏战国采桑猎钫上也有两层房屋的形象，其下台基周围为栏杆，下层建筑面阔两间，每间各设一门。上层只有一门一户，其顶部没有表现。从屋内所表现的人物活动以及敬酒场面，可以推知为一处两层的高级住宅。（图 3.21，图 3.22）。[1] 根据《仪礼》所记载的礼节要求，宋代以来的学者对春秋时期的士大夫住宅进行了研究，并初步确定了其内部格局（图 3.23）。由图可知，整体呈南北长之矩形平面，门屋位于南墙正中，中为门道，左右次间为塾，门为"断砌造"。门内为院，院北部台基上建似为面阔 5 间，进深 3 间的建筑，中 3 间为堂。堂两侧设有南北向的内墙（东序、西序），墙两侧分别为东堂、东夹，西堂、西夹。堂后为后室与东、西房。东房之后有北室，东墙北端设一小门（闱门）。前堂为主人生活起居以及接待宾客、举行各种典礼仪式之用，堂前有台阶升降，东为东阶（阼阶，主人用），西为

<hr />

1　参见傅熹年：《中国科学技术史·建筑卷》，85～86 页，北京：科学出版社，2008。

西阶（宾阶）。堂后之室为主人寝居所在。除此之外，普通人的住居情况依然沿袭夏商以来的式样，总体来说普通百姓的居住条件依然十分简陋，往往一室多用，以实用为主。

　　2）室内空间界面形式

　　（1）地面、墙面、顶棚

　　周代建筑主要是土木混合结构形式，地面的处理方法沿袭商、周以来的做法，并随着陶制砖、瓦的出现而应用于建筑，开始出现了以花砖铺装室内地面的做法。陕西岐山凤雏遗址中发现有若干砌叠于厅堂北面台基处的土坯砖，之后周代建筑遗址中又发现了模印花纹的陶砖，分为方形（38cm×38cm×3cm）、矩形（34cm×27cm×3cm、42.5cm×31.3cm×4cm）等形式，其花纹主要有斜方格、菱形、卷云、"S"纹、回纹等。模印花纹陶砖用于室内地面铺装，一方面可以更好地改善地面潮湿程度，同时也起到很好的装饰作用（图 3.24）。战国晚期时出现了大块空心砖，多用于墓室地面、墙壁、顶棚的砌装。陶瓦的出现略早于砖，主要用于覆盖屋面，在早周陕西凤雏宗庙遗址中已经出现，陶瓦屋面的出现改变了上古以来"茅茨"的屋面形式。

图 3.24　山东淄博齐古城内采集之花纹地砖
（刘叙杰：《中国古代建筑史（第一卷）》，305 页，北京：中国建筑工业出版社，2003）

　　在土木混合结构建筑中，墙体承重，主要有素夯土墙（多用于院墙等处）、木骨泥墙（多用于建筑的外墙和内墙）、草泥墙（用于室内隔墙，大多不起承重作用）等，室内墙面的处理仍然沿袭有前朝的墐涂、垩等手法。周代室内墙壁的装饰较为特殊的是金属构件的使用，由于建筑承重墙多为土墙，为了使墙体耐压，多于墙体内、外侧施木构件加固，即以木框架扶拢墙体，其竖向杆件称为壁柱，水平向杆件称为壁带。壁柱、壁带多显露于壁面，为了进一步加固这些杆件，西周时起在各杆件节点处使用了铜质连接件"金釭"，之后也用于室内木梁、柱子、枋等节点处。金釭除加固木构件的实用功能外，还通过表面所铸饰的精美花纹为室内装饰带来新的形式，迄今可见金釭实物以春秋时秦都雍城遗址出土最为完整（图 3.25）。随着建筑技术的进步，金釭逐步由实用构件向纯粹的装饰构件演进，秦汉时典籍文赋中多有描绘，后世室内装饰中也多有由此手法演变出的一些变体，如中国传统建筑的彩画装饰，有学者认为与

图 3.25　"金釭"的安装位置及与木构件结合设想图
（刘叙杰：《中国古代建筑史（第一卷）》，307 页，北京：中国建筑工业出版社，2003）

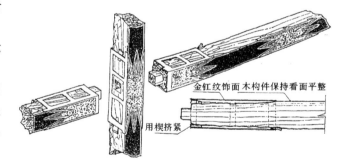

金釭纹饰面木构件保持看面平整
用楔挤紧

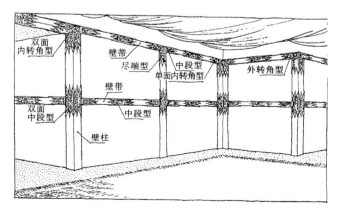

双面内转角型　壁带
尽端型　中段型
单面内转角型　外转角型
壁带
双面中段型　中段型
壁柱

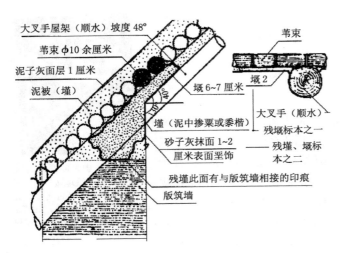

图 3.26　陕西岐山凤雏甲
组基址屋面构造设想图
（杨鸿勋：《杨鸿勋建筑考古
论文集》，150 页，北京：清
华大学出版社，2008）

金釭有着一定联系。[1]另外，"堂"前
檐空敞无墙体，檐下多张挂大幕，在
陕西岐山凤雏甲组遗址的"堂"前沿
一带，出土有不少小型石雕、蚌雕饰
物，有些带有可穿插的小孔，专家推
测这些小件饰物可能缀于堂前帷幕上
作为装饰。

　　该时期的建筑屋面多使用"大叉
手"形式，并于屋架间顺屋面坡度铺
设绑扎成束的芦苇，其上抹细泥以及
掺砂灰浆薄面层，干后可铺装陶瓦，
此为其外部形式，与之相对应的屋内
面层也施用细泥抹面，然后刷白（图 3.26）。

　　（2）门、窗及其他建筑构件

　　周代门、窗的形制主要见于各类青铜器皿以及镂刻其上的纹饰中，
如上述故宫博物院珍藏的战国采桑猎钫上表现的两层建筑纹饰中，可
见其门已有由边框、抹头制成的框架，再加填心板而成（图 3.22），
西周青铜器蹲兽方甗中也有类似的图像表现。窗的形象如上述山东临
淄郎家庄 1 号墓室漆画所表现的窗（图 3.21）；浙江绍兴市狮子山出
土的战国铜屋中亦有窗的形象（图 3.16）。

　　经夏、商至周，木结构技术获得了很大进步，如河北平山战国时
期中山王陵出土的铜方案，显示有 45° 斜置一斗二升斗栱，应是中国
传统建筑木构架发展的重要突破（图 3.27）。尤其是春秋、战国以来，
木构架结构构件逐步成为装饰的重点，并被列入了礼乐制度的范畴之
用。如《礼记》中有："楹，天子丹；诸侯黝；士（黄主）。丹楹，非
礼也"，"楹"即柱子，说明当时多对柱进行涂饰，天子使用红色柱子，
诸侯黑色，士大夫黄色。另在《国语·鲁语》中"匠师庆谏庄公丹楹
刻桷"一节，其云："庄公丹桓宫之楹，而刻其桷。匠师庆言于公曰：
'臣闻圣王公之先封者，遗后之人法，使无陷于恶……今先君俭而君
侈，令德替矣'。公曰：'吾属欲美之。'对曰：'无益于君，而替前之
令德，臣故曰庶可已矣。'公弗听"。讲述了鲁庄公将其父鲁桓公的宗
庙柱子涂饰为红色，并将其桷（方形椽子）进行雕饰，遭到鲁国主管
工匠事务的大夫（庆）劝止而鲁庄公拒绝纳谏的故事。可见当时除了
对柱子进行涂饰外，木构件的雕饰也很重要。《春秋·穀梁传注疏·卷
八》："二十有四年，春，王三月，刻桓宫桷。礼，天子之桷，斫之砻之，

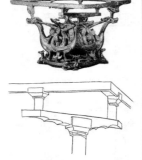

图 3.27　河北平山战国中
山国王墓中出土铜方案上
的斗栱形象

1　参见杨鸿勋：凤翔出土春秋秦宫铜构——金釭，引《杨鸿勋建筑考古学论文集（增订版）》，
　　164 ~ 170 页，北京：清华大学出版社，2008。

加密石焉。诸侯之楹，斲之礱之。大夫斲之。士斲本。刻桷，非正也"，亦表达了对木构件进行雕刻的制度限制，从侧面反映了当时建筑构件的装饰手法。

3.2.3　室内家具陈设

1）起居方式与室内家具陈设

（1）席、床

先秦时期，人们于室内保持着"席地而坐"的起居方式，并由此衍生出一系列相适应的室内家具陈设。出现于新石器时期的"席"，至周代时已经成为室内起居方式中使用率最高的家具之一，配合着其他矮型家具形成了周代室内"以席为中心"的家具陈设方式。席，坐、卧兼用，种类已经非常丰富，《周礼注疏·司几筵》卷二十："掌五几、五席之名物变其用与其位"，郑玄注云："五席，莞、藻、次、蒲、熊，用位所设之席及其处"。《说文解字·艸部》："莞，草也，可以作席"，说明莞草可以为席，称之"莞席"；藻席也即缫席，是用蒲、蒻等编织成具有彩色纹饰的席子；蒲席也为草席；次席有两种解释，一为虎皮席，另一为桃枝席；[1]熊席为熊皮。唐代贾公彦疏云："五席，莞、藻、次、蒲、熊者亦数出。下文仍有苇萑席者不入数者，以丧中非常故不数。取五席与五几相对而言耳。"可见当时常用于室内的席主要为上述"五席"，此外还有萑席、苇席、篾席、丰席、底席、荀席、蒯席，以及郊祭时所用的之席等等，根据不同的场合进行陈设。

在具体使用时，先在室内铺设"筵"，其上再铺陈各类席。《周礼·春官·司几筵》郑玄注称："筵亦席也。铺陈曰筵，籍之曰席"，唐贾公彦疏云："设筵之法，先设者为筵，后加者为席"，孙诒让《正义》："筵长席短。筵陈于下，席在上，为人所作籍"。由于筵满铺室内，尺度相对稳定，《考工记·匠人营国》中有将"筵"作为计量单位的记载。[2]今天可见出土实物中有湖北江陵望山一号楚墓出土的春秋、战国时期簟席，河南信阳楚墓出土的战国竹席。簟是一种竹席，多于夏季使用，据《诗·小雅·斯干》："下莞上簟，乃安斯寝"，说明簟用于莞席之上。《释名·释床帐》："筵，衍也。舒而平之，衍衍然也。席，释也，可卷可释也。簟，簟也，布之簟簟然平正也。荐，所以自荐籍也。蒲，草也，以蒲作之其体平也"。《礼记·内则第十二》中有："凡内外，鸡初鸣，咸盥漱，衣服，敛枕簟，洒扫室堂及庭，布席，各从其事。"唐孔颖达注曰："布席，布坐席也"。卧寝用具在早晨时收起，另设坐席用品，可见，当时席作为室内家具有随用随置的特点。

1　见《周礼注疏·司几筵》卷二十。

2　《考工记·匠人营国》："……周人明堂，度九尺之筵，东西九筵，南北七筵，堂崇一筵，五室，凡室二筵。室中度以几，堂上度以筵，宫中度以寻，野度以步，涂度以轨……"。

图 3.28（左）
甲骨文中"床"的形象

图 3.29（右）
河南信阳出土大木床

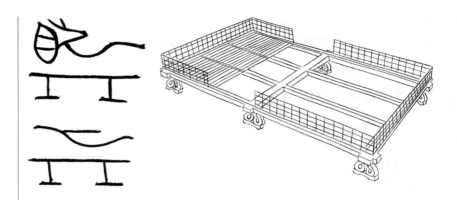

　　"床"于何时出现，已很难考证，《诗经·小雅·斯干》："*乃生男子，载寝之床*"中已有提及，其形制只能联系殷商甲骨文中关于"床"的形象来推测（图 3.28）。战国时，床被作为贵重的馈赠礼物，《战国策·齐策三》："*孟尝君出行国，献象床*"，可见床在当时并不普及。今天可见到的周代实物以河南信阳长台关 1 号楚墓、湖北荆门包山 2 号楚墓出土为代表。河南信阳长台观 1 号楚墓所出为彩绘木床，复原后全长 225cm、宽 139cm、高 19cm，床的两侧各有出入口，可见该床非靠墙而设。湖北荆门包山墓所出土的床也为木质，可拆卸与装配，外形美观大方，各构件制作精确，贮放轻便。展开后全长 220cm、宽 136cm、高 17.2cm，床周设围栏，两侧各设出入口，与河南信阳墓木床形制类似。由二者的高度来看，均较矮，应是席地而坐时期的典型家具（图 3.29）。

　　（2）几、案、俎

　　"几"，为人们"跪坐"时所凭倚，可缓解"跪坐"带来的身体疲劳，[1]也称作"隐几"、"凭几"等，是席坐时期非常重要的室内器物之一。《说文》："几，踞几也，象形"，又曰："凭，依几也"；《仪礼·有司彻》曰："受宰几"，注云："几，所以坐安体也"。《左传·公孙丑下》："孟子去齐，宿于昼。有欲为王留行者，从而言。不应，隐几而卧"，是当时使用凭几的描写。著名实物有湖南长沙楚墓出土的漆凭几，造型轻灵秀美，别具一格。

　　《礼记·檀弓下》："有司以几筵舍奠于墓左"，疏云："几，依神也"，应是祭祀燕飨载荐牺牲之具。《昭明文选·东京赋》："度室以几"。综注："几，俎也"；《说文》："俎，礼俎也，从半肉在且上"，段注："为礼经之俎也"；《释名》："几，废也，所以废物也"；《玉篇》："几，案也"；《说文》："案，几属"，大致推知"几"、"俎"、"案"在形制、功能上类似。依各类研究可知，"俎"出现的更早，周代后期方有"案"的名称，前者多用于祭祀，后者多用于日常生活。

1　孙机：汉代物质文化资料图说（增订本），254 页，上海：上海古籍出版社，2008。

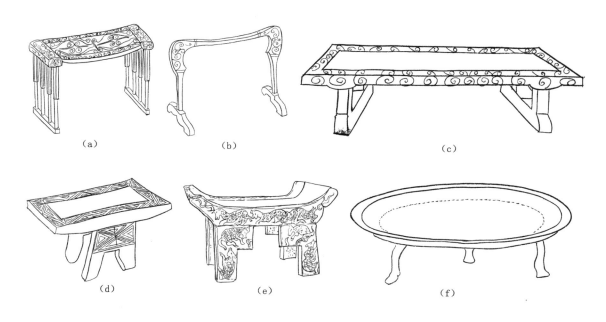

图 3.30　周代家具
(a) 河南信阳出土木雕花几；
(b) 湖南长沙出土漆凭几；
(c) 河南信阳出土漆案；
(d) 河南信阳出土漆俎；
(e) 湖北当阳赵巷四号春秋墓出土漆俎；
(f) 广东广州出土铜案

（3）屏、架

"屏"最早用于室外，《尔雅·释宫》："屏谓之'树'"，李巡注："以桓当门，自蔽曰'树'"，指的即是室外之屏，如陕西岐山凤雏村西周宗庙遗址所示。周代时，屏风出现于室内，为帝王专用，实用性不强，主要起到精神上的象征作用，称为"皇邸"、"依"、"扆"或者"屏"，多设置于王位之后，象征王权，突显王者与众不同的身份。《释名》曰："扆，在后所依倚也"。《周礼·春官·司几筵》卷二十："凡大朝觐、大飨射，凡封国、命诸侯，王位设黼依"，郑玄注："斧谓之黼。其绣白黑。采以绛帛为质依。其制如屏风"。《周礼·天官·掌次》曰："王大旅上帝，掌次设皇邸（大旅上帝：祭天于圆丘也），郑玄曰："皇，羽覆也，玄谓后板屏风与梁羽，象凤凰色，以为饰也"（图 3.31）。

曾侯乙墓中出土的三层编钟钟架，全长超过 10m、高约 2.73m，为铜木混合结构，设有 6 个佩剑武士和 8 根圆柱支撑，其上可悬重达 3500 公斤的 65 个编钟，外观雄浑，造型新颖，是当时"架"用于室内家具的实例。湖北江陵天星观 1 号楚墓出土的卧虎立凤鼓架，高约 140cm，架身为动物形象与装饰纹样的高度概括和表现，已达到了十分精湛的水平（图 3.32）。

（4）帷、幔、帐、幄

先秦时期，帷帐等作为临时性的空间围合，多应用于在室外进行一些大规模特殊的礼仪性、祭祀性活动时搭建的临时建筑，在满足实用功能的同时，也彰显仪式典礼的庄严隆重。另外，也应用于搭建出师征伐、田猎等野外活动所需的临时性空间。《周礼·天官》："幕人，掌帷幕幄帟绶之事"，说明周代时已经设有专门的官职掌管其使用，

图 3.31（左）
湖北江陵天星观一号楚墓漆座屏

图 3.32（左）
湖北江陵天星观一号楚墓卧虎立凤鼓架

（a）

（b）

图 3.33　战国灯具
（a）银首俑灯，战国中期，高66厘米（河北文物研究所藏）；
（b）十五连盏灯，战国中期，高82.9厘米（河北文物研究所藏）

以及其主要种类。《周礼·天官·掌次》卷六："掌王次之法，以待张事"，唐贾公彦疏："言掌王次之法者。次，则舍也，言次谓舍息。言以待张事者，王出宫，则幕人以帷与幕等送至停所，掌次则张之，故以待张事"。《周礼·天官·幕人》可知，各类型在形制与功能上各有区别，唐贾公彦疏："次即幄。幄，帷幕之内设之"。东汉郑注："四合象宫室曰幄，王之所居之帐也"，"帟，王在幕，若幄中坐上承尘；绶，组绶所以系帟也"。《周礼·天官·幕人》中："凡朝觐会同、军旅、田役、祭祀，共其帷、幕、幄、帟、绶。大丧，帷、幕、帟、绶。三公及卿大夫之丧，共其共帟"，《周礼·天官·掌次》："朝日、祀五帝，则张大次小次，设重帟重案"，说明帷、幔、帐、幄的使用均在礼仪范围之内受严格控制。至秦汉时，帷、幔、帐、幄开始大量用于室内，起到空间的划分组织与室内装饰的作用。

（5）灯具

作为日常生活必不可少的照明灯具，在周代墓葬中有若干发现。质地主要有陶、铜两种，造型多样。除常见的豆式灯外，又有以人物、动物作灯座或装饰的，出现了双座灯和多枝灯，以其精巧的造型和装饰在完成实用功能的同时，也于室内起到了很强的陈设效果（图 3.33）。

2）礼乐制度与室内家具陈设

周强调礼制，《周礼·春官》："凡国之大事，治其礼仪，以佐宗伯。凡国之小事，治其礼仪，而掌其事"。其席地而坐最为引人注目的是其对坐姿的礼仪要求，即以"跪坐"为合乎社会规范的坐姿，将两膝及两脚背向下着地，臀部放在脚跟上。河南安阳殷墟商墓出土有跪坐的玉人、石人等，甲骨文中也有许多表现跪坐姿势的象形文字（图 3.34）。由此可见，此种坐姿在西周之前即已形成，至周代加以发扬并且纳入了仪礼范畴。

图 3.34　殷墟出土"跪坐"玉人

据李济先生考证，跪坐形成于商，是商统治者阶级的起居方式，并成为一种供奉祖先、祭祀神天，以及招待宾客的礼貌行为。周人加以光大，发扬成为了"礼"的系统。[1] 孙机先生在《汉代物质文化资料图说》中述及"跪坐"时，认为该坐姿并不符合人体规律，坐久则导致"腓疼、足痹、转筋"等问题，也正因为此，才产生了可疑缓解疲劳的"凭几"。[2] 除了坐姿的规范要求之外，室内家具的使用和设置也被纳入了仪礼的范围。

由于席地而坐（跪坐），围绕最常用的"席"形成了一系列的礼仪制度与要求，如铺设的层数、尺寸、装饰等，又如升降、顺序、方位等，均有详细的规范与要求。如《周礼·春官》："凡数席之法，初在地者一重即谓之筵，重在上者谓之席"，而设席必须要正，所谓"席不正，不坐"。[3]《礼记·礼器第十》："天子之席五重，诸侯之席三重，大夫再重"，表达了在席的使用上，随着身份的尊卑贵贱，层数有所不同，同时也可发现当时有以多层为贵的习俗。《周礼·春官·司几筵》卷二十："凡大朝觐、大飨射……以前南乡，设莞筵纷纯，加缫席画纯，加次席黼纯"。郑玄注："纷，读为和粉之粉，谓白绣也。纯，缘也。次席，虎皮为席"，玄谓："纷如绶，有文而狭者。缫席，削蒲蒻展之，编以五彩，若今合欢矣。画，谓云气也。次席，桃枝席。有次席成文"，说明身份的不同，各类席子的装饰要求也有所区别。在布席时，以单席为尊，身份尊贵者单设一席。如果大家联席而坐，则有长幼、身份的区别，《礼记·曲礼上第一》："席南乡北乡，以西方为上；东乡西乡，以南方为上"，身份不同的人不可同席而坐，这样的次序、方位观也对后世产生了深远影响。

《礼记·乐记》："铺筵席，陈尊俎，列笾豆，以升降为礼者，礼之末节也，故有司掌之"，孔颖达疏："此等物所以饰礼，故云礼之末节也……以末节非贵，故有司掌之"，表述了在筵席之中，有诸多的礼仪要求。由《周礼注疏》所记可知，周时已经有专门负责"几筵"的官职，《周礼注疏·司几筵》卷二十："掌五几、五席之名物变其用与其位"。《周礼·春官·司几筵》："凡大朝觐、大飨射，凡封国、命诸侯，王位设黼依，依前南乡，设莞筵纷纯，加缫席画纯，加次席黼纯，左右玉几。祀先王、昨席，亦如之。诸侯祭祀席蒲筵缋纯，加莞席纷纯，右雕几。昨席莞筵纷纯，加缫席画纯。筵国宾于牖前亦如之，左彤几。甸役，则设熊席，右漆几。凡丧事，设苇席，右素几。其柏席

1　张光直，李光谟：跪坐蹲居与箕居——阴虚石刻研究之一，引《李济考古论文集》，北京：文物出版社，1990。
2　孙机：《汉代物质文化资料图说（增订本）》，254 页，上海：上海古籍出版社，2008。"接近于现代通称之跪……坐久了会感到累，甚至产生如《韩非子·外储说左上》提到了'腓疼、足痹、转筋'等现象。故而有时乃隐几而坐，膝纳于几下，肘伏于几上"。
3　《论语》乡党第十："食不语，寝不言。虽疏食菜羹，瓜祭，必齐如也。席不正，不坐"。

用莞，黼纯。诸侯则纷纯，每敦一几。凡吉事变几，凶事仍几"，详细说明了不同场合，筵席、几等的不同搭配使用要求与规定。在日常家具的陈设中，也有着一系列的要求，如上述"几"的使用，其设与不设，倚与不倚，有着若干礼仪的内容，如长者在席，设几表示尊敬。对屏风、帷幔帐幄的使用更是有着非常严格的礼仪要求，在此不做赘述。《周礼·春官·司几筵》卷二十又有："凡大朝觐、大飨射……以前南乡，设莞纷纯，加缫席画纯，加次席黼纯。左右玉几"，均有提及室内家具的具体设置。《礼记·内则第十二》中有："凡内外，鸡初鸣，咸盥漱，衣服，敛枕簟，洒扫室堂及庭，布席，各从其事。"唐孔颖达注曰："凡内外，谓尊卑长幼莫不皆然也。枕簟亲身之者，为其亵露，且避尘污也。扫洒堂室及庭，内外皆遍扫洒之也。自室及堂，自堂及庭，先后之序也。布席，布坐席也。各从其事，外治外事也"。可见，当时作为坐、卧具的"席"以及其他家具，是随用随置的，随着家具陈设的配置与变化，形成了丰富的功能空间。室内陈设均在一定的礼仪范围内进行，实现了"礼"与"仪"对室内空间序列的规范与控制。

主要参考资料

[1]《论语》．

[2]《礼记》．

[3]《周礼》．

[4]《尔雅》．

[5]《左传》．

[6] 刘敦桢．中国古代建筑史（第二版）．北京：中国建筑工业出版社．

[7] 杨鸿勋．杨鸿勋建筑考古学论文集（增订版）．北京：清华大学出版社，2008．

[8] 傅熹年．中国科学技术史·建筑卷．北京：科学出版社，2008．

[9] 自扬之水．古诗文名物新证（二）．北京：紫荆城出版社，2004．

[10] 刘叙杰主编．中国古代建筑史（第一卷）．北京：中国建筑工业出版社，2003．

[11] 戴吾三．考工记图说．济南：山东画报出版社，2008．

[12] 刘致平．中国居住建筑简史——城市·住宅·园林．北京：中国建筑工业出版社，2000．

[13] 张光直，李光谟．李济考古论文集．北京：文物出版社，1990．

[14] 孙机．汉代物质文化资料图说（增订本）．上海：上海古籍出版社，2008．

[15] 田自秉．中国工艺美术史．上海：东方出版中心．

第4章 中世纪的室内设计

  "中世纪"一词出现于17世纪，意指古希腊、罗马与文艺复兴两个黄金时代之间的一段漫长而"黑暗"的时期，带有一定的贬义意味。在这几近千年的历史中，因"蛮族"入侵导致强盛的罗马帝国逐步衰落，在蛮族占领下的原罗马帝国范围内，古典传统被抛弃，艺术技巧失传，社会文化急速倒退。在现代历史学家看来，古罗马帝国的衰落一方面起因于北方少数民族的不断侵扰，更重要的则是由于罗马社会本身的危机所致。漫长的"中世纪"并非仅仅是一个文化倒退的"黑暗时期"，相反，这一时期正是近代各民族国家的形成期。自4世纪古罗马统一辽阔的版图开始分裂后，分别出现了拜占庭文明、西欧中世纪文明和伊斯兰文明，在社会文化、建筑、艺术等领域均取得了重要的成就。

  "中世纪"确切的起始时间难以确定，一般的历史教科书多以476年"蛮族"废黜西罗马帝国的最后一位皇帝为依据，来划分古罗马帝国与中世纪之间的界限。事实上，自君士坦丁大帝于330年迁都开始，直至6世纪末与7世纪初，罗马帝国方才彻底失去了对地中海地区的控制。这段时期，伴随着古罗马帝国逐步衰落的是基督教的日益强大，并于395年被狄奥多西(Theodosius)皇帝宣布为罗马帝国唯一的国教，现代历史学家和文化史家也将该时期称为"早期基督教时期"。与世俗的政治权利分散相反，基督教及神学思想的影响不断扩展，最终代替政治权利而成为欧洲最有号召力和权威性的力量。

  330年，君士坦丁大帝将都城东迁至拜占庭，更名为君士坦丁堡。至395年时，曾经强盛统一的罗马帝国正式分裂为东、西两个帝国。君士坦丁大帝迁都后的东罗马帝国在历史上也被称为拜占庭帝国。直至15世纪沦陷于土耳其人手中，拜占庭帝国作为昔日罗马帝国的法定后继者，在古罗马瓦解后相当长的时间里，远比原西罗马地区繁荣发达，君士坦丁堡也一直是东罗马帝国和希腊帝国的中心。

  君士坦丁大帝迁都后，开化程度很低的蛮族对原帝国西部版图的侵蚀骚扰更加频繁深入，直至5世纪末最后一位西罗马皇帝被迫退位，6世纪末期罗马帝国完全失去了对地中海地区的控制。直至15世纪初"文艺复兴"的曙光在意大利出现，西欧大致经历了绵延千年之久的中世纪时期。在中世纪前期（10 世纪前），西欧地区的社会经济与文明水准都远逊色于东方的拜占庭帝国；进入中世纪后期（11 ～ 15 世纪）之后，伴随着封建制度的完善，西欧社会逐渐振兴起来，特别是11 世纪和 12 世纪时贸易与城市的复苏，带动了社会经济的繁荣，极大地促进了文明的发展，使之在 13 世纪进入鼎盛状态。

　　发源于地中海西部地区的伊斯兰文明伴随着伊斯兰教同时产生，得益并嫁接在北非和西亚诸古老文明传统上，在与拜占庭文明、西欧中世纪文明的竞争中得到发展。伊斯兰文明的传播，在很大程度上与阿拉伯人的军事扩张联系在一起，7 ～ 8 世纪，信奉伊斯兰教的阿拉伯人成功地征服了西班牙、法国西部和沿北非海岸向东直抵中亚和印度河的广大地区，开创了一个辉煌灿烂的伊斯兰时代。如同拜占庭文明与拜占庭帝国的关系一样，伊斯兰文明是和伊斯兰帝国紧密联系在一起的，尽管这两个帝国的大部分国土位于亚洲和非洲，其社会生活也具有较强的东方色彩，但又在欧洲占有一定地盘。对于西方设计史而言，拜占庭和伊斯兰的实践，无论在当时还是以后，都具有不可忽视的意义。

4.1　早期基督教建筑与室内设计

　　在君士坦丁之前的几百年间，小亚细亚的犹太人中间出现了一个秘密宗教派别，宣扬救世主即将降临，基督教（Christianity）即是其中的一个分支。3 世纪，罗马帝国经历了深刻的社会危机，基督教在此时得以发展，教众扩展至了奴隶主、商人、皇室成员等社会上层人士，该阶层逐步取得了教会的领导地位。313 年，罗马帝王君士坦丁一世（Constantin I magnus）颁布了"米兰敕令（Edict of Milan）"，基督教就此获得了合法地位。395 年，狄奥多西（Theodosius）皇帝宣布基督教为罗马帝国唯一的国教，进一步促进了基督教的发展。在基督教取得合法地位之前，基督和他的使徒们曾在住宅、山冈、地下墓穴、街道、广场，甚至异教神庙中传道，并无确定的教堂建筑。在合法地位被确定以后，基督教教堂建筑获得了发展的机会，对教堂建筑的需求日益迫切。古罗马时期的建筑形式和建筑结构，自然成为了早期基督教教堂建筑形式最直接的来源。

　　基督教教徒们首先选择的建筑形式是古希腊、罗马遗留下来的"巴西利卡（Basilica）"。这种建筑定型于古代希腊，在古罗马时得到普及，并逐步成为法庭专用建筑形式。"巴西利卡"指由两列柱廊支撑的长方形大厅形式的建筑，基督教教徒们则按照基督教礼仪更新发展了这一形式，使之更加适应基督教的活动需求。基督教巴西利卡整体平面呈长方形，主入口位于西边，室内主空间为中堂（nave），是教

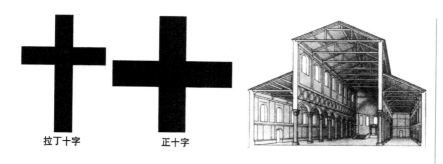

拉丁十字　　　　　正十字

图 4.1（左）
基督教发展的 "巴西利卡"
建筑形式

图 4.2（右）
圣阿波利纳教堂建筑剖视图

徒集会举行宗教仪式的主要空间；中堂两侧多设有侧堂（aisle），以柱廊划分。两侧各设一个侧堂的形式被称为三堂式巴西利卡，各设两个侧堂者称为五堂式巴西利卡，有些地区也出现过七堂式甚至九堂式大型巴西利卡。在具体使用中，有时会在中堂与侧堂的柱廊下悬挂帷幔，以分隔出更为隐蔽的空间。基督教巴西利卡还多在与入口相对的一端增建一个半圆形的后殿（apse），除了容纳圣职人员外，也用作存放供奉物等空间，这一功能区域逐步扩大后还容纳了唱诗堂（choir）；后殿空间又逐步向着两边南北方向伸展，形同双耳，称为耳堂（transept）。这样，纵向的巴西利卡在后殿处伸出两臂的整体平面布局，正好形成了一个横短纵长的拉丁十字形（图 4.1），暗合了基督教的宗教象征意味。因此，这种拉丁十字形平面形式被逐步固定下来，成为罗马基督教教堂的专用形制。

同时，为了减小施工难度与降低成本，并在一定程度上突出中堂空间，该时期的基督教巴西利卡顶部不再使用古罗马时期的拱顶，而采用了木桁架结构。这样的结构使得主殿高度大大高于侧殿，并可以在主殿的高墙上开设高侧窗（high side windows）为室内提供更加充足的光源（图 4.2）。这种造价相对低廉、易于施工的木桁架屋顶结构与巴西利卡平面形式相结合的教堂形式，在各地逐步流行起来，虽然侧殿及其屋顶对高出的主厅墙面起到了很好的支撑结构作用，为之后的哥特式建筑（Gothic Architecture）解决拱顶侧推力的问题提供了建造经验，但木桁架屋顶的流行也使得古罗马时期高度成熟的拱顶技术逐渐失传。

重新确立的基督教巴西利卡教堂平面与空间使用方式，逐步被程式化而具有了很强的共性：如主入口向西设于巴西利卡的长轴上；入口直通中殿（nave）；耳堂与中殿呈正交，交叉部分为圣坛（chancel）；圣坛是教堂中最神圣的区域，那里通常设置升高的祭坛（altar）；中殿一直延伸至圣坛，圣坛后部是后殿（apse），后殿多为带半穹顶的半圆形或多边形凹室，用作牧师坐席，专为牧师设置的石凳沿凹室周边布置，在主教堂中，凹室中央加设主教宝座。唱诗班的位置设在耳堂（transepts）；中殿两侧为较低矮的侧殿（aisle），侧殿与中殿以列柱分隔；在列柱上方高耸的中殿侧壁（triforium）上，设有为中殿提供采光的高侧窗。

　　早期基督教教堂外观十分简朴，通常采用露明砖墙或简单粉刷。内部装饰早期简单朴素，之后逐步华丽讲究起来，并为后来的中世纪教堂装饰定下了基调。教堂内部的屋顶由于采用木桁架结构，上部的木结构多直接曝露在室内空间中。在一些装饰讲究的教堂内，顶部木构架下设置带有天花或者藻井的平屋顶；早期基督教教堂墙面以壁画或陶瓷锦砖镶嵌作为内部装饰的主要手段，壁画主题通常取自圣经中的经典故事，目的在于向众多文盲、半文盲的下层信徒传达宗教信息。反映教堂历史的画面通常用来装饰中殿墙面，圣母玛利亚和基督的形象多出现于后殿半穹顶，传道者的形象通常用于填充邻接后殿的侧壁。为了更加直观地诠释教义，壁画所表达的形象尽可能地被简化，以增强可读性，画面中的形象不再是生活中的比例，尺寸也由形象背后的思想来决定。纯粹的精神等级再次替代了事物的物质性秩序，古代希腊、罗马绘画中的体积、空间、运动等概念逐步消失，代之以凝滞的平面性图绘。与教堂装饰礼仪同步发展的还有各种永久性、半永久性教堂设施，如用于分隔中殿与圣坛的"圣坛屏（rood screen）"；祭坛后面的装饰性嵌板"祭坛后部装饰（retable）"；祭坛上方的顶部构件"祭坛华盖（baldachin）"；以及唱诗班专用的"唱诗班坐席（choir）"等。这些最初多为解决特定功能而设置的设施，后来装饰日趋丰富华丽，成为中世纪基督教教堂中引人注目的构成要素。

　　罗马的老圣彼得教堂（Old St Peter's，始建于333年）是早期基督教教堂最重要的实例之一，教堂采用五堂式巴西利卡形制，内部全长112m，是当时基督界规模最大和最宏伟的教堂。其中堂开设高侧窗，高侧窗下承接水平檐梁的列柱排列紧密，形成强烈的纵深感，将人的视线引向中堂尽头的圣坛；圣坛之东是后殿，由4根麻花柱支承的大理石华盖下祭奉着圣彼得墓；后殿半穹顶饰有以圣彼得事迹为题材的彩色陶瓷锦砖壁画，画面以大理石碎片拼贴而成；中殿侧壁也以壁画装饰；后殿与中殿之间的横向耳堂用于容纳前往此墓朝圣的人群。老圣彼得教堂中的立柱采用科林斯式和混合式，材质有绿色和黄色的大理石，以及红色和灰色的花岗石。在基督教早期，教堂兴建活动日趋频繁，在建造速度、经济性等多方面的综合因素下，人们不苛求严谨的古典比例，甚至不顾及风格、色彩和材质的统一，常将废弃的古罗马神庙与其他纪念性建筑作为"采石场"。因而在此时期甚至之后的罗马风教堂中，常见大理石立柱、花岗石立柱，科林斯柱头、爱奥尼柱头混用于一室的情形（图4.3）。

　　在长方形巴西利卡教堂发展的同时，基督教教徒们还发展了以圆形平面及其变体为基础的"集中式"教堂形制。在罗马晚期，集中式

（a）

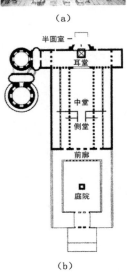

（b）

图4.3　老圣彼得教堂
（a）教堂室内素描（格里马尔迪绘于1619年，罗马梵蒂冈图书馆藏）；（b）老圣彼得教堂平面图

建筑平面多采用圆形，中央空间为举行礼仪活动的场所，一圈柱廊或拱廊将中央空间与外围的回廊分隔开来。从君士坦丁时代开始，除了用于举行礼仪、礼拜活动的教堂之外，纪念性建筑开始占有特殊的地位，并多采用集中式形制。集中式建筑的内部空间十分统一，在帝国东部的君士坦丁堡还发展出了一种新的集中式形式，其平面呈四臂等长的十字形，也被称为希腊十字式（也即"正十字"图4.1）。在十字交叉口上方覆盖圆顶，之后又发展成为在每条壁上方都覆盖圆顶，连同中央大圆顶一起形成了拥有 5 个圆顶的集中式建筑。此外，在君士坦丁地区还出现了平面为八角形的集中式建筑。集中式建筑虽然在内部空间上显得统一，但是由于没有明显的方向性，在罗马晚期的基督教建筑中，并没有巴西利卡式发展的迅速。

为君士坦丁的女儿修建的皇家丧葬建筑圣康斯坦察陵庙（S. Constanza，约建于 350 年），是罗马集中式建筑的代表。教堂平面为圆形，上覆穹顶，穹顶下以 12 对柱子支撑的拱廊为主要承重结构，这与古罗马万神殿的大穹顶构造有着巨大差异。其外侧回廊上覆盖着筒形拱顶。中央穹顶下的鼓座上开设有 12 个高窗，为室内提供了充足的采光。由外侧回廊筒形拱拱廊上的陶瓷锦砖装饰可以推测，该陵庙内装饰应当异常华丽精美。整个外侧回廊的筒形拱拱顶由扭索状的花纹划分出边界，将拱顶分隔为一幅幅的画面，都由彩色大理石陶瓷锦砖装饰。画面内容丰富多样，不仅有宗教故事题材，还有表现当日生活场景的画面（图 4.4）。

虽然，罗马早期基督教建筑时期形成了形式多样的建筑形制，但随着基督教的不断发展，拉丁十字平面的巴西里卡教堂形式逐步固定下来，成为罗马基督教的专用形制；而在以君士坦丁堡为中心的地区，则更多继承和发展了罗马的集中式穹顶建筑形制，并逐渐将其与东方建筑传统相结合，发展并固定了以希腊正十字平面为基准的教堂形象。进入 6 世纪时，随着拜占庭帝国第一个黄金时代的到来，拜占庭建筑与室内装饰逐步形成了自身的特色，从此与西方世界分道扬镳。

4.2　拜占庭建筑与室内设计

4.2.1　拜占庭建筑与内部空间特征

拜占庭建筑（Byzantine Architecture）从古罗马人那里继承了巨型穹窿顶结构技术，穹窿顶是一种半球形结构，最初主要是一种结构手段，多用于构筑体量较小的建筑，如近东和地中海地区的圆形民居与墓室。与平屋面相比，穹窿顶形式能够赋予所覆盖的空间某种向心性，至古罗马时代，穹窿顶开始用于覆盖巨型空间，其美学价值也

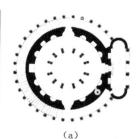

(a)

(b)

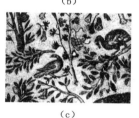

(c)

图 4.4
罗马圣康斯坦察教堂
（a）圣康斯坦察教堂平面图；
（b）圣康斯坦察教堂内景；
（c）圣康斯坦察教堂内马赛克装饰局部

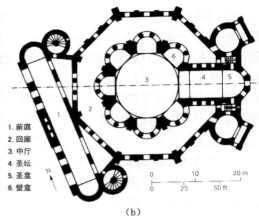

1. 前庭
2. 回廊
3. 中厅
4. 圣坛
5. 圣龛
6. 壁龛

(a)

(b)

图 4.5 圣维塔莱教堂
（532～548 年）
（a）教堂内景；
（b）教堂平面图

得到积极的发展，如前述古罗马的万神殿就是这类实践中的著名例子。至拜占庭时期，建筑师们又吸收并完善了当地人早已掌握的"帆拱技术（Pendentive）"，使得建筑空间发生了较大变化。"帆拱技术"主要可以解决在正方形或多边形平面上建造圆形穹窿顶这一技术难题，应用帆拱技术的穹窿顶，其剪力可以通过位于支座处的三角形球面传至平面角部的柱墩。这一方面使得由方形或多边形平面向圆形穹窿顶的过渡更加自然壮观，同时也使穹窿顶下的室内空间摆脱了连续承重墙的限制，可以自由地用于采光和通行，因而使得建筑师营造空间的自由度得到进一步的拓展。与古罗马时期的情况截然不同，由于掌握了先进的帆拱技术，拜占庭建筑巨型穹窿顶下的室内空间通常是开敞的和流动的。

位于拉韦纳的圣维塔莱教堂（S.Vitale）始建于东哥特王统治时期的 526 年，完成于查士丁尼大帝征服了意大利之后的 547 年。这座教堂采用了八边形集中式平面布局，中央空间与外圈回廊相贯通，上覆盖拱顶。教堂前加建有前廊，后堂外部增建了多室组合结构。其室内建有开窗的大型拱顶楼廊，采用了拜占庭室内装饰的精美工艺，墙面覆盖着彩色大理石拼成的复杂图案以及宗教内容题材的陶瓷锦砖镶嵌画。柱式的样式似乎暗含了罗马渊源，但柱头被雕刻成抽象的形式，显示了明显的近东血统。这座教堂既可以被看作是与早期罗马教堂关系紧密的早期基督教作品范例，同时也可以被视作是拜占庭建筑的代表（图 4.5）。

4～11 世纪是拜占庭帝国最繁荣的时期，其中查士丁尼大帝（Justinian）在位时帝国最为强盛，经济力量非常雄厚。这位皇帝在位期间曾建造了大约 30 座教堂，其中建于 6 世纪的圣索菲亚大教堂（St.Sophia）规模最大，动用了上万人力以及帝国各行省进贡的最珍贵的建筑与装饰材料。圣索菲亚大教堂由小亚细亚精通物理的伊索多拉斯（Isidorus）和精通数学的安提莫斯（Anthemius）共同设计和

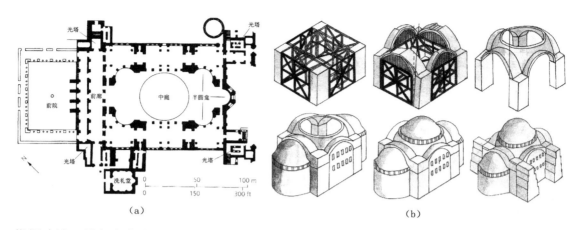

指挥建造，是拜占庭建筑最著名的典型，也是历经了 14 个世纪遗留下来的拜占庭帝国最精美的建筑物之一（图 4.6a）。

　　大教堂的空间结构是一种全新的创造，将集中式穹顶建筑与巴西利卡式建筑空间完美地结合在一起，成功解决了在方形平面上架设大穹窿顶的技术问题。经由这种方法制作的穹窿顶结构完整，由于没有其他构件遮挡，整个穹窿展露在外，呈现出了优美的造型。教堂整体平面呈长方形，其中包括一个正方形的主体空间，这个边长约 31m 的正方形主体空间在四角各设有一个墩柱，墩柱支撑的墙面上方沿正方形的 4 边各自发券，形成 4 个巨型半圆拱顶，半圆拱上设有帆拱（pendentive），其上便是带有 40 条肋拱的大穹窿顶。由于穹顶尺度过大，设计师在四面墙体外侧增建一些抵抗侧推力的结构设置，如半穹窿顶的侧殿和扶壁墙（buttress），其既可以起到坚固的围合作用，又为内部扩展出了两个半圆形的使用空间（图 4.6b）。大穹窿顶的最高处距离地面约 52m，直径 100 英尺（30.48m），穹顶本身的尺度并没有打破古罗马万神庙的记录，然而由于帆拱技术的应用，穹顶的有效影响范围却较古罗马万神庙大为扩展。教堂内核心部分的正方形空间向东西方向敞开，与由两个半穹窿覆盖的空间贯通着，半穹窿在结构上起辅助支架的作用，东西方向上的半穹窿顶以更小的半穹窿加固，从而进一步加强了结构的稳定性和空间的复杂程度。室内东端尽头设有多边形后殿，西端设拱顶入口。与罗马万神庙只能将穹顶置于一圈封闭式的墙垣之上的内部空间相比，圣索菲亚大教堂的内部空间更多地表现出起伏变化、交融渗透和骚动不安。大圆顶在建成 20 年后由于地震而坠毁，后于 558 年重新修建。

　　圣索菲亚大教堂对光的利用是非常成功和富有创造性的。在环中央穹窿肋脚处整齐排列有 40 个拱窗，使巨大的屋顶看上去仿佛漂浮在半空。由于墙面受力相对较小，教堂底部的四周厚壁上也有规律地分布着许多窗孔，与大穹窿顶下的 40 个拱窗一道，为人们勾勒出富于节奏与韵律美感的空间组织结构。圣索菲亚大教堂外部装饰粗糙，

图 4.6　圣索菲亚大教堂（532 ～ 537 年）
（a）圣索菲亚大教堂平面图；
（b）圣索菲亚大教堂穹顶建造步骤分解示意图

图 4.7（左）
圣索菲亚大教堂室内效果

图 4.8（右）
拜占庭风格的柱头与梁柱
结构

内部细致奢华，有着拜占庭历史上最激动人心的室内设计。教堂的地面、底层墙面、墩柱都是用黑色、灰色和青色的彩色大理石板装饰。主殿两侧的柱廊采用独石雕刻柱子，底层大尺度的柱子以一种绿色的大理石材装饰，上层较小的柱子采用白色大理石。大穹顶、半穹顶以及拱券墙面都采用玻璃材质的陶瓷锦砖装饰。整个顶部以金色为主，将蔓草花边、十字架和圣像都很好地烘托了出来。这些采用拜占庭工艺制作的陶瓷锦砖饰面和石雕细部斑斓闪烁，对光的神秘变幻作出极具表现力的回应（图 4.7）。大教堂室内装饰风格的明显变化，在柱式和柱间拱廊装饰体现得非常明显，教堂内的柱头采用了一种新形式，即柱头四面、四边都采用外凸的弧线轮廓形式，柱头以深雕手法雕刻着变形莨苕叶纹装饰，柱头上部加入了爱奥尼式的涡卷。柱子间的拱券上，以同样的深雕手法雕刻着卷草纹和蔓草纹，或者采用连续的花饰带装饰，极富东方气息（图 4.8）。圣索菲亚大教堂是拜占庭帝国黄金时代的纪念碑，拜占庭的艺术对于当时的西欧极具吸引力。事实上，直到 11 世纪末在十字军东征导致的敌意出现之前，拜占庭与西欧在文化方面一直有着密切的交往，拜占庭的建筑与室内设计也得以传播。12 世纪以后，拜占庭影响远及俄罗斯、塞尔维亚、保加利亚等东欧国家，为东正教教堂设计提供了多方面的经验。位于威尼斯的圣马可教堂（1063～1073 年），则以 5 个穹顶来覆盖其下希腊十字平面空间，该教堂也是拜占庭教堂室内处理得最为完美的例子之一。

　　在住宅建筑中，源自古罗马的风格特点起到了主导作用，但是古罗马房屋所具有的开放性特点，在拜占庭时期被迅速淘汰。该时期的房屋变得日益具备防侵犯性能，贵族和富有阶层的住宅有着无窗户的临街正门，中央方厅或庭院由铁门或铜门森严围护，以防止暴徒侵入。主要起居室设于第一层楼，有木梯或带装饰的石梯。中央大厅是建筑的核心部分，有带屋顶的花房、草地和阳台，以便呼吸到来自博斯布鲁斯海峡的新鲜空气。成排的温暖房屋悬挂着窗帘，并带有砖垒的壁炉，这些都有助于驱除潮湿的冷空气。平滑的建筑立面被柱子、壁柱、嵌线等连接和装饰起来，而简单的桶形或者弧棱顶则让艺术家和镶嵌工匠们有着更多的创作自由。

4.2.2　室内装饰装修与家具陈设

由君士坦丁大帝规划的君士坦丁堡在 6 世纪时被查士尼丁大帝重建，以后又在马其顿、康尼奴斯和其他朝代进行过改造。除了圣索菲亚教堂和其他宗教纪念物被留存于世外，所有的其他建筑几乎都已消失殆尽。皇帝、贵族以及商人的大宫殿和住宅，也没有留下任何蛛丝马迹。对于拜占庭时期室内设计的了解，除了为数极少的一些残存，更多地来自于一些文献记载，如克雷莫纳（Cremona）主教德普兰德（Liudprand，922 ～ 972 年）撰写的《君士坦丁堡使节的叙述》，他曾是奥托皇帝 968 年派往拜占庭的外交使节；以及君士坦丁七世波菲罗格尼图斯（Porpyrogcnitus，913 ～ 959 年）的《礼仪》和《法规》两本手稿。此外，在拜占庭帝国的外围，如威尼斯、西西里和西班牙等地，也有一些受拜占庭风格影响下的实例残存，后人只能通过这些有限的资料来管窥有关拜占庭时期的室内风貌。

君士坦丁堡所在地区缺乏好的石材，砖是采用最多的建筑材料，并在砖的表面覆盖灰泥、石面或大理石。拜占庭人从他们所知道的各个地方进口大理石，并掌握了非常高超的铺设技术。他们先将大理石切到尽可能薄的程度，然后并排放置于表面上，以使纹理能被反映出来，这种方法在需要大面积覆盖时显得十分实惠。这种在装饰中精确的计算以及产生的重复韵律效果，反映了拜占庭人对稳定和变幻的自然趣味的喜好，以及他们理性而有节制的思想。源自于古希腊和罗马艺术中的比例、韵律、秩序、纹理和光影，在拜占庭人的创造中充满了情感和智慧，在这种智慧中，艺术是神的一种神秘反应，艺术与宗教的融合形成了拜占庭室内装饰的特点。

拜占庭的青铜器、金银器和纺织品均极负盛名，皇家工场所出的产品以稳定的高质量深受上流社会的欢迎，这些设计通常反映着崇尚奢华的价值取向。拜占庭人推崇异国情调，中国的瓷器、丝绸与波斯地毯等，以其精美华贵和固有的东方情调，在拜占庭世界大受欢迎，许多器物的设计也明显表现出来自波斯艺术和伊斯兰艺术的影响。

拜占庭时期的纺织品被广泛使用于室内，使得大理石和陶瓷锦砖装点的宫殿更趋舒适。两个拱形之间常用挂杆悬挂着大幅的窗帘，当打开窗户时，窗帘可以束在柱子上，窗帘的长度一般以达到墙裙位置为宜。在世俗建筑中，拜占庭人大量使用织物来提高室内生活的舒适度，布幔常常环房间悬挂于壁檐或墙裙高度处，有时也悬挂于拱券间的横杆下。卧榻、凳子和宝座通常用织物包裹座面，或安装厚垫。拜占庭时还流行从波斯和远东进口地毡，长椅、凳子和御座等常饰以褶纹织物并加有高高的坐垫。设计精美的丝绸制品常常被用作互相馈赠的礼品。尽管该时期的室内体现了对金、银、大理石和珍贵宝石工艺处理方面的精湛水准，但在上釉陶瓷方面，拜占庭时期并没有十分突出的成就，工艺和技术均显得粗糙简陋。

拜占庭皇帝对修建华丽宫殿所用的装饰产品实行严格的控制制度，使其稳定的高质量得到了保证，拜占庭装饰风格逐步受到西方人的广泛青睐，最终成为罗马帝国与中世纪之间的转折点。800年的圣诞节时，法兰克国王查理曼（Charle Magne）被教皇利奥三世冠以罗马西部的皇帝称号，成为罗马帝国衰落后的一个重大转折点，标志着野蛮入侵导致的骚乱时代结束，中世纪及其艺术、等级严明的社会秩序和严肃的宗教方式开始逐步登上历史舞台。

4.3　西欧中世纪的建筑与室内设计

4.3.1　罗马风建筑与室内设计

"罗马风"一词最早出现于19世纪的批评家口中，指欧洲11～12世纪所流行的建筑风格，后来泛指这一时期的建筑、绘画、雕刻等艺术形式的统一风格。这时期的建筑师们从古罗马、拜占庭、加洛林等建筑传统中汲取营养，创造了一种新的风格，并流传至整个欧洲。尽管各地区之间也存在着种种差异，但"罗马风"建筑是欧洲建筑史上第一种真正具备"国际性"的风格。这种风格最早出现于9世纪末与10世纪初，繁荣于11～12世纪，有些国家和地区持续至13世纪之后才被"哥特式"风格取代。

410年西哥特人洗劫罗马城，标志着古罗马帝国实际统治的结束，西欧地区代之而起的是一个混乱的"黑暗时代"。在"蛮族"的统领下，社会发展水平开始下降，古罗马时期所形成的文化艺术、建筑技艺等逐渐失落，随之而起的是教会势力的日益强大。在令人窒息的黑暗中，基督教的、蛮族的和古代希腊罗马残存的因素相互碰撞、融合，悄悄地孕育着新文明的萌芽。在这个过程中，封建体系日渐形成，在以武力对土地控制份额的基础上，确立了封建等级制度。封建权贵之间战争频繁发生，在昔日罗马帝国领土上新建立起来的国家中，以法兰克王国最大，延续时间也最长，尤其是在800年时，罗马教皇在圣诞节为加洛林王朝的第二任国王查理曼（Charlemagne，约742～814年）加冕，使他成为神圣罗马帝国的第一个皇帝。查理曼大帝试图复兴罗马帝国，提倡将拉丁语作为全帝国的官方语言，并对政治和教会进行改革，致力于重振"古典"文化，并由此引发了学术和艺术上的复兴，史称"加洛林文艺复兴"，历史似乎经过了一个循环，曾经摧毁了罗马帝国的"蛮族"开始试图将其复兴。加洛林时代的教堂建筑复兴了早期巴西利卡式与集中式的传统，并在建筑形制上形成了"加洛林式（Carolingian）"，被视作是其后"罗马风"建筑与艺术的早期阶段。但 9 世纪末，加洛林王朝因内部分裂与外族入侵而迅速衰落，奥托王朝（Ottonian Dynasty）在 10 世纪时才再次恢复了神圣罗马帝国。962 年，罗马教皇为奥托大帝（Otto Ⅰ the Great，912～973 年）加冕，欧洲的领导权从法兰克人转移至了萨克森人手中。奥托王朝在文化上是加洛林王朝的继承者，意在复兴查理曼帝国的政治和文化理想。其教堂建筑进一步发展了加洛林时期的巴西利卡形制，为之后的"罗马风"建筑奠定了基础。

"罗马风"教堂建筑最早在 9 世纪末期的意大利北部伦巴第地区出现，也称为"初期罗马风（First Romanesque）"或者"伦巴第式"，一般为三堂式巴西利卡，东端建有 3 个并列的圆室，虽然结构与材料均较为粗陋，但拱顶与一些装饰语言已经体现出了"罗马风"的特征。10 世纪左右，这种风格传播至了西班牙的加泰罗尼亚地区，拱顶技术取得了更进一步发展。此后，又向北传到了法国的勃艮第地区，这一地区的"罗马风"建筑也是法国该时期建筑的典型代表。1066 年，"诺曼征服"为英格兰打开了融入此次国际风格潮流的道路，诺曼人大兴土木，使英国的"罗马风"建筑获得了快速发展。囿于奥托王朝建筑的传统，德国的"罗马风"初期发展相对保守，直至施派尔（Speyer）主教堂耳堂和唱诗堂（图 4.13）的重建，德国建筑出现了重大转折，为中欧地区的建筑发展提供了新的标准。斯堪的纳维亚国家在此过程中也逐步摆脱了当地木结构教堂的传统，加入到了欧洲"罗马风"砖石建筑的行列中。

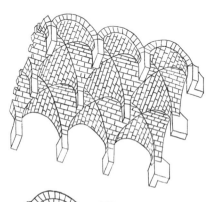
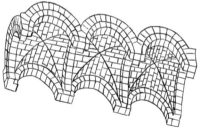

图 4.9　砖砌十字拱结构

"罗马风"建筑一词虽然在字面上似乎与古罗马建筑之间有着紧密的联系，但实际上"罗马风"建筑在某种意义上可以说是 4～5 世纪早期基督教教堂的直接继承者。但是在中世纪早期，古罗马帝国的文化与艺术已经大部分被遗忘，该时期的建筑师也很难被确定是有意识地回到古罗马建筑中去寻求灵感，他们对古罗马时期以柱式为基础的古典建筑语言并不感兴趣，古典柱式连同维特鲁威几乎被遗忘，此时期被真正继承的是古罗马的拱券、拱顶构造技术以及室内装饰细部，如筒形拱、交叉拱、圆顶等结构与构件等，在"罗马风"时期均被大量应用。在应用的过程中，中世纪的建筑师也对拱顶技术做了发展和改进，如在法国最早尝试与应用的十字拱顶和肋拱等（图 4.9）。

"罗马风"建筑的一个显著特征是巨大的维度和厚重的体量，给人宏伟庄严的印象，此时期的教堂、修道院等都被修筑的如同防御要塞般坚不可摧。古罗马的拱顶技术取代了当时的木构屋顶，这样既可以使建筑物更加坚固，同时也可防火。由于砖石结构的拱顶十分沉重，其下必须以厚重的墙壁、巨型的墩柱来支撑，开窗面积则相应减小，导致室内光线昏暗。"罗马风"教堂的室内空间往往十分宏大，随着礼拜仪式的复杂化以及信徒数量增加，在变化统一的原则下，室内空间越建越大。教堂多使用拉丁十字形平面，增设环后殿的后殿回廊（ambulatory）、沿耳堂东墙和后殿布置的小礼拜堂（chapel）以及位于侧殿上方的敞廊（gallery）。后殿回廊与小礼拜堂的出现，与中世纪的朝圣习俗有关，"朝圣"是许多宗教都具有的特征，它令大量人群在某一特定时刻集中出现于某一地点。中世纪早期的有关资料表明，在旧式巴西利卡教堂中，管理和组织数目庞大的朝圣人群是十分困难和危险的事情。后殿回廊和小礼拜堂的设置，有效地改变了这一局面，朝圣者在环后殿的行进过程中，可以随时停下来，进入小礼拜堂祈祷。小礼拜堂中常设有圣龛，保存圣徒的遗骨和遗物，供朝圣者膜拜，尤其在 11～12 世纪，对圣徒遗骨和遗物的宗教崇拜十分盛行。敞廊的设计主要是稳定结构的需要，同时也为容纳更多的朝圣者提供了可利用的空间。在空间与装饰处理方面，"罗马风"教堂所进行的探索性和多样性的创造，为后来的哥特教堂实践做了有益的积累与准备。同时，罗马风教堂的装饰程度很不平衡，一些地区或教派的教堂室内十分简朴，建筑师也只考虑结构的要求；而在另一些设计中，装饰手法则较为精美和讲究。自罗马帝国瓦解后，纪念性石雕在欧洲教堂建筑中几乎绝迹，直到在"罗马风"教堂中获得复兴，"罗马风"艺术家还创造了大量以人像或风景为主题的石雕柱头。

在查理曼首都亚琛（Aix-la-Chapelle）的大宫殿建设中，体现了一定的秩序与对称概念，遗存下来的一座小礼拜堂（图4.10）采用了8边形集中式平面，其所使用的半圆形券与筒形拱以及大量的砖石材料，都提示了对古罗马建筑技术的某些借鉴。德国科尔韦城（Corvey-on-the-Wester）的圣米克尔教堂（S.Michael，873～885年），采用了来自加洛林时期的"西部结构（Westwork）"。在瑞士，圣高尔修道院（S.Gall，约820年，图4.11）中可以看到，这座巨大的建筑各部分呈现出有序而复杂的布局。教堂两端各布置有半圆形后殿，使得建筑在纵、横两个方向上都达到了对称格局，而这种空间布局在之后的德国罗马风建筑中十分常见，西尔德斯海姆圣米开尔教堂（1010～1033年，图4.12）是其典型例子。始建于1024年的施派尔主教堂（Speyer，图4.13）是德国罗马风建筑的伟大转折点，教堂修筑了拱顶，中堂与侧堂之间的各主墩柱上附以半圆柱，向上延伸至高侧窗的位置支撑着上部的纵向拱券与横隔拱，横隔拱之间的交叉拱顶跨度13.7m。从内部整体来看，中堂的方形空间起着主导作用，中堂一个开间的面

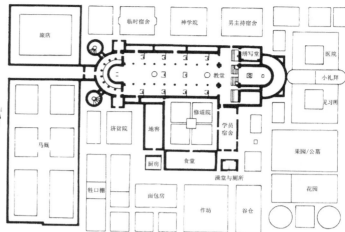

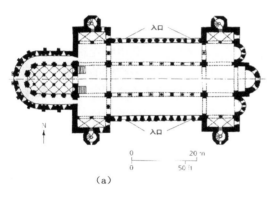

(a)　　　　　　　　　　　　　(b)

图 4.10（上左）
帕拉丁小教堂（798 年）

图 4.11（上右）
圣高尔修道院平面图（约
820 年）

图 4.12（下）
圣 米 开 尔 教 堂 （1010 ～
1033 年）
（a）圣米开尔教堂平面图；
（b）圣米开尔教堂内景

图 4.13　德国施派尔主教
堂（1024 ～ 1033 年）

积等于两个侧堂，中殿拱顶高度约 33m，是所有罗马风教堂中最高的
一个。在十字交叉口上方，建有在一座八角形塔楼，双壳中空的墙体
也在此被大量应用。德国该时期重要的"罗马风"教堂还有美因兹主
教堂（Mainz，1009 年以后），是莱茵地区第二大拱顶式建筑。

　　法国孔克（Conques）的圣弗伊教堂（S. Foy，1050 ～ 1120 年）是
现存最早的朝圣教堂，整体规模较小，筒拱覆盖的中堂内建有拱券，
用来限定每一个开间。中堂空间比例窄且高，东端建有一个后堂回廊。
中堂两侧是双层侧廊，顶部为半拱顶，一直伸至中堂边墙上面，使得
中堂无法开设高侧窗。但是侧廊的窗户很大，使侧廊比中堂明亮很
多。在耳堂和中堂十字交叉处上方建有八边形穹顶塔楼。除了那些雕
刻精美的柱头之外，教堂内部装饰极为简朴（图 4.14）。法国韦兹莱
（Vézelay）的马德莱娜修道院教堂（Madeleine，1104 ～ 1132 年）也
是一座朝圣教堂，以醒目的色彩和精美的雕刻而闻名。教堂中殿采用
巨型筒形拱覆盖，在筒形拱的每一开间处，均设有厚重的横向拱分隔。
进入中殿会被横向拱的装饰斑纹所吸引，色彩柔和的金色石灰石与粉
红色花岗石交替使用产生了辉煌的对比效果。在欧洲北部地区，马德

图 4.14（左）
圣弗伊教堂（1050～1120年）

图 4.15（中）
马德莱娜修道院教堂
（1104～1132年）

图 4.16（右）
圣米尼亚托教堂（1018～1062年）

莱娜修道院教堂的色彩运用是一种新事物，在一定程度上体现了伊斯兰建筑的影响（图 4.15）。

　　法国的圣费里伯特本笃会修道院教堂（Abbey church of St. Philibert, 11～12世纪初, Tournus）以其气派的尺度、简约的砖石拱顶和良好的采光都给人留下了深刻的印象。其中殿连拱廊粗壮的圆柱支承着跨越中殿的巨大发券，一系列覆盖中殿空间的筒形拱建造在这些巨型拱券上，筒形拱与之呈正交。这种特殊排列方式，使筒形拱的侧推力在很大程度上彼此消化平衡，从而使中殿屋面的大部分荷重通过中殿发券，由中殿圆柱吸收。教堂的侧殿部分采用十字交叉拱屋面。这种拱顶形式既有利于抵抗来自中殿承重体系的侧推力，又允许在外墙上插入足量的采光高侧窗。圣费里伯特本笃会修道院教堂是迄今为数不多的几个无须拉杆加固和采光情况良好的"罗马风"教堂之一。它的结构体系是创造性的和成功的，但这一结构构思在后来并未得到发展，主要原因很可能是这种中殿屋面形式多少会削弱指向圣坛的导向性。

　　意大利"罗马风"在吸收法国影响的同时，更多地保留了早期基督教教堂的形式。位于佛罗伦萨的圣米尼亚托教堂（S.Miniato, 1018～1062年，图 4.16），中堂分为三个部分，其上都采用了木构架屋顶，但在室内使用了黑白大理石拼成的几何图案进行了精心的装饰。比萨主教堂（图 4.17）也是意大利重要的"罗马风"建筑，主教堂由大型巴西里卡、圆形洗礼堂、斜塔与墓园构成了一处规模宏大的建筑综合体，也是拜占庭风格、东方风格、中世纪基督教风格与古典风格的结合体。主教堂的平面布局成拉丁十字形，中堂高大宽敞，两侧各设双侧堂，侧堂高度较矮，使得中堂可以开设高侧窗采光。耳堂为三堂式，两端各有一个半圆形后堂，十字交叉处设祭坛，上铺盖有圆顶，中堂和楼廊采用了木结构屋顶，侧堂设拱顶。

　　居住在诺曼底的诺曼人是北方入侵者，笃信基督教，自加洛林王朝衰落后开始深入法国内陆，经过几个世纪的发展，诺曼底成为

图 4.17（左）
比萨教堂群

图 4.18（右）
达勒姆大教堂

了 11 世纪欧洲最具活力的地区。1066 年征服者威廉（William Ⅰ the Conqueror）入侵英格兰，将欧洲大陆的"罗马风"建筑技艺带入了岛国。诺曼人建造的英国达勒姆主教堂（Durham，1093 ～ 1113 年，图 4.18）是英国"罗马风"建筑发展的高峰，由于该教堂是英国所建的一系列主教堂中的最后一座，因此吸收了前人的更多经验，在技术上更加纯熟。教堂室内各要素的构成更加符合比例要求，巨型组合式墩柱和圆柱相交替，圆柱上刻有抽象的几何图案。该教堂的唱诗堂（1104 年）建有欧洲最早的肋架拱顶，预示了之后哥特式建筑的到来。肋骨拱是 12 世纪前后的一项新技术，其创新意义在于将"拱"分解为"结构"和"填充"两部分。以四分肋骨拱为例，长向、横向和斜向的拱肋首先建造，然后以砖石填充其余的膜状部分。这一应用伞肋原理的革新，对于减轻结构自重、增加开窗面积具有积极意义，在后来的哥特教堂中得到广泛应用。

基督教在斯堪的纳维亚国家的传教活动开始于公元 800 年左右，石造的教堂建筑出现于 11 世纪，以欧洲大陆与英国教堂为蓝本，如位于隆德（Lund）的隆德主教堂（约 1120 ～ 1145 年）是一座庞大的巴西里卡式建筑，西部建有两座塔楼。在丹麦、瑞典、芬兰、挪威都留有大量 1000 ～ 1200 年左右的木构教堂与其他建筑，芬兰的木教堂因其动人的结构被称为木构教堂（Stave Churches）。位于挪威博尔贡（Borgund）的圣安德烈教堂是其中保存较好的一座，在这座教堂中可以看出"罗马风"建筑的石头语汇在木构体系中的表达，室内拱形券已经不再是结构需要，而是作为对法国石造修道院的一种模仿（图 4.19）。

4.3.2　哥特式建筑与室内设计

1）技术进步与哥特式建筑的基本特征

"哥特式"这一术语在文艺复兴时是用来形容中世纪时期由"野蛮的"哥特人所建造的，具有"丑陋"、"与古典建筑规则背道而驰"

图 4.19（左）
隆德主教堂（约 1120～
1145 年）

图 4.20（右）
圣安德烈教堂（1150 年）

等特征的建筑形式。在 17 世纪与 18 世纪的英国作家眼中，"Gothic"的含义是"无鉴赏力的"、"离奇古怪的"。而在之后的 18 世纪与 19 世纪，欧洲人重新认识了这种建筑形式并给予了肯定的评价，"Gothic"一词方才从其原有的贬义中脱离出来，用于指称约 1200～1500 年间，首先诞生于法国并逐步在欧洲流传的一种建筑形式，称为"哥特式建筑（Gothic Architecture）"，这种建筑形式也是西欧中世纪建筑的最后一个发展阶段。

就哥特式单体建筑的结构技术来看，并无突出的创新之处，基本上是建立在"罗马风"建筑拱券结构体系的基础之上，并将这些建筑结构形式进行了有机组合和综合应用，并借助这种组合而成的新的建筑语言，让不同结构都最大化地发挥了它们的优势。"罗马风"建筑由于拱券大多较为笨重，支撑拱顶的墙垣也十分厚实，因而对室内空间造成一定的制约，如开窗很小、室内光线很不理想、建筑整体效果比较笨重等弊端。哥特式建筑发展出了更为成熟的新的拱券结构，引起了建筑整体形象、室内结构空间、装饰细部以及采光系统的一系列变化。在哥特式建筑中，最为突出的特点是"尖拱（Pointed Arch）"的应用，也即二圆心尖拱（Acute Arch，图 4.21）。与先前的半圆形拱券形式相比，尖拱券的结构独立性较强，对两边

图 4.21　罗马风十字拱顶
与哥特式肋拱拱顶

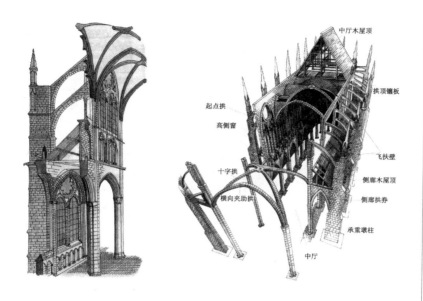

图 4.22（左）
拱券与飞扶壁
（王其钧：《永恒的辉煌 外国
古代建筑史（第 2 版）》，158
页，北京：中国建筑工业出
版社，2009）

图 4.23（右）
哥特式教堂结构示意图
（王其钧：《永恒的辉煌 外国
古代建筑史（第 2 版）》，160
页，北京：中国建筑工业出
版社，2009）

墙体所产生的侧推力较小；尖拱券自身跨度调节度较为自由，可以使不同方向上的十字拱券等高，连续设置的尖拱券可以在建筑上部获得一个完整平滑的拱顶。同时，尖拱券可以更加方便地覆盖环形、放射形等各种平面形式，使得建筑内部空间更加流畅统一。与尖拱券相配合使用的还有扶壁结构，尤其是一种墙面中部中空的飞扶壁（Flying Buttress）结构（图 4.22）。这种结构起于独立的墙垛，止于尖拱券的拱脚，将拱券结构所产生的侧推力与部分重力传递至侧廊外的墩柱或者地面上，以保证不在建筑内部设置支撑结构，维护内部空间的统一性（图 4.23）。

在尖拱券架、飞扶壁等组成的新结构构架影响下，哥特式教堂内部空间以中殿为主，由于中殿采用了尖拱券系统，平面进深往往很长，受到拱顶跨度限制，中殿则宽度较短，同时中殿高度被不断提高，使得中殿内部空间形成了峡谷般狭长、高深的形式。原来起平衡侧推力作用的侧廊被飞扶壁取代，侧廊大多只保留一层或干脆取消，使得中殿墙壁可开设窗户，大大改善了室内采光效果。由于建筑高度的大幅增高，中殿两边墙面的壁柱柱头装饰逐步简化，多为连续的束柱形式，从地面一直冲到拱顶两端的落拱点上，这种柱式的变化使得室内空间的高耸感更加强烈；由于墙体不再承重，哥特教堂建筑师竞相将墙面减至最小，结构骨架裸露，窗的面积与重要性大大提高，玫瑰花窗（rose window）、窗花格（tracery）和彩色玻璃画（stained glass windows）均获得更大的发挥空间而成为哥特式建筑新的设计元素。由此，在哥特式教堂中形成了显著的特征，建筑师对沿中殿高度第二空间导向的艺术渲染达到顶峰。尖拱、肋形拱、束柱、飞扶壁等结构要素，与窗花格、彩色玻璃画、石雕等装饰要素结合在一起，构成

图 4.24（左）
尖拱顶、扶壁、窗户结构图
（王其钧：《永恒的辉煌 外国古代建筑史（第 2 版）》，164 页，北京：中国建筑工业出版社，2009）

图 4.25（中）
沙特尔圣母大教堂的北耳堂彩窗

图 4.26（右）
哥特式彩窗

结构逻辑与审美逻辑高度统一的、充满张力与动感的画面。"罗马风"教堂的粗糙、沉重和阴暗遭到了质疑，明亮、轻快、宽敞的新教堂样式出现了，哥特教堂具有轻盈玲珑的身体、高耸入云的尖塔，一切的线条都似乎尽力的向上攀升，远远望去，在那些尖塔的顶端似乎飘荡着天堂里动人的音乐（图 4.24）。

玫瑰花窗是具有一定尺度的圆形花状窗，通常被认为是哥特教堂的标志性细部，主要用于中殿西墙和耳堂端墙，效果华丽而生动。窗花格是窗洞中的装饰性设计，有时也用于实墙表面装饰，称作"实芯窗花格"。在各色窗花格样式中，叶形窗花格（foil tracery）是比较典型的哥特式设计，常见的有三叶形、四叶形和五叶形图案。早期哥特教堂采用石板状窗花格（plate tracery），13 世纪后则改用更为精美的石棂状窗花格（bar tracery）。在哥特教堂中，壁画无处附着，其功能和装饰作用逐渐由彩色玻璃画取代。彩色玻璃画靠光的透射产生效果，并在一年中随着季节的更替、在一天中随着时间的推移、在同一时间但不同的气候条件下，产生了非常丰富的视觉效果。彩色玻璃画虽然在早期基督教建筑中已有使用，在拜占庭建筑和伊斯兰建筑中也相当普及，但只有在哥特教堂建筑中，彩色玻璃画才成为了主导性的装饰要素（图 4.25，图 4.26）。

2）欧洲各国哥特式教堂的室内设计

哥特教堂设计在"罗马风"教堂建设方兴未艾之时，已出现于法国巴黎及附近地区，并迅速从其发源地向外辐射，首先遍及法国，然后传至英国，接着是德国等中欧国家和西班牙，最后到达意大利。意大利人从未完全接受这种风格，正是他们为这种风格的建筑贴上了"野蛮"的标签，并率先反对它，但在其他国家，特别是英国，哥特式的影响强大而久远。

（1）法国

法国是哥特式建筑的发源地，共经历了三大阶段：12 世纪的早期发展阶段，尖拱券结构被普遍使用；13 世纪中期发展起来的"辐射式风格（Rayonnant Style）"以及在辐射式风格基础上发展起来的"火焰式风格（Flamboyant Style）"，火焰式风格是法国哥特式建筑发展晚期的最后阶段。大约 16 世纪以后，法国的哥特式建筑开始衰落。法国哥特式建筑仍然以教堂建筑为主，出现了巴黎圣母院（Notre-Dame）、莱昂大教堂（Laon Cathedral）、兰斯主教堂（Reims Cathedral）、亚眠主教堂（Cathedral Notre-Dame of Amiens）、傅韦主教堂（Cathedral St.Pierre of Beauvais）、沙特尔主教堂（Chartres Cathedral）等著名教堂建筑。法国教堂建筑平面中拉丁十字的两横翼大为缩短，有些教堂平面几乎还原了巴西里卡式平面加后端半圆形礼拜堂的形式。教堂中殿狭长而高耸，其中沙特尔主教堂高约 32m，宽约 16.4m，长约 130m；亚眠主教堂中殿宽 15m，高 42m，均为典型的例子。室内柱式因承重作用减弱而变得细高，以束柱样式最为多见，增加了室内空间的高耸感。法国哥特式教堂颇为引人瞩目的还有立面墙体上的大玫瑰花窗，巴黎圣母院正立面的玫瑰花窗直径达 10m，花窗以及大幅的柱间窗户为彩绘玻璃装饰提供了绝佳的表现空间。

法国巴黎圣母院（1163 ~ 1250 年，图 4.27）是早期哥特教堂建筑的重要实例。其中殿采用尖形六分肋骨拱覆盖，拱顶高 32.6m，轻松地达到了罗马风教堂的最大高度。侧殿上方仍设有敞廊。在漫长的建造过程中，中殿内立面设计一直进行着修改，如今只有右侧紧邻平面交叉处的最后一个开间保留着原始的 4 层式设计：首层为侧殿连拱廊；二层设敞廊连拱廊；三层是以小型玫瑰花窗隐蔽的暗楼；最上层是利用拱顶山花壁面开设的小尺度高侧窗。在工程建设的最后阶段，高侧窗被加宽拉长，取代了暗楼的玫瑰花窗，形成 3 层式内立面，这种 3 层式设计在盛期哥特教堂中被普遍采用。

在建筑结构体系确立之后，哥特式教堂的重点逐步转向了装饰领域，法国的哥特式建筑中所出现的"辐射式"与"火焰式"，均是针对窗棂、拱券等处的雕刻装饰以及扶壁的形象而言的。"辐射式"的建筑立面、窗棂上通常采用一种细尖券的盲拱，或与纤细窗棂相搭配，注重突出玲珑的拱券形象与上升的纵向感。如建于巴黎的圣夏佩尔小教堂（1242 ~ 1248 年），墙体已经缩减至细瘦的支柱，柱与柱之间镶满了着色玻璃窗，创造了一个似乎由光线与色彩构成的室内空间，其上部拱顶表面也以蓝、金两种颜色装饰着（图 4.28）。法国沙特尔主教堂（Cathedral of Chartres, 1194 ~ 1220 年，图4.29）是盛期法国哥特教堂的代表作。它的平面尺度较巴黎圣母院小，

图 4.27　巴黎圣母院

图 4.28　圣夏佩尔小教堂
（1242 ~ 1248 年）

图 4.29（左）
沙特尔圣母大教堂

图 4.30（中）
亚眠圣母大教堂（约
1220 ～ 1288 年）

图 4.31（右）
圣马克洛教堂（约 1436 ～
1520 年）

其平面布局展示了一个理想的哥特式设计，十字形为主，带有侧廊和耳堂，东端 5 个向外凸出的半圆形室构成了向东延伸的内室。拱顶高度升至 36m，超过了巴黎圣母院的中殿高度。沙特尔主教堂取消了敞廊，平衡中殿拱顶侧推力的任务完全由飞扶壁承担，扶壁之间的空间开设着高侧窗，高侧窗高度大为增加，不再局限于拱顶山花壁面的范围，成为与下部连拱廊同样醒目的内立面构图要素。中殿内立面采用 3 层式设计，由低矮的暗楼将下部侧殿连拱廊与上部高侧窗分开，其每一开间处用于加强结构框架刚度的扶壁柱从中殿拱顶的肋骨拱拱脚直通地面，室内效果更加统一。在哥特教堂中，开窗面积不能简单地以采光要求加以解释，12 世纪和 13 世纪的盛期哥特教堂，几乎就是镶满彩色玻璃的框架，彩色玻璃削弱了光的强度，但展示了难以言状的色彩美和图案美。遗憾的是，许多哥特教堂的彩色玻璃没能保存下来，在沙特尔主教堂中，我们仍能看到基本完好的中世纪彩色玻璃画原作（图 4.25）。

法国亚眠主教堂（Cathedral of Amiens, 1220 ～ 1280 年，图 4.30）是盛期法国哥特教堂的顶峰之作，它的中殿拱顶升至距地 44m 处，是所有完整的教堂中最高的一座。其结构构件的比例也更加纤细精致，暗楼洞口采用石棂式窗花格取代了石板式窗花格装饰。整个教堂为石质构件——扶壁柱、拱顶肋骨、窗花格等构成的精致骨架，骨架间以上部的拱面和四周的彩色玻璃填充，建筑的体量感几乎完全被结构的线性特征所取代。

法国哥特式晚期出现的火焰式（Flamboyant Style），是在装饰细部更加精细讲究的一种形式，有着复杂的窗花格形式以及精细、甚至繁琐的细部。辐射式的几何图形和直线装饰几乎全部被曲线所取代，立面、墩柱、拱券、窗棂等各部位遍饰着通透且充满曲线变化的花式。当教堂内外遍饰这种繁复、华美的装饰时，也暗示了哥特式教堂在此时所具有的浓郁的世俗气息。位于法国鲁昂（Rouen）的圣马克洛教堂（S.Maclou，图 4.31）即是火焰式风格的典型实例，其窗花格上像火焰一样的形式在唱诗席远端的窗户上即可见到。

（2）英国

法国的哥特教堂风格在英国受到热烈的欢迎，并自然地演变为具有英国特征的设计风格。英国的哥特式建筑发展大致经历了四个阶段：诺曼哥特式时期（1066 ～ 1200 年）、英国早期哥特式时期（Early English，1200 ～ 1275 年）、盛饰风格时期（Decorated，1257 ～ 1375 年）、垂直式哥特时期（Perpendicular，1375 ～ 1530 年）。与欧洲其他国家相比，英国的哥特式建筑风格持续时间很长，对于艺术的影响也相对深刻得多，在其后的文艺复兴、新古典主义时期一直存在，并与当时的建筑风格混合发展，这在其他国家和地区是十分少见的现象。诺曼风格属于中世纪早期的建筑风格，于 1200 年左右走向衰落；英国早期哥特式一般指的是 13 世纪时期的哥特建筑，内部空间装饰相对简洁，以索尔兹伯雷主教堂、林肯大教堂、韦尔斯大教堂为代表；盛饰风格的建筑出现于 14 世纪，以埃克塞特教堂为其代表，以簇叶式雕刻线为基础的雕饰是这一时期的主要特征；垂直式是英国哥特式的最后一个阶段，以剑桥皇家学院小礼拜堂、西敏寺修道院等建筑为代表。

从整体平面布局来看，英国哥特式教堂大多拥有两组侧翼，类似汉字中的"干"字形，教堂的长度进一步加长，在内部形成了一个更加狭长高耸的中殿空间。在进入教堂朝向圣坛的行进过程中，纵长的步行距离更加强化了教堂对人性精神的影响；英国大部分哥特式教堂的后殿都以规整的长方形空间结束，不但使教堂整体形象规则整齐，还使得内部穹顶结构更加规则。就内部空间的设置与装饰上看，英国哥特式教堂内部最具特点的是集中式束柱的使用，束柱仿佛是由诸多十分细小的柱子组成，用横向的带子捆扎成一束一束的样式。主殿与侧殿之间多使用尖券柱廊分隔，束柱形式与层叠线脚装饰的尖拱券相配合，是英国哥特式教堂中十分常见的装饰手法；而自顶部拱券延续下来的券柱又可分为连续式、不连续式两种，连续式券柱具有明确的结构性。英国哥特式教堂内另一个极具特点的构件是拱顶部分，随着尖拱肋券柱结构的成熟，顶部加入了富于装饰性的拱肋（也称为枝肋、边肋、装饰肋），在拱顶上交织成为各种图案，并发展出了纯粹装饰性的扇拱（Vaults Were Elaborate Fan Shapes），将真正的承重拱遮盖了起来。就建筑外观而言，英国哥特式建筑立面没有了法国式的大玫瑰花窗，代之以英国式的尖券窗（图 4.32，图 4.33）。

索尔兹伯雷主教堂（Cathedral of Salisbury，1220 ～ 1258 年，图 4.34）是英国早期哥特式教堂的代表，采用了双耳堂和平头东端的平面布局，内景特征与极端的平面长度以及较节制的空间高度联系在一起。室内没有从地面直冲顶棚的扶壁柱，柱子止于中殿连拱廊的

图 4.32（左）
装饰肋拱与结构肋拱结构
剖面示意图
（王其钧：《永恒的辉煌 外国
古代建筑史（第 2 版）》，169
页，北京：中国建筑工业出
版社，2009）

图 4.33（右）
装饰肋拱与结构肋拱结构
剖面示意图
（王其钧：《永恒的辉煌 外国
古代建筑史（第 2 版）》，170
页，北京：中国建筑工业出
版社，2009）

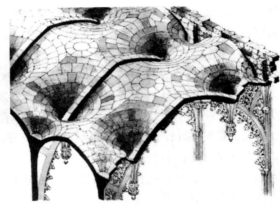

图 4.34（左）
索尔兹伯里大教堂（1220 ～
1266 年）

图 4.35（中）
埃克赛特大教堂 （1328 ～
1348 年）

图 4.36（右）
格罗塞斯特教堂扇形拱
（王其钧：《永恒的辉煌 外国
古代建筑史（第 2 版）》，170
页，北京：中国建筑工业出
版社，2009）

拱券起脚处，暗楼较高而高侧窗较低。如果当年彩色玻璃、圣坛围屏和围屏上的雕刻完好无损，索尔兹伯雷的室内效果应该具有丰富而平实的特点。英格兰埃克塞特教堂（Exeter，1328 ～ 1348 年，图4.35）建于 14 世纪，其拱顶枝肋以放射线条形式形成了极富装饰性的扇形拱顶，是盛饰风格的代表。再如格罗赛斯特教堂（Gloucester Cathedral）与剑桥国王学院礼拜堂（Kings College Chapel，1515 年），在格罗赛斯特教堂的回廊中，细长的束柱从地面直通上面的起拱点，然后伸出像伞骨一样的枝肋，交织而成为扇形装饰拱顶（图 4.36），是英国最富表现力的拱顶装饰之一。剑桥皇家学院礼拜堂（图 4.37）也是英国垂直式哥特教堂的代表，其显著的特征是窗户的平行垂直划分以及扇形穹顶的应用，在这个简洁的矩形空间中，墙体上带有垂直式窗花格，期间镶满了着色玻璃。其拱顶可以见到由枝肋装饰的扇形拱顶。西敏寺修道院（1503 ～ 1519 年，图 4.38）的亨利七世小礼拜堂修建于英国哥特风格的晚期，正值垂直式华丽装饰风格的盛期，小礼拜堂拱顶覆盖着丰富的扇形花格，可以看到石制的精细悬饰，这样的拱顶装饰会让人难以相信其使用的是石头材质。

（3）其他国家

哥特式建造方式自法国向外传播，几乎在欧洲的每个角落都能找
到哥特式设计的痕迹。虽然各个地区和国家所形成的哥特式风格不尽
相同，但哥特式建筑所开创的尖拱肋架券结构、高耸的建筑形象，尤
其是内部狭长的中殿、外部林立的扶壁和尖塔装饰，都形成了哥特式
建筑的共同特色。除了法国和英国之外，其他地区哥特式建筑风格与
法国最为贴近的是地理上与法国邻近的日耳曼语系地区，较为突出的
是今德国和包括奥地利、维也纳为主的地区，该地区的哥特式建筑在
13世纪中期之后逐步兴盛。德国的哥特式教堂横翼部分伸出较大，形
成了明显的拉丁十字形平面，并十分强调纵向的线条感，形成了德国
哥特式教堂尖耸、冷漠的外部形象特征。其内部空间多采用简单的尖
肋架券，除了结构性的肋架券之外，并无多余的装饰肋，即使部分内
部进行装饰的教堂，也都保持在理性、规则的基调之上，代表建筑有
乌尔姆大教堂、科隆主教堂等。维也纳、布拉格等其他德语地区和国
家的哥特式教堂在规模上并无太大创新，其室内装饰更加丰富，如维
也纳大教堂。

位于欧洲南部的西班牙在此时也修筑了大量的哥特式教堂，基
督文化在西班牙社会占据着极为重要的地位，同时又受到了南部摩
尔人的伊斯兰文化影响，形成了西班牙颇具特色的哥特式风格，出
现了较为纯粹的法式哥特式和带有浓郁的伊斯兰建筑特色的哥特式
两种风格。

在古罗马建筑文化历史十分悠久的意大利地区，也受到了哥特式
建筑的影响，但就严格意义上来说，意大利似乎并没有完全接受这种
建筑风格，而是将其作为一种装饰风格对待。在这种装饰手法之下，
意大利的哥特式教堂与法国、英国、德国等地区追求垂直性与宗教气
势的教堂建筑形象完全不同，意大利的哥特式教堂呈现了一派斑斓、
瑰丽的风格效果，如著名的米兰大教堂，教堂外部以135座密集的尖
塔做装饰，使得整座教堂犹如一件精巧的艺术品。在这些具有哥特式
装饰风格外部特征的教堂内部，仍然保留有早先的木结构平屋顶形式，
如佛罗伦萨圣十字教堂，教堂被引入了尖券等哥特式建筑形象，但总
体上仍然保留着古典的建筑平面与空间布置传统（图4.39）。

4.3.3　世俗性建筑的发展及其室内设计

在中世纪的西欧，教会一直是最有权势和令人
生畏的精神领袖，上帝被认为是最高存在，作为神
灵居所的教堂建筑显得格外耀眼。此时期世俗建筑
的发展并不理想，处于次要地位，备受人们重视的
教堂建设活动对世俗建筑起着明显的示范作用。在

图4.37　剑桥皇家学院礼
拜堂（1446～1515年）

图4.38　西敏寺修道院亨
利七世小礼拜堂（1503～
1519年）

图4.39
佛罗伦萨圣十字教堂平面

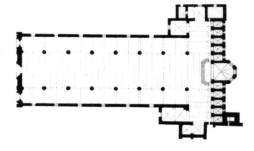

中世纪前期，由于各种社会原因，西欧地区的世俗建筑活动几乎完全陷入停滞状态。至后期时，伴随着城堡、庄园和公馆建设的兴起，世俗建筑的积极意义方才逐渐显示出来。世俗生活中的显赫人物是封建领主与庄园主，这一时期最具典型意义的世俗建筑内部特征，也就比较集中地反映在与这些人及其生活方式相联系的中世纪城堡（castle）与庄园宅邸（manor house）中。

中世纪城堡具有军事要塞和领主驻地双重功能。一般选址于易守难攻的战略要地，如山丘或峭壁顶。它们通常以围墙和沟壕护卫，并设吊桥、雉堞和塔楼。城堡平日供领主及其家人居住，一旦遭受外敌攻击，受领主保护的佃农可以撤入城堡内，协助领主共同防御，城堡内一般设有水井和长期固守的必要设施。中世纪城堡的基本特征在9世纪已经大致形成，11世纪以后在整个欧洲流行。中世纪末年，随着火器的普及，战争方式发生极大的变化，城堡的防御功能遭到瓦解，中世纪城堡时代随之结束。

庄园宅邸是大致与中世纪城堡同期发展的另一种重要的世俗建筑类型。中世纪庄园主的住所也是封建领地的管理中心，常附设防御设施。庄园宅邸在所有实行庄园制的国家流行，但以法国和英国的情况最为典型。中世纪庄园主往往拥有几个庄园，因此也就常常拥有相应数量的庄园宅邸。庄园主经常从一处庄园迁往另一处庄园，以原始的巡游方式控制着自己的领地。中世纪末年，随着庄园制的解体，庄园宅邸自然地向乡村宅邸过渡，逐渐失去了先前的意义。

在中世纪城堡和庄园邸宅中，最基本和最具典型意义的空间是大厅（great hall）。大厅是一个多功能空间，白天用于家庭生活起居、社交与公务活动，夜晚则铺上干草供主人、仆人甚至过路的客人睡觉。在厅里可进行审判、举行议会、接待来访者和国外使节；同时也是家中成员吃饭和睡觉的地方。而在隐私方面比较欠缺，只有最重要的人才拥有一间卧室。至14世纪末和15世纪时，地主及其家庭隐私和舒适的生活开始替代了公共生活。厅只作为地主举行礼仪的地方，个人的房间成为重心所在，随之出现了装饰华丽的室内设计。与西欧中世纪世俗生活的文明化进程相适应，中世纪大厅的空间使用方式在不断明确和完善。随着时间的推移，在大厅远端出现了供领主及其家人使用的高台（dais），紧邻高台面向内庭的凸窗（bay window）和沿凸窗设置的供女眷缝纫和休憩的石质长凳。

当城堡和庄园的主人可以为自己和妻子提供若干私人房间时，他们的生活质量有了很明显的提高，卧室和梳妆室（closet）于12世纪后半叶开始出现。在私密性本身就是奢侈品的年代，这类房间展示了与大多数人的野蛮生活相去甚远的讲究与舒适。与大厅相比，私人房间的尺度通常小些，但足够安置一张床，若干箱柜、椅子、凳子和珍贵的个人用品。

　　大厅按功能分类，大多数的中世纪厅比现在的厅要亮得多。它们的墙采用粉末白灰和水刷颜色，墙面被石膏灰泥或蛋彩画覆盖，唯一可见的建筑构造出现在门口、窗框、柱子或墩子部位。粉刷的墙面有时还用彩色线条来装饰，通常为红色，形成砖块状。早期中世纪大厅多于中央区域设置火塘，用于采暖和烹煮食物。屋面相应部位开设洞口，以便蒸汽和烟溢出。12 世纪以后，中央火塘与烹煮功能一道独立出去，大厅中出现了专为房间取暖而设计的壁炉（fireplace）。尽管从采暖效率看壁炉并非最佳选择，但它以独特的美学价值从此成为西方建筑中最具表现力的室内要素之一。壁炉在早期的室内通常是置于墙内的，壁炉中的烟则是通过屋顶天窗简单排放出去，壁炉越大，就越不可能用于烧煮食物，因此隔离式厨房是早期城堡生活中的一个特点。中世纪壁炉大多尽可能深地凸入房间，设置烟罩是必要的措施，因此"烟罩式壁炉"成为最具中世纪特色的壁炉造型。罗马帝国时期采用的地下坑式装置加热系统在以后的文明年代中已不被采用，装饰性烟囱装置的发展成为了中世纪以后室内装饰的重要部分。

　　中世纪初期，玻璃窗制作技术在西方失传，直到 11 世纪时世俗建筑上的"窗"仍是嵌入墙体的孔洞，仅以油布或木板挡风遮雨。即使在玻璃生产具有现实可能性之后，由于价格昂贵，人们仍很节制地加以使用。较常见的做法是用一道横楹将窗洞水平地分为上下两部分，下部使用铁制格栅或木制门板、窗板，上部使用固定式玻璃窗。除了经济方面的考虑，这样的组合还有利于安全以及便于通风。保护门窗洞口的木制门板、窗板，根据不同的气候与社会治安情况有多种处理方法，如镂空装饰，或以铁框、铁钉加固。门板、窗板通常以巨大的锻铁合叶固定，使用转轴的情况十分罕见，合叶可以在侧面或者上面，安装于上面时，利用固定在顶棚梁上的木勾开启。中世纪世俗建筑门窗洞口的大小与造型，随时间推移而有所变化。11 世纪与 12 世纪，开洞通常小而稀疏，呈罗马风的半圆拱洞造型；13 世纪以后，随着哥特式尖拱窗的引进和社会治安状况的稳定，门窗洞口逐渐扩大，美丽的窗花格和彩色玻璃也同时出现，但彩色玻璃在当时的世俗建筑中并不多见。在亨利七世时期的英国，玻璃被当作室内陈设品的一部分，而非室内构造。大的铅条玻璃窗被铁丝网悬挂在石头或铁的横梁上，或者以铰链固定在框架上，当主人不在时这种窗户就需要被存放起来，而木制窗户则无需如此。

　　许多中世纪城堡和庄园宅邸中的房间内墙，仅做简单的白灰粉刷，甚至直接裸露墙体。世俗生活的尊严和舒适性在很大程度上取决于便于贮藏、携带，并能迅速改变环境面貌的物品，如布幔、挂毯、草席和地毯。与拜占庭的情况相仿，在西欧中世纪世俗建筑中，布幔（curtain）有两种基本用途，即作为墙面的装饰物以及作为灵活分隔内部空间的简便手段，贴墙悬挂的布幔用量很大。在城堡和庄园宅邸中美丽而轻柔的布幔首先出现于大厅远端的高台处，以强调这一区域的重要性。当贵族们迁入私人卧室时，布幔也随之迁移。在尺度更为亲切的私人卧室中，饰壁布幔逐步让位于独幅挂毯（tapestry）。挂毯最早出现于法国贵族宅邸，且很快就开始在德国、英国和欧洲其他地方流行，以至赠送豪华挂毯成了新的社交礼仪。中世纪"挂毯"一词比我们今天通常的含义要广泛得多，往往同时包括与墙面挂毯相配合的大床华盖、窗幔、椅垫，以及床前地毯等。随着人们对装饰要求逐步增高，挂毯设计开始向系列化方向发展。传说法王约翰二世（Jean IILe Bon，1319～1364年）曾拥有分别用于复活节、万圣节和圣诞节的 3 套挂毯，它们采用不同的色彩与主题。用于圣诞节的挂毯除了 6 幅壁毯，还包括绣有银色星形图案的绿色大床华盖、蓝色和绿色椅垫、绿色窗幔以及床前毯（rug）等。

草席是替代干草的地面覆盖物，因其经济又体面，在整个中世纪一直受到欢迎。草席的制作方法是将灯芯草编织成尺寸不很大的方形或矩形块，然后染色并缝制成所需要的大小。地毯（carpet）成为房间中最奢华的内容是较晚的事情，地毯制作技术起源于中东，直到 12 世纪才传入欧洲，由于价格昂贵，最初通常用于旗帜、桌面与墙面装饰和除地面覆盖之外的其他装饰用途。直到中世纪末，地毯才作为地面覆盖物为人们所接受，并以其装饰性和身份象征，在装饰方案中成为较重要的构成要素。

中世纪晚期，随着社会状况的改善，世俗建筑的内部装修越来越受重视。陶砖铺地和木装修，是在这一时期得到发展的两种装修新工艺。铺地陶砖大约在 1220 年前后由低地国家传入西欧，到 13 世纪末已经成为豪富家庭的首选地面材料。铺地陶砖通常施釉，包括黄色、黑色、棕色和绿色等，有正方形和其他规则形状，尺寸从几厘米至 30 多厘米不等。进入 14 世纪以后，由于本地化的大量生产，陶砖铺地的使用日益普及。

木装修与木造建筑同步发展，多见于盛产林木的地区，主要包括露明木屋顶（open roof）和木制护壁（wooden wainscoting）两项内容。露明木屋顶指木制屋顶框架向室内暴露的屋顶形式，以英国的制作最为精美。露明木屋顶的结构体系通常得到高度形式化的表现，并以雕刻和彩画做进一步的装饰处理。木护壁通常用于房间下部墙体，高 1.2～1.5m 之间。中世纪末木护壁一般采用竖向窄条暗榫平接或槽舌接合构造，形式较为简单。在比较重要的房间中，木护壁施彩画做进一步装饰。

4.3.4 室内家具陈设

基督教、封建制度和统治阶级的巡游生活方式，是对中世纪的室内发展起着决定性作用的三个因素。哥特风格的基督教建筑为中世纪的统治者所喜爱，但是他们对上帝和神的象征及尊重阻止了这种哥特式风格在世俗建筑中的大量使用。围绕君主生活每个方面的仪式和崇拜行为都出自宗教，并且通过周围的布置表达出来，这样的思想一直保留到法国大革命爆发之前。各阶层巡游的生活方式，使当时最高级的住宅也都无法拥有永久性的室内装饰。家具或装饰较少，生活中的所有舒适物品都必须是可移动的，陈设既不可能固定也不可能是大型化的，因此相对来说，中世纪室内看上去并没有过多装饰。由于战争频繁发生，统治阶层在住宅周围设置了高墙以保安全，城堡中房屋、高楼、塔和花园，都被防卫起来，对安全的过分重视妨碍了这一时期室内装饰的发展。因此，西欧中世纪世俗建筑的室内特征，往往与较封闭的空间、粗糙的或未经装修的内壁、笨重的罩式壁炉、大量帷帐布幔和挂毯，以及便于拆卸或搬运的简陋家具联系在一起。

中世纪早期，世俗建筑中多使用简陋的附墙式固定家具，如壁柜、长凳，单件家具不多。11 世纪以后，单件家具逐渐丰富起来，基本类型包括箱子、餐桌、床和柜子，它们大多是可拆卸的，便于主人携带出游。箱子是中世纪数量最大和最重要的家具，用于贮藏和搬运物品。中世纪餐桌大多为"支架桌（Trestle table）"，不过是一块木板平放在一副支架上，长支架桌最为普遍，通常以亚麻桌布覆盖桌面，置于房间中央。中世纪早期的"床"，一般是箱子面或铺着干草的窄床垫，即使在 11 世纪以后相当长的时间里，"床"通常也只不过是设于房间凹室中、以布幔与房间相对隔离的某种固定设施。当床成为普遍使用的独件家具时，常设于房间中央，与从顶棚梁上悬挂下来的华盖或布幔配合使用。15 世纪后半叶，更为正式的四柱式大床设计初具雏形。带门的独件贮物家具出现于中世纪末期，包括大橱和餐具柜。

家具设计的艺术风格随时间推移产生了明显变化。10 世纪和 11 世纪的家具大多质朴厚重，雕刻大多较为浅平。进入 12 世纪以后，雕花家具的雕刻加深，更为精致，并广泛以尖拱、细柱、顶饰、垂饰和哥特式实芯窗花格为装饰母题。除了雕刻、嵌木细工、镶嵌细工外，彩画也是中世纪常用的家具装饰工艺。

4.4 伊斯兰建筑与室内设计

661～750 年，穆阿维叶建立了倭马亚王朝（Umayyads），阿拉伯地区形成了一个地跨欧、亚、非三洲的封建大帝国（大食帝国）；751～

1258 年间，阿布尔·阿巴斯（Abual—Abbas，724～754 年）建立了阿巴斯王朝，与此同时的 756～1031 年间，阿布杜·拉赫曼（Abd-al-Rahma，731～788 年）在西班牙建立了后倭马亚王朝（即科尔多瓦哈里发国家）。1258 年，蒙古人（Mongols）的入侵宣告了阿拉伯帝国的灭亡，但伊斯兰教始终没有在这一区域丧失其主导地位，业已形成的完整而独特的伊斯兰文化，也随着时代的推移而不断发展和兴旺。

自阿拉伯人入侵西班牙开始，基督教徒即开始了对穆斯林统治的抵抗，直至 11 世纪初期，原先统一的哈里发国家分裂为众多小穆斯林国家，而北方的基督教国家逐步成长起来。12 时期初期，基督教国家开始击退穆斯林的力量，13 世纪中叶时科尔多瓦和塞维利亚相继被攻陷，伊比利亚半岛上独立的伊斯兰王国仅剩了下格拉纳达，称为奈斯尔王朝（Nasrid Dynasty）。作为穆斯林在西班牙的最后一个王国，奈斯尔王朝经历了伊斯兰文化在西班牙的最后繁荣。尽管伊斯兰教与基督教始终处于敌对状态，但伊斯兰文明社会与基督教文明社会间却保持着持续的贸易和文化往来。在建筑领域，伊斯兰工匠不可避免地从基督教实践中汲取经验，而伊斯兰风格的装饰和手工艺品也同时在基督教徒中受到普遍欢迎。

伊斯兰世界发展了两种重要建筑类型，即清真寺和王宫。前者是伊斯兰信徒的精神圣殿，后者则是其世俗领袖的驻地。西班牙科尔瓦多大清真寺（The Great Mosque，785～987 年）和西班牙格拉纳达阿尔汉布拉宫（The Palace of Alhambra，1338～1390 年）是其中的代表性作品。盛期伊斯兰建筑的典型特征为"蜂窝拱（钟乳拱muqarnas）"和"伊旺（iwan）"，蜂窝拱自 11 世纪时由伊朗与中亚传入伊拉克、叙利亚等西亚地区国家，后又传向埃及与北非，最终在西班牙格拉纳达的阿尔罕布拉宫达到了最为精美的效果。"伊旺"于 11 世纪晚期得到普及，与蜂窝拱、瓷砖贴面装饰结合，使得伊斯兰建筑外观达到了无比华丽的境地。

伊斯兰清真寺的核心建筑是祈祷大厅，它们通常由被称作"伊旺（Iwans）"的伊斯兰大拱门进入。与基督教不同，伊斯兰教没有神父，也没有祭祀仪式。祈祷时，所有的信徒都是平等的，人人面向圣地麦加。祈祷大厅内不设祭坛，代之以一道"礼拜墙（gibla）"。礼拜堂以"圣龛（mihrab）"为标志，用以指示麦加方向。圣龛旁一般设有"布道坛（mimbar）"。圣龛和布道坛，是祈祷大厅中装饰最华丽的地方。科尔瓦多大清真寺始建于 785 年，在长达 200 年时间里，经多次扩建完成。科尔瓦多大清真寺的祈祷大厅总面积为 14112m²，内设 18 排 36 列立柱。数以百计的立柱有大理石的，也有花岗石的，其中相当一部分很可能取自遭破坏的古罗马建筑或早期基督教建筑。立柱和拱券无穷无尽，向各个方向延展。尽管占地面积惊人，大厅设计并未走以宏大取胜之路，厅内柱间间距不足 3m，空间净高不超过 10m。柱顶有两层发券，较高一层为半圆拱，较低一层为马蹄顶，这两层发券占去空间高度的 2/3。拱券以红砖和白色大理石相间砌筑，构成醒目的条纹图案。占据室内大部分空间的两层发券，对视觉环境产生主导性影响，它们交替进退，层层叠叠，渲染了一种神秘幽深的气氛。特别是 10 世纪，大清真寺最后一次向南扩建时建造于圣龛前的交叉券，腾起、飞跃，并在空中缠绕，其轻盈飘逸被认为是伊斯兰装饰性拱券造型发展的极致。

伊斯兰王宫的建筑群通常包括"前宫（Selamlik）"和"后宫（harem）"两部分。前宫是国事或社交活动区，后宫为私人生活区。前宫和后宫按更具体的使用方式，进一步划分为更小的分区，每个区均环绕一个庭院进行组织。庭院通常得到精心的设计，一般植有树木花卉，并设置精美的喷泉水池，植物和水池在供人观赏的同时，还具有增湿和降温作用。与伊斯兰王宫所展示的优雅的生活艺术相比，西欧领主的城堡生活更显野蛮原始，甚至也令中晚期的拜占庭贵族自愧弗如。阿尔汗布拉宫，又称"红宫"，由奈斯尔诸王（Nasrid DYNASTY, 1238 ～ 1492 年，西班牙最后一个穆斯林王朝）于 14 世纪兴建。该宫以白雪覆盖的群山为背景，为一防御性建筑群，从外部看体量相当大。然而，一旦步入其中，来访者无不被其宜人的尺度、精致的庭院，以及丰富的装饰所震惊。在这里，纤细的立柱、奇异的钟乳拱、交织图案的窗花格，与飘渺的用光和娇柔的饰面结合在一起，产生空前绝后的艺术效果，充分发展了伊斯兰世俗建筑的精美与华贵。

伊斯兰工匠喜欢轻巧倩丽的拱券，并赋予拱券千姿百态的造型，使之成为伊斯兰建筑中最引人注目的细部特征。常见的伊斯兰拱券形式包括马蹄拱、多叶形拱、葱形拱、多层拱、交叉拱和钟乳拱。其中钟乳拱又称"蜂窝拱"，无论造型原理还是使用方法，都多少有些特别。它们在形式上具有某种"分裂"与"繁殖"特征，由层层叠叠的微型半穹组成，用于墙面与顶棚交接处，或嫁接在拱、帆拱、柱头和水平饰带下。与其他花色拱不同，钟乳拱以特殊的表面肌理而不是线性的拱洞造型，取得独特的装饰效果。

伊斯兰风格的饰面或透雕、或彩绘、或彩釉面砖拼贴，铺天盖地不留空白，横楣、门窗框和拱缘等部位，往往进一步以饰带加以勾勒和强调。公元 11 世纪以后，由于大量使用高度形式化的阿拉伯图案，饰面效果更为丰富华丽。所谓"阿拉伯图案（arabesque）"，是以植物、几何图形和抽象曲线盘绕交织为特征，其设计千变万化，错综复杂，具有特殊的美感。阿拉伯图案不仅用于建筑饰面，而且用于编织物和日用手工艺品装饰。从某种意义上说，对阿拉伯图案的使用，几乎就是伊斯兰设计的标志。

伊斯兰建筑通常采用砖造拱券体系构造，但与古罗马建筑或拜占庭建筑不同，在这里起主导作用的通常不是巨大与开阔，而是空灵与细密。事实上，伊斯兰建筑的特有魅力在很大程度上与装饰效果，特别是颇具想象力的花色拱形造型和精美的饰面艺术联系在一起。伊斯兰风格的室内环境具有空灵、细密、精致、奢华等主要特征，花色拱券、阿拉伯图案的满铺式饰面，以及奢华的日用手工艺品，均是引人注目的视觉环境要素。作为极具异国情调的艺术，伊斯兰成就一直是西方设计灵感的一个来源。在西方诸民族尚过着未开化的野蛮生活时，伊斯兰建筑的主人已经将讲究的物质享受带进生活艺术中。他们十分看重日用手工艺品的设计，最负盛名的伊斯兰日用手工艺品无疑是地毯、挂毯与纺织品。这些产品不仅在伊斯兰世界大受欢迎，而且在西方世界也被视作至宝，高价进口，用在最高贵神圣的地方。此外，伊斯兰日用金属制品和陶制品也十分精美并极具特色。

主要参考资料

[1] 王其钧编著 . 永恒的辉煌 外国古代建筑史 . 北京：中国建筑工业出版社，2010.

[2] （美）刘易斯·芒福德 . 城市发展史 . 起源、演变和前景 . 北京：中国建筑工业出版社，2005.

[3] （美）约翰·派尔 . 世界室内设计史 . 北京：中国建筑工业出版社，2003.

[4] 陈平 . 外国建筑史 . 从远古至 19 世纪 . 南京：东南大学出版社，2006.

[5] 刘珽 . 西方室内设计史（1800 年之前）. 上海：同济大学博士学位论文，1998.

[6] 张夫也 . 外国工艺美术史 . 北京：中央编译出版社，2005.

[7] （美）本内特、霍利斯特著 . 欧洲中世纪史 . 杨宁等译 . 上海：上海社会科学院出版社，2007.

[8] （法）福西耶主编 . 剑桥插图中世纪史：1250 ～ 1520 年 . 郭方等译，济南：山东画报出版社，2009.

第5章 秦汉、魏晋南北朝室内设计

公元前 221 年秦王嬴政统一六国，建立了中国历史上第一个中央集权的封建帝国，自称为始皇帝。秦始皇推行中央集权的封建统治，强调皇权至高无上；废除周代以来的分封制，实行郡县制，加强全国行政的统一管理。统一规范六国文字、度量衡、货币等，[1] 有效促进了各国经济文化交流。秦统一全国后施行较为严苛的法治制度，并大肆营造宫室、陵墓，驱逐劳役修驰道、筑长城、开五岭等浩大的工程，超越了民力所承受的极限，引发了大规模的反抗和农民起义，于公元前 207 年覆亡。因秦立国时间甚短，社会生产水平无显著变化，各项生产技术与生产工具，应该基本上与战国末期所具有的水平相当。[2]

汉继秦而立，分西汉（含新莽时期）和东汉两个阶段，前后绵延 400 余年。汉初统治者推行休养生息的政策，重民生、劝农桑，崇俭节欲，社会生产各环节得以复苏，至汉武帝（刘彻）时国势达到鼎盛，经济文化空前繁荣。武帝"罢黜百家，独尊儒术"，建立了与之相适应的一系列礼制制度，使得人们各安其位、各守其分，对社会政治、文化、经济等领域均产生了深远影响。同时，上古流传下来的巫祝与神仙方士的活动在汉代依然相当活跃，五行、阴阳等学说在汉代也广为流传，对社会文化产生了一定影响。汉时铁器工具得到普及，大大提高了社会生产力，社会生产空前繁荣，"富商大贾周流天下，交易之物莫不通，得其所欲"。[3] 汉武帝时派使臣张骞出使西域，进一步促进了东西方经济和文化的交流与互惠。西汉末年因豪强兼并加剧，社会矛盾激化，经过了王莽短暂的篡权之后，强大的西汉王朝亡于农民起义。25 年，刘秀于洛阳建立东汉政权，全国趋于统一，社会生产得以恢复。东汉

---

1 "书同文，车同轨，度同制，行同伦，地同域"，冯天瑜：《中华文化史》，431 页，上海：上海人民出版社，1990。

2 "在以农业和手工业为主的生产条件下，在如此短暂的时期内，社会生产不可能出现重大的飞跃与发展。因此有理由认为，秦统一天下后至覆灭期间的各项生产技术与生产工具，基本上仍停留在战国末期所具有的水平上"。刘叙杰：《中国古代建筑史（第一卷）》，322 页，北京：中国建筑工业出版社，2003。

3 司马迁《史记·货殖列传》："……汉兴，海内为一，开关梁，弛山泽之禁，是以富商大贾周流天下，交易之物莫不通，得其所欲，而徙豪杰诸侯强族于京师。……"。

末期因政治腐败，社会矛盾加剧，引发农民起义并导致军阀割据，整个汉王朝就此告终。

魏晋、南北朝历经近 400 年，是中国历史上战乱频发、极为动荡的一个时期。东汉末年国内分为魏、蜀、吴三足鼎立局面（公元 220 ～ 265 年），之后司马氏篡魏自立统一全国，史称西晋。316 年北方匈奴贵族南下灭西晋，北方开始了长达 130 多年的 16 国纷争，直至 439 年北魏政权建立，中国北方获得统一，史称北朝。西晋覆亡后，部分皇族南下于 317 年重建政权，史称东晋，至 420 年被刘宋政权取代，进入了南北朝之南朝，南朝先后经过了宋、齐、梁、陈四个时期。连年征战致使社会激烈动荡，社会政治、经济、文化制度均带来了极深刻的变化。在思想意识领域中，玄学兴起，冲破了汉末经学束缚，促进了逻辑思辨和理论探索的开展。东吴、东晋、宋、齐、梁、陈六朝建都于建康（南京），使之逐步发展成为当时政治经济文化中心，社会相对比北方安定，出现了"六朝繁华"的景象，农业、手工业、文化艺术均有长足的发展，哲学与美学取得了突出的成就，书法、绘画、雕塑得以独立发展，诗、书、文、画理论已建立。在社会经济领域，由于政治、文化中心的逐步南移，有效促进了南方经济发展，北魏统一北方后经济文化也有较大发展，对外贸易频繁。另外，随着少数民族内迁建立政权，加剧了各民族文化的交流与融合，使得人们逐步在语言、服饰、生活起居等领域互相渗透、互相影响。佛教的普及使得佛教艺术大为兴盛，并与中国本土的儒、道融合演变，在一定程度上影响了汉地固有的传统文化与习俗。581 年时，杨坚取代北周称帝，定国号为隋，中国重获统一局面。

5.1　秦汉、魏晋南北朝营造成就概说

5.1.1　城市规划与城市建设

秦统一六国后，推行郡县制，分天下为 36 郡，郡下设县。秦始皇除全力营建都城咸阳外，还有计划地改建原六国城市为郡、县二级地方城市网。汉承秦制，据《汉书·地理志》记载，至西汉末期时已经确定了各级城邑制度，共为郡、国 103 个，下设县邑 1314 个、道 32 个、侯国 241 个，通过这个逐级全国城市网（郡国、县邑），扩大了中央对地方的行政控制。至东汉初年，郡国以上设州，形成了州、郡国、县邑三级地方城市网。汉代城市大都是在战国时各国都城以及各交通要道上较发达城市基础上发展起来的，史载除首都长安外，洛阳、邯郸、临淄、宛、成都号为五都，是全国最大的城市。其余还有蓟、荥阳、临邛、江陵、寿春、睢阳、颍川、吴等均为当时的地方大城市。

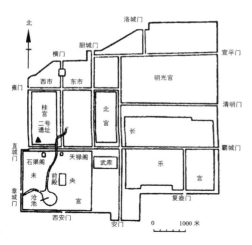 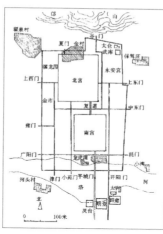

图 5.1（左）
西汉都城长安平面图
（杨鸿勋：《杨鸿勋建筑考古论文集》，395 页，北京：清华大学出版社，2008）

图 5.2（右）
东汉都城洛阳平面示意图
（刘叙杰：《中国古代建筑史（第一卷）》，431 页，北京：中国建筑工业出版社，2005）

　　秦、汉都城有秦咸阳、西汉长安、东汉洛阳三城。都城均只建有一城，城内建多宫，诸宫各为一小城，占据城内的大部分面积与重要地段，官署、民居布置于诸宫之间的空当内。地方城市多在大城内建子城，子城中布置有各类衙署建筑，大城内安置居民，子城一般也有一面靠大城墙。如果是边城，则内城位于大城中央，整体呈"回"字形布局。城市内居民区实行"闾里"制度，商业也集中于封闭的"市"内进行，"里"、"市"均为矩形的封闭小城，晨启昏闭。通过"里""市"（里坊制）的排列，形成了城市内垂直相交的街道网格，为中国古代城市的重要特点。

　　秦都咸阳史载不详，略知其北至渭北、南至南山，隔着渭河两岸建有大量宫室，中间以广 6 丈（20m）、长 140 丈（467m）的梁式木构长桥（咸阳桥）连接。西汉都城长安总体轮廓近于方形（图 5.1），总面积约 35.8km^2，城墙由夯土筑成，城外有城壕。长安城每面开 3 门，城内纵向 8 街，横向 9 街，以南北向大道为城市中轴线。都城中诸宫殿建筑占据着都城的重要地段，长安城中先后建有长乐宫、未央宫、北宫、桂宫、明光宫等宫殿，汉武帝时在城外建有建章宫，与未央宫隔着西城墙相邻，并有阁道相连。民居实行"里坊"制度，分布于各宫之间，"里"中建筑的檐脊整齐连贯。其商业区 9 市每市方 266 步，内设 2 层旗亭楼为管理机构，商肆横排布置，中间道路为"隧"（图 5.3）。武帝时重新起用并扩建了位于城南部的上林苑，内建有 12 宫、25 观以及大量楼台馆榭，是西汉时期最大的苑囿，苑内开凿的昆明池周围 10 余公里，具有向城市供水的功能性质。汉代在祭祀制度与祭祀建筑方面成就卓越，确立了南郊祭天、北郊祭地的规制，并将"三雍"（明堂、辟雍、灵台）集中于南郊，形成了一庙多室、一室一主的太庙制，为后世 2000 多年所因循沿袭。东汉定都洛阳，洛阳城略呈南北长矩形，四面共设 12 门，城内有主干道 24 街。南、北两宫占据全城中心，官署、居里等环绕四周而设（图 5.2）。

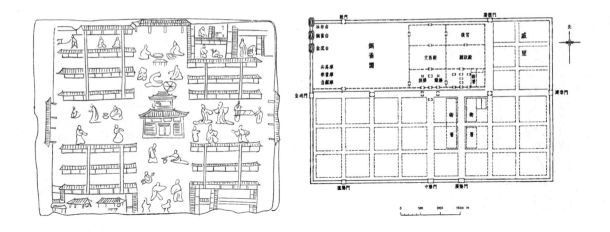

图 5.3（左）
四川出土东汉画像砖所表
现的市肆（摹写）

图 5.4（右）
曹魏都邺城平面图
（刘敦桢：《中国古代建筑史
（第二版）》，56 页，北京：
中国建筑工业出版社，2005）

魏晋、南北朝虽因战乱而致使营造活动受到一定影响，但就具体的营造技术、城市规划、建筑形式而言，均取得了重要成就。魏都邺城对后世影响巨大，邺城利用东西向穿城大道将全城分为南北两大区域，宫城、衙署位于城北，居宅商业位于城南，是中国古代第一座有明确中轴线的都城，轮廓方正、分区明确（图 5.4）。六朝都城建康（南京）水运发达，商业繁荣，四周城镇簇拥，连成东西、南北都达 40 里（20000m）的巨大城市。北魏时定都洛阳，在汉魏故城基础上继续扩展外郭，形成东西长 20 里（10000m），南北长 25 里（12500m）的都城，内建 320 坊，辟方格网街道，直接影响了以后隋、唐都城长安城的规划建设。除都城之外，各地方州、郡、县级城市均有所发展，城市的营造与发展在很大程度上促进了各类建筑的营造与发展。

5.1.2　营造技术与建筑成就

秦强大而短暂，进行了大规模的营造活动，使得全国各地的营造技艺得到一次交流融合与发展的机会，在各国营造经验的基础上，对建造技术与艺术的发展起到了有效的推进作用。统一六国后，秦始皇曾全力建设都城咸阳，仿造六国宫室于咸阳北阪，[1] 并在渭水南岸修建新宫与大量离宫。史载秦拥有离宫数千，其中不少宫室西汉时仍在沿用。宫室规模也十分惊人，如秦咸阳阿房宫前殿遗址东西 1000 余 m，南北 500m，统治阶级投入了极大的财力和物力，集朝、寝、游玩于一体，开启了皇家园林之先河。始皇不惜民力营造规模空前的骊山皇陵，其坟山方 350m 以上，高 43m（图 5.5），其形制对后世皇陵影响至深。为保边除患，秦始皇修筑万里长城并确立边城防卫体系，工程总量巨大浩繁。

汉代于武帝时国力达到极盛，在营造领域取得了巨大成就，形成

---

1 《史记·秦始皇本纪》："秦每破诸侯，写放其宫室，作之咸阳北阪上"。

了中国古代建筑发展中的第一个高峰。汉拥有着当时世界上规模最大的城市，土木混合结构建筑日臻成熟完善，并将高台建筑推向了其创作的顶峰。尤其是汉代于宫室、苑囿营造中追求"崇大尚丽"的效果，更进一步推进了土木混合结构的发展。汉高祖七年，刘邦对新建未央宫的华美壮丽表示不满："天下匈匈，苦战数岁，成败未可知，是何治宫室多度也？"，萧何回曰："天下方未定，故可因遂就宫室。却夫天子以四海为家，非壮丽无以重威，且无令后世有以加也"，反映了宫室营造以其壮丽威慑天下的思想。再如东汉张衡《两京赋》："度规宏而大起，世增饰以崇丽"；魏何晏《景福殿赋》云："昔在萧公，暨于孙卿，皆先识博览，明允笃诚。莫不以为，不壮不丽，不足以一民而重威灵；不饬不美，不足以训后而永厥成。故当时享其功利，后世赖其英声"；元《长安志图》卷中有："予至长安，亲见汉宫故址，皆因高为基，突兀峻峙，崒然山出，如未央、神明、井干之基皆然，望之使人神志不觉森竦，使夫当时楼观在上，又当如何？"均描写了汉代高台建筑的高大宏丽，也反映出此时营造技术的进步。

东汉时高台建筑逐步减少，楼阁建筑增加，建筑的结构形式由土木混合结构逐步向全木构架结构演进。除大型官方建筑沿袭西汉旧制仍以土木混合结构为主外，全木构架建筑已获得很大发展。西汉晚期时出现了多层木构柱梁式塔楼，打破了高台建筑需凭依土台而建的传统方式，表明木构架结构本身已产生了质的变化。[1]东汉时木构技术取得了突破性成就，开始使用成组的斗拱。秦汉时期陶制砖、瓦也已经大量使用，砖、瓦自先秦时期已有，瓦多用于屋顶，砖除用于室内地面铺装外，秦汉时期更多用于墓室结构，用于宫室、住宅建筑的则不多（图 5.6，图 5.7）。

魏晋南北朝是中国古代建筑发生重大变化的时期，基本完成了建筑结构由土木混合结构向全木构架结构演变，"近代对中国传统建筑结构一般有个说法，即它是以木构架为骨干，墙是只呈自重的维护结

图 5.5（左）
秦始皇陵上享堂"九重之台"复原图
（杨鸿勋：《杨鸿勋建筑考古论文集》，第 1 页，北京：清华大学出版社，2008）

图 5.6（中）
图 5.7（右）
汉代出土的大量塔楼

1　一斗三升拱将主要应力转换为了轴压力，在结构上取得了很大进步。另外，在斗拱的形式上也为后世奠定了斗拱的基本单元。参见刘叙杰主编：《中国古代建筑史（第一卷）》，566页，北京：中国建筑工业出版社，2003。

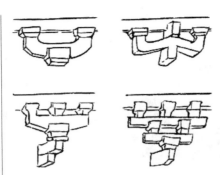

图 5.8 汉代石墓、石阙以及建筑明器中表现的斗拱

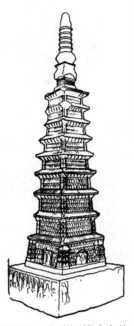

图 5.9 北魏阁楼式木构佛塔形象

构，可以做到'墙倒屋不塌'。实际上对这一说法要加上一个限定条件，即对明清时期广大汉族地区的建筑来说，基本上是对的，但不能包括少数民族地区；而在中国古代，即使是在汉族地区也不全是这样。唐代以前，甚至一些大型宫殿也属于土木混合结构而非全木构架房屋。大约在盛唐以后至宋代，宫室、官署、大第宅才基本采用全木构架建房屋。用木构架代替土木混合结构建造宫室、官署、宅第、寺院等经历了一个漫长的过程"，[1] 这一演变的完成，带来了室内空间格局以及空间处理手法等的巨大变化。在建筑形式上，魏晋南北朝是汉风衰竭、唐风酝酿的过程。汉代建筑古拙端严，多用劲直方正的直线，唐代建筑则是豪放流丽，多用遒劲挺拔的曲线，这两种截然不同的风格演进、过渡发生在魏晋南北朝时期（图 5.8，图 5.9）。

随着佛教的兴盛，砖也开始用于佛塔的建造，如建于北魏正光四年（公元 523 年）的河南登封嵩岳寺砖塔，是中国现存年代最早的砖塔，其平面呈 12 边形，除了塔刹部分的石雕外，通体由一种灰黄色砖砌就（图 5.10）。建筑中石材的使用也逐渐增多，西汉时期已经于柱础、台阶等处使用石材，东汉时期出现了全石材构造的建筑物，如石阙、石墓以及石祠等。佛教传入中国后，除了上述木构、砖砌佛塔外，石窟寺也开始大量出现。魏晋南北朝时期，凿崖造寺成风，留存至今的主要有山西大同云冈石窟、甘肃敦煌莫高窟、河南洛阳龙门石窟、河北响堂山石窟、甘肃天水麦积山石窟等。

5.1.3 管理机构与建筑制度

秦代宫廷主管工程的为将作少府，掌治宫室。汉代沿袭秦制，并于汉景帝时改将作少府为将作大匠。武帝时确立了儒学的主导地位，其集中体现形式即是礼制，并建立起与此相适应的等级制度。建筑制度、形式、规格、布局等亦均被纳入等级制度之中，逐步形成了由官方特定的建筑观念和与之相适应的制度、法规。汉代建筑等级制度没有较完整的史料遗存，就散落在各类史料中的记载可知此时在建筑布局、形制诸方面均有制度限制。如《汉书·董贤传》记："重殿洞门"，即两殿前后相重、门门相对，为宫室制度。唐颜师古注："重殿谓有前后殿，洞门谓门门相当也。皆僭天子之制度也"。

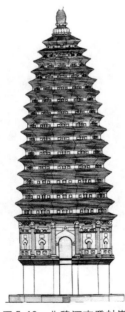

图 5.10 北魏河南登封嵩岳寺砖塔
（刘敦桢：《中国古代建筑史（第二版）》，92 页，北京：中国建筑工业出版社，2005）

---

1 傅熹年：《傅熹年建筑史论文选》，102 页，天津：百花文艺出版社，2009。

5.2　建筑的空间形态与装饰装修

5.2.1　建筑结构与空间形态

1）大型官方建筑

（1）土木混合结构

土木混合结构建筑的屋身基本使用夯土墙、土坯墙等为承重墙，屋顶部分使用木构屋架。秦汉时期单层房屋以及多层台榭大多采用这种结构。单层房屋主体为夯土墙，墙壁内、外侧使用壁柱、壁带加固，墙顶于壁柱上加卧枋，承接木构屋架。这种结构中的山墙与后檐墙承重，小型建筑前檐设檐柱承托梁前端；大型建筑前檐使用承重墙与檐柱。就土木混合结构单体建筑空间而言，因受技术限制，其单体建筑多是在面阔方向以增加开间数来获得一定的空间规模，因此，单体建筑的平面多呈狭长的长方形，面阔方向的尺度远远大于进深方向。[1]

秦、汉时期高台建筑的创作达到了顶峰，宫室、宗庙、陵寝等重要建筑均采用这种形式，体现了土木混合结构技术的完善与成熟。高台建筑属于土木混合结构的巨大建筑群，其主要特点是夯筑高大的多层土台，在每层土台壁中按需挖出房间，并留有分隔房间的承重墙，沿台后壁与隔墙均有壁柱、壁带加固，最后形成环各层台周边各建一圈横墙承重房屋的形式。主体建筑建于台顶，四周多用承重土墙为外墙，有壁柱、壁带加固，室内中心立有中心柱（都柱），上承屋顶构架。高台建筑属于大型多空间组合体，位于台顶的主体建筑为主要使用空间，环各层台周边之廊庑及后室主要为守卫士兵驻房、皇室杂役人员居室以及厨房、库房、医疗人员用房。台顶主体建筑有陛直通上下，各高台建筑之间亦架设阁道互通往来。

单体建筑又通过群组方式达到空间规模的扩大，整体上形成于平面上延展组合而成的多空间整体格局。秦汉都城中曾建有多处面积巨大的宫殿，均采取平面展开式布局，周围以宫墙环绕，规模巨大的宫殿建筑由若干小"宫"构成，各成庭院，自立门户，并依据"前堂后室"的格局进行空间布局。如始建自汉高祖的未央宫，是西汉政治统治的中心以及帝王宫闱所在，依据《史记》、《汉书》、《三辅黄图》、《玉海》、《三辅旧事》等典籍记载，除未央宫前殿外，宫中还有承明、武台、寿安、寿成、万岁、飞羽等殿数十处，另有阁、池台以及各类附属建筑。

1　也有学者认为这种狭长形的殿阁和室内采光等因素有关，"开间阔大，进深浅，呈狭长形，这是当时宫殿的特点。这种平面布置与室内环境所要求的采光条件相符。汉代的建筑技术已经相当的成熟，建造高大的宫室并不难，但对于南面开门窗的宫殿来说，过大的进深必会造成室内阴霾、黑暗，这当然不是统治者追求的效果，所以长方形的平面布局是必然的选择，它既满足了建筑正面外观上宏大的气魄，又为室内空间提供了充足的自然光线"。李砚祖主编：《环境艺术设计》，263 页，北京：中国人民大学出版社，2005。

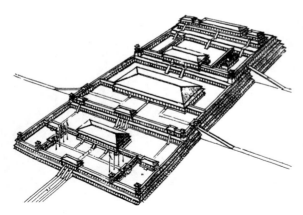

图 5.11
汉未央宫前殿复原鸟瞰图
（杨鸿勋：《杨鸿勋建筑考古
论文集》，238 页，北京：清
华大学出版社，2008）

其中前殿为一组独立宫殿，做前朝后寝格局布置，皇帝的寝殿设于此处。皇后寝宫在前殿之后的椒房殿，也作前朝后寝格局，独立门户，自成体系（图 5.11）。东汉时期的宫室建筑沿袭西汉制度，以高台建筑为主，单体建筑因采用土木混合结构，平面亦呈狭长形。

　　魏晋南北朝时期，魏、西晋时宫室建筑多沿袭汉代旧制，以土木混合结构的高台建筑为主。随着晋室南迁，中原文化一并向南传播，土木混合结构的高台建筑作为宫室建筑的正统形式被大量用于该时期的宫室建筑中。《太平御览》引《丹阳记》："汉魏殿、观多以复道相通，故洛宫之阁七百余间"，此处将汉、魏并提描述，可见魏时宫殿仍属旧制。《晋书·安帝纪》、《宋书·五行志》中记载义熙五年（公元 409 年）与元嘉五年（公元 428 年）时，雷击太庙鸱尾，彻壁柱，由此处提及之壁柱可推知其为壁柱、壁带加固的夯土承重墙，也即推知该太庙仍为土木混合结构建筑。

图 5.12（左）
西汉长安南郊辟雍遗址总
体复原图
（刘敦桢：《中国古代建筑史
（第二版）》，48 页，北京：
中国建筑工业出版社，2005）

图 5.13（右）
西汉长安南郊辟雍遗址中
心建筑复原鸟瞰图
（刘叙杰：《中国古代建筑史
（第一卷）》，431 页，北京：
中国建筑工业出版社，2005）

　　自汉武帝始，汉代统治阶级推崇儒术，大力提倡礼制建筑的兴建，如明堂、辟雍、灵台、太庙、太学等，依据建筑考古学家对西汉长安南郊礼制建筑辟雍复原图可知，其平面基本呈方形，外观形式、平面构成方整端严，空间组织上遵行了"前堂后室"制（图 5.12，图 5.13，图 5.14）。另长安王莽九庙中最大的"太初祖庙"，其台顶主体建筑平面也是方形，四周为用壁柱加固的夯土承重墙。

　　（2）木构架结构

　　木构架结构技术在汉代时取得了重要成就，虽然大型宫室等官方建筑以土木混合结构为主，但楼层和屋顶部分均使用木构架结构。西汉时下用土墙、上为木构架屋顶的土木混合结构建筑居多，到东汉时全木构架结构房屋开始增多，尤其是中国南方潮湿炎热，全木结构房

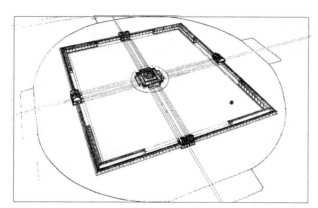

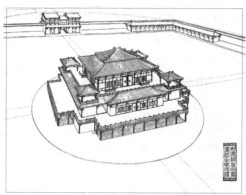

屋的发展较快。由东汉明器陶屋、画像砖石所表现
的建筑等来看，中国古代建筑的三种主要木构架形
式——柱梁式、穿斗式、密梁平顶式都已出现，[1]在这
三种主要木构架形式中，又以前两种使用最多（图
5.15）。

　　柱梁式（也称叠梁式、抬梁式）多用于规格较高
的官式和宗教建筑，中国北方地区更为普及，其结构
形式是在房屋前后檐相对的柱子间架横向的大梁，大
梁上又重叠几道依次缩短的小梁，梁下架瓜柱或者驼
峰，将小梁抬高至需要的高度，形成一个三角形屋架。
相邻的两道屋架之间，于各梁的外端架檩，上下檩之
间设椽，椽上覆以屋面，形成屋面下凹成一定弧形的
两坡屋顶。屋架间的室内空间为"间"，是中国传统
建筑房屋的基本单位。一座房屋可有若干间，沿着面
阔方向排列，间数的多少和建筑本身的体量大小有直
接关系。穿斗式（穿逗式）和柱梁式在柱上架设梁和
檩的方式不同，穿斗式是沿着每间进深方向上将柱子
随着屋顶的高度逐步升高，上直接架檩，用一组木枋
（穿）来联接各柱，成为一道屋架。各屋架之间又用
木枋联系，形成两坡屋顶骨架，上覆屋面材料形成屋
顶，这种形式多流行于中国南方。[2]在实践中，也有
将上述两种构架结构结合混用的例子。广州出土的数
十件西汉至东汉陶屋，均为全框架结构建筑，已经出
现了初步的穿斗架形式（图 5.16）。

　　魏晋南北朝时，随着晋皇室南迁，北方宫室建筑
中的土木混合结构作为宫室建筑的正统形式被带到南
方，然而木构架结构建筑仍然具有很强的生命力，并
逐步普及。《晋书·周处传》："周·莚于姑苏立屋五间，
而六梁一时跃出堕地，衡（衍，即檩）独立柱头零节（栌
斗）之上，甚危，虽以人工不能然也"，该建筑面阔 5 间，
6 梁，说明山面部分也使用梁柱，已经是全木构框架
房屋。另外，佛教兴起，佛塔盛行，相传南朝建康有
480 寺，史料显示这些佛塔建筑中大都立有刹柱，明
显是与传统木构楼阁结合起来的高层木构建筑形式，
至南朝后期时，木构架建筑已发展到了很高水平。北

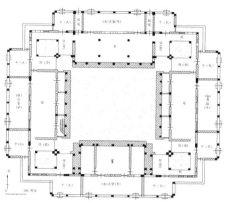

图 5.14　西汉长安南郊辟雍遗址中心建筑一层
平面图
（刘叙杰：《中国古代建筑史（第一卷）》，431 页，
北京：中国建筑工业出版社，2005）

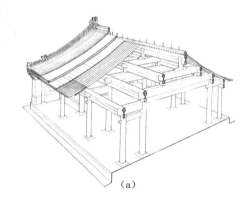

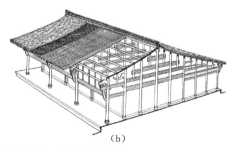

图 5.15　木构架示意图
（刘敦桢：《中国古代建筑史（第二版）》，4 页，
北京：中国建筑工业出版社，2005）
（a）柱梁式；（b）穿斗式

图 5.16　广州出土的西汉至东汉陶屋

1　参见傅熹年：《傅熹年建筑史论文选》，4 页，天津：百花文艺出版社，
2009。

2　参见傅熹年：《傅熹年建筑史论文选》，10 页。

图 5.17
河南发现的北朝后期陶屋

魏统一北方后，推行汉化并吸取南朝建筑成就，极大地推进了北方地区营造技术的发展，至北魏末期东魏初期（公元 543 年）时，北方也已经出现了独立的全木构架建筑，反映了北方建筑构造中逐步脱离夯土墙扶持的过程。[1] 史载北魏胡太后在洛阳所建永宁寺塔（公元 516 年），高 9 层，总高 40 余丈，下为土心，可能是历史上最高大的木塔。另外，河南发现的一件北朝后期陶屋，表现了全木构架结构，也可作为该时期木构架结构发展的有力证据（图 5.17）。

随着全木构架结构建筑的出现，改变了以往土木混合结构的室内空间，为更加宽敞的室内空间提供了条件。木构架结构建筑使得内部空间在进深方向上也逐步取得进展，室内空间更加宏大。木构架结构的主要特点在于，建筑以木构架为房屋骨架承受屋顶和楼层之重，即所谓的"房倒屋不塌"，墙壁只起维护作用，自身不承重或者只承自重。柱网结构直接承接上部重量，去掉了承重墙所占有的结构面积，形成了中国传统建筑空间的典型特征，内部空间完整而宽敞，具有很强的连续性与通透性，这一特征一直贯穿至中国传统木构架建筑的始终。为了使空间组织更加合理，在具体使用中对建筑空间进行二次分配非常必要，完成空间组织和分隔的具体手法以及装饰形式也为室内设计带来了全新的话题。

2）民居
（1）汉代

汉代民居千姿百态，类型丰富多彩，由各类资料显示，我国古代的各类民居至汉代（至少是东汉）时基本成熟定型，并为后世沿用不息。依据画像砖、石、墓室壁画、出土明器以及各类文献所提供的资料可知，除贫苦农民、自耕农住居条件较简陋外，地主富户、贵戚官僚的住居已有极大进步。长江以北地区的房屋构架已普遍采用柱梁构架，南方民居平地房屋与干阑式均有。由文献记载来看，汉代一般民居平面形式有"一宇二内"、"一堂二内"的记载，[2] 就出土明器与画像砖石等资料显示，汉代民居的平面形式十分活泼多样，一般民居规模较小，富人生活奢侈，多蓄家奴、婢仆，因受宗法制度影响，三世同居，住宅规模较大。同时，汉代推崇礼制制度，讲求上下尊卑秩序，宅第布局左右对称、前堂后室，正厅高敞、主次分明，层层套院几乎成为定式。此外，一些大宅还有陂池田园，豢养家畜，犹如一座座自给自足的小村寨。规模较小的住宅平面呈方形或长方形，门位于房屋一面的当中或一边，房屋构筑除使用少数承重墙外，大多为木构架结构形

1　关于南北朝时期北方建筑构造演变的具体过程，请参见傅熹年：两晋南北朝时期木结构架建筑的发展，引《傅熹年建筑史论文集》，102～141 页，天津：百花文艺出版社，2009。
2　云梦睡虎地秦简《封畛式·封守》："……一宇二内，各有户，内室皆瓦盖，木大具，门桑十木"。《汉书·晁错传·卷四十八》："家有一堂二内，门户之闭"。

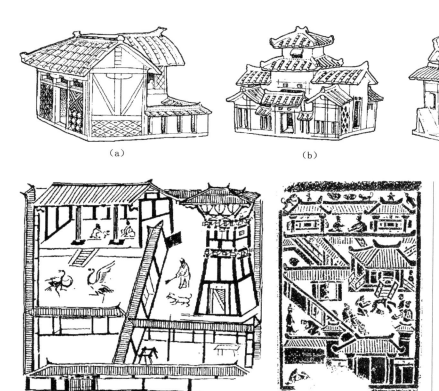

（a）　　　　　　　　　　　（b）　　　　　　　　　（c）

图 5.18（上）
汉代出土明器所表现的住
宅（曲尺形、日字形和三
合式形）
（刘敦桢：《中国古代建筑史
（第二版）》，51 页，北京：
中国建筑工业出版社，2005）
（a）曲尺形住宅（b）日字形
平面住宅（c）三合式住宅

图 5.19（左）
四川出土画像砖住宅形象
（刘敦桢：《中国古代建筑史
（第二版）》，51 页，北京：
中国建筑工业出版社，2005）

图 5.20（右）
山东曲阜旧县村画像石中
住宅形象
（刘敦桢：《中国古代建筑史
（第二版）》，51 页，北京：
中国建筑工业出版社，2005）

式，屋顶多采用悬山或者囤顶，窗的形状有方形、横长方形、圆形多种；规模稍大的住宅，都以墙垣构成一个院落（廊院制式），平面有一字形、曲尺形、日字形、三合式等多种形式，其中日字形和三合式形成前后两进院落，有些将中间房屋建得更加高大，并有起高楼的形式（图5.18）。另如四川出土的画像砖中所表现的住宅，规模更大，分左右两部分，右侧为主体部分，左侧为附属建筑。主体部分设前后两个庭院，周匝绕以回廊，后院有面阔 3 间抬梁式房屋，采用单檐悬山屋顶，屋内两人对坐，应为堂所在。左侧后院中还有一座高楼，可能是瞭望或储藏所用（图 5.19）。再如河南出土的画像砖上刻有前后两进的住宅，前院绕以围墙，院内植有花木，第二道门位于左侧，门屋采用重檐庑殿顶，门内为居住区域，院内也种植花木，应为官僚、贵族宅邸。在山东诸城县前凉台村汉墓画像石与曲阜旧县村画像石中的住宅图像里，院落布局完整，主次分明，井然有序（图 5.20，图 5.21）。此外，

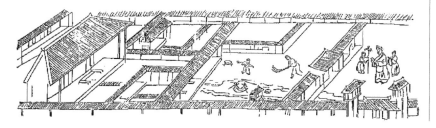

图 5.21
山东诸城县前凉台村汉墓
画像石中之住宅图像
（刘叙杰：《中国古代建筑史
（第一卷）》，491 页，北京：
中国建筑工业出版社，2005）

图 5.22　广州麻鹰岗东汉建初元年墓出土陶坞堡

图 5.23　甘肃武威市雷台东汉墓陶屋堡

图 5.24　湖北鄂城出土的吴国时期明器住宅

图 5.25（左）北魏宁懋石刻中所表现的住宅、幕帘

图 5.26（右）陇东南石窟寺北魏第 1 窟雕塑表现住宅、幕帘

汉代地方豪强多举族而居，常常将住宅建为坞堡形式（图 5.22，图 5.23），汉代明器中出土有大量的塔楼，3～6 层不等，应为坞堡或者住宅中的制高点，这种塔楼除了在平面布局上延展了空间格局，还形成了向高处延伸的纵向空间格局（图 5.7）。

（2）魏晋南北朝

就整体来看，魏晋南北朝因战乱破坏，民居建筑成就不及东汉。汉代末期为三国鼎立局面，战乱频繁，生产遭到严重破坏，"千里无人烟，十室九空"。除豪强地主继续营造坞堡大宅外，一般民居没有太大发展。南北朝时曾相对安定，南、北经济均有所发展，在一定程度上促进了民居建设。一般来说，北方地区因冬季保暖防寒等需求，土木混合结构建筑居多。同时北方社会注重宗法制度，多聚族而居，民居建筑形成一定规模，一些王侯贵族宅第附有园林。南方木构架结构建筑多见，并多组成小家庭，民居建筑工巧华丽，并引水筑山，享受自然乐趣。由吴国出土的青瓷院落明器可知当时江南大型住宅也使用土木混合结构建筑。又因战乱，各地豪强贵族均拥有部曲和私兵，并建造类似东汉坞堡形式的防御型大第宅（图 5.24）。随着佛教兴盛，民间盛行舍宅为寺之风，"前厅为佛堂，后堂为讲堂"，"廊庑充溢"，由此可说明当时贵族住宅在平面上属于前堂后寝、四周围以廊庑形成廊院制式的传统格局。同时，随着玄学兴起，魏晋士人崇尚清淡，醉心山林，庄园别业的建设大幅兴起，多就自然地势高下起伏布置楼阁、居所于其中，形成了空间格局上新的联系形式，并对后世园林的建设产生了深远影响。

在规模较大的府邸中，一般将供主人起居以及会见宾客等的空间建于整体院落的前区，称为"厅事"，属于半开敞性的空间形式，在厅事之后设休息之所，称为"斋"。该时期宫廷贵族又喜用柏木营建殿、堂、斋、屋等，史籍中常有"柏殿"、"柏寝"等即为此写照（图 5.25，图 5.26）。

5.2.2　室内空间界面形式

1）地面、墙面、顶棚

（1）秦代

秦始皇笃信五行之说，认为秦取代周而统一天下，周属火德，秦为水德，"衣服旄旌节旗皆尚黑"，[1] 在建筑中是否也大量使用黑色，目前尚无法确定。

依据目前对秦咸阳宫与秦始皇陵所掌握的资料来看，室内墙面有涂饰白粉、地面髹丹朱的做法。秦咸阳宫中有少量壁画遗存，所运用的颜色也十分丰富，计有黑赭、黄、大红、朱红、石青、石绿等，以黑色比例最大；壁画的表现技艺已相当成熟老练，线条流畅、气韵生动，所表现的内容题材有亭台楼榭、植物花卉、车马冠盖、乐舞宴饮等，颇为丰富。"建筑与室内设计是一个时代文化精神物化的产物，从殷代宫室四壁刷着洁白的颜色，到咸阳宫墙壁的纹彩闪烁，是宫殿室内装饰的一次飞跃，这种室内装饰的手法和题材对后世宫室、墓室、寺庙的室内装饰都产生了重大影响"。[2] 另外，出土的秦代铺地方砖与矩形砖表面多有模印纹饰，以几何纹为主，亦有印刻花纹的空心砖出土，内容有龙、凤、狩猎、宴乐、几何纹、门仪等。除上述有限资料之外，秦代室内装饰的其余证据已经难寻，唐代诗人杜牧在《阿房宫赋》中曾有所描写，"蜀山兀，阿房出，宫殿群落，覆压三百余里，隔离天日。……五步一楼，十步一阁。廊腰缦回，檐牙高啄。各抱地势，钩心斗角。盘盘焉，蜂房水涡，矗不知其几千万落"，应该带有文人自身的想象与艺术化成分，但也足见该宫室的规模与华美。另就秦始皇时期宫室、陵寝建筑巨大的规模来看，其室内装饰也必定追求美轮美奂的装饰效果（图 5.27）。

（2）两汉、魏晋南北朝

汉代史籍文赋中多有对宫室的记载与描写。就地面而言，"墐涂"手法依然使用，并于其上涂饰色彩，秦咸阳宫 1 号基址中有于砂泥面层上施红色的做法，另《三辅黄图》中描述未央宫前殿中有"青琐丹墀"之句，依《说文》："墀，涂地也。从土犀声。礼，天子赤墀"可知，"墀"为地面，天子以红色涂饰。[3] 班固《西都赋》中有"玄墀"之说，墀，阶也，髹以红漆。[4] 又《前汉书》写昭阳宫中："庭形朱而殿上髹漆"，指宫中庭院地面涂朱丹，殿中地面髹黑漆。另文献中也有记载宫中地面为

图 5.27　秦代各式地砖饰面纹样

1　（西汉）司马迁：《史记·秦始皇本纪》（简体字本），170 页，北京：中华书局，2005。
2　李砚祖主编：《环境艺术设计》，263 页，北京：中国人民大学出版社，2005。
3　（东汉）许慎《说文》："墀，涂地也。从土犀声。礼，天子赤墀。"段玉裁注："尔雅，地谓之黝。然则惟天子以赤饰堂上而已。"《说文解字段注（下册）》，276 页，成都古籍书店版。
4　（东汉）班固《西都赋》："玄墀扣砌"，张铣注："玄墀，以漆饰墀；墀，阶也"。

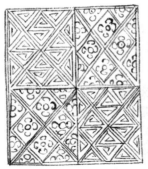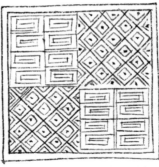

图 5.28　汉代地砖纹样

青色者，如《前汉书·史丹传》："顿首伏青蒲上"之句，应劭注：以青规地为"青蒲"。[1]虽然汉代遵循严格礼法，然天子用朱丹的做法亦常有被僭越的例子，高官贵宦建筑地面中也有使用红色的行为，《西京赋》："北阙甲第，当道直启。程巧致功，期不陁陊。木衣绨锦，土被朱紫"。

除上述地面施色之外，用砖进行地面铺装的手法逐步增多，铺地砖多为方形或矩形，边长的大致尺寸为 30～50cm、厚 3～5cm，砖表面有模印纹饰，如方格纹、菱格纹、绳纹、环纹、卷云纹、S 纹、三角纹等多种几何纹样，少数砖面印有动物纹（如朱雀纹）和吉祥文字（如子孙繁昌、人生长寿）等。另外，素面小砖也在地面铺装中出现，多见于墓室，并按照不同的铺装方式铺就，形式丰富多样（图 5.28）。

魏晋南北朝时，南、北方的地面处理与装饰手法有所区别。北方宫廷、衙署等建筑中多见砖、石材质铺装的地面，墓室中也有大量发现。其中山西大同方山之北魏文明太后永固陵与孝文帝万年堂墓室地面中，均有大方砖铺设的地面，其砖坯极细，扣之有金石声，堪比明定陵中的"金砖"。文献记载十六国时期之后赵石虎建造的太武殿台基，以"文石綷之"，可见是使用了石材。一般来说，北方的地砖多为素面，不饰纹饰，平整简洁，这大概和北方人进入室内不脱鞋的生活起居习惯有关，为防尘耐磨，故地砖多用素面。除宫室、衙署等重要建筑之外，一般民居室内地面以粉刷为主，多为白色，粉刷地面较为经济，易于施工，故民间多用。如山西大同北魏平城明堂遗址中，有在夯土地面上使用白灰地面的遗迹，北魏洛阳永宁寺塔基回廊内外地面均发现有平整、光洁的白灰地面，厚约 1cm。

南朝时期，室内地面铺装方式较为统一，多以席簟荐地，墓室中则多见用小砖以席纹铺设，这大概是沿袭了汉代时汉人席地而坐的生活方式所致，因东晋、南朝统治者以汉族正朔自居，仍因袭汉代跪坐礼俗，宫殿内也保留了汉代时地面施朱丹的做法。[2]

1　《前汉书·卷八十二·史丹传》："丹以亲密臣得侍视疾，侯上间独寝时，丹直入卧内，顿首伏青蒲上"，应劭注曰："以青规地曰'青蒲'。自非皇后不得至此。"参见刘叙杰主编：《中国古代建筑史》，547 页，北京：中国建筑工业出版社，2003。

2　参见赵琳：《魏晋南北朝室内环境艺术研究》，31～37 页，南京：东南大学出版社，2005。

　　此外，南、北方宫廷内均出现了极为奢华的地面铺装，北方宫廷内以色彩艳丽的席簟或锦褥为地衣（即地毯），如《历代杂记记·邺下·城内外杂录》："飞鸾殿……织无色簟为水波纹，以作地衣"，"华林园……用锦褥为地衣，花兽连钩，皆纯金，饰以孔雀、山鸡、白鹭、翡翠毛。彩物光明，夺人目力。不能久视焉"，可见其华丽程度。这种以织物铺装地面的做法应该是随着游牧民族内迁而来的新风格，随着织物大量用于室内，使得室内整体环境温暖而富丽。南朝在此时期出现了地面贴金的奢华做法，如南齐东昏侯宫殿地面上贴有金莲花，而梁昭明太子《殿赋》、梁简文帝《七励》中分别提及"金墀"，应为对宫殿内地面贴金的描写，《南齐·齐本纪下·废帝东昏侯》："又凿金为莲华以贴地，令潘妃行其上……"。梁时萧统撰《昭明太子集·卷一·殿赋》："建厢廊于左右，造金墀于前庑，卷高帷于玉楹，且散志于琴书"，[1] 均是极尽奢华的做法。

　　汉时建筑以土木混合结构为主，围合建筑的墙体多用夯土墙，起承重作用。室内也有承重或不承重的分隔内墙，常用夯土、版筑墙，或者木骨泥墙等。虽然汉代晚期木构架结构有所发展，以柱承重，而墙壁连于柱间，但北方为保暖起见，依然多用土墙。秦、汉时期室内墙壁多以白色或者淡青色的粉刷为主，如后汉王延寿《鲁灵光殿赋序》中提及"素壁篹曜以月照，丹柱翕艳而电烻"，其中"素壁"应是粉刷后没有其他装饰的壁面。涂饰白墙的做法至魏晋南北朝时期依然延续，佛殿中也出现了涂饰红色墙壁的做法。

　　汉文献中多有对殿阁的描写，涉及墙壁之句如汉成帝宠妃赵昭仪所居昭阳舍："屋不呈材，墙不露形，裹以藻绣，络以纶连。隋侯明月，错落其间，金釭衔壁，是为列钱"（班固《西都赋》），可知其连接固定木构件作用的金釭，在室内依然起着重要的装饰作用，奢华的宫廷又在金釭上镶嵌成排的玉饰，形如列钱一般。《汉书》云："赵昭仪居昭阳舍，其中庭彤朱，而殿上髹漆，切（门限）皆铜沓黄金涂，白玉阶，壁带往往为黄金釭，函蓝田壁，明珠翠羽饰之"，即后宫门限使用鎏金铜叶包裹，室内壁柱、壁带使用鎏金铜构件连接，壁带上镶嵌有玉壁，一般墙面使用刺绣丝织品为壁衣，极为奢华。《西京杂记》中描述昭阳殿中的温室墙壁："温室以椒涂壁，被之文绣，香桂为柱，设火齐屏风，鸿羽帐规，地以罽宾氍毹"，以椒涂壁可取其香味，并防虫蚁；使用织物遮盖室内墙壁以达到华美的装饰目的，这种做法早在战国墨子时期已有记载，至汉代宫廷已经十分常见，以至于墙壁的本来材料被遮蔽不见。除宫殿外，汉哀帝的宠臣董贤第宅墙壁亦极尽装饰之能

1　赵琳：《魏晋南北朝室内环境艺术研究》，37 页，南京：东南大学出版社，2005。《南齐·齐本纪下·废帝东昏侯》："又凿金为莲华以贴地，令潘妃行其上……"。（梁）萧统撰：《昭明太子集·卷一·殿赋》："建厢廊于左右，造金墀于前庑，卷高帷于玉楹，且散志于琴书"。

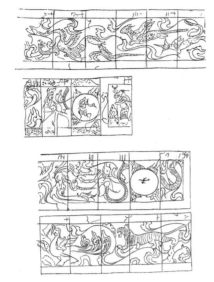

图5.29　汉代壁画

事，奢华非比寻常："柱壁皆画云气、华（葶）、山灵、鬼怪，或衣以绨锦，或饰以金玉（《西京杂记》），"除以"金缸衔壁"外，董贤宅第并有玉石、明珠、翠玉装饰期间。

另外，壁画也是室内墙壁装饰中的重要手法，如前述秦咸阳宫壁画已经相当精美，汉代的宫室、衙署、宗庙等重要建筑中的壁画实例难以寻觅，各类文献记载也不多，唐张彦远《历代名画记》中提及汉代未央宫之麒麟殿中，图绘有汉代功臣肖像，这应该不是单纯为壁面装饰为目的的行为。另后汉王延寿《鲁灵光殿赋》："图画天地，品类群生，杂物奇怪，山神海灵，写载其状，讬之丹青，千变万化，事各缪形，随色象类，曲得其情"，董贤第宅中"柱壁皆画云气、华（葶）、山灵、鬼怪"等，可知壁面上图画内容十分丰富（图5.29）。

魏晋、南北朝时，南、北方均有于室内墙壁图绘壁画的做法，绘画技巧较前朝有了很大提高，色彩也更加丰富。就题材内容上来看，汉代多用的神话故事、羽人、四神四兽等仍然被沿袭，同时注重写实的肖像画开始增多，并出现了风俗画、山水画等内容形式。"魏晋南北朝战乱频繁、社会动荡不安，这使得当时许多贵族、士大夫产生了荣辱无常、朝不保夕之忧，转而倾心于老庄和玄学，注重现世享乐，因而，他们在壁画题材的选择上也转而注重写实"，如《晋书·文苑·顾恺之传》："尝悦一邻女，挑之弗从，乃图其形于壁，以棘针钉其心，女遂患心痛"；《南齐书·高逸·宗测传》："欲游名山，乃写祖炳所画'尚子平图'于壁上"。[1]

顶棚是室内空间中非常重要的部分，尤其对于中国传统建筑而言，梁思成先生曾经以"三分说"总结中国传统建筑的立面特点，即台基、墙柱构架、屋顶。[2] 在这三部分当中，以外形而论，屋顶常常备受重视，屋顶本身的形式也被作为区别建筑等级规格的重要依据。自外观来看是覆以各种屋面材料的优美屋顶，自室内来看则是其结构构架木构件与屋面覆盖材料所形成的顶棚，是围合室内空间的重要组成部分。两汉、魏晋南北朝时期，顶棚处理手法已经相当丰富，后世常见的藻井、平棊、彻上明造等均已出现。[3] 其中藻井多用于宫殿等规格较高的建筑室内，魏晋南北朝时期随着佛教的兴起，藻井亦开始进入佛殿中。

1　参见赵琳：《魏晋南北朝室内环境艺术研究》，43页，南京：东南大学出版社，2005。
2　参见李允鉌：《华夏意匠——中国古典建筑设计原理》，162页，天津：天津大学出版社，2005。"任何地方，建于任何时代，属于何种作用，规模无论细小或雄伟，莫不全具此三部"，"中间如果是纵横这丹青的朱柱，画额，上面必是堂皇如冠冕般的琉璃瓦顶；地下必然有单层或多层的砖石台座，舒展开来承托"。
3　（宋）李诫：《营造法式·小木作制度》中有对顶棚做法的详细要求和解释，将顶棚分为"平棊"、"斗八藻井"和"小斗八藻井"三部分。

　　为了避免屋顶木构架朽坏，中国传统建筑室内常常让屋顶的构造完全暴露出来，以保持干爽、通风，并在各个构件上做一定的装饰处理，在保护木质构造的同时，达到美观的效果，这种做法被称为"彻上明造"，多见于炎热潮湿的中国南方。汉班固《西都赋》："抗应龙之虹梁"；[1] 汉张衡《西京赋》："亘雄虹之长梁，结棼橑以相接"；刘梁《七举》："紫柱虹梁"等，均为对彻上明造中"鸿梁"与"直梁"的描写。魏晋、南北朝时期，彻上明造依然多见，北魏时期的敦煌莫高石窟仍遗存有仿木结构的彻上明造，十分珍贵难得（图5.30）。依此期石窟可知，北朝早期多在椽和脊（槫）上涂朱色，然后绘制彩画，椽上彩绘多作环状重复，图案一致；脊（槫）彩画则是在（槫）下表面的长方形格子中分别填绘不同内容。再如敦煌莫高窟北魏第288窟顶部彩画，在人字坡椽中间，于白色地子上绘青绿、银朱花草，中又穿插莲花、鹦鹉、孔雀、人物等，色调明朗悦目，生趣盎然。[2] 至北朝后期时，装饰内容渐渐趋于简化，仅以涂刷色彩为主。

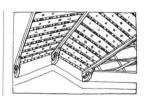

图 5.30　甘肃敦煌莫高窟第254窟人字坡顶棚（北魏）（刘敦桢：《中国古代建筑史（第二版）》，109页，北京：中国建筑工业出版社，2005）

　　彻上明造容易积灰，难以清理，随着全木构架结构兴起，宫殿、寺庙、衙署等重要建筑内部空间更加高敞宽阔，为解决防尘、保暖以及室内空间的控制与组织等问题，人们常常在室内施以藻井、平棊等"吊顶"手法，可以达到调节室内高度、突出主要空间、彰显身份、并通过装饰手法达到室内美观等目的。

　　藻井大致起源于古代穴居顶上的通风采光口，古人称之为"室中"，唐宋以后也有称作"罳"，多是在宝座或神佛等上方形成一种"穹然高起，如伞如盖"的形式，起到强调中心位置的作用。并由于藻井复杂的形制与华丽的装饰效果，被纳入了礼制制度之中，如唐时明确规定："非王宫之居不施重拱藻井"，而《宋史·舆服志》有"凡庶民之家，不得施重拱、藻井及五色文采为饰"等。汉代藻井的记载多见于文学作品，如张衡《西京赋》："蒂倒茄于藻井，披红葩之狎猎"；王延寿《鲁灵光殿赋》："圜渊方井，反植荷蕖"赋中茄即荷径，与荷蕖、莲花等同属一物，图绘这些纹样是为了取其防火之意；"藻"是水生植物的总称，"藻井"一词，也有防火的目的，因此，沈约《宋书》中解释为："殿屋之为圜泉方井兼荷花者，以厌火祥"。[3] 汉代藻井的实例以山东沂南画像石墓中所表现的为代表，其形式为"斗四"，[4] 中间镌有菱形小方格，很类似于宋代时的平棊做法，旁侧方井内刻有莲花纹样（图5.31）。[5]

图 5.31　山东沂南画像石墓中所表现的"斗四"天花

1　唐李善注曰："应龙鸿梁，梁形似龙而曲如虹也"。此处"虹梁"，大致和宋《营造法式》中的"月梁"类似。

2　参见赵琳：《魏晋南北朝室内环境艺术研究》，60页，南京：东南大学出版社，2005。

3　见李允鉌：《华夏意匠：中国古典建筑设计原理分析》，286页，天津：天津大学出版社，2005。

4　"斗四"、"斗八"等形式的具体解释，参见第7章宋代藻井内容。

5　参见刘叙杰主编：《中国古代建筑史（第一卷）》，549页，北京：中国建筑工业出版社，2003。

图 5.32　山西太原天龙山
第 3 窟内景示意图
（刘敦桢：《中国古代建筑史
（第二版）》，111 页，北京：
中国建筑工业出版社，2005）

图 5.33　汉代的"承尘"
形象

图 5.34（左）
甘肃天水麦积山第 5 窟长
方形平綦（部分复原）
（刘敦桢：《中国古代建筑史
（第二版）》，109 页，北京：
中国建筑工业出版社，2005）

图 5.35（右）
甘肃敦煌莫高窟 428 窟中
的方形平綦
（刘敦桢：《中国古代建筑史
（第二版）》，109 页，北京：
中国建筑工业出版社，2005）

魏晋南北朝时期，藻井获得更进一步发展，在宫殿、寺庙等建筑中占有重要地位，《文选·京都下·魏都赋》卷六中有："丹梁虹申以并亘，朱桷森布而支离。绮井列疏以悬蒂，华莲重菡而倒披"，其虹梁、桷均为红色，而藻井饰以莲花纹样；魏韦诞《景福殿赋》曰："芙蓉侧植，藻井悬川"，也是对藻井以及其装饰的描写。就目前可见的石窟以及墓室遗留的魏晋时期藻井来看，"斗四"形式较为多见，如甘肃敦煌莫高窟中的"斗四"装饰形式丰富多彩，在敦煌彩画中也出现有"斗八"藻井形式，推测当时应有实物存在，只是今天难以寻找其踪迹。同时，就敦煌石窟所遗存的大量彩画来看，当时的藻井应该具有五彩缤纷的彩画装饰。山西太原天龙山石窟中也有覆斗形顶棚形式遗存，通过后世复原示意图可见其当时的精美华丽程度（图 5.32）。

　　平綦源于"承尘"，"承尘"最早是施于床上承接尘土的设施。[1]于两汉、魏晋时发展成为顶棚的一种处理手法，北宋《营造法式·卷二·总释下》记有："史记汉武帝建章后合，平机中有骑牙出焉"；"山海经图作平橑云今之平棋也"。[2]有学者认为，就两汉、魏晋时期的木作技术而言，室内平綦应多为局部吊顶的形式，以达到调整局部空间高度的变化，使得室内空间层次更加丰富。随着小木作技术的不断进步，之后逐步扩展至整个房间。其具体实例国内目前不可见，日本法隆寺东院传法堂室内平綦可作为旁证。魏晋、南北朝时期的平綦彩画获得了很大发展，色彩较为丰富，装饰内容多为莲花、飞仙、化生等，就总体来看，经历了由繁到简、由随意到有秩序的艺术创作过程（图 5.33～图 5.36）。[3]

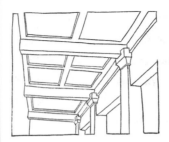

1　《释名·释床帐》：承尘，施于上承尘土也搏辟以席搏着壁也。
2　《营造法式·小木作制度三》中有详细的介绍与规定："平棋，其名有三：一曰平机，二曰平橑，三曰平棋，俗谓平起。其以方椽施素版者谓之平暗"，具体做法是用方椽整齐排列相交形成小方格网架，上面盖木板而成，板上可画彩画或雕刻进行装饰。其位置自铺作外跳算起，于桯枋上架椽，如果室内无斗拱，可直接架于明栿上。
3　参见赵琳：《魏晋南北朝室内环境艺术研究》，65 页，南京：东南大学出版社，2005。

图 5.36　河南巩县石窟第 4 窟平棊格内纹样

2）门、窗

中国传统建筑中的门、窗多使用木构件完成，在满足实用功能之外，人们对这些构件进行彩绘、镂刻等装饰，使其更加美观。《淮南子·说山训》中有："受光于隙，照一隅；受光于牖，照北壁；受光于户，照室中无遗物"，可推知"牖"开在朝南的墙壁上，这和中国建筑坐北朝南的朝向有关；又云："十牖毕开，不若一户之明"，大致说明，汉代早期及以前建筑中的"牖"比"门"小很多，牖的主要作用在于通风而非采光。汉时门以版门常见，上面并有铺首作为装饰；在汉墓中，有些石门上还镌刻着神人（伏羲、女娲）、神兽（朱雀、玄武、青龙、白虎等）、门吏等形象，不过现实生活中应该不至如此；另外一些大型的木制棺椁上，其木质版门上多髹漆涂饰。

汉时窗棂常见有直棂、卧棂、斜方格以及琐纹等多种形式。据文献显示，琐纹窗棂再涂以青色，为天子所用，规格最高。如《前汉书·卷九十八·元后传》："曲阳侯根骄奢，僭上赤墀青琐"；《后汉书·卷六十四·梁冀传》："窗牖皆有绮疏青琐"；另外，《西京杂记》中提及昭阳殿窗使用绿色琉璃，在当时并不多见。

魏晋南北朝时期，北方建筑中的门仍以版门常见，双开，门扇涂色，并以铺首、金钉等装饰，如《洛阳珈蓝记·永宁寺》："浮图有四面，面有三户六窗，户皆朱漆，扉上有五行金钉，合五千四百枚。复有金环铺首"；另《历代宅京记》中注引《邺中记》描述北齐邺都南城："东西二十四门朱柱白壁，碧窗朱户"，此两处记载均涂朱色为饰。此外，门柱两侧、门楣等处多以雕刻、彩绘手法进行装饰，彩绘内容有"琐文"，以青色为主，如《文选·京都下·吴都赋》卷五："雕栾镂楶，青琐丹楹"，唐李善注："琐，户两边以青画琐"。魏晋南北朝的窗以直棂为主，由汉代沿袭下来的琐纹依然盛行，并仍以青色为贵，如《景福殿赋》："青琐银铺"、《洛阳珈蓝记·永宁寺》："青琐绮疏"等（图 5.37～图 5.39）。

图 5.37　汉代门饰铺首

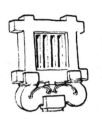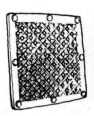

图 5.38 汉代各种窗户形象（直棂窗、斜格纹、锁纹）

图 5.39
宁夏彭阳新集北魏墓出土房屋模型中的门窗形象
（傅熹年：《中国古代建筑史（第二卷）》，258 页，北京：中国建筑工业出版社，2001）

3）建筑构件装饰

自汉代起，随着建筑中木构架结构技术的不断发展，木结构构件的装饰备受重视。两汉的史籍文赋中多有涉及建筑大木结构构件，如楹（柱子）、梧（斜柱）、棁（梁上的短柱）、窠（柱头斗拱）、宗庿（大梁）、栋（脊槫）、楣（平槫）、庪（檐槫）、桷（方椽）、椽（圆椽）、木薕（连檐）、榱（椽的总称）等，在提倡节俭或者赞颂奢华的描述中，建筑木构件装饰屡被提及。李允鉌先生在《华夏意匠》中写到："在中国古典建筑中，一般来说'构件的装饰'是多于'装饰性的构件'的"，[1] 并将中国古代建筑装饰的主要手法归纳为"金饰"、"彩饰"、"雕饰"，其中"金饰"包括有古代的"玉饰"等贵重材料装饰；"彩饰"即是刷饰、彩画以及壁画；"雕饰"则指各种雕花、浮雕以及独立的雕刻品。而以上三种手法在木构件装饰中都曾出现，或雕饰、或涂色、或包镶、或贴饰，手法十分丰富。汉《西京杂记》记昭阳殿："椽桷皆刻作龙蛇，萦绕期间"；张衡《西京赋》："镂槛文（木薕）"；王延寿《鲁灵光殿赋》："龙桷雕镂"，"云楶藻棁"；魏韦诞《景福殿赋》曰："流目详观，丛楣负极，飞檐承宗，桁梧绮错，楶棁鳞攒"；王褒《甘泉宫赋》："采云气以为楣"，均为在木构件上或雕刻、或彩绘的记载。为了达到华美奢靡的效果，汉代多以精美绮丽的织物包饰柱楹等，并加金、玉修饰。汉哀帝为宠臣董贤营造宅第："诏将作大匠为贤起大第北阙下，重殿洞门，木土之功穷极技巧，柱楹衣以绨锦"，《西京杂记》中董贤宅第柱面："或衣以绨锦，或饰以金玉"；李尤《德阳殿赋》："错金银于两楹"；《南齐书·皇后传》："花梁绣柱，雕金镂宝"；《洛阳珈蓝记·永宁寺》："雕梁粉壁"等。

及至南北朝时，随着各民族文化的交融以及外国文化的传入，特别是随着佛教建筑的大量兴起，诸多佛经故事在壁画中出现，来自域外的图画技法也开始融入，和佛教相关的纹样如莲花、忍冬等，也在该时期的建筑、室内以及日用品中大量出现。魏晋南北朝时期，中国绘画艺术取得了巨大成就，南齐谢赫提出"六法"，品评美术作品，

1 李允鉌：《华夏意匠：中国古典建筑设计原理分析》，275 页，天津：天津大学出版社，2005。

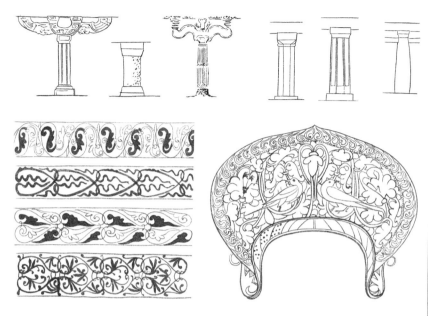

图 5.40（左）
汉代楹柱形象

图 5.41（右）
魏晋南北朝楹柱形象

图 5.42（左）
南北朝时期建筑装饰纹样

图 5.43（右）
甘肃敦煌莫高窟第 285 窟
龛楣

绘画技法的进步也从一定程度上推进建筑彩画的发展,此时期"晕染"、"叠晕"等技法已经开始使用,彩绘颜料更加丰富。由北朝石窟、壁画中有关建筑彩画的实例来看,内容已经十分丰富,同时分布地域十分广泛,自北魏至隋各个时期均有发现,说明当时建筑彩画已经较为普及。顾炎武《历代宅京记·邺下·城内外杂录》中描述北齐华林园水殿:"上作四面布廊,周回四十四间,三架,悉皆彩画"。总体来看,在大木作构件上进行雕刻的手法有逐步让位于彩绘发展的趋势,因雕刻的手法在一定程度上会损坏构件本身的强度,"西方古典建筑的装饰以雕刻为主,中国古典建筑的装饰以色彩为主,其中的区别相信最主要的原因还是由材料的性能而产生"(图 5.40 ～图 5.43)。[1]

5.2.3　室内空间的组织与分隔

　　木构架技术的发展,全木构架建筑的普及,带来了更加高敞、统一而连续的建筑内部空间。为了满足人们在空间使用上多层次的需求,对室内空间进行再次组织和布局显得非常重要。室内空间纵向维度上的组织与调节主要依靠藻井、平綦等顶棚处理手法,水平维度上的组织与分隔主要通过帷幔、帐幄、屏障等来完成。通过这些手法,对室内空间进行合理分隔、组织,有效调节室内空间与人体尺度之间适度比例关系,也有利于防寒保暖。通过内部空间灵活地组合利用,使得室内各功能空间合理有序。而帷幔帐幄、屏障等以其自身的色彩、质地、图案等又成为了室内环境装饰的重要部分。

1　李允鉌:《华夏意匠:中国古典建筑设计原理分析》,275 页,天津:天津大学出版社,2005。

　　帷幔的历史十分悠久，先秦时期主要用于室外。秦汉、魏晋南北朝时多于室内使用，起到空间分隔、围合的作用。由前述可知秦汉殿、堂及礼制建筑、魏晋"厅事"等，其外墙不完全围合，如"堂"、"厅事"的前檐开敞不设墙壁，而有些礼制建筑不设四壁而完全开敞，室内空间形态上具有一定的开敞性。为了区别并分隔内、外空间，同时起到驱寒保暖等目的，多张设帷幔于外檐下，如《西京杂记》中有陵寝以及宫殿中使用帘子的记载，殿阁以及陵寝中使用珠帘和铜铃等进行装饰，别出心裁："汉诸陵皆以竹为帘，上皆为水纹及龙、凤之像。""昭阳殿织珠为帘，风至则鸣如珩珮之声"，昭阳殿内："设九金龙，皆衔九子金铃，五色流苏带，以绿文紫绶金银花镊。每好风日，幡眊光影，照耀一殿，铃镊之声，惊动左右"，《三辅黄图》："金玉珠玑为帘箔"。[1]同时北魏宁懋石室中的"馆陶公主与董偃近幸图"、敦煌莫高窟北魏第 257 窟、陇东南石窟寺北魏第 1 窟雕塑、敦煌莫高窟第 290 窟人字坡北周等壁画中均有表现，其中宁懋石室中右边建筑檐下的帷幔外，另设有竹帘（图 5.27a）。

　　帷幔是该时期十分重要的装饰，其张挂于室内的梁、枋、桁等大木作构件下，起到在水平方向上合理组织空间的作用。由于帷幔本身材质可卷可舒，使用方便，又可与用作系挽的绶带一起使用，因此可以迅速地完成空间的截隔与统一，加之织物本身的色彩、图案等，可以起很好的装饰作用，绶带垂下也可作为装饰，因而在宋代小木作室内截隔手法普及之前，帷幔在室内的使用率极高。通过帷幔的重重设置，建立了内外区分、尊卑有序、男女有别的细致的室内空间关系，帷幔的华丽程度，也成为评判室内华丽与否的一种标志。依《周礼·天官·幕人》："幕人，掌帷幕幄帟绶之事"，可知帷、幕、幄、帟、绶，各有其用，郑玄注曰："在旁曰帷，在上曰幕"，《释名·释床帐》："帷，围也，所以自障围也"，由此可知，帷在"旁"，不一定必须环绕围合，也可在旁作为间隔之用。如成都羊子山 1 号汉墓出土的画像石所绘情形，宽敞的堂中由悬挂的帷分隔，宴饮与设食分别进行，清晰可见帷上的组绶（图 5.44），是帷幔作为室内空间分隔的极好例子。朝鲜汉乐浪郡墓出土的彩绘漆奁上绘有历史人物和孝子故事，帷幔间低垂着珠子、玉璧等装饰物件（图 5.45）。晋《东宫旧事》："太子纳妃有青布碧里梁下帏一"，这里的"帏"即指"帷"，悬挂于梁下分隔空间之用。《魏书·杨播》："厅堂间，往往帷幔隔障，为寝息之所，时就休偃，还共谈笑"，很生动地描述了利用帷幔进行功能空间分隔的例子。《宋书·武帝本纪》中记载刘裕密令左右壮丁隐身于帷幔之后，伺机杀死诸葛长民的故事："已秘命左右壮丁丁旿等自幔后出，与坐拉焉。长

1　参见刘叙杰主编：《中国古代建筑史（第一卷）》，549 页，北京：中国建筑工业出版社，2003。

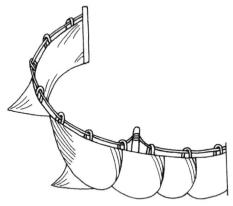

图 5.44（上）
成都羊子山 1 号汉墓出土
画像石中的"帷"
（扬之水：《古诗文名物新证
（二）》，1 页，北京：紫禁城
出版社，2008）

图 5.45（左）
汉乐浪郡墓葬出土彩绘漆
箧中的"帷"及饰物
（扬之水：《古诗文名物新证
（二）》，2 页，北京：紫禁城
出版社，2008）

图 5.46（右）
魏晋时期的步障
（孙机：《汉代物质文化资料
图说》，262 页，上海：上海
古籍出版社，2008）

民坠床……"，也描述了用于室内的帷幔在分隔空间上的作用。《说文解字·巾部》："帘，帷也"，《释名·释床帐》："幕，幕络也，在表之称也。幔，漫也；漫漫，相连缀之言也"，可知帷、幔、帘、幕用途类似，多起空间的围合或者分隔的作用。魏晋、南北朝时期还出现了功能上类似于"帷"的"步障"，《晋书·卷九十六·烈女传》："凝之弟献之尝与宾客谈议，词理将屈，道韫遣婢白献之曰：'欲为小郎解围'，乃施青缩布障自蔽，申献之前议，客不能屈"，即是步障的使用（图 5.46）。

　　帐幄在使用上和帷幔有着空间上的递进关系，唐贾公彦疏："幄，帷幕之内设之"，东汉郑玄注曰："四合象宫室曰幄，王之所居之帐也"，《释名·释床帐》："幄，屋也。帛衣板施之，形如屋也"，由这些字面意思大致可以理解为，帐幄张设于帷幔围合或者分隔的空间之中，其形象类似房屋一般，应是宽敞空间中围合出来的更加封闭的小空间。《汉书·王莽传上》："未央宫置酒，内者令傅太后张幄，坐于太皇太后坐旁。莽案行，责内者令曰：'定陶太后潘妃，何以得于至尊并！'彻去，更设坐"，叙述了"幄"在使用中的等级要求，也可见幄在当时的重要性。安徽马鞍山市三国墓出土的一件漆案上绘有"幄"的形象与使用场面，在宏阔的殿堂里，设有方形小幄，四合攒尖顶，幄中三日内相拥而坐，帝王居中（图 5.47），这种帝王听政时常在殿内设幄的习惯，直至唐代依然十分流行。《韩诗外传·卷五》中有："传曰：天子居广厦之下，帷帐之内，旃茵之上……"之句，"帐"的使用也很常见，《释名·释床帐》："帐，张也，张施于床上也。小账曰斗，形如覆斗也"，《西京杂记》："武帝为七宝帐，……设于桂宫"，《前汉书·卷八十六·霍光传》："太后被朱襦，盛服坐武帐中，侍御数百

图 5.47（左）
安徽马鞍山市三国墓出土
漆案中的″幄″
（扬之水：《古诗文名物新证
（二）》，284 页，北京：紫禁
城出版社，2008）

图 5.48（右）
山东临沂白庄汉墓中出土
画像石中的″幄″

图 5.49（左）
洛阳朱村东汉晚期墓室壁
画中的″帐″
（扬之水：《古诗文名物新证
（二）》，285 页，北京：紫禁
城出版社，2008）

图 5.50（右）
河北满城西汉中山靖王刘
胜墓中的帐幄支架复原
（孙机：《汉代物质文化资料
图说》，262 页，上海：上海
古籍出版社，2008）

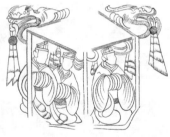

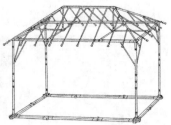

人……″。另外，一般贵族仕宦也有使用，山东临沂白庄汉墓中出土的画像石上，绘有宴饮场面，堂中设方形平顶坐帐，帐的对角两端饰有龙头，龙口中衔有流苏，可谓华丽（图 5.48）。洛阳朱村东汉晚期墓室壁画中，一对夫妻并坐于榻上，榻的一边设有屏风，榻上张设着一具绛色平顶帐（图 5.49）。上述提及的幄、帐、武帐在尺度上应该有所区别，帐最小、幄较大，而武帐应更大些。[1]河北满城西汉中山靖王刘胜墓所出的两套帐架构件是今天可见到的室内帐幄的可贵实例，其中位于中室的一套较大，由铜质鎏金地柎、角柱、阑额、脊榑、角榑、橑，以及相当于梁架的构件等组成，复原后帐顶呈四坡形（图 5.50）。这种于室内宽阔空间中围合出来的小空间，具有保暖的功能，同时可以起到在空间中重点强调的作用，其和礼制制度结合后，也可以反映上下、尊卑秩序。

　　魏晋南北朝时期，帷幔、幄帐十分兴盛，出现了在使用上严格的等级规定与张设制度，已将锦帐定为禁物，为皇族及贵族官员所用。由于佛教的普及，帐幄也已经扩展至佛教中。如在东晋永和十三年下葬的冬寿墓壁画中，坐帐以莲花为饰（图 5.51）。北魏宁懋石刻上也有坐帐形象，使用盝顶，帐脊与顶部边缘均有装饰，有学者认为该装饰形式为″博山″[2]（图 5.52）。用于佛教的佛帐，装饰更为华丽精美，其形象多见于石窟、壁画等处，如北魏时期维摩诘坐帐（图 5.53）及佛帐等（图 5.54）。

　　屏风于先秦时期为帝王专用，强调象征性。至秦汉时挡风、隔断

1　参见刘叙杰主编：《中国古代建筑史（第一卷）》，559 页，北京：中国建筑工业出版社，2003。
2　扬之水：帷幄故事引《古诗文名物新证（二）》，288 页，北京：紫禁城出版社，2008。

图 5.51（左）
东晋永和十三年下载的冬寿墓壁画中的"帐"
（扬之水：《古诗文名物新证（二）》，287 页，北京：紫禁城出版社，2008）

图 5.52（右）
北魏宁懋石刻坐帐形象

图 5.53（左）
北魏时期的坐帐
（扬之水：《古诗文名物新证（二）》，293 页，北京：紫禁城出版社，2008）

图 5.54（右）
北魏时期的佛帐
（扬之水：《古诗文名物新证（二）》，293 页，北京：紫禁城出版社，2008）

的实用功能逐渐增强，通过自身随用随置的特点，在室内空间上起到更加灵活的组织作用，使室内空间隔而不断，灵活多变。《前汉书·卷六十六·陈万年传》："万年尝病，命（子）咸教戒于床下，语至夜半，咸睡头触屏风，万年大怒……"，《前汉书·卷六十六·孝成赵皇后传》："……使缄封箧及绿绨方底推置屏风东，恭受诏……"，《后汉书·卷五十六·宋宏传》："时帝姊湖阳公主新寡……后宏被引见，帝命公主坐屏风后"，《西京杂记》中记有："武帝为七宝床、杂宝案厕、宝屏风、列宝帐，设于桂宫，时人谓之四宝宫"，由上述史籍记载可知，汉代时期屏风于室内分隔空间的作用已经较为普遍。

屏风的具体形制可见于画像砖、石以及出土明器中，分为座屏和围屏两种。座屏多呈"一"字形，一般由屏风板和屏风座两部分组成，如长沙马王堆 1 号墓室所出彩绘屏风，整体呈长方形，通高 62cm，屏板为 72cm×58cm（长 × 宽），厚 2.5cm，屏板一面绘有云龙纹，下有两个带槽口的承托足座。另外，甘肃武威旱滩汉墓亦出土有木制座屏，通高 61.5cm，宽 73cm，其高宽比例大约为 5∶4，呈横宽式长方形（图 5.55，图 5.56）。就此两处出土屏风的尺度而言，挡风遮蔽的功能尚

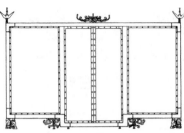

图 5.55（左）
长沙马王堆 1 号墓室出土彩绘屏风

图 5.56（中）
甘肃武威旱滩汉墓出土木制座屏

图 5.57（右）
西汉多扇座屏
（孙机：《汉代物质文化资料图说》，262 页，上海：上海古籍出版社，2008）

图 5.58（左上）
大同司马金龙墓屏风复原图

图 5.59（右上）
东汉墓室壁画中所表现的帷幔与围屏

图 5.60（下）
东汉墓室壁画中所表现的围屏

较差，屏板下的两个小足托，稳定性也不足，大致推断此类"一"字座屏多设置在座位后，为主人行为活动提供背景，突出其显赫的身份，同时起到截隔室内空间的作用。西汉也有多扇座屏，大概是受到技术手段的限制，大型座屏于唐代以后方得以普及（图 5.57）。魏晋南北朝时期出现了一种呈围合形式的座屏，如大同北魏司马金龙墓漆画屏风，复原为三面围合式，在使用上更加自由灵活（图 5.58）。

"围屏"呈围合之势，下不设底座，如山东安丘东汉画像石、辽宁道壕东汉墓壁画中所表现的围屏，呈曲尺形安放（图 5.59，图 5.60），这样可以增强屏风本身的稳定性，同时可以阻隔并围合一个确定的室内空间。魏晋、南北朝时期，围屏使用率增高，围合性也逐步增强，多呈三面围合形式，如大同司马金龙墓北魏屏风画所示（图 5.58），其所围合的空间更加确定，闭合性更强。由各类资料显示，该时期的围屏多有直接和床榫合在一起使用的例子，形成围合空间更加确定的屏风床或榻，如大同司马金龙墓北魏屏风画中所绘坐榻，东晋"女史箴图"中的屏风已经具有折叠和启闭的功能，更加灵活自由（图 5.61，图 5.62）。此外，此期围屏大多由多幅屏扇组合而成，单幅屏风由早期的横长矩形转变为竖向长方形，这种形式应该可以克服早期大型屏风的稳定性以及安放的方便性。如晋《东宫旧事》所记："皇太子纳妃，梳头屏风

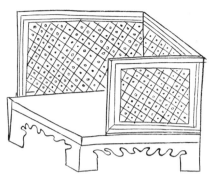

图 5.61（左）
司马金龙墓中的屏风坐榻形象

图 5.62（右）
东晋《女史箴图》中的屏风床

二合四牒。织成地屏风十四牒，铜金钮"，"皇太子纳妃，有床上屏风十二牒，织成漆连银钩钮。织成连地屏风十四牒，铜环钮"。

　　屏风还通过屏风画在室内起到很强的装饰、陈设作用，无论是座屏还是围屏，屏风本身的制作方式主要有两种，一种是实板屏风，即由整块木板或者若干小木板拼合而成，可在木板表面髹漆、彩绘。另一类为骨架式屏风，即先以木梃制成外框，中间填设小木条网格架，再覆盖以织物、纸等材质，形成屏面，可绘制各类装饰内容。如《后汉书·宋宏传》："……御座新屏风图画列女，帝数顾视之"，《西京杂记·卷一》："赵飞燕女弟居昭阳殿中……中设木画屏风，风文如蜘蛛丝缕"，羊胜《屏风赋》："屏风合匝，蔽我君王，重葩累绣，沓璧连璋，饰以文锦，映以流黄，画以古列，颙颙昂昂"。至魏晋南北朝时期，屏风画更加多见，在卷轴书画形式出现之间，屏风画被作为古代书画艺术重要载体的一种，具有非常重要的地位与价值。史载三国时著名画家曹不兴为孙权绘屏风："误落笔点素，因就成蝇状。权疑其真，以手弹之"，《南齐书·魏虏传》："正殿施流苏帐，金博山，龙凤朱漆画屏风，织成幌。坐施氍毹"，而上述大同司马金龙墓中的屏风画也是朱漆画屏风。南朝时期的屏风和其室内整体色调氛围一致，设色冷静平淡，如宋《元嘉起居注》中所载："于广州所作银涂漆屏风二十三床。又绿沉屏风一床"，其中绿沉屏风指魏晋南北朝时的绿沉漆制品，整体来看，在南朝室内屏风中，以银色、墨绿色为贵。[1]

5.3　室内家具与陈设

5.3.1　汉代家具与陈设

　　1）秦汉家具种类
　　秦、汉沿袭先秦室内席地而坐的起居方式以及相关礼仪制度，室

1　参见赵琳：《魏晋南北朝室内环境艺术研究》，125 页，南京：东南大学出版社，2005。

内家具仍以矮型为主。但随着铁工具的普及、小木作技艺的提高，该时期的室内家具得到了很大发展，就史籍文赋、出土实物、壁画、画像砖石等所提供的资料可知，室内家具主要有席、床、榻、几、案、屏、帷帐、灯具等，并在具体使用中组合利用，迎来了中国古代家具的第一个兴盛期。

（1）床、榻类

"床"坐、卧兼用，木质居多，《释名·释床帐》："人所坐卧曰：床；床，装也，所以自装载也"。其尺度依据唐代徐坚《初学记》中所引汉代服虔《通俗文》曰："八尺曰：床"。《西京杂记》卷二载："武帝为七宝床……设于桂宫"，《后汉书·卷六十七·桓荣传》："……自是诸侯、将军、大夫问疾者，不敢复乘车列门，皆拜床下"，为当时帝王、显贵等家中设床的记载。河北望都2号东汉墓出土有长159cm、宽100cm、高18cm的石床，可容一人坐卧之用（图5.63）。另据西汉桓宽《盐铁论·卷第六·散不足第二十九》："古者，无杠橶之寝，床移之案。及其后世，庶人即采木之杠，牒桦之橶。士不斫成，大夫苇莞而已。今富者黼绣帷幄，涂屏错跗。中者锦绨高张，采画丹漆。古者，皮毛草蓐，无茵席之加，旃蒻之美。及其后，大夫士复荐草缘，蒲平单莞。庶人即草蓐索经，单蔺蘧除而已。今富者绣茵翟柔，蒲子露床。中者滩皮代旃，阖坐平莞"，其中"阖"即"榻"，由此可知，西汉时期床、榻在普通庶人家中也已得到普及。

图5.63　河北望都2号东汉墓出土石床

"榻"为坐具，形制上类似于"床"，榻的出现，使得坐、卧具开始分野，标志着独立的坐具开始出现。《释名·释床帐》云："长狭而卑曰：榻，言其鹤榻然近地也"，由此可知榻的形制相对于床而言"狭而卑"，河南郸城出土有西汉石榻，榻长87.5cm，宽72cm，高19cm，上刻有"汉故博士常山大傅王君坐榻"，可见榻高度很矮，应是受席地而坐习俗的影响，就其尺度而言，也仅可作为坐具，很难具有卧具的功能。而榻本身也有大小之分，最小者为"枰"，枰面呈方形，四周不起沿，高度较矮，多为木制或石制。《释名·释床帐》曰："枰"，平也。以板作，其体平正也"，另有"小者独坐，主人无二，独所坐也"，可见是一种专供独坐的小榻，其在河北望都汉墓壁画、山东嘉祥武梁祠画像石中均有表现。《后汉书·卷八十三·徐稺传》中记载的小榻，在不用时可以挂起来，可见其小巧轻便："陈蕃为太守，……在郡不接宾客。唯稺来，特设一榻，去则悬之"，同时也表达了汉代"独坐为尊"的礼俗特点。另外，江苏铜山岗子1号汉墓画像石、山东台儿庄区泉源画像石、河南宝灵汉墓中均有表现二人共用的"合榻"形象。汉代时，床、榻以及室内地面供坐、卧之处均铺席，为了避免在使用中折卷席角，常在席的四隅设镇，如《西京杂记》中载昭阳殿的白象牙簟："有四玉镇，皆达照，无瑕缺"，山西阳高古城堡12号墓出土有四隅设铜镇的漆枰（图5.63～图5.65）。

图5.64　汉代枰与镇

图5.65　汉代坐榻

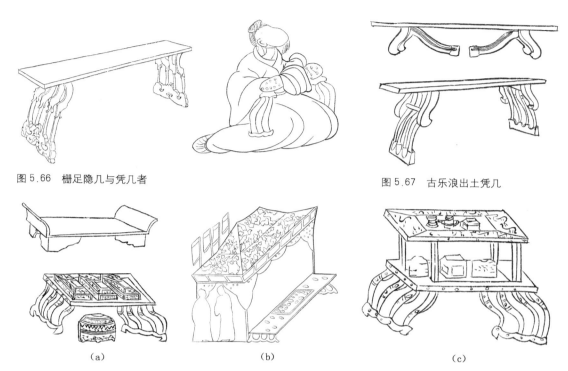

图 5.66　栅足隐几与凭几者

图 5.67　古乐浪出土凭几

　　（a）　　　　　　　　　（b）　　　　　　　　　（c）

图 5.68　汉代画像砖石及墓室壁画中表现的各种几
（a）卷头几、几；（b）桯；
（c）虡

　　两汉时期，凭几（隐几）成为与榻搭配使用的重要家具，同时也承载着若干仪礼制度。《西京杂记》称："汉制天子玉几。冬则加绨锦其上。谓之绨几"，"公侯皆以竹木为几。冬则以细屬为橐以凭之。不得加绨锦"。汉代的隐几形制沿袭先秦，变化不大，多呈"一"字形，几面常向下微凹，几面较窄，约 20cm 左右，下设两足。湖南长沙楚墓所发现的凭几，几面向下微凹成浅弧形，几面的黑漆地子上绘朱色卷云纹。西汉之后，凭几的形制开始与庪物之用的"几"趋同，出现了栅形曲足，几面逐步变宽，兼顾凭靠与庪物的功能（图 5.66）。古乐浪出土了一件可调节隐几，其足部分为上下两层，下层足部可撑开亦可收起，以此调节整体高度，结构十分精巧（图 5.67）。

　　（2）几、案类

　　"几"、"案"并称，同为庪具，《释名·释床帐》："几，庪也，所以庪物也"，汉代作为庪具的"几"，用于置文书、什物等，几面长方形，多为曲足，足为下装横拊的栅状。汉代另有一种放置于床前的长几，装有栅状曲足，上置酒食，称为桯。[1] 此时也有多层高几，称为虡，[2] 如沂南画像石中有两层的虡，下层曲足，上层直足，两层几面上均搁置有奁、盒等物品（图 5.68）。

1　参见孙机：《汉代物质文化资料图说（增订本）》，256～259 页，上海：上海古籍出版社，2008。

2　《方言》卷五："几，其高者谓之虡"，转引自孙机：《汉代物质文化资料图说（增订本）》，258 页，上海：上海古籍出版社，2008。

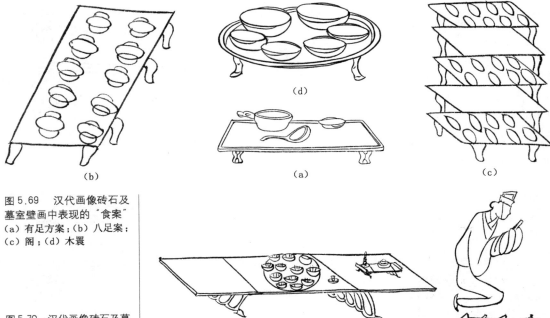

图 5.69　汉代画像砖石及墓室壁画中表现的"食案"
(a) 有足方案；(b) 八足案；
(c) 阁；(d) 木罂

图 5.70　汉代画像砖石及墓室壁画中表现的桯与书案

　　"案"为席地而坐时期室内用于庋物的重要家具之一，分为食案、奏案、书案、祭案等。长方形居多，也有圆形、方形。案表面平整，有些以精美的图案作为装饰。其中食案最为多见，分为有足和无足两种，无足案类似托盘，文献中也称为（木於）案。湖南长沙马王堆 1 号汉墓出土的漆案，无足，上有杯、盘等物，纹饰十分精美。重庆相国寺东汉墓出土的陶案，案上放有 8 杯 1 盘；河南灵宝东汉墓出土的陶案，上面放有 1 魁、2 杯、1 勺，由其所搭配的器物来看，上述两处均为食案。另外，北京丰台大葆台西汉墓出土有大食案，长约 2m，宽 1m；在沂南画像石中也有表现这种类型的大案，下设 10 足，上置 10 只杯子。广州沙河顶 5054 号东汉墓中出土的铜质圆形食案（木罂），案面直径 40cm，高约 8.6cm。无论是方、圆，这些食案均可以重叠组合成类似搁架一般的多层庋物器具，称为"阁"。另外，食案中也有形制很小的一种"除"，用于奉案举食进御尊者，如《史记·外戚传·卷七十九》记许后："五日一朝皇太后于长乐宫，亲奉食案上食"，应为上述小型食案。除上述食案外，汉代也可见此类形制的书案，《太平御览·卷七一零》引汉代李尤《书案铭》，形容这种小书案在奏事时承托着所奏文书一并呈上，也称为奏案（图 5.69，图 5.70）。

　　汉代以矮型家具为主，一般认为后世典型的高型家具还未出现，孙机先生在《汉代物资文化资料图说》中介绍了东汉"桌"的雏形，通过画中所示的比例来看，该桌的高度已经接近后世的高型家具，"这类器物明显具有向高家具发展的趋势，客观上奏响了垂足坐时代来临

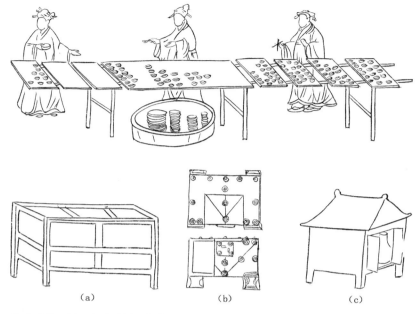

图 5.71　汉代画像砖石及墓室壁画中表现的〝长桌〞

图 5.72
汉代厨、匮类家具
（a）天匮；（b）小匮；（c）厨

的序曲〞，[1] 河南密县打虎亭 1 号东汉墓东耳室石刻画像中描绘有类似"桌"的形象，桌面板为活板，下面桌腿间已经安装有枨，形制上非常类似后世的桌枨，该桌整体呈大长方形，桌后有站立的女子正在忙碌，由其整体比例来看，已经具备一定的高度了（图 5.71）。

（3）厨、匮类

厨、匮是专供贮藏用的家具，厨的形象类似幄帐，辽阳棒台子屯东汉墓壁画中所表现的橱，橱顶为屋顶形状，一女子立于橱前取物，可见橱中贮有黑色的壶。匮多用于贮存贵重物品，如《楚辞·七谏》中云："玉与石同其匮今"，其形象见于墓室壁画以及出土明器中（图5.72）。

（4）灯具类

秦代灯具实物很少见，据考证，秦始皇陵中存有供百年之久的动物油脂，灯具应该非常发达。汉代灯具的形制、种类、质地、装饰手法均较前朝丰富多彩，可以说灯具艺术进入了新的高度。汉代灯具实物大都出自墓葬，所用材质主要有陶（包括釉陶）、石、铜、铁等多种。一般来说，铜灯装饰较为华美讲究，宫廷、贵族多用；陶灯大多用于民，简朴无华。汉灯形制多样丰富，有筒灯、行灯、吊灯、盘灯、枝形灯等多种形式，[2] 就其形制的多样化与制作的精美程度而言，前代以及后世均难以企及。如发现最多的盘灯，一部分与高柄的豆类似，另一部分由动物和人物雕塑与灯盘相结合组成，如朱雀灯、羊灯、人形灯等；

1　参见孙机：《汉代物质文化资料图说（增订本）》，259 页，上海：上海古籍出版社，2008。
2　参见田自秉：《中国工艺美术简史》，上海：东方出版中心。另参见孙机：《汉代物质文化资料图说》，406 页，上海：上海古籍出版社，2008。

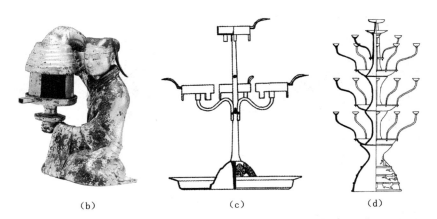

（a）　　　　　　　　（b）　　　　　　　　（c）　　　　　　　　（d）

图 5.73　汉代灯具
(a) 雁鱼灯（西汉，高 53cm)；(b) 长信宫灯（西汉，高 48cm)；(c) 用行灯插接而成的四枝灯；(d) 二十九枝灯

行灯为行走时使用，为了方便手持常在灯盘上附长长的手柄，下有三足，以便于放置，同时也可组合使用。广西合浦凤门岭 26 号西汉墓出土的枝形灯，由四盏行灯插合而成，其每盏行灯底部铸有空卯，可随意组合并拆分，可谓独具匠心，而河南洛济源承留村东汉墓出土的枝形灯，有固定的灯盘 29 个，分层错落安置，点燃后灯光交相辉映。另外，汉代还有一种非常环保的虹管灯，灯体内贮水，利用虹管将灯烟吸入灯座，溶解于体内的水中，既能防止环境污染又有利于健康，如著名的长信宫灯即是如此（图 5.73）。

　　2）家具陈设的组合使用

　　秦汉时期床、榻类家具开始普及，由于先秦时期的"跪坐"方式以及一系列相关仪礼制度得以延续，家具的使用与设置依然被约束在礼制范畴中，但也逐步形成了"以床、榻为中心"的新的室内家具模式。

　　据各类资料显示，汉代床、榻等坐、卧具逐步普及，加之床、榻在室内的固定性增强，使得先秦"席坐"时期白天将寝具卷起收好，再于室内铺设坐席的做法无法延续。同时，床榻相比之席地时期的器物已经具有了一定高度，在具体使用中也促进了其他室内家具形制的发展。先秦时期较为普及的席与帷帐的组合，至秦汉时过渡至床、榻与帷幔、帐幄的组合，并搭配有几、案，以满足不同场合、不同等级的各种需求，如河南洛阳朱村壁画墓所示（图 5.49）。《西京杂记》："赵飞燕女弟，居昭阳殿。……玉几玉床，白象牙簟，绿熊席"；再《西京杂记》载战国魏襄王墓冢内景："……中有石床、石屏风，宛然周正。……床上有玉唾壶一枚、洞剑两枚。金玉杂具，皆如新物，王取服之"；魏哀王墓冢内景："……石床方四尺，床上有石几，左右各三石人立侍，……石床方七尺、石屏风、铜帐钩一具，或在床上，或在地下，似是帐糜朽而铜钩坠落床上。床上石枕一枚……床左右石妇人各二十，悉皆立侍"，共描述了三处室内陈设情景，均以床为中心展开，其中值得注意的是哀王墓冢中两处床的尺度不同，所搭配器具也有区别，似乎说明当时作为坐具和卧具的床在使用中有所区分，卧具床搭配有帷帐、屏风、石枕。另外，屏风也配合悬于梁枋间的帷幔，将室内空间重新分隔，可适应起居、会客、宴饮等不同需要。

先秦时期的席坐以及仪礼制度，逐步过渡至席、床、榻的组合，并形成了新的仪礼要求，在床、榻、席的使用上，往往坐床者为尊，其次为榻，再次则为席地而坐；在座位的设置上，则以"独坐为尊"，并以面南者为尊，其次为面东者。席的铺设依然沿袭了先秦时期以"多重为贵"的观念，同时席本身也按照材质、装饰等拥有一定的等级制度与要求。

3）家具、陈设的装饰作用

秦汉时期，尤其是汉代以来，纺织业与髹漆业飞速发展，汉代时拥有世界上最先进的提花技术，已能够使用结构复杂、精密的双经轴提花机。汉武帝时还开辟了连接中亚、西亚和欧洲的陆上贸易通道，由于主要运送丝绸，被称为"丝绸之路"，可见汉代纺织业的繁荣与兴盛。这些精美的织物同时也被广泛应用于室内装饰中，如包饰楹柱、墙壁，起到装饰的效果。再如室内大量使用的帷幔、帐幄，在完成实用功能的同时，也达到了美化室内环境的作用。

汉代髹漆工艺获得了很大发展，漆木家具广泛应用于室内，如床、榻、几、案、屏风等。漆器作为日用器皿，因其绚丽多彩、精美华丽，起到了很强的陈设观赏效果。汉代漆器的装饰以彩绘为主，除红、黑两种主色外，兼有黄、白、绿、褐、赭、金、银、蓝、灰等。更有甚者，还镶嵌金银、珠、玉、水晶、宝石、玳瑁等，追求更加华丽的效果（图5.74）。汉代漆器的纹样题材亦十分丰富，有云气纹、几何纹、人物纹、动物纹等，尤其是云气纹、几何纹，注重程式化、抽象化的装饰效果，追求强烈的节奏以及动感的韵律。漆木家具的大量应用，在色彩、图案等方面为室内环境带来了全新的视觉感受。如《西京杂记》卷三载："文帝为太子，立思贤苑以招宾客。苑中有堂陛六所，客馆皆广庞高轩，屏风帷帐甚丽"，而为了追求器物美轮美奂的效果，汉代时漆器的制作十分耗时耗力，汉恒宽《盐铁论·卷六·散不足篇》："一杯棬用百人之力，一屏风就万人之功"，描述了漆器器皿以及漆屏风的精工细作。

除上述织物以及漆器等室内家具外，灯具、香炉等生活用品也在室内起到很好的陈设效果，如著名的长信宫灯，造型优美，同时通体鎏金，色泽华丽（图5.73b）；再如汉时十分流行的博山炉，往往极尽装饰之能事，不惜工本追求其华丽的效果。

5.3.2　魏晋南北朝家具与陈设的变化

1）起居方式的变化与高型家具的萌芽

魏晋南北朝时期的北方地区常年战乱，各民族杂居而处，生活习

图 5.74
汉代彩绘云气纹漆钫

俗互相影响渗透，尤其是周边少数民族的内迁以及诸少数民族入主中原建立政权，将游牧民族的一系列社会习俗逐步传入中原地区，称为"胡风"，萧子显《南齐书·魏虏传》形容为："佛礼已来，稍僭华典，胡风国俗，杂相揉乱"。具体于生活起居方面，则表现为"席地而坐"方式的瓦解、高足而坐方式的逐步普及，促进了与之相适应的高型室内家具的出现，从而开启了中国古典家具的先河。南方地区由于晋室南迁，跪坐习俗得以保持，并沿袭了汉代的一系列室内起居制度与礼仪要求，东晋之后的宋、齐、梁、陈均为汉族政权，汉代的跪坐起居习俗以及礼仪要求同样被奉为社会正统，与此相对应的室内家具与陈设也自汉代沿袭了下来。随着佛教的大力兴盛，佛教僧徒在坐禅、讲经时多结跏趺坐或者垂足而坐，对席地而坐的起居方式产生了一定冲击作用，并逐步影响至室内家具的陈设与使用上。同时，随着南、北方在社会经济、文化等各领域的交流互通，由"胡风"影响下的一系列生活起居的变化也逐步传入南方。而中亚、西域地区的高型家具在此时也开始传入，对汉地的室内家具产生了巨大影响。

在该时期各类文献以及图像资料中，均有显示垂足而坐的形象，其中"胡床"的使用即为非常典型的例子。"胡床"即"马扎"，在北方已经作为正式的坐具出现在室内，并由北向南逐步普及，如《北齐书·神武帝纪·卷二》："子升逡巡未敢作，帝据胡床，把剑作色"；《南齐书·刘瓛传·卷三十九》："瓛姿状纤小，儒学冠于京师，京师士子贵游无不下席受业。性谦率通美，不以高名自居，游诣故人，唯一门生持胡床随后，主人未通，便坐问答"。部分石窟、石刻等图像资料也有人们拥胡床而坐的形象，如敦煌莫高窟北魏第257窟中有女子坐胡床听佛讲经，东魏石刻中的女子坐胡床于食案前的情形，均为垂足而坐（图5.75）。[1] 另"筌蹄"也是一种高足而坐的坐具，据相关学者考证，其应来自西域，大致为束腰形式，有织物填充或者直接由竹、藤编成，在敦煌壁画以及山东北齐石刻中可见其图像资料。《梁书·侯景传·卷五十六》中有："自篡立后，时着白纱帽，而尚披青袍……床上常设胡床及筌蹄，着靴垂脚坐"（图5.76）。随着佛教的蓬勃兴起，佛寺中法师讲经时专用的"高座"开始向着民间推广，逐步发展成为儒、道乃至社会生活中组织各类讲学、辩论等活动的专用坐具，如《南史·儒林·伏曼容传》："时明帝不重儒术，曼容宅在瓦官寺东，施高座于听事，有宾客，辄升高座为讲说，生徒常数十百人"。"胡床"、"筌蹄"、"高座"等是汉代独坐式"小榻"之后出现的专用坐具类型，标志着室内家具逐步脱离了早期"一物多用"的状态，在功能上和形制上均趋于细分化趋势，有力促进了家具的发展。

图5.75　敦煌壁画中的胡床形象

图5.76　敦煌壁画中所表现的"椅子"

1　参见赵琳：《魏晋南北朝室内环境艺术研究》，162页，南京：东南大学出版社，2005。

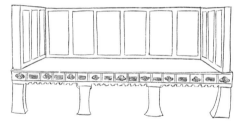

随着坐具的发展,魏晋南北朝时期出现了后世"椅"的雏形,如"绳床"、"倚床"。"绳床"多见于和佛教相关的记载中,从敦煌莫高窟第285窟西魏壁画来看,其有靠背及扶手,为僧佛所用。另外敦煌莫高窟第275窟、第257与259窟中,出现了一种只有靠背没有扶手的坐具(图5.77)。

2)家具陈设的组合使用

在室内家具的组合与陈设上,该时期依然以床、榻为中心,由于床、榻类家具尺度的增高、增大,对室内空间的限定作用亦逐步增强。无论作为坐具还是卧具,此时期的床多不靠墙设置,于床的四周留下了一定的活动空间,与后世的床、榻陈设有所不同。汉代的帷幔、帐幄在魏晋南北朝时依然盛行并向民间普及,多和屏风、床、榻、几、案等组合使用,使得室内空间在层次上更加丰富多样。此时期几、案类家具形制上仍然沿袭汉代式样,但随着床、榻类家具的增加,高度上应有相应变化。另外,在前述"女史箴图"中的围屏床,屏风已经开始和用作卧具的床紧密组合,具有折叠、启闭的功能,床外部张设有床帐,床前置长榻,这种组合方式应为当时较为华丽的一种。

床、榻类家具至魏晋南北朝时更加普及,床、榻高度增高,作为坐具的床、榻形制渐趋接近,同时用作卧具的床和坐具床也开始出现分化。室内家具在高度上的变化,一方面反映了起居方式的巨大变化,另一方面也反映了木构架建筑的室内空间更加高敞。西安北周安伽墓石榻为228cm×103cm(长×宽),高49cm,三面设围屏。和该墓所出非常类似的还有洛阳邙山北魏石棺床、河南泌阳北朝晚期石棺床,尺度大致相同,均三面设围屏,围屏上彩绘有装饰纹样等,石床正面有浮雕作为装饰,极其精美。结合其他史料来看,此时的床、榻类家具除了彩绘、雕刻纹饰之外,其结构构件本身也进入了装饰范畴,如壶门、局脚、波浪形牙条等的出现,上述北周安伽墓石榻,足呈曲线,称为"局脚",在造型上显得更加优美。另外大同司马金龙墓北魏屏风画中的小榻、洛阳北魏棺床石刻中也可见牙条呈曲线状,装饰意味很强。在这些"局脚"类床榻家具下,另有一种加托泥者,结构上应更加牢固稳定,直至宋代均多见,如"女史箴图"中的眠床、洛阳北魏石刻床等(图5.78,图5.79)。

图 5.77 (左)
魏晋壁画及石刻中的"荃蹄"

图 5.78 (中)
魏晋时期壁画中所表现的床榻"局脚"、"壶门"形象

图 5.79 (右)
西安北周安伽墓石榻

主要参考资料

[1]（梁）沈约 . 宋书 .

[2]（东汉）班固 . 前汉书 .

[3]（西汉）司马迁 . 史记（简体字本）. 北京：中华书局，2005.

[4]（宋）李诫 . 营造法式 .

[5]（东汉）许慎 . 说文 .

[6]（东汉）刘熙 . 释名 .

[7] 王家树 . 中国工艺美术简史 . 北京：文化艺术出版社，1994.

[8] 冯天瑜 . 中华文化史 . 上海：上海人民出版社，1990.

[9] 田自秉 . 中国工艺美术简史 . 上海：东方出版中心，1985.

[10] 刘敦桢 . 中国古代建筑史（第二版）. 北京：中国建筑工业出版社，2005.

[11] 傅熹年 . 中国古代建筑史（第二卷）. 北京：中国建筑工业出版社，2001.

[12] 傅熹年 . 傅熹年建筑史论文选 . 天津：天津百花文艺出版社，2009.

[13] 李允鉌 . 华夏意匠：中国古典建筑设计原理分析 . 天津：天津大学出版社，2005.

[14] 杨鸿勋 . 杨鸿勋建筑考古论文集 . 北京：清华大学出版社，2008.

[15] 扬之水 . 古诗文名物新证（二）. 北京：紫禁城出版社，2008.

[16] 孙机 . 汉代物质文化资料图说 . 上海：上海古籍出版社，2008.

[17] 刘叙杰 . 中国古代建筑史（第一卷）. 北京：中国建筑工业出版社，2005.

[18] 李砚祖主编 . 环境艺术设计 . 北京：中国人民大学出版社，2005.

[19] 赵琳 . 魏晋南北朝室内环境艺术研究 . 南京：东南大学出版社，2005.

[20] 孙大章 . 中国民居研究 . 北京：中国建筑工业出版社，2004.

[21] 卢嘉锡总编，傅熹年著 . 中国科学技术史·建筑卷 . 北京：科学出版社，2008.

第6章 隋唐、五代室内设计

581 年，杨坚代北周称帝，建立隋朝，589 年南下灭陈统一全国。隋文帝杨坚在位期间至隋炀帝杨广统治前期，社会经济文化获得了很大发展，由于炀帝使用民力过急，造成社会动乱并引发了大规模的农民起义，于 618 年覆亡。在短暂的时间中，隋朝进行了规模空前的营造活动，建设了大兴（长安）、东都（洛阳）两座规划完整的大都城，其中大兴城规模惊人。隋朝开凿联通南北的大运河，总长约 2500km，自隋代开凿至清代，始终是中国南北交通的大动脉，有效促进南北经济、文化的交流发展。

唐建于 618 年，终于 906 年，共历 290 余年，是我国古代极其强盛的帝国之一。自李渊立国至唐玄宗开元末年，政治清明，社会生产得以大力发展，国力日盛，社会经济空前繁荣，其商业活动已经远达日本、南洋、中亚、波斯、欧洲等地。文化、科技等领域均取得了辉煌成就，达到了整个统治时期的极盛阶段。高宗至玄宗期间，开始了大规模的营建活动，达到了中国古代建筑发展史上的第二个高峰。极盛之后，742 ～ 820 年之间，由于政治日益腐化，导致叛乱与割据，国力大为削弱。821 年之后，中央政权内部出现了宦官与士族朝官的对立，唐朝统治日渐衰落，于 906 年时亡于后梁。

唐亡后，中国重陷分裂局面，中原地区先后经历了后梁、后唐、后晋、后汉、后周等朝代更迭，史称五代。同时在江南、华南、四川等地区，先后出现了吴、南唐、吴越、楚、闽、南汉、前蜀、后蜀、荆南 9 个地方政权,连同北方的北汉共称为"十国",共称"五代十国"。由于连年征战与频繁的朝代更迭，北方社会经济遭到重创，南方相对安定，社会经济获得了一定程度的发展。960 年时，后周大将赵匡胤发动兵变，建立宋朝，中国再一次重获统一。

6.1 隋唐、五代营造成就概说

6.1.1 城市规划与城市建设

隋唐两代均大力营建都城以及地方城市，隋文帝建国后于汉长安

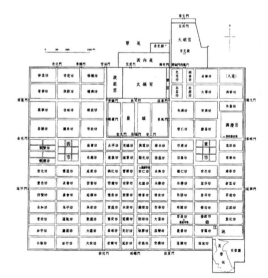

图 6.1 唐长安城复原图
（刘敦桢：《中国古代建筑史（第二版）》，118 页，北京：中国建筑工业出版社，2005）

东南营建新都大兴，总面积达 84.5km²，是中国历史上最大的都城，也是人类进入工业社会以前所营建的规模最大的城市。[1] 隋炀帝即位后，又于汉魏洛阳城西营建东京，面积达 45.3km²。在营建东京时吸收了南朝建康（今南京）的成就与优点，引进南朝先进的建筑技术，大大促进了建筑的发展与南、北营造技艺的交流融合。唐朝改大兴城为长安，东京为洛阳（东都），继续营建和完善，后世也常常将这两座始建于隋朝的城市称为唐长安、唐洛阳。

唐长安城整体呈横长矩形，分外城和内城两大部分。内城建于城内北部正中，由位于内城南部的皇城和北部的宫城组成，皇城内建有中央官署，宫城内建皇宫、太子东宫以及服役部门掖庭宫。宫城北倚外城的北墙，内苑、禁苑紧邻北墙外而设。在宫城与皇城之外的区域里，按照"里坊"制度规划居住区和市场。皇城前共设 36 坊，每坊由东西横街划分为南、北两部分；皇城左右共设 74 坊，坊内由纵横街道划分为 4 区，每区中再设十字小街。城内共设东、西两市为固定的商业区，各占 2 坊面积，定时开放。另外，城内的贵族、官员宅邸较大，往往占有整坊的 1/16、1/4、1/2 面积，甚至一些更大的府邸直接占有整坊面积，这些大户宅第可于坊墙上临街设门。长安城内建有大量寺观，面积较大者也会占有半坊抑或整坊之地。整体来看，整座长安城被皇城、宫城、坊市等划分为若干个大小不等的城堡，各自独立。各坊、市东西同宽，南北同深，并于宫城、皇城的面积相对应，在城内各坊间形成了南北向街 9 条、东西向街 12 条，组成了全城整齐有序的棋盘状网格街道。其中纵横方向上各有 3 条街道直通城门，成为主干道（6 街），中间留有御路，臣民道路设于两侧（图 6.1）。里坊制度远在战国时期的城市规划中即已出现，两汉时期由于宫殿、衙署、里坊杂相布置，致使城内道路不甚规整。隋唐长安城将内城、外城整体规划，有序排列，形成了我国古代规模最大、规划整齐、中轴对称的里坊制城市。

隋炀帝时始建的洛阳城至唐代时陆续完善。洛阳城整体平面近于方形，总面积达 25.3km²。洛水自西南至东北贯通，分全城为南、北两大区域。洛阳亦采用"里坊"制度，宫城建于西北角，并于东、南

1　根据李约瑟《中国科学技术史》中引何秉棣先生的统计，在世界古代 10 座大城市中，如果以面积计算，依次为唐长安、明清北京、元大都、隋唐洛阳、汉长安、巴格达、罗马、拜占庭、汉魏洛阳，以及中世纪时期的英国伦敦。参见傅熹年：《中国科学技术史·建筑卷》，272 页，北京：科学出版社，2009。

布置坊、市。全城共设有 103 坊、3 市，坊的面积基本相同，使得城市街道更为均整（图 6.2）。

除上述两座规模宏大的帝都外，按照州郡、县为等级次序的地方城市网也得到了迅速发展。经过隋代的建设，至唐初时全国已有 358 州、1551 县，城市内除设有集中营建衙署、官邸、仓库、官手工业、驻军等建筑的子城外，居民均按里坊制度规划安置。随着社会经济的持续发展，一些经济发达的地方城市逐步繁华，尤其是经济最为发达的江淮流域、长江中下游、四川等地。"安史之乱"后，中原地区经济遭到战争严重破坏，南方经济发达城市则获得了进一步发展，扬州人口已达 53 万人，益州达 93 万人之众，商贾云集，一派繁华景象。唐代末期时，一些经济繁荣的城市已经出现了草市与夜市。五代时期，随着经济的进一步发展，洛阳城已经允许临街设店，对其后的宋代城市规划产生很大影响。

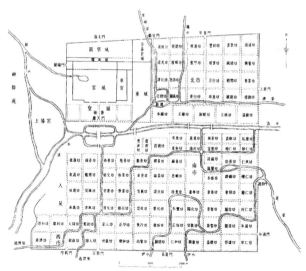

图 6.2　隋唐洛阳城复原设想图
（刘敦桢：《中国古代建筑史（第二版）》，118 页，北京：中国建筑工业出版社，2005）

6.1.2　营造技术与建筑成就

隋唐建筑达到了中国古代建筑史上的第二个高峰，不仅营造了规模空前的都城和众多地方城市，还建造了宏伟壮丽的宫殿、寺庙，豪华的第宅、园林，其中唐大明宫规模巨大，总面积约 3.11km²，比现存北京明清紫禁城还大 44 倍。在木结构、砖石结构技术上均取得了巨大成就。随着社会经济、文化的繁荣，建筑艺术也取得了重要成就。

此时期，全木构架技术基本趋于成熟，木构架建筑已进入定型化、设计模数化的成熟时期。传统的土木混合结构虽仍有延续，但整体趋于衰落。隋唐时营造活动空前繁荣，全木构架结构技术取得了重大成就，尤其是南、北方重归统一，营造技术进行了有效的融合与交流，木构架技术得到很快发展并普及。该时期大型殿宇开始逐步摆脱夯土构筑物的扶持，独立的木构架结构成为当时宫殿、庙坛等大型官方建筑的主要结构构架形式。[1] 隋东都洛阳正殿乾阳殿，面阔 13 间，进深 29 架，是当时最大的全木构架建筑；663 年建造的唐麟德殿，全部采

---

[1] "把近年发掘的隋仁寿宫 37 号遗址、唐大明宫含元殿、大明宫麟德殿及渤海国第一、二号殿的平面排比，就可看到这些超大型殿宇逐步摆脱夯土构筑物的扶持发展为独立的木构架的进程。这个融合过程大约在高宗、武后时基本完成，以木构架为主体的流行于唐两京的官式建筑发展成熟，其影响及于全国，甚至远及黑龙江的渤海国宫殿……"傅熹年：《中国科学技术史·建筑卷》，309 页，北京：科学出版社，2009。

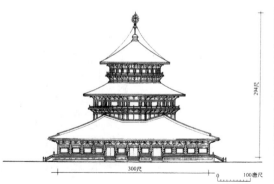

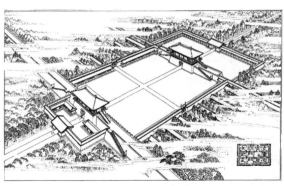

图 6.3（左）
唐洛阳宫武则天明堂立面
复原示意图
（傅熹年：《中国古代建筑史
（第二卷）》，414 页，北京：
中国建筑工业出版社，2001）

图 6.4（右）
唐大明宫玄武门、重玄门
内重门全景复原图
（刘敦桢：《中国古代建筑史
（第二版）》，122 页，北京：
中国建筑工业出版社，2005）

用木构结构，仅仅于两端各宽 1 间处使用了夯土结构（图 6.14）；武则天执政期间，于 688 年下令修筑的明堂，高 86.4m，下层为正方形，方 88.2m，第二层为 12 边形，第三层为 24 边形，二、三层均为圆顶，顶上立有高近 3m 的铁凤（图 6.3）。此后，又营造了高 5 层的天堂，内设巨大的佛像，此两处建筑是唐代所建造的最高大的木构架建筑，充分显示了唐代木构技术的成就。总体来看，木构技术经过了魏晋南北朝的演变发展，至隋唐时逐步成为大型官方建筑的通用结构形式，传统的土木混合结构逐步退出历史舞台。此时也有大型宫室建筑依然采用土木混合结构形式，在城乡一般居民的建筑构架中，也多使用土墙为其主要承重结构，其上再架设木构梁架，称为"硬山搁檩"形式，一直沿用至今天依然可见。唐白居易《草堂记》中描写其所建草堂"三间两柱，二室四牖"，当时明间左右使用 2 柱，两侧山墙使用承重土墙的做法，即"硬山搁檩"。除上述建筑外，隋唐时期土木混合结构最常用于城门道的营造，多使用夯土筑成两侧城门墩，如果是设有多个城门洞时，则出现有门间隔墩，中间架设木构城门道构架，其上再建城楼（图 6.4，图 6.5）。

隋唐时砖石结构获得较大发展，主要用于地上建筑中的佛塔、桥梁、闸坝，以及地下的墓室建筑，其中佛塔所取得的成就突出。桥梁建设如隋炀帝大业年间名匠李春修建的安济桥，是世界上最早的敞肩券大石桥，代表了隋代于砖石结构领域的突出成就。至唐、五代期间，

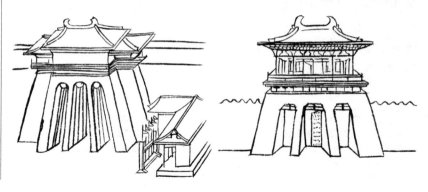

图 6.5　唐敦煌壁画中所表现的城门形象

砖石结构的应用逐步增加，如南方较大城市江陵、成都、苏州、福州等相继使用砖甃城。砖墓和砖塔更为多见。砖塔有四方、六角、八角和圆形等各种形式，塔表面用预制型砖或砍砖、磨砖砌出须弥座、仰莲、柱、阑额、斗拱、门窗，秀美精致，表现出很高的砖饰面工艺技术。唐代的城门、城墙、建筑墩台等大多用砖包砌。居室内部的墙面与铺地也渐渐引入砖饰。房屋下部的台基除临水建筑使用木结构的柱、枋、斗拱等外，一般建筑用砖、石两种材料构成，再于台基外侧设散水一周。

单体建筑形式上，隋唐时期在南北朝的基础上形成了极为独特的风格形式，形成了豪放流丽的唐风，在建筑艺术处理手法上更加细腻丰富。建筑细部由汉代的直柱、水平阑额、直坡屋顶、直檐口，转变为曲线和微斜的横竖线组合而成的唐代形式，创出一代新风。屋顶呈凹曲面，屋角起翘，庑殿（四阿）、歇山（厦两头）、悬山（两厦）、攒尖等屋顶形式均已出现，成为中国传统建筑中最具特点的部分；梁以虹梁多见（中部微拱，底背均为弧线），挑檐和承室内顶棚的斗拱也做出内凹或外凸的弧面，使其组合更富韵律感。除上述各部以曲线为主外，隋唐建筑屋身部分采用了柱头向内倾斜、柱脚向外撤的"侧脚"做法，以及角柱比平柱增高的"生起"手法，具体营造中又将二者相结合，使屋身整体轮廓除当心间为矩形外，次间、梢间、尽间均形成了斜度各有不同的四边形，围合梯形的上底也呈两端上翘的形式。为了使建筑曲线在外观上能够协调一致，唐代时期发现了"卷杀"[1]和"举折"[2]两种求得弧度的方法，以使整体所用曲线有规律变化，更加富有韵律感。唐代经历了由席地而坐至垂足而坐的过渡，随着起居习惯与室内家具的升高，建筑物的柱高可能也会适当提高，但总体比例仍然保持开间宽大，柱高不过间广的形制。

更为重要的是，在城市规划、建筑设计中，隋唐时期逐步形成了一整套从城市规模至单体建筑设计的模数设计方法，在城市规划、建筑设计中所使用的基本模数、分模数和扩大模数等设计方法，是中国古代营造领域的一大创造。在城市规划中，隋唐各类城市的规模按坊

1　"卷杀"是用做简单折线求得近似抛物线的做法，主要用来保持外观及构件上的弧线有共同变化规律。自制图方法：把欲制弧线部分在纵、横坐标上的高度、长度都均分为相同分数，并把诸段自外至内、自下至上编为 1～n 号；自横坐标之 1、2……至 n-1 诸点分别向纵坐标上的 2、3……至 n 点连直线；诸线相交后连成几段的折线，即为所需弧线之近似线。这种方法可用来制作拱头、梭柱、月梁、柱顶及柱础覆盆、飞椽头等，立面上当心间以外各柱之生起、檐口曲线等也应用此法求得。傅熹年主编：《中国古代建筑史（第三卷）》，576 页，北京：中国建筑工业出版社，2001。

2　"举折"是确定屋顶曲线的方法。"举"指屋顶的高跨比，即以脊（木专）至外檐斗拱上橑檐方（如无出跳拱则以檐（木专）计）的高差与前后檐橑檐方心距（无出跳拱则为檐（木专）心）之比求得。依据"举折"手法可绘出自脊（木专）向下逐段斜度减小的折线，在此折线上架（木专）、钉椽、铺望板、加苫背后，即形成完整的屋顶曲线。傅熹年主编：《中国古代建筑史（第三卷）》，576 页，北京：中国建筑工业出版社，2001。

数分级，洛阳遗址表明，隋代在规划时以四坊为一组，每坊方一里，极有规律；隋洛阳宫、唐大明宫以及唐乾陵遗址都表明，在规划时按方 100 步（50 丈）的方格为控制网。在建筑设计中，以"材分"为模数的单体建筑木构架设计方法在唐代时已基本定型，从现存唐代建筑遗构来看，在建筑设计中均以"材"高为模数，以一层柱高为立面、断面上的扩大模数进行设计。"从设计角度看，中国古代是把木构架建筑的结构、构造需要和艺术处理结合为一体，以'材分'的形式固定下来。把'材'按建不同规模房屋的需要而规定为具有一定级差的若干等级，用不同等级的'材'所建的标准面阔、标准进深的房屋，其真实尺寸也会按其'材'的差级比例涨缩。与之相应，在用不同材等所建房屋中，按统一规定的'分'数制作的构件，其真实尺寸也按所用'材'间的级差比例而涨缩"，"只要能较正确地定出某一材等按标准面阔、标准进深建造的房屋中某个构件的合理断面尺寸，并把它折合成'分'数，则这个'分'数也将基本适用于其他材等按标准面阔、标准进深所建房屋中的同一构件"。[1] 这种模数设计技术的成熟，既简化了建筑与结构设计，也极有利于使用预制构件，并在现场拼装施工。

至五代时，社会动荡，长江中下游的南唐、吴越以及四川地区战争较少，社会经济获得一定程度的发展，同时也推动了当地建筑的发展。就现存少量的五代塔幢以及北宋平定江南之前的个别木、石建筑来看，中国南方于唐中后期时起，逐步形成了不同于关中、中原的建筑风格，并经过五代相对安定的时期得以保存与发展，至北宋时成为宋代建筑文化的一支。而以关中为中心的唐代主体文化则融入了中国西北地区，以及辽、金等政权辖区的河北、山西北部，并得以延续。

6.1.3 管理机构与建筑制度

隋唐时期中央建筑工程管理机构共设有两个系统，即尚书工部和将作监。尚书工部为尚书省六部之一，属国家行政机构，是全国建筑工程的管理部门，并负责制订工程规范和定额等。将作监是建筑工程的具体实施部门，包括宫廷、禁苑和都城内的庙社、郊坛、王府、中央官署、街道桥梁、城门等的建造和维修。

隋唐时期建筑制度也进一步完善，建筑的规模、装饰等均有相关规定与要求，《唐六典》卷二十三《左校署》载："凡宫室之制，自天子至于士庶，各有等差"。注云："天子之宫殿皆施重拱、藻井。王公、诸臣三品以上九架；五品以上七架，并厅厦两头；六品以下五架。其门舍三品以上五架三间，五品以上三间两厦，六品以下及庶人一间两厦，五品以上得制乌头门"。《唐律疏议》也明确指出："诸营造舍宅、

<hr>

1　傅熹年：《中国科学技术史·建筑卷》，321 页，北京：科学出版社，2009。

车服、器物及坟庙、石兽之属，于令有违者，杖一百"。《唐会要》所引《营缮令》，详细规定了建筑的使用、规模、色彩、装饰等：

三品以上官住宅，堂为面阔 5 间，深 9 架，歇山顶；门屋面阔 3 间，深 5 架，歇山顶。五品以上官住宅，堂面阔 5 间，深 7 架，歇山顶；门屋面阔 3 间，深 2 架，悬山顶。五品以上官住宅前部可建乌头大门。六品以下官住宅，堂为面阔 3 间、深 5 架，悬山顶；门屋面阔 1 间，深 2 架，悬山顶。常参官以上住宅，可造轴心舍，施悬鱼、对凤、瓦兽、通栿乳梁装饰。庶人住居一般堂面阔 3 间，深 4 架，悬山顶；门屋面阔 1 间，深 2 架，悬山顶，不得施装饰。臣下住宅一律不得使用出二跳的斗拱和藻井。士庶公私人家均不得建楼阁俯视人家。[1]

6.2 建筑的空间形态与装饰装修

6.2.1 建筑结构与空间形态

1）大型官方建筑

（1）单体建筑

唐代建筑专著不传，据宋《营造法式》所记并结合隋唐建筑遗址、壁画等资料可知，木构架主要类型中的殿堂、厅堂、余屋、斗尖亭榭，在唐代时均已形成，以殿堂型、厅堂型多见。由于建筑所采用构架结构不同，因此带来了十分丰富的室内柱网结构与多变的室内空间格局。殿堂型构架由柱网、铺作层、屋顶构架三部分组成，即内、外柱通高的柱子和柱顶间阑额组成的闭合的矩形柱网，以及斗拱、柱头枋、承接顶棚的明栿等纵横构件组成的铺作层，顶棚以上由若干层梁叠成的三角形屋架，并在期间架槫、椽组成了屋顶构架，这三层依次叠加而形成了房屋构架。殿堂型构架的柱网布置有固定格式，柱列之间架设阑额，不仅四周外檐柱连成一圈，内柱也自成一圈或与外檐柱相连，形成封闭的矩形框。宋《营造法式》对不同柱网各有专名，如日字形称单槽，目字形称双槽，回字形称为斗底槽，并联田字形称分心斗底槽。殿堂型构架有上下两重梁架，室内装顶棚，顶棚以上梁架被封闭在内，称草栿；承接顶棚的梁架称明栿（图 6.8）。

厅堂型构架是由若干道跨度、槫数相同而下部所用内柱数目、位置都可以不同的横向梁架并列，在柱、梁间分别用阑额、枋（襻间）连系，梁端架槫，槫上架椽形成的房屋构架。厅堂型构架可以通过选择通檐使用两柱、檐柱加中柱、檐柱加前金或后金柱、檐柱加前后金柱等不同形式的梁架加以组合，把内柱布置在所需要的位置上，柱网布置有

1 参见傅熹年：《中国科学技术史·建筑卷》，334 页，北京：科学出版社，2008。

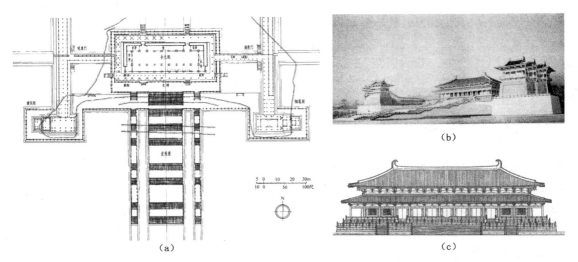

(a)

(b)

(c)

图6.6 唐大明宫含元殿
(傅熹年：《中国古代建筑史
（第二卷）》，382页，北京：
中国建筑工业出版社，2001)
(a) 总平面图；(b) 全景复
原图；(c) 大殿立面图

较大的自由，形成丰富多变的室内柱网形式与室内空间格局。厅堂型构架房屋只有一套梁架承屋顶，称为明栿，室内无装饰顶棚，多为"彻上明造"（图6.7）。

隋唐宫殿建筑无实物遗存，据考古发掘可知唐大明宫含元殿为一座巨大的重檐建筑，面阔11间、进深4间、四周加1间进深的副阶，形成外观13间的大殿。含元殿自身柱网结构类似殿堂型构架中的"双槽"布局，即整体分3跨，前后跨为外槽，各深1间；中间为内槽，深2间。中间面阔9间每间广18尺，内部空间十分宽阔（图6.6）。

遗留至今的唐代木构建筑均属宗教建筑类型，分别为山西五台山南禅寺正殿（唐建中三年）、山西芮城五龙庙（传建于唐会昌年间）、山西五台山佛光寺大殿（唐大中十一年）、山西平顺天台庵大殿（唐晚期），均为中晚唐时期北方佛寺单体建筑遗构。其中保存较好的为五台山南禅寺正殿、佛光寺大殿两座。五台山南禅寺正殿面阔3间（11.75m），进深四椽（10m），总高约9m，单檐歇山顶。大殿坐北朝南，除南向正立面外，其余三面围以厚墙。正立面平均分为3间，明间设双扇版门，两次间设直棂窗，殿内为彻上明造。依据宋代《营造法式》中所记载的构架形式，南禅寺大殿属于厅堂型构架中的"四架椽屋通檐用二柱"类型，整体来看，南禅寺构架简洁，其通梁净跨达8m，10m进深中近仅用4椽，显示出唐代十分娴熟的木构架技术（图6.7）。

图6.7
山西五台县南禅寺大殿
(傅熹年：《中国古代建筑史
（第二卷）》，493页，北京：
中国建筑工业出版社，2001)
(a) 平面图；(b) 立面图；
(c) 纵剖面复原图

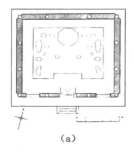

(a)

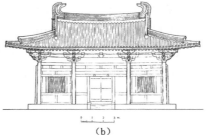

(b)

(c)

　　五台山佛光寺大殿坐东面西,面阔 7 间（34m）,进深 4 间（17.66m）,
单檐庑殿顶。殿身构架属宋《营造法式》所记载的"殿堂型",自下而
上由柱网、铺作、梁架三部分组成。这种在水平分层、上下叠合的构
架形式,是唐代殿堂型构架的主要特征。大殿面阔为进深的 2 倍,明
间间广等于平柱高,平柱高则是中平（木专）距地高度的 1/2,体现了
构架各部分之间明显的比例关系,表明在唐代建筑的构架设计中已经
形成了一套既定的程式与手法以控制建筑物的总体比例。并以柱网平
面以及铺作层形式的变化作为内部空间构成的主要手段,体现了结构
与艺术的完美统一。[1]佛光寺大殿柱网由内外两周柱组成,形成面阔 5 间、
进深 2 间的内槽和一周外槽。内槽后半部建一巨大佛坛。大殿正面当
中 5 间设板门,两山及后壁为厚墙,正面尽间与山面后部一间设版棂窗,
殿内顶部使用平闇。佛光寺大殿不仅在建筑艺术方面表现了结构与艺术
的统一,同时也表现了在简单的平面里创造丰富空间艺术的高度水平。
大殿为了适应内、外槽的平面布局,在结构上以列柱和柱上的阑额构
成内、外两圈的柱架,柱上再用斗拱、明乳栿、明栿和柱头枋等将这
两圈柱架紧密联系起来,以支持内外槽的顶棚,由此形成了内外两个
大小不同的空间。顶棚以上另有一套承重结构,这样,顶棚以下露明
的构件——明乳栿、明栿和斗拱等,可以充分地被利用来进行空间组织。
外槽的前部进深只 1 间,斗栱只出 1 跳,而外槽高度约为进深的 1.7 倍,
构成一个高而狭的空间。内槽比较复杂,在柱上用连续四跳斗拱承托
明栿；明栿不直接与顶棚相接,而是在栿上用斗拱构成透空的小空间。
由于明栿的跨度大,在视觉上产生了比实际距离更为高大的感觉；加
之顶棚与柱交接处向内斜收,使得内槽空间更具高耸感,因此形成了
内、外槽完全不同的两个空间。在左、右、后三面,还利用斗拱、柱
头枋与墙面结合,把内、外槽完全隔绝,使内槽构成完全封闭的空间,
强调了内槽空间的重要性。面阔 5 间的内槽各安置一组佛像,以当中 3
间为主。为了突出各间空间与佛像的明确关系,各间柱上的四跳斗拱
全用偷心造,没有横向的拱和枋,同时明栿又比顶棚降低了一段距离,
使得内槽又被明确地区分为 5 个互相连通的小空间。当中 3 间为了强
调地位的重要性,柱上四排斗拱与月梁构成了和谐的韵律,增加了该
三处空间的主体地位。整体来看,内槽繁密的顶棚与简洁的月梁、斗
拱,精致的背光以及全部朴素的建筑结构构件,形成了恰当的对比效果,
使得整体空间丰富而多变（图 6.8,图 6.9）。
　　（2）建筑组合体
　　除上述单体建筑外,唐代时将若干单体建筑聚合成建筑组合体的

1　傅熹年主编：《中国古代建筑史（第二卷）》,496 页,北京：中国建筑工业出版社,2001。
　　除五台山南禅寺大殿、佛光寺大殿外,唐代其余三座建筑遗构的具体介绍,参见傅熹年主
　　编：《中国古代建筑史（第二卷）》,499 ~ 503 页。

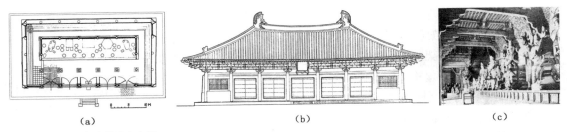

图 6.8　山西五台山佛光寺大殿
（刘敦桢：《中国古代建筑史（第二版）》，139 页，北京：中国建筑工业出版社，2005）
（a）平面图；（b）立面图；（c）内景

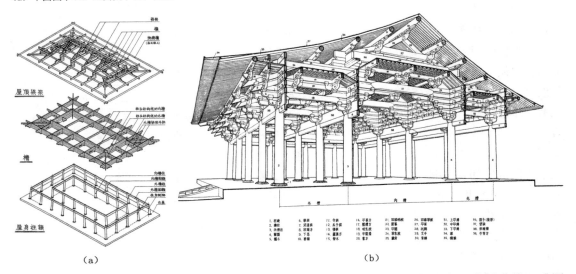

图 6.9
山西五台山佛光寺木构架
（傅熹年：《中国古代建筑史
（第二卷）》，633 页，北京：
中国建筑工业出版社，2001）
（a）分解图；
（b）木构架示意图

手法也有很大发展。多由若干座建筑连接聚合形成一个组合体，或用短廊连接成建筑群组。其组合方式主要有左右并列，前后相重、聚合，左右环抱等。甘肃敦煌莫高窟第 420 窟隋代壁画中有前、后两座建筑密接的形式，称对礌（图 6.10）；另有一些在殿宇或楼屋一侧附建平行相接的较小建筑，称挟楼；如果在殿宇或楼屋正面垂直接建外凸的建筑物，又称为龟头屋，如四川大足北山第 245 龛晚唐雕观无量寿经变中所表现者即为此（图 6.11）。敦煌第 423 窟窟顶的隋绘弥勒变中

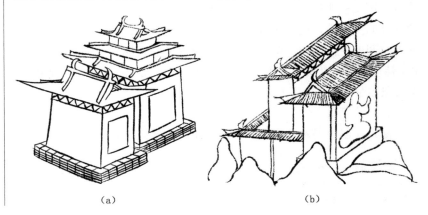

图 6.10　甘肃敦煌莫高窟
壁画中所表现的对礌建筑
（a）296 窟　北周；
（b）420 窟　隋唐

  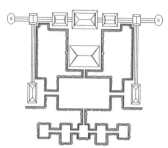

的主体佛殿居中，两侧设有两层楼阁，成并列组合形式（图 6.12）；而敦煌 148 窟东壁南侧壁画中所表现的主体建筑后部，可见主要殿阁左右增建辅助建筑的组合形式（图 6.13）。唐大明宫麟德殿即为一座巨大的建筑组合体，前后三重殿阁组合形成丰富复杂的空间格局。麟德殿位于太液池西高地，整体由前、中、后三部分组合而成，三殿相重共同建于同一个二层台基上。前殿进深 4 间，中、后殿进深 5 间。前、中殿面阔均为 11 间，后殿面阔 9 间。前、后殿为单层建筑，中殿为两层楼阁，下层由隔墙划分为 3 间，前殿与中殿间设有走道。麟德殿内部柱网的布局富有特色，其前、中、后三殿柱网各有不同，前殿近似于上述"金厢斗底槽"，内槽深 2 间，外槽深 1 间，均为 17 尺。中殿、后殿为满堂柱，中殿每间深 16.5 尺，后殿每间深 18 尺。中殿与后殿的东西侧分别建有两亭和两楼，亭宽 3 间、楼宽 7 间，形成主体殿阁的左右两翼，二楼向南架设飞桥直通两亭，两亭向内侧又各架设飞桥通向中殿上层，形成了一个规模巨大、空间复杂的建筑群（图 6.14）。在实际使用中，往往将几种组合方式混合使用于同一座建筑中，再加上纵向上建筑层数的变化与组合，使得此类组合体在外观上十分壮伟，内部空间亦复杂多变。

图 6.11（左）
大足石窟北山第 245 龛表现的龟头屋（晚唐）
（傅熹年：《中国古代建筑史（第二章）》，585 页，北京：中国建筑工业出版社，2001）

图 6.12（中）
甘肃敦煌莫高窟第 423 窟所表现的佛殿及朵楼（隋）

图 6.13（右）
甘肃敦煌莫高窟第 148 窟东壁壁画所表现的佛寺平面图（盛唐）

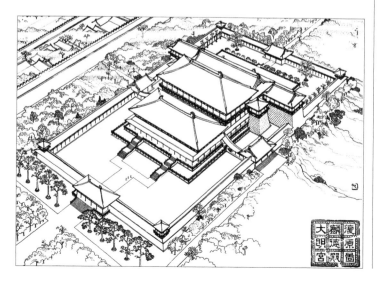

图 6.14　唐大明宫麟德殿复原图
（刘敦桢：《中国古代建筑史（第二版）》，121 页，北京：中国建筑工业出版社，2005）

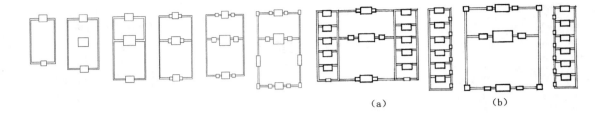

(a)　　　　　　　　　　　(b)

图6.15（左）
唐代院落形式示意图

图6.16（右）
唐代廊院式布局平面示意图
(a) 廊外即小院；
(b) 廊外隔巷道建小院

（3）院落式平面布局

隋唐时期，平面上以院落为单位展开的整体布局方式发展得更为成熟，形成大小不等的建筑群。一般在主体建筑前建门，左右建附属建筑，并用廊庑环绕，形成内向封闭的廊院制式。单座院落的大小规模主要表现在尺度与所用门殿的数目上。最简单者为一门一厅，用回廊围合形成矩形院落；稍大者可有前后两厅，即在院落中再建一厅，前后两厅相重；再大者于前厅左右建廊，院落呈日字形平面；规模又大者，在门、前厅（殿）、后厅（殿）左右建挟屋、朵殿，规格最高者在挟屋、朵殿的基础上，于东西廊上开门，并在回廊转角处建角亭。这样的布局加上建筑层数的变化，可形成更多、更复杂的院落空间（图6.15）。巨大的宫殿、衙署、第宅、寺观等则是由多个院落串联、并列组合而成，其主院落多由廊庑环绕，外围附建若干小院，组织成巨大的建筑群落（图6.16）。

院落式布局方式一致沿用至明清，成为中国古代建筑最具特色的部分。这种方式可按建筑的性质、功能等进行组织安排，以横宽、纵长、曲折、多层次等不同空间形式的院落衬托主体，造成开敞、幽邃、壮丽、小巧、严肃、活泼等不同的空间环境效果，并通过院落的门、道路、回廊、行廊、穿廊等丰富院落空间的联系与组合方式，使得室内空间产生非常复杂多变的联系。在多所院落串联或并列形成的大型建筑群中，更是通过不同院落在体量、空间形式上的变化、对比，取得突出主体院落和主体建筑的效果，并使得整个建筑空间形式丰富多变、主次分明。

2）民居

隋唐住宅建筑实物已经不存，依据史籍记载、出土明器、壁画以及为数极少的遗址来看，就规模而言可分为大型宅第与一般住宅。就单体建筑结构而言，大型宅第主体建筑多采用全木构架结构，长江以北地区中小型住宅，除主要建筑采用全木构架外，其余房屋则多见土木混合结构形式；南方一带房屋多使用较轻的茅草屋面，全木构架结构较多。单体建筑在规模上受当时制度约束，同时楼阁建筑减少。城市因实行里坊制度，民居建筑用地以及规划皆取正向轴线布局，使得用地更为合理经济；农村住宅用地则相对自由。隋唐时虽然对各级品官、士庶公私宅第舍屋的间架规模、装饰细部等有明确规定与限制，

图 6.17　敦煌壁画中所表现的唐代住宅形象

但对用地范围并无明文规定。王公贵族宅第往往规模巨大，如隋文帝之子蜀王秀宅占归义坊全坊，约 54.5ha；唐太平公主府占长安兴道坊半坊之地，约 19ha。隋唐时规定大型宅邸可临街设门，小宅则只能在曲巷间开门。

　　依据文献记载以及敦煌壁画和其他壁画资料可知，隋唐、五代时期的贵族宅第整体布局仍然以廊院制居多，有些宅内有两座主要房屋，之间用具有直棂窗的回廊连接，以形成合院。也有些主要房屋并不对称，但也多使用回廊围合组成合院（图 6.17）。唐代诗人白居易《伤宅》："谁家起甲第，朱门大道边？丰屋中栉比，高墙外回环。累累六七堂，栋宇相连延。一堂费百万，郁郁起青烟。洞房温且清，寒暑不能干。高堂虚且迥，坐卧见南山。绕廊紫藤架，夹砌红药栏……"，描述了唐代贵族宅第临街设门，门内建筑重重叠叠的形象。不过，当时也有不用回廊而以房屋围合而形成四合院的形式。唐"展子虔游春图"中表现有狭长形四合院住宅，也有木篱茅屋组成的简单三合院形式（图 6.18）。山西长治唐王休泰墓出土一组明器住宅，宅门为一间两架门屋，门屋两侧为素夯土围墙，门内设影壁。第一进院内正房、东西厢房各三间，均采用悬山顶，正房明显高于厢房，正房明间开门，厢房各开两门。第二进院落内三所房屋成品字形排列，均为悬山顶，建筑规模明显小于前一进，前檐开敞无门窗。第二进之后另有一座房屋，为马厩。就其整体而言，第一进为堂室，第二进为厨库，第三进为马厩。墓主王休泰祖上曾为官，但本身为一富有地主而无官职，其宅第为一般庶人规制，与唐《营缮令》所载基本相符（图 6.19）。陕西西安中堡村唐墓出土有一组蓝或绿釉陶制建筑明器，共有房子 8 座，亭子 2 座，山池 1 座，应为当时较为高级的住宅模型。其中堂蓝釉屋顶，前檐用

图 6.18　唐"展子虔游春图"中的乡村住宅

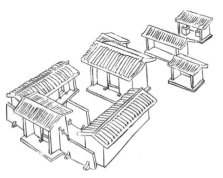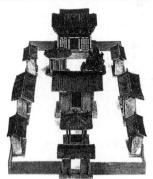

图 6.19（左）
山西长治唐王休泰墓出土明器住宅

图 6.20（右）
陕西西安中堡村唐墓出土建筑明器

4 柱，形成檐廊，明间开门，两次间设直棂窗。大门面阔 3 间，前檐只明间用 2 柱，两山为山墙。其余 6 座 3 间 2 柱，前沿开敞不设门窗（图 6.20）。由此两处住宅明器也可证明，唐代时正房、厢房建筑组合而成的合院式住宅已经出现，当时称为"四合舍"。

唐白居易《草堂记》："……草堂成。三间两柱，二室四牖"，"洞北户，来阴风，防徂暑也；敞南甍，纳阳日，虞祁寒也"。又有诗作《草堂初成》云："五架三间新草堂，石阶桂柱竹编墙。南檐纳日冬天暖，北户迎风夏月凉。洒砌飞泉才有点，拂窗斜竹不成行。来春更茸东厢屋，纸阁芦帘著孟光"，由描写可知，其草堂面阔 3 间，进深 5 架，明间前檐敞开。两次间截隔为两室，前后檐开窗，为当时一般普通住居格局形式。唐朝后期山水画与山水田园诗兴起，文人士大夫盛行营建"别业"、"庄园"，讲究以"诗情"和"画意"造园，多选在山边、湖滨等处，充分利用自然景物，种植松、竹、桂、兰、菊，强调与周围环境相和谐，构筑更富自然情趣的建筑空间格局。

6.2.2　室内空间界面形式

1）墙面及门窗

隋唐室内墙壁抹面手法多延自南北朝，建筑内壁通常施白色粉刷，即汉魏时所谓"缥壁"、"白壁丹楹"、"朱柱素壁"等手法，至唐代依然盛行。如唐大明宫含元殿遗址残存夯土墙、重玄门附近殿庑残墙内壁处，均可见白色粉刷手法，并于靠近地面处绘出紫红色饰带。汉魏时期盛行织物饰壁做法（壁衣），至唐时依然盛行。佛寺、宫殿、衙署、墓室等建筑墙壁多绘壁画，有些加以琉璃、砖木雕刻等贴饰。其中壁画艺术达到极盛，所表现的题材内容空前丰富，由图绘人物及佛道故事扩展到表现山水、花竹、禽兽等方面。隋代开始流行的经变画在唐代大行其道，"天花散香阁，图画了在眼"，弥勒经变、法华经变、观音普门品等壁画题材中，世俗生活内容渐趋浓厚，如商贸、战争、剃度、婚丧、乐舞、杂耍、行医、农耕、渔猎、监狱等大量生活场景。艺术风格在传统理性精神中加入了许多浪漫情调，形成理性与浪漫相交织的盛唐风貌。构图自由、色彩明快，具有丰满华丽、雍容大度的大唐之风。建筑物外墙多作白色，不过在遗留至今的唐代建筑实物中的山西五台山南禅寺与佛光寺大殿，均为红色外墙。

　　自唐高宗时起，经济繁荣，国力大增，宫室规模空前，并在装饰上追求奢华精美的效果，同时影响至王公贵族第宅的营造，贵族宅第往往以奢华精美相夸耀。在各类文献记载中多有对隋唐时大宅第的描写，涉及墙壁抹面者颇丰，多用来描述贵族宅第的奢靡与华贵。如隋文帝第三子亲王杨俊在并州建宅，十分豪华精美，其"水殿"室内墙壁"香涂粉壁"；武则天时，其姊之子宗楚客于洛阳造新宅，"皆是文柏为梁，沉香和红粉以泥壁，开门则香气蓬勃"；武则天宠臣张易之宅中大堂："甚壮丽，计用数百万。红粉泥壁，文柏贴柱，琉璃沉香为饰"；安史之乱后，唐中央政权大为削弱，权臣将帅营建宅第逐渐不受制度约束，更趋奢华精美，《杜阳杂记》载权相元载安仁坊宅第中所造芸辉堂："芸辉，香草名也，出于阗国，……春之为屑以涂壁，故号芸辉"。

　　隋唐门窗大多沿袭魏晋以来的样式，以版门与直棂窗为主。版门多用于门屋、殿堂、佛殿等建筑物的入口大门。由石刻、壁画等资料可知，隋唐版门由门扇、门额、立颊、地栿、鸡栖木、门砧等主要结构构件组成，门扇上另有门簪、门钉、角页、铺首等装饰。角页与门钉多为铜质，表面錾刻精美花纹，或使用鎏金工艺以追求更为华美的效果。唐代铺首较南北朝时有所变化，由兽鼻之下勾环，演变为兽口衔环形象；除兽面外，唐代出现了大量使用花叶柿蒂形门钉与门环（图6.21）。此外，门额、立颊、地栿等处也以雕刻或彩绘花纹进行装饰，如陕西西安隋李静训墓石椁、陕西乾县唐懿德太子墓石椁正面雕刻、唐杨执一墓石门楣雕刻等所显示。以上所述均为石制遗构，隋唐建筑中之门窗更多为木构，按照中国传统木制构件的装饰手法推断，除雕饰花纹外，于木构件表面涂饰彩绘应更加普及（图6.22）。五代时期南唐、吴越一带，开始流行版门门扇上加设直棂窗的形式，应为宋《营造法式·小木作制度》所载"格子门"的前身，山西运城唐代寿圣寺小塔上已经有宋式"格子门"形象。而初唐时已有于乌头门上装直棂

图 6.21（左）
湖南益阳唐墓出土铜铺首

图 6.22（右）
杨执一墓石门楣刻纹拓片
（唐）

（a）

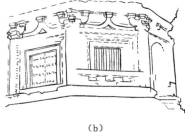

（b）

（c）

（d）

图 6.23　隋唐门窗形象
（a）江苏镇江甘露寺舍利银
椁所表现的开有直棂窗的门
（唐）；
（b）河南登封会善寺净藏禅
师墓塔所表现的版门、直棂
窗（盛唐）；
（c）甘肃敦煌石窟所表现的
开有直棂窗的乌头门；
（d）李思训"江帆楼阁图"
中所表现的直棂格子门（唐）

窗的例子，唐李思训"江帆楼阁图"中也已有直棂格子门形象之描绘。不过在唐代壁画中，主要建筑多绘版门与直棂窗，而次要建筑中多于檐柱之间绘制可上下卷落的帘架作为内外隔断，并没有见到使用隔扇门的形象。

隋唐窗之形象以直棂窗、闪电窗为主，直棂窗又分为破子棂窗、板棂窗两种，于各类壁画、建筑明器、建筑遗构中多见，通常安装在建筑正面次间、梢间处，窗口宽广尺度与明间版门相配。山墙、后壁以及正面门窗上方，通常安装横长式的扁窗和高窗。破子棂窗、板棂窗均竖向立窗棂，板棂窗窗棂之间空隙与窗棂宽度相同，如为双层者，则内外棂条相重合时为开，相错时则合；如为单层板棂窗，则在内侧糊纸。破子棂窗之窗棂用方木沿对角线锯开，形成可以推拉开合的两层窗棂，唐代净藏、明惠禅师墓塔中可见其实例。闪电窗实例不存，仅见于隋炀帝所建观文殿的记载中，其具体形制参见宋代门窗。于汉代已经十分流行的琐纹窗，在隋唐建筑中未见实例，安禄山宅第描述中有"绮疏诘屈"之句，表明当时贵族宅第中应该有更为精美的门窗装饰手法。在汉赋中所描述的菱格形小窗"绮寮"，在唐代时仍继续使用，同时还出现了龟纹等多种花饰纹样。在陕西礼泉县唐韦珪墓墓门上方所绘壁画门楼、陕西三原唐李寿墓壁画所绘二重子母阙以及城楼形象中，可以大致了解当时楼阁建筑中所使用的版门以及直棂窗形象，均质朴大方（图 6.23）。

2）地面

隋唐时期建筑地面装饰手法丰富，有因循汉制进行涂色的做法，

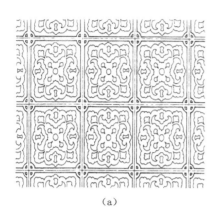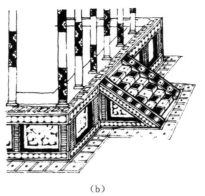

图 6.24　隋唐五代地砖形象
（a）敦煌莫高窟第 71 窟壁画中的地面纹砖（初唐）；
（b）敦煌石窟壁画所表现的花砖台基（唐）

也有砖、石、木铺装手法，为追求奢华效果者，抑或宫殿、佛寺等特殊场所中，有于室内满铺地衣的行为。史载唐大明宫前殿有"彤墀"，后殿有"玄墀"，为地面使用红色、黑色的记载，但具体材料与做法不详。考古发掘发现大明宫遗址的室内地面有采用砖、石铺装两种做法，如大明宫麟德殿前、中殿及通道地面大部分采用表面磨光的石材铺砌；中殿西梢间以 50cm 见方的黑色素面大方砖铺地，后殿则用 35cm 见方的灰色素面砖铺装。唐代敦煌莫高窟晚唐五代时石窟内有花砖墁地的实例，砖面纹饰十分精美。敦煌壁画中也有表现使用花砖铺装地面的回廊。在甘肃敦煌莫高窟第 45 窟唐代壁画所描绘的住宅中，可见其方砖铺装的室内以及廊庑地面（图 6.24）。

前述武则天姊之子宗楚客第宅十分奢华，地面铺装有"磨文石为阶砌及地"之句，元载南第中之芸辉堂前有池，其池岸地面"悉以文石砌其岸"，均为使用石材铺地的做法，类似于大明宫麟德殿地面，均为十分高级的地面铺装手法。唐代诗人白居易《红线毯》中"披香殿广十丈余，红线织成可殿铺。彩丝茸茸香拂拂，线软花虚不胜物；美人蹋上歌舞来，罗袜绣鞋随步没"，则十分形象地描述了宫殿内满铺地衣的华丽情形。而在唐末五代时期的诗词中，也常有对精美地衣的描绘。

3）藻井与顶棚

隋唐建筑中的藻井已经不存，依唐制中"凡王公以下屋舍，不得施重拱藻井"的规定可知，藻井的使用严格受到礼制制度的限制。隋唐时期的藻井形象，按该时期石窟中的叠涩天井形式推测，应该仍以斗四和斗八形式为主，一般设在殿内明间顶中，依间广设置方井。

隋唐建筑内顶棚的做法沿袭魏晋，主要有平綦、平闇、彻上明造。唐代建筑中的平闇方 1 尺左右，方椽细格，椽距与旁侧的峻脚椽相同，上覆板，如山西五台山佛光寺大殿，椽条搭接处绘有白色交叉纹饰。此外，敦煌莫高窟第 197 窟西壁龛顶有中唐彩绘平闇；西安唐永泰公主墓、懿德太子墓墓道过洞顶部，均绘有平闇，板上以间色绘团花，

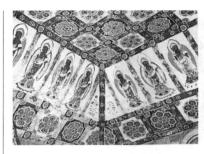

周边峻脚椽板上则绘有折枝花草或佛、菩萨立像等。平棊一般分格较为宽大，平板上贴花或者彩绘（图 6.25）。

　　唐代藻井与顶棚多加彩绘为饰，如唐懿德太子墓地宫甬道的顶棚。唐代顶棚彩画的构图趋向简化，更加注重装饰效果。唐代的藻井并没有实物资料，在敦煌莫高窟的唐代石窟的顶部藻井彩绘多为层叠的方井，以多层花边包围着中心方井图案。这种藻井是否为叠涩构造做法，尚待考证。

　　4）主要建筑构件

　　隋以及唐前期，建筑装饰以简朴为主，华丽的装饰少见。至唐中期起奢靡之风渐盛，武则天时期至唐玄宗开元天宝年间，王宫贵戚、官僚等宅第均竞相以奢华夸耀，宫殿、佛寺的内外装饰亦渐趋华丽繁复，至晚唐时期，宫室多金碧辉煌，富豪甲第室内外装饰手法也十分丰富多彩，如雕刻、彩绘、包镶、贴饰等。隋唐对外交往频繁，范围广泛，唐代西境已经到达了帕米尔以西的中亚一带，商业活动远及阿富汗、波斯、大食，并间接与东罗马来往。外来文化源源不断地进入中国，包括宗教、绘画、雕刻、音乐、舞蹈、建筑，以及器用、习俗纷纷传入。但此时中国建筑体系已发展至成熟阶段，并与国家礼制、民间习俗密切结合，成为稳定的建筑体系。而外来的装饰图案、雕刻手法、色彩组合诸方面大大丰富了中国建筑装饰手法。经过长时间的交流融合，很多外来装饰纹样，已渐趋中国化，如当时盛行的卷草纹、连珠纹、八瓣宝相花等。

　　唐代建筑所用柱子形式多样，有方、圆、八角等形式。如五台山南禅寺大殿的外檐柱原为方柱，五台山佛光寺大殿为圆柱，而敦煌晚唐建木窟檐柱多为八角柱。柱身一般为直柱，或依木材原状微有上小下大之势。柱顶部分不论方、圆、八角，大都加工为曲面，使柱顶缩小，和护斗底相应，侧视曲线如覆盆，故称"覆盆"，如唐含元殿、麟德殿遗址中出土有大型素面覆盆式柱础。此时期建筑雕饰艺术发展迅速，莲花雕饰广泛运用，如莲花须弥座，在建筑物的台基、柱础以至室内装饰等处都被广泛利用。

　　除雕刻外，唐代较高级建筑梁柱等主要构件表面有包镶（古称

"贴"）木皮的装饰手法，选用沉香、檀香等具有特殊香味的名贵木材，或者选用表面纹理优美的柏木等，包镶在主要木构件表面作为装饰，如唐武则天时恩幸张易之，张宅内大堂中以"文柏贴柱"，以示奢华。这种手法至宋代时逐步演变为彩画的一种，如宋《营造法式·彩画作制度》中所载的"松文装"与"卓柏装"，即为在木构件表面绘制木纹为饰的做法。此外，隋唐时仍然可见于木构件表面包饰锦、绮等精美织物的做法。

　　唐代建筑彩画也取得了一定成就，因唐代建筑遗物稀少，现存四座木构建筑彩绘皆十分简素。兼之唐代建筑彩画颜料多为水粉，不调油漆，难以耐久，为今天了解唐代建筑彩画带来一定难度。敦煌宋代初期窟檐内构件表面彩画，保留有晚唐室内彩画风格，由纹饰来看，柱身绘有联珠束莲纹，梁枋表面满绘联珠纹带饰与团花、龟纹、菱格等纹饰，斗拱拱身侧面绘团花，拱身底作白色朱绘燕尾纹，其中联珠纹、团花、龟纹、菱格等均为唐代流行的图案。除这些室内建筑构件表面彩绘外，上述藻井与天花彩绘也是唐代室内装饰中的重要组成部分，在此不再赘述。

　　总体来看，唐代彩画内容进一步丰富，团窠图案增多，多为六瓣如意纹团窠宝相花，并以一整二破式的构图模式，在各种边饰中大量运用。此外，锦纹及单枝或缠枝的花草纹、连株纹、菱形纹、束莲及莲瓣、云纹、十字纹、如意纹、卷草纹等也大量出现。由于这些几何纹及植物纹的多样化，而使彩画图案选择性扩展许多。在用色上也出现了间色之法，即两种颜色有规律地间隔使用，这种间色不仅局限在青绿两色，也有用各种颜色相间的形式。南北朝时期即出现壁画佛像、飞天的脸部及手臂、云朵的晕染手法，至唐代更进一步发展为叠晕的技法，用其画花朵及叶片，造成略具立体感的效果，但比较简单，一般为两晕。唐代还发展了堆泥贴金的技法，用一个小泥饼贴在构件上，一般用于花纹枝条的交接点或团花的中心（图6.27，图6.28）。

图 6.27（左）
甘肃敦煌莫高窟第 209 窟天井彩绘（初唐）

图 6.28（右）
甘肃敦煌莫高窟第 159 窟西壁龛顶团花纹样（中唐）

6.2.3   室内空间的组织与分隔

隋唐建筑随着全木构架结构的成熟与普及，出现了框架结构所带来的典型室内空间，具有很强的连续性与通透性，为了营造更加适宜的各类功能空间，室内空间的划分与设计逐步成为室内设计的重要内容。唐代建筑内部空间的划分与组织手法依然沿袭前朝，常常以帷幔、帐幄、帘、屏风等的设置和组合，来完成室内空间的分隔与组织。

用于分隔室内空间的帷、幔、帘等在隋唐典籍、诗词记载颇丰，如《唐六典》"尚舍局"中有专门负责宫中帷、幔、帐、帟等的官职："奉御二人直长六人书令史三人书吏七人掌固十人幕士八千人"。[1]白居易《移家入新宅》："清旦盥漱毕，开轩卷帘帷"；《秋晚》："单幕疏帘贫寂寞，凉风冷露秋萧索"；《新昌新居书事四十韵因寄元郎中张博士》"帘每当山卷，帏多带月褰"之句，均描写室内帷、帘的使用。白居易《题周皓大夫新亭子二十二韵》中有："锦额帘高卷，银花盏慢巡"，张泌《南歌子》中有："画堂开处远风凉，高卷水精帘额，衬斜阳"，描述帘上所设的精致帘额。

隋唐时，于殿中设帐幄仍非常流行，《唐六典·殿中省》记有，"若朔望受朝，则施幄帐于正殿，帐裙顶带方阔一丈四尺"，又有"凡大驾行幸，预设三部帐幕，有古帐、大帐、次帐、小次帐、小帐，凡五等"。其中古帐八十连，大帐六十连，次帐四十连，小次帐三十连，小帐二十连，"凡五等之帐各三，是为三部"，"帐皆乌毡为表，朱绫为覆，下有紫帏方座，金铜行床，垂以帘。其诸帐内外又设六柱、四柱。三柱，为垣墙之制，皆青拖为表，朱帛为裹"，描述了唐代时帐幄的使用、形制等。《唐语林》引《续世说》言及安禄山宅第时，内设"银平脱屏风帐一，方一丈八尺"，其规制略大于上述"朔望受朝"时正殿所

---

1 《唐六典·殿中省·尚舍局》卷十一：奉御二人，从五品上（《周礼》有掌舍，掌行所解止之处帷、幕、幄、帟之事。汉少府属官有守宫令、丞。掌宫殿陈设。魏殿中监掌帐设监护之事。晋、宋已下，其职并在殿中监。隋炀帝置殿内省、改殿内局为尚舍局，置奉御二人，正五品。皇朝因之。龙朔二年改为奉辰大夫，咸亨元年复旧）。直长六人，正七品下；（隋炀帝置八人，皇朝减二人）。幕士八千人。（皇朝置，掌供御及殿中杂张设之事）尚舍奉御掌殿庭张设，供其汤沐，而洁其洒扫；直长为之贰。凡大驾行幸，预设三部帐幕，有古帐、大帐、次帐、小次帐、小帐，凡五等。古帐八十连，（高二丈，纵广二丈五尺，前有五梁，后有七梁）。大帐六十连，（高一丈五尺，纵广二丈，前有四梁）。次帐四十连，（高一丈三尺，纵广一丈五尺，前有三梁。三帐皆朱蜡骨，绯紬绫，浮游覆之）。小次帐三十连，（高一丈一尺，纵广一丈二尺）。小帐二十连。（高八尺，纵广九尺。）凡五等之帐各三，是为三部。（帐皆乌毡为表，朱绫为覆，下有紫帏方座，金铜行床，垂以帘。其诸帐内外又设六柱、四柱。三柱，为垣墙之制，皆青拖为表，朱帛为裹。）其外置排坡以为蔽捍焉。（排城连版为之，每版皆画辟邪猛兽，表裹漆之）凡供汤沐，先视其洁清芳香，适其寒温而进焉。凡大祭祀，有事於郊坛，则先设行宫於坛之东南向，随地之宜。将祀三日，则设大次於外遣东门之外道北。南向而设御座。若有事於明堂及太庙，则设大次於东门，如郊坛之制。凡致斋，则设幄于正殿西序及室内，俱东向，张于楹下。凡元正、冬至大朝会，则设斧扆于正殿。（施楊席及薰炉。若朔望受朝，则施幄帐于正殿，帐裙顶带方阔一丈四尺）。

设之帐。而白居易在诗词中多处描写冬季时用以保暖的"毡帐"、"青帐"，如"雪中相暖热"、"青毡帐里暖如春"、"帐小青毡暖"、"内气密温然"、"暖帐温炉前"、"碧毡帐暖梅花湿"、"青毡帐暖喜微雪"等句，[1]说明冬季时，普通住宅中设帐取暖的方法在唐代时较为流行。

　　除此之外，屏风也在室内担任着更加灵活的空间组织作用，此期屏风形制明显增高、增大，制作更加精美，多设于座后，强调主要空间以及起到挡风避寒等作用，随用随置，十分灵活自如。白居易《自咏老身示诸家属》"置榻素屏下，移炉青帐前"，《闲卧》"帘卷侵床日，屏遮入座风"中描述了屏风的基本作用与摆放位置。屏风之外，步障也于室内起到空间的阻隔与围合作用，如白居易《素屏谣》："当今甲第与王宫，织成步障银屏风"中描述，豪华甲第与王宫之中，设有制作精美、用材讲究的织成与屏风。除实用功能外，屏风在室内也起到了一定的陈设与装饰作用。前述《续世说》中所载安禄山宅中设有"银平脱屏风帐"，为宋代重要的漆工艺种类。敦煌第 217 窟初唐壁画"得医图"中的座屏，由两个底座和独扇屏板两部分组成，底座两面雕花，上端留出凹槽，供屏板插入，结构稳定，屏板上绘山水花草为饰（图6.29）。折叠曲屏在隋唐时十分流行，由多扇条屏板组成，以合叶或者转轴将各扇屏板联接起来，每扇下设矮足，轻巧灵便，随用随置。有许多屏面使用印染织物，装饰以山水、人物与花草，且手法写实，有的还题诗作赋，如新疆吐鲁番阿斯塔那唐墓第 188 号墓出土的八扇牧马屏风，有木框相连，框上裱紫绫边，均绘有鞍马人物。

图 6.29　甘肃敦煌 217 窟壁画座屏

6.3　室内家具陈设

　　隋唐、五代时期，在起居方式上经历了由席地而坐向垂足坐的重要过渡期，由于起居方式的变化，与之相适应的室内家具，也经历了由低型向高型发展转化的高潮阶段，有力促进了高型家具的发展，是我国古代家具发展史中的重要变革期。除原有家具尺度开始增高之外，还发展创造出了一系列新的高型家具形式，为中国古典家具的发展奠定了重要基础。隋唐、五代时期，席地跪坐、伸足平坐、侧身斜坐、盘足叠坐和垂足而坐等各种形式的起居习惯同时并存，床榻类家具明显增高，除汉末传入的胡床、束腰圆凳、方凳等高型坐具外，椅子和桌子等高型家具也开始出现。

<hr />

1　白居易《三屏·素屏谣》："素屏素屏，胡为乎不文不饰，不丹不青？当世岂无李阳冰之篆字，张旭之笔迹？边鸾之花鸟，张璪之松石？吾不令加一点一画于其上，欲尔保真而全白。吾于香炉峰下置草堂，二屏倚在东西墙。夜如明月入我室，晓如白云围我床。我心久养浩然气，亦欲与尔表里相辉光。尔不见当今甲第与王宫，织成步障银屏风。缀珠陷钿贴云母，五金七宝相玲珑。贵蒙待此方悦目，晏然寝卧乎其中。素屏素屏，物各有所宜，用各有所施。尔今木为骨纸为面，舍吾草堂欲何之？"

椅凳类家具是高型家具的典型代表，唐时已有关于"椅"的记载。唐代贞元元年（公元 785 年）《济渎庙北海坛祭器杂物铭·碑阴》中有"绳床十，（注）内四椅子"之句，可知"椅"名称已出现，但未完全从"床"的概念中分离出来；李白《吴王舞人半醉》："风动荷花水殿香，姑苏台上宴吴王。西施醉舞娇无力，笑倚东窗白玉床"，此处所述"白玉床"可以倚靠，应有一定高度。由现存的资料来看，隋唐、五代时期已有扶手椅、圈椅、四出头官帽椅等形式，多为木制，结构体形拙朴厚重。在敦煌第 217 窟壁画中表现有室内床的使用，第 196 窟中表现了一把四出头扶手椅，第 473 窟壁画中图绘有条桌、条凳形象，第 85 窟壁画中绘有两方桌，其高度适合一人站立劳作。唐画"执扇仕女图"、"宫中图"中绘有圈椅、腰圆形凳子形象，椅身宽大厚重，凳子有华丽装饰。在唐画"演乐图"中还可以看到机凳、绣墩等高型坐具，"执扇仕女图"、"捣练图"、"宫乐图"中有对月牙凳的描绘。王齐翰"勘书图"中绘有大屏风、案、桌、扶手椅，以及室内组合使用情形。与高型坐具相适应的桌、案、几类承具，亦是高型家具的重要代表。传统的矮足几、案明显减少，几、案足部由曲栅横跗式转变为直足式，高足几、案逐渐增多。隋唐时期有板足案、翘头案、撇脚案、曲足香案、箱形壶门案等。依现有实物和绘画资料，中晚唐时期几类家具开始明显增高，承具增多，主要有高足（座）茶几、花几、香几和书几等。"桌"也已经开始流行，有方桌、葫芦腿桌、带托泥雕花桌、长桌等形制。

隋唐时期，床榻类家具依然盛行，如《续世说》在描述安禄山宅中有文"布贴白檀床二，皆长一丈，阔六尺"，传唐阎立本《北齐校书图》中描绘有数人同坐一大床的情形。《唐语林》载："上事者设床、几，西南而坐，……宰相别施一床"，说明汉时"独坐为尊"的礼仪仍然盛行，床榻依然兼备坐、卧具的性质。白居易《草堂记》中述及"书堂"内陈设，"堂中设木榻四，素屏二，漆琴一张，儒、道、佛书各三两卷"，也可见当时榻、屏等的使用，在五代卫贤的"高士图"中也有所表现。整体来看，唐代床榻类家具由低向高发展，装饰手法趋于多样化。按足座形式可分为三类：方座式、高足式、封闭式。方座式床榻下部多为壶门托泥座，敦煌莫高窟和安西榆林窟等佛教壁画中大量出现，有的床上还支以"胡帐"。高足式床榻各足之间无座围相连，但两足之间出现了横帐，足与板面采用榫卯结合方式，这类床榻的使用范围较广，尤其是榻的形式更多。在五代周文矩"重屏会棋图"和"琉璃堂人物图卷"中绘有多种这类床榻的形态。封闭式床榻带有足围和屏壁，即四足之间有围板，床榻两侧与背后有画屏或墙围，如甘肃天水唐墓出土石棺床，床四面雕壶门，床上三面设石板雕成的围屏，左右各三扇，背面五扇。这种屏风床在敦煌壁画以及佛坛中也可见到，往往制作十分精美（图 6.30）。

隋唐、五代工艺美术取得了很高的成就，尤其在唐代时达到了黄金时期，丝织、金银、陶瓷、漆器等方面都极度繁荣。该时期的装饰内容一改前代的几何纹样和动物纹样，大量采用植物纹样。就其风格而言，唐时也逐步脱离了商周和汉魏六朝以来的古朴特色。隋唐工艺美术主要以陶瓷工艺、金属工艺、丝织工艺为主，最具代表性的有金银器和丝绸纺织品等。

隋唐金银器制作有了重大发展，达到了中国古代金银器发展的一个高峰。金银器的制作技术极为精湛，装饰技法多样，主要有炉、壶、碗、盘、杯等器皿，各类造型均有清新活泼的气息。尤其在盛唐时，各类器皿的造型纹样趋向本土化，装饰题材有人物、飞禽、走兽、龙鱼、蜂蝶、花卉、树石、几何等纹样，主纹和辅饰交相辉映。

图 6.30　隋唐五代家具
（a）床（敦煌第 217 窟壁画）；
（b）长桌及长凳（敦煌第 473 窟壁画）；
（c）方桌（敦煌第 85 窟壁画）；
（d）腰圆形凳及扶手椅（唐"执扇侍女图"）；
（e）桌、靠背椅、床（五代顾闳中"韩熙载夜宴图"）；
（f）甘肃天水唐墓出土唐代石榻及屏风；
（g）大屏风、案、桌、扶手椅（重屏会棋图）；
（h）大屏风、案、桌、扶手椅（五代王齐翰"勘书图"）

（a）　　　　（b）　　　　（c）

（d）　　　　（e）　　　　（f）

（g）　　　　（h）

隋唐陶瓷业得到了很大发展，以青瓷、白瓷、彩瓷和唐三彩成就最高。日用陶瓷更重实用功能，主要有盘、碗、尊杯、壶、罐、盆、缸、孟、炉、灯等。图案纹样较前代有大的发展，生活气息浓郁的花草题材被大量采用，主要有牡丹、莲花、莲瓣、莲蓬、荷叶、宝相花，卷草等花卉纹样。唐代的青瓷有"青如天、明如镜、薄如纸、声如磬"之美誉，以浙江越窑所出为最；白瓷质厚白细，釉色晶莹，曾有"类雪"、"类银"、"皎洁入玉"之说，以河北邢窑生产最为精美。

隋唐织物的应用范围很广，如应用于室内装饰时可以用作帷、幔、帐、幄、帘以及组绶、缨络等，这些精美的织物通过自身独特的材质与色彩、装饰花纹等为室内带来更加丰富的装饰效果。如敦煌第203窟初唐壁画就绘制了一个非常完整的帐幕。织物也用于室内家具中，如椅披、桌围等等，唐代画家周防在"挥扇仕女图"所绘"月牙机子"，足间牙板上钉有金属环，金属环上吊着打结的彩带，坐具增添了额外的光彩。

主要参考资料

[1]（宋）李诫. 营造法式. 北京：中国书店出版社，2006.

[2]（东汉）许慎. 说文. 徐铉校订，北京：中华书局，2004.

[3]（东汉）刘熙. 释名.

[4] 冯天瑜. 中华文化史. 北京：文化艺术出版社. 1994.

[5] 田自秉. 中国工艺美术简史. 上海：东方出版中心，1985.

[6] 刘敦桢. 中国古代建筑史（第二版）. 北京：中国建筑工业出版社，2005.

[7] 傅熹年. 中国古代建筑史（第二卷）. 北京：中国建筑工业出版社，2001.

[8] 傅熹年. 傅熹年建筑史论文选. 天津：天津百花文艺出版社，2009.

[9] 李允鉌. 华夏意匠：中国古典建筑设计原理分析. 天津：天津大学出版社，2005.

[10] 杨鸿勋. 杨鸿勋建筑考古论文集. 北京：清华大学出版社，2008.

[11] 扬之水. 古诗文名物新证（二）. 北京：紫禁城出版社，2008.

[12] 孙机. 汉代物质文化资料图说. 上海：上海古籍出版社，2008.

[13] 刘叙杰. 中国古代建筑史（第一卷）. 北京：中国建筑工业出版社，2005.

[14] 李砚祖主编. 环境艺术设计. 北京：中国人民大学出版社，2005.

[15] 孙大章. 中国民居研究. 北京：中国建筑工业出版社，2004.

第7章　宋、辽、金时期的室内设计

　　宋代分北宋（公元 960 ～ 1127 年）、南宋（公元 1127 ～ 1279 年）两个时期,前后绵延 300 余年。北宋定都汴梁(今开封),与北方的辽(公元 916 ～ 1125 年)、西夏等少数民族政权并存。1127 年,金兵南下攻宋,北宋都城失陷,长江以北的中国北方大部分版图被侵占。宋王室仓促南渡,定都临安（今杭州）,史称南宋。南宋时期与北方的金政权（公元 1115 ～ 1234 年）长期对峙,金亡后,南宋与蒙古、元政权对峙（公元 1234 ～ 1279 年）。1279 年蒙古人入侵,宋王朝全面失陷。

　　两宋时期,社会政治、经济、文化等领域均取得了相当重要的成就。法国学者谢和耐描述蒙古入侵时的宋代社会时写道:"蒙古人的入侵形成了对于伟大的中华帝国的沉重打击,这个帝国在当时是全世界最富有和最先进的国家。蒙古人入侵的前夜,中华文明在许多方面都处于它的辉煌顶峰,而由此次入侵,它却在其历史中经受着彻底的毁坏"。[1] 宋代工商业发展迅速,为了顺应经济的发展,宋代城市突破了封闭的里坊制格局,出现了开放的街巷制新型城市,市民生活丰富,商业、手工业繁荣。宋文化成就极其辉煌,"华夏民族之文化,历数千载之演进,造极于赵宋之世",[2] "天水一朝,人智之活动,与文化之多方面,前之汉唐,后之元明,皆所不逮"。[3] 宋王室推行"重文"政策,激发了全社会读书、学习的热情,大力鼓励民间办学,尊师重教蔚然成风。除儒学经义外,算学、武学、律学、医学、画学等都很繁荣,民间的蒙学、教化、女则等等也有很大普及。两宋是中国古代科学技术取得辉煌成就的重要时期,发明了罗盘、活字印刷、造纸术以及火药技术。成书于宋的《梦溪笔谈》记录了我国公元 11 世纪中期以前的诸多科技成果,被称为中国古代科技第一百科全书。[4]

1　（法）谢和耐：《蒙元入侵前夜的中国日常生活》,刘东译,8 页,南京：江苏人民出版社,1995。
2　陈寅恪集：《金明馆丛稿二编》,北京：生活 · 读书 · 新知三联书店,2001。
3　王国维：《宋代之金石学》,引《王国维遗书》第五册,50 页,上海：上海书店,1983。
4　如英国学者李约瑟所说："每当人们自中国文献中查考任何一种具体的科技史料时,往往会发现它的主要焦点就在宋代,不管是在应用科学方面或在纯粹科学方面都是如此"。李约瑟：《中国科学技术史（第一卷）》,287 页,北京：科学出版社,1975。

辽政权以契丹族为主体，其辖区分布于中国华北北部和东北地区。辽立国后，大量招揽汉族文士和技工，积极汲取汉族先进文化和技术。为了便于统治，辽建立了南、北两套行政机构，以更加有效地管辖本民族和汉族。1125 年，金出兵灭辽，1127 年南下灭北宋，建立了以女真族为主体的金政权。金兵南下时将北宋都城汴梁洗劫一空，虏夺大量北宋文物图籍、宫廷财富以及技工等，在政治、文化上受到北宋很大影响，于 1234 年亡于蒙古。

7.1　宋、辽、金营造成就概说

7.1.1　城市规划与城市建设

宋、辽、金时期，各地城市获得了很大发展，史料统计，北宋时 10 万户以上的大都市已经增加至 40 多个，大大超过隋唐、五代。城市格局于此时发生了根本性的变化，随着宋代社会经济的繁荣，汉唐以来的"里坊"制度严重束缚了商业活动的发展，早在晚唐时期南方一些经济发达地区已出现了更适合商业活动的草市；五代时期已经出现沿街设店的现象。宋代时商业活动逐渐不受时间限制，出现了热闹非凡的早市和夜市，大约至北宋中晚期，大部分城市已经逐步突破了"里坊"制度，形成了开放的街巷制城市，原来封闭的"坊墙"被冲破。由于商业活动的繁荣，邸店、酒楼、娱乐建筑、民宅等大量沿街兴建，大大改变了过去的城市风貌，各种城市公众活动增多，使得市民生活更加丰富。自此，发端于战国之际的城市规划模式被新兴的城市格局所取代。

北宋都城汴梁已经发展成为了一个具有百万以上人口的政治和经济文化中心，主要由皇城、内城、外城三大部分构成，呈现三城相套的特征，这是隋唐及以前所不曾采用过的格局。皇城位于内城中央偏西北的位置上，称宫城、紫禁城或大内；皇城的正门是宣德门，直通内南门朱雀门，形成御街；御街中央为御道，两侧有砖砌御沟，沟旁遍植花树；再两外侧建御廊，北宋政和以前可进行商业活动。在封闭的坊墙取消后，为便于统治，北宋汴梁将若干街道组成一厢，每厢再分为若干坊，配备一定的管理人员。由于城中人口密集，已实施有效的防火措施，并建设有下水管道网，在河流污染防范等方面也有一定成就。南宋时经济重心南迁，南方随即也兴起了一批繁荣的都会，如临安、扬州、福州、泉州等，随着商业活动趋于繁荣，在这些城市的周边慢慢又衍生出了新的市镇。南宋以临安（杭州）为都城，称"行在所"，在城市规划上沿袭北宋汴梁制度。

与唐代及以前的封闭的坊墙相比，宋代都城体制与功能产生了质

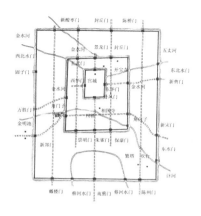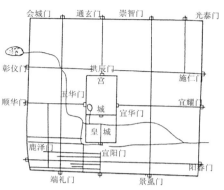

图 7.1（左）
北宋东京（汴梁）平面复
原图
（刘敦桢：《中国古代建筑
史》，179 页，北京：中国建
筑工业出版社，2005）

图 7.2（右）
金中都平面示意图
（傅熹年：《傅熹年建筑史论
文集》，357 页，天津：天津
百花文艺出版社，2009）

图 7.3 宋"清明上河图"
局部，沿街店铺

的变化，城市空间不再以显示皇权的威力为主，沿街而设各种店铺形成繁华的街道，形成了开放性城市的新面貌，大街上人群熙熙攘攘，人们的活动不再受时间约束，并自由地在茶楼、酒肆出入，也表现了平民百姓在城市中地位有所上升。在张择端的"清明上河图"中可见城中大街小巷交织如网，店铺林立，一派熙熙攘攘的热闹繁忙景象。《东京梦华录》、《梦粱录》也详细记载了两宋都城商业的高度繁荣与市民生活的丰富多彩："人烟浩攘，添十数万众不加多，减之不觉少"，"夜市直至三更尽，才五更又复开张。如要闹去处，通晓不绝"，"所谓花阵酒地，香山药海。别有幽坊小巷，燕馆歌楼，举以万数"[1]（图 7.1～图 7.3）。

7.1.2 营造技术与建筑成就

两宋时期，在宫室、衙署、陵寝、寺观、园林、住宅、商业建筑、

1 （宋）孟元老《东京梦华录》：卷五、卷三。

娱乐场所等领域均取得了很大成就。自唐中期起，中原与河北地区历经战乱、割据，江淮地区与西蜀成为当时经济文化发达地区。五代时关中、中原地区又饱受战乱破坏，南方吴、越、闽、蜀相对安定，社会经济文化较为发达。北宋立国后在经济上多倚重江南地区，并在文化、科技等领域受南方影响较大，在建筑领域逐步形成了与以关中、洛阳为主的唐代风格所不同的宋官式建筑。南宋初期遵循北宋官式，但在江浙地区先进建筑传统的影响下，对北宋官式作了很大改进，形成了影响明清建筑发展的重要因素。总体而言，中国古代建筑自北宋起开始了又一个新的发展阶段，并形成了新的高潮，元、明、清时期的建筑成就均是在此基础上得以不断发展和丰富。

宋代宫殿、衙署等建筑放弃了唐代宏大、开朗的气魄风范，无论单体建筑抑或群组都没有唐代那种宏伟刚健的风格，整体趋于精炼、细致，富于变化，出现了各种复杂形式的殿阁楼台。随着工艺技术的进步，建筑装饰手法细腻丰富。商业活动的繁荣促进了商业建筑的发展，并出现了专门的娱乐场所。民宅大门可临街开设，也引起了民居建筑的变化。宋代造园活动兴盛，出现了为数众多的皇家园林和私家园林，园林建筑表现出多样化的趋势。土木工程、砖石结构等领域均获得了进一步发展。建筑构件的标准化在唐代的基础上更进一步发展，各工种的操作方法和工料的估算都有了较为严格的规定，并出现了《木经》、《营造法式》两部具有历史价值的建筑文献。尤其是成书于宋元符三年（公元 1100 年）的《营造法式》，是中国古籍中论述和保存最完整的一部建筑技术专书，全面反映了北宋末年官式建筑的设计、施工和制作水平，体现了宋代建筑设计和施工等领域的辉煌成就。《木经》传为北宋喻浩所做，后遗失，部分内容在宋《梦溪笔谈》中有记载。

辽政权与北宋对峙（公元 947～1125 年），辖区主体在中国北方和东北，这些地区中唐以后一直处于军阀割据状态，建筑上多保留有中唐以前的传统。辽建国后大量招募北方汉族的能工巧匠，使其建筑更多地保留有中唐、五代的北方建筑传统，建筑风格质朴豪放。至辽晚期时，受到北宋建筑影响，开始出现注重装饰的倾向。金政权隔淮河秦岭与南宋对峙（公元 1127～1234 年），其大量吸取北宋文化，都城、宫室等官方建筑主要继承北宋，形成了金官式建筑，同时也吸收了辽建筑成就，并向繁丽发展。

就建筑结构而言，北宋木构架结构在五代的基础上发展至了一个新阶段，柱梁式构架为官式建筑所广泛采用，并应用于南北各地的重要建筑中，由《营造法式》所记可知，唐代即已出现的四类主要构架形式——殿阁、厅堂、余屋、斗尖亭榭在北宋时已向规格化、模数化方向发展，成为官方建筑的主要构架形式，建筑的标准化、定型化已经达到了一定的水平。南方地区一般建筑仍保留穿斗式构架，属地方形式，也有将该两种构架相互结合的建筑形式。阁楼建筑开始使用上下直接相通的做法，为明清时期所承袭。就建筑形式而言，该时期房屋面阔一般自明间起向左右两侧逐渐减小，形成主次分明的外观；柱身比例增高，开间形成长方形；斗拱相对减小，而补间铺作加多；为了避免各构件生硬的直线和简单的弧线，普遍采用"卷杀"手法；屋顶多采用琉璃瓦，建筑彩画也取得了巨大成就，建筑整体上给人一种柔和灿烂的感觉。依据《营造法式·小木作制度》可知，宋代小木作技术大为发展，为建筑内、外檐装修提供了技术保证。南宋建筑实物甚少，就各方资料综合来看，在北宋建筑基础上，整体更趋于小巧精致、工整、繁缛。[1]

由《营造法式·壕寨制度》所记筑城、筑墙、筑基、穿井等土方工程可知，宋代土工结构技术有所进步，且工程量较大。宋代建筑工程中砖用量大增，砖石结构亦更进一步发展，主要用于台基、地面、街道、城墙包砌、墓室以及砖塔等处。石结构在桥梁、石塔等处有很大发展，同时《营造法式》中还出现了装饰石工的记载，说明砖石工艺已经有了进一步发展。

7.1.3　工程管理机构与建筑制度

宋代工程管理机构变化较大。北宋前期时归经济管理机构三司的"修造案"，元丰改制以后归工部与将作监，南宋中期以后建筑工程主要由地方管理，将作监成为虚设机构。

宋元建筑实行严格的等级制度，《宋史·舆服志》臣庶室屋制度记载了官署和第宅制度："臣庶室屋制度……私居，执政、亲王曰府，余官曰宅，庶民曰家。诸道府公门得设戟。若私门，则爵位穹显经恩赐者许之。在内官不舍，亦避君也。凡公宇：栋施瓦兽，门设桦桓。诸州正牙门及城门并施鸱尾，不得施拒鹊。六品以上宅舍，许作乌头门。祖、父舍宅有者，子孙许仍之。凡庶民家，不得施重栱、藻井及五色文采为饰，仍不得四铺飞檐。庶人舍屋许五架，门一间两厦而已"。宋仁宗景祐三年诏曰："天下士庶之家，凡屋宇非邸殿楼阁临街市之处，毋得为四铺作闹斗八，非品官不得起门屋，非宫室寺观不得彩画栋宇及朱漆梁柱户牖，雕铸柱础"。[2]南宋时官方规定民宅规模，佃户住居"每家官给草屋三间，内住屋二间，牛屋一间，或每庄盖草屋一十五间，每一家给两间……"。[3]

1　刘敦桢：《中国古代建筑史（第二版）》，252 页，北京：中国建筑工业出版社，2005。
2　刘致平著，王其明增补：《中国居住建筑史——城市、住宅、园林》，42 页，北京：中国建筑工业出版社，2000。
3　刘致平著，王其明增补：《中国居住建筑史——城市、住宅、园林》，41 页，北京：中国建筑工业出版社，2000。

图 7.4　宋代建筑形象

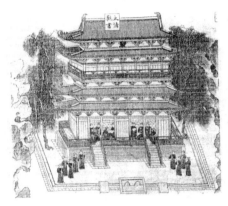

图 7.5（左）
"太青楼观书图"中所绘宫廷建筑形象及门窗

图 7.6（右）
"华灯侍宴图"中所绘宫廷建筑形象及门窗

7.2　建筑的空间形态与装饰装修

7.2.1　建筑结构与空间形态

1）大型官方建筑

遗留至今的宋、辽、金建筑遗构多为宗教建筑，北宋有山西太原晋祠圣母殿、河南登封少林寺初祖庵、宁波保国寺大殿；南宋有苏州玄妙观三清殿；辽代建筑河北蓟县独乐寺观音殿、独乐寺山门、义县奉国寺大殿、山西大同下华严寺薄伽教藏殿、下华严寺海会殿、山西应县佛宫寺释迦塔；金代建筑山西五台山佛光寺文殊殿、山西朔州崇福寺大殿、山西大同善化寺大殿及山门等，有单层和多层之分。两宋宫廷建筑的具体形象鲜见于各类记载，北宋赵佶"瑞雀图"、北宋"太清楼观书图"、南宋"华灯侍宴图"中有表现宫室建筑的形象，辽宁博物馆藏铁钟图像中有表现宋宫城宣德门形象（图 7.4～图 7.6）。

宋代建筑以木构架为主体框架，官方建筑以柱梁式木构架为主，南方兼有穿斗式。《营造法式》中记载有宋代建筑主要构架类型：殿堂（殿阁）、厅堂、余屋（柱梁作）、斗尖亭榭四种，在现存宋代建筑遗构中仅见"殿堂"和"厅堂"两种，同时也有该两种构架形式相混合的新形式。殿堂型构架主要用在殿宇等隆重的建筑物上，是等级最高的构架形式，由下层柱网、中层铺作层和上层屋顶草架三部分构成

图 7.7　宋《营造法式》大木作制度示意图（以殿堂等七铺作副阶五铺作双槽草架侧样为例）

（刘敦桢：《中国古代建筑史（第二版）》，242 页，北京：中国建筑工业出版社，2005）

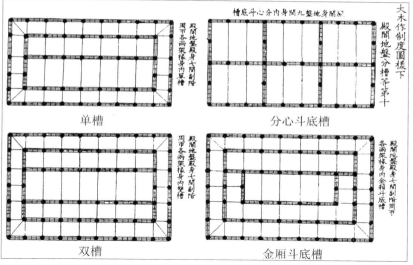

单槽　　　　　　　　分心斗底槽

双槽　　　　　　　　金厢斗底槽

图 7.8　宋《营造法式》殿阁地盘分槽图

（图 7.7）。《营造法式》又将殿堂式构架分为"单槽"、"双槽"、"分心斗底槽"、"金厢斗底槽"四种地盘分槽的柱网形式（图 7.8）。[1] 而不同的室内柱网结构，带来了不同的室内空间格局。

1　单槽：自前（后）檐柱列退入一间（二椽跨）处加一排纵向内柱，上承阑额，形成内槽槽缝，与山面檐柱交圈后，分殿内为一宽一窄两个空间单元，其柱网近似一个横长的"日"字；双槽：其前、后檐柱列个退一间处分别加一排内柱，上加阑额，形成内槽槽缝，各与山面柱交圈，分殿内为中间宽（内槽）、前后窄（外槽）的三个空间单元，其柱网如一个横长的"目"字；分心斗底槽：在殿内中部加一列纵向内柱，形成槽缝，等分殿内为前后两部分，柱网也作"日"字形。面阔 9 间进深 4 间的殿宇还可分为三段，相邻两段不再用架而沿进深方向逐间柱、阑额，也形成槽缝，把殿内分割成六个空间单元。斗底槽：在宽 5 间、深 4 间以上的殿内，距正面、山面檐柱列各退入 1 间分别加纵、横向柱列，形成一圈内柱和其上的内槽槽缝，分殿内为中心敞厅（内槽，至少深 2 间）和四周回廊（外槽，宋时深 1 间）两大部分，其柱网形如"回"字（如把斗底槽内槽槽缝之一向外侧延伸，与山面相交，则称金厢斗底槽）。见傅熹年：《中国科学技术史·建筑卷》，454 页，北京，科学出版社，2008。

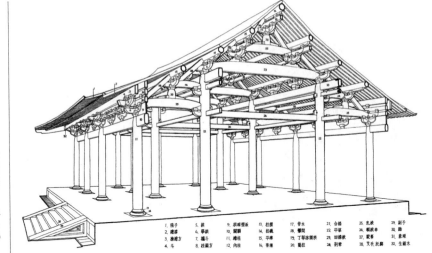

图 7.9 宋《营造法式》大木作制度示意图（以厅堂等七铺作副阶五铺作双槽草架侧样）
（刘敦桢：《中国古代建筑史（第二版）》，242 页，北京：中国建筑工业出版社，2005）

1. 搏子	5. 栱	9. 栱眼壁板	13. 槫	17. 替木	21. 合㭼	25. 乳栿	29. 副子
2. 襻间	6. 华栱	10. 阑额	14. 柱头	18. 襻间	22. 平梁	26. 顺栿串	30. 踏
3. 地栿方	7. 栌斗	11. 檐柱	15. 平棊	19. 丁华抹颏栱	23. 蜀柱	27. 驼峰	31. 象眼
4. 斗	8. 柱脚方	12. 内柱	16. 脊槫	20. 襻柱	24. 刬峯	28. 叉手/托脚	32. 生頭木

厅堂型构架是由若干道位于房屋分间处的垂直构架并列拼合而成，柱子上接檩、椽等结构构件形成屋顶。相对殿堂型构架来说，厅堂型构架的内柱分布更加灵活。按照所用梁的跨度和柱子的数量不同，其内部柱网格局也更加丰富。《营造法式》共记载有 18 种类型，又因其所选构架不同，内柱数量有所区别，依据内柱的数量，上述 18 种构架形式又可分为五大类：①不用内柱；②1 根内柱，柱子居中或偏居一侧；③2 根内柱，对称或者不对称；④3 根内柱，对称设置；⑤4 根内柱，对称设置。由此可见，厅堂型构架通过选定椽数相同而形式不同的构架，来确定内柱的数量和位置，即内柱的布置形式，以满足使用要求，是其主要的特点和优点。[1] 内柱数量和位置的不同，也带来了室内空间形式的丰富多变（图 7.9～图 7.11）。在现存宋、辽、金时期殿堂型构架的建筑中，底盘分槽采用"单槽"的有山西太原晋祠圣母殿（宋）；使用"斗底槽"的有苏州玄妙观三清殿（宋）、山西大同华严寺薄伽教藏殿（辽）；河北蓟县独乐寺山门（辽）使用的是"分心槽"。

另外，在一些大型佛寺殿宇中，内部正中多设佛坛造像供人观瞻膜拜，佛像本身往往十分高大，为了获得更为宽阔的礼佛空间与更加适宜的观瞻视角，宋、辽、金时期通过"减柱"、"移

图 7.10
宋式厅堂构架组合示意图
（傅熹年：《中国科学技术史（建筑卷）》，455 页，北京：科学出版社，2008）

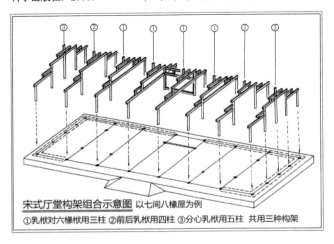

宋式厅堂构架组合示意图 以七间八椽屋为例
①乳栿对六椽栿用三柱 ②前后乳栿用四柱 ③分心乳栿用五柱 共用三种构架

1 傅熹年：宋式建筑构架的特点与"减柱"问题，引《傅熹年建筑史论文选》，312 页，天津：天津百花文艺出版社，2009。

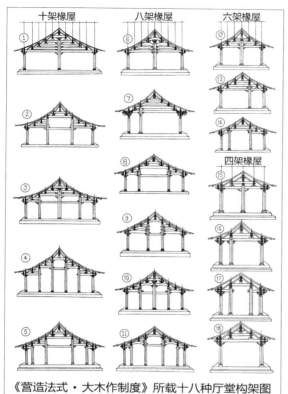

《营造法式·大木作制度》所载十八种厅堂构架图

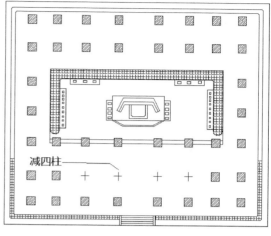

减四柱

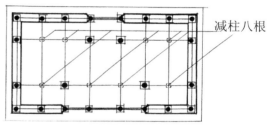

减柱八根

柱"的手法，有效解决了柱网结构本身与使用功能之间的矛盾，取得了前所未见的空间效果。山西太原晋祠圣母殿前檐中央 3 间的 4 根檐柱被省略，使得前檐至室内的空间增大，使得建筑柱网结构与室内空间的使用更相适应（图 7.12）。辽、金时期"减柱"、"移柱"手法更为多见，现存五台山佛光寺文殊殿建于金代初期，面阔 7 间、进深 8 椽，其前、后内柱各省去了 4 根柱子（前明间、梢间处理，后次间、梢间处理），因此，室内原本 12 根内柱减去了 8 根（图 7.13）。山西朔州崇福寺弥陀殿也为金代建筑，其中央 5 间前列省去了 2 根内柱，而中间承托纵架的两根前柱平行位移至左右次间的中间位置，使用"减柱"手法同时也采用了"移柱"的手法（图 7.14）。[1]

　　除一般单体建筑外，宋代建筑盛行在主体建筑四周加建附加建筑，形成外部造型与内部空间均更为复杂的建筑组合体。主体建筑可以是单檐、重檐，或多层楼阁，附加于四周的建筑规模均小于主体建筑，以起到烘托主体的作用。其以一个主体空间为中心，形成了一个多空间的组合，使得室内空间复杂多变，可满足不同的需求。如在主体建筑两侧接建较小的建筑"披屋"，清代时习成"耳房"；或者在主体建

图 7.11（左）
宋《营造法式》载 18 种厅堂构架图
（傅熹年：《中国科学技术史（建筑卷）》，456 页，北京：科学出版社，2008）

图 7.12（右上）
太原晋祠圣母殿平面示意图

图 7.13（右下）
五台山佛光寺文殊殿减柱示意图

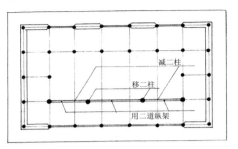

图 7.14　山西崇福寺弥陀
殿平面示意图

筑前、后接建较小的建筑"扑水"，清代时习称"抱厦"；而"龟头屋"在唐代时已经多见。这种建筑组合体如北宋东京大庆殿，中央为大殿，大殿左右带有挟殿，殿后有阁；再如宋、金宫廷建筑中多见的"工"字殿，已经成为宫殿建筑采用的一种重要形式，《云麓漫抄·卷三》有介绍宋代宫廷中的工字殿，"本朝殿后皆有主廊，殿后有小室三楹，室之左右各有廊，通东西主廊"。宋代绘画作品中多有表现这种建筑组合体的形象，规模庞大、高低错落、曲折多变，如宋画"滕王阁图"、"黄鹤楼图"、"月夜观潮图"、"楼台月夜图"等（图7.15）。

2）民居

综合各类资料来看，宋、辽、金民居建筑有移动型和定居型两种存在方式，其中中原汉人聚集地区以定居型为主。单体建筑的构造形式主要有抬梁式、穿斗式、干栏式、井干式、穴居式等。所要材料主要分为瓦屋、草屋、竹楼等。其整体平面布局除了传统的庭院式以外，还可见到形式众多的布局方式，如一字形、工字形、王字形等。其中贵族宅第等多使用庭院式布局方式，建筑较为讲究，大多采用多进院落形式，庭院中主体厅堂与门屋间以一条轴线贯穿，有些后部附建园林；一般村野民居布局则活泼多样，建筑多较为简朴，以满足生活使用为主。虽然宋代推行一整套的建筑等级制度，但由于行政松弛，民间建筑多有僭越。

北宋民居受到若干方面的影响，宋代注重礼教，发扬孝道，禁止父母尚在者子女分居，并鼓励家族同居共食，有些甚至达到十几世同居，促进了宅院规模的扩大。宋代时，封建礼制已经制度化，形成了一套长幼有序、男女有别、主仆分处的宅居规定，并在民居大宅中逐步物化，大型四合院的平面布局及使用要求也基本定型，并一直延续至清代。

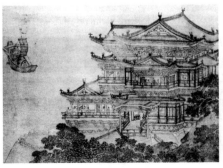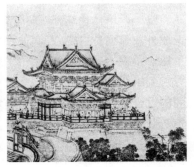

图 7.15　宋画中的建筑组合体及门窗形象
（a）明人临摹宋画"滕王阁图"；（b）"黄鹤楼图"
（刘敦桢：《中国古代建筑史（第二版）》，249 页，北京：中国建筑工业出版社，2005）

　　　　　　（a）　　　　　　　　　　　　　（b）

城市内大型宅邸的规模与格局基本符合《舆服志》规定，有大门、影壁、正厅、中门、后寝等，大门入口作断砌造，以便车辆进出。大型住宅中工字厅、王字厅形制较为常见，如"文姬归汉图"中所绘北方官邸，由于画幅限制无法看到整体布局，但仍可知其整体分左、中、右三路，规模较大。中路由画面判断至少两进。大门为 3 间 5 架悬山顶，中门为 3 间 7 架悬山顶。堂屋正对大门，堂前有阶，堂屋左右为东西厢房（图7.16）。城市一般民居较前朝有很大变化，多以房屋围成四合院，适当采用廊庑串联，即以四合院制取代廊院制成为主流。这种形式非常适合城市用地昂贵的条件限制，增加了建筑密度，提高了建筑的使用面积。"清明上河图"中有一种"四合头式"民居，即四面房屋屋顶交接，中间围有天井，今天称之为"四水归堂"式。这种形式此后在南方人口稠密、潮湿多雨地区广泛使用。在"清明上河图"中，赵太丞家右邻住宅还表现出宅门开设于东南角的巽门格局（图7.17）。北宋一般下层民居仍为草屋，不过 3 间或 2 间，稍富裕的农户住宅规模较大，形制上变化很多，有散列式、一字式、曲尺式、工字式、王字式等多种组合形式。北宋"千里江山图"中绘有大量民居，其中小规模住宅表现最多，建筑形式简朴，空间格局也十分简单自由，说明民间住宅在很大程度上受到经济条件的限制，灵活多变的住居组织形式使得室内空间布局能够更好地满足人们生活多样化的需求（图7.18）。

图 7.16 （左）
"文姬归汉图"中所绘北方官邸

图 7.17 （右）
宋"清明上河图"中所绘沿街住宅及邸店

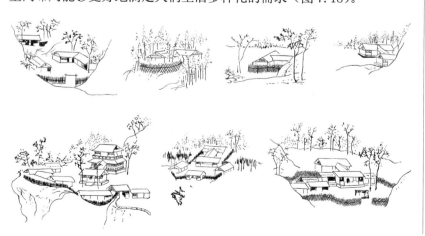

图 7.18　宋"千里江山图"中所绘民居形象

图 7.19　宋"中兴祯应图"中所绘王府
（刘敦桢：《中国古代建筑史（第二版）》，186 页，北京：中国建筑工业出版社，2008）

图 7.20　南宋"江山秋色图"中所绘南方住宅形象

　　南宋经济实力超过北宋，建筑工巧、细腻，民居建筑构件也朝着装饰化方向发展。追求生活享受的风气也使得贵族宅院数量增加，同时对自然山水的欣赏向着微型化、模拟化发展，赏石风气浓厚。依据宋拓"平江府城图"中推测，南宋民居平面布局内部堂、寝分设，厅堂分为大堂、二堂，大堂用作会见外客，二堂则为会见内眷之用；二堂与后边卧房之间设穿廊连接，形成工字殿；厅堂与后寝两侧增建"挟屋"（耳房），由于挟屋的设置，使得四合院的建筑密度更进一步提高；庭院两侧设有偏房与廊庑，基本形成合院制式。民居面貌大致与北宋类似，"中兴祯应图"中所描绘的王府具有一定规模，门屋两侧设院墙，堂面阔 3 间，堂前出抱厦（图 7.19）。南宋辖区内城市数量增多，江南地区人口稠密，城市一般民居较为拥挤，《梦粱录》记有："民居屋宇高森，接栋连檐，寸尺无空，巷陌壅塞，街道狭小，多为风烛之患。"南宋农村住居更为灵活，大多呈单幢或多幢组合式，以夯土墙、栅栏墙围护，较少使用廊屋。因南宋辖区内多山，农村住居更加注意随山就势，与实际地形相结合的自由布局（图 7.20）。

　　宋代宅园发展迅速，随着造园的兴盛，皇家、私家、寺观园林三大类型在这个时期均已经发展完备，"作为一个园林体系，它的内容和形式均趋于定型，造园的技术和艺术达到了历来的最高水平"，[1] 出现

1　郭黛姮：《中国古代建筑史（第三卷）》，543 页，北京：中国建筑工业出版社，2003。

了记载园林的专著，如北宋《洛阳名园记》、南宋《吴兴园林记》。就整体来看，私家园林发展尤为迅速，文人士大夫广泛参与园林设计，园林建筑造型更为精致，屋面穿插，连接抱厦，空间开敞。北宋宅园风格多样，在营构园林景色时注重借景与对景，借助环境因素，构成具有画意的景观。南宋宅园更趋纤巧，多曲折回环，园林中的"建筑意念"更为突出，建筑形式多样丰富，有亭、台、楼、阁、榭、庐、堂、厅、轩等，随景而设，融入整体意境之中；其室内空间虚实相济，互相连通，构成了全新的室内空间组织关系。刘松年"四景山水图"、何筌"草堂客话图"中所绘住居，整体格局因高就下、活泼自由（图 7.21，图7.22）。

辽政权与北宋对峙并存，并积极吸收汉文化，其民居参考资料较少，由其建筑更多继承中唐北方建筑文化推测，其民居也应该与唐代北方民居相仿。金政权与南宋并存，文化上除继承辽文化外，又大量吸收了宋代文化。民居方面较为明显的是工字厅的大量使用，在装修手法上也多吸收宋代成就。院落布局上还出现了巽门形式。

3）市肆、娱乐建筑

随着商业活动的繁荣，商业建筑获得了很大发展。"清明上河图"中描绘了大量商业店铺、旅店、酒楼等建筑形象。临街建筑多设店铺，院内可作住宅、作坊等用途，大致是由原住宅改建而成；也有沿街而设的"市廊"，结构简单，类似廊庑，是专门针对商业活动的建筑空间。画中所绘的两处酒楼"正店"和"脚店"，其主体建筑临街，皆为两层楼阁，门前设有华丽的"欢门"。《东京梦华录》中记载有宅邸式、花园式酒店与为数众多的客栈，"诸酒店必有厅院，廊庑掩映，排列小阁子，吊窗花柱，各垂幕帘"，"遇仙正店，前有楼子，后有台，都人谓之'台上'，此一店最是酒店上户"。"东去沿城皆客店，南方官员、商贾、兵级皆于此安泊"。这些酒店装修讲究，"店门首彩画欢门……，一直主廊约一二十步，分南北两廊，皆小济楚阁儿，稳便坐席，向晚

图 7.21（左）
南宋 刘松年"四景山水图"中所绘住宅及格子门、家具

图 7.22（右）
宋 何筌"草堂客话图"
北京故宫博物院藏

图 7.23　宋"清明上河图"中所绘"正店"

图 7.24　宋"清明上河图"中所绘城郊店铺

灯烛荧煌，上下相照，浓妆妓女数百，聚於主廊槏面上，以待酒客呼唤，望之宛若神仙"、"九桥门街市酒店，彩楼相对，绣旆相招，掩翳天日。政和后来，景灵宫东墙下长庆楼尤盛"。《梦粱录》记有南宋杭州城内的茶肆："大凡茶楼多有富室子弟、诸司下直等人会聚，习学乐器、上教曲赚之类，谓之'挂牌儿'。人情茶肆，本非以点茶汤为业，但将此为由，多觅茶金耳。又有茶肆专是五奴打聚处，亦有诸行借工卖伎人会聚行老，谓之'市头'。大街有三五家开茶肆，楼上专安着妓女，名曰'花茶坊'……更有张卖面店隔壁黄尖嘴蹴球茶坊，又中瓦内王妈妈家茶肆名一窟鬼茶坊，大街车儿茶肆、蒋检阅茶肆，皆士大夫期朋约友会聚之处"（图 7.23，图 7.24）。[1]

1　参见《梦粱录·茶肆》卷十六。

此外，随着城市人口不断增加，市民生活开始变得丰富多彩，北宋崇宁、大观年间，都城中出现了供市民娱乐的专门空间场所——瓦子、勾栏。瓦子是集中的娱乐场所，勾栏则是百戏杂耍等演出的剧场或者戏台。《梦粱录·卷十九·瓦舍》："瓦舍者，谓其'来时瓦合，去时瓦解'之意义，易聚易散也"；《武林旧事》中记录有瓦舍23处，其中诸瓦中最大者为北瓦，设勾栏13座。敦煌壁画中有宋代时期舞台、乐台的形象，有全部架空式与夯土台心即四壁包砖式两种主要形式。也有该两种形式的结合体，其砖石台壁后退，沿台边一周仍是木构柱架结构。《武林旧事·卷二》、《东京梦华录·卷六》中形容舞台为"露台"，应该是木构件搭建的临时建筑，四面凌空，观众则可在四面围观表演。金代墓葬中出土有后世常见的戏台，多位于整个院落的一端，对面及两厢均为用于观看表演的看台建筑，如山西稷山金代墓葬所出的"舞亭"、"舞楼"，平面为"凸"字形，除后部封闭外，其余三面皆开敞。

7.2.2 室内空间界面形式

1）地面

依据记载、现存建筑遗构、绘画作品、墓室壁画等资料来看，宋、辽、金时期地面铺装的材料与手法较为丰富，常见有砖、石、木、灰土等材质，较为讲究的室内地面铺设"地衣"。

灰土地面经济实用，使用频率很高，多用于民间建筑。宋代时于室内使用方砖铺地的技术已十分成熟，《营造法式》中对"砖"的具体规格、铺设技术、使用要求均有详细记录。《营造法式·卷二十五·砖作功限》中记载有地面铺装方砖图案细节，如殿堂地面砖上雕凿成斗八图案（图7.69）。《法式·卷二十九·石作》中也有同样记载，由其附图可知，地砖上的图案要求十分精细华美（表1）。周

宋代砖的规格与用途　　　　　　　　　　　　　　　　表1

类型	尺寸（单位：宋营造尺）	用途
方 砖	2×2×0.3 1.7×1.7×0.28 1.5×1.5×0.27 1.3×1.3×0.25 1.2×1.2×0.2	11间殿阁以上等地面 7间殿阁以上等地面 5间殿阁以上等地面 殿阁厅堂亭榭等地面 行廊小亭榭散屋铺地面
条 砖	1.3×0.65×0.25 1.2×0.6×0.6	铺砌殿阁、厅堂、亭榭地面 铺砌小亭榭、行廊、散屋等
压阑砖	2.1×1.1×0.25	阶基外沿压边
砖 碇	1.15×1.15×0.43	柱础，实物未见
牛头砖	1.3×0.65×0.25 (0.2)	砌筑拱券之用
走趄砖	1.2×0.6×(0.55)×2	砌筑收分较大的高阶基或城壁水道
趄条砖	1.2 (1.15)×0.6×0.2	与走趄砖共同使用砌筑高阶基或城壁水道
镇子砖	0.6×0.6×0.2	多用于镇砌路面或地面

图 7.25（左）
南宋《柳枝观音图》轴局部
四川省博物馆藏

图 7.26（右）
宋画"荷亭对弈图"中所
绘之地面、格子门、槛墙、
家具等
北京故宫博物院藏

密《癸辛杂识》中有釉砖铺地的富贵人家，并于地板上镂刻花草图案的记载。说明当时室内地面装饰已经达一定高度，同时也说明宋代陶砖烧制技术的进步。宋画中多有方砖铺设地面的描绘，通过有限的画面可推测采用了正纹或者斜纹等多种手法，其中"柳枝观音图"所绘地砖镂刻着精美花纹（图 7.25）。此外，宋画中也有表现木板铺装地面的做法，多用于楼阁、台榭等底部架空的建筑中，如"荷亭对弈图"中荷亭地面所示（图 7.26）。两宋时期的富贵人家多使用"地衣"，以追求室内的奢华与舒适。"地衣"即"地毯"，实物早已不存。欧阳修《玉春楼》："金花盏面红烟透，舞急香茵随步皱"，柳永《浪淘沙令》："蜀锦地衣丝步障"中的"香茵"、"蜀锦"均为地衣的描写。宋周密《癸辛杂识》中描述名妓徐兰住居："其家虽不甚大，然堂馆曲折华丽，亭榭园池，无不具。至以锦缬为地衣……"[1]，应是十分奢华精美。

2）墙体与门、窗

随着木构架建筑的普及和小木作装修技术的发展，宋代形成了中国传统建筑独特的屋身立面形式，即于建筑南北向柱子间安装木构幕式墙。这种木构墙体同时兼具"门窗"的形制与特征，宋《营造法式》中称"格子门"，清代时称"隔扇"。木构"格子门"在柱子间相连续地并列安装，构成了柱子间的整个墙体，可冬设夏除，更加灵活自由，并通过木构件的雕饰与彩绘等手法，使得整个建筑立面获得十分精巧细致的视觉效果。木构墙体占用空间远远小于先前的夯土实墙，也使得室内空间更加宽阔通敞（图 7.27 ～图 7.29）。

宋代建筑的墙体大致可分为夯土和木构两大主要类型，由于南、北方气候的差异，北方建筑除了正立面外，其余三面多使用夯土厚墙；南方建筑中则出现了四壁皆为木构幕墙的现象。《南宋馆阁录》中描述馆阁后的山堂、轩中设格子门，"前有绿漆隔三十扇，冬设夏除"，山堂后有轩，"有窗十八扇，冬设夏除"。《营造法式》中有格子

1　周密：《癸辛杂识·续集下·吴妓徐兰》。

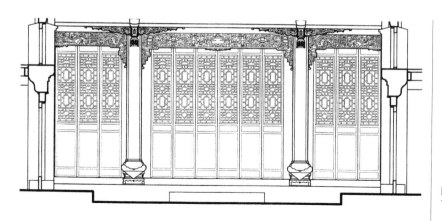

图 7.27　中国传统建筑立面成排隔扇示例

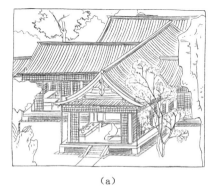

(a)

(b)

图 7.28　宋"四景山水图"中所绘格子门窗、家具陈设 (a) 秋景；(b) 冬景

图 7.29　崇福寺弥陀殿外观中的"格子门"木构墙体；每间横批窗上的五扇窗格心，除中间一扇外，两边为两两对称格心花纹，格心花纹变化多端，各不相同。当心间横披窗格心有四斜毬纹嵌十字菱花，簇六橄榄瓣菱花；两次间横批窗格心有扁米字格、方米字格；两梢间横批窗格心有四斜毬纹、四斜毬纹嵌十字花、簇六橄榄瓣菱花。格子门的格心花纹组合也成两两对称形式，当心间当中两扇格心为簇六石榴瓣菱花，两边扇格心花纹不同，怀疑是后世重新修缮过，其中一扇为四斜毬纹嵌十字花，另一扇为八瓣菱花。两次间当中两扇格心为条纹菱花，两边扇为簇六橄榄瓣菱花。两梢间当中两扇为外带条纹框簇六橄榄瓣菱花，两边扇为簇六橄榄瓣菱花。

门安装的具体做法，可知格子门安装固定在依附于大木的框格间，柱左、右框格构件称"槫柱"（抱住），上、下框格构件称"额"、"地栿"，格子门之间再设"槫肘"。格子门分为固定的门扇和可开合的活动门扇两种，固定门扇安装于框格间，必要时可拆除。需要开合的格子门

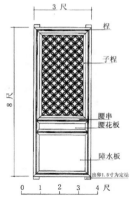

图 7.30   格子门构件示意图

图 7.31（左）
山西朔州崇福寺弥陀殿格
子门格心样式（实拍）

图 7.32（右）
山西稷山金墓所发现的砖
雕格子门
（刘敦桢：《中国古代建筑史
（第二版）》，258 页，北京：
中国建筑工业出版社，2008）

中装有启闭功能的"伏兔"等，并有"立卯插栓"和"直卯拨掾"两种锁定方法，为了使门扇与框格等构件安装精确，《营造法式》规定："桯四角外上下各出卯长一寸五分，并为定法"（图 7.70）。[1]

《营造法式》所记"格子门"由上、中、下三部分组成，即格眼（花心）、腰华板、障水版。格心部分通常占整体比例的 2/3，下端腰华版和障水版共占 1/3，各个部分统一安装在一个框架中，即"桯"（清代称横向者为"抹头"）。《营造法式·卷七》规定有格子门的形制与规格，其总高度在 6 ～ 12 尺之间，每开间分为 2 扇、4 扇或 6 扇，可依建筑的开间大小调整变化。当格子门的整体高度增加或减少时，横向上的"桯"会随之增多或减少（图 7.30）。

格子门上部格心部分由"棂"按照一定的手法组成不同图案，《营造法式》中共记载有"四斜毬纹"、"四直方格眼"、"四斜毬纹上出条径重格眼"、"两明格子"等有限几种格心样式，其中较为简单的是"四直方格眼"（图 7.71）。但由于"棂"的七等断面做法，又衍生出丰富的式样来。另外，"桯"因表面起线脚方法的变化，形成了六等断面形式，[2] 同样可衍生出多种形式。腰华板、障水板也有丰富的装饰手法，如腰华板表面可安装内容和手法亦变化多端的雕花；障水版表面亦多进行雕刻装饰。山西朔州崇福寺弥陀殿格子门（金代），格心花纹形式多样（图 7.31）；山西稷山金墓所发现的砖雕格子门，异常精美（图 7.32）。宋画中也有大量格子门的描绘，充分证明了当时小木作技艺的高度成就。

宋画中还描绘有一种整体均为格眼的格子门形式，后世称作"落地明照"，于明清时期的建筑中广泛使用，尤其多见于南方建筑中，但《营造法式》中并无记载。为了安装拆卸的方便，此时期多于檐下设固定的横披窗，格子门接装于横披窗下，可提高格子门的稳定程度。

宋画"层楼春眺图"、"四景山水图·冬景"中，描绘了分别安装

---

1 潘谷西，何建中：《〈营造法式〉解读》，118 页，南京：东南大学出版社，2005。
2 参见《营造法式·小木作》、《中国古代建筑史（宋辽金卷）》、《华夏意匠》、《中国古代科学技术史·建筑卷》等。

图 7.33 宋"层楼春眺图"中所绘格子门、落地明照、横披窗等

于檐下、金柱间的两重格子门，应该是为了冬季保暖而特别设计的。如在"层楼春眺图"（图 7.33）中，整个建筑四壁皆无实墙，金柱间安装有格子门，每开间 2 扇，另外在檐下横披窗和地栿之间，安装有落地明照。在"四景山水图·冬景"（图 7.28b）中，正对画面的堂中也有两重木构格子门的描绘。随着格子门的冬设夏除，使得室内空间得到了有效扩展，冬季时位于外重的格子门将檐下的空间纳入了室内空间之中；而夏季时，随着内、外两重格子门的拆除，使得内、外空间出现了最大限度的连通。可自由拆装的格子门木构墙体，使得室内外空间的沟通更加自由灵活，尤其是大量应用于南方的落地明照的出现，带来了全新的室内空间感受，建筑立面本身也因格子门的格心花纹的变化而获得了新的视觉效果。就室内装饰而言，格子门的格心花纹在兼具通风、采光等实用功能的同时，使室内墙体产生了变化多端的丰富形式。《营造法式》所记的"两明格子"为里外双层结构，朝里的格子可自由拆装，格心中间可夹纱、纸，这种双层格子门保暖效果较好，多于北方建筑中使用。

除木构幕墙之外，《营造法式》记录有宋代夯土实墙的做法与用法、工限要求；《营造法式·卷十三·用泥》总结了墙体抹面的处理方法。《营造法式·泥作制度·画壁》中有图绘壁画的说明。宋时壁画多见于宗教建筑，墓室中也多有壁画的图绘。《南宋馆阁录》卷二《省舍》记秘阁五间，"阁后道山堂五间，九架"，注云："堂两傍壁画以红药、蜀葵"。

宋代建筑中的门窗较前代有了很大发展，《营造法式》中大致分为版门、合版软门、格子门和乌头门。版门是一种实心门；软门由木

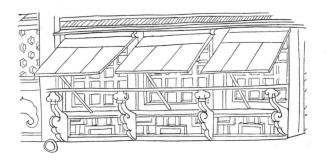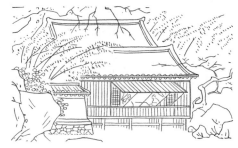

图 7.34（左）
宋"雪霁江行图"中的阑槛钩窗

图 7.35（右）
宋夏圭"雪堂客话图"中所绘槛窗

框镶嵌薄板制成，追求精巧和细致的效果；乌头门是宋代一种标准官家大门，门的两侧有两根方形高柱，称为挟门柱，柱头套有陶缶为乌头，可防止木柱头年久雨林而损坏，下部栽入地下（图 7.72）。宋时出现了带有启闭功能的窗户，《营造法式》中记载有破子棂窗、版棂窗、闪电窗、阑槛钩窗等（图 7.73），其中阑槛钩窗带有启闭装置。《营造法式》中的破子棂窗、版棂窗类似唐代直棂窗，其棂使用矩形断面木条者称为"版棂窗"；使用等腰三角形断面棂条者为"破子棂窗"，这种窗户也有单层、双层之分，前者窗内可裱窗纸等，后者内外棂格相并为开窗，而内外棂格相错即可将窗关闭。随着格子门的广泛应用与普及，宋代时直棂窗多用于寺庙或村野建筑，城市中逐步由格子门所取代。"闪电窗"和"水纹窗"多设在建筑物高处，其窗棂棂条弯曲，光线照入时，运动中的人们似乎感觉到棂条间光线闪烁，犹如闪电；水纹窗也即如此。

阑槛钩窗往往通间安置，其形制主要是在房屋面向庭院或天井一侧设约半人高的槛墙，槛墙上的窗台板叫做"槛面"（踏板），槛面之上另加窗框，窗框中安装窗格，称为槛窗。《营造法式》规定槛面高 1 尺 8 寸至 2 尺，窗高 5～8 尺，总高 7 尺至 1 丈。窗的宽度随建筑开间尺度变化，每间可设 3 扇，窗扇格心为四直方格眼形式。再于槛窗外安装勾栏，即为阑槛钩窗，其寻杖由托柱、鹅项承托，同时鹅项一段使用云栱纹装饰。推开窗扇时，人们可坐于槛面上，外有勾阑凭靠，如"荷亭对弈图"中所绘（图 7.26）。"雪霁江行图"中描绘的阑槛钩窗与《营造法式》所记略有不同，其槛墙为障水版，并有勾片棂条作装饰，更加美观。这种可以自由开合的窗户对室内、外环境的沟通和交流起到了极大的推动作用，身处室内却可将室外山水风景尽收眼底（图 7.34），宋画"雪堂客话图"中也有对槛窗的描绘（图 7.35）。

3）顶棚

宋《营造法式·小木作制度》中有对顶棚做法的详细要求和解释，分为"平棊"、"斗八藻井"和"小斗八藻井"三部分。在《梦粱录》中有"仰尘"记载，应为民间顶棚做法，至明清时期有详细记载，并影响至今。

图 7.36（左）
山西大同下华严寺薄伽教藏
殿藻井、平綦及彩画（辽）

图 7.37（右）
蓟县独乐寺观音阁平闇

所谓平綦，即用方椽整齐地排列相交成小方格网架，上盖木板。通常以建筑的间广与步架为基本单位，在一间广和一椽架的面积内，用木板拼成约 5.5 尺×14 尺的板块，四边用边程为框加固，中间用横木条把板连接成整体，板缝均用护缝条盖住，以免灰尘下坠，此为身板上面的结构做法。身板下多贴厚 0.6 寸、宽 2 寸的板条，将整体板块分割成若干方格或长方格，再用难子（细条板）作为护缝，板上可绘彩画或雕刻进行装饰。平綦造型多样，平面有方形、圆形、六角形、八角形等；截面有平顶式、平顶加峻脚、尖顶形、蟠蜿形等。

宋、辽、金时期平綦做法已难见到全貌，如山西大同华严寺薄伽教藏殿[1]，除了三间后部的一大一小藻井外，其余都作平綦。平綦为方形或长方形格子，其做法应为先在平綦方上置程，方位与平綦方垂直，再于程上置贴，方位与程垂直，这样便构成方格，方格四周施小木条，再于其上装背板。[2] 平綦上彩画牡丹以及周围杂饰宝相花纹（图 7.36）。

平闇是顶棚中较为简单的一种，即用木椽做成较小的格眼网骨架，架于算程枋上，再铺以木板。一般都刷成单色（通常为土红色），无木雕花纹装饰。现存平闇遗构以河北蓟县独乐寺观音阁最为典型。[3] 观音阁下层和上层均采用了平闇式顶棚，构成了 28cm 见方的方格（图 7.37）。[4]

宋《营造法式》记载的藻井形制主要有"斗八藻井"、"小斗八藻

1 薄伽教藏殿，是储藏佛教经典的殿堂，建于辽代重熙七年（公元 1038 年），此殿面阔 5 间（25.65m），进深 4 间（18.41m），是辽代建筑典型之作，具有结构简洁、疏朗、手法洗练、较少雕饰等特点（参见：周宗奇著：《中国古建与山西》，37 页，北京：大众文艺出版社，2004）。辽代与北宋对峙，其建筑中平綦多唐代北方建筑的余波和发展。其早期建筑有蓟县独乐寺观音阁（公元 984 年）和山西应县佛宫寺释迦塔（公元 1056 年）。

2 参见潘谷西，何建中：《〈营造法式〉解读》，331 页，南京：东南大学出版社，2005。

3 据文献记载唐时已经存在，辽统和二年重建，后又经过多次维修。目前可见独乐寺建筑有山门、观音阁、韦陀亭以及后部一个四合院组成，除了山门和观音阁为辽代遗存外，其余皆为清代建筑。从现有山门和观音阁的位置判断，这座寺院最初是以观音阁为中心修建的。独乐寺观音阁面宽 5 间，进深 8 架椽，建在高 90cm 的石砌台基上，单檐 9 脊顶。自外观看分为上、下两层，其内部结构实际为三层，在两层之间的平座、腰檐处有一暗层。一层内柱间中部设高 105cm 的佛坛，上立三尊彩塑，中部观音主像高达 15.4m。

4 参见郭黛姮：《中国古代建筑史（第三卷）》，265～287 页，北京：中国建筑工业出版社，2001。

图 7.38　山西应县净土寺顶棚藻井及彩画（金）

图 7.39　蓟县独乐寺观音阁顶层顶棚

图 7.40　宁波保国寺大殿藻井

图 7.41　山西大同善化寺大雄宝殿顶棚藻井及彩画（辽）

井"。"斗八藻井"多用于殿身内，自下而上分为三个结构层，即方井层、八角井层、斗八层，所用斗拱为六铺作与七铺作。金代建筑山西应县净土寺大雄宝殿藻井[1]、辽代建筑河北蓟县独乐寺观音阁藻井[2]、宋代浙江宁波保国寺大殿藻井[3]、山西大同善化寺大雄宝殿藻井（图 7.41）等。其中山西应县净土寺大雄宝殿藻井是这一时期最为华丽、复杂的代表。大雄宝殿为金代原物，深、广各 3 间，平面呈方形。大殿设覆斗形顶棚，以梁栿划分 9 格，分别为 9 个藻井，中部斗八藻井最大，藻井下饰以天宫楼阁，作混金彩画，十分繁丽精美（图 7.38）。河北蓟县独乐寺观音阁第三层作八角藻井，位于观音像头部正上方，八角形藻井由 8 条阳马汇集于一点，其间以更小的木条编成三角形小格子，其上再覆木板，通过造型与空间的完美结合，烘托出观音优雅的身姿（图 7.39）。浙江宁波保国寺大殿宋代藻井式样与《营造法式》中所述的藻井式样最为接近。殿堂前部当心间有大藻井一个，两次间小藻井各一个，在大藻井两侧作平棊，斗拱遮椽板处作平闇[4]，是平棊、平闇、藻井三者完美结合的实例，同时也是宋代建筑中仅存的一例（图 7.40）。

"小斗八藻井"多用于殿前副阶内，自下而上分为两个结构层，即八角井层、斗八层，所用斗拱为五铺作。[5] 实例如山西应县佛宫寺释迦塔藻井[6]、宁波保国寺大殿藻井等。山西应县佛宫寺释迦塔第一层藻井为八角形，没有最下层的方井。藻井直接建在八角形井框上，转角处以阳马为骨架，在各条阳马下 1/3 处横施一条随瓣方，在阳马与随瓣方划分的梯形和三角形格子之间皆用小木方拼出菱形、方形小格子，其上安装背板。藻井直径 9.48m，高 3.14m（图 7.42）。[7]

顶棚多施以彩绘，《营造法式》卷三十三图版部分有四幅平棊图样——五彩平棊第六、碾玉平棊第十。每种方形、长方形各两幅，其

1　据清代《应州志》载，净土寺于"金天会二年（公元 1124 年）僧善祥奉敕创造，金大定二十四年僧善祥重修"，距今已有 860 多年的历史。

2　河北蓟县独乐寺，建于辽统和二年（公元 984 年）。寺中现存辽代建筑有观音阁和山门。这两座建筑在中国现存古代木构建筑中建造时间较早，结构精妙，艺术超群，为中国古代建筑之典范。观音阁外观 5 间 8 架，下层总广 19.93m，心间广 4.67m，总深 14.04m，平面长宽比约为 3：2，总高 19.73m，与总广略成正方形。它采用殿堂结构金箱斗底槽形式，分内、外槽。结构形式及其处理手法，反映出中国古代建筑可以适应各种使用要求。阁的外观立面和室内空间（包括塑像）的构图是以结构为基础经过缜密设计的。

3　宁波保国寺始建于唐，宋大中祥符年间（公元 1008 ～ 1016 年）重建，现存保国寺大雄宝殿建于大中祥符六年（公元 1013 年），大殿面阔、进深均 5 间，但仅中部 3 间为宋代原构，四周附阶为清代增建。宋构部分许多做法与《营造法式》制度非常吻合，例如斗拱、下昂的做法，拼合柱做法，这在现存诸多宋代建筑遗物中是难得的。室内顶棚中的藻井和平棊、平暗也是非常珍贵的宋代遗物。

4　郭黛姮：《中国古代建筑史（第三卷）》，306 页，北京：中国建筑工业出版社，2001。

5　参照潘谷西，何建中：《〈营造法式〉解读》，126 页，南京：东南大学出版社，2005。

6　应县佛宫寺释迦塔位于山西应县城内西北佛宫寺内，俗称应县木塔。建于辽清宁二年（公元 1056 年），金明昌六年（公元 1195 年）增修完毕。是我国现存最高、最古老的一座木构塔式建筑，也是唯一一座木结构楼阁式塔，为全国重点文物保护单位。

7　参见郭黛姮：《中国古代建筑史（第三卷）》，393 页，北京：中国建筑工业出版社，2001。

所采用的纹饰也各有不同，其中五彩平棊长方形之一中部使用四瓣柿蒂为图案母题，组成方形、长方形、六边形图案，边框为偏晕；长方形之二中部全部使用四瓣柿蒂为母题，沿 45°方向排列，柿蒂纹内部图案画法不同，形成了丰富的装饰效果，外圈使用变形连珠合晕纹。方形平棊之一中部为正八边形，内饰 8 个方胜合罗纹，期间空白处用梭身合晕文，八边形外施两圈方形边饰，内圈为四瓣柿蒂纹，外圈为稍加变形的连珠晕纹；方形平棊之二中部为六边形，填以三瓣形华纹，六边形外套圆形，其外再设两圈方形边框，内部一圈使用四入瓣图科，外部一圈使用连珠合晕。该时期顶棚彩画遗构，以大同华严寺薄伽教藏殿平棊彩画和辽宁义县奉国寺大殿内檐彩画为代表。其中大同华严寺薄伽教藏殿在平棊中尚保留有颜色较深的早期彩画，平棊上绘有牡丹花。辽宁义县奉国寺大殿彩画大殿内檐的主要构件保留有部分辽代彩画，斗拱中绘有莲荷花、宝相花、团窠柿蒂，以及各种形式的琐纹。色彩以朱红、黄丹为主，兼施青绿（图 7.74）。

图 7.42　山西应县木塔首层藻井及彩画（辽）

　　4）建筑构件装饰

　　北宋时期是建筑装修、装饰由简单、质朴发展到类型丰富、制作精美的重要转折点，《营造法式》中有详细记载。《营造法式·彩画作制度》（卷第十四）、《营造法式·诸作工限二》（卷第二十五）详细记载了宋代建筑彩画的类型，并分门别类地规定了每种类型的等级要求、使用部位，以及不同部位所使用的不同题材；同时还叙述了在具体的实施过程中每种类型彩画的用色规律、施工程序，彩画颜料的配制方法与使用经验，以及每种彩画所设想的艺术效果。《营造法式·彩画作制度图样上》（卷第三十三）、《营造法式·彩画作制度图样下》（卷第三十四）中附有彩画图样，如五彩杂华、五彩额柱、五彩平棊、碾玉杂华、碾玉平棊、碾玉额柱、五彩遍装名件等等。

　　依《营造法式》记载，宋代彩画可分为六个等级，总体效果各有差异，并与建筑物的等第相匹配使用，该六种等级分别为五彩遍装、碾玉装、青绿叠晕棱间装与三晕带红棱间装、解绿装饰屋舍与解绿结华装、丹粉刷饰与土黄刷饰、杂间装。该六等中又分别设有若干品类，并依据不同部位选择相应题材。如五彩遍装在上述六等中最为华丽，唯一可使用金色，要求建筑每一构件均施彩绘，并使用多种颜色以达到五彩缤纷的视觉效果，其常用的纹样有华纹、琐纹、飞仙、飞禽、走兽、云纹等。华纹又分 9 品，琐纹分 6 品，飞仙 2 品，飞禽 3 品，走兽 4 品，云纹 2 品，骑跨牵拽、走兽、人物 3 品，骑跨天马、仙鹿、羚羊、仙真 4 品等，如此众多的题材纹样又按照所装饰部位的不同进行搭配，如五彩遍装中的柱子，柱头所用华纹有 2 种；柱身彩画有 6 种；柱脚与柱头所用华纹相对应；柱櫍使用青瓣、红瓣叠晕莲华。再如斗拱，所用纹样主要有植物华纹、五彩净地锦及团科或柿蒂类华纹，斗内用玛瑙地、玻璃地，斗内还可以使用四出、六出、剑环等几何纹，拱上可用鱼鳞旗脚。

碾玉装主要使用青、绿色为主色调，偶尔使用其他颜色，也仅仅为点缀之用。碾玉装所采用纹饰类似于上述五彩遍装，不过更趋于程式化。因其画面内外多层晕叠，犹如琢磨光洁的玉石一般，故而得名。以碾玉装柱子为例，柱头使用碾玉华纹或五彩锦；柱脚使用与柱头相对应；柱（木质）有红晕莲花、青晕莲花两种；柱身维碾玉花纹或间白画、素绿两种类型。《营造法式》卷二十五中有"碾玉抢金"，大概指碾玉装中使用金色，但具体做法没有记载。

青缘叠晕棱间装、三晕带红棱间装主要用于斗拱的构建装饰中，以青、绿色晕染边棱，基本不画华纹，其具体画法又分为三类：青绿两晕、青绿三晕、青绿红三晕。解绿装饰屋舍与解绿结华装是将梁额、斗拱等建筑构件以土朱为主的暖色调装饰，柱椽则使用绿色调。以解绿装梁额栱为例，其彩画位于四周缘道叠晕之内，两头相对作如意头、燕尾，中部通刷土朱，具体做法有两种，即松纹装、卓柏装。松纹装现用土黄，后以墨线绘松叶图案，上罩紫檀色；卓柏装是于梁、栱地面先施丹为地，上绘六簇毯纹与松纹。解绿结华装则是于斗拱、方、桁、椽、梁额等构件上用朱合地，上再绘五彩华纹。

丹粉刷饰与土黄刷饰的各种色彩皆采用平涂手法，以白粉或墨线勾边，整体色调以暖色为主。通常在一些构件上可以施两种颜色，并以直线勾出简单的色块边缘，色块有长方形、三角形或以五边形构成的燕尾形等，如梁额七朱八白彩画，在梁额一类的建筑构件中，现在立面通刷土朱后，再于中部刷若干长方形白色色块，一条长额头方之上，可有白色块八条，与间隔期间的土朱色一起构成"七朱八白"，是非常常见的一种，在宋建筑遗构中，宁波报国寺大殿梁栱中仍有保留，十分难得。此外，门窗、平闇、版壁等处也常有通刷土朱的做法，并于子程、牙头、护缝处刷饰黄丹，使整体效果更加鲜亮。杂间装是将前述5种品类彩画相互配合使用于同一幢建筑物中，以达到更加丰富的效果。如五彩间碾玉装、碾玉间画松纹装、青绿三晕棱间装及碾玉装间画松纹装等等。

中国古代建筑彩画有着严格的等级制度要求，其中以五彩遍装规格最高，碾玉装次之，叠晕、解绿装为中等，而以"刷饰"手法为主的彩画属于低档类型。现存宋、辽、金时期的建筑遗构中，山西大同下华严寺薄迦寺教藏殿平綦为解绿结华装，义县奉国寺大殿梁方处为五彩遍装彩画，白沙宋墓中所见也为五彩遍装形式。

《营造法式》中也详细记载了四类木雕做法，即混作、雕插写生华、起突卷叶华、剔地洼叶华，其中混作即为圆雕，包括各种人物、动物以及角梁下的角神、缠龙柱等；雕插写生华即圆雕的立体花枝，插在栱眼壁处为装饰；起突卷叶华即突显主题的高浮雕手法；剔地洼叶华则为木构件表面的浅浮雕形式。在具体的木构件雕刻中，其形式和手法往往更为丰富。此外，《营造法式·石作制度》中也记载有石雕手法、图案内容等，主要集中在台基、栏杆、柱础、地面斗八、须弥座等处，并按照使用位置将其图案内容细分为 11 种。

7.2.3　室内空间的组织手法

中国传统的木框架结构建筑室内并无承重实墙，为室内设计提供了巨大的创作空间，"我们把室内设计理解为室内装饰，或者说是建筑构件的美学上的表面处理，中国建筑比其他的建筑并没有十分特殊的成功的地方。但是，关于房屋内部空间的组织和分割上，中国建筑的确是积累了其他建筑体系所不及的无比丰富的创作经验"，"在木构框架结构中，任何作为空间分割的构造和设施都不与房屋的结构发生力学上的关系，因而材料上的选择、形式和构造等方面都有完全的自由，这就是另一个促使能够产生多种多样分隔方式的基本条件。相反地，在承重墙结构的房屋中，内部的间隔常常考虑同时利用作为承重的构建，因而分隔空间的方式往往只能限于实墙，难于超越力学上的要求而出现更多的变化"。[1] 在给定的框架中，室内空间可以进行灵活自由的再创造，这是中国古代室内设计非常独特而鲜明的特点，由此也发展出了非常丰富的室内空间组织与分隔手法。具体来说，主要有唐代及以前的帐幔，宋代及以后的小木作装修两种主要形式。[2] 宋代之前，完成室内空间组织和分隔的主要是帷幕帐幔等织物材质，以及屏风等大型室内家具陈设品。进入宋代以后，小木作技艺开始大量应用于室内空间的分隔，并逐步取代传统的帷幕帐幔等手法，成为此后中国传统建筑内部空间分隔的主要手段，至明清时已十分完备多样，如屏门、格扇、板壁、落地罩、飞罩、栏杆罩、圆光罩、多宝阁、太师壁等等。《营造法式》中"小木作制度"达 6 卷之多，在各工种制度中所占篇幅比例最高，所涉及领域主要包括一般建筑常有木装修，如门、窗、顶棚、照壁屏风、截间版障、藻井、平闇等；特殊建筑装修如佛帐、道帐、壁藏、转轮藏等；室外一些小建筑如井亭、叉子、露篱等；用于建筑的木装修如垂鱼惹草、胡梯、版引檐、地棚、掰帘杆等的实用性木装修等广泛内容。[3] 其中用于室内空间分隔的主要手法有"截间格子"、"截间版障"、"照壁屏风"等。自此，唐及唐以前组织室内空间的帷、幔、帐、幄、幕帘等手法开始让位于以小木作为主的各种手法。

1　李允钘：《华夏意匠——中国古典建筑设计原理分析》，295 页，天津：天津大学出版社，2005。

2　张十庆：《从帷幔装修到小木作装修——古代室内装修演化的一条线索》，引《ID+C》，70 页，2001（06）。

3　参见郭黛姮：《中国古代建筑史（第三卷）》，680 页，北京：中国建筑工业出版社，2001。

截间格子分殿内截间格子、堂阁内截间格子两种形式。《营造法式·小木作制度二·殿内截间格子》记载高度约 4.6 ~ 5.6m，单腰串造，以腰串为分界，其上部格心部分和下部障水版的高度比例为 2：1，上部的格心部分可分为 3 间，下部障水版为 3 间，由其整体高度判断，多用于自上而下封闭空间时使用。《营造法式·小木作制度二·堂阁内截间格子》记载其高约 1 丈，双腰串造，就其整体高度而言，上部空间应该另加造木板一类，以将空间完整截隔。堂阁内截间格子还有一种可设门，连通两个空间。这种带门截间格子类似于前述格子门，其安装结构构件也相同，即以槫柱、额和地栿等为依托，边扇为固定死扇，中间设可启闭设备。截间格子上部采用毬纹格心，在采光之余也形成了室内精美的装饰效果，其四周边框（桯）也通过其断面形式来取得更加丰富的装饰，《营造法式》记载其断面形式共分 5 种：面上出心线，两边压边线；瓣内双混或单混；方直破瓣；破瓣双混平地出线；破瓣单混压边线。而桯之间、桯与腰串之间的交接方法也分为两种：撺尖造、叉瓣造，以此衍生出丰富的装饰形式（图 7.75）。

截间版障较为简单，用于梁栿之下分隔开间，《营造法式·小木作制度一·截间版障》记其高约 6 尺至 1 丈间，宽度随建筑间广变化，内外均施牙头护缝。如高度超过 7 者，需用额栿槫柱，当中用腰串造。若间广较大者，则使用槏柱。应是先由额、槫柱、地栿、槏柱、腰串等构件形成骨架，骨架之间填充以木板。《营造法式》中对"照壁屏风"无完整说明，仅仅记载了"照壁屏风骨"，多安装于殿堂心间后部左右两内柱之间，作为主座的背衬屏障，有整片式和四扇式，可固定也可启闭。屏风面多糊纸或布帛，多以字画为内容。

上述小木作手法于建筑整体空间内中的具体应用，多见于在宋代绘画作品、典籍、文学作品中，或辟书房，或为暖阁等，冬设夏除，极为灵活方便。宋画"草堂客话图"（图 7.23）中可见其内次间处设有带门截间格子，划分出独立小室空间，门扇为落地明照式，小室设槛窗，可见内有书桌等家具陈设。"秋窗读易图"（图 7.43）中两座建筑成曲尺形布局，堂侧另起小室，一人窗前读书，书童身后空间与堂相联通，冬季时应有截间格子等截隔围合空间。"层楼春眺图"一层室内设有截间版障，并隐约可见其上作为装饰的山水画。"清明上河图""正店"阁楼上也有截间板障的描绘，划分出了若干供商业活动的小空

图 7.43　南宋"秋窗读易图"所绘截间格子
北京故宫博物院藏

间。陆游《居室记》中有："陆子治室于所居堂之北……，冬则析堂与室为二，而通其小门以为奥室，夏则合为一，而辟大门以受凉风。"[1]另有"小室仅容膝，焚香观昨非"；"并檐开小室，仅可容一几。东为读书窗，初日满窗纸"等句，均涉及室内空间的分隔与组织，十分形象。

　　为冬季驱寒保暖，宋人多在冬季来临时于大空间中截隔小空间，如"暖阁"、"纸隔"、"火阁"、"画阁"等。《梦粱录·十月》记载有该月的节俗，其中之一是："新装暖阁，低垂绣幕，老稚团咻，浅斟低唱，以应开炉之序"。文人诗词中更是多见此类描写，如王安石《纸阁》："联屏盖障一寻方，南设钩帘北置床。侧座对敷红絮暖，仰窗分启碧纱凉。毡庐易以梅蒸坏，锦幄终于草野妨。楚縠越藤真自称，每糊因得减书囊"；陆游《东偏纸阁初成》："我亦联屏为燠室，一冬省火又宜香"；欧阳修《渔家傲》："十月小春梅蕊绽，红炉画阁新装遍"等等。[2]李纲《望江南》中也有："新阁就，向日借清光。广厦生风非我志，小窗容膝正相当"。

7.3　室内家具陈设

7.3.1　家具成就概说

　　经过魏晋、隋唐漫长的发展演变，宋中期时逐步完成了由"席地而坐"向着"垂足而坐"起居方式的过渡，高型家具开始大量进入人们的日常生活。加之宋代木装修技艺成就斐然，小木作技术显著提高，大力推动了家具的制作。就家具结构而言，宋代家具改变了隋唐时期的箱形壶门式结构体系，采用了建筑结构体系中的柱梁式框架结构，这一变化对中国古典家具有着极其重要的影响。而就其种类而言，后世常见的各类形制于宋时均已较为完备，除原有矮型家具得以延续外，高型家具中的典型代表"桌、椅"等已经多见，与之相适应的各类家具形制也渐趋丰富。室内家具陈设格局逐步突破了席地而坐时期以"席、床、榻"为中心的传统，进而转变向以高型"桌、案"为中心，配合以椅、凳类家具的起居习惯。这一起居方式的转变与高型家具的渐趋完备，对室内空间的组织与室内陈设格局的安排产生了极为深刻的影响。

　　北宋《太平御览·服用部》"第 699 卷"中所记家具条目主要有屏风、步障、承尘、囊、床、榻、胡床、几、案、箱等。《太平御览》编撰

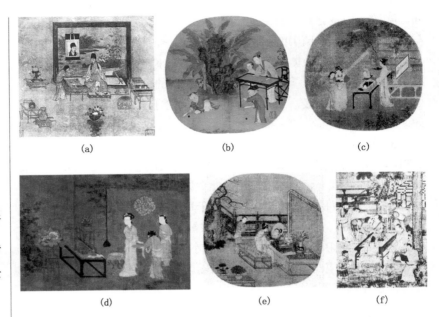

图 7.44   五代、宋画中所描绘的室内家具
(a) 羲之写照图；(b) 蕉荫击球图；(c) 绣栊晓镜图；(d) 盥手观花图；(e) 妆靓仕女图；(f) 五学士图

(a)   (b)   (c)

(d)   (e)   (f)

于北宋太宗太平兴国 8 年，高型家具仅有胡床一条，大概此时高型家具中的桌、椅还未曾大量普及使用。北宋庄季裕《鸡肋编》卷下叙述当时坐卧方式时说："古人坐席，故以伸足为箕倨。今世坐榻，乃以垂足为礼，盖相反矣。盖在唐朝，犹未若此"，此处提及垂足而坐的已经较为普遍，坐具为"榻"，一方面可证明"床榻"类矮型家具向高型发展的趋势，同时也可证明北宋前期"椅凳"类家具尚处于发展阶段。至南宋时高起、高坐已经十分普及，陆游《老学庵笔记》中记有："徐敦立言：'往时士大夫家妇女坐椅子、兀子（杌子），则人皆讥笑其无法度'"，说明此时男子垂足而坐已相当普遍，女子也已经允许坐椅子等高型坐具了。另在《南宋馆阁录》卷二《省舍》中有记，秘阁五间，"阁后道山堂五间，九架"，注云："堂两傍壁画以红药、蜀葵。中设抹绿橱，藏秘阁、四库书目。前有绿漆隔三十扇，冬设夏除。照壁山水绢图一，又软背山水图一，有会集则设之。紫罗缘细柱帘六。钟架一并钟一口。黑色偏凳大小六，方桌二十，金漆椅十二。板屏十六，绢画屏衣一，鲛绡缬额一。鹤膝桌十六。壶瓶一，箭十二。大青绫打扇二，小绫草虫扇十五，夏设。黑光穿藤道椅一十四副"[1]，可略见室内所陈之家具用品，有橱、架、凳、桌、椅、屏等。五代、宋画中也多有描绘家具陈设组合使用之情景，如"天籁阁旧藏宋人画册·羲之写照图"、"重屏会棋图"、"韩熙载夜宴图"、"盥手观花图"、"绣栊晓镜图"、"妆靓仕女图"、"蕉荫击球图"、"五学士图"等（图 7.44）。

1 扬之水：《终朝采蓝：古名物寻微》，19 页，北京：三联书店，2008。"鹤膝桌"应为取鹤膝竹的形象而用来形容中间突起若柱节的桌子腿。

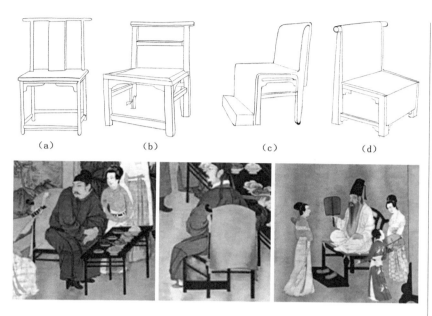

（a）　　　　　　　（b）　　　　　　　（c）　　　　　　　（d）

图 7.45　宋代椅子
（a）河北省巨鹿县北宋木制靠背椅；
（b）江苏江阴北宋墓出土的靠背椅；
（c）浙江宁波南宋初期石制仿木结构靠背椅；
（d）河南方城盐村北宋强氏墓陶椅

图 7.46　五代顾闳中"韩熙载夜宴图"中所描绘的椅子，故宫博物院藏

7.3.2　各类型家具概述

1）椅凳类

高型坐具的大量使用，是宋代高型家具广泛普及的典型例证，主要有椅、凳、墩三种类型。

宋代的椅，按其形制又可分为靠背椅、扶手椅、圈椅等多种形式，其材质主要有木、竹、石等。靠背椅大多无扶手，靠背由两侧两根立材、居中的靠背板以及一根"搭脑"组成，靠背面宽而高，坐面下均有牙条、牙头起加固和平衡作用。其实例有河北省钜鹿县北宋遗址出土的木制靠背椅、江苏江阴北宋"瑞昌县君"孙四娘子墓出土的靠背椅、浙江宁波东钱湖畔发现的南宋初期石制仿木结构的靠背椅、河南方城盐店村北宋强氏墓出土的陶椅等（图 7.45）。其中河北省钜鹿木制靠背椅制作于北宋崇宁三年（公元 1140 年），椅面宽 50cm、进深 54.6cm、通高 116.8cm，椅子搭脑呈弓形，椅面抹头和后大边与后腿直接相接，抹头与前大边采用 45°夹角榫做法。椅面下与前腿交接处已运用角牙，工艺较为简单，造型质朴。[1] 此外，绘画作品也有大量靠背椅的描绘，"韩熙载夜宴图"（传五代顾闳中）[2] 中共绘靠背椅六处，均出曲形搭脑，其搭脑两端上翘并向内卷成牛角状，中间部分弓起，又称"牛头椅"，也称"灯挂椅"（图 7.46）。南宋"宋仁宗皇后像"中的靠背椅，精致华丽，应为宋宫廷家具的代表（图 7.47）。扶手椅有靠背以及扶手，宋画中的扶手椅椅背多低

1　杨古城、曹厚德，陈万丰：《填补南宋椅类家具的空白东钱湖仿木结构石椅》，1995（01）。
2　也有一种说法推测"韩熙载夜宴图"应为宋代作品。

（a）　　　　　　　　　　　　　　　　（b）

图 7.47（左）
南宋"宋仁宗皇后像"轴，
台北故宫博物院藏

图 7.48（右）
北宋"宋太祖坐像"，台北
故宫博物院藏

图 7.49　宋代圈椅
（a）南宋"折槛图"轴局部，
台北故宫博物院藏；
（b）南宋牟益"捣衣图"卷
局部，台北故宫博物院藏

矮，带有脚踏。南宋"围炉博古图"与宋（传）"十八学士图"中的方形扶手椅形制非常类似（图7.44）。"宋太祖像"中的椅子也称宝座，一派富贵华丽之气（图7.48）。圈椅在宋代称为"栲栳样"[1]，如宋画"折槛图"、"却坐图"、"捣衣图"中所绘（图7.49）。交椅由胡床发展而来，宋画中多次出现，如"蕉荫击球图"、南宋"春游晚归图"、"清明上河图"中均有描绘（图7.50）。另外，北宋"清明上河图"和"汉宫图"中绘有了一种联排椅，前者为双人并坐的带靠背和出头平搭脑椅子，后者为多人连坐形式，上有椅披作为装饰。凳和墩均为没有靠背和扶手的坐具，宋画中出现的凳类家具有长凳、方凳、圆凳、机凳等形式。南宋"小庭婴戏图"中所绘方凳甚为精美；南宋"盥手观花图"中有一五足圆凳，腿足造型夸张。墩在宋代已相当普遍，南宋苏汉臣"秋庭婴戏图"中有开光圆墩，宋画"五学士图"中有藤制座墩，宋画"却坐图"中有绣墩（图7.51）。

1　见宋张端义：《贵耳集》，据《丛书集成初编》。

（a）　　　　　　　　　　　　　　　（b）

图 7.50　宋代绘画作品中所表现的交椅
（a）南宋"春游晚归图"局部，故宫博物院藏；
（b）北宋"清明上河图"局部，故宫博物院藏

（a）　　　　　　　　　　　　　　　（b）

图 7.51　宋代绘画作品中所表现的凳、墩
（a）南宋"小庭婴戏图"页局部，故宫博物院藏；
（b）南宋"秋庭婴戏图"轴局部，台北故宫博物院藏

2）桌案类

桌案类家具是高型家具的典型代表，基本包括案、桌、几等形制。该三者在中国古代家具中属同一类范畴，后世常将几案、桌案连称。宋时案、桌形制区别并不十分明显。一般而言，宫廷、文人士大夫多用案，市井家具中出现的桌较多一些，桌子的形制也比较简单。

根据高足案的造型结构来区分，大致可以将宋代的案类家具分为夹头榫案和插肩榫案两种，以夹头榫案为多。宋代夹头榫案的做法大概有四种[1]：一是正面不设枨子，侧面有单枨或双枨，在四足上端只能看到有很小的牙头，如宋画"瑶台步月图"中所绘（图 7.52）；第二类是案正面设有单枨，侧面有单枨或双枨，四足上端嵌夹牙头，如河北钜鹿北宋故城出土的木案，以及宋画"槐荫消夏图"（图 7.53）、宋画像砖"妇女研鲙图"中所绘（图 7.54）。正面设枨子主要是为了矫正第一种做法摇晃不稳的缺憾，但是这样的结构会造成使用上的不便；第三种类型最大的特点是牙条的出现，腿足上端的两个牙头已经连接成一根通长的牙条。通长的牙条能把两足从正面进行有效连结，增加了案子的牢固性。但四个方向上均设有枨子使得就案工作不便，如宋"蕉荫击球图"所绘即是（图 7.44）；第四种类型在结构上有重大改进

1　王世襄：《谈几种明代家具的形成》，51 页，《收藏家》，1996（08）。

图 7.52 南宋"瑶台步月图"页，故宫博物院藏

图 7.53 南宋"槐荫消夏图"页，故宫博物院藏

图 7.54 宋画像砖"妇女研鲙图"中所绘家具

图 7.55（左）
宋"村童闹学图"中所绘家具

图 7.56（右）
南宋马远"西园雅集图"卷局部，美国纳尔逊艾金斯艺术博物馆藏

后，在完善结构稳固性的同时，正面设通长牙条而无枨子，保证了使用上的便利性，如宋画"村童闹学图"所绘（图 7.55）。此外，宋画"盥手观花图"（图 7.44）、"妆靓仕女图"（图 7.44）、"西园雅集图"、"春宴图"中所描绘之案（图 7.56，图 7.57），有矮榻形、带托泥高座式、壶门带托泥式等形式。

桌的规格低于案，形制上略有差别。相比较而言，案的发展历史更为悠久，随着高型家具的普及，桌子才逐步使用起来。就具体形制而言，目前宋代绘画中表现的承具以案为多，即便是规格等级不高的桌子，在两宋时期也不多见。如果按照后世的理解，两宋时期许多市井中使用的简易型案，由于使用上的差异，可以称之为桌，多见于商业店铺、普通农家中。依宋画所见，两宋时桌子大致有方桌、长方桌、交足式的折叠桌等。如"蚕织图"中描绘的木桌，结构合理，比例匀称，在使用中可自由搭配，实用性很强（图 7.58）。"清明上河图"中描绘了众多商业店铺中使用的桌子，制作均较为简陋，形制也非常简单。另外在"清明上河图"中还出现了一张简易交足桌，桌面为圆形，桌腿采用的是交足样式，桌脚的下端用小横木作为足座，起稳固作用。这种交足桌折叠方便，应是为临时摊点便宜收放而设

图 7.57　南宋"春宴图"卷局部，北京故宫博物院藏

图 7.58　南宋"蚕织图"局部，黑龙江省博物馆藏

图 7.59　宋赵佶"听琴图"轴，故宫博物院藏

计的，十分实用轻便。

　　宋画中的高几有圆、方两种主要形式，多放置香炉或花瓶。如宋赵佶"听琴图"（图 7.59）、刘松年（传）"听琴图"[1]、"十八学士图"中各有一方形香几。在"维摩演教图"中有一六角形香几（图 7.60）[2]，白沙宋墓第一号墓后室南壁壁画中绘有一方形高几[3]，南宋"盥手观花图"（图 7.44）中，案的两侧各放置一个高几，几上置竹编花瓶，内插鲜花。另外在"五山十刹图"中也有香几出现，称为香台[4]。

　　3）床榻类

　　"榻"在宋画中非常多见，形制较窄，多供一人坐卧，摆放位置十分自由。如"槐荫消夏图"（图 7.53）、"维摩演教图"（图 7.61）、"荷亭对弈图"、"风檐展卷图"（图 7.62）、"草堂客话图"中均描绘了这种小榻。除上述供一人坐卧的小榻外，宋画中还有一种形制较大之榻，周围不设围子，也有和屏风组合使用的例子。罗汉床在宋画中也有表现，基本特点是三面设围子，一面向前开敞。五代画家顾闳中在"韩熙载夜宴图"中所绘罗汉床，三面围子，一面开敞，床前设案，三面围子上以山水画作装饰（图 7.63）。

1　扬之水：《古诗文名物新证（一）》，105 页，北京：紫禁城出版社，2004。
2　扬之水：《古诗文名物新证（二）》，43 页，北京：紫禁城出版社，2004。
3　参见宿白：《白沙宋墓》，40 页，北京，文物出版社，2002。
4　张十庆：《从"五山十刹图"看南宋寺院家具的形制与特点（上）》，8 页，《室内设计与装修》，1994（02）。

图 7.60　南宋"维摩演教图"卷局部，故宫博物院藏

图 7.61 （上左）
南宋"维摩演教图"卷局部，
美国大都会艺术博物馆藏

图 7.62 （上右）
宋赵伯骕"风檐展卷图"页
局部，台北故宫博物院藏

图 7.63 五代"韩熙载夜宴
图"局部，故宫博物院藏

图 7.64 江苏淮安杨庙宋
墓出土的两足黑漆几

　　由于高型坐具的逐步普及，凭几不再像南北朝时那样盛行。两宋绘画中也有对隐几的描绘，形制不一，两宋之际又将这种两足的隐几称为"懒架"[1]。宋画"白莲社图"中所绘一件曲面形隐几，共设三条弯曲的几腿。"维摩演教图"卷中所绘的隐几，也为曲面。其实物有江苏淮安杨庙宋墓出土的两足黑漆几，几面平直，两端上翘，两直腿，花足（图 7.64）。宋画中还有对"养和"的描绘，南宋林洪《山家清事》"山房三益"条，曰"采松樛枝作曲几以靠背，古名'养和'"，由词面意思并结合宋李嵩"听阮图"（图 7.65）可知，其是一件靠背式的凭几类家具。[2] 南宋陆信忠"十六罗汉图"卷中，绘有一形制很特别的养和，使用时如一把只有靠背没有椅腿的椅子。南宋"孝经图"卷中也有一件同样的养和，人可垂足而坐[3]。

1　《大宋宣和遗事·亨集》记徽宗微服会师师，"二人归房，师师先寝，天子倚着懒架儿暂歇"，徽宗所倚的便是这种两足的隐几。见扬之水：《隐几与养和》，引《古诗文名物新证（二）》，347 页，北京：紫禁城出版社，2008。
2　扬之水：《古诗文名物新证（二）》，343 页，北京：紫禁城出版社，2008。
3　扬之水：《古诗文名物新证（二）》，344 页，北京：紫禁城出版社，2008。

4）柜橱类

柜橱类家具主要用于满足人们日常生活储存物品的功能，有柜、橱、箱等类型。柜是一种长方形家具，一般为木制，早期也有石制。在宋画或者宋墓室壁画中所描绘的柜多为平柜，可分为方柜、矮足柜、座柜、立柜等形式。宋画"五学士图"中有一体形方正、面积较大的柜子，柜门向前，是为数不多的宋代柜子的描绘。河南禹县白沙宋墓中有砖砌矮足柜，河南方城盐店宋墓中有方柜形象，均可用来储存物品。宋画中很难见到对橱的描绘，橱的形制与桌案相似，一般为木制，正面设门，早期形体较箱、柜都大，主要用以存放食物和食具。新型的屉橱形式是在宋代以后才出现的，明代时已形成了自身风格，使用功能也发生了明显变化。箱是一种方形储物家具，制作原料主要有木、竹、皮革等，与柜、橱相比，箱的形体一直以小型、低矮为特点。江苏武进县村南南宋墓中发现镜箱，顶上开盖，下有平屉，屉内有可以支起并放下的铜镜支架，平屉下设抽屉两具。河北宣化辽代张文藻墓壁画"童戏图"中的匣子，也可称为箱（图7.66）。

5）屏、架类

随着高型家具的发展和完善，支架类家具也丰富起来，多有衣架、巾架、灯架等。如河南白沙一号宋墓后室西南壁壁画，绘有一具三弯腿的矮面盆架，架上置蓝色白边的面盆。此后又有赭色巾架，上搭蓝色巾，巾面织方胜纹。大同十里铺辽墓西壁绘有海棠式面盆，放在直足的架上，后有十字足中植立柱，立柱上安横木的架，架上也有巾垂搭，巾上花纹清晰可见。[1]灯架又称灯杆、灯台，是一种底有座墩，上有立竿承托室内照明灯具的家具，专用来承放油灯或蜡烛，多为木制，能随意移动，具有陈设作用。灯架在宋代绘画以及墓室壁画中所见不多，但依据宋代以前以及明清以来的灯架资料来看，宋代的灯架应该不少（图7.67）。

宋画中厅堂多使用落地大屏风，均坐落于堂的中间位置，前设宾、主的座位或席，这种大屏风的可对室内空间进行划分与组织，是建筑整体构造的一部分；同时，通过屏风在空间中的设置，还标示了一种重要的礼仪场景。宋代时，枕屏、卧屏非常普及，多和床

图7.65　宋李嵩"听阮图"局部

图7.66　河北墓室壁画中表现的箱

1　王世襄：《谈几种明代家具的形成》，49页，《收藏家》，1996（08）。

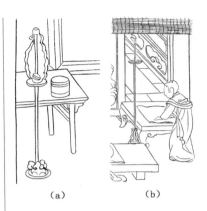

图 7.67 （左）
宋画中的灯台
(a)"蚕织图"局部 ;
(b)"捣衣图"局部

图 7.68 （右）
宋画"捣衣图"中的屏风

（a）　　　　　　（b）

榻等搭配使用，如宋画"槐荫消夏图"、"风檐展卷图"所绘，宋文人笔下也多有对这种更贴近生活的小屏风的吟诵。此外，随着绘画的发展，屏风逐步发展成为书画作品的一大载体，同时也发展为室内装饰的重要组成部分，在五代、宋绘画中，多见以山水、树石、人物等内容为屏心的各种屏风，如宋画"捣衣图"所绘（图7.68）。苏立文（Michael Sullivan）认为，"直到宋代，画屏，或者有人会说是裱在屏风上的画，还可以与手卷、壁画一起称作是中国的三种最重要的绘画形式"。[1]

　　宋代文人善于通过室内陈设品的陈设，来彰显自己的人生境界，如文房清玩、赏石、画屏、花瓶、香炉等，这在很大程度上促进了当时陈设用品的发展。"文房清玩的概念形成于北宋中期，得益于欧阳修、黄庭坚、苏轼等文人团体的倡导，其内容丰富而广大，观书论画、吟诗作赋、品茶谈禅、弹琴对弈、观玩小石等皆是"，[2] 而"燕居焚香，在宋代士人原是一种真实的生存方式"[3]，焚香所用的香炉、香箸、香瓶等同时也构成了室内陈设的一部分。在众多宋代绘画中，也可看到室内所陈设的精美香炉、花瓶、赏石、画屏等。宋代陶瓷、染织、金属、漆器等工艺均获得了很大进步，宋代陶瓷的成就尤其突出，名窑名品层出不穷，为室内陈设带来了全新的陈设品种与视觉享受。宋代的纺织品缂丝已经从实用品完全走向了欣赏陈设品，这在一定程度上说明宋人室内陈设的进步。

7.4　《营造法式》中相关记载

7.4.1　《营造法式》概述

　　《营造法式》全书共 36 卷，357 篇，3555 条，内容概括起来可分

1　巫鸿：《重屏：中国绘画中的媒材与再现》，9 页，文丹译，上海：上海人民出版社，2009。
2　徐飚：《两宋物质文化引论》，212 页，南京：江苏美术出版社，2007。
3　扬之水：《古诗文名物新证（一）》，40 页，北京：紫禁城出版社，2004。

为五个主要部分，即释名、各作制度、功限、料例和图样，该五部分共 34 卷，加"看详"和"总目"各一卷，全书共计 36 卷。《营造法式》将唐代已形成的以"材"为模数的设计方法、各工种的做法和工料定额等，首次作为一种定制固定下来，并附以图样，较为系统、完整地反映了当时官式建筑设计、施工、形式结构和装饰样式等方面的技术成就和艺术水平，成为流传下来的中国古代最重要的建筑专书，也是研究宋代并上溯隋唐、下及金元建筑演变的重要史料。

"看详"主要阐释建筑各工种制度中若干规定的理论和历史传统的根据，以及有关的各种数据等，如屋顶坡度曲线的画法，计算材料所用各种几何形的比例，定垂直和水平的方法，按不同季节规定劳动日的标准等。

总释、总则（第 1～2 卷），总释是对建筑各部分名称的异同及其发源进行考证，从而确定书中所用的正式名称并订出总例。其考证术语包括宫、阙、殿、楼、亭、台榭、城、墙、柱础、定平、取正、材、拱、飞昂、爵头、枓、铺作、平坐、梁、柱、阳马、侏儒柱、斜柱、栋、两际、柎、椽、檐、举折、门、乌头门、华表、斗八藻井、钩阑、拒马义子、屏风、槏柱、露篱、鸱尾、瓦、涂、彩画、阶、砖。总例则是对书中所用基本名词和计量单位进行限定解释，包括测定方向、水平、垂直的法则，求方、圆及各种正多边形的实用数据，广、厚、长等常用词的涵义，以及有关计算工料的原则等。

各作制度（第 3～15 卷），主要介绍各工种的标准做法，包括壕寨、石作、大木作、小木作、雕作、旋作、锯作、竹作、瓦作、泥作、彩画作、砖作、窑作等 13 个工种制度。详述建筑物各个部分的等级大小，设计规范，各种构件的权衡、比例的标准数据，施工方法和工艺程序，各个构件的相互关系，用料的规格和配合成分，以及砖、瓦、琉璃的烧制方法。甚至对造砖瓦坯、烧变次序、琉璃釉药及窑的垒造等多项工艺都有详细记载。

各作功限（第 16～25 卷），介绍诸工种各项工程的用功定额，包括壕寨功限、石作功限、大木作功限、小木作功限、诸作功限。按照各作制度的内容，规定了各工种的构件劳动定额和计算方法，各工种所需辅助工数量，以及舟、车、人力等运载所需装卸、架放、牵拽等工额，最可贵的是其中记录下了当时测定各种材料的容重。

料例（第 26～28 卷），规定了各工种的用料定额，也包括一些材料的规范制作方法。其中第 28 卷还附"诸作等第"，即说明各项不同工程做法在技术难度上的差异，将各项工程按其性质要求、制作难易，分为上、中、下三等，以便施工调配适合工匠。

图样（第 29～34 卷）几乎占全书的一半，是对涉及各制度主要内容进行图释，包括目总例图样、壕寨制度图样、石作制度图样、大小木作制度图样、雕木作制作图样、彩画作制度图样、刷饰制度图样。
图样中包括有各目的测量工具图、地盘平面图、柱架断面图、木构件
详图，以及各种雕饰与彩画图案等。

7.4.2　《营造法式》内容例举

图 7.69　《营造法式》所记"殿堂内地面心斗八"

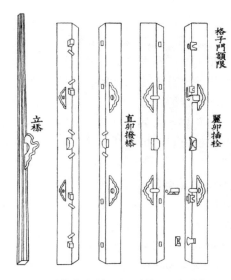

图 7.70　《营造法式》所记"格子门额限"

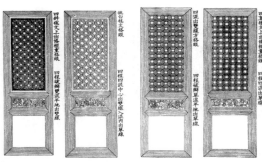

图 7.71　《营造法式》所记格子门样式

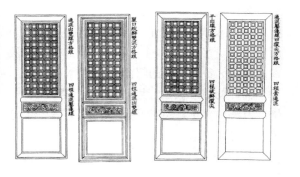

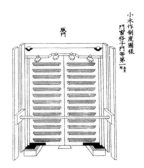
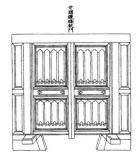
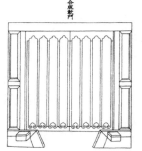
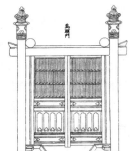

图 7.72　《营造法式》所记各种门样式

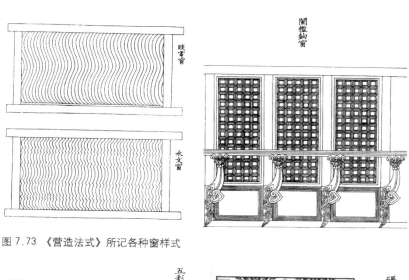

图 7.73　《营造法式》所记各种窗样式

图 7.74　《营造法式》所记五彩平棊与碾玉平棊

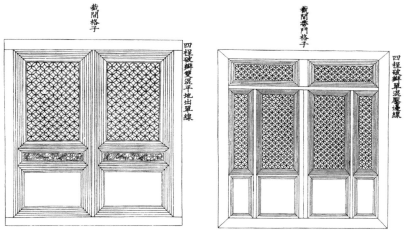

图 7.75　《营造法式》所记截间格子

主要参考资料

[1]（宋）李诫．营造法式．北京：中国书店出版社，2006.

[2]（东汉）许慎．说文解字．北京：九州出版社，2001.

[3] 祝明彻，孙玉文点校．释名疏证补．中华书局，2008.

[4] 周祖谟．尔雅校笺．昆明：云南人民出版社，2004.

[5] 王家树．中国工艺美术简史．北京：文化艺术出版社，2001.

[6] 冯天瑜．中华文化史．上海：上海人民出版社，1990.

[7] 邓广铭，漆侠．两宋政治经济问题．上海：知识出版社，1988.

[8] 叶坦，蒋松岩．宋辽金元文化史．上海：东方出版中心，2007.

[9] 田自秉著．中国工艺美术简史．上海：东方出版社，1994.

[10] 刘敦桢．中国古代建筑史（第二版）．北京：中国建筑工业出版社，2005.

[11] 傅熹年．中国古代建筑史（第二卷）．北京：中国建筑工业出版社，2001.

[12] 傅熹年．傅熹年建筑史论文选．天津：天津百花文艺出版社，2009.

[13] 李允鉌．华夏意匠：中国古典建筑设计原理分析．天津：天津大学出版社，2005.

[14] 杨洪勋．杨洪勋建筑考古论文集．北京：清华大学出版社，2008.

[15] 扬之水．古诗文名物新证（一）．北京：紫禁城出版社，2008.

[16] 扬之水．古诗文名物新证（二）．北京：紫禁城出版社，2008.

[17] 孙机．汉代物质文化资料图说．上海：上海古籍出版社，2008.

[18] 徐飚．《两宋物质文化引论》，212页，南京：江苏美术出版社，2007.

[19] 刘叙杰．中国古代建筑史（第一卷）．北京：中国建筑工业出版社，2005.

[20] 李砚祖主编．环境艺术设计．北京：中国人民大学出版社，2005.

[21] 孙大章．中国民居研究．北京：中国建筑工业出版社，2004.

[22] 巫鸿．《重屏：中国绘画中的媒材与再现》．文丹译．上海：上海人民出版社，2009.

[23] 陈明达．蓟县独乐寺．天津：天津大学出版社，2007.

[24] 马未都．中国古代门窗．北京：中国建筑工业出版社，2002.

[25] 河北省文物研究所 编著．宣化辽墓（上、下册）．北京：文物出版社，2001.

[26] 萧默．中国建筑艺术史（上、下）．北京：文物出版社，1999.

[27] 楼庆西．中国传统建筑装饰．北京：中国建筑工业出版社，1997.

[28] 侯幼彬．中国建筑美学．哈尔滨：黑龙江科学技术出版社，1997.

[29] 梁思成．中国建筑艺术二十讲（插图珍藏本）．北京：线装书局，2006.

[30] 卢嘉锡总主编，傅熹年著．中国科学技术史·建筑卷．北京：科学出版社，2008.

第8章 文艺复兴时期的室内设计

文艺复兴（The Renaissance）是欧洲近代发生的一场思想与艺术运动，这场运动为人类通向现代世界开辟了道路，其所带来的变化足可以与人类首次创立历史性文明的壮举相媲美。文艺复兴的确切起始时间与发生地点很难确定，大致可以认为发起于14世纪时的意大利，以佛罗伦萨（Florence）为中心逐步向意大利的其他地区传播，并在此后的几个世纪里，扩展至了欧洲更多的国家和地区。

自13世纪起，欧洲大部分地区经历了饥荒与黑死病（Black Death）的劫难，社会人口锐减，经济和文化发展趋于停滞。与此同时，随着海上贸易的兴起，意大利水上交通发达的地区如威尼斯（Venice）、热那亚（Genoa）等地，产生了依靠经营粮食、棉花、羊毛、食盐等生活必需品而富裕起来的最早的资产阶级（Bourgeoisie）。随着带有资本主义性质的贸易活动的深入，中世纪晚期时的意大利已经发展成为了欧洲最为富庶和世俗化的地区，由于发达的贸易和商业交流，意大利出现了一批强大的商业城市，城市中聚集了以工业家、商人、银行家为主体的新兴资产阶级，并在社会政治生活中逐步取得了举足轻重的主导地位。伴随着这一新兴阶级的出现，中世纪的世界观和宗教观受到了挑战，新兴的资产阶级以自由贸易活动为基础，无论在制度上还是思想上，资产阶级的利益都与中世纪以教廷为中心、以神学为主旨的社会大环境相冲突。中世纪时强调神性力量的伟大与不可抗拒，认为来自上帝的赐予胜过任何尘世中的努力。在新兴的资产阶级眼里，他们更加尊崇和相信"人"的力量、天赋和才华，重视人的生活权利，持这一价值观的人被称作"人文主义者（Humanist）"。人文主义者注重探索精神，通过研究和发现使得神秘的事物变得不再神秘，甚至包括进行人体解剖来获得人体自身的奥秘所在。这种建立在实验基础上的探索精神和实践，使得现代科学逐步建立，新兴的研究成果通过印刷术的发展而向更广阔的地区传播。但丁（Dante Alighieri）于1304年起开始创作《神曲（The Divine Comedy）》，对教廷和教职人员进行了无情的批判；此后又相继出现了彼德拉克（Francesco Petrarca，1304～1374年，意大利诗人、学者、欧洲人文主义运动的主要代表)、薄伽丘(Boccaccio，1313～1375年，文艺复兴时期意大利作家，《十日谈》的作者)等倡导人文主义的文学家，以及主张宗教改革的马丁·路德(Martin luther)等思想先进的学者，为意大利文艺复兴的到来起到了很好的推动作用。此外，意大利的人文主义者不完全赞同中世纪的世界观，开始向古希腊、罗马的古典世界寻求精神支持，大量搜集古代文献、发掘古典文化，并试图使之复兴。尤其是作为古代罗马人的后裔，意大利人对伟大祖先以及曾经有过的辉煌年代的感触更为直接，身边随处可见的古代遗迹为古典文化的复兴提供了有利条件。加之，古罗马时期维特鲁威的《建筑十书》开始流行，使得文艺复兴时期的建筑师能够直接回到古罗马的古典建筑传统中去汲取营养，这一切都为新风格的创造开拓了道路。应该说，在意大利一些地区，由于具备了迫切需要新社会制度与新文化的新兴资产阶级，以及意大利固有的悠久古典文化，这两者的结合成为了文艺复兴发生的最重要的先决条件。

建筑领域中的文艺复兴，指的是建筑形式上的复兴与建筑主题上的复兴。文艺复兴风格的建筑设计通常采用具有人文主义内涵的装饰题材，与古代希腊、罗马设计传统相联系的构图与装饰母题，以及符合古典审美趣味的表现形式，这种风格反映出了一种区别于中世纪价值观的时代新精神。值得注意的是，意大利文艺复兴建筑的兴起，也使得建筑风格由哥特形式重新又回到了以古典建筑规则为基础的发展道路上来。文艺复兴是人类社会发展从古典时期向现代时期过渡的转折点，文艺复兴建筑风格也是世界建筑史上非常重要的组成部分。古代希腊、罗马建筑文化的复兴大大推进了古典建筑中关于建筑各部分与整体、整体与整体之间，以及建筑和城市之间的比例与尺度关系，建筑规范的制定在一定程度上统一了各地区古典建筑的发展方向，并对此后的建筑发展起到非常深远的影响。文艺复兴建筑中强调协调比例与审美要求，反映了人类自身的真实需求，是人文思想的重要产物。虽然该时期的建筑仍未能完全摆脱神学思想(Theological Thinking)的羁绊，但就其所取得的成就而言，却是欧洲建筑发展历程中具有突破性意义的建筑风格。就这一风格的发展过程而言，一般认为主要集中于15世纪和16世纪时期。其中，15世纪为早期文艺复兴风格时期；16世纪为盛期与晚期文艺复兴风格时期。就发生和传播的地理概念而言，这场运动是以意大利为中心，逐步扩展向欧洲的其他地区。文艺复兴思潮在意大利本土的传播速度与发展非常迅速，而对于意大利之外的欧洲其他地区，则稍显滞后。当意大利进入文艺复兴晚期甚至已经逐步走向巴洛克风格时期时，英国、法国以及德国、西班牙等地还正在经历着各具特色的文艺复兴过程。

文艺复兴时室内设计风格也随之发生了变化，因受到古典艺术的强烈影响以及新时期人们的新要求，"对称"在此时成为了一种主要概念，线脚以及呈带状的细部装饰依然采用了古罗马范例。室内墙面平整整洁，色彩常呈中性或者绘有图案，类似壁纸一般；在一些颇为讲究的室内，墙面一般由壁画覆盖。顶棚由梁架支撑，也有一些处理成装饰丰富的方格顶棚形式，顶棚的梁架或者隔板也常常涂有绚丽的色彩。地面常由地砖、陶面砖或者大理石铺装，图案多为方格抑或更为复杂的几何形式。壁炉逐渐成为室内装饰的重点，多以壁炉框或者巨大的雕像作为装饰。室内家具较中世纪有很大发展，织物的使用也为室内增添了更为丰富的色彩。而在石材砌筑墙体和拱形顶棚的教堂内禁用色彩，常常装饰着来自古罗马建筑模式的细部构造。着色玻璃被单色玻璃取代，以宗教题材为主的祭坛壁画形式较为多见。随着财富的不断积累以及古典知识的广泛传播，文艺复兴时期无论是宗教建筑抑或民居的室内设计，都由早期相对简单的设计手法逐步向复杂繁琐的风格发展。

8.1　早期文艺复兴的建筑与室内

佛罗伦萨是意大利中部的一座内陆城市，由于阿尔诺（Arno）河穿城而过，航运发达，逐步成为了内陆与海上贸易的中转站而兴盛起来，至 14 世纪时已经发展成了一座著名的金融之城，在艺术、文学、商业等方面的发展水平均居意大利各大城市之首。进入 15 世纪以后，在佛罗伦萨出现了早期文艺复兴的三位大师，即建筑师布鲁内莱斯基（Filippo Brunelleschi）、雕刻家多纳泰罗（Donatello）、画家马萨乔（Masaccio），他们在 15 世纪 20 年代前后创造出了体现新风格的艺术杰作。早期文艺复兴风格的设计作品大量涌现，这些设计在内容和形式上均具有明显的革命性或探索性。在建筑与室内设计领域，布鲁内莱斯基、阿尔伯蒂（Leon Battista Alberti，1404 ～ 1472 年）、米凯洛佐（Michelozzo di Bartolomeo，1396 ～ 1472 年）等贡献巨大。此时期修筑教堂等各种纪念性建筑已经不再只是教廷的专利，各种行会、富商、贵族以及市政府当局，都成为建筑活动的积极赞助者，除了教堂之外，府邸、市政厅以及各种公共建筑在内的多种建筑活动日趋繁荣。至 15 世纪末期时，早期文艺复兴的思想已经传向了佛罗伦萨之外的更广泛的地区，为盛期文艺复兴的到来打下了基础。

早在 14 世纪后半叶，佛罗伦萨就已出现了文艺复兴建筑与室内设计的萌芽，保存至今的 Davanzati 宫殿是其典型例子。Davanzati 宫殿位于一座典型的中世纪城镇中，从外观上看，整座建筑对称有序，许多房间都铺设有漂亮的几何花砖地面，带有木梁的顶棚经过精心处理，壁炉带有装饰丰富的壁炉框。从一些诸如线脚、托架等细部上可

图 8.1（左）
佛罗伦萨 Davanzati 宫殿（14 世纪 90 年代）

图 8.2（右）
佛罗伦萨主教堂（圣玛利亚教堂）大穹顶

以发现某些具有古典品质的新意识迹象。从整体装修来看，房间都比较简洁朴素，府邸的卧室保存完好，自此可见地面上铺设的花砖，顶棚上暴露在外的木结构被装饰性图案覆盖着。墙壁装饰丰富，在较低的墙面处、檐壁层分别装饰着被重复排列的图案。在墙壁较高处，描绘着连续的拱廊样式图案。室内整体色彩呈温暖的红色，可以见到一个百叶窗，墙角处设有装饰精美的壁炉。房间里的家具较少，仅有一张床、一个摇篮、两个橱柜与两把椅子（图 8.1）。

8.1.1 布鲁内莱斯基

菲利浦•布鲁内莱斯基（Filippo Brunelleschi，1377 ～ 1446 年）是意大利早期文艺复兴建筑的第一位伟大代表。布鲁内莱斯基多才多艺，精通绘画、雕刻以及建筑，曾经两次前往罗马游历，对罗马古代建筑遗址进行了详尽的勘察。在布鲁内莱斯基所绘的佛罗伦萨广场、街道、建筑等素描中，表现出其对透视学的深入研究，并发明了线透视（Linear Perspective）体系，对当时的绘画和雕刻产生了很大影响。布鲁内莱斯基非常欣赏古罗马建筑的宏伟感和简洁性，并成功地将他的古典知识转化为 15 世纪的文艺复兴设计语言。布鲁内莱斯基一生留下许多设计杰作，如圣洛伦佐教堂（Chiesa di S. Lorenzo）、圣斯皮里托教堂（Holy Spirit）、佛罗伦萨主教堂圆顶（St. Maria del Fiore）、巴奇礼拜堂（Pazzi Chapel）、佛罗伦萨育婴院（Foundling Hospital）等。

布鲁内莱斯基最为人所知的作品是佛罗伦萨主教堂（圣玛利亚教堂）大穹顶（图 8.2）。佛罗伦萨主教堂始建于 13 世纪晚期，主体建筑于 14 世纪中后期时完成，但教堂在平面十字交叉处采用了大穹顶设计，虽然颇具创新，却因设计与施工难度太大而被遗留。首先，直径达 42.7m 的穹顶开口过大，如按照传统做法铺设木梁，建起拱赝架后再砌造圆顶，一则没有如此长度的木梁，同时也不能够承受圆顶的

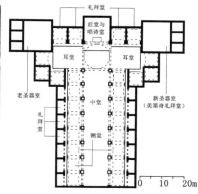

重压。其次，圆顶的侧推力过大也会导致垮塌。布鲁内莱斯基提出了一个将古典穹顶建造方法与哥特式尖券结构优势相结合的创新方案。考虑到穹顶自身结构的现实问题，布鲁内莱斯基放弃了古罗马的半球形圆顶形式，采用了尖拱式的圆顶。大穹顶被设计位于沿墙面砌起的一段高约 12m、厚 5m 的八角形鼓座上，由于鼓座将大穹顶的高度抬高，使得整个穹顶完全突显出来。鼓座每一面均设计有圆形窗户，为室内采光提供了便利。大穹顶为了最大限度降低其重力和侧推力，采用了哥特式的二圆心尖拱形式，由于尖拱具有更强的独立性，穹顶本身采用了双层空心结构，可以大大减小穹顶的侧推力与重力。双层穹顶结构的底部由石材覆盖，上部采用砖砌，使得穹顶自下而上越来越薄。穹顶最上部设计有一座白色大理石采光亭，压在穹顶肋拱收拢环上，起着采光和坚固结构的双重作用。完成后的大穹顶坚固耐用，拥有完整的视觉效果，一经建成即成为当时穹顶建筑结构的代表，也被视为文艺复兴建筑开端的标志。

　　佛罗伦萨育婴院是一座四合院形式建筑，被认为是文艺复兴的第一件作品。其正立面设计为一个优美的敞廊，优雅细挺的科林斯柱式、半圆形的连续拱券，以及拱券之上简洁笔直的柱上楣，构成了优美和谐的旋律。敞廊内的开间为正方形，每个开间之上都有一个小圆顶，圆顶外侧由圆柱支撑，内侧由墙面伸出的托石承接。这种敞廊形式来源于古典别墅的门廊与中世纪修道院的回廊（图 8.3）。

　　在圣洛伦佐教堂（始建于约 1420 年）、圣斯皮里托教堂（始建于1435 年）的设计中，布鲁内莱斯基采用了修饰过的典型的拉丁十字形平面布局，在十字交叉处设置穹顶，这两座教堂的设计也均成为了后世教堂设计的典范。圣洛伦佐教堂的设计大胆革新，以十字交叉口处的正方形开间作为基本单位，将整个教堂平面按照 1：2 和 1：4 的数学关系来进行安排，使整个空间布局更具理性、更加和谐。在教堂内可以看到由罗马拱券组成的中庭连拱廊，侧廊拱顶由优美的科林斯柱支撑，精美的顶棚镶板将木结构掩藏起来（图 8.4，图 8.5）。圣斯

图 8.3（左）
天使报喜广场育婴院立面
（1419～1424 年）

图 8.4（右）
圣洛伦佐教堂平面图
（1421～1469 年）

图 8.5（左）
圣洛伦佐教堂中厅(1421 ~
1428 年)
（约翰·派尔：《世界室内设
计史》，76 页，刘先觉译，
北京：中国建筑工业出版社，
2003）

图 8.6（右）
圣灵教堂内景（1436 ~
1482 年）

皮里托教堂表现出了更为成熟的艺术风格，也设计有罗马拱券组成的中厅连拱廊，侧廊拱顶支撑在科林斯柱子上（图 8.6）。

布鲁内莱斯基也是文艺复兴早期最早对集中式教堂形式进行探索的建筑师，代表作品主要有圣洛伦佐教堂的老圣器室（Old Sacristy，图 8.7）、巴齐礼拜堂（Pazzi Chapel，图 8.8）。老圣器室（也称为美第奇礼拜堂，Medici Chapel）位于圣洛伦佐教堂的东北角上，其主体空间为一个立方体，圆顶由四个拱券和帆拱支撑，是典型的拜占庭教堂结构。向里凹进的小祭坛的平面也是正方形，上面覆盖着一个较小的圆顶；科林斯式的壁柱和柱上楣已经失去了作为结构的功能性，而以一种装饰要素存在。整个室内非常洗练、朴素。圆形、半圆形与水平线、垂直线之间的对比；白色墙面与灰色构件之间的色调对比，产生了丰富有趣的几何图样。这种室内装饰手法以及用肋券支撑的伞状圆顶的形式，为后来的建筑师广泛采用。巴齐礼拜堂是布鲁内

图 8.7（左）
圣洛伦佐教堂老收藏室（约
1421 ~ 1425 年）
（约翰·派尔：《世界室内设
计史》，76 页，刘先觉译，
北京：中国建筑工业出版社，
2003）

图 8.8（右）
圣克罗切教堂巴齐礼教堂
(1429 ~ 1461 年)
（约翰·派尔：《世界室内设
计史》，76 页，刘先觉译，
北京：中国建筑工业出版社，
2003）

莱斯基为巴奇家族（Pazzi Family）设计的，堪称 15 世纪上半叶最
动人的教堂设计之一。该礼拜堂的建筑与室内设计具有突破性的尝试，
柱廊、穹窿、壁柱、半圆拱券、檐梁等古典要素按照严谨的几何比例
和模数关系组织起来，构造出简洁纯净的空间和富于条理与秩序的内
外装饰构图，营造出了朴素且颇具现代感的设计效果，这个精致的设
计充分展示了源于古典建筑传统的美学特点和理性特征。

8.1.2　阿尔伯蒂

阿尔伯蒂（Leon Battista Alberti,1404～1472 年）是著名的
早期文艺复兴艺术理论家和建筑师，也是一位人文主义学者。不论在
理论还是实践领域，阿尔伯蒂均取得了巨大成就，并对后世建筑设计
产生了最直接、广泛的影响。在阿尔伯蒂看来，建筑是艺术和科学的
自然结合，他的作品因其实际应用功能而备受同时代人的青睐和尊重。

阿尔伯蒂的设计艺术高峰在曼图亚的两座教堂中体现出来，即始
建于 1460 年的圣塞巴斯蒂亚诺教堂（S. Sebastiano）和始建于 1471
年的圣安德烈亚教堂（S. Andrea，图 8.9）。圣塞巴斯蒂亚诺教堂是
文艺复兴时期第一座希腊十字式教堂，室内采用了古希腊神庙柱廊。
圣安德烈亚教堂整体平面仍沿用拉丁十字形，十字交叉处有一个穹顶，
顶棚处理为十字方格形式，其下覆盖着中厅、耳堂和圣坛。教堂平面
中取消了侧廊，解决了巴西利卡教堂中殿列柱妨碍侧殿人群视线的问
题。这座大教堂的室内空间布局显示出设计师试图使用古罗马浴场与
巴西里卡设计模式来满足基督教教堂需求的尝试，大厅空间整体统一，
隧道般的筒形拱将人们的目光导向圣坛和后殿。与中殿呈直角处设有
若干小礼拜堂，也采用相应尺度的筒形拱顶。教堂内壁装饰以半圆拱

图 8.9　圣安德烈亚教堂
（始建于 1471 年）
（约翰·派尔：《世界室内设
计史》，79 页，刘先觉译，
北京：中国建筑工业出版社，
2003）

门窗套、壁柱、檐梁构成的"建筑性框架"和填充于
其中的大尺度壁画组成。区别于中世纪教堂的神秘、
复杂与骚动，该教堂的室内环境将宏伟简洁的空间形
态、工整精致的格子顶棚、比例严谨的装饰构图以及
大尺度的彩色壁画联系在一起，产生了十分壮丽的效
果。在之后的盛期文艺复兴教堂设计和巴洛克教堂设
计中，圣安德烈亚教堂的平面、空间和装饰方法成为
经典性的设计原型。

阿尔伯蒂在建筑理论领域建树颇丰,所完成的《论
建筑（De re aedificatoria）》一书为阿尔伯蒂赢得
了西方建筑理论之父的盛誉。阿尔伯蒂于 1428 年曾
前往罗马，对古罗马的废墟进行了研究，1434 年返回
佛罗伦萨。1435 年以拉丁文字完成了《论绘画（De
picrura）》，1438 年撰写了《论雕塑（De statua）》。

自 1443 年起直至去世，阿尔伯蒂主要居住在罗马，此时期中完成了一系列重要的美学与数学著作，其中包括被称为西方近代第一部建筑理论著作的《论建筑》。该书与维特鲁威的《建筑十书》有着密切的联系，因为流传至当时的《建筑十书》其中包含许多古希腊术语，阿尔伯蒂是当时唯一能够系统理解该书内容的建筑师。在《论建筑》中，阿尔伯蒂阐述了自己对古典建筑原则的理解，他认为建筑是一种有机体，由线条和材料构成；线条产生于思想，而材料则来自于大自然。在该书第 6～9 书中，阿尔伯蒂着重探讨了建筑的审美问题，包括建筑装饰、比例理论以及公共建筑与私家建筑等，并于第九书中提出了美的三个规范：数（numerus）、比例（finitio）、布局（collocation），最后归结为和谐（concinnitas）。阿尔伯蒂认为"和谐"是大自然的最高法则，建筑由数学规则和比例支配，并由此产生和谐。

8.1.3　米凯洛佐

米凯洛佐（Michelozzo di Bartolomeo，1396～1472 年）是布鲁内莱斯基的学生，佛罗伦萨住宅建筑设计方面的一位重要建筑师。他将布鲁内莱斯基的设计原则运用于府邸建筑，为文艺复兴时期新型的府邸建筑奠定了基础。

米凯洛佐主要为佛罗伦萨的美第奇家族服务，并设计了文艺复兴时期最重要建筑之一——美第奇—里卡尔第府邸（Palazzo Medici-Riccardi，1444～1464 年），府邸宏大的规格以及对其主要楼层上华丽套房的强调，都为之后大城市住宅奠定了设计的基调。

美第奇—里卡尔第府邸平面近似方形，中央为庭院，以科林斯柱式的敞廊环绕着。这个匀称整齐的内院是文艺复兴古典主义在半圆拱券运用方面的典范之作，纤细的科林斯柱子上承接着连续的拱券，环绕着严格对称布局的内院空间。外立面为 3 层，底层原为敞廊环绕，后于 1517 年改造为厚重的墙壁。带有窗楣山花的窗户是后来由米开朗琪罗设计的，巨大的屋檐来源于古典柱上楣形式，虽然与整座建筑的高度很相称，但与其上的第三层不成比例，使人感到压抑。府邸建筑的粗琢面石作和小窗的大体量建筑，可使人想起中世纪建筑的厚重特征，但对廊院中心对称布局的布置和对罗马细部的运用均明确表明这是座早期文艺复兴的作品。中央入口通道引向正方形院落，院落轴线上有一个中央出入口通向后院的花园。12 根科林斯柱子支撑拱券形成一圈四周回廊。拱券在柱头顶部交汇，而拱券之间以极为笨拙的方式交接，暗示了设计者对古罗马时期如何将柱子联接成连拱廊的处理方式还处于模糊不清的阶段。房间室内很简洁，大部分没经过装饰，只是有格子形装饰的木顶棚和带有古典细部的门框及壁炉框。墙面上可能装饰有丰富且绘画般的绣幄，礼拜堂室内墙壁以壁画装饰（图 8.10）。

（a）

（b）

（c）

图 8.10
美 第 奇－里 卡 尔 第 府 邸
（1444 ～ 1464 年）
（a）平面图；（b）内景；
（c）麻葛游行图（贝诺佐·
葛佐利绘于 1459 年）

8.1.4 乌尔比诺公爵府邸

乌尔比诺（Urbino）位于意大利亚平宁山脉中，其宫廷是当时人文荟萃的中心聚集地。15 世纪后半叶，乌尔比诺处于费德里戈·达·蒙泰费尔特罗公爵（Federigo da Montefeltro）的统治之下，蒙泰费尔特罗公爵是当时公认的开明君王，他是军事家、政治家，又是博学多才满怀热情的人文主义者与新艺术赞助人。他拥有着当时意大利藏书最多的图书馆，收藏有为数众多的古代著作的手抄本。自 15 世纪60 年代起，蒙泰费尔特罗公爵开始修建其府邸（Palazzo Ducale），并希望这座建筑成为"配得上我们及祖先"的宫廷建筑。

乌尔比诺公爵府委托当时非常活跃的文艺复兴艺术家劳拉纳（Luciano Laurana，约 1420 ～ 1479 年）设计建造。庞大的府邸建筑群坐落于山顶，四周为峭壁山崖。东立面前有一个广场，西立面耸立有两座巨大的圆塔，两塔之间是类似古罗马凯旋门式的拱洞，形成 3层敞廊。整个府邸的外貌仍如中世纪的城堡，其中最为人称道的是内部庭院的设计，庭院四周的建筑基于严格的数学关系，拥有着和谐的比例。府邸建筑中的窗洞尺度明显加大，其中开向内院的窗洞已经接近现代居住建筑的一般标准。府中多数房间比例和谐，房间彼此穿套。在文艺复兴以及之后的巴洛克时期，为取得宏伟的透视效果，这种采用串联式房间的组织方法十分常见。房间内壁大多采用白色粉刷，只有门、窗套和壁炉细部以优雅的文艺复兴雕刻加以精心装饰，与朴素的白墙形成对比，取得节制而生动的室内效果。

公爵书房（约 1470 年）的设计十分精致，采用全镶板装修和彩画顶棚。墙体下部为透雕方格窗花格镶板，上部为彩画镶板。环房间上部的彩画镶板上，绘有公爵、他的儿子，以及 28 位备受文艺复兴人文主义者所敬仰的古今著名人物，其中包括摩西（Moses，公元前 13 世纪希伯来人的领袖）、所罗门（Solomon，公元前 10 世纪中叶以色列国强大、贤明的统治者）、柏拉图（Plato，古希腊著名哲学家）、亚里士多德（Aristotle，古希腊著名哲学家）、但丁（Dante）和彼德拉克（Petrarch）。

图 8.11　乌尔比诺公爵府书房（约 1470 年）

（约翰·派尔：《世界室内设计史》，84 页，刘先觉译，北京：中国建筑工业出版社，2003）

同时，彩色镶嵌木创造了一系列虚幻视觉效果，橱柜、壁龛、长凳以及凌乱的书本、乐器，甚至放置于墙上牛眼窗中的所有物品，虽然视觉效果异常逼真，但事实上均由平面图绘制而来，文艺复兴的艺术家们利用自己所掌握的透视学知识实现了这一切效果（图 8.11）。

8.2　盛期文艺复兴的建筑与室内

盛期文艺复兴风格（High Renaissance）在艺术史上特指 1500～1520 年间，意大利文艺复兴的理想在建筑、绘画、雕刻领域获得全面实现的时期。15 世纪末期，佛罗伦萨的统治者洛伦佐·德·美第奇去世，米兰大公斯福尔扎倒台，使得这两地繁荣的艺术活动沉寂下来。意大利建筑艺术的中心向罗马转移，在教皇尤利乌斯二世（Julius Ⅱ，1443～1513 年）的统治下，意大利一流的建筑师与艺术家们创造了文艺复兴艺术的黄金时期。这其中包括众多在世界建筑史中非常著名的建筑师，如伯拉孟特（Donato Bramante, 1444～1514 年）、米开朗琪罗（Michelangelo, 1475～1564 年）、帕拉第奥（Andrea Palladio, 1508～1580 年）等。这一时期，意大利文艺复兴风格的设计进入了成熟期，形成了更加鲜明的特征，首先是对古典比例和古典美感的强调，均衡的、对称的平面，重心往往位于中轴线上；静态的空间，由立方体、球体、半球体、半圆筒体等简洁且易于理解的几何形态构成；壁面装饰构图严谨，比例讲究、尺度完美。其次是追求宏大的规模和丰富的装饰。这一时期产生了一批史无前例的宏大建筑，即使是那些规模较为节制的设计也往往拥有着丰富细腻的细部与装饰处理。

8.2.1　伯拉孟特

伯拉孟特（Donato Bramante）是盛期文艺复兴时期一位重要的建筑师。位于米兰的圣赛提洛教堂（S.Satiro）代表了由早期文艺复兴向着盛期文艺复兴转变的过程，圣赛提洛教堂是一座建于 9 世纪的小教堂，伯拉孟特在此基础上采用早期文艺复兴的惯用手法进行了重新改造。因实际地理位置局限，教堂内没有圣坛的位置，伯拉孟特运用视觉透视知识，在教堂端墙处绘制了一个具有纵深效果的祭坛，使得教堂内部空间在视觉上完成了十字形平面的布局，而这一空间事实上是建立在绘画、浮雕等艺术表现手法基础上的透视形象（图 8.12）。

1499 年移居罗马时已经 50 岁的伯拉孟特，创造出了该时期十分著名的两座传世杰作，即坦比哀多小教堂（Tempietto, 始建于 1502 年）

图 8.12（左）
圣赛提洛教堂（改建工作
始于 1476 年）

图 8.13（右）
坦比哀多礼拜堂（1502 年）
（约翰·派尔：《世界室内设
计史》，81 页，刘先觉译，
北京：中国建筑工业出版社，
2003）

与新圣彼得大教堂（New St.Peter's Basilica）的最初设计方案。伯
拉孟特热衷于一种类似古罗马万神庙的穹顶集中式建筑形式的研究，
坦比哀多小教堂十分纯正的古典主义被誉为是盛期文艺复兴的第一件
标志性作品（图 8.13）。小教堂修筑于罗马蒙托里奥圣彼得修道院的
庭院内，相传此处是圣彼得当年的殉难地。小教堂采用了古代周柱式
圆形神庙形式，下层一圈为多立克柱式，柱上楣是纯粹的古典形式，
第二层上设计了环绕的栏杆，并在建筑主体之上加盖了圆顶。小教堂
使得希腊圆形神庙的优雅与罗马圆顶的堂皇完美地结合起来，这些均
来自设计师的全新创造，并非是对古典样式的刻板模仿。

　　新圣彼得大教堂始建于 16 世纪初，用以替代当时已有 1100 年
历史的巴西里卡式圣彼得老教堂。教皇尤利乌斯二世委托伯拉孟特负
责设计和建造，然而整个工程延续至一个世纪之后才最终完成。在
漫长的建造过程中，几代才华横溢的文艺复兴大师都参与其中，如
伯拉孟特、拉斐尔（Paphael, 1483～1520 年）、小桑加洛（Antonio
Sangallo the Younger, 1484～1546 年）、米开朗琪罗（Michelangelo）、
丰塔纳（Domenico Fontana, 1543～1609 年）与马代尔诺（Carlo
Maderno, 1556～1629 年），以及巴洛克建筑大师贝尔尼尼（Gianlorezo
Bernimi, 1598～1680 年）。

　　由伯拉孟特所设计的平面图可知，大教堂是一座集中式建筑，在
一个正方形平面中包含了一个大型希腊十字，4 个角落处又各有一个小
希腊十字，大教堂外观应该是一座中央大圆顶统帅四周小圆顶的形式。
大教堂于 1506 年奠基后，伯拉孟特于 1514 年去世，尤利乌斯二世于
1513 年去世，工程由拉斐尔接管。拉斐尔为大教堂重新设计了一个拉
丁十字方案，未及实施也离开人世。其继任者佩鲁齐又将平面改回希
腊十字形式，却也因 1527 年西班牙的入侵而停滞。之后在 1530 年，小

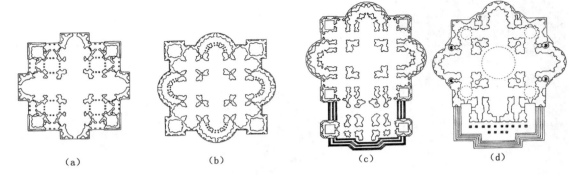

（a）　　　　　　　　　　（b）　　　　　　　　　　（c）　　　　　　　　　　（d）

图 8.14　圣彼得教堂的平面设计（1506 ～ 1564 年）
（a）伯拉孟特，1506 年；
（b）伯拉孟特和洛佩兹，1513 年；
（c）桑加洛，1539 年；
（d）米开朗琪罗，1546-1564 年

桑加洛着手重新修筑大教堂，将集中式与拉丁十字结合起来。小桑加洛去世后，年近 70 岁的米开朗琪罗接任负责大教堂的建设，在设计上回到了伯拉孟特最初的方案中。米开朗琪罗去世时，大教堂已经修筑至起拱处的鼓座位置，其上的圆顶则是波尔塔与丰塔纳于 1580 ～ 1590 年间建造。17 世纪时，设计师马代尔诺加建了中堂与前廊，使得整体平面成为了天主教堂所坚持的拉丁十字形式。17 世纪下半叶，巴洛克著名建筑师贝尔尼尼在大教堂前修建了大型广场（图 8.14）。

最终建成的圣彼得大教堂总长 213.4m，主穹窿直径 41.9m，内部顶点距地 123.4m，达到古罗马万神殿高度的 3 倍。与这一空前建筑规模相呼应的是极为丰富华丽的内壁装饰设计。建筑基面完全覆盖于巨幅壁画、大理石或青铜圆雕，以及灰塑浮雕和饰金饰面之下。在这里，多种艺术形式和多种装饰材料的混合使用，已经预示了巴洛克设计的某些特征，但由壁柱、檐梁、龛洞、格子拱顶和半圆拱门等古典形式要素构成的"建筑性骨架"在总体装饰方案中仍起控制作用，使之统一于文艺复兴风格所固有的古典秩序中。

8.2.2　小桑加洛

在盛期文艺复兴时期，府邸和乡村别墅都由权贵人家建造，他们同时也是该时期最伟大的艺术家和建筑师的重要资助人。上述提及的小桑加洛（Antonio Sangallo the Younger）即受法尔尼斯家族（Farnese）委托，设计和修筑其宏大的罗马府邸（1513 ～ 1546 年）——法尔尼斯府邸（图 8.15a）。小桑加洛采用早期佛罗伦萨住宅的方式，以巨大的对称体量环绕一个方形的院落形式，但在具体设计中他趋向于应用更为完善的古典语汇。府邸的入口穿过一个隧道一样的长廊，两侧有来自罗马废墟的 6 根多立克石柱，通道尽头即为明亮的中央庭院，底层和中层为连续的拱廊，底层为多立克柱式，中层为爱奥尼亚柱式，这些似乎来自于罗马大斗兽场的结构体系，赋予了院落一种坚固的感觉。第三层由于米开朗琪罗的接手而变得复杂，拱券取消，原来的科林斯柱式修改为壁柱，壁柱同时也是窗户的窗框，窗户顶部装

(a)

(b)

图 8.15　法尔尼斯府邸
(1597 ～ 1600 年)
(约翰·派尔:《世界室内设
计史》,82 ～ 83 页,刘先觉译,
北京:中国建筑工业出版社,
2003)
(a) 内院;(b) 天顶画

饰有曲线形的山花。府邸中最大的房间是两层高的加德斯大厅(Salle des Gardes),房间铺设有精美的地面、带有古典门框的门道、镶板木格形顶棚,墙壁以壁毯为饰,挂在墙面中部的小圆浮雕上。位于后楼中央的主楼层被称为卡拉西画廊(Carracci Gallery,图 8.15b),室内筒形拱顶棚完全被神话般的画面覆盖,壁画带有绘制的模拟建筑细部的画框。墙壁上混杂布置着壁龛和壁柱,看似明显呈三维的细部和雕饰事实上都是平面粉刷的逼真表现。

在卡拉西画廊中所表现出来的装饰手法,如壁画布满房间中所有或者大部分墙壁的做法,在文艺复兴时期的室内设计实践中变得越来越普遍,如上述乌尔比诺公爵府书房(图 8.11)、美第奇—里卡尔第府邸中的壁画(图 8.10b)等均有表现。而在这样的室内,家具的出现似乎都带有偶然性的特征。

保罗·莱塔鲁伊利(Paul Letarouilly)所著的《现代罗马大厦》中精美的版画表现了文艺复兴盛期时佩鲁齐(Baldassare Peruzzi,1481 ～ 1536 年)的作品。佩鲁齐于 1532 年为麦西米兄弟在罗马设计了两座相同的小规模府邸,建筑中有一个装饰精美的小庭院,主楼层的沙龙也极尽装饰之能事。在《现代罗马大厦》中刊登了这座府邸沙龙的室内版画,可以见到在爱奥尼式壁柱上面支撑着带状的檐部,檐部上面有一条由装饰嵌板构成的檐壁。顶棚为深凹的方格镶板,并带有丰富的装饰(图 8.16)。

8.2.3　拉斐尔

文艺复兴三巨人之一的拉斐尔(Raphale,1483 ～ 1520 年),不仅在绘画领域为西方确立了古典理想,同时还是一位在建筑与室内设

图 8.16（左）
麦西米府邸（1532～1536年）
（约翰·派尔：《世界室内设计史》，84页，刘先觉译，北京：中国建筑工业出版社，2003）

图 8.17（右）
马里奥山　马达马别墅残存部分（1516年）

图 8.18　人民广场上的圣玛利亚教堂基吉礼拜堂内景

计领域卓有建树的艺术家，曾经作为伯拉孟特的助手参与过圣彼得大教堂的工程。拉斐尔英年早逝，在其生命的最后几年，除了创作有大量绘画作品外，还在罗马、佛罗伦萨设计有部分建筑作品，并通过建筑与室内设计为后世开创了"手法主义（Mannerism）"的道路。拉斐尔设计的潘多尔菲尼府邸（Palazzo Pandolfini，佛罗伦萨郊区）单纯而优雅，介于别墅与府邸之间。拉斐尔的建筑设计多偏爱平面化的视觉图式，构图在均衡中求变化，产生一种恬静端庄的整体效果。自1516年起，拉斐尔开始为红衣主教朱利奥·德·美第奇（Cardinal Giulio de'Medici）设计并建造位于罗马近郊依山而建的马达马别墅（Villa Madama，图 8.17），拉斐尔与其学生罗马诺在别墅立面利用灰泥制作了丰富多彩的装饰浮雕，模仿罗马时期尼禄皇帝的金宫。在为锡耶纳银行家阿戈斯蒂诺·基吉设计的基吉礼拜堂中（Cappella Chigi，图 8.18），拉斐尔所做的室内装饰设计充分体现了他的画家天分。室内装饰了昂贵的彩色大理石以及色彩鲜明的壁画，追求强烈的色彩与光影对比效果。同时运用了极为丰富的几何形状、线脚，特别需要一提的是古埃及金字塔形状的引入，使得室内装饰构图富于变化却又不失和谐。

8.3　晚期文艺复兴的建筑与室内

晚期文艺复兴风格中带有了明显的"手法主义（Mannerism，约始于1510年）"倾向，"手法主义"一词是当时的一些批评家用来形容那些因模仿米开朗琪罗晚期创作"手法"而误入歧途的画家们的一个术语，这种绘画在文艺复兴的传统中发展出一种表达自由的个人情感的倾向。批评家们指出，那些画家在作品中一味追求绘画技巧与感官刺激，热衷于夸张变形甚至"矫揉造作"的人物形体和体态，该术语同样适用于限定同期发展的建筑和室内设计。不过，对建筑与室内设计中的"手法主义"的研究是从 20 世纪初期开始的。

至 16 世纪中叶，设计的发展已经进入了一个以古典元素为基础的稳固体系中，罗马柱式以及罗马人对柱式的运用方式，被文艺复兴的设计师与理论家们整理编撰，并且成为插图类书籍的主要内容，这些内容向人们展示了"正确"的室内处理方式：一种宁静朴素的效果。而当一种风格达到稳固的程式化地步时，部分艺术家和设计师对这种成套的公式带来的过度束缚感到不满。在设计中，个人的意志逐步突显出来，并且在细部的使用上突破了早期的规则。在今天看来，"手法主义"是介于盛期文艺复兴设计与巴洛克设计之间的一种过渡形式，而事实上，这种对盛期文艺复兴风格的超越或挑战，几乎在盛期风格发展的同时便已见端倪。

手法主义装饰风格与同名绘画和雕塑艺术同步发展。意大利文艺复兴巨匠米开朗琪罗（Michelangelo Buonarroti, 1475～1564 年）为罗马西斯廷礼拜堂（Sistine Chapel）所做的大型天顶画，佛罗伦萨美第奇礼拜堂（Medici Chapel）、洛伦佐图书馆（Laurentian Library）等设计，都是与手法主义装饰相联系的早期作品。罗马诺（Giulio Romano, 1492～1546 年）设计的泰宫（Palazzo del Tè），可被视作手法主义时期的代表作。受到米开朗琪罗的影响，佛罗伦萨也出现了一大批带有手法主义倾向的建筑师，如阿曼纳蒂（Bartolommeo Ammanati, 1511～1592 年）、瓦萨里（Giorgio Vasari, 1511～1574 年）、布翁塔伦蒂（Bernardo Buontalenti, 1536～1608 年）等。1527 年在罗马受外国军队控制之后，意大利的建筑艺术中心向北方转移，大批著名的建筑师也纷纷逃离罗马，并将盛期文艺复兴的建筑思想带到了威尼斯、曼图亚、米兰、帕多瓦等地。帕拉第奥（Andrea della Gondola Palladio, 1508～1580 年）是意大利文艺复兴的最后一位建筑大师，在创造性地运用古典建筑语言方面，帕拉第奥的作品达到了完美和谐的境界。16 世纪中叶以后，塞利奥（Sebastiano Serlio, 1475～1555 年）和维尼奥拉（Giacomo Vignola, 1507～1573 年）出版了影响深远的建筑理论著作，清晰定义了五种柱式的体系和可操作的规范。

8.3.1　米开朗琪罗

米开朗琪罗·博纳罗蒂（Michelangelo Buonarroti, 1475～1564 年）是文艺复兴最伟大的人物之一，在雕刻、绘画、建筑领域均成就斐然，同时也是一位优秀的诗人。与其他盛期文艺复兴建筑师不同的是，米开朗琪罗首先是一位雕刻家，然后才是画家和建筑师，他在建筑中多追求建筑构件饱满的体积感和形状的张力，并认为建筑和雕刻

图 8.19（左）
圣洛伦佐教堂 美第奇礼拜
堂（1519 ~ 1534 年）
（约翰·派尔：《世界室内设
计史》，85 页，刘先觉译，
北京：中国建筑工业出版社，
2003）

图 8.20（右）
劳伦廷图书馆的门厅和楼
梯间（始建于 1524 年）
（约翰·派尔：《世界室内设
计史》，73 页，刘先觉译，
北京：中国建筑工业出版社，
2003）

是不可分割的整体。也许由于米开朗琪罗没有受过正规的建筑设计训练，导致他在设计中更少受到传统的束缚而更具创造力。

始建于 1505 年的西斯廷礼拜堂拱顶长逾 40m，面积达 800m²。米开朗琪罗历经 4 年时间，在这里绘制了主题为"创世纪"的宗教故事天顶画，画面尽管仍处于由"山花"、"拱券"、"檐口"构成的结构框架中，但充满张力的人物造型已经冲破约束，似乎游离于框架之外，这些均预示了打乱结构组织完整性的情绪力量开始出现。

在佛罗伦萨的圣洛伦佐教堂中，伯鲁内列斯基曾经为此设计过一个老收藏室（图 8.7），1519 年米开朗琪罗又增建了与之对称的新收藏室（即美第奇礼拜堂 Medici Chapel，图 8.19）。新收藏室平面基本呈简单的正方形，带有一个小一些的方形过厅，穹顶放在帆拱之上。室内大体仿照老收藏室的形制，而在装饰处理手法上有所区别。与老收藏室室内所体现的安宁、古典意味不同，米开朗琪罗赋予了新收藏室室内一种更加活泼、冲突的个性。黑灰色石材制成的壁柱和线脚在白墙的衬托下显得十分醒目。

同样在圣洛伦佐教堂，米开朗琪罗于 1524 年设计了一座图书馆（Laurentian Library，图 8.20），并在此展示了一个全新的创造。由于受地形限制，图书馆的阅览室高于门厅，门厅的装修工程始于 1524 年，虽然沿用了伯鲁内莱斯基式的内壁装饰，即深色建筑构件与白色墙面形成对比，但米开朗琪罗以雕塑感取代了前者的平面性。进入门厅，会感觉到周围墙壁宫廷立面般的堂皇效果，巨大的、成双成对的大理石圆柱沉入墙壁之中，柱下是纯粹作为装饰的华美的涡卷形托石。图书馆中最富创造性的是通向阅览室的大楼梯，大厅建成后一直使用临时性木梯，直至 1557 年米开朗琪罗提出永久性楼梯方案。在这个

方案中，设计师将其作为一件艺术品加以精心设计与表现，曲线自然流畅，造型颇具动态感与戏剧性，被视为是巴洛克风格的先声。当通过楼梯进入主阅览大厅时，其室内设计简洁明亮，墙壁采用扁平的壁柱进行划分，以产生深远的空间透视感。

图 8.21（左）
德尔特府邸（泰宫）
(1525 ～ 1535 年）
（约翰·派尔：《世界室内设计史》，86 页，刘先觉译，北京：中国建筑工业出版社，2003）

图 8.22（右）
德尔特府邸（泰宫）巨人厅

8.3.2　罗马诺

朱利奥·罗马诺（Giulio Romano, 1492 ～ 1546 年）是拉斐尔的学生，在拉斐尔去世后移居曼图亚，为曼图亚第一公爵费德里科二世（Federico Ⅱ Gonzaga）服务，其设计的泰宫（Palazzo del Tè，图 8.21）是手法主义的典型代表。泰宫位于曼图亚郊外，是一座夏宫，仅一层，布置成一个庞大的中空正方形，四面房屋环绕着一个中心庭院，东面设有一座大花园。泰宫的设计不拘成法，主入口设在北面而非中轴线上。从外部来看，西部主体建筑的 3 个立面构图各不相同，北面入口两侧的窗户也不完全对称，带有某种随意性和偶然性。进入中央庭院，不合常规的做法随处可见，面对庭院的 4 个立面都沿袭了文艺复兴的古典设计形式，但是每一个立面都表现出奇怪的不规则性，转而采用具有韵律或者设计师精心制造的"错误"。三角形山花"漂浮"在窗上，有时还带有拱心石，更为奇特的是中楣的三陇板位于两柱间向下滑落的位置，这些似乎暗示着对古典设计原则近乎戏谑的轻蔑。罗马诺的手法主义倾向在室内设计中体现得更为明显，罗马诺将绘画、灰泥浮雕与建筑物融为一体，营造出了一种强烈的视觉冲击力。在一处称为"巨人厅（Sala dei Giganti)"的房间里，顶棚以及四面墙上都布满了壁画，表现了巨大的神庙和众神聚会的场景，给人一种惊心动魄的混乱感（图 8.22）。

8.3.3　帕拉第奥

安德烈·帕拉第奥（Andrea della Gondola Palladio, 1508 ～

1580 年）是 16 世纪意大利文艺复兴的最后一位设计大师，他在设计理论以及设计实践领域均取得了卓越成就，不仅对当代实践有巨大的推动作用，而且对后世同类活动有着异乎寻常的影响。他的建筑艺术是对这一时代的总结，并超越时空的限制，在 17 世纪和 18 世纪的英国和美国得到热烈的响应，形成所谓"帕拉迪奥主义"，再度成为左右建筑设计方向的重要力量；他的建筑理论，与同时代的维尼奥拉一道被认为是 17 世纪古典主义建筑原则的奠基者。1540 年开始投身于建筑理论和设计活动的帕拉第奥，与众多文艺复兴艺术家一样，曾数次访问罗马并测绘了大量古罗马建筑遗址。帕拉第奥一生著作颇丰，最有影响的是 1570 年出版的《建筑四书（I Quattro Libri dell'Archiettura）》。该书第一书论述了建筑的材料与构造、建筑总论以及五种柱式规范；第二书介绍城市住宅与乡村别墅；第三书为处理街道、桥梁、广场和公共会堂；第四书讨论古代神庙。《建筑四书》不仅有重要的理论价值，其中大量的精美插图具有直观的可摹仿性，书中所阐述的古典建筑的基本原理，被他的读者们奉为设计准则。

帕拉第奥是意大利北部人，生于距维琴察 20km 的帕多瓦（Padua），他在自己的家乡与周边地区建造了为数众多的建筑物。帕拉第奥主张建筑应服从理性，符合维特鲁威提出的原理，并遵循古代不朽之作所体现的准则。他重视对各种和谐比例的研究和使用，提倡谨慎地选用古典形式要素和装饰纹样。他本人的设计通常与构图均衡、细部严谨等特点联系在一起，充分反映了他的建筑主张。

在从事建筑设计的 40 年中，帕拉第奥的作品广泛涉及各种建筑类型，以宅邸和别墅设计的影响最大。帕拉第奥第一项重要工程委托是对维琴察老市政厅的改造与加固。老市政厅是一座已经破旧不堪的中世纪巴西里卡，设计师十分巧妙地在原建筑外加建了两层敞廊，敞廊的高度接近原建筑的檐部，起到遏制屋顶侧推力的作用，同时也可改变建筑的外观。拱券放在壁柱之间，底层使用多立克柱式，上部为爱奥尼柱式。在每一开间内，拱券都落在两颗独立的小柱上，小柱和大壁柱隔开约 1m 左右的距离，使得两者之间留下了一个长条形空挡。这种开敞拱券在两侧各带一个矩形空挡的布置方式，是立面构图处理中柱式构图的重要创造，逐渐引起了后世设计师的兴趣而被广泛使用，并被奉为"帕拉第奥母题（Palladian motive）"沿用至今，这座建筑后来也以帕拉第奥的名字命名为"帕拉第亚纳巴西里卡（Basilica Palladiana）"（图 8.23）。1560 年以后，帕拉第奥在威尼斯设计有两座大教堂，即大圣乔治教堂（S.Giorgio Maggiore，始建于 1565 年）与救世主教堂（IL Redentore，始建于 1576 年）。

帕拉第奥在维琴察设计有许多城镇住宅，并在周围乡村设计了若干别墅。在马塞尔（Maser）的巴尔巴罗别墅（Villa Barbaro，约始

建于 1550 年，图 8.24）即是其中一例。别墅立面严谨优美的古典式拱廊一字排开，与自然环境融为一体，给人一种如诗如画的感觉。别墅内的主要室内布局是典型的帕拉第奥式，希腊十字平面形成了集中布局的空间形态。室内整体构造非常简洁，但壁画装饰十分丰富，大部分都是来自保罗·韦罗内塞（Palo Veronese）的作品，壁画模仿了建筑的细部，同时还采用了虚幻的透视画法来表现开启的门、阳台、人物，甚至还有一只鹦鹉，实际上这些都是在平面上的描绘。

　　这类设计中最负盛名的是位于维琴察的圆厅别墅（Villa Rotonda, 1550 ～ 1551 年，也称卡普拉别墅）。该别墅平面工整对称，采用希腊十字形，四个立面均带有希腊式门廊，成对称布局的房间围绕着中央圆形大厅。别墅纯正的古典语言、和谐的比例和适度的规模，以及隽永的田园诗意，都成为西方建筑师竞相模仿的典范。中央圆形大厅上覆盖着罗马式半穹窿顶，内部的视觉环境特征与高大的空间、大尺度的拱门、壁柱、山花、壁画以及圆雕联系在一起。帕拉第奥显然是从古代公共建筑，特别是神庙建筑中找到了居住建筑的设计灵感。这种尝试在当时的追随者甚众，一方面是由于庞贝遗址在发掘之前，人们缺乏有关古典居住建筑室内情况的基本知识；另一方面，古典神庙设计的正规性和纪念性更符合盛期文艺复兴口味，这一点似乎更为重要。在 15 ～ 18 世纪之间的意大利宅邸，几乎从未被认为是亲切的私人生活场所，它们更多地被看作是重要的社交舞台（图 8.25）。

图 8.23（左）（中）
帕拉第亚纳巴西里卡立面与局部图（1549 年）

图 8.24（右）
巴尔巴罗别墅（约 1550 年）
（约翰·派尔：《世界室内设计史》，87 页，刘先觉译，北京：中国建筑工业出版社，2003）

图 8.25　维琴察圆厅别墅
（始建于 1565 年）
（陈平：《外国建筑史：从远古至 19 世纪》，356 页，南京：东南大学出版社，2006）

8.4　欧洲其他国家和地区的建筑与室内

　　早在公元 13 世纪时的法国，尽管贵族各派系之间的内战频繁爆发，但皇权在这一时期内逐步得到了确立并不断巩固，统一的国家形式已经初具雏形。特别是 15 世纪中叶结束了与英国之间的"百年战争"（1338～1453 年），法国在整个欧洲已经拥有了举足轻重的地位。15 世纪末期（1494 年），法王查理八世（Charles, 1483～1498 年在位）远征意大利，直接接触和体验到了意大利文化，并带回了一批技艺纯熟的意大利工匠，这些工匠在法国建筑领域掀起了新风格的端倪。法王弗兰西斯一世（Francis I, 1515～1547 年在位）是一位意大利文化的热忱崇拜者，曾邀请意大利著名的艺术家造访，如达·芬奇（Leonardo da Vinici, 1452～1519 年）、塞利奥（Sebastiano Serlio, 1475～1554 年）、普里马蒂乔（Francesco Primaticcio）、贝尔尼尼（Bernini）等人都曾活跃于法国。随着意大利文化的不断传入，法国王室以及贵族们开始模仿意大利文艺复兴样式建造宫殿和府邸，放弃了厚壁窄窗、光线暗淡的中世纪城堡，代之以宽敞明亮，并装饰有意大利大师绘画作品与雕塑装饰的房间。法国早期文艺复兴室内作品有商堡（Chambord）内的宫廷狩猎楼、阿塞·勒·李杜府邸（the Chateau de Azay-le-Rideau）。位于法国卢瓦尔省商堡府邸的狩猎楼始建于 1519 年，由多米尼克·达·科尔托纳（Domenico da Cortona, ?～1549 年）等人设计，狩猎楼平面规整对称，券、壁柱以及线脚上有着文艺复兴设计概念的装饰细部。室内主要中心部位是一个开敞的交流空间，中间设有希腊十字形的前厅，其中心有 2 个螺旋楼梯，连接主要楼层和屋顶。楼梯支柱顶部带有爱奥尼柱头，拱顶为方格形藻井（图 8.26，图 8.27）。阿塞·勒·李杜府邸位于法国卢瓦尔省，整体呈 L 形，环绕在周围壕沟与湖面。这座尺度巨大的豪华府邸虽然设计者不详，但其室内以及部分家具保存良好。府邸内的房间应该没有就功能以及私密性给予充

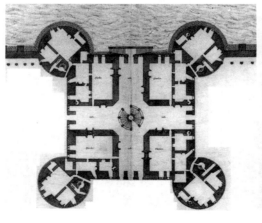

图 8.26 （左）
商堡底层平面图
（约翰·派尔：《世界室内设计史》，111 页，刘先觉译，北京：中国建筑工业出版社，2003）

图 8.27 （右）
商堡府邸（始建于 1519 年）
（约翰·派尔：《世界室内设计史》，110 页，刘先觉译，北京：中国建筑工业出版社，2003）

分考虑，每个房间均沿楼梯做简单的排列，每间房间都作为下一间的通道。房间内的窗户嵌入厚重的墙壁内，窗扇内开，当窗帘被拉上时，可以产生一个内凹的私密空间。每个主要房间采用梁式木顶棚，石材墙面上覆盖着不同颜色的装饰布，装饰布的颜色也决定了房间的主色调。房间往往设有雕刻丰富的大壁炉，由于房间并没有预设的固定功能，室内家具多以其实际功用进行陈设（图 8.28）。

到 16 世纪中叶，土生土长的法国艺术家已经成熟起来，有能力摆脱外国艺术家的指导，独立发展自己的新风格。但由宗教分歧引起的法国内战（1562～1598 年）导致国内政治经济形势急遽恶化，以至在整个 16 世纪下半叶，鲜有大规模的或有影响的建设项目出现，这一局面直到进入 17 世纪才有所改变。真正的法国文艺复兴风格的出现是在弗朗索瓦一世（1515～1547 年）统治时期，这时期风格主义在意大利已大获全胜。位于法国北部的枫丹白露宫（Chateau de Fontainebleau）最初是一座中世纪的皇家狩猎别墅，1528 年在法国建筑师的主持下进行了改建。弗朗索瓦一世同时还邀请了意大利著名画家普里马蒂乔（Francesco Primaticcio）、雕塑家罗索（Giovanni Battista Rosso）等意大利艺术家对改建的枫丹白露宫进行室内装饰设计。其中的弗朗索瓦一世画廊是一处狭长室内空间的房间，采用檐壁式装饰性墙面，墙体下部为高高的雕花木镶板墙裙，上部檐壁由置于一系列灰塑浮雕画框中的彩画组成，墙裙上的雕花镶板和檐壁上的浮雕画框，每一块（樘）都各自不同。画廊中的人字形镶木地板是法国式的，在意大利更常见的是大理石或陶砖地面。大理石墙面则是意大利式的，墙面上嵌有镶在灰塑雕花画框中的彩画。用作画框"支撑"的女性裸体雕像柔美而精致，后来成为最具法国特色的装饰母题之一。顶棚吊顶采用浅浮雕灰塑手法，这在意大利文艺复兴和手法主义设计中均很罕见，但在同期英国建筑中相当流行。整体来看，尽管普里马蒂乔和罗索引进了意大利的装饰手段与母题，如大理石饰面、灰塑浮雕饰面、壁画、希腊神兽、罗马假面、涡卷、小天使、花环等，但枫丹白露宫的装饰方案对于丰富性和精湛技巧的追求超过了对古典秩序的关注，其室内装饰中出现了非注重理性的意大利文艺复兴风格，而是表现情绪与技法的手法主义（图 8.29）。

图 8.28（左）
阿塞勒李杜府邸（1518～1527 年）
（约翰·派尔：《世界室内设计史》，111 页，刘先觉译，北京：中国建筑工业出版社，2003）

图 8.29（右）
枫丹白露宫（1533 年前）
（约翰·派尔：《世界室内设计史》，112 页，刘先觉译，北京：中国建筑工业出版社，2003）

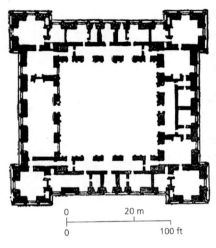

图 8.30（左）
安西·勒·弗朗府邸（1546年）

图 8.31（中）
格拉纳达主教堂带有高祭坛的唱诗席（1592年）
（约翰·派尔：《世界室内设计史》，131页，刘先觉译，北京：中国建筑工业出版社，2003）

图 8.32（右）
埃斯库里阿尔宫内的教堂（1574～1582年）
（约翰·派尔：《世界室内设计史》，134页，刘先觉译，北京：中国建筑工业出版社，2003）

　　法国盛期文艺复兴室内设计还有一处是位于法国勃艮第的安西·勒·弗朗府邸（Ancy-le-France，始建于1546年），由意大利设计师塞巴斯蒂亚诺·塞利奥（Sebastiano Serlio，1475～1555年）设计，府邸平面为一个对称形的中空方形，所有房间都环绕中心庭院布局，体现了意大利风格对法国府邸设计的影响。在陡峭的瓦屋顶上有许多法国样式的烟囱与老虎窗（图8.30）。

　　在西班牙，自从格拉纳达（Granada）的查理五世在阿尔汗不拉宫中采用了意大利文艺复兴思想，以及腓力二世在埃斯科里亚尔严谨而宏伟的修道院城堡中大量采用意大利式的壁画和装饰之后，一种来自后哥特传统的有着无理性装饰语汇、以模仿银餐具华丽装饰为特征的风格（银匠风格）充斥在16世纪西班牙的建筑和室内设计中。银匠风格（Plateresco）主要指西班牙早期文艺复兴风格，如格拉达纳主教堂（Granada Cathedral，图8.31）的细部装饰，带有古典线脚、柱头与巨大的铁制屏风或格栅，这样的设计体现出了西班牙当时室内金属工艺的精湛特性。约1500年左右，西班牙出现了一种称为严谨装饰风格（Desornamentado）的设计风格，以埃斯库里阿尔宫（Escorial，图8.32）为代表。

　　英国在16世纪形成了集权制国家，并推行新教（Protestant），其与罗马教水火不容。在政治与宗教方面英国保持有一定的独立性，在艺术上受意大利文艺复兴风格的影响也比较晚。英国的文艺复兴最早出现在都铎王朝（House of Tudor，1485～1603年）时期，包括亨利七世、亨利八世、爱德华六世与玛丽女王时期。这一时期英国的建筑多保持着特有的乡土气息，被称为都铎风格，同时意大利式的细部开始用于装饰，如门、壁炉周围以及家具细部。都铎风格的建筑仍属于中世纪哥特传统，其室内往往耗工巨大，一般拥有石板、陶砖或者木质地板，灯芯草铺地的情况已经大为改变，更多采用精美的草席。

全镶板房间开始流行普及，挂毯仍然常用于室
内墙面的装饰，窗帘依然少见。室内家具仍旧
较少，似乎还没有形成正规的布置方法。整体
来看，都铎风格很好地体现了英国传统设计的
本质魅力，其所拥有的理性与节制精神，一直
控制着之后的英国设计发展方向。

伊丽莎白一世（Elizabeth Ⅰ，1558 ～
1603 年）是都铎王朝最后一位统治者，1558
年英国击败了西班牙确立了海上霸权，最终完
成了殖民统治。此时的建筑与室内也逐步由都

图 8.33　哈德威克府邸长
厅（1591 ～ 1597 年）
（约翰·派尔：《世界室内设
计史》，141 页，刘先觉译，
北京：中国建筑工业出版社，
2003）

铎风格向伊丽莎白风格过渡，其中府邸住宅的设计变化最为明显，称
为"伊丽莎白府宅（Elizabeth mansion）"。如在萨默塞特（Somerset）
的朗利特府（Longleat House）与德比郡的哈德维克府邸（Hardwick
Hall, 1591 ～ 1597 年，图 8.33），哈德维克府邸代表了英国这个时期
的住宅装饰设计顶峰。该时期的府邸建筑多尺度宏大、布局紧凑，整
体平面呈对称格局，传统的环内廷布置方式已不再采用，在面向花园
的一面常常设有意大利式凉廊（Loggia）以及凉廊上方连接翼楼的长
廊（gallery），并被作为整个府邸中的装饰重点。房间窗户尺度大为
增加，室内的露明顶棚更多地被吊顶顶棚取代，吊顶顶棚为室内装饰
提供了新的契机。整体来看，伊丽莎白时期的府宅展示了新时代背景
下英国设计的新趋势。不过，英国设计真正告别中世纪模式是在斯图
亚特王朝（House of Stuart）时期。

8.5　室内装修装饰与家具陈设

文艺复兴的室内装饰是这一时期优秀文化的最佳载体之一，不仅
由于文艺复兴时期的许多家庭室内都饰有当时优秀的艺术作品，同时
还有各种类型的装饰风格。由于文艺复兴时期的大部分室内都没能完
好地保存至今，即使一些教堂以及大型建筑中较为正式的室内空间保
存相对完好，但日常生活的空间却难以长久保留。对该时期室内设计
的研究主要借助于当时涉及室内生活的绘画作品，文艺复兴时期的绘
画注重对现实事物的表达，同时由于透视画法技巧的发展，为后世研
究当时室内情形提供了很好的帮助。

文艺复兴运动日益强调陈设装饰的世俗性，中世纪以教会题材为主
要的艺术创作对象发生了很大变化。15 世纪始，意大利室内装饰中许多
最漂亮和最重要的项目大多都集中在郊区或乡村所建的别墅中，如以罗
马、佛罗伦萨为中心的地区，以及威尼斯附近的别墅和郊区宫殿。此时
房屋的窗户尺寸大为增加，中世纪窗子的小开口被大玻璃窗取代。

文艺复兴时期，古典艺术对建筑影响巨大，15世纪的意大利室内设计则主要体现为外观上的建筑化，由理想的人体比例为基础，构成了以和谐几何形式所表达的15世纪意大利美学思想。在这种思想影响之下，直至16世纪末期，意大利人才开始于室内追求一种完美的比例构成关系。该时期的意大利室内设计十分强调空间概念，在中世纪时室内要向外展开延伸，比例服从功能需要。而在文艺复兴时期，设计师们总是首先确定最佳的标准比例，然后再进行其他细节设计。如乌尔比诺的都卡莱宫大浴室与弗朗西斯科一世美第奇的小书房具有同样的比例系统，这代表了一种因具有美妙的设计比例而强化优雅风格的室内设计风格。

文艺复兴时期，意大利人追求完美的室内内壁装饰，并视其为"尊严"与"新精神"的一种象征。在室内环境设计中，意大利人极大地提升了墙面与顶棚的装饰，按照不同的构图特征，此时期意大利的室内墙面装饰形成了三种主要形式，即布鲁内列斯基式、檐壁式、混合式。"布鲁内列斯基式"由设计师本人首创而得名，通常以壁柱、檐梁、盲拱券等建筑构件对建筑室内平坦的墙面进行划分或组织，产生了具有"结构性"的装饰特征，并通常表现为"简洁"、"理性"的装饰效果。"檐壁式"墙面装饰于中世纪晚期时即已流行，通常环房间内壁制作一道水平彩绘或雕刻檐壁，其宽度在几十厘米到几米之间不等，位于高出视平线或低于视平线但高于家具的位置上。"混合式"墙面装饰效果最丰富华丽，除"结构性"的框架对墙面起控制性组织作用外，框架间的空白通常装饰以相应尺寸的绘画、浮雕或圆雕作品。

意大利式的室内顶棚也可分为三种基本类型，即格子顶棚、混合式顶棚以及中心式天顶画顶棚。格子顶棚源于古代希腊、罗马，既用于平顶装饰，也用于拱顶装饰，历史十分悠久。混合式顶棚是在格子顶棚的基础上向着更为丰富方向发展的形式，这种顶棚往往有着疏密相间的格子，并大多配合幅面适宜的绘画作品或雕刻芯板，使顶棚整体效果更具视觉吸引力。混合式顶棚中还有一种大量应用于拱顶装饰的形式，即藤架式，整体效果较为规则。中心式天顶画顶棚通常与穹窿顶或覆斗式屋面配合使用，以大尺度的独幅天顶画作为顶棚装饰构图的中心。

同时，意大利人对幻象和立体透视的兴趣在壁画上表现无遗，阿尔伯蒂和布鲁内莱斯基的透视画法形成了一种新的真实空间和图画空间的意识，也正是在这个时期产生了通过壁画、绘画甚至雕塑中的虚构距离而"扩展"真实空间的愿望。这种兴趣也表现在15世纪的镶嵌工艺中，这些工艺广泛应用于家具或者各种固定装饰上。该时期的镶嵌工艺题材范围很广，从乡村、城镇风景到具有透视效果的桌子造型，几乎应有尽有。16世纪时，特别是在威尼斯和佛罗伦萨，各种尺寸的油画在公共和私人建筑的室内装饰项目上占据着重要地位，形成了威尼斯文艺复兴时期的室内设计风格。佛罗伦萨的韦基奥宫的室内装饰以绘画与丰富的雕塑结合著称，这种装饰手法在弗朗西斯科一世的小书房中达到了顶峰。

　　15 世纪末至 16 世纪初，奇异风格开始流行。奇异风格的产生与该时期对古罗马遗址的进一步考古发现有关，当时人们注意到古罗马建筑中存在一种很特别的装饰风格，往往由灰堨浅浮雕和小块壁画组成的饰面，清新、艳丽、宁静，又多少给人以离奇古怪之感，效果完全不同于古典神庙装饰的沉稳与端庄。盛期文艺复兴画家拉斐尔和乌迪内（Giovanni de Udine，1494 ～ 1561 年）对发掘、整理和复兴这一风格有重要贡献。16 世纪 20 年代奇异风格已经成为一种成熟的装饰风格，并以雕版图册为媒介传遍欧洲。在 17 世纪与 18 世纪的巴洛克和洛可可时期，奇异风格与阿拉伯图案一道，又被视作逃避古典法则专制的艺术形式。奇异风格手法多以一种保守的形式出现在许多壁画结构中，也再现在雕刻或彩绘壁柱上。从这个时候起，奇异风格装饰显得异常重要，不仅出现在所有欧洲的室内设计中，同时也在其他装饰艺术中有所体现。

　　风格主义装饰风格与同名绘画和雕塑艺术同步发展，其早期作品主要有米开朗琪罗为罗马西斯廷礼拜堂（Sistine Chapel）所做的大型天顶画，以及为佛罗伦萨美第奇家族（Medici FAMILY）圣洛伦佐教堂图书馆（Laurentian Library）所做的门厅设计。进入 16 世纪后半叶之后，手法主义佳作层出不穷，使我们更多地见到了以非古典技法完成的装饰性檐壁和具有奇异风格装饰特征的拱顶顶棚。在装饰方案中，表现出了对张力、光感和丰富性表现的进一步加强。正是由于这些来自设计方面的变化，构成了由盛期文艺复兴风格向 17 世纪巴洛克风格转变的契机。

　　尽管豪华的意大利建筑引起了许多访问意大利宫廷的国外游客的嫉妒，但以现代眼光来看，它们还是没有什么装饰陈设特点的。其内部装饰绝大多数是依靠地面、墙和顶棚上的丰富图案作为当时豪华装饰的一种衬托。除了织棉挂毯（保存在极富有的家庭室内）、镀金皮革挂饰、羊毛或装饰棉挂饰以外，在大多数房间内没有什么固定的家具。在卡帕西奥（Carpaccio）的"圣人厄休拉的梦境"中描绘了一间卧室，这种卧室大约能够在当时的威尼斯或者佛罗伦萨府邸中见到（图 8.34）。画面中圣人睡在一张大小适宜的床上，床被安置在一个高起的平台上，基座带有绘画般的精美装饰。床头设有床头板，四角安置有高高的杆子，支撑着上部的顶棚。房间里有一个小书橱、一个凳子、一个书架，墙壁上有墙式烛台。房间门框、窗等细部及线脚显示出早期文艺复兴室内装饰的精致品质。在卡帕西奥（Carpaccio）的"正

在钻研的圣奥古斯丁"一画中（图 8.35），同样表现了当时的室内情形。工作室宽敞明亮，圣人身后的室内墙壁被涂成绿色，门框为浅红色，其材质可能是大理石或者木材。木制平顶棚上绘有几何图案，圣人站在被安置于高平台上的桌子旁，房间左侧布置有书柜以及一把形制奇特的椅子。

床，意大利式的大箱子、大橱柜、餐具筐（在 16 世纪日益普及），包括一个箱子和中心桌子的木装置，或在大箱子上装上木靠背和扶手的长靠椅，这些家具或多或少都成为房内的永久性家具，它们经常是庞大的，并被饰以反映室内题材的装饰。木制家具的精雕细刻、在橱柜门上的细木工嵌饰和色彩灿烂的巨大桌面，这些构成了 16 世纪和 17 世纪佛罗伦萨家具的流行时尚（图 8.36～图 8.38）。

西班牙文艺复兴时期的家具整体上显得非常简朴，有些家具的设计仍然较为简陋。西班牙室内家具是在意大利文艺复兴早期风格的基

图 8.36　沃尔塞奇府邸内部及家具（代表了当时富有阶层的室内装饰与陈设，约 1500 年）

（a）　　　　　　　　　　　（b）

图 8.37　意大利文艺复兴时期的室内家具
（a）小型便携式椅；（b）意大利古钢琴

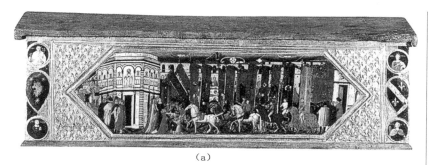

（a）

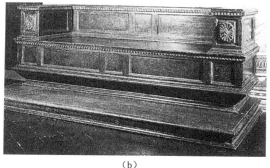

（b）

（c）

图 8.38　意大利文艺复兴时期的室内家具
（a）大型雕花衣柜及装饰细部；
（b）装饰柜；
（c）折叠椅

础上发展起来的，椅子、桌子以及箱子是当时常见的品种，材质多使用核桃木、橡木或者松木以及杉木等（图 8.39）。英国该时期的家具以伊丽莎白一世时期较为典型（图 8.40），与中世纪以及都铎王朝时期的家具不同，伊丽莎白女王时期的室内家具更多引进了雕刻与装饰细部，并且发展出了一些新的家具品种。家具通常使用橡木，同时也有紫杉木、栗木等材质。

图 8.39（左）
西班牙文艺复兴时期的室内家具

图 8.40（右）
英国伊丽莎白一世时期的室内家具

西班牙扶手座椅
哥本哈根　丹麦工业艺术博物馆
椅座及靠背使用处理过的皮革，用装饰钉子固定在椅子木质的框架上。

西班牙活动柜　17 世纪
柜子带有活动翻板，可作写字台。
柜子主体布满了抽屉和小格子，可以保存文件及贵重物品，并可以上锁。

主要参考资料

[1] 王其钧编著．永恒的辉煌　外国古代建筑史（第二版）．北京：中国建筑工业出版社，2009.

[2] （美）刘易斯·芒福德．城市发展史．起源、演变和前景．北京：中国建筑工业出版社，2005.

[3] （美）约翰·派尔．世界室内设计史．北京：中国建筑工业出版社，2003.

[4] 陈平．外国建筑史：从远古至19世纪．南京：东南大学出版社，2006.

[5] 刘珽．西方室内设计史（1800年之前），同济大学博士学位论文，1998.

[6] 张夫也．外国工艺美术史．北京：中央编译出版社，2005年.

[7] （法）阿尔德伯特等著．欧洲史．蔡鸿宾等译．海口：海南出版社，2002.

[8] （美）斯塔夫里阿诺斯．全球通史（第七版）．董书慧，王昶，徐正源译．北京．北京大学出版社.

[9] （美）约翰·派尔．世界室内设计史．刘先觉等译．北京：中国建筑工业出版社，2003.

[10] 李砚祖．外国设计艺术经典论著选读．北京：清华大学出版社，2006.

[11] 李砚祖．环境艺术设计．北京：中国人民大学出版社，2005.

[12] 吴焕加．外国现代建筑二十讲．北京：生活·读书·新知三联书店.

[13] 陈平．外国建筑史：从远古到19世纪．南京：东南大学出版社，2006.

第9章 元、明、清室内设计

　　元朝是蒙古族建立的王朝，蒙古族原是漠北一个游牧部族，1206年铁木真接受成吉思汗（元太祖）称号,建立蒙古国。1234 年窝阔台（元太宗）灭金，1271 年忽必烈（元世祖）建立元朝，与南宋对峙，1279年元兵南下灭南宋，统一全国。元朝以蒙古人和色目人为主体进行统治，于汉地立国后吸收汉族文化，有限起用北方儒士，适度提倡儒学，对于原南宋辖区采取了民族压迫和经济压榨政策。西藏喇嘛教成为元朝的主要宗教，教中首脑人物往往参与政治活动；同时，统治阶级还提倡道教、伊斯兰教和基督教。统一全国后，元朝利用大运河和南北海运，转运南方物资入京，又接受南宋以来开辟的海上东西交通，促进了手工业与对外贸易的发展。元朝帝室、贵族生活奢侈，对高级工艺品需求量大增，并强征各地工匠，在一定程度上了促进了官府及地方手工业的发展。由于沉重的赋税和皇族的无节制开支，不断引起严重的财政经济问题，在长期的民族矛盾与经济危机的反复作用下，受压迫最为深重的南方首先爆发了农民起义，并逐步扩展，元朝终于在1368 年灭亡。

　　明朝的建立，结束了自宋代以来长达 300 余年的分裂对峙，以及蒙元近 100 年的非汉族政权统治的局面，成为唐代以来又一个由汉族为主建立的统一全国的政权。明代立国之初，气象振奋，在传统汉文化的基础上重建一代制度，恢复生产、发展经济，逐步建立了继汉、唐以来的第三个强盛王朝。尤其是明代中期时，已经出现了资本主义的萌芽，经济发达、国势强盛。明朝末年政局腐败，引发了大规模的农民起义。1644 年，以李自成为首的起义军攻破北京，明政权就此瓦解。随后李自成义军迅速腐化，又被乘虚而入的满族军队击溃。满族军队进占北京后，建立清政权，清朝成为中国古代历史上最后一个封建王朝。

　　清政权以满族为主体进行统治，自立国至康熙初年，逐步消灭了各地起义军以及南明残有势力，消除割据，收复台湾。康熙至乾隆年间，人口增加，耕地扩大，农业生产得以恢复和发展，经济文化日臻繁荣，进入了清代统治的极盛期。此时，清政府逐步解决了蒙古、新疆、西藏等问题，正式确立了统一的国家版图。自乾隆末年起，政权日益腐化，经济衰退。19 世纪初，英国入侵并开始了掠夺性的鸦片贸易，引发鸦片战争，清王朝失败后，开始实行割地赔款等丧权辱国政策。社会矛盾日益尖锐，并最终导致大规模的反抗和起义，同时西方诸国以及东瀛日本相继乘虚入侵，企图瓜分中国。1911 年，武昌起义爆发，清帝"逊位"，中华民国建立彻底结束了延续两千多年的中央集权王朝统治的历史。

9.1　元、明、清营造成就概说

　　元代立国时间较短，蒙古人以强大的军事力量征服了亚洲和东欧的广大地区，但其本身的社会生产力仍处于以游牧为主的阶段，住居方式以氊幕（毡帐）为主，在征服扩张过程中，兼收并容，使得各种传统建筑获得自由发展机会，从而出现了中国历史上少有的建筑文化交流盛况。虽然有元一代营造了伟大的都城，并为各民族、地区间的营造技术与建筑文化交流提供了新的契机，但由于阶级关系和民族矛盾复杂，社会动荡不安，最终未能达到中国建筑发展史上的一代繁盛局面。

　　明代立国将近 300 年，社会相对稳定，因此开创了新的文化高潮，营造技艺大为进步，迎来了中国古代建筑史上的又一个盛期。可以说，明代的建筑成就标志着中国古代建筑的主要方面已达成熟阶段。期间营造了宏伟壮丽的南北两大都城以及数以千计的地方城市；无论群体建筑抑或单体建筑成就斐然；各地住宅、园林和风景建筑丰富多彩。明代在木结构建筑上有了进步，确立了梁柱直接交搭的结构方式；大量使用砖砌的维护结构；建筑群体布局有了新发展，更加重视建筑空间的艺术性；私家宅园发展深入各阶层的市民中；建筑装修、彩画、服饰等渐趋程式化与图案化；明代家具大量使用硬木，呈现出轻柔明快的时代造型。

　　清政权以满族为主体进行统治，入关建国后大量吸收汉文化，除服饰与八旗兵制外，在行政建制、宫殿庙坛制度、哲学、文学、诗歌、艺术诸多方面均被汉文化逐步同化。清前中期政治稳定、经济繁荣，推动了建筑的发展。在离宫、园囿、大型寺庙等领域广泛吸收各地区各民族之优点，熔为一炉，取得了超越前代的更具创造性的成果。清代民间建筑空前繁荣，民居、园林、家具、建筑装饰均有所发展。

9.1.1　城市规划与城市建设

　　元代都城建设取得了重要成就，蒙古建国后于和林建都，周边又建有若干行宫。忽必烈进入汉地后，先后营建了上都与大都，元武宗时期又营建了中都。元代地方城市的发展，史载不详，所见较多的是元朝统治者对地方城市的破坏活动，尤其是南宋境内各地方城市的破坏较为严重。依据《元史·地理志》记载，元代共设行省 11 个，下设城市分为路、府、州、县 4 级，路 185 座、府 33 座、州 359 座、军 4 座、安抚司 15 座、县 1127 座。大部分沿用原有城市规制，北方城市多维持原状，南方城市除受到战争破坏外，南宋亡后，元统治者为防止人民反抗，下令拆毁江淮城市城门、城墙，造成南方城市的一次大破坏。至元末农民起义频发，为了防守需要，又于至正十二年下令重修南方城市的城墙。

　　早在南下的过程中，蒙古人就已开始逐步吸收各地建筑形式来营建城市，如早期都城和林即是一座依据汉地城市规划的都城。元大都既是元代城市建设的典型代表，同时也是元代建筑成就的典型代表。元世祖至元四年（1267 年）在金中都东北方选址营造新城，于至元十一年（1274 年）完成。大都总面积约 50.9km²，是一座由外城、皇城、宫城组成的巨大城市。由于大都是于平地新建的一座都城，没有受到旧有城市规划的局限和羁绊，成为中国历史上唯一一座按照街巷制度新规划的都城，在城市规划上取得了突出成就，充分体现了街巷制都城的特点和优点。元大都大城周围全部使用夯土城墙，墙基宽约 24m，共开城门 11 座，其中除北面开 2 门外，其余三面皆开 3 门。城内共有大道 11 条，东西向 4 条、南北向 7 条，其中有 1 条东西街、2 条南北街贯通全城。城内由该 11 条大街划分为若干矩形街区，除了皇城与大型衙署等占地外，其余街区内均横向布置胡同（巷），胡同两端直通大街，各街区虽有名称，但不设坊墙。元代胡同规划方式彻底改变了隋唐里坊制度的规划模式，宅居用地更加规整，对外交通更为方便，同时也提高了土地的利用率。宫城位于大城南半部，宫城外围以皇城，皇城东侧多设衙署，西侧布置寺观。大城北半部在南北中轴线上建钟楼和鼓楼，是全城的商贸中心（图 9.1）。

　　明建国后着力恢复和营建各地城市，据《明史·地理志》载，明代共拥有大小城市 1545 座，其中都城 2 座、府 140 座、州 193 座、县 1138 座、羁縻府州县 72 座等，各地城市均获得了一定程度的发展。明代时制砖技艺发达，城市建设中多使用砖包砌城墙，城墙上建造城楼，城内多建有雄壮的钟鼓楼。就《古今图书集成》中所引各省《通志》记载可知，当时约有 45% 的城市使用砖石包砌城墙，

图 9.1　元大都平面复原图（傅熹年：《中国科学技术史（建筑卷）》，488 页，北京：科学出版社，2008）

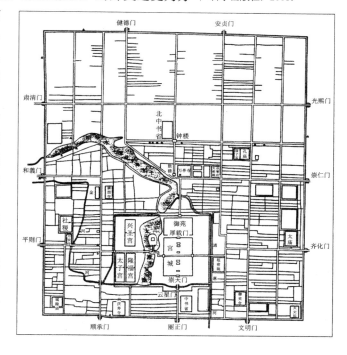

在南方诸多城市街道中使用砖铺砌道路，在一些经济发达的大城市中，城市环境与市民生活条件有了明显改善。

明开国皇帝洪武大帝定都南京，并曾于安徽凤阳营建中都，但未经起用即废弃。明永乐帝于永乐十四年（1416年）开始在元大都基础上修筑新的都城，至永乐十八年基本建成（1420年），遂迁都于北京。明北京城建成后面积约 35km²，城址在元大都基础上向南扩展 0.7km，设城门 9 座，分别为东向东直门、朝阳门；西向西直门、阜成门；北向德胜门、安定门；南向有玄武门、正阳门、崇文门。明永乐帝拆毁元大内诸宫，于其偏南位置重建北京宫城，称紫禁城，拆毁元宫室的渣土在元后宫延春阁基址上堆积成之后的景山。依据《周礼》"左祖右社"之记载，分别于紫禁城南左、右侧建太庙、社稷坛。明宣德、正统年间，又将都城城墙改为包砖，并修建九门门楼、瓮城，于门外建牌坊及石桥。明正统七年按照明南京的布局，在承天门至大明门御街东西两侧千步廊外安置各中央衙署。北京城中心部分由宫城、皇城占据，形成了自南正门正阳门起，向北经大明门、承天门、端门、午门、前三殿、后两宫、玄武门、景山、地安门，达到鼓楼、钟楼的总长约 4.6km 的中轴线，中轴线上聚集了全城中最为重要、高大壮丽的建筑物。明嘉靖时又扩建北京南外城，东西宽 7.9km，南北深约 3.2km，南面开三座门——左安门、永定门、右安门，永定门居中。明初时，都城南部即为重要的手工业商业区，南城扩展之后进一步推进了手工业商业的发展，

图 9.2　明代北京平面图
（a）明永乐时北京平面图（傅熹年：《中国科学技术史（建筑卷）》，577 页，北京：科学出版社，2008）；
（b）明嘉靖三十二年增筑南外城后的北京平面图（刘敦桢：中国古代建筑史（第二版），290 页，北京：中国建筑工业出版社，2005）

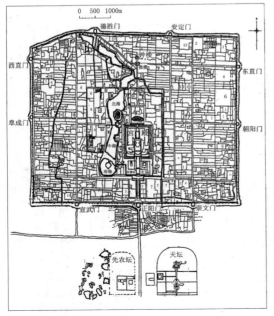

（a）

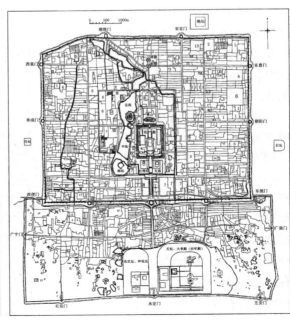

（b）

逐步形成了北京城最繁华的区域之一（图9.2）。明紫禁城全城南北长961m，东西宽753m，占地面积约为72.3万 m²，城高约10m，四面各设一门。南、北为午门、玄武门，东西分别为东华门、西华门，城外围以护城河，城四隅设角楼。南北之午门、玄武门间形成全宫中轴线，中轴线上分别建有外朝主殿——奉天、华盖、谨身三大殿，其后建有内廷主殿——乾清、坤宁二宫。内、外朝殿阁各有殿门，周围以回廊环绕，形成巨大的殿庭。外朝两侧分别建有文华殿、武英殿两组殿庭，与外朝三大殿一起形成外朝东、中、西三路轴线。内廷两侧也分别建有东西六宫，与内廷主殿一起形成内朝东、西、中三路。紫禁城建成之后一直沿用并陆续扩建，在早期主体格局上又出现外东路、外西路建筑。清乾隆时期曾经在紫禁城进行了较大规模建设，乾隆初年将乾西五所建为重华宫、建福宫；宁寿宫添建大殿以及养心殿、乐寿堂、戏台、花园等；新建康寿宫、寿安宫、雨华阁、文渊阁等；将撷芳殿改建为南三所；又在景山上添建五亭，山前建绮望楼（图9.3）。

　　《清史稿·地理志》记载至清后期时，全国有"府、厅、州、县一千七百有奇"，比之明代1545座城市多出了150余座，城市数量明显增加。清建国时定都盛京（今沈阳），入关后沿用明北京城为都城，并基本保持原有城市整体格局。清政府将内城所居汉人迁至南外城，设内城为满城，供满人居住使用。由于内城均为满人，使得原来的皇城与宫城界限趋于模糊，大量汉民官商迁居南外城后，大大促进了南外城的发展。以正阳门外大街为中心，东西至崇文门、玄武门外大街形成了极为繁华的商业文化区。大宅、会馆、客栈、鳞次栉比，形成

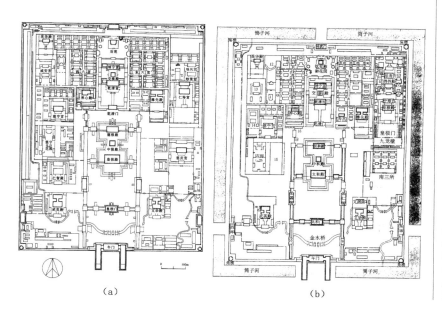

（a）　　　　　　　　　　　　　　（b）

图9.3　紫禁城总平面图（孙大章：《中国古代建筑史（第五卷）》，38～45页，北京：中国建筑工业出版，2002）（a）明紫禁城总平面图（天启七年）；（b）清紫禁城宫殿图（乾隆末年）

了前门商业大街；以及以崇文门、玄武门外大街为中心的会馆街；由于大多著名文人学者入京后也于此聚居，琉璃厂一带还形成了以书肆为主的文化街。清代地方城市多在明代基础上发展而来，一些城市割出一部分建满城，内设将军衙门与军营。随着经济的发展，清代还出现了一批大型手工业集镇，如专营冶铁、陶瓷之佛山镇、专制陶瓷之景德镇、专营商贸之朱仙镇等等。

9.1.2　营造技术与建筑成就

　　元代建筑因政治、文化等因素的影响，整体形成了独特的风格。其皇室建筑集汉地传统与蒙古习俗，形成了汉、蒙建筑相结合的特征。如元大都宫城的门阙角隅之制沿用了中国传统方法，但后宫布置较为自由。宫内除了严整规则的汉式建筑群外，也有一些纯粹的蒙古式帐幕建筑。帐房和木结构琉璃瓦殿宇交错分布，体现了元代特有的蒙、汉建筑混为一体的效果。在室内的色彩与装饰上，也体现了蒙古族的特有习俗与喜好。此外，元世祖（忽必烈）推崇藏传佛教，并对中原原有佛教采取保护态度，大大促进了佛教建筑的兴盛，尤其是喇嘛教建筑获得了一次大力发展与传播的机会。由于元朝的统一，使得原来西夏、金、南宋、蒙古、大理、吐蕃等政权处于统一的中央政权之下，成吉思汗打通了东亚与欧洲之间的陆上通道，并俘获大批中亚工匠迁于漠北和中土。又极力发展海上交通，东至日本，西至波斯湾、欧洲、非洲，同时各国商人也频来经商。由此，不仅在国内形成了一次各地区、各民族间的建筑技艺交流，也使得域外建筑形式与技艺不断传入。如其早期都城和林，不但是一座依据汉地城市规划的都城，其中宫殿、佛寺、蒙古帐殿、中亚伊斯兰式建筑、西方基督教堂同时并存。元虽统一了全国，建立了地跨亚欧大陆的强大帝国，但享国不到百年，从建筑发展上讲，处于宋、金至明代的过渡时期。就文化传承而言，元代官式建筑建立在宋、辽、金基础之上，并有新的发展。其北方建筑构架开始在宋、金基础上简化，在殿堂型构架中表现较为明显，遂逐步形成了元代北方官式建筑形式。江南地区在南宋官式的基础上也开始简化，尤其是江浙一代建筑，成为之后明官式建筑的滥觞。元代砖拱券结构有所发展，开始在地面建筑中使用。同时砖砌穹顶也有应用，出现于元大都和五台山的两座砖砌喇嘛庙，体现了元代砖砌体的技艺水平。另外，石拱券、石构筑物也取得了一定成就。元代建筑装饰手法与装饰内容丰富多样，尤其各民族文化的互通交流，为元代建筑装饰带来了新的装饰题材与雕塑、壁画的新手法。

　　明朝前期处于秩序和生活的恢复阶段，整个社会有一种循礼、俭约、拘谨的风气，建筑技艺多承袭宋、元遗制。经过百余年的发展，至明中晚期时，逐步形成了特有的建筑风貌。建筑材料、结构、施工等方面均有所发展。在建筑选址、造园艺术、室内陈设和家具等方面成就显著，并出现了若干理论著作。就建筑形式而言，明朝建立后废弃了元官式建筑形式，以南宋以来汉族在江南地区所形成的建筑传统为主体，加以规范化、典雅化。明永乐帝迁都北京时，以南方工匠为主体修建北京宫殿，南京官式建筑遂得以北传，并逐步发展成为北京官式。之后，北方金、元建筑中所蕴含的北宋官式遗风逐步减弱甚至消失，形成了继宋官式以后又一个完整、成熟、稳定的建筑体系。单体建筑在宋、元基础上向着新的定型化方向发展，角柱生起取消，屋檐和屋脊由直线代替了曲线，虽显得拘谨，却增添了凝练和稳重的气势。在建筑的群体布局上，严谨、成熟地运用院落和空间围合的手法，使得各类建筑获得充分的性格表现。同时，明代地方经济有较大发展，在原有城市的基础上，又新出现了许多地方城市和大型集镇，地方建筑特点日益突显，流派纷呈，如北方的翼、晋、鲁、豫；西北地区的陕、甘、宁；西南地区的川、贵、滇、青、藏；江南地区的江、浙、皖；中南地区的湘、鄂、赣；东南沿海的闽、粤、桂等，都独树一帜，各具特色，形成了百花齐放的盛况，其影响至今犹在。

就营造技术而言，砖技术发展尤为显著，砖墙遍布全国各地，南方还创造了空斗砖墙。砖墙的普及为硬山建筑的出现创造了条件，硬山建筑比悬山建筑更为节省，防火性能更好。随着砖技术的进步，其装修、装饰作用也得以发挥，江南一带出现了精细加工的砖贴面与砖线脚。砖雕装饰构件也在住宅、祠堂、塔等建筑中广泛运用。琉璃饰件的制作技艺大为提高，坯料坚实，釉面光洁，色彩丰富多样、图案精美；设计、烧制、安装技术均有很大进步。明代时，砖拱技术逐步应用至佛寺甚至宫阙建筑中。石建筑进一步发展，如石牌坊、石龙柱、陛石、华表等方面取得了新的成就，同时在石拱桥、石塔等领域也有所发展。明代官式大木作技艺取得了重要成就，向着加强构架整体性、斗栱装饰化、简化施工三个方面发展，奠定了明清500余年官式木构架的基本格局。在建筑装饰上，明代也形成了独特的风格：与唐以前朱柱、白墙、青瓦组成的基调迥异，明代建筑有着绚丽灿烂的琉璃瓦屋顶、白石台基、红墙和青绿彩画，具有十分华丽的格调。建筑装饰题材以卷草、花卉、云纹、瑞兽、祥禽为主，人物甚少。不论木、石、砖、琉璃，雕饰技法娴熟，构图严谨，分布精慎。江南一带的地方建筑还形成了一种清丽、精致的风格。明代小木作技艺精湛，式样繁多。建筑彩画也大为发展，室内家具更是以其高超的设计闻名于后世。

清王朝是中国漫长的封建社会的最后阶段，爆发于1840年的鸦片战争标志着历经数千年的中国古代文明史结束，紧跟而来的是半封建半殖民地的近代史时期。灿烂的中国古代建筑至此也发展至一个重要时期，之后逐步转化，又派生出新的建筑类型、技术手法与艺术风格等。明代建筑成就标志着中国古代建筑的主要方面达到了成熟阶段，清代在此基础上进一步发展，将这种成熟推向灿烂的高峰。就官式建筑而言，明代时已经高度标准化、定型化，至清代时期则进一步予以制度化，建筑的标准化标着结构体系的高度成熟。清代建筑采用梁枋柱檩直接榫接的构造方法，基本摆脱了斗栱构造的束缚，更加注意建筑构架的整体安排，力求构架平稳均衡，柱网设置规则划一。由于斗栱比例大为缩小，出檐深度随之减少。建筑中侧脚、卷杀、生起等手法不再采用，柱之比例趋于细长，梁、枋比例沉重，屋顶没有了柔和的曲线，建筑形式整体呈现出稳重、严谨的风格，也进一步简化了施工操作。由于梁枋搭接简单自由，使得屋顶形式更为丰富多变。另外，清代建筑装饰艺术十分丰富，达到了整个古代建筑装饰历史中的巅峰阶段。装饰手法增多，建筑装饰与清代发达繁荣的手工艺制作广泛结合，使得建筑装修及装饰表现出精巧、细腻的风格。也有学者认为，自清中后期起，建筑装饰开始向着繁缛方向发展。

9.1.3　管理机构与建筑制度

元代工程管理机构复杂，据《元史》记载，其中央行政系统主要为工部，是主管全国工程建设的部门。宫廷所属系统主要为宫殿府，之后转归修内司，是具体管辖营建首都大都城以及宫殿的机构。元庆三年（1312年），主管宫中供应的中政院所属之内正司设尚工署，负责宫中建造与修缮，以及工程设计、工料预算、工程验收等工作。《元史》中没有建筑等级制度的相关记载，从《南村辍耕录》之"宫阙制度"和《元典章》卷59（工部·造作）中所载，可知元代宫殿以及官署建筑均存在着等级规定制度，但其民居制度之史料缺乏。[1] 如《南村辍耕录》中所记元大都大内宫室，元帝大殿面阔11间，元后大殿面阔9间，元太后大殿面阔5间。《元典章》记载府衙正厅及东西司房各5间，州衙正厅3间2耳，东西司房各3间，县衙同州衙，但无耳房等，均表现出官方对建筑等级的限制。

明代正式主管的机构是工部，创设于洪武元年（1368年），具体的建筑工程由工部营缮清吏司主持，《明史·官职志》工部称："（工部）尚书掌天下百官、山泽之政令，侍郎佐之。营缮（清吏司）典经营兴作之事，凡宫殿、陵寝、城郭、坛场、祠庙、仓库、廨宇、营房、王府、邸第之役，鸠工会材，以时程督之。"明代对王公百官、庶民住宅制定有一系列制度加以限制，载于《明史》中，官署等建筑虽无明

1　参见傅熹年：《中国科学技术史·建筑卷》，565 ~ 569 页，北京：科学出版社，2008。

确制度条文保存下来，但在一些文献中也有些许迹象可寻。《明史·舆服志》"臣庶室屋制度、庶民庐舍"中，对王公大臣、百官、庶民的住宅作了一系列规定。明初洪武年间规定，亲王府许建城，开四门，府内房屋可达 800 间以上。亲王建殿正殿面阔可达 11 间，后殿面阔 9 间。油饰彩画可用朱红、大青绿点金，殿内可画蟠螭藻井。公主府正殿面阔可达 9 间，可用斗栱和藻井。洪武之后对亲王、公主等的营造规模规定都有所缩减。公侯百官第宅按照品级划分为 4 个层次，规定公侯第宅前厅 7 间，2 厦，9 架；中堂 7 间 9 架；后堂 7 间 7 架；门 3 间 5 架；用金漆及兽面锡环；家庙 3 间 5 架；廊庆、厄库、从屋，不得过 5 间 7 架。檐椽、斗栱、梁栋可用彩绘画；门窗、枋柱可用金漆饰。一品、二品官员第宅：厅堂 5 间 9 架；檐椽、斗栱、梁栋可用彩画，青碧绘饰；门 3 间 5 架，绿油，兽面锡环。三品至五品官员第宅：厅堂 5 间 7 架，屋脊用瓦兽；檐椽、斗栱、梁栋可用青绿彩画；门 3 间 3 架，黑油，锡环。六品至九品官员：厅堂 3 间 7 架，梁、栋饰以土黄；门 1 间 3 架，黑门，铁环。由此可见，在建筑规模上，厅堂面阔依次为 7 间、5 间、3 间 3 个层级；大门为 3 间、1 间两等；彩画分为彩画、青绿彩画、黄土刷饰 3 个等级。

庶民住宅也有规定，根据明洪武二十六年的定制，庶民住宅不过 3 间 5 架，不用斗栱，饰彩色。洪武三十五年重订，禁造 9、5 间数，房屋数量可随财力达 12、10 所，但不得超过 3 间。至明正统十二年略有变通，庶民住宅房架多而间少者，不再禁限。

清代把国家建筑工程分为内工、外工两部分，内工由内务府掌管，主要负责皇家工程，包括皇城、内廷、园囿、陵寝的建造、修缮。外工指政府工程，包括庙坛、城垣、仓库、营房等，也包括一些称为"大工"的外朝重要宫殿建设等。清立国之初就曾颁布王府第宅制度，乾隆二十九年（1764 年）所撰《大清会典·工部·营缮司·府第》所载第宅制度，应当是清代通行规定，主要是通过等级制度保持各级贵族、官员在住宅上的差级，对百姓、商人住宅虽未做详细规定，但从其颜色、装饰方面的信息可知，基本沿袭明制。清代府第住宅制度规定，王府正殿可达 7 间，其余有官爵者均在 5 间或以下，进深未作限制。百姓、商人住宅虽无明文规定，但就遗存实例来看，应为 3 间面阔。亲王府殿屋可用绿琉璃瓦，安吻兽，配房用灰筒瓦，辅助房屋用灰版瓦。其余各府第主要建筑可用灰筒瓦。亲王府门、殿可施朱色，梁栋画五彩金云龙。世子、郡王府门、殿可施朱色，但梁栋仅可画金彩花卉。贝勒、贝子、镇国公、辅国公府门、柱用红、青，梁栋贴金，彩画花草。公侯以下至三品官门、柱用黑色，但可中梁施金，旁绘五彩杂花。庶人住居只能用黑漆，其余装饰包括瓦饰、门钉、彩画等均禁止。官署建筑制度规定中央部级衙署均建围墙一重，前设二重门。正堂为工字厅，前厅 5 间，后厅及侧厅均 3 间，门、窗、柱等均黑漆，但厅之两架可画彩画。[1]

9.2　建筑的空间形态与装饰装修

9.2.1　建筑结构与空间形态

1）大型官式建筑

（1）元

元政权统治期间，营建了中都、大都两座都城，城内修筑有大型宫殿及佛寺，在建筑结构上简化了宋式殿堂型构架的某些特点，取得了一定进步。同时，江南地区的建筑在南宋营造成就的基础上也有所突破和创新。目前可见元代官式建筑遗构主要有山西永乐宫三清殿、纯阳殿，山西曲阳北岳庙大殿以及北京文庙大门。

元代随着建筑木构架结构进一步发展，于室内空间发生了相应变化。就山西永乐宫三清殿、纯阳殿结构来看，在建筑设计上简化了宋代的木构架结构，其柱网布置改变了唐宋以来的内、外槽关系，内槽空间已经缩小为神龛，外槽空间随之增大，形成了新的室内柱网格局（图 9.4）；再者，元代殿堂型构架发生了变化，改变了唐宋时由中铺作层与屋顶草架严格分为独立的上、下两层的做法，而是将草架的最下层梁与铺作层的明栿合而为一，简化了殿堂型构架的层次。在元代北方地方建筑中，也出现了使用大跨度的内额与斜梁配合，以减少室内用柱，扩大室内空间的做法。

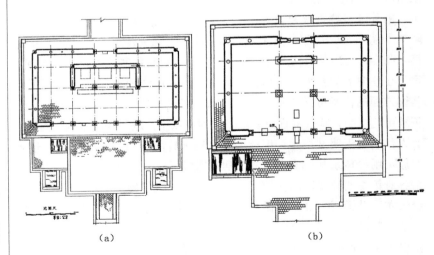

图 9.4　永乐宫三清殿与纯阳殿
（a）永乐宫三清殿平面复原图；（b）永乐宫纯阳殿平面图

(a)　　　　　　　　(b)

1　参见傅熹年：《中国科学技术史·建筑卷》，698～699 页、803～805 页，北京：科学出版社，2008。

元代大型建筑组合体以大都宫城中"大内前宫"大明殿、"大内后宫"延春阁为典型代表。由复原图可知，两处均为廊庑连接的"工"字形建筑，后部寝殿主殿左右各建有前后出抱厦的附属建筑，共同构成复杂的组合体，使得内部空间互相联通，主次分明。大明殿为廊庑环绕的纵长矩形宫院，前殿面阔 11 间，其后为面阔 5 间、左右各有 3 间夹室的寝殿，中间设 12 间柱廊连接形成"工"字殿，寝殿中部向后凸出 3 殿，称为香阁，为元帝寝宫。寝殿东西两侧各并列建有面阔 3 间前后出抱厦的独立殿宇，于前殿、寝殿一起组合成为一组巨大的建筑组合体，是宫内尺度最大的建筑物。大明殿后的延春阁为元后所居，形制格局均类似于大明殿，其不同之处在于前部大殿改为高两层、出三重檐的楼阁形式，面阔亦改为 9 间（图 9.5，图 9.6）。依据复原图可知，大明殿下为高约 10 尺（约 3.33m）的三重汉白玉台基，绕以雕刻龙凤的石栏杆，挑出螭首。大殿整体装修极为豪华，殿台基边缘装朱漆木钩阑，望柱顶上装上立雄鹰的鎏金铜帽；前檐外檐用红色花金色云龙方柱，下为白玉雕云龙柱础；殿身四面装加金线的朱色琐文窗，用鎏金饰件；殿内地板铺花斑石，上方顶棚装有用金装饰的两条盘龙的藻井。殿中设帝、后的御榻，其前方左右相对设诸王大臣的座位多重，为举行朝会大殿之处。后部寝殿四壁裱糊画有龙凤的绢，中间设有金色屏，屏后为香阁，香阁内并列 3 张龙床。寝殿左右的文思殿、紫檀殿室内用紫檀木及香木装饰，并镶嵌白玉片，顶部为井口顶棚，壁面裱以画金碧山水的绢，并设有衣橱等生活设施，地面铺设有染为绿色的皮毛，极为豪华。[1]

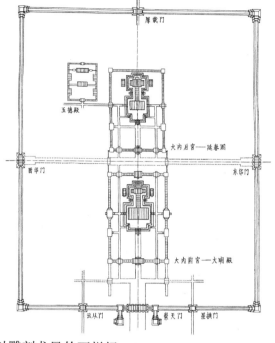

图 9.5　元大都大内平面复原图

（傅熹年：《中国科学技术史（建筑卷）》，499 页，北京：科学出版社，208）

（2）明、清

明清大木结构，从官式建筑来看，构架的整体性明显加强，无论殿、阁，构架体系明确，节点简单牢固。明代是中国古代建筑发展的又一个高峰，建筑木构架技术进一步简化，形成明官式。明官式建筑已经高度标准化、定型化，其柱网整体性、稳定性加强，梁架体系代替斗栱承担了挑檐的作用，使斗栱失去了原有的功能作用而逐步演化为装饰垫层（图 9.7）。清代是我国古代封建社会的最后一个王朝，作为中国古代建筑主要构架形式的木构架技术，经过漫长的发展演变，

1　傅熹年：《中国科学技术史·建筑卷》，500 页，北京：科学出版社，2008。

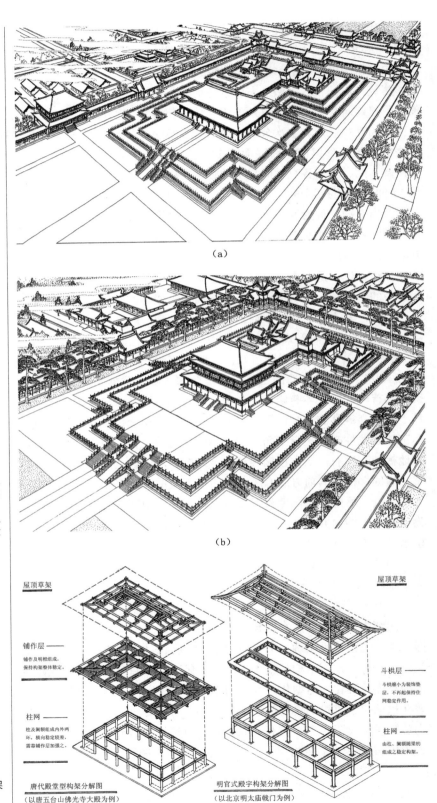

（a）

（b）

图 9.6　元大都大内大明殿与延春殿

（傅熹年：《中国科学技术史（建筑卷）》，501~502 页，北京：科学出版社，2008）；
（a）元大都大内大明殿一组平面复原图；（b）元大都大内延春阁一组复原示意图

图 9.7　唐宋殿堂型构架与明官式殿宇构架比较图

至清代时已经趋于成熟定型。其木构架结构在明代建筑构架的基础上，更进一步简化，以梁架体系代替了斗栱承担挑檐的作用，使得原来的斗栱逐步向着装饰垫层发展，柱网结构的稳定型得到了进一步加强，柱网更加规格化、程式化。宋、金以来的"减柱、移柱"手法也已经很少采用。清代于 1733 年颁布的《工部工程做法则例》将所有建筑固定为 27 种具体的房屋，每一种房屋的大小、尺寸、比例均较绝对，建筑构件要求一致（图 9.8）。虽然建筑的标准化标志着结构体系的高度成熟，但同时也有使结构僵化的倾向。就单体建筑而言，由于构架结构的程式化，宋以来灵活处理室内空间的手法极少使用，空间结构较为固定。同时，清代在成熟的木构技术基础上，在传统的矩形平面外，又创造出诸如扇面、卍字、双环、三角、六角等多种形式的平面形式，极大地丰富了建筑的空间形态（图 9.9）。

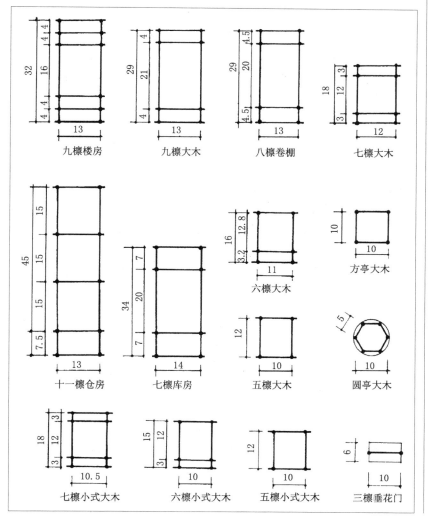

图 9.8 清《工部工程做法则例》中规定大小式各类房屋通行明间地盘图（单位：营造尺）

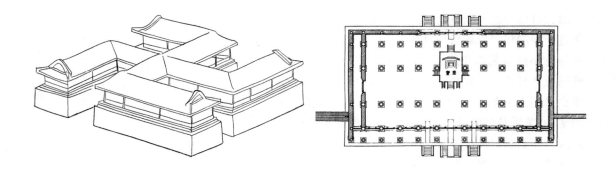

图 9.9（左）
清代圆明园万方安和的卍字殿

图 9.10（右）
北京故宫太和殿平面图
（刘敦桢：《中国古代建筑史
（第二版）》，297~299 页，北
京：中国建筑工业出版社，
2005）

　　清代多使用"拼合梁柱"的手法来获得更加巨大的建筑内部空间，这种方法在宋《营造法式》中即有记载，称为"合柱"、"缴贴"。清代时大规模使用，共有拼合、斗接、包镶三种方法，一般来说，柱身长度不够时可用两木对接，柱身可内用心柱，外用瓜皮形小料包镶成大柱，特长柱身的心料也可墩接，外加斗接包镶料，形成长柱；如梁的断面不够时可用两根或者三根拼合，也可用一根断面较大的大料，周围使用较小料包镶而成。[1] 清代大体量的建筑多为宫殿、庙堂、楼阁等类型，如在北京紫禁城现存建筑遗构中，建筑面积在 1500m^2 以上者非常多见，以清康熙三十四年（1695 年）重建的太和殿为例，建筑面积达 2002m^2（按柱中—中计算），是现存木构大殿中最大的一座。太和殿面阔 60.8m，为了安排明间内宽大的皇帝宝座，其明间开间达 8.44m，殿内金柱间跨度为 11.17m，金柱高达 12.63m，加上屋架高度该殿总高度达到了 24.14m，是古代单层建筑实例中高度最高的一例，通过增加柱间跨度以及高度的方法，获得了巨大的室内空间。再如北京西苑北海观音殿，为了获得足够空间来观瞻殿内中央须弥山群塑，该殿使两根将军柱间的跨度达到 13.59m，这一跨度在木材结构材料的简支结构中，已接近极限。[2] 而清代大部分重要建筑的高度也均在 20m 以上，北京故宫紫禁城天安门城楼明间开间为 8.52m，午门城楼明间开间为 9.15m，这种巨大的室内空间，也为室内空间设计与装饰装修提供了广阔的发挥空间（图 9.10，图 9.11）。

　　除上述单层大体量建筑空间外，纵向空间上也获得很大进步，如河北承德安远庙普渡殿，其正中 3 间为空井，上下 3 层贯通，顶部顶棚并伸入梁架之中，显得空井异常高耸（图 9.12）。与此内部结构类似的还有河北承德须弥福寿之庙妙高庄严殿，其内正中形成了各 3 间的正方形天井，上下 3 层贯通，顶棚也伸入梁架之中（图 9.13）。

1　参见孙大章主编：《中国古代建筑史（第五卷）》，429 页，北京：中国建筑工业出版社，2002。

2　参见孙大章主编：《中国古代建筑史（第五卷）》，434 页，北京：中国建筑工业出版社，2002。

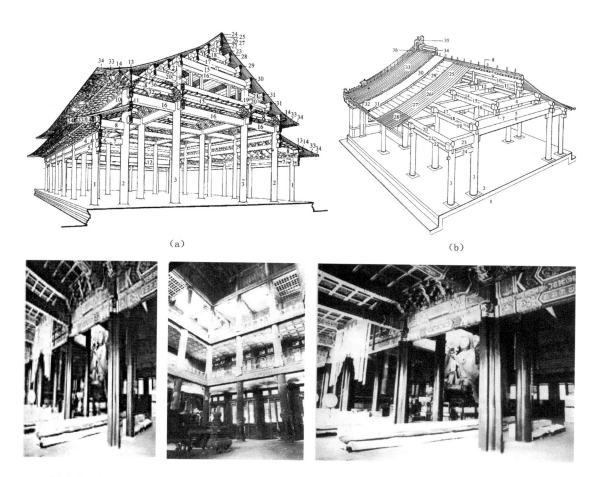

（a）

（b）

清代还出现了将数座建筑的屋顶勾搭在一起，获得巨大平面的例子，如颐和园景福阁与雍和宫法轮殿都采用了三卷屋顶。再如中国北方回族清真寺大礼拜殿，由于聚礼日信徒众多，需要巨大的殿堂，山东济宁西大寺大礼拜殿按纵向分 5 个屋顶勾连在一起，形成进深达到 71.7m 的大殿堂。还有一些清真寺中采用减去内柱的方法获得统一的内部空间，如甘肃兰州现存建于清康熙二十六年（1687 年）的清真寺，其 3 跨 5 间的内部大空间内仅有落地金柱 4 根，使得内部使用空间十分宽绰（图 9.14，图 9.15）。[1]

随着营造技术日趋成熟，明、清时期一些建筑组合体出现了非常繁复多变的形式，其内部空间也十分丰富复杂。这些或单层、多层、组合体等建筑类型，通过丰富的组合形式组成群组，以满足各种实用需求。中国建筑在平面上以庭院式布局方法展开的形式，在明清时获得了更大的发展，以明清紫禁城为例，形制丰富的单体建筑在平面上以院落式展开布局，组合形成巨大的建筑群落。以门殿、廊庑划分出

图 9.11（上）
清宫式建筑构架剖视图
（孙大章：《中国古代建筑史（第五卷）》，403 页，北京：中国建筑工业出版社，2002）
（a）大型殿堂；（b）一般房屋

图 9.12（下左）
河北承德安远庙普渡殿构架内视
（孙大章：《中国古代建筑史（第五卷）》，431 页，北京：中国建筑工业出版社，2002）

图 9.13（下中）
河北承德须弥福寿之庙妙高庄严殿构架内视
（孙大章：《中国古代建筑史（第五卷）》，431 页，北京：中国建筑工业出版社，2002）

图 9.14（下右）
北京雍和宫法轮殿内景
（孙大章：《中国古代建筑史（第五卷）》，315 页，北京：中国建筑工业出版社，2002）

1　参见孙大章主编：《中国古代建筑史（第五卷）》，435 页，北京：中国建筑工业出版社，2002。

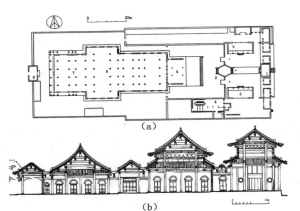

图 9.15　山东济宁清真西
大寺礼拜殿
（孙大章：《中国古代建筑史
（第五卷）》，373 页，北京：
中国建筑工业出版社，2002）
（a）平面图；（b）剖面图

来的大小庭院空间千变万化。每一处殿庭内部又由大门、庭、主殿、配殿、廊庑等单体建筑空间组合而成，使得整个紫禁城形成了空间变化异常丰富的组合体。自中轴线上午门起，午门与皇极门间为深 140、宽 200 余米的广庭，空间开阔雄伟。皇极门内廊庑周回，围合成为一处深 437m、宽 234m 的广庭，中央 3 层台基上仵立着雄壮的外朝三大殿，体现着皇权的至高无上，其中前殿面阔 9 间，四周各增出半间为下檐，构成重檐庑殿顶，是宫中规格最高、体量最大的殿宇。三大殿后经乾清门如内廷，为皇帝家宅，代表家族皇权。其前殿乾清宫为皇帝起居之处，坤宁宫为皇后所居，形成类似前厅和后堂的格局关系，两殿之间又增建的交泰殿，三殿共同建在一座"工"字形大台基之上，四周设廊庑、门等围合成为一个殿庭，整体规模均小于外朝大殿，体现了后宫寝居气息。同时，各单体建筑通过间数、屋顶差级等，表现出了这个巨大建筑群的等级差异，如皇帝所用主要殿宇为 9 间，皇太后正殿为 7 间，其余后妃正殿为 5 间，而屋顶形式依次按照屋顶、攒尖、歇山、悬山显示其由高到低的等级关系，宫内若干宫院建筑群在总体规划之下，全宫建筑在保持多样性的同时，体现出井然有序的总体格局。寝宫之北设有御花园，园中之亭榭、花木更增加了活泼、轻快之美。

中国传统建筑中无论是单门独院的民居民宅，还是巍峨壮丽的深宫大殿，大都采用于平面上展开的、内向封闭式的庭院式建筑布局，对中国古代建筑整体布局形式影响极其深远，并逐步形成了中国传统建筑独特的内部空间格局，内外联通，虚实相济。李允钚先生在《华夏意匠——中国古典建筑设计原理分析》一书中所写："在建筑的历史经验中，我们可以看到曾经有过两种不同的扩大建筑规模的方式。一种就是'量'的扩大，将更多更复杂的内容组织在一座房屋里面，由小屋变大屋，由单层变多层，以单座房屋为基础，在平面上以至高空中作最大限度的伸展。西方古典建筑和现代建筑基本上是采用这种方式的；另一种是依靠'数'的增加，将各种不同用途的部分分处在不同的'单座建筑'中，由一座变多座，小组变大组，以建筑群为基础，一个层次接一个层次地广布在一个空间中，构成一个广阔的有组织的人工环境。中国古典建筑基本上是采取这一方式，因此产生了一系列包括座数极多的建筑群，将封闭露天空间、自然景物同时组织到建筑的构图中来"。[1] 这种以庭院为最基本单位的组合方式，是以一组

1　李允钚：《华夏意匠——中国古典建筑设计原理分析》，140 页，天津：天津大学出版社，2005。

或者多组建筑围绕着一个中心空间（庭院）来组成，将不同功能的单体建筑组合在一个整体群落之中，除了院落的大门外接街巷直接对外沟通外，其余建筑的门窗都朝着庭院，形成一个以院为中心的封闭空间。为了满足更多、更复杂的功能需求，中国传统建筑多沿着南北轴线将多个院落串起来，每一个院落为一进，形成在纵深方向上的空间延续。一些更大的建筑群又在庭院左右方向上沿着横轴组合拓展，形成更大的群组。纵深方向上的院落一般称"路"，在各"路"中，庭院与庭院之间既有纵向的联系，也有横向的联系，成为一个交叉的网状，形成诸如宫殿、寺庙等大规模建筑的复杂布局。从这个意义上讲，"中国古代建筑是在平面上纵深发展所形成的建筑群与庭院空间变化的艺术。"[1]

由空间的使用功能来看，庭院最为开放，其次是堂，再次是室。相对于建筑室内的空间而言，庭院属于室外，而相对于整体院落而言，庭院则属于一个四面围合而无顶棚的室内空间，其四壁便是周围建筑的门窗及墙体，形成了在空间组织中内外交融、虚实相生的局面。在使用上层层递进，并然有序，因此在室内空间格局的研究中，往往将庭院也纳入到整体空间中来。当然，除了上述以庭院为中心的平面布局外，中国古代建筑中也有将庭院置于主体建筑前方或者后方的，这样的平面布局是将庭院作为主体建筑的附属空间，同样与室内空间虚实互通。

除了木构屋架为清代大量使用的结构形式之外，在辽阔的幅员内，因受气候、地方材料等影响，中国各地出现了一些具有地方特色的建筑结构与构造形式。如蒙古族、哈萨克族所用之毡房（蒙古包），为一种活动构架。而藏族地区使用的冬夏帐房，属于拉索结构；黄土高原之窑洞建筑则是原始穴居的演化；硬山搁檩形式在清中期以后逐步广受重视，开拓了近代建筑的先声。

2）民居

（1）元代

元代住宅是宋、金至明、清之间的一个中间环节，处于在住宅向制度逐步森严、精致化过程中的一个较为自由、散漫的阶段。元代住宅制度较为疏阔，在形式上，北方住宅较多受到元大都住宅的影响，南方住宅则在南宋基础上渐变。文人住宅注重环境因素，多将住宅与自然融合设计。少数民族的住宅形式呈现出十分丰富多彩的面貌。

元代规定一般平民住宅占地为 8 分（约 0.027m），贵戚功臣等占地可达 8 亩（约 5333m^2），在规模上差异较大。元代住宅实物已经不存，现存住宅遗址多分布于北方地区。北京后英房居住建筑遗址为元

---

1 傅熹年：中国古代建筑概说，引《傅熹年建筑史论文集》，21 页，天津：天津百花文艺出版社，2009。

 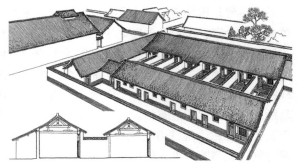

图 9.16（左）
北京后英房元代居住遗址
复原图
（傅熹年：《中国科学技术史
（建筑卷）》，527 页，北京：
科学出版社，2008）

图 9.17（右）
北京西绦胡同元代建筑遗
址复原图
（傅熹年：《中国科学技术史
（建筑卷）》，528 页，北京：
科学出版社，2008）

代北方住宅建筑的重要代表，由发掘的平面图和复原图可知，整体分为东、中、西 3 个院落。据推测，中院建筑体量大、规格高，是一所主体为面阔 3 间、左右有耳房、前后出前轩和后廊的建筑组合体，北面正厅 3 间，宽 11.83m，进深 6.64m，后加一间深 2.44m 的后廊。厅前出一同宽的轩，深 4.39m，三面装格子门；厅之两山为砖墙，其外侧各有宽一间的耳房。该组建筑共建在砖砌的高约 0.8m 的凸字形台基上，台前连接一与前轩台基同宽的甬道。甬道两侧有东西厢房。自正厅两挟的山墙至东西厢房的北山墙间有曲尺形墙相连，墙上各开一东西向角门，通向东院和西院。东院正中主体建筑为面阔 3 间的工字厅建筑，前厅宽 11.61m，深 4.75m，其后为长 3.62m、一整二破的 3 间柱廊，后接同宽之后厅。东西两侧各有面阔 3 间的东西厢房，东厢房又向南北各延伸 1 间。西院只残存建筑的前部台基和小月台，是一座 3 间小厅。在装修和室内布置方面，在东院工字厅内发现有木板门和格子门，格子门用于前厅前檐，为四直方格眼双腰串造，有的还装有铜饰片——看叶。室内布置的最大特点是沿墙砌条形的窄土炕。在中院的主厅后壁、挟屋前檐及山面，在东院工字厅明间、厢房前檐及山面、后壁等处均有。炕用土坯砌成，大多为实心，有 44cm、50cm、62cm、72cm、86cm、104cm 等不同宽度，炕面前沿有木制"炕帮"，其前壁或立柱镶木板，或用砖砌（图 9.16）。

　　另外，北京西绦胡同元代居住遗址为一处联排式简易住宅，应是商业租赁所用。由前后两排宽 8 间的房屋组成，在前后排房屋之间逐间隔墙，分隔成 8 所面宽 1 间，前为厅，后为居室，中为家院的简易住宅。后室对庭院处开一门一窗，前厅对外只开一板门、一高窗，小院内设有水沟、石臼。在前排房屋之前用墙围成一横长的公共院落，由西端的门通至大街。房屋深约 4.7m，相当于进深 4 椽的房屋，庭院深度不足 4m，尺度很小。古代经济发达的城市流动人口众多，出租房屋成为解决临时居住问题的重要形式。从经济发展的角度看，唐宋或更早时，经济发达的城市中应已出现这种简易廉租房，该遗址为古代城市中这种特殊形式和用途的居住建筑提供了实物例证（图 9.17）。

图 9.18　元何澄“归庄园”
中所表现的元代北方住宅

图 9.19（左）
纯阳宫壁画中所描绘之地
主住宅

图 9.20（右）
元代绘画中所示之南方住宅

　　在元代何澄"归去来图"中，描绘有几所住宅，均为木构架建筑，台基由砖包砌，墙壁下部也有用砖包砌的墙下隔间，上部为土墙抹灰面，屋面使用瓦顶。室内设有宽窄不同的土炕，其形式、造型基本可与北京后英房元代居住遗址互相印证，应属北方高档住宅。另外永乐宫壁画中有几处住宅的描绘，为元代民居的研究提供了重要依据（图9.18，图9.19）。南方住宅无遗址发现，对其了解主要依据该时期的绘画作品，可知元代南方住宅大多延续南宋以来的形制，建筑以全木构架为主流形式。由元代绘画作品中所表现的文人住宅形象来看，在建筑形式上多较为简朴，在规划上多因地制宜，不拘一格，且多追求住宅与环境的自然融合，追求淡泊、绝尘的意境（图9.20）。

　　（2）明、清

　　中国古代民居建筑自明代起方有遗构传世，虽然目前发现的明代民居主要集中于江浙、皖、赣、闽粤以及山西、山东、陕西、四川等地，由于均有实物传世，为民居研究提供了更为具体的资料。

　　明代统治者以正统汉文化继承者自居，建国后重振礼制制度，其民居的发展也在严格的礼制制度下展开。自王公品官至平民百姓，住宅形态在礼制制度的影响下，形成了单体建筑形式单一、群体组合严谨规整的特点。中国民居建筑自春秋《礼仪》记载，多为一字形平面、悬山顶。宋代时出现了工字形、十字形等复杂的平面形式，并有多层、重檐以及丰富的组合屋面，标志着住宅主体建筑造型由简单向丰富、复杂方向发展。及至元代，由于政府制度宽松，民居主体建筑造型更加丰富自由，元大都住宅建筑中广泛采用工字形平面、一明二暗带抱厦不对称形式的正房。明代时对礼制制度约束重新加剧，住宅主体建筑大多为单纯的一字形平面，采用悬山顶，正房建筑采用左右对称格局，以尺度差异显示其等级差别。在建筑群体布局上，明代一改元代所形成的无轴线自由布局，"前堂后寝"格局更为突出，对长幼、男女、主仆的活动空间均作出明确的限定与划分。整体布局采用严正的中轴线组合，辅助建筑采用拱围手法作对称格局，出现了标准化、程式化的平面设计格局。

至明中后期，制度逐步松弛，风俗日趋奢靡，加之技术进步，住宅建筑有了新的发展。在单体建筑形式上，中后期时住宅制度对禁限有所变通，对架多间少者不再限制，导致大进深厅堂开始流行，满足了礼仪活动等对空间深度的需求，并结合一定的技术手法使得室内空间更加宜人，也开拓了内檐空间的变化。

同时，在建筑群体布局上，中后期出现了横向上的自由布局，这种布局应该是伴随着硬山顶建筑的普及而流行的。早期悬山顶建筑在横向并联时，受形制限制，只能采用挟屋、抱厦等方式，无法解决建筑进深、层高交叉的屋面处理。硬山顶的出现为建筑的平面布局增加了灵活性，挟屋可直接连接主厅，厢房与主厅虽然不在同一高度，也可以交角对接。楼屋仅在正面出檐，山墙部分不出披檐，造型处理更为方便。由于单体建筑搭接趋于便利，宋元以来的工字形、十字形平面厅堂减少，楼屋开始增多。同时，中轴对称的格局在此时也有所修正，更加崇尚对自然的追求。除在住宅中体现礼制制度之外，明后期住宅同时也兼容道家崇尚自然的色彩，使住宅成为反映中国古代文化的重要载体。此外，在建筑装饰上，明中后期民居住宅雕饰日益精美，经济的进一步发展也使得民间建筑有一定财力投入建筑装饰。如门楼、照壁的砖雕、楼居挑栏的木雕、月梁的使用、彩绘、室内小木作、匾联字画等等，均为明代室内环境的营造提供了新的手法与视觉效果。

另外，明代高度发达的社会文化与日渐成熟的营造技艺，也使得民居建筑形式丰富多彩。受地形、气候、风俗等因素影响，各地建筑在密度、建筑外观、结构方式、群体组合，甚至城镇面貌上都形成了各自特色，民居逐步成为了城乡建筑面貌的地域表征。整体上可以划分为南、北两大地域特征，北方民居整体朴实，以合院式为主，院落宽敞，平房多为抬梁式构架，外檐少用木雕，多为双层木窗。南方地区地形复杂，民族众多，人稠地少，文化多源，形成了丰富多样的民居形式。一般来说其建筑密度较高，有干阑式、穿斗式、抬梁式多种结构形式，房屋穿插对接，天井狭小，装饰讲究。纵观明代民居，可分为窑洞、合院式、重门重堂制民居、小天井式、板屋式、三堂式、

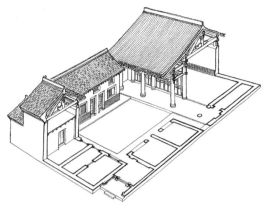

三堂带护厝式、闽粤土楼等等类型，其室内空间也由此产生了丰富的形态。清代在此基础上进一步发展，形成了对近代以来影响深远的丰富、多彩的民居形式。由于清代民居今天较为多见，在此主要介绍明代民居空间结构形式。

窑洞有着冬暖夏凉的优点，在北方黄河流域黄土地区流行。明代也出现了砖、土坯砌筑的锢窑与木构建筑共同组成宅院的形式（图9.21）。合院式民居一般由正房、厢房、倒座房组成四合院形式，坐北朝南，大门设在东南角，即风水学中的坎宅巽门形式。留存至今的明代住居主要有山西襄汾丁村丁宅、山西襄汾伯虞乡李宅、山西晋城下元巷张宅，均为北方合院形式。其中山西襄汾丁村丁宅建于明万历二十一年（1593年），整体平面呈纵长矩形四合院形式，东南角设大门。正房为 3 间敞厅，南房及东西厢房为居室，均面阔 3 间。南房加建一低矮顶棚，上可供储物之用，南房、东西厢房内都分隔为两个宽一间半的房间，正房、南房分别深 6.2m、5.2m（图9.22）。山西襄汾伯虞乡李宅建于明万历三十七年（1609年），为前、后两进院落，正门 3 间位于西侧，入门后经过西向的 2 门分别向北、南进入主院及前院。前院应有东西厢房及南房各 3 间，通过垂花门进入主院，主院有正房、东西厢房。正房 3 间用 5 架梁，加前出廊 1 间，总进深近 10m，厢房包括前廊进深近 6m。主院正房西侧又有用于贮藏的小跨院，院内有南北房各 2 间，北房为 2 层楼屋，经南房入院后登楼。根据其廊下的雕饰和挂落，轻巧的隔扇门棂格等来看，应属当地较为考究的住宅（图9.23）。山西晋城下元巷张宅建于明万历二十年（1592年），是可知明代民居中较大一例。现存此宅分前后 2 进，正门位于第一进院东南角，院内南房、东西厢房为 2 层楼，北面正厅为 5 间 6 架敞厅，出前

图 9.21（左）
河南巩县巴沟窑洞式住宅
（孙大章：《中国民居研究》，165 页，北京：中国建筑工业出版社，2004）

图 9.22（右）
山西襄汾丁村丁宅示意图
（潘谷西：《中国古代建筑史（第四卷）》，617 页，北京：中国建筑工业出版社，1999）

图 9.23　山西襄汾伯虞乡李宅平面图

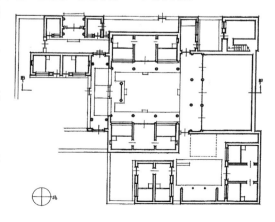

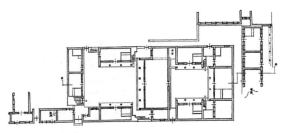

图 9.24　山西晋城下元巷
张宅平面图

檐 1 架，总进深约 8m。第二进正房、东西厢
均为 3 间的 2 层楼，正楼为 6 架出前廊，总
进深 6m 多，比正厅进深小（图 9.24）。[1]

重门重堂制民居是一种用于王府品官大
型府第的四合院，其主要特点讲究中轴对称，
于中间设门，门堂数量增多。堂寝分院围护，
后寝可以设楼屋。重建于明弘治十六年（1503 年）的山东曲阜孔府是
该类民居的代表，其大门设于中轴线上，有大门、二门两重，并增色
有垂花仪门。庭院北侧为正厅、后厅，中间以穿堂形成了工字厅形式，
工字厅后增建有退厅一座。厅堂两侧设东西司房各 10 间，东西廊房
各 5 间，共同组成前堂院。后部有后楼与廊庑组成内寝部分，以围墙
环绕独立成院，内、外以内宅门隔开。建于明嘉靖三十三年（1554 年）
的浙江绍兴吕府，平面由三区横向排列组成，各区住宅中轴对称，整
体方正、规则。中区分为前、后两部分，前部设大门、轿厅、正厅，
后部为主房与下房。前后两部分均有院墙围合，各自独立成院。这种
前堂后寝，重门重堂的住宅形式是当时品官住居的标准平面格局（图
9.25）。

合院式民居至清代时形式丰富，并表现出明显的地方特色，如北
京四合院，是北方合院式的典型形式，完整的四合院皆有前、中、后
三进院落。大门开在东南角上，门内设影壁，院内按南北纵轴线对称
地布局住屋。进门转西向入前院，院南设倒座房，为外客厅、书房、
账房或杂用。前院正中纵轴线上设立 2 门（垂花门），门内是面积较
大的中院，院北正房为正厅，为活动、待客之处。清代时规定正房面
阔不过 3 间，正厅两侧之套间供长辈居住，正房两侧附有耳房。正房
东西两侧之厢房供晚辈居住。第二进院落同样设正房、厢房，供居住
所用。在最后一排设有后罩房形成后院，供储藏、仆人等用。厨房多
设在中院东厢或后院，厕所设于角落隐蔽处（图 9.26）。清代时山西
晋中合院型民宅形成了不同于北京四合院的独特形式。整个院落中正
房规格最高，两厢房向内院靠拢，形成南北长、东西短的狭长院落，
其多为 5 间，分成 3 间 2 耳或者一字排开。厢房间数增多，从 3～10
间不等，中间以垂花门隔为前后两个院落。厢房分隔为内 3 外 3、内
5 外 5，或者内 5 外 3 等。一些富裕人家则使用 5 间过厅式建筑代替
垂花门，有些于宅内设戏台；有些住宅倒座为 2 层楼屋，全宅周围以
高墙围绕，墙高超过屋顶（图 9.27）。陕西关中一带的合院式则更为
狭长，正房 3 间无耳房，两侧厢房向内收拢，厢房屋顶为一面坡式。
正房多做祖堂、客厅，而以厢房为主要居室。云南大理白族聚居地区，

图 9.25　山东曲阜孔府明
代建筑遗存分布图

1　参见傅熹年：《中国科学技术史·建筑卷》，619 页，北京：科学出版社，2008。

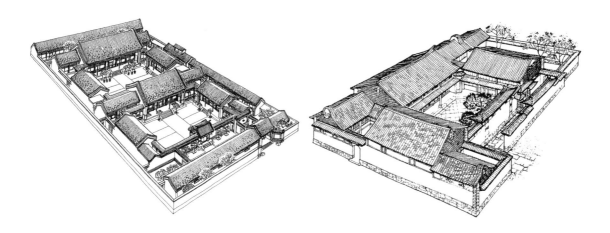

形成了颇具特色的"三坊一照壁"、"四合五天井"的两种主要合院型
住宅布局。"坊"是 1 栋 3 开间 2 层房屋，由"坊"三面围合的合院，
并在正房对面院墙上设一垛照壁，称为"三坊一照壁"。而"坊"四
面围合形成中央天井及四角天井者，称为"四合五天井"。大理地区
多以西向风为主，故民居正方朝东，大门设于东墙北端。在"坊"中，
底层一明两暗，明间为堂，两次间为居室，前设宽大的厦廊，用于日
常休息、宴客。二层 3 间通敞，明间设有神龛（图 9.28）。

　　小天井式民居主要流行于皖南、浙东、赣北山区。由于明代商业
活动繁荣，该地区商贾崛起，人口稠密，并多为独立的小家庭，产生
了颇具特色的小天井民居形式，用地节约、家庭组成简单，又因财力
雄厚，多修饰精美。一般多为楼居，平面呈三合、四合、H 形、日字
形等，天井很小，大门设在正中或侧屋。堂屋及生活用房设在下层，
上层为祖堂或仓储用房，也有设住屋者。堂屋皆为敞口厅形式，两侧
建有附属用房或者楼梯间等，进深均较窄。在此类民居中以徽州民居
最具代表，安徽歙县西溪老屋约建于明成化前后，为现存徽州明代住
宅中规格较高、年代较早的一座。有南北房各 5 间，2 层，两侧无厢
房，用内装楼梯的空廊连接南北，在上层形成一圈回廊，围合成横长
矩形庭院。北房 5 间，上下层均出前廊，后为敞厅 3 间。两梢间分为
前后 2 室作居室；南房 5 间下层明间为门道，两侧分隔为小室。此宅
北房进深约 9m，而天井深只有 4m，若计入挑檐，仅深 2.4m，是缩小
庭院，减少日照的典型例子。此类民居另一重要特点是装修考究，雕
饰精美。多位于梁头、拱眼、叉手、雀替、平盘斗、栏杆等处，门楼、
门罩，以及室内天花、梁枋，以及窗棂格等处（图 9.29）。云南昆明"一
颗印"式也是此种类型，是一种 2 层楼的小型合院建筑，天井设在中
央，面阔仅仅 1 间，狭小如井。通常正房 3 间，厢房（耳房）各 2 间，
耳房前端临大门处设倒座 1 间。正房与耳房相接处留有窄巷，安设供
上下的楼梯。整体空间以正房为主，正方中间设祖堂或佛堂，正房上

图 9.26（左）
北京四合院鸟瞰图
（孙大章：《中国古代建筑史
（第五卷）》，168 页，北京：
中国建筑工业出版社，2002）

图 9.28（右）
云南大理喜州村三坊一照
壁式民居示例
（孙大章：《中国古代建筑史
（第五卷）》，178 页，北京：
中国建筑工业出版社，2002）

图 9.27　山西太谷上观巷
1 号某宅平面图

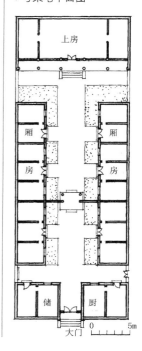

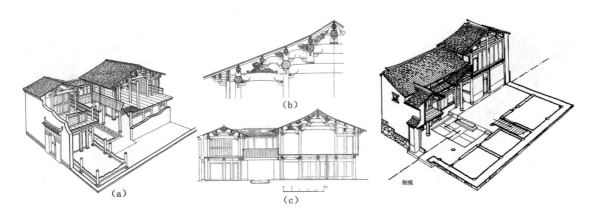

（a）　　　　　　　　（b）

剖视　　　　（c）

图 9.29（左）
安徽歙县西溪南乡吴息宅
（a）剖面透视图；（b）正宅
梁架；（c）剖面图

图 9.30（右）
云南一颗印民居示例
（孙大章：《中国古代建筑史
（第五卷）》，190 页，北京：
中国建筑工业出版社，2002）

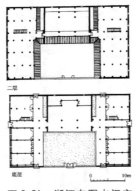

二层

底层

图 9.31　浙江东阳水阁庄
叶宅平面图（十三间头）

下楼次间为卧室，左右耳房用作书房、客房或者灶房等（图 9.30）。

　　三堂式民居流行于江南太湖流域，规模大小不等。一般以门屋、正厅、后室 3 座主体建筑组成，纵轴排列，两侧以墙壁或者附属房屋围护。规模大者中轴线上重要建筑增多，形成门屋、轿厅、仪门、大厅、楼厅（或为两座）等，为解决前后交通，在中轴线一侧设避弄联通。如浙江东阳卢宅为 3 堂制之变体，主轴建筑超过 3 堂，两厢配有多样的附属建筑。卢宅规模宏大，宅平面有多条纵向轴线组成。主轴线上为"肃雍堂"，与之并行东有"业德堂"，南有"柱史第"、"五云堂"、"冰云堂"等轴线，均采用前堂后寝之制。"肃雍堂"进深达 9 进，前部 4 进为厅堂系列，有门、过厅、工字厅，后部 5 进为寝卧系列。前后之间以石库门分隔并联通，两侧设有厢房、游廊、配房并墙垣。"肃雍堂"正厅面阔 3 间带左右挟屋，进深达 10 檩，内部空间十分阔绰，整体建筑装修精美。这种格局为后来东阳地区十三间头标准民居格局的定型产生了重要影响，即是以正房 3 间，两厢挟持各为 5 间，组成三合院形式，称为"十三间头"。并以此为基本单位前后串联成数进院落，也可以并列组合（图 9.31）。

　　板屋式民居流行于浙东、闽东一带，一般以 3 间带前廊的平面为基本单元，再于两侧加披屋、两侧前伸厢房或者四周维护成口字形平面。建筑多采用木构架及悬山顶，进深很大，一般可达 11 架。明间敞口厅可分为前、后两厅，两次间可划分为前、中、后 3 间。房屋虽多为单层，但山尖部分也可做阁楼。

　　三堂带护厝式于闽南、粤东多见，主轴线上设三进并列房屋，即门厅、主厅、后楼等，规模大者可达 5 进。各厅之间以院墙围护，主轴线两侧纵向建造厝屋，形成厝院，为附属用房。有些规模更大者，于主轴线两侧建造两列厝屋以及后仓（图 9.32）。

　　闽粤土楼为一种组群式民居，是院落式民居中较为特殊的类型，主要分布在我国闽、赣、粤一带，有一字形、圆形、方形等，多为 3 层，外墙厚，底层不设窗户，其余窗户尺寸均偏小，内部房间空间不

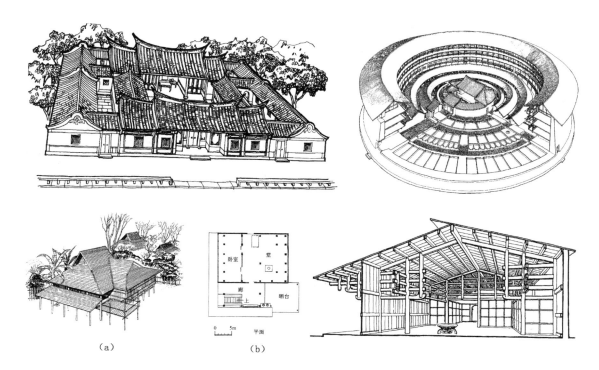

（a）　　　　　　　　（b）

大，每层均有内廊道联通四周。明代土楼多同村人合建，将众多家庭集居生活空间浓缩、密集于一幢巨大的建筑物中，包括居住、贮藏、饲养、用水、祭祀、防御等各种生活内容。在住居的组织上打破了常见的院落式民居形式，出现了各种形式的组合方式。福建永定县的大土楼，最大者直径可达 70 余米，3 层环形房屋相套，房间达 300 余间，可供 600 余人居住其中。其外黄房屋高达 4 层，底层作厨房、杂用，二层主要用作贮藏，三层以上供人们起居之用。内层两环房屋均为单层，作为杂务或饲养家畜之用。环楼中央设圆形祖堂，是供族人举行公共事务的场所（图 9.33）。此外，少数民居住居格局也各具特色，如干阑式建筑以及新疆、西藏地区所形成的独特的住所格局（图 9.34～图 9.38）。

　　3）教育、会馆、娱乐等建筑

　　元、明两代官学与民办书院均有很大发展，于此相适应的建筑也获得了发展的契机。元、明官学可分为中央、地方、专科三类；民间教育机构以书院为主，兼有讲学、藏书、供祀三大职能。官学建筑形制的特点多与文庙相结合，由"庙"与"学"两部分组成。因元明时期学校实行分堂升斋的积分制学习法，"学"的重要组成部分为讲堂和斋舍，而"庙"中以大成殿为整组建筑的中心和精神核心所在。"学"中的斋舍作联排通长形式，呈行列式布局，整体形制较为特殊。根据儒学六艺中"射"艺要求，官学还设置有习射用的射圃。元代国家最高学府为国子学，明代为国子监。南雍是明国子监中的重要代表，明洪武十五年（1382）始建于都城南京北部，分为并列的庙学两部分，

图 9.32（上左）
福建泉州民居示意（护厝式）
（孙大章：《中国古代建筑史（第五卷）》，192 页，北京：中国建筑工业出版社，2002）

图 9.33（上右）
福建永定古竹乡高头村承启楼剖视图
（孙大章：《中国古代建筑史（第五卷）》，198 页，北京：中国建筑工业出版社，2002）

图 9.34（下左）
云南西双版纳景洪傣族民居
（孙大章：《中国古代建筑史（第五卷）》，207 页，北京：中国建筑工业出版社，2002）
（a）效果图；（b）平面图

图 9.35（下右）
四川凉山彝族民居室内透视图
（孙大章：《中国古代建筑史（第五卷）》，231 页，北京：中国建筑工业出版社，2002）

图 9.36　广西龙胜侗族民居剖视图

（孙大章：《中国古代建筑史（第五卷）》，210 页，北京：中国建筑工业出版社，2002）

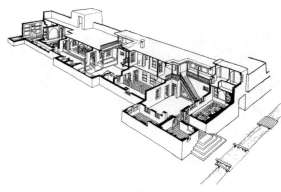

图 9.37　新疆喀什某民居剖视图

（孙大章：《中国古代建筑史（第五卷）》，238 页，北京：中国建筑工业出版社，2002）

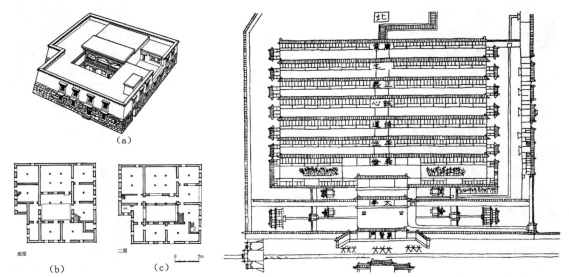

图 9.38（左）
西藏拉萨藏族住宅
（a）鸟瞰图；（b）底层平面；
（c）二层平面
（孙大章：《中国古代建筑史
（第五卷）》，225 页，北京：
中国建筑工业出版社，2002）

图 9.39（右）
明南京国子监
（潘谷西：《中国古代建筑史
（第四卷）》，460 页，北京：
中国建筑工业出版社，1999）

左庙右学。庙的平面布局在中轴线上依次有棂星门、大成门、大成殿，构成两进院落。学的主要部分有 1 座正堂与 6 座支堂，沿南北中轴线依次排列。正堂彝伦堂面宽 15 间，堂前设露台，场地开阔，祭祀时兼作师生朝拜场所；6 支堂均为 15 开间的通长条状建筑，各堂之间两端设厢房 3 间，分别围合成为若干个长方形院落。南雍前西南处，设有射圃。元、明时期地方官学很多，其形制基本上是国子监的缩影，均由"庙"、"学"两部分组成，"庙"同时兼作地方文庙。地方官学还设有庖厨、馔堂、学舍、仓库、射圃等附属建筑（图 9.39）。

书院为元、明民间教育机构，其形制受到所在地的文化背景、地理环境等影响，形成了自由式、规整式两种布局形态。早期书院多选择名山胜地，建筑因山就势，格局十分自由；至明中后期，书院形制逐步向着规整化方向发展。书院因兼有讲学、藏书、供祀三大功能，故发展出讲堂、藏书楼、礼殿或者祠堂三种主要单体建筑。

会馆建筑于明代时期即以出现，至清代时趋于发达。会馆是供同乡或者同行业商人联谊的处所，清代工商业发达，手工业分工细致，因此同行业、手工业者需要交流以及互相协同；其次，在科举制度下同门、同乡等，也开始建立会馆以互相提携等，加之大批进京投考的士子也均联络同乡、同门所设会馆作为居住、联络的基地，这样就更进一步促进了会馆建筑的发展。除了工商会馆、同乡会馆外，专门为士子赶考所设的留居会馆也是其中的主要组成部分。除供聚会联络所需空间外，一般都兼具有寓居的性质。清代初期会馆多单独设计修筑，中后期开始多由住宅或祠庙改造而来，其建筑布局与规格没有定式。工商会馆主要用于聚会，同时也供奉神祇，祈求经营顺利，因此此类会馆建筑内多设厅堂，整体布局类似祠堂庙宇。同乡会馆多以居住为主，其空间布局多采用院落式，大者会拥有十余套跨院相接，馆内除供居住的空间外，还设有供文人聚会的厅堂，纪念本乡名人的祠堂，以及纪念孔子、关公等的文租殿、武圣庙等，有些还在西南角建魁星楼，这些空间共同组成一处完整的会馆。清代戏剧繁盛的时期，一些大型会馆中开始出现专门的戏台建筑。除京城会馆建筑十分发达外，清代时各地会馆也纷纷出现。

戏剧至清代时日臻发达，戏台建筑也逐步发展成熟，不但于宫廷内出现了较为讲究的高级戏台，各会馆、府第中也纷纷营建；同时戏剧的商业化促使城市内戏院的兴起，出现了专门的戏剧表演场所。清代宫廷内建有 5 座规模十分客观的戏台，即热河行宫东宫福寿园清音阁、北京紫禁城寿安宫戏台、宁寿宫畅音阁、圆明园同乐园戏台、颐和园德和园大戏楼，现仅存畅音阁、颐和园德和园大戏楼两座，均为 3 层建筑，进深、面阔均为 3 间。以德和园大戏楼为例，戏台三层分别为福、寿、禄三台，楼层间的楼板可拆卸，台面下设有 5 口地井。在表演时，按照所演内容可自由使用三层表演空间，如演出神仙剧目时，利用可拆卸的楼板，使演员从天而降。如遇到表现鬼怪的内容时，则可利用台面下的 5 口地井，使演员平地拖出。而表演非常复杂的剧目内容时，则可上下空间联通灵活使用（图 9.40，图 9.41）。

图 9.40（左）
清代演戏图
（孙大章：《中国古代建筑史（第五卷）》，28 页，北京：中国建筑工业出版社，2002）

图 9.41（右）
天津广东会馆戏楼内池座及楼座
（孙大章：《中国古代建筑史（第五卷）》，27 页，北京：中国建筑工业出版社，2002）

4）清末西式建筑的传入与影响

回望中国数千年历史，会发现这个古老民族的发展一直都不是一个封闭的过程，其历朝历代统治者都积极致力于对外交流与往来，在这个不断输出与吸纳的过程中，中国文化沿着自己的道路发展、丰富并日趋壮大。早在公元前 6 世纪和公元前 7 世纪时，即有希腊商人前来求绢的记载；汉武帝苦心帷幄，开辟了丝绸之路；唐朝时期大量外国商人长期居留于唐都城长安；两宋以后，中国海上贸易发达；元代时英勇善战的蒙古人曾入侵欧洲，打通中西陆路交通，自此远涉东方淘金的欧洲商人及前来传教的传教士也渐渐增多。及至清兵入关，清政府实行闭关锁国政策后，中国对外交流相对封闭起来。但亦留有广州一口岸对外贸易，当时的西方传教士在中国本土的传教活动也不曾中断，相反呈上升之势。

西洋建筑首先在澳门出现，鸦片战争后大规模进入中国大陆。中国现存的鸦片战争前西洋建筑实例并不是很多，主要集中在澳门，其次是广州的十三行与十三夷馆，中国内陆地区的西洋建筑实例则以颐和园内的西洋楼为典型。

明嘉靖十四年（1535 年），葡萄牙人占据澳门修城筑屋，开始了最早的建筑活动，至清代时，澳门已经具备了一定规模。在早期的建筑活动中，澳门的西洋建筑往往掺杂着当地的中国风格，材料大都就地取材，在装饰手法上带有明显的中国特征。鸦片战争前澳门的西式建筑实例主要要有 1602 年的大三巴牌坊，1784 年建的市政厅，建造于1808 年的私立利玛窦学校。另外，澳门也有不少天主教教堂建筑，早期的天主教堂多采用中国传统庙宇形制，后逐步改为西洋天主教堂形式。清代早期曾经禁止西洋教士在华传教，教堂也大量遭到破坏。鸦片战争前清政府实行海禁，限制西洋商人的贸易活动，仅开放广州一口岸对外经商。外国商人在广州的活动也受到一定限制，因此特地为外国商人修筑了从事贸易和居住之所，即十三行和十三夷馆，属西洋形制建筑。按照当时清政府的政策规定，"外商不得直接与国内商人交易，不得进城报关居住，也不得直接结交官府，只有通过官督民办的垄断买办团体——十三行商引见经办"。[1]因此十三行和十三夷馆就成为当时外国商旅居住和从事商业活动的专门场所。

"西洋楼"建筑群建造于乾隆初年，位于长春园内，中国皇居领域第一次出现了欧洲建筑，建筑年代自乾隆十年至乾隆二十五年，历时 13 年建成，建筑形式采用法国洛可可式，后于八国联军侵华时被毁，如今只剩一些残垣断壁。此时虽然已经有西洋形制建筑传入中国，但

---

1 杨宏烈：《广州十三行遗址旅游开发构想》，引《中国近代建筑研究与保护（四）》，485 页，
    北京：清华大学出版社，2007。

(a)

(b)

(c)

图 9.42 澳门的西式建筑
（a）大三巴牌坊；（b）市政厅；
（c）利玛窦私立学校

图 9.43 （左）
广州十三行

图 9.44 （右）
长春园西洋楼建筑群大水
法遗址

并未产生大的影响，仅仅是满足了中国皇家贵族的某些猎奇心理而已，在广大中国境内，传统建筑形制依然占据着主要地位（图 9.42～图 9.44）。

9.2.2　室内空间界面形式

1）地面

元代宫廷建筑装饰、装修追求奢丽豪华的效果，以《南村辍耕录》卷 21 "宫阙制度"与肖洵《故宫遗录》所记载最为详细，与出土遗物互证，可知其基本面貌。元大内各殿地面"皆用濬州花版石砌之，磨以核桃，光彩若镜"，前殿大明殿"上藉重裀"，后殿延春阁及隆福宫光天殿、兴圣宫兴圣殿均"藉以毳裀"，即元宫殿内使用花石铺地后，再于其上铺设一层或重层的细毛皮褥。

清代官式建筑室内地面大部分以砖墁地，可分为方砖和小砖两种。按其等级又可分为金砖墁地、细墁地面、淌白地面以及糙墁地面，分别代表着砖料加工磨制的细粗程度以及施工手法。金砖墁地规格最高，多用于宫殿的主要殿堂，所用方砖多由苏州陆墓出产，地面基层改用白灰砂浆。地面砖先经打点磨净，再"钻生泼墨"，[1] 以增加地砖色泽、光洁度与耐久性。金砖铺装的地面光洁平整、乌墨油亮、软硬适度、

---

1 "钻生泼墨"是清代最高级的地面修饰方法。其具体做法为：在磨净的砖地面上先泼黑矾水两次，干透，再以钻生桐油浸足，以生石灰青灰面铺撒，使之吸油固化，即"守生"。然后刮平、擦净，再烫蜡，以软布擦亮。参见孙大章主编：《中国古代建筑史（第五卷）》，400 页，北京：中国建筑工业出版社，2001。

耐磨耐擦，达到了中国古代地面铺装工艺的最高水平，今天可以见到的实例有北京故宫太和殿地面，至今仍然滑润优美。在园林建筑中，对室外之月台、园路、庭院等地面创造出别出心裁的铺装图案，其用材多取废砖弃石，配合园林环境，营造更加丰富的意趣。

一般民间地面铺装手法较为简朴，主要有灰土地面、三合土地面、卵石地面、石板或片石地面，有些掺杂以瓷片、片砖、瓦片等，拼接出各种图案进行装饰。

2）墙体与门、窗

元薛景《梓人遗制》中记载有元代建筑小木作装修的规制与图样，其版门种类与宋《营造法式》较为接近，但格子门形式大为丰富，共收录了34种格子的图样，由附图来看，格子门格心图案有方胜、万字、龟背、艾叶、菱花、满天星、聚六星等，或单用或双用，组合形式也复杂多变。其腰华版上的雕刻以及障水版上的壶门牙子也有多种样式。元代格子门形制的丰富，反映了元代建筑装修的新发展。元代官式建筑追求更加奢华精丽的效果，门窗装饰十分讲究，如元大都大内宫门多为朱漆版门，铺手及门钉涂金，大明殿及联通后殿的主廊均朱色加金饰的琐文窗，鎏金铺首，甚为奢华（图9.45）。

明清制砖业有巨大发展，并大量应用于建筑墙体的砌造。在清代官式建筑中用于围合或分隔空间的山墙、檐墙、槛墙、廊心墙、室内隔墙、扇面墙等，以及院墙、影壁、城墙等均大量使用砖砌，其中少数为石砌或者掺杂石材。民间建筑的墙体选材多因地制宜，北方多见夯土墙、土坯墙、（石朵）泥墙、石墙，南方多见砖空斗墙、编柱夹泥墙、石板墙、毛石墙等，甚至也有使用贝壳、陶钵等材质。砖墙砌筑工艺手法也大为丰富，由精至粗分别有干摆、丝缝、淌白、糙砌等多种，在实际使用中往往混合出现。干摆即磨砖对缝，又称为"五扒皮"，将砖的看面及四侧砍直磨平后使用，基本不露砖缝，光洁美观；丝缝工艺类似干摆，但露有约2～4mm的砖缝。淌白仅将砖之看面砍磨，砖缝较宽大；糙砌手法较为简单，用砖不经砍磨，灰缝约10cm，多用于民房以简易房屋中。在室内墙壁抹面中，宫殿等大型建筑十分讲究，多于墙面刷饰黄色的包金土或贴金、银花纸等，宫廷中也多使用一种高级的预制墙面"白

图 9.45 《梓人遗制》中的版门附
(a) 格子门及附图；(b) 版门及附图

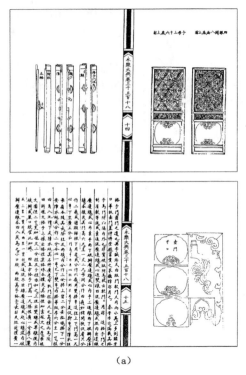

（a）

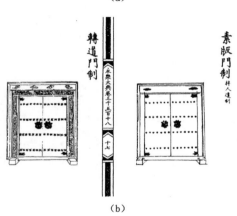

（b）

堂薰子"，即使用预制的木格框，裱以夏布、毛纸，粉刷成白色，然后固定在墙壁毛面上。民间建筑室内墙壁抹面手法丰富，北方民居隔墙多为砖砌，表面施以麻刀白灰抹面，或清水砖做细，或做壁画。一些使用土坯墙者，其面层使用稻壳泥，再刷白灰水罩面，也有再于面层上裱糊一层大白纸的做法。南方民居隔墙多用木板壁或编竹夹泥壁，富裕人家的编竹夹泥墙做法考究，面层抹纸筋灰粉白，甚至有用夏布罩面、抹灰粉白者。另外，四川、西北青海藏居也喜欢用木板壁隔墙，木板壁表面或涂饰油漆，或施彩绘，具有很强的装饰性；广东一带喜欢用清水墙直接面对室内，产生阴凉宜人的效果；新疆南疆民居喜欢采用石膏花饰装饰夯土内墙面，极具少数民居地方特色。

明代官式建筑的内、外檐装修形式在宋元传统的基础上趋于适用、舒适，小木装修向更为精工方向发展。大门仍多用版门，版门的构造基本未变，其门环、门钉的形式、数量反映等级差异。只有皇宫门钉可用 9 路、5 路之数，门环均用鎏金；一般房屋只能用近于黑色铁制门钉、门环。皇宫可涂朱漆；一般人只能涂黑漆。房屋多用格子门（隔扇）、槛窗，唐宋时的直棂窗只偶然在寺庙中使用。格子门一般明间可用至 6 扇，次间一般用 4 扇，每扇视其高度和房屋等用抹头，4～6 抹不等，隔扇边梃的线脚在宋代基础上无重大变化。出于防寒需要，整体构件趋于粗壮厚重。由于木工工具与技术发展，格心的做法也向更为工细、豪华发展。建于明正统八年（1443 年）的北京智化寺中已出现四直毬纹、四斜毬纹，其梃条两侧往外凸出，形成近似于如意头形饰，并构成四直、四斜和更为复杂的三向 60° 角相交的簇六菱花格心的形式。这种菱花格子是明清宫殿、坛庙、寺观等建筑中隔扇的最常见做法。其线脚复杂，两侧外凸的如意头需用木雕工艺。在紫禁城宫殿中，内檐装修多用于后宫居住部分，东六宫尚有遗迹可循，其外檐装修仍然使用版门、隔扇窗，内部隔间与照壁仍多用版壁，十分质朴。但在民居中，木装修向着精巧秀雅方向发展，尤其是苏、浙、皖等地。如安徽歙县等地的明中期住宅小木装修，门、窗、栏杆等构件都细瘦秀挺，线脚简洁，多嵌镂空花板为饰。在其正堂明间后部出现了"太师壁"做法，即正中为板壁，两侧各开以窄门的做法，其板壁又出现中间加腰串的做法（图 9.46，图 9.47）。

中国古代建筑小木作技艺于清代时达到极盛，装修技术向精巧华美的方向发展。清代门的形制十分丰富，可谓集

图 9.46　北京智化寺明代隔扇格心图

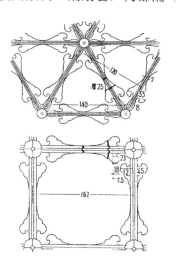
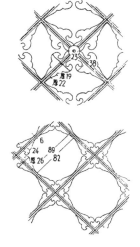

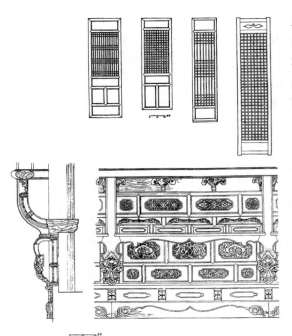

图 9.47 安徽歙县明代住宅外檐装修

历史发展之大成，有板门、隔扇门、屏门等诸多形式，可笼统总结为不透光之版门、透花棂格之隔扇门两大类。版门主要用于宫殿、庙宇、府第的大门，以及一般民居之外门，全为木板造成。隔扇门即宋《营造法式》所记之格子门，至清代已发展成为全国通用的门型，苏州一带也称其为长窗。隔扇门以格心部分变化最多，总体来看，清代北方图案较为朴实，多用直棂、豆腐块、步步紧、灯笼框等。宫廷多用三交六碗、双四交四碗棂花窗或古老钱等。南方之图案十分灵活多样，有万川、回纹、书条、冰纹、万字、拐子八角、六角套叠、灯影、井字嵌棂花等等。而且通过棂条本身形式的变化，又衍生出多种形式来。采用玻璃之后，图案规律亦随之发生了变化，构图更为自由。在浙江东阳、云南剑川木雕发达地区，有使用整块木匾精雕细镂，几乎可作为一件雕刻艺术品。再有南方多用的落地明照，玲珑剔透，光影扶疏，为屋身立面增添了别有韵致的装饰意味。清代隔扇门的裙板、绦环板也是重点装饰的部位，一般皆雕刻出如意纹、夔龙纹、团花、五蝠捧寿、云龙、云凤等图案，南方还多雕刻四季花卉、人物故事等图案。

　　清代窗有槛窗、支摘窗、满周窗、横披窗、花窗等形制，直棂窗已经十分少见，槛窗应用最广。槛窗前述介绍颇多，除使用功能外，随着窗棂变化，与隔扇门一起为屋身立面带来了很好的装饰效果。支摘窗多用于北京、华北一带民居，江南地区称为合窗。一般于槛墙上立柱分为两半，每半再分为上下两段装窗，上段可支起。满周窗也称满洲窗，于广东民间多见。其形制是规则地将窗户分为三列，上下三扇共合九扇。窗扇可上下推拉，以调节室内气候。横披窗位于窗扇上部，横向固定在上槛与中槛之间，补充整个装修立面，在宋代绘画中已经多见。花窗为一种固定窗，四周设有花式窗棂，多用于园林建筑。园林建筑中也多在游廊等处使用各式漏窗（图9.48～图9.52）。

　　3）顶棚

　　元、明时期，藻井较前代更为细致复杂，增加了斜拱等异形斗栱，并在井口周围添置小楼阁及仙人、龙凤图案等。藻井形制除八斗之外，还有菱形井、圆井、方井、星状井

图 9.48　清官式棋盘大门构造图

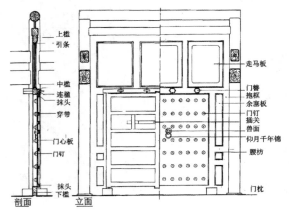

上槛
引条
走马板
中槛
连楹
抹头
穿带
门簪
抱框
余塞板
门钉
插关
兽面
仰月千年锦
门心板
门钉
腰枋
抹头
下槛
门枕
剖面　立面

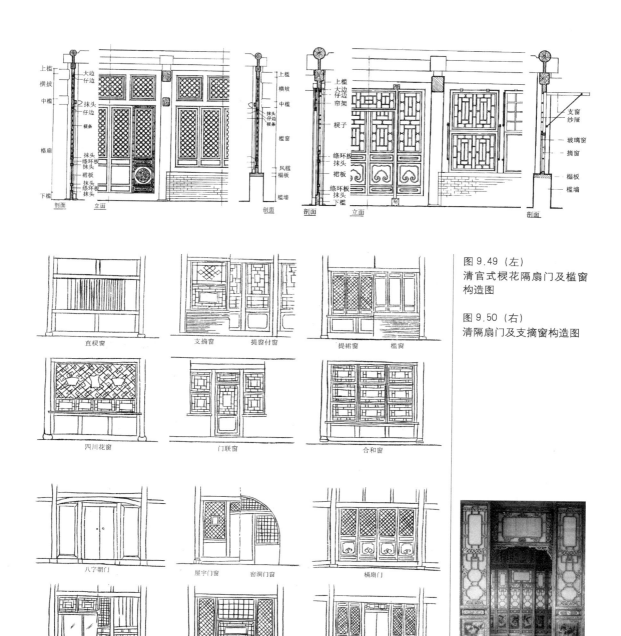

图 9.49（左）
清宫式棂花隔扇门及槛窗构造图

图 9.50（右）
清隔扇门及支摘窗构造图

图 9.51（左）
各地外檐门窗组合形式图

图 9.52（右）
清故宫隔扇
（故宫博物院古建管理部：《故宫建筑内檐装修》，139页，北京：紫禁城出版社，2007）

等（图 9.53）。

　　清代藻井与前代相比，首先雕饰工艺明显增多，龙凤、云气遍布井内，尤其是中央明镜部分以复杂姿势的蟠龙为结束，而且口衔宝珠，倒悬圆井，使得藻井构图中心更加突出，繁简对比十分明显；其次用金量大增，不仅宫廷藻井遍贴金饰，在一般会馆、祠堂藻井中也大量用金；再次，清代民间藻井形式多不受斗栱形制的约束，大量使用单

(a)　　　　　　　　　　　(b)　　　　　　　　　　　(c)

(d)　　　　　　　(e)　　　　　　　(f)　　　　　　　(g)

图 9.53　元、明时期顶棚的藻井形式

（孙大章：《中国古代建筑彩画》，106~489 页，北京：中国建筑工业出版社，2005）（a）山西芮城永乐宫三清殿斗栱、梁栿及藻井彩画（元）；（b）北京颐和园德和园大戏楼彩画（清）；（c）北京天坛祈年殿藻井彩画（清）；（d）北京故宫斋宫贴金藻井　清代；（e）清代北京故宫太和殿内檐浑金云龙柱及蟠龙藻井；（f）养性殿龙凤角蝉青抹角枋云纹随瓣枋八角浑金蟠龙藻井；（g）上海木商会馆戏台螺旋式藻井

挑斜拱，形成涡流回转的螺旋井形式，成为一时风尚。盛行于宋明时期的天宫楼阁等小建筑装饰藻井形式，至清代时已经极少应用，早期以藻井象征天国的构图意匠已逐步让位于纯装饰美化的意匠。

顶棚亦称为承尘、仰尘，宋时称为平棊、平闇，至清代时更趋规格化，大致可分为三大类型，一为井口顶棚，即在顶棚梁下吊悬井口支条，于井口方格内托背板，规格相同，富有韵律美。清代井口顶棚彩画也形成了一整套严密的画法。有些高级殿堂的井口顶棚全部选用楠木而不施彩绘，显得华贵素雅。二为海漫顶棚，及用木条钉成方格网架，悬于顶上，架上钉板或者糊花纸，或按井口顶棚规式绘制彩画裱糊其上。其三为木顶格，在木条网架上糊纸，多见于一般第宅内。民间住宅内也多见使用高粱秆扎结成架，然后糊纸，较为简便经济。

“卷”（又称“轩”）是顶棚中的一种形式，多用于厅堂前后檐步伐之廊下，用弯曲的橼子形成木架，上施望砖，下有两重轩梁，多施以彩绘。其是江南一带民居中往往采用复水重橼做出两层屋顶，橼间铺以望转，在廊部处还做成各种形式的轩顶，也即顶棚吊顶的一种做法（图 9.54，图 9.55）。

9.2.3　室内空间组织手法

明清时期，建筑制度化进一步发展，建筑中的门窗、须弥座、屋瓦以及栏杆、彩画、装饰花纹等均被包含在内，其中只有室内

图 9.54 （左）
清宫式井口顶棚做法

图 9.55 （右）
清代井口顶棚彩画

装修手法所受限制较少，出现了不少优秀创意。室内空间分隔与组织手法千变万化、形式层出不穷，将中国传统室内空间的分隔方式发挥到了极致。依其分隔形式与具体手法而言，主要有开阖随意，内外空间可随时延连者，如帷帐幕帘；随用随置，空间隔而不断者，如屏风，此两种手法均与建筑构造本身不发生直接关系。还有使内外空间完全隔绝者，如砖木竹等实墙，随着木构架结构的发展，这些墙壁大多只承自重。再有，里外半透明可随意开阖，使室内外空间虚实相济者，如隔扇门；半隔断并兼作陈设用品者，如博古架或书架；仅作为不同空间区域的划分标志，仍可通行者，如各种落地罩、栏杆罩、花罩等；在炕上或窗前做轻微隔断的，如炕罩等；迎面方向固定做隔断而左右设小门联通者，如太师壁。其中帷帐幕帘、屏风、实墙等手法均为十分古老的室内空间手法，在明清时期进一步发展。

北方建筑多用砖墙作隔断，清代宫廷墙壁多刷黄色的包金土、贴金花纸，或者在墙壁上裱糊贴络。清代宫廷也使用一种预制的木框格，裱以夏布、毛纸，粉刷成白色，固定在墙壁毛面上，称为"白堂篦子"。南方民居则多用木板壁或者竹夹泥壁做隔断，并装饰以字画、挂屏等。四川、西北、青海藏居中之隔断也喜欢使用木板壁。

壁纱橱是一种非常灵活的隔扇门组合，用于室内起空间截隔的作用，满间安装，一般用 6 扇、8 扇等双数在进深方向排布，一般为死扇，中间 2 扇设启闭功能，联通内外空间，并安设帘架，悬挂珠帘等。碧纱橱一般多选择紫檀、红木、铁梨、黄花梨等名贵硬木，民居中也有选择楠木、松木等。隔扇格心棂格疏朗，以灯笼框式多见。格心多为两层，中间糊纸或纱，并在纸、纱上以书画、诗词装饰，形成室内非常具有书卷气的装饰手法。宫廷格门上有镶嵌宝石、螺钿等手法，南方园林建筑中有将格门做成实心隔扇心板，裱以整幅字画，文化气息更为浓厚。无论是南方室内格门的工整细腻，还是北方室内格门的疏朗大气，通过它与周围环境产生的轻重、浓淡、虚实的对比，均为室内空间营造了重要的装饰美感。

　　罩是一种示意性的室内隔断，表达了空间区域划分的意图，在实际上并无阻隔，使得空间隔而不断，阻而不绝。其形式非常丰富，如落地罩、几腿罩、栏杆罩、花罩、炕罩等。罩出现较晚，在清代内檐装修中大量使用，明代是否已经出现，文献无证。落地罩在开间左右各立隔扇一道，上部设横披窗，转角处设花牙子，中间通透可行，这种做法可减少室内净空宽度，也称为"地帐"；几腿罩为开间左右各设一短柱，不落地，上部悬以木制雕刻图样，弯弯地挂在上面，这种手法可降低室内净空高度，四川一带也称为"天弯罩"；栏杆罩即在开间两侧各立两柱，柱间设木栏杆，中间部分上悬几腿罩，木栏杆在视觉上的通透性更强；花罩是各种罩类隔断中最为华丽的手法，其形制基本类似落地的几腿罩，整樘雕刻花板，内容有松鼠、葡萄、子孙万岁、岁寒三友、缠枝花卉等，雕刻手法自然、空透，两面成形，花团锦簇。花罩本身又分为多种形式和组合形式，如八方罩、圆光罩等。炕罩为北方人在火炕上所用，设于火炕炕沿木上，形制类似于落地罩，冬天可在罩上挂帐。

　　博古架也称"多宝格"、"百宝架"，这种形式的框架或称隔断，在清代十分盛行。就其本身功能而言，是陈列古玩珍宝的多层格式庋物架，在宫廷与大宅中往往将整开间做成博古架，起隔断的作用。多宝格在设计形式上多变，根据摆放的位置和陈设的物品而绝不雷同，当靠墙摆放时，具有实用性和装饰性，是室内的一个背景，他的整体形状多为简单的方形，尽量减少占据的空间，可更多容纳物品，单面装饰；当立于室中间具有隔断功能时，形式变化会更加多样，有使用两个组合，之间设门洞，两面当对称雕饰；也有将门洞设于中间或一旁，有圆形、方形、瓶形等多种形式。博古架的材料往往选用名贵硬木，工艺精细讲究，其本身的形式以及所陈列物品既是屋主品位的反映，也构成了室内极具文化气息的装饰。书架作为分隔的方式与博古架的共同之处在于其都具有实用性的特点，不同之处是书架在设计上更加注重整体性，以书籍为主要装饰，体现内在风雅而并非表面的阔绰。

　　太师壁多用于南方建筑中，在堂屋后壁中央做出木雕团龙凤或木棂窗，也有做成板壁并悬挂字画，壁前设条案及八仙桌，于两侧靠墙处各开一小门以供出入，这种处理手法几乎是厅堂空间的定式。屏门多用在堂屋后金柱间，一般为4、6扇板门，仅在婚丧大事时才开启使用，多为白色镜面做法。在南方园林建筑中，也将屏门做成纱隔或隔扇门，用装裱字画进行装饰，或者将整个格心统一构图，形成巨大的装饰画面。

　　除上述在水平方向上丰富多样的空间分隔手法外，清代还出现了

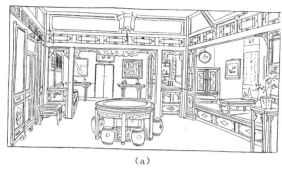

（a） （b）

一种在纵向上分隔空间的内檐装修形式，即仙楼空间。"仙楼"类似于今天的复式空间或阁楼空间，在高大的空间内再做一重小楼，使人们在高大的室内空间中获得更加协调的起居空间。其基本形式由上、下两层组成，下层可以设有床罩、博古架进行空间分隔；上层则由朝天栏杆和飞罩或碧纱橱组成，一般在上、下层之间安装一条长长的木杨，杨外饰挂檐板，栏杆立于其上。飞罩往往紧贴上部顶棚板安置，中间设有立柱，使飞罩与栏杆连成一体。紫禁城中建有多处仙楼，如养心殿、乐寿堂、坤宁宫、倦勤斋等。其中规模最大的是乐寿堂，而空间变化最为丰富的当属养心殿。

图 9.56 清代内檐装修示意图
（a）北京四合院内檐装修；
（b）苏州住宅内檐装修

　　在实际使用中，往往将多种手法组合使用于同一空间中，满足各种功能空间的需要。如清嘉庆时修葺的养心殿，《养心殿联句》注中记有，"是处正殿十数楹"，"其中为堂、为室、为斋、为明窗、为层阁、为书屋。所用以分隔者，或屏、或壁、或纱橱、或绮栊，上悬匾榜为区别"。再如清《红楼梦》第十七回中对怡红院空间分隔的描绘："……只见这几间房内收拾的与别处不同，竟分不出间隔来的。原来四面皆是雕空玲珑木板，或'流云百蝠'，或'岁寒三友'，或山水人物，或翎毛花卉，或集锦，或博古，或万福万寿，各种花样，皆是名手雕镂，五彩销金嵌宝的。一槅一槅，或贮书，或设鼎，或安置笔砚，或供设瓶花，或安放盆景；其槅式样，或圆，或方，或葵花蕉叶，或连环半壁：真是花团锦簇，剔透玲珑。倏尔五色纱糊就，竟系小窗；倏尔彩绫轻覆，竟系幽户。且满墙皆系随依古董玩器之形抠成的槽子。如琴、剑、悬瓶之类，虽悬于壁，却都是与壁相平的。……原来贾政等走了进来，未到两层，便都迷了旧路，左瞧也有门可通，右瞧又有窗隔断，及到了跟前，又被一架书挡住。回头再走，又有窗纱明透，门径可行；及至门前，忽见迎面也进来了一群人，都与自己的形相一样，却是一架玻璃大镜相照。乃转过镜去，益发见门子多了。……转了两层纱橱锦槅，果得一门出去……"[1]（图 9.56～图 9.60）。

1 曹雪芹、高鄂：《红楼梦》，231～232 页，北京：人民文学出版社，1996。

图9.57　清代内檐花罩
（a）碧纱橱；（b）落地罩；
（c）芭蕉罩；（d）圆光罩

图9.58　清代各地内檐装修示意
（a）北京宫殿宁寿宫乐寿堂；
（b）浙江民居；（c）新疆维吾尔族民居；（d）四川藏族民居；（e）蒙古包；（f）窑洞住宅

　　　　　　（a）　　　　　　　　　　　　（b）

9.2.4　建筑构件装饰

　　元代官式建筑虽通过金代而遥接北宋传统，但元宫廷贵族豪奢之风远超宋、金。除日常生活器具外，元代建筑装饰也朝着奢华的方向发展，大量使用描金、贴金、鎏金为饰，成为元代宫殿、寺观等大型建筑的特点。元大都大明殿大殿整体装修极为豪华，殿台基边缘装朱漆木钩阑，望柱顶装有雄鹰的鎏金铜帽；前檐外檐用红色和金色云龙方柱，下为白玉雕云龙柱础；殿身四面装加金线的朱色琐文窗，用鎏金饰件；殿内地板铺花斑石，上方顶棚装有用金装饰的两条盘龙藻井。殿中设帝、后的御榻，其前方左右相对设诸王大臣的座位多重，为举行朝会大殿之处。后部寝殿四壁裱糊画有龙凤的绢，中间设有金色屏，屏后为香阁。香阁内并列三张龙床。寝殿左右的文思殿、紫檀殿室内用紫檀木及香木装饰，并镶嵌白玉片，顶部为井口顶棚，壁面裱以画金碧山水的绢，并设有衣橱等生活设施，地面铺设有染为绿色的皮毛，极为豪华。

　　明代官式建筑的装饰与装修形式基本继承宋元传统，但向着更为适用、舒适方向发展。建筑装饰中除传统的木构件雕刻、彩绘等手法外，明代砖石雕刻获得很大发展，琉璃饰件的制作也取得了重要成就。

　　清代建筑装饰艺术丰富多彩，盛况空前。建筑装饰日趋普及，其应用范围已不仅仅限于宫室、寺庙、苑囿等，开始进入官宦、贵族、富商宅第中。建筑装饰手法大为增多，除了传统的雕刻、彩绘、油饰之外，又引入了镶嵌、灰塑、嵌瓷等手法。从材料上讲，主要有木、砖、石、瓦、油漆、玉石、金银、铜锡、螺蚌、纸张、绢纱、景泰蓝、玻璃、石膏等，扩大了装饰艺术的创作范围。这一时期的建筑装饰艺术与手工艺制作广泛结合，引用手工艺手法装饰建筑，使建筑装修与装

图 9.59（左）
清故宫花罩
（a）养和精舍楠木雕莲花纹夹纱落地花罩；（b）同道堂楠木灯笼框横披心隔心花梨木工字如意头卡子花贴雕夔龙绦环板夔龙团裙板夔龙花牙子炕罩
（故宫博物院古建管理部：《故宫建筑内檐装修》，242~277页，北京：紫禁城出版社，2007）

图 9.60（右）
坤宁宫楼上楠木雕龙凤双喜毗卢帽楼下龙凤双喜毗卢帽龙凤双喜缠蔓葫芦炕罩仙楼
（故宫博物院古建管理部：《故宫建筑内檐装修》，173页，北京：紫禁城出版社，2007）

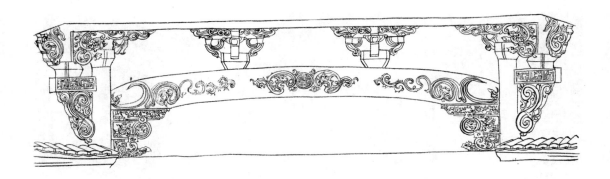

图 9.61　浙江新叶村文昌阁骑门梁装饰

饰表现出精巧、细腻的风格。有些直接与工艺品相结合，如室内天然花罩雕刻、藻井雕刻、隔扇棂格的雕版，又有在隔扇、屏门上装裱字画、墙壁贴络、多宝格、文玩等。随着欣赏趣味的日新月异，导致装修装饰手段不断充实、扩展。装饰艺术风格的地方差别十分鲜明，北方质朴、江南细腻、岭南繁丽。各种装饰手段流派丛生，如砖雕、木雕、家具，皆有派系。各派系之间又互相交流与融合，产生出了新的形式与手法。西洋建筑形式以及西洋建筑装饰手法也开始传入，如花叶雕刻、三角或者拱形山花、西洋柱式以及供室内陈设的玻璃灯、西洋银箱、西洋绿天鹅绒桃式盒、西洋幔子等，甚至在大水法左右圆亭内顶上糊裱西洋窝子纸，进口的净片玻璃。至清代后期时，装饰艺术内容与建筑内容脱离，追求纯艺术的表现，再加上炫耀财富的观念，有向着繁琐、堆砌方向发展的倾向。

明清时期，建筑木构件中变化较大的为斗栱（斗科），用材逐渐减小，形制程式化，结构价值逐渐降低，装饰意味增强。其他建筑木构件的修饰，也由传统的技术美学观点转向装饰美学观点，即由承重构件外形加工（月梁、梭柱、卷杀、讹角等）转向构架表面的装饰。北方建筑多简化构件形式，重视油彩涂饰表面。南方则除保留月梁造型以外，主要将注意力放在构件表面的雕饰及附件的雕刻造型上，同时，装饰范围也有所扩大，如内部梁架之梁栿端头、侏儒柱、托斗、月梁、吊柱、花篮头、井口顶棚、隔扇门窗之格心、裙板、绦环板，

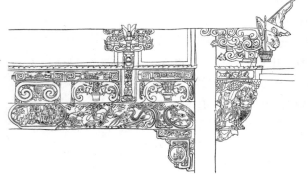

图 9.62　浙江新叶村五圣庙骑门梁装饰

以及各类花罩与外檐之撑拱、吊瓜、雀替等等。雕刻工艺手法逐步从平雕向立体化高难度方向发展，透雕、镂雕、玲珑雕等多层次雕刻手法出现，其重要代表有北京故宫内之透雕花罩。雕刻内容除花卉、动物之外，又扩展为吉祥图案、人物图案、历史故事、民间戏剧等（图 9.61，图 9.62）。

随着砖石结构的发展，砖雕、石雕等手法也渐趋丰富。出现了砖雕应用三大区

域，即北京、徽州、河州，各有特色。石雕也较前代有更大发展。新疆维吾尔族聚居地区的石膏花饰手法较为独特，广泛应用于民居、礼拜寺的装饰中。加之伊斯兰教教义规定，石膏花饰为几何纹、植物纹，花饰内容规矩准确，自然植物图案藤蔓婉转花叶均布，疏密有致。

9.2.5　建筑彩画

1）元代

元代宫殿彩画至少可以分为三等：凡皇帝使用的殿宇"皆丹楹，朱琐窗，间金藻绘"；宫门"皆金铺、朱户、丹楹、藻绘，彤壁"；一般周庑和次要建筑"并用丹楹、彤壁、藻绘"。据此可知，虽然柱子皆为红色，但宫殿的窗刷朱色加金，彩画亦用金，而周庑和次要建筑壁面只能用红色，彩画也不能用金。这表明用红色、朱色及彩画时，是否使用金是两个不同等级的标志。由祗应司下设油漆局可知，元宫廷建筑可能有使用髹漆之处，更显贵重豪华。如大明殿为"丹楹，金饰龙绕其上"，即殿之下檐柱为缠龙柱，龙身涂金。大内"诸宫门皆为金铺、朱户"，大明殿为"四面朱琐窗"、"四面皆缘金红琐窗，间贴金铺。……殿后连为主廊十二楹，四周金红琐窗"。大明殿"藻井间金绘饰"，"楹上分间仰为鹿顶，斗栱攒顶中盘黄金双龙"。指副阶顶上的顶棚为盝顶形，用斗栱攒聚为藻井，中间为盘绕的金色双龙（图9.63，图9.64）。

2）明代

明代北方彩画以官式为代表，在北京宫殿寺庙中尚有较多实例，南方彩画则以徽州较多，明显表现出不同的地域特色。

北方官式彩画样由宋元官式发展而来，主要用色布局是下部的柱子和窗为红色，上部梁枋、斗栱为青绿色相间，形成暖色、冷色交替。其图案及用色较前代规范化，最重要的梁枋均基本由箍头、找头、枋心三大部分组成。主要图案是将宋、元以来的旋子规范化，从而形成各种旋花，用在箍头、找头处，用色左右、上下青绿相间，加上叠晕、对晕的色阶变化，可以用较少色种营造绚丽的效果，并与下方的红色柱子形成冷暖对比。个别用于重要宫殿者，则使用龙凤、锦纹，加上

图9.63（左）
北京雍和宫城墙豁口出土元代建筑残材上彩画复原图（孙大章：《中国古代建筑彩画》，35页，北京：中国建筑工业出版社，2005）

图9.64（右）
山西芮城永乐宫三清殿梁栿龙凤纹彩画图案（元）

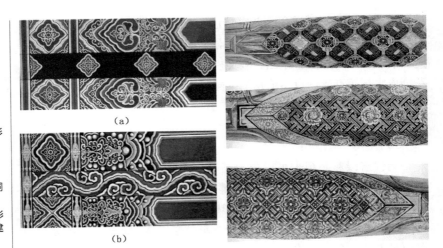

图 9.65（左）
仿官式彩画（明代）
（a）五彩如意头；（b）五彩佛光宝珠

图 9.66（右）
安徽歙县呈坎乡罗东舒祠
梁枋彩画 133
（孙大章：《中国古代建筑彩画》，133 页，北京：中国建筑工业出版社，2005）

（a）

（b）

点金造成极为富丽的效果。

　　南方彩画多用于寺庙、祠堂和大型第宅，以徽州明代建筑中保留彩画实例较多。现存徽州明代彩画多画在梁、额、檩、枋等横向构件上，重点在构件中部，称为包袱，图案以规律的锦纹为主，两端有较简单的箍形图案，相当于北方官式的箍头和枋心部位，但其间相当于藻头的部位没有彩画，空白处露出原木。由于彩画用色以红、褐、黄色为主，局部重点点缀以黑、白、蓝、绿等色，总体呈暖色调，与暴露出的原木部分和柱、枋的樟木本色很协调，形成统一而精致的效果。

　　北方官式彩画下层多用地仗，后期因难得完整木料，地仗有加厚的趋势，既不利于保护木料，本身也难以长久。南方彩画基本保持直接画在木材表面的传统做法，且局部露出木材表面，较为雅洁自然（图9.65，图9.66）。

　　3）清代

　　清代建筑彩画比明代丰富很多，就其宫廷建筑主体以及梁枋檩垫部位的图案布局和题材来看，可概括为三大类三种艺术风格——和玺彩画、旋子彩画、苏式彩画。

　　和玺彩画是等级最高的一种，大约形成于清代最早或者更早，专门用于朝寝或者庙坛正殿、重要的宫门、宫殿主轴线上的配殿、配楼等处，构图华美、设色浓重艳丽，用金量大，显示出一派豪华富贵的气势。和玺彩画构图框架保持了明代旋子彩画的"三分停"格式，纹饰题材一律使用龙、凤、西番莲、吉祥草，尤以龙凤为多，花卉、锦纹、几何纹等纹饰则基本不用。按照和玺彩画的纹饰内容以及表现手法，又可细分为金龙和玺、凤和玺、龙凤和玺、龙草和玺等类型。和玺彩画的艺术魅力皆在于金色与青绿底色的强烈反差，以及满金装饰的辉煌效果上，有些建筑还特意采用库金（色调偏红）、赤金（色调偏黄）两种金色搭配使用，以进一步增强金光闪烁的效果。

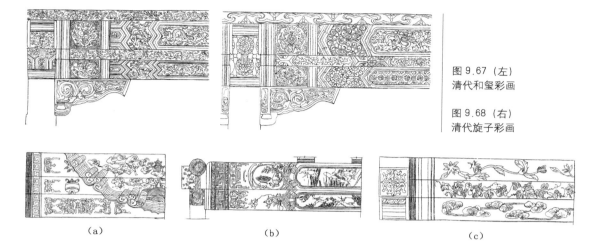

图 9.67（左）
清代和玺彩画

图 9.68（右）
清代旋子彩画

（a）　　　　　　　（b）　　　　　　　（c）

图 9.69　清代苏式彩画
（a）包袱式；（b）枋心式；
（c）海墁式

清代旋子彩画是在明代基础上进一步发展而来的，是清代殿阁、庙坛、宫观建筑中大量使用的一种彩画。其主要构图原则仍是在整个梁枋长度上划分为找头—枋心—找头三段，各占 1/3 梁枋长度，两端头加设箍头及盒子。其纹饰内容的主要特点是找头部分一律以旋花瓣组成的团花为母题，随找头的长短增减团花及线路的数量；而枋心及盒子的图案可以变化。根据图案的组成、用色、用金量来看，清代旋子彩画又可细分为 9 个等级，即浑金旋子彩画、金琢墨石碾玉、烟琢墨石碾玉、金线大点金、金线小点金、墨线大点金、墨线小点金、雅伍墨、雄黄玉。在应用旋子彩画建筑的其他构件，如椽头、斗栱、柁头、柁帮、角梁、霸王拳、三岔头、雀替、花牙、花板、绦环板等处的彩画规制应与梁枋旋子彩画相匹配使用。

苏式彩画源自于江南苏州一带，清初时随着建筑技术和艺术大量北移，而在都城形成的一种新形式，目前所见到的最古老的苏式彩画为清乾隆时期。苏式彩画从构图上看可分为三大类型，即枋心式、包袱式、海墁式。苏式彩画的等级划分不甚严格，随意性较大，但从用金量以及画法工艺角度来看，又可分为三个类型，即金琢墨金线彩画、金线苏画、黄线苏画。

除上述主要官式彩画外，清代时各地彩画也取得了长足发展，格局特色，主要有江南苏式彩画、贴金彩画、伊斯兰建筑彩画、藏式彩画等（图 9.67～图 9.69）。

9.3　室内家具陈设

9.3.1　明式家具的巨大成就

从明初至嘉靖、万历期间，家具生产经过了滞缓至恢复的过程。

明嘉靖至清乾隆年间，商品生产迅猛发展，为繁荣的海外贸易提供了优质的硬木材料，随着园林、民居的大肆兴建，文人士大夫广泛参与造园及家具设计，使得家具生产进入了一个崭新的阶段，工艺技巧及艺术风格日臻成熟，达到了中国古典家具发展的巅峰时期，创造出了闻名于后世的"明式家具"。

"明式家具"品种齐全，造型丰富，以简洁雅素著称，大量运用黄花梨、紫檀、铁栗木等硬木为原料，形体简洁舒展、朴素大方、比例适度、用材瘦细；榫卯精密而牢固，注意材料的质感与色泽。在此基础上，又根据需要采用端面及攒接、斗簇、雕刻、镶嵌等工艺。"明式家具"的端面形式十分讲究，产品腿、杆、抹边、牙板、媚子等都经过认真地推敲和设计。其"攒接"手法是指用杆件搭成一定的图案；"斗簇"则是把若干镂雕的小花板用榫卯组合在一起。雕刻的技法十分丰富，如线刻、浮雕、透雕等。镶嵌材料有竹、瓷、玉石、螺钿、牛骨、牛角、象牙、珊瑚、玛瑙和金银。除此之外，油漆和烫蜡等工艺也备受重视，精品辈出。清初期，家具仍继承明代家具的做法与风格，我们今日所称的"明式家具"，其实也包括有大量的清初实物。

9.3.2　清代家具的发展

清乾隆以后，逐渐形成了独具特色的"清式家具"风格。"清式家具"是由"明式家具"发展演化而来，但是在家具造型、装饰、用材等方面，均有巨大的变化。"清式家具"选材范围有所扩大，以紫檀、红木、鸡翅木、花梨木（由于偏爱紫檀，花梨木经常被染色）为主，民间家具用材更为自由，榆木、桦木、樟木、柞木等新材料开始被大量使用。"清式家具"在艺术形式上追求豪华繁缛，充分发挥了雕刻、镶嵌、描绘等工艺，同时吸纳了来自西方国家家具的一些形式特征和加工工艺，在家具的外在形式上大胆创新，创造了花样多变的华丽家具样式。与"明式家具"清丽、素雅、纤巧、脱俗的整体特征相比，"清式家具"具有厚重、饱满和追求繁琐、华丽的贵气与奢华之气等特征。至清晚期时，随着国力的衰微，家具的形式和格调也日渐衰落，民间家具取得了一定成就。"清式家具"造型艺术呈现出多样并举的状况，宫廷家具以苏州、北京、广州为主要产地，各具特色，被称为清代家具的"三大名作"，又分别被称为"京式"、"苏式"与"广式"家具。

苏州是明代硬木家具的主要产地，清代苏做家具泛指苏南、长江下游一带的家具生产，多继承明式家具的传统，造型简练、结构稳健、用材瘦细节俭、格调朴素、雕饰精而不繁，晚清时走向富丽繁琐。苏式家具用材以红木为主，为节省用料，苏式家具多采用贴料以及薄板包镶做法，雕饰纹样多为树木、山水、缠枝花卉等，其腿枨分圆料和方料两种，有"圆透方精"之誉。除红木外，苏式家具还擅长制作文竹、斑竹、天然木家具，也有髹漆、剔红等别具一格的形式。广州是继苏州之后的又一硬木家具主要产地，称为"广做"。广州地处南海，为南洋货物进出口的重要口岸，其家具制作多使用自东南亚进口的红木、紫檀，家具风格厚重，用料宽大、纯正，整件家具大多为一种木材制成，不掺杂其他木材。家具造型的空透率小，还多镶嵌大理石、象牙、珐琅等。雕饰繁多，装饰题材受西方文化影响较大，多使用花叶式的牡丹花，叶形饱满、流畅、对称。"广做"家具因其华贵雍容而得到宫廷赏识，在清宫廷造办处设有"广木作"，招募广东能工巧匠，专为宫廷设计制造。北京宫苑家具称为"京做"，大量吸收"苏做"、"广做"家具的特色而发展形成。"京做"家具以清宫造办处"木作"所制最具代表，用料较"广做"为小，形式更接近于"苏做"，但用料纯正，不使用包镶等手法。纹饰上多吸收三代青铜器的装饰纹饰形式，在家具上雕刻夔龙、夔凤、拐子纹、蟠纹、夔纹、兽面纹、雷纹、蝉纹、勾卷纹等，根据不同造型的家具施以各种形态各异的纹饰，显示出古香古色、文静典雅的艺术形象。"京做"家具在选材上重紫檀、红木，以致许多黄花梨家具都被染成深色。除硬木家具外，也使用楠木、榆木等材料，用料粗细适度，仅有少量雕活，喜用拐子纹、色调明快。

　　除上述"三大名作"外，各地家具均有发展并形成了独具特色的地方风格，如以扬州为中心形成的"扬做"，以漆木家具著称，制作工艺精巧、华丽，其中多宝嵌漆器家具是我国家具工艺中别具一格的品种。宁波地区生产的"宁式"家具，以彩漆家具和骨嵌家具为主，以骨嵌家具最具特色。清代还流行竹器家具，主要分布于湖北、湖南、江西以及广东、四川、广西等地。制作精细，家具造型端正、古朴典雅。清代后期上海开埠，逐步发展成为家具制作中心之一，称为"海作"。海作家具以红木为主，喜用大花及浓烈的红色，有些家具受欧陆巴洛克式家具的影响。

　　明代家具中多见源于建筑构架的形式特征，如侧脚、圆腿、上小下大的腿子收分及帐木牙子等。至清乾隆之后，家具造型趋向方正平直，多采用截面为矩形的垂直腿子，而更有一部分家具脱离矩形体系，采用圆形、多角形或者自然形状的树根家具、鹿角家具等。整体来看，明式家具轻巧，以朴素大方、优美舒适为标准，清式家具厚重，追求厚重繁华、富丽堂皇的效果。明式家具中强调线形、线脚及杆件构成体系等形式要素，清代家具更注意板面与板面组成的体量感。清代家具的雕刻加工日益增多，初期多集中在牙条及背板上，之后箱柜等的镶板上也施以浮雕，贵重家具增加面板下束腰部分的雕饰，或者开设各种花饰的禹门洞、炮仗洞。方桌上的枨木完全雕成夔龙纹或弓璧扎带式装饰，宫廷架子床、立柜顶上有的还加设雕刻华美的毗卢帽顶。清式的木鼓墩开光部分大都填以雕花板，几乎称为一件雕刻品。光绪朝以后的宫廷家具更着意于雕饰数量的堆砌，风格更流于纤细繁琐，产生市侩的庸俗气质。

9.3.3　各类型家具概说

此时期各类型家具形制丰富，品种齐全，达到了中国古典家具的成熟期，按其使用功能可以大致分为椅凳、桌案、床榻、柜橱、屏架等几大类。

1）椅凳类

椅凳类家具是高型家具的典型代表，在宋代时已经取得一定成就，至明、清时期椅子种类更加丰富多姿，发展出了靠背椅、扶手椅、灯挂椅、官帽椅、圈椅、交椅、玫瑰椅、太师椅、宝座等诸多品类。

靠背椅和扶手椅是明清椅类家具的主要品种，在结构上有束腰和无束腰两种区别。凡无扶手者称为靠背椅，靠背椅由于"搭脑"（靠背横梁）与靠背的变化，又演化出许多样式。靠背椅是由一根搭脑和两侧两根连脚立材相接形成靠背，居中为靠背板，共同组成靠背椅的基本形式。搭脑两端不出头的椅子叫"一统碑"椅；搭脑两端挑出者称"灯挂椅"，在明代时十分流行；靠背由多根立档组成，形似梳子，称"梳背椅"。清代时广东地区以"一统碑"式居多，苏州地区则以"灯挂椅"多见。

官帽椅是一带有扶手的"灯挂椅"，又可分为"四出头官帽椅"、"普通官帽椅"、"高扶手官帽椅"等类型，明代扶手处较少装饰，清代则多讲究扶手的花饰。玫瑰椅是扶手椅中较为轻便的品类，北方称"玫瑰椅"，南方称"文椅"。其靠背较低，靠背无侧脚，直立于座面，靠背部分大都进行精美的装饰。明代玫瑰椅多为圆腿，清代以方腿圆棱多见。交椅最早由胡床发展而来，其腿脚交叉可折叠，椅背分为直背和弧圈形两种，南宋时期已经成熟，明代时弧圈靠背交椅十分流行，至清代中后期时逐步少见。圈椅俗称"罗圈椅"，为明代较高级的坐具，其靠背及扶手由一条流畅的曲线组成，形似罗圈。

太师椅是清代特有样式，体态宽大，靠背与扶手连成一片，形成3扇、5扇不等的围屏形式，装饰考究。清代太师椅盛行厚重华丽、雍容典雅的效果，用材肥大，雕刻繁多，镶嵌珍贵，通过追求形式变化，以达到精神炫耀的目的，有些完全脱离了日用品设计的准则。"宝座"为明清两代帝王专属，一般配以屏风、宝扇等，制作精美华贵，显示了皇权的至高无上。

明清两代的凳子形制十分丰富，基本分为有束腰和无束腰两大类。无束腰者，腿部直接承托座面，面下用牙条或横枨，腿足多用圆形直腿；有束腰者，座面下有一道缩进面沿的腰部，方腿多见，且多用鼓腿膨牙内翻马蹄或者三弯腿外翻马蹄。凳子的构造总体较简便，所使用紫檀、花梨以及一些纹饰漂亮的硬木，也有加填漆、嵌螺钿精雕细刻的方凳、圆凳、春凳等贵重凳具，一些坐墩有使用草、藤、杂木、瓷等材质。凳子面心设计有许多花样，如各式硬木心、木框漆心、镶嵌彩石、影木心、藤制面心等。与明式凳子相比，清式凳子不但在装饰方面加大了装饰程度，而且在形式上也变化多端，如罗锅枨加矮老做法，十字枨代替传统的踏脚枨做法等。腿部有直腿、曲腿、三弯腿；足部有内翻或外翻马蹄、虎头足、羊蹄足、回纹足、透雕拐子头足等。

2）桌案类

桌案类家具主要包括桌、案、几等。桌、案形制类似，其最大不同在于腿足的位置，桌的腿部与桌面成直线，直角行多见，即使少数有喷出，尺寸也较小；案的腿部大多缩进案面，台面多为独板；在具体的使用中，案的规格高于桌，根据其用途分为书案、画案、经案、食案、奏案及香案等。案形式多样，有平头案、桥头案、架几案、条案等。平头案案面平直，两端无多余装饰，但平头案在榫卯结构、局部处理上千变万化，丰富多姿；翘头案案面上翘，明代亦称为"飞角"，多用挡板加以美化；架几案是一种分体的家具，两端两只几子，将案面架起，装配灵活，深受文人喜爱；条案案面窄长呈条形。

桌有方桌、圆桌、半圆桌、长桌、八仙桌、炕桌、琴桌、棋牌桌等，种类繁多。

几类家具有香几、茶几、蝶几。香几是为供奉或祭祀时置炉焚香用的一种几，也可陈设花瓶或花盆。茶几一般以方形或长方形居多，高度与扶手椅的扶手相当。蝶几又名"奇巧桌"或"七巧桌"，是根据七巧板的形状而成。

3）床榻类

床主要有架子床、拔步床、罗汉床三种类型；榻身窄长，无床围与床架，分为有束腰和无束腰两种主要形式，在具体使用中，坐、卧兼备。明代床榻类家具的结构及装饰均简明大方，至清代时以豪华为尚，注重装饰，用材粗壮，形体高大，给人以恢弘壮观、威严华丽的感觉，有些架子床在床面下还增设抽屉。

架子床因床上设有顶架而得名，中国南方十分流行。一般四角安立柱，床面两侧和后面装有围栏。上端四面装横楣板，顶上有盖。围栏常有小木块作榫拼接成各种纹样：有的在正面床沿上多安两根立柱，两边各装方形栏板一块，形成"门围子"；也有的在正面两根床柱之间装设鸡腿罩；做工讲究的更是将正面的栏板用小木块拼成各种纹样，如四合如意等；还有在围栏中夹十字，炕几组成大面积的权子板，中间留出椭圆形的月洞门，两边和后面以及上架横楣也用同样方法做成。床屉分两层，用棕绳和藤皮编织而成，下层为棕屉，上层为席，棕屉起保护席和辅助席承重的作用。席统编为胡椒眼形，四面床牙饰以浮雕峡虎龙、花鸟等图案或几何纹样。牙板之上，采用高束腰做法，用矮柱分为数格，中间镶安绦环板，饰以浮雕鸟兽、花卉等纹饰，而且每块装饰花板的题材和形式各异，可见做工的精美程度。这种架子床也有单用棕屉的，做法是在四道大边里沿起槽打眼，把屉面四边的绳头用竹楔镶入眼里，然后，用木条盖住边槽。这种床屉因有弹性，使用起来比较舒适。

拔步床亦称"八步床"，是床榻类家具中体量最为庞大的一种。其形制大致是将架子床安放在一个木制大平台上，平台前沿距床前沿约有 2～3 尺距离，平台四角立柱，镶安木制围栏，有的在两边安装窗户，使床前形成一个廊子。床前两侧还可放置桌、凳等小型家具，或用以放置杂物，冬日夜间也可放置马桶、水盆、炭筐等。

罗汉床是专指左右及后面装有围栏的一种床，也称作弥勒榻。罗汉床是一种坐卧两用的家具，大罗汉床不仅可以用作卧具，也可以用为坐具，一般正中放一炕几，两边铺设坐垫、隐枕，放在厅堂待客。其围栏有三屏、五屏之分，装饰手法多样。

4）柜橱类

柜橱主要是用来储藏收纳物品，如衣橱、食品橱、衣柜、食品柜、碗橱等。柜形体较大，有两扇对开门，柜内装隔板，有的还装抽屉，做工讲究。橱的形体类似于案与矮柜的结合体，明代的橱往往上面设抽屉，抽屉下设闷仓，如将抽屉拉出，闷仓内也可存放物品。橱发展到清代，闷仓常以门代替，结构更趋合理方便。明清两代柜橱功能和造型非常齐全，主要有顶竖柜、圆角柜、亮格柜、面条柜、橱、橱柜、书格、书橱、博古格等等。

顶竖柜是在一个两开门立柜的顶上再叠放一个两门顶柜的组合柜。顶柜与底柜之间通过子口吻合在一起，故称"顶竖柜"，又称"四件柜"。这是明清两代较为常见的一种柜橱形式，可以并排陈设，也可以左右相对陈设。明代四件柜以黄花梨木居多，大多简洁朴素没有装饰，采用雕刻或镶嵌的非常少见。清代四件柜以紫檀木居多，且装饰华丽，多在柜门上浮雕或镶嵌各种纹饰。

圆角柜多用圆料，柜子的四框和腿足各用一根圆木做成，两门或者四门。这种做法用材较为粗壮，选料多为较轻便的木料。面条柜的形体比圆角柜略小，一般用硬木及硬杂木制成，两扇门之间也有活动栓，可以上锁。因门栓及门边木料较窄，铜饰件往往做成窄条形，故名"面条柜"。

亮格柜是格与柜的结合体，兼具陈设和收藏两种功能，一般在厅堂或书房中使用。下部有两个对开的柜门，上面安装着两具抽屉，再上面为两层架格。架格处的后背镶装背板，两个侧面山板及正面透空。有的在两侧面山板及正面各装一道极矮的围栏，或在左右及上沿安装

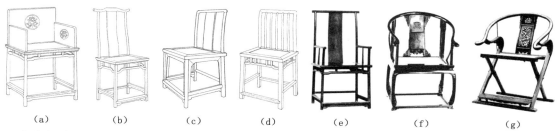

（a）	（b）	（c）	（d）	（e）	（f）	（g）

一个壶门式牙板。上部架格可放书或玩赏器物，下边柜及抽屉内可存放物品。

图 9.70　明代家具（一）
（a）独板围子玫瑰椅；（b）灯挂椅；（c）一统碑椅；（d）一统碑梳背椅；（e）四出头素官帽椅；（f）有束腰带托泥雕花圈椅；（g）圆后背雕花交椅

　　橱柜是一种兼有橱、柜、桌三种功能的家具，一般形体不大，高度相当于桌案，分为桌式和案式两种。柜面下安抽屉，抽屉下安装两扇对开柜门，柜内空间分为上下两层。在明、清两代宫廷陈设中，橱柜的使用非常普遍。

　　书格与书橱均专门用来摆放书籍，书格也称书架，与书橱的主要区别是不设门，而且四面透空，每层两侧及后面各装一道木栏。常见在书格正中平装 2 ～ 3 个抽屉，可起到加强书格结构牢固性的作用，同时可存放相关物品。书格是明清时期书房、客厅的必备之物，大都成对陈设。书橱一般要求宽阔，进深尺度较小，仅容放一册图书。设门 2 扇，即使阔至丈余，也不采用 4 扇或 6 扇，一般以带底座者比较雅致，很少用四足支撑。

　　博古架也称多宝格、百宝架，是一种专为陈设古玩器物的家具，格内做出横竖不等、高低错落的若干个空间，在视觉效果上打破了横竖连贯的形式，营造出一种多变新奇的意境。明式架格一般高 5 尺或 6 尺，依其面宽安装通长隔板，每格或完全空敞、或安券口、或安圈口、或安栏杆，制作有简有繁。而清式多宝格则用横、竖板将空间分隔成若干高低不等、大小有别的格子。作为家具的博古架形体大小相差很大，大的一般依墙而立，用来展示大件物品；小的置于主人的几案之上用来盛放小的物件，它本身也具有很强的陈设性。

　　用于储物的家具中，也包括箱，其一般形体不大，制作精良，形制多样。多见的有衣箱、官皮箱、药箱、百宝箱、提盒等。明代以前的箱子多做出盝顶形，有方、圆之别。明后期起，平顶箱开始流行。

　　5）台架类

　　台架类家具主要有衣架、盆架、镜架、镜台、烛台等，为日常生活起居的必备家具。明代衣架承袭古制，下部是木墩座，上为立柱与搭脑，中部大都附精美的雕饰花板。盆架有高、矮之分，高盆架多为 6 腿，上端搭脑两端出头，中有花牌装饰；矮型盆架多朴素大方，有 3、4、6 腿之分，有一种可折叠。镜台是支架镜子所用家具，有一类形制类似宝座，上可放置镜子，下设抽屉，可存放物品，做工十分精美讲究（图 9.70 ～ 图 9.74）。

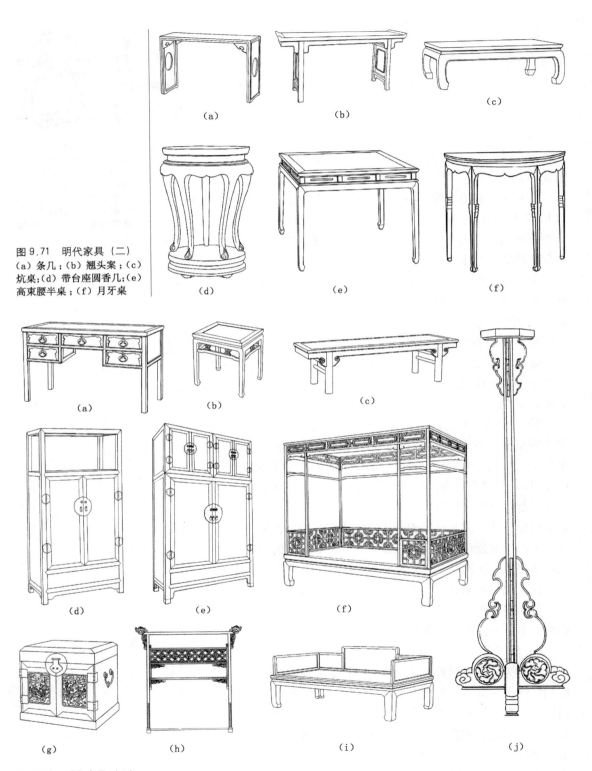

图 9.71　明代家具（二）
（a）条几；（b）翘头案；（c）炕桌；（d）带台座圆香几；（e）高束腰半桌；（f）月牙桌

图 9.72　明代家具（三）
（a）五屉书桌；（b）马蹄足长方凳；（c）春凳；（d）亮格柜；（e）大六件柜；（f）架子床；（g）官皮箱；（h）衣架；（i）罗汉床；（j）烛台

图 9.73（左）
明清宫廷家具
（a）黄花梨酒桌；（b）雕漆
九龙宝座；（c）黄花梨炕桌；
（d）一份屏风宝座；（e）竹
黄书卷几式文具盒

图 9.74（右）
清代宫廷家具
（a）紫檀嵌粉彩席心椅；（b）
金漆龙纹交椅；（c）紫檀嵌
珐琅多宝格；（d）紫檀铜包
角炕几；（e）紫檀大方杌；（f）
紫檀圈椅与脚踏

9.3.4　家具陈设与功能空间

明清家具讲求与建筑空间的配合关系，成套成组配置家具的观念增强，出现了厅堂、寝卧、书房等不同功能空间的家具陈设组合。至于宫廷、府第往往将家具作为室内设计的一部分进行考虑，根据建筑进深、开间和使用要求，确定家具的式样、种类和尺度等。

1）厅堂

厅堂在中国传统建筑室内空间中占有重要的地位，是进行礼拜、会客、宴请、红白喜事等的礼仪场所，往往追求空旷高大，庄严神秘的氛围。厅堂一般分为礼仪厅堂和起居厅堂，其中如勤政厅堂、衙署厅堂、娱乐厅堂、商业厅堂等都可以归入，因主要功能不同而配备有不同家具陈设。

正规礼仪厅堂可包括宫殿建筑厅堂、宗教建筑厅堂、礼仪建筑厅堂、祭祀建筑厅堂等，厅堂的中心区位于中轴线上，是整个厅堂中的重点。如明代北京紫禁城奉天殿大朝时陈设，"大朝时间在正旦冬至时，凡正旦冬至前一日，尚宝司陈御座于奉天殿，在御座之东设宝案，在丹陛之南设香案。教坊司设中和韶乐于殿内东西、北方向。锦衣卫设明扇于殿内。三十年更定朝仪，同文玉帛案俱进安殿中，宣表逄，举置于表案之南"。[1] 明嘉靖以后改奉天殿为皇极殿,《春明梦余录》中记载其陈设:"皇极殿九间,中设宝座,座旁列镇器。座前为帘,帘以铜为丝,黄绳系之,帘下为毯,毯尽处设乐。殿两壁列大龙橱八,相传中贮三代鼎彝,橱上皆大理石屏。每遇正旦、冬至、圣寿则御焉,先一日,尚宝司设陈宝案于座之东……教坊司设中和韶乐于殿内东西……锦衣卫设明扇于殿东西"。此处所述"中为宝座",是指金漆木制的台座,三面有台阶,周围有栏杆,台上设金漆雕龙屏风,屏前设金漆大龙椅,椅左右设香几,几前设用端、香筒。"地平"下前方设四香几,上设香炉,这一组概括为宝座。香筒,也叫垂恩香筒,上为铜镀金亭式盖,下位铜胎珐琅须弥式座。大龙橱,有"戗金细钩填漆龙纹方角柜"、"紫檀四角柜",即立柜上面再加顶箱,每对由4件组成。在大殿两壁下设大橱,是明清两代均有的陈设格式。由记载可知,殿内固定的陈设为"宝座"和"大龙橱",其余如"宝案"、"明扇"均为临时性陈设,按照礼仪内容进行临时摆设。清代太和殿内陈设基本沿袭明代,清太和殿明间跨距8.44m,皇帝的宝座设于当心间后半部之高约1m的金漆木制台座上,三面有台阶,周围栏杆,台上金漆雕龙屏风,屏风前设有金漆大龙椅,椅左右设香几,其前设用端、香筒。地平下设四香几,几上设炉。[2]

皇帝赐宴时,各处陈设略有变化,在殿中大宴,皇帝仍然坐在宝座上,设置与之相配的高案,其余全体均席地而坐,地面铺设棕毯,所用"食案"高约尺许,长方形。皇帝赐宴群臣是非常隆重的典礼,所以遵循古制,明清两代一致。如史载中极殿赐宴时陈设,"则上已御殿……上宝座周围刻金龙,金色璀璨,御榻以黄绫衣之。入,分东西班行礼。召对毕,上命赐宴。内珰布席,与宴会者十三人,各一席。酌用金莲花杯,杯高大如瓶,圈可四村,下有三小蒂承之,旁有荷柄。席各三十余器,席前各二花瓶,中插莲花……"。[3]

明代衙署厅堂一般均于正中设屏风,屏前设一张大椅,即"正位"、"公座",座前设一张公案,案上置山字式笔架,搁一支红笔,一支墨笔,一方砚台。如是州县等地方衙署,座旁设有几形高架,架上一轴王命,一个印匣。公座用交椅或圈椅,上加椅披,公案用长方形案,挂大红云缎桌围。衙署公堂上除此一组陈设外别无长物,显得较为空洞,是因为办事时常聚集多人,需要一定的空间。[4]

一般第宅礼仪厅堂家具陈设由供案、方桌、靠背,扶手椅组成,厅堂中陈设的家具典雅庄重,严格呈中轴对称式布置,以示隆重气派。供案是厅堂中体量最大的家具,一般为3m左右,只略小于开间长度,

---

1　朱家溍编著:《明清室内陈设》,11～12页,北京:紫禁城出版社,2004。
2　朱家溍编著:《明清室内陈设》,11～12页,北京:紫禁城出版社,2004。
3　朱家溍编著:《明清室内陈设》,23页,北京:紫禁城出版社,2004。
4　朱家溍编著:《明清室内陈设》,23页,北京:紫禁城出版社,2004。

图 9.75（上左）
清代太和殿平时陈设
（明代奉天殿内平时陈设与
此略同）

图 9.76（上中）
《鲁班经》插图（明刊本）
中所绘明代衙署大堂陈设

图 9.77（上右）
《点石斋画报》插图（清光
绪年间）中所绘清代衙署
大堂陈设

图 9.78（下左）
《金瓶梅》插图（明崇祯年
间刻本）中所绘明代宅第
厅堂陈设

图 9.79（下右）
《点石斋画报》插图（清光
绪年间）中所绘清代宅第
室内陈设

其高度较其他类型的案（如条案、画案）要高出 10cm 左右，其形制
一般常见有翘头、高束腰、三弯腿、外翻马蹄形供案；无束腰、有挡板、
带拖泥供案；带足托、有横撑、无拖泥供案三种。方桌用于主要空间
仅见于厅堂，置于供案前，用材讲究，造型稳健大方，装饰手法细腻。
厅堂中的椅子较平常椅子体量稍大，常成对布置。兼备祭祀功能的厅
堂内设有祖宗牌位，最为讲究的是在北墙设一神龛，内置组牌或组像，
只有在祭祀时才敞开龛门。其门多隔扇样式，以营造室内设计的整体
感。另一种比较简单的设置方式，则是将祖牌或祖像直接放在供案上
的供橱中。在厅堂中，通常还设有帽架等物。

　　一般第宅起居厅堂主要为家族或家庭内部使用，省去一系列祖荣、
祖像、神龛、大供案等祭祀用具。一般于正中设屏风，屏前设方桌、椅（坐
榻），在功能上更加生活化。位于厅堂中心区两边，其设计和陈设由
对椅、方桌、条案、花几、挂屏等组成形成秘密会客小空间，与中心
区相比，它更具亲密性和随意性。座椅之间不再有严正的方桌，取而
代之的是小巧的茶桌，椅子之间夹着茶几，两两成对，是清代流行的
布置方法（图 9.75 ～图 9.79）。

图 9.80（左）
《西湖记》插图（明唐振吾刊本）中所绘明代寝卧空间陈设

图 9.81（中）
养心殿西暖阁三希堂内陈设

图 9.82（右）
《锦笺记》插图（明继志斋刊本）中所绘明代书斋陈设

图 9.83 《点石斋画报》插图（清光绪年间）中所绘清代宅第书斋陈设

2）寝卧

卧室是居住环境中私密性较强的空间，卧具构成了其室内家具的主体，因为地域气候环境不同，南方卧室多以床为中心，北方则以火炕为中心。

明、清时卧室的床具发展为两种形式——架子床、拔步床。其中拔步床的内部比架子床复杂，占用空间相对较多，必须有足够的卧室空间才能相容，故一般为富贵人家所使用。南方卧房的床具一般都设于卧室内最暗的角落，这与"暗室生财"的传统思想有关。

火炕是北方卧室的主体，日常活动主要在火炕上进行，故炕的面积很大，有时竟占卧室面积的 2/3。从设计上看，北方的炕上家具早已形成固定的家具系统，主要有炕厨、炕桌、炕屏等。炕厨立于炕沿两侧，明代早期较矮，翘头案状居多，内设屉，案面上可横陈被褥等，以后渐次增高。到清晚期多见高大的炕柜，一应存放物品皆不多露或设屉、幅，屏以玻璃门；炕桌置于炕上或榻上；炕往往和床榻类坐卧具搭配使用，于卧室、厅堂、书房等处均可见到，起到遮挡视线、挡风等作用。另外，卧房中除了床、炕以及与之相配套的家具外，还有衣架、盆架、巾架、镜台、柜橱、条桌案、屏风等（图 9.80，图 9.81）。

3）书房

书房的地位仅次于厅堂，是反映士大夫意念和理想，以及表现封建社会等级差别的地方，亦是其修身养性、钻研学问的地方。书斋的设计多简洁、朴素、大方，一般设有书架、书案、书桌、罗汉床、亮格柜、文房四宝、玩赏陈设品等。书房也可兼作卧房、琴房，因此也会配备与此功能相适应的家具陈设（图 9.82，图 9.83）。

4）其他空间

除上述主要功能空间外，还有厨房、浴厕、储藏等辅助性功能空间，不同民族和地区又有不同的生活习惯和风俗，具体的位置和形式有很大的差异。厨房空间是所有住居建筑中必不可少的功能空间，大多数类型建筑的厨房都

图 9.84（左）
重华宫芝兰室室内陈设

图 9.85（右）
养心殿后殿景泰蓝地鎏金
铜字联、家具陈设

单独设置，北京四合院的厨房多置于中院东厢或后院，而满族民居的厨房设在堂屋，在一些以火塘为中心的少数民族住宅中，厨房一般与起居厅堂结合在一起。

　　浴厕在中国古代是最容易被忽视的空间，日常生活中，普通大众一般习惯使用恭桶和浴盆，很少修建厕浴场所。只有在达官显贵和富家大族家中才建有单独的浴室和厕所。明文震亨《长物志》卷一"室庐"，记载有浴室的做法。

9.3.5　元、明、清室内陈设

　　明清两代室内陈设品种增多，并随着工艺美术技艺的发展，各类室内陈设品的形制与装饰手法都十分丰富多彩。室内陈设品大致可以分为具有一定使用价值的高档工艺品，如炉、盘、灯、屏、架等；以及供观赏陈列的纯新商品，如古玩字画、盆景、盆花、赏石等两大类。按其在室内的陈设部位不同，又可分为墙上挂贴陈设，如挂屏、挂镜、字画、贴络等；几案上陈列陈设，如文玩、瓷器、盆景、盆花、文房四宝、烛台、炉等；地上陈列陈设，如炉架、炉罩、围屏、插屏、帽架、书架、书匣、果盒等，这些陈设品种多样，可灵活组合增减；顶棚悬挂的陈设，如灯笼、帐幔等，宫廷灯具多用硬木制成，形制多样，装饰手法丰富，具有极佳的陈设观赏效果，民间灯具多为纸灯、纱灯、羊角灯等（图 9.84，图 9.85）。

9.4　主要著作简介

　　元、明、清时期，出现了一些建筑营建与做法的专书，如元《梓人遗制）、明《营造正式》与《鲁班经》、清《工部工程做法则例》等，以及专论园林设计，住宅布置，室内陈设、装修、铺装等内容的著作，如明《园冶》、《遵生八笺》、《闲情偶寄》、《长物志》等等，此外还有专门记录漆器制作工艺的《髹饰录》等专书出现。

1）《鲁班经》

《鲁班经》是一部流传至今的南方民间建筑术书，在数百年的发展过程中，该书的名称与内容均发生了很大变化。迄今所知最早为宁波天一阁所藏明成化、弘治年间刊行的《鲁班营造正式》，是一本纯技术性著作，内容主要涉及一般民间房舍、楼阁以及一些特殊建筑的营造方法，书中附有大量插图，图中所示某些做法与宋《营造法式》相近。万历年间出版的《鲁班经匠家境》比天一阁本《鲁班营造正式》增加了生活用具部分内容。明崇祯年间该书又增添了"鲁班秘书"、"灵驱解法洞明真言秘书"等与风水和迷信相关的篇幅。此后各地所刊行之《鲁班经》均由万历本、崇祯本演化而来，内容大同小异。

《鲁班经匠家境》（简称"鲁班经"）全书共四卷，文三卷图一卷。内容主要包括以下几个方面：木匠行业规矩、制度以及仪式；民间房舍之施工步骤、方位选择、时间选择等方法；鲁班真尺用法；民间日常生活用具做法（包括家具与农具）；当时流行之常用房屋构架形式、建筑构成以及名称；施工过程中所需注意事项，如祭祀鲁班先师的祈祷词、各工序的吉日良辰、建筑构件与家具的尺度、风水、厌镇禳解之符咒与镇物等等。

2）《园冶》

《园冶》原名《园牧》，是中国历史上第一部造园专书，作者为明末造园家计成。全文总计约万余字，分三卷共十篇，并附图二百余。其卷一包括"兴造论"、"园说"、"相地"、"立基"、"屋宇"、"装折"；卷二主要介绍栏杆及其造型，并附有图式；卷三由门窗、墙垣、铺地、叠山、选石、借景等篇目组成。其中"兴造论"与"园说"篇提出了"巧于因借、精在体宜"、"虽由人作，宛若天开"的设计思想，被后人誉为《园冶》的设计精髓所在。

其中"装折"篇中介绍了木制门窗等小木作以及其构图原则，主要有"屏门"、"仰尘"、"床槅"、"风窗"及"装折图式"、"槅棂式"等单篇、图谱组成。尤其对屏门、仰尘、床槅、风窗的装修处理予以特别强调。附图70余幅，对床槅、风窗等构制中的花样纹形作了详细介绍。其总论原文如下：

"凡造作难於装修，惟园屋异乎家宅，曲折有条，端方非额，如端方中须寻曲折，到曲折处环定端方，相间得宜，错宗为妙。装壁应为排比，安门分出来由。假如全房数间，内中隔开可矣。定存後步一架，余外添设何哉？便径他居，复成别馆。砖墙留夹，可通不断之房廊；板壁常空，隐出别壶之天地。亭台影罅，楼阁虚邻。绝处犹开，低方忽上，楼梯仅乎室侧，台级藉矣山阿。门扇岂异寻常，窗棂遵时各式。掩宜何线，嵌不窥丝。落步栏杆，长廊犹胜；半墙窗隔，是室皆然。古以委花为巧，今之柳叶生奇。加之明瓦斯坚，外护风窗觉密。半楼半屋，依替木不妨一色天花；藏房藏阁，靠虚檐无碍半弯月牖。借架高檐，须知下卷。出幔若分别院；连墙偬越深斋。构合时宜，式微清赏。"

3）《长物志》

《长物志》作者为明末书画家文震亨，是一部明末仕宦文人就处置住居环境、器物玩好的著作。全书十二卷，即室庐、花木、水石、禽鱼、书画、几榻、器具、衣饰、舟车、位置、蔬果、香茗。除直接涉及建筑、园林外，还就室内设计中的家具、陈设、起居等方面的布置与艺术风格问题进行了叙述和讨论。

"室庐"：集中表现出作者关于园居的审美理想，认为以居山水间者为上，村居次之，郊居又次之。倘不得已而暂居于嚣市，须设静庐以隔市嚣，必门庭雅洁、室庐清靓。亭台具旷士之怀，斋阁有幽人之致。又当种佳木怪竹、陈金石图书。令居之者忘老，寓之者忘归，游之者忘倦。对室庐的门、阶、窗、栏杆、照壁、堂以及山斋、丈室、佛堂、桥、茶寮、琴室、浴室、街径、庭除、楼阁等建筑形制作出具体规定与解说。

"几榻"与"器具"述及园林建筑的家具陈设，要求几榻之制，"必古雅可爱，又坐卧依凭，无不便适"。依次阐述作者对种种家具及其陈列的审美见解，包括有榻、短榻、几、禅椅、天然几、书桌、壁桌、方桌、台几、椅、杌、凳、交床、橱、架、佛厨、佛桌、床、箱、屏与脚凳等。以及文具、各种陈设品及使用物品的具体做法，并讨论了这些器具的尺度、材料、色彩和装潢等问题。

"位置"指园林建筑室内各种家具等的陈设位置，要求对坐几、坐具、椅、榻、屏、架以及悬画、置炉、置瓶诸法做出妥善安排。并就园林建筑与整座园林的位置关系提出看法，诸如卧室、亭榭、敞室、佛堂等经营位置，要在"得宜"，即"位置之法，繁简不同，寒暑各异，高堂广榭，曲房奥室，各有所宜"的原则。

4）《闲情偶寄》

《闲情偶寄》刊行于康熙十年（1671 年），作者李渔（1611～约1679 年），它是一部关于艺术生活和审美现象的内容驳杂的著作。《闲情偶寄》一书包括《词曲部》、《演习部》、《声容部》、《居室部》、《器玩部》、《饮馔部》、《种植部》、《颐养部》8 部，其中相当大篇幅论述了戏曲、歌舞、园林、建筑、花卉、器玩等艺术和生活中的各种审美现象。其中《闲情偶寄·居室部》也以《一家言·居室器玩部》单行本行世。《一家言·居室器玩部》分"居室部"与"器玩部"两部分。"居室部"包括"房舍第一"、"窗栏第二"、"墙壁第三"、"联匾第四"、"山石第五"。"器玩部"包括"制度第一"、"位置第二"。内容主要涉及房舍构筑、窗栏、墙壁、联匾、山石及床帐、几椅、橱柜等家具的构式、制作与陈设布局，记述比较详尽。

5)《工部工程做法则例》

清雍正十二年（1734 年），清政府为了便于审查各地官工（包括京畿之内工与地方之外工）做法，验收核销工作经费，进一步加强对建筑工程的管理，由工部制定颁布了一本工程术书，即《工程做法》，概述内容比较全面地反映了清代初年宫廷建筑的工程及装饰技艺等诸多方面，与宋代编制的《营造法式》前后呼应。该书重点是记述各种工程细目的用工、用料定额。为了核明需用工料数量，所以又规定重点典型建筑及匠作的工程做法，应用范围包括庙坛、宫殿、仓库、城垣、寺庙、王府等政府工程，民间建筑不在其中。全书共七十四卷，可分为四部分：

卷一至卷二七分别介绍了 27 种柱架侧样，即介绍各种柱架的断面结构，即：①九檩庑殿大木；②九檩歇山转角大木；③七檩歇山转角大木；④九檩楼房大木；⑤七檩转角大木；⑥六檩前出廊转角大木；⑦九檩大木；⑧八檩大木；⑨七檩大木；⑩六檩大木；⑪五檩大木；⑫四檩大木；⑬五檩川堂大木；⑭七檩三滴水歇山正楼大木；⑮七檩重檐歇山角楼大木；⑯七檩歇山箭楼大木；⑰五檩歇山转角闸楼大木；⑱五檩硬山闸楼大木；⑲十一檩挑山仓房大木；⑳七檩硬山库房大木；㉑三檩垂花门大木；㉒方亭大木；㉓圆亭大木；㉔七檩小式大木；㉕六檩小式大木；㉖五檩小式大木；㉗四檩小式大木。这一部分的各种结构均按百分之一的比例记下侧样图式，在全书中占有重要位置。

卷二八至卷四〇为第二部分，系统介绍各种斗栱结构。不仅分别介绍了斗、栱、昂、枋等四大类组成斗栱构件的名称、形状、位置、比例尺寸，而且将单层建筑的斗栱根据使用在檐下和室内的不同部位，分为外檐斗栱和内檐斗栱两大类。外檐斗栱按照其不同的位置，分为三种：①柱头科；②平身科；③角科。还详细列出各种斗口的具体尺寸，以及斗栱上升，斗、栱、翘各个分件的长、短、高、厚和斗口直接的比例关系等，为了解古代建筑的结构和调查制订修缮计划时订名提供了重要参考。

卷四一至卷四七为第三部分，介绍装修及石、土诸作。装修不仅指门窗格扇，还包括木顶隔顶棚等在内。"门"类在书中分为格扇门、棋盘门、实榻大门以及园林墙垣上圆、方、长、瓶式、葫芦式等各式门洞，并对各种门类的位置、做法、尺寸、门扇、门钉及形状分别进行了阐释与图示。"窗"类分为槛窗、支摘窗、直棂窗。"顶棚"分为木顶槅、海墁天花、井口天花。"内檐装修"包括内檐格扇、罩、神龛等。《工程做法则例》中将彩色进行了较为细致的论述，首先将油饰彩画中使用的主要材料进行了介绍，如粘结剂、催干剂、颜料、金叶、水胶，并分述其特点及用法；其次，介绍了清代油饰彩画的主要工序，如木材面的底层处理、嵌补成型、油饰、做彩画。在卷五八中列有 26 种彩画类别，它们分别是：①金琢墨，金龙方心，沥粉青绿地仗；②合细五墨，金云龙凤沥粉方心，青绿地仗；③大点金，沥粉金云龙方心，伍墨彩画；④大点金，伍墨龙锦方心；⑤大点金，空方心；⑥小点金，龙锦方心伍黑；⑦小点金，花锦方心；⑧小点金，空方心；⑨雅伍墨，空方心；⑩雅伍墨，花锦心；⑪雅伍墨，哨青空方心；⑫金琢墨，西蕃草伍墨龙方心；⑬烟琢墨，西番草三宝珠伍墨；⑭西蕃草，烟琢墨金龙方心；⑮西蕃草，三宝珠金琢墨；⑯三退晕石碾玉伍墨描机粉芍方心；⑰云秋木；⑱螺青三色伍墨空方心；⑲流云仙鹤伍彩洋青地仗；⑳海墁葡萄米色地仗；㉑冰裂梅青粉地仗；㉒百蝶梅洋青地仗；㉓聚锦苏式彩画；㉔花锦方心苏式彩画；㉕博古苏式彩画；㉖云秋木苏式彩画等。并对各种彩画的画法、要求进行了图示和文字解释。

卷四八至卷七四为工料估算，对中国封建社会晚期土木建筑的各种不同形制的用工和用料进行了规定，这就为建筑预算、合理安排工时、节约用料等提供了一种较为严格的规范。

主要参考资料

[1] 孙大章编著．中国古代建筑彩画．北京：中国建筑工业出版社，2005.

[2] 王世襄编著．明式家具研究．北京：生活·读书·新知三联书店，2007.

[3] 故宫博物院古建管理部编．故宫建筑内檐装修．北京：紫禁城出版社，2007.

[4] 朱家溍编著．明清室内陈设．北京：紫禁城出版社，2008.

[5] 楼庆西著．乡土建筑装饰艺术．北京：中国建筑工业出版社，2005.

[6] 彭一刚著．建筑空间组合论．北京：中国建筑工业出版社，1998.

[7] 潘谷西主编．中国古代建筑史（第四卷：元明建筑）．北京：中国建筑工业出版社，1999.

[8] （清）李渔著．闲情偶寄（评注本）．杜书瀛评注．北京：中华书局，2007.

[9] （明）高濂著．遵生八笺．王大淳等整理．北京：人民卫生出版社，2007.

[10] （明）文震亨著．长物志．汪有源，胡天寿译．重庆：重庆出版社，2008.

[11] （明）计成原著．园冶．陈植注释．北京：中国建筑工业出版社，2009.

[12] 梁思成著．《清工部〈工部工程做法则例〉图解》．北京：清华大学出版社，2006.

[13] 李瑞君．清代室内环境营造研究．中央美术学院博士学位论文，2009.

第10章　17世纪与18世纪西方的室内设计

　　17世纪与18世纪期间，欧洲的建筑与室内设计先后孕育并发展了如下几种主要设计风格，即巴洛克风格（Baroque-Style）、洛可可风格（Rococo-Style）、新古典主义风格（Neoclassicism）。这些风格由发源地向四周辐射，由于社会政治、经济、文化等综合原因，所到之处又激起了不同反应，因此产生或衍生出了不同的事物，进一步充实和丰富了欧洲室内设计史的内容。

　　巴洛克风格于16世纪下半叶诞生于罗马，17世纪时在欧洲地区广为传播。巴洛克（Baroque）一词最早源自文艺复兴晚期的批评家们，用以形容一种不合古典规范的艺术作品风格，这些艺术品往往带有不规则的、奇形怪状的以至荒诞不经的特征。因此，"巴洛克"一词类似于"哥特式"、"手法主义"等术语，最初都具有一定的讽刺轻蔑意味。随着对这一风格研究地不断深入，"巴洛克"一词在今天已经成为一个中性的艺术史分期概念。巴洛克并非一场统一的艺术运动或者风格，在不同的国家和地区显示出了不同的特色。就整体效果而言，这一风格设计倾向于混用多种装饰材料与工艺，追求丰富而夸张的戏剧性效果，注重光与色彩的运用，强调动感与张力。

　　洛可可（Rococo）一词用来描述18世纪起源于法国、德国南部与奥地利的艺术作品，这一风格可称为典型的宫廷风格，整体表现出了精致优雅、柔美纤细和轻松舒适的特征。有史学家认为洛可可风格是巴洛克的晚期阶段，而有些史学家则认为该两种术语可以互换。就整体而言，"巴洛克"和"洛可可"都带有丰富装饰的意味。

　　新古典主义风格（Neoclassicism）出现于18世纪后半叶，这一风格的发展通常与更丰富精确的考古知识和更宽容务实的文化态度联系在一起。另外，值得注意的是，新古典主义风格在发展过程中与巴洛克在时间上有一定的重合时期。

10.1 巴洛克时期的室内设计

巴洛克风格于 16 世纪下半叶发端于罗马，大致可以分为早、中、晚三个阶段，之后向意大利其他地区辐射。意大利的巴洛克风格最初是一种罗马和罗马教皇的风格，在罗马教皇保罗五世（Paul V）、乌尔班八世（Urban Ⅷ）和英诺森十世（Innocent X）的统治下，所有的视觉艺术家都获得了巨大的荣誉，教皇垄断制确保了教皇宫殿在建筑和室内装饰设计中所起的领导作用。至 17 世纪下半叶时，室内设计艺术趣味的主宰中心由意大利转向了法国，尤其是在路易十四的统治时期，为这种风格烙上了典型的皇家印记，并逐步成为其他欧洲国家的官方艺术形式。巴洛克时期，真正意义上的室内装饰语言开始出现，这种风格所表现出来的装饰语言从罗马到巴黎，伦敦到俄罗斯，直至斯堪的纳维亚国家都有所反映，并在传播过程中因地域不同而表现出了一定的差异性。

10.1.1 意大利

1）罗马

巴洛克风格与文艺复兴风格之间并没有一条明显的分界线，早在米开朗琪罗饱满夸张的造型中就为之后的新风格埋下了伏笔。一般认为建于 15 世纪中期的罗马耶稣会教堂立面，是罗马巴洛克建筑的先声，其最初的设计师维尼奥拉（Vignola）在室内设计上做了一些新的尝试，将罗马主义的雄伟壮观与室内巨大尺度下的简洁性结合了起来。其高窗镶嵌在正殿筒拱上，穹顶的鼓座上设计有一圈小窗户，光束穿过暗淡的空间在室内营造出了犹如舞台灯光般的效果。之后，波尔塔（Giacomo della Porta，1541～1604 年）为这座建筑设计了西立面，在底层入口与上层窗户的两侧使用圆柱，再向两侧则使用扁平的壁柱，使得中央部分产生了强烈的立体感。教堂两侧使用巨大的涡卷连接上下层，并遮挡柱子后的扶垛，这种手法在后来的欧洲教堂建筑中屡屡出现。教堂的内部装饰早期十分简朴，但随着巴洛克风格的发展，其内部装饰渐趋繁复华丽。教堂内壁以彩色大理石贴面，中央圆顶由画家巴奇乔（Baciccio，1639～1709 年）用灰泥雕饰以及壁画进行装饰，营造出了逼真的视觉效果，以至于 19 世纪英国著名的建筑评论家普金（Ausgustus Welby Pugin，1812～1852 年）写到："在耶稣会教堂，我努力地想做祈祷，我举目仰望，想看到可激发我虔信之心的东西，但看到的只有一条条大腿盘悬于我头顶。我感觉它们就要踢到我了，便冲出教堂，逃之夭夭"（图 10.1）。[1]

1　陈平：《外国建筑史：从远古到 19 世纪》，381 页，南京：东南大学出版社，2006。

继罗马耶稣会教堂之后，马代尔诺（Carlo Maderno，1556～1629年）的一系列创作成为了罗马巴洛克建筑早期阶段的代表。马代尔诺于1603 年完成了罗马圣苏珊娜教堂（Santa Susana）的设计，自此开始，罗马的建筑设计师们开始在建筑中追求一种戏剧性的氛围，常常使用成簇的圆柱、断开的山花以及波动起伏的墙面来追求这一效果。在完成圣苏珊娜教堂的同年，马代尔诺开始了圣彼得大教堂的设计。马代尔诺修改了米开朗琪罗的设计方案，增加了中堂的 3 个开间，增建了门廊和西立面。修改后的设计表现出巴洛克风格的早期特征，立面中央入口处的柱距较紧凑而两边逐渐宽阔，入口、门洞和窗户均向内退缩，使得墙壁和柱式凸出，形成了丰富的节奏感和强烈的光影变化。大教堂内部空间也发生了很大变化，室内长 187m，中堂与侧堂宽58m，耳堂宽 140m，中堂最高处达到了 46m，相当于今天 15 层楼房的高度，这些尺度使得圣彼得大教堂成为了天主教世界规模最大的教堂（图 10.2）。

在室内设计与装饰领域中，于 1597～1640 年间完成的罗马法尔内赛长廊（Gallerry in the Palazzo Farnese）预示了巴洛克风格的诞生。法尔内塞府宅始建于 1515 年，由小桑加诺主持设计是盛期文艺复兴建筑的代表作品。1597～1640 年的重新装修为巴洛克室内装饰风格的诞生提供了契机，长廊筒形拱顶装饰画出自意大利巴洛克画家卡拉奇兄弟（Annibale Caracci、Agostino Caracci）之手，他们以古罗马传世杰作《变形记》中有关异教神祇的爱情故事作为创作主题，这类轻松、浪漫而又略含轻浮的题材形式，在巴洛克风格的世俗建筑中颇为流行。卡拉奇兄弟在此表现了典型的巴洛克装饰技法，使得法尔内塞长廊在装饰设计的视幻觉成分与复杂性上，压倒了古典

图 10.1（左）
罗马耶稣教堂
（约翰·派尔：《世界室内设计史》，93 页，刘先觉译，北京：中国建筑工业出版社，2003）

图 10.2（右）
罗马圣彼得大教堂（1506～1626）
（约翰·派尔：《世界室内设计史》，94 页，刘先觉译，北京：中国建筑工业出版社，2003）

品质中所强调的简洁工整的空间形态。卡拉齐兄弟将拱顶分块，以色彩灿烂的虚构错视镀金框架包镶画面，这样的顶棚包含着极其欢乐喜庆的色彩。墙面的装饰令人眼花缭乱，墙裙使用大理石饰板，门窗框、龛框、画框和浅壁柱拥有白色或金色的灰泥浮雕，壁龛上有精美贝壳形龛头，墙体上部设有圆形龛洞，龛洞中陈设着来自古罗马废墟的石质或青铜圆雕。巴洛克装饰的目的在于清晰透彻，因此在取材和用色上虽然很有深度，但室内仍会一见到底，开敞而晴朗。

　　早期巴洛克建筑的重要设计师马代尔诺不仅使 17 世纪时期的建筑语言发生了改变，还为罗马巴洛克风格培养了两名天才级的设计师——贝尔尼尼（Gianlorenzo Bernini，1598～1680 年）和博罗米尼（Francesco Borromini，1599～1667 年）。贝尔尼尼是意大利最著名的巴洛克雕塑家、画家、建筑师之一。马代尔诺去世后，贝尔尼尼被任命为圣彼得大教堂的设计师，为教堂内设计的圣坛华盖（Tabernacle）和圣彼得椅，成为贝尔尼尼创作盛期的代表作品（图 10.3）。圣彼得大教堂的建造过程长达百余年，期间无数优秀设计师参与其中，如最初的伯拉孟特和米开朗琪罗。马代尔诺改建后的圣彼得大教堂拥有着更为宽阔的中殿，但由于内部空间过于庞大，身处其中的人们很难看到圣坛上的穹顶。为了有效解决这一问题，1629 年贝尔尼尼于穹顶下设计了高逾 30m 的圣坛华盖，使信徒与建筑之间建立起了有形的联系。圣坛华盖用青铜铸造而成，4 根类似罗马科林斯式的柱子呈麻花状扭曲上行，承托着装饰复杂的华盖顶。华盖顶端设镀金十字架，

图 10.3　圣彼得大教堂祭坛上的华盖（1624～1633年）

（约翰·派尔：《世界室内设计史》，94 页，刘先觉译，北京：中国建筑工业出版社，2003）

由 S 形的半券支撑，整个华盖缀满藤蔓、天使和人物。巴洛克技巧的成功运用，使这座相当于 10 层楼高的华盖整体华贵丰富，充满活力，令人们在进入教堂的第一时间，目光即被吸引，达到了伯拉孟特和米开朗琪罗所期望大穹顶应该起到的作用效果。在教堂东端的圣坛处，贝尔尼尼独具匠心地安置了圣彼得的椅子。由于椅子体量有限，贝尔尼尼将这件古物镶嵌在一个体量更大的镀金青铜椅架内，使其在教堂的整个纵深方向都能被看到。座椅四周有金云环绕，金色的天国之光由一扇隐蔽的后殿高窗射入，渲染了一种别样的幻觉，圣彼得椅子仿佛在向天国漂浮。

　　贝尔尼尼的设计作品还有圣彼得广场、连接圣彼得大教堂与梵蒂冈宫殿之间的主台阶——国王大楼梯（Scala Regia）、圣安德烈·阿尔·奎里内尔小教堂（S. Andrea al

Quirinale）等。在贝尔尼尼的创作中，显示出了巴洛克设计的重要特点。在设计中对人的活动，特别是将人的视觉活动一并予以考虑，使得巴洛克设计能够将建筑艺术与绘画、雕刻，以及建筑的空间处理与表面的装饰处理、内部的陈设处理自然而有机地融合在一起。基吉—奥代斯卡尔奇府邸（Palazzo Chigi-Odescalchi，始建于 1664 年）是贝尔尼尼设计的一座世俗建筑，在该府邸设计中，贝尔尼尼开创了一种宏大、庄重的府邸建筑立面形象。

　　巴洛克风格的空间设计强调十足的动感和光感，由博罗米尼（Francesco Borromini）设计的四喷泉圣卡罗教堂（S.Carlo alle Quattro Fontane，1634 ～ 1643 年）堪称这类尝试的成功范例。罗马城内有数量惊人的教区小教堂，大都是天主教会为了炫耀天主教世界的繁荣而建造的。这些教区小教堂规模都不大，旨在装饰和纪念，所以形式标新立异变化多端，这为巴洛克艺术家们展示他们的奇思妙想提供了广阔的天地。其中最大胆新奇、最富有想象力的作品就是博罗米尼设计建造的四喷泉圣卡罗教堂（图 10.4，图 10.5）。外观奇特的圣卡罗教堂位于拥挤的城市中心地带，整体设计充满了波动的曲线、折面和闪烁的光。教堂的室内采用了希腊十字和椭圆形平面的结合，内部两侧都有些波浪状曲面的凹凸进退，使人很不容易判断室内的几何形状。随着人的位移，空间也不断地运动变化，动态强烈，感觉难以捉摸。在椭圆形穹顶的表面上密布着几何形格子，天光从中央洒下，仿佛整个天顶都是透明的。据说博罗米尼在设计的时候喜欢用蜡模来推敲造型，石头的建筑物竟然像是柔软的，任意的凹凸扭曲。但这座建筑无论使用了怎样的曲线，从整体来看都透着雄健、夸张和热烈的气息。

图 10.4 （左）
四喷泉圣卡罗教堂（1634 ～ 1643 年）
（约翰·派尔：《世界室内设计史》，95 页，刘先觉译，北京：中国建筑工业出版社，2003）

图 10.5 （右）
四喷泉圣卡罗教堂室内
（约翰·派尔：《世界室内设计史》，96 页，刘先觉译，北京：中国建筑工业出版社，2003）

图10.6　圣伊沃教堂(1642～
1662年)

（约翰·派尔：《世界室内设
计史》，96页，刘先觉译，
北京：中国建筑工业出版社，
2003）

图10.7　圣洛伦佐教堂
(1666～1680年)

（约翰·派尔：《世界室内设
计史》，98页，刘先觉译，
北京：中国建筑工业出版社，
2003）

圣伊沃教堂（Sant, Ivo, 1642～1662
年）是博罗米尼利用有限空间进行创造的
又一典型作品，教堂平面是将两个等边三
角形相叠并旋转而得到的六角星形状，圆
顶直接从上楣处升起，省去了通常过渡性
的鼓座，构成了一个六角形穹顶。用白色、
金色装饰的星形穹顶由6片凸出、凹进相
间隔的墙板组成，一直延伸至顶部的采光
厅。室内平面的这种线条运动同样表现于
外观上，由庭院的西端看去，在两层立面
之上，6根臂柱支撑的柱上楣呈六瓣花形，其上部对应着6个扶壁，
将圆顶划分成为六瓣形，圆顶之上是六角形的采光顶。如果将建筑比
作凝固的音乐，博罗米尼的圣伊沃教堂便是这一比喻的绝佳实例（图
10.6）。

2）意大利其他地区的建筑与室内设计

在意大利的其他地区，巴洛克艺术同样得到了发展，如皮埃蒙特
地区的首府都灵、意大利南部的那不勒斯和西西里、意大利北部的热
那亚和威尼斯，均有重要的巴洛克设计作品出现。在室内设计方面，
以都灵的瓜里诺·瓜里尼（Guarino Guarini, 1624～1683年）、菲利波·尤
瓦拉（Filippo Juvarra, 1678～1736年）以及威尼斯的巴尔达萨雷·隆
恒纳（Baldassare Longhena, 1598～1662年）为主要代表。

瓜里诺·瓜里尼是将罗马巴洛克手法引进意大利北部地区的重要
设计师之一，他的设计作品以都灵的圣洛伦佐教堂（S. Lorenzo）、圣
辛多尼礼拜堂（SS. Sindone）两座宗教建筑，以及世俗性建筑卡里尼
亚诺府邸（Palazzo Carignano）为典型。圣洛伦佐教堂可以被归入
皇家宫殿建筑类型，教堂的体量由一个大方块加上一个凸出的小方块
组成，小方块内是圣坛。大方块内的整体平面由各种形状叠加而形成
曲线形，平面凹凹凸凸，可看到希腊十字
形、八边形、圆形或者不知名的复杂形
状。教堂穹顶是由8个互相交叉的券肋组
成的，中间留有一个八角形洞，上面建有
带窗的采光亭。由于复杂的穹顶造型以及
为数众多的窗户采光，使得内部空间营造
出了一种无限的感觉，教堂内部整体覆盖
着典型的巴洛克式装饰（图10.7）。圣辛
多尼礼拜堂是用来保存宗教遗存"神圣裹
尸布"而建，教堂由黑色和灰色石头建成，
上有穹顶，并有一圈带有6个窗户的基座，

  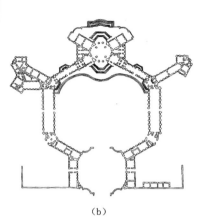

（a）　　　　　　　　　　　　　　　　　　　　　（b）

且有多圈券层，每个券都落脚于下一层券的中心位置。无论是大穹顶还是其上的小穹顶，光源均来自隐蔽的窗户，在室内产生了丰富的明暗对比光影效果，使教堂内充满戏剧性和神秘感（图 10.8）。

　　菲利波·尤瓦拉设计的斯图皮尼吉宫（Stupinigi Palace，1729 ～ 1733 年）位于都灵郊外的萨伏伊镇，是一组低矮的建筑群，平面以六边形为母题，呈对称布局。中间是两层高的中央沙龙大厅，大厅与周围的走道和房间形成放射状的复杂空间关系。室内装饰着彩色与金色图案，互相辉映，暗示了法国洛可可室内的某些意味（图 10.9）。

　　在威尼斯的室内设计中，墙面往往布满富丽堂皇的精美绘画和石膏工艺，如巴尔达萨雷·隆恒纳设计的公爵府（Doge's Palace），在其议会大厅的设计中，木板做成的墙裙被分隔成 200 多块，对应着每位议员的位子。其顶棚设有彩色镶板及镀金边框，由于镀金边框过于突出，以至于由丁托列托及其学生所绘制的画面都有被淹没的嫌疑（图 10.10）。

　　3）意大利巴洛克室内设计的整体特征

　　意大利巴洛克时期的艺术表现手法几乎都在那些宏大的室内设计中出现，巴洛克的建筑师不仅提供建筑的整体设计，同时也监督和参与具体的室内装饰，艺术家与建筑师共同工作，使得室内设计达到了一种前所未有的统一和完美。由于内外战争的长期困扰，进入 18 世纪以后，意大利基本上成了欧洲诸强的附庸国，虽然意大利各主要城市仍以不同的方式保持着自身的繁荣，但意大利的英雄主义时代已经成为过去，意大利艺术的冲击力逐步衰退。

图 10.8（左）
圣辛多尼礼拜堂（1667 ～ 1709 年）
（约翰·派尔：《世界室内设计史》，98 页，刘先觉译，北京：中国建筑工业出版社，2003）

图 10.9（右）
斯图皮尼吉宫狩猎厅（1729 ～ 1733 年）
（约翰·派尔：《世界室内设计史》，99 页，刘先觉译，北京：中国建筑工业出版社，2003）
（a）内景；（b）底层平面图

图 10.10　威尼斯公爵府议会厅（1574 年以后建成）
（约翰·派尔：《世界室内设计史》，97 页，刘先觉译，北京：中国建筑工业出版社，2003）

意大利的巴洛克室内风格的主要特点在16世纪就已见端倪，墙壁和顶棚上大量装饰壁画，使用精致的模制灰泥装饰，彩绘或镀金的木制雕刻油画框内镶嵌着一流的绘画。巴洛克时代的艺术家们更热衷于有错觉的、富于戏剧性的装饰方法。运用错觉进行创作设计的思想是17世纪和18世纪意大利装饰各种墙面和顶棚的最流行的手法。织锦挂毯虽然已经不甚流行，但在室内装饰中仍占有一定地位，同壁画、雕塑以及巴洛克风格的装饰构成了华美的形式。雕刻家往往采用彩色大理石、铁、灰泥和其他装饰，包括壁画一起装饰墙面，仿大理石即木绘代替大理石的做法十分流行，并且这种仿大理石技术在17世纪和18世纪达到了顶峰，整个墙面都由这种方式装饰，由于费用不大，在当时的欧洲极为流行。17世纪的意大利工匠也精通灰泥石膏装饰，灰泥工们沿用早期精炼的灰泥装饰传统，制成白色或描金的画框和壁画框。该时期装饰绘画题材更加广泛自由，寓言式装饰绘画最为流行，古典题材同时仍旧是许多项目的灵感源泉。大约在1718年，彩绘顶棚灰泥、大理石和木制装饰相结合，共同完成了从富丽的巴洛克到新鲜轻快的洛可可装饰风格的转变。

10.1.2　法国

17世纪是法国引领欧洲室内设计与装饰趣味的黄金时代，尤其是在路易十四（1643～1715年在位）统治时期，所有欧洲的君主都以法国风尚为艺术指导。该时期最重要的设计项目几乎都来自于王权政府和富有的资产阶级，于是，最好的艺术家和工匠都被吸引到凡尔赛宫和巴黎，共同推动着这一时期的建筑和艺术的发展。事实上，路易十四时期的法国巴洛克设计不像意大利、德国南部以及奥地利等地所表现出的那样极端复杂与精巧，即使是最为丰富、浓重的装饰，也在某种程度上较为内敛，强调逻辑和秩序，体现出了雄伟庄严的整体特征。因此，路易十四统治时期的法国设计风格，又称作"路易十四风格（Louis XIV Style）"，这种风格既具有巴洛克式的排场、戏剧性与震撼力，又具有"官方的"或"王室的"稳健与条理，从某种意义上说是同意大利巴洛克风格在法国的古典化发展。

建于17世纪中叶的沃莱维孔特城堡（the Chateau of Vaux-le-Vicomte，1657～1661年），是法国巴洛克建筑与室内风格的早期代表，由路易十四时期的三位巨匠合作而成，即建筑师路易·勒沃（Louis Le Vau，1612～1670年）、室内设计师夏尔·勒布伦（Charles Le Brun，1619～1690年）和园林设计师安德烈·勒诺特（Andre Le Notre，1613～1700年）。沃莱维孔特城堡是为路易十四的财务大臣尼古拉斯·富凯（Nicolas Fouquet，1615～1680年）建造的，位于巴黎近郊，竣工于1661年。城堡拥有古典主义的立面，椭圆形入口大

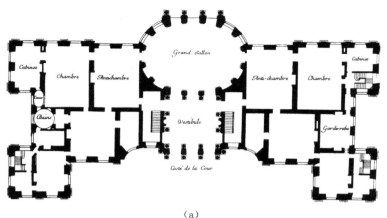

（a）　　　　　　　　　　　　　　　　（b）

厅采用了巴洛克式，室内装饰十分宏伟，花园按照几何图案进行规划，这些均展示了当时法国设计的最高水平（图 10.11）。勒沃具有非凡的组织才华，勒布伦是位技艺超群的画家和室内设计师，勒诺特早年学习绘画和建筑，具有相当宽广的艺术修养，其在沃莱维孔特城堡中所创造的规则的呈几何图案的园林设计样式，被后人称为"勒诺特式花园"或"法国古典花园"。这位富可敌国的城堡主人因此而获罪入狱，而参与设计的三位才华横溢的年轻人则备受国王青睐，之后共同参与了凡尔赛宫（Palace of Versailles）的改建工程，从此步入法国设计舞台的中心。路易十四还将参与沃莱维孔特城堡家具制作的工匠组织起来，以此为骨干成立了由勒布伦负责的皇家工场，该时期的法国家具设计和制作进入了欧洲最先进行列的开端，至少在此后一个半世纪的时间里，法国家具都保持着令人羡慕的高水准。

　　凡尔赛宫是路易十四风格最重要的代表作品，经过多位艺术家和建筑师的努力，最后终于成为西方世界最大的宫殿园林（图 10.12）。凡尔赛宫曾经是路易十三的一座小猎庄，坐落在巴黎西南方大约 10km 的凡尔赛城，路易十四时代的改建包括建造宫殿、花园和城市大道三部分内容。工程在勒沃的主持下于 1661 年启动，勒沃去世后，朱尔·阿杜安·孟萨（Jules Hardouin-Mansart，1646～1708 年）继任总建筑师（1678 年）。1708 年孟萨去世，最后整个工程在路易十五时代完成。根据路易十四的旨意，凡尔赛宫保留了原来的旧猎庄（大理石院），并以此作为新宫的中心，向四周延伸扩建，形成一个朝东敞开的阶梯状连列庭院，以及南北两翼长达 575m 的巨大建筑物。宫殿南翼为王子亲王的寝宫，北翼为宫廷王公大臣办事的机构和教堂剧院等。中央

图 10.11　沃莱维孔特城堡（1656 年）
（约翰·派尔：《世界室内设计史》，115 页，刘先觉译，北京：中国建筑工业出版社，2003）
（a）底层平面；
（b）城堡室内

图 10.12　凡尔赛宫版画：宫殿与下面的花园
（约翰·派尔：《世界室内设计史》，117 页，刘先觉译，北京：中国建筑工业出版社，2003）

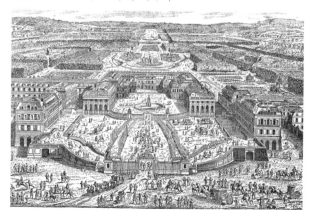

大理石院是路易十四的起居活动区，正中一间是国王卧室，宫殿布局忠实体现了维护君王尊严的严格秩序。内部装饰富丽缤纷，色彩绚丽灿烂，大理石墙面及地面、石膏装饰工艺、绘画、方格顶棚等，以及青铜与金、银材质的室内家具，其豪华奢侈程度令人叹为观止。其中有著名的可俯瞰花园的画廊式镜厅（Galerie des Glaces，图10.13）长达76m，一侧开有17樘落地长窗（法式窗），另一侧墙上正对着窗户安装了17面金丝纤草装饰的大镜子，玻璃与镜面、室内与室外形成一层层递进关系，并与两厢陈列的雕塑、顶棚垂下的枝形水晶灯、镜面两侧的壁灯交相辉映，造成了空间和光影扑朔迷离的效果。椭圆形的天花匾（ceiling tablets）以镀金灰墁浮雕勾勒出来，是典型的巴洛克技法，其内有勒布伦的绘画作品。在墙面与顶棚交接处，有双涡卷形托石（consoles）加以装饰的檐壁，被称作"勒布伦式檐壁"，是当时很流行的一种法式装饰方法。镜厅边上是对称布局的战争厅（the Salon de la Guerre）与和平厅（the Salon de la Paix），厅内均有装饰丰富的壁炉，炉台上是巨大的椭圆形装饰板，陈设着镀金饰品、大理石、绘画、镜子以及枝形灯。加建于1689年的皇家礼拜堂（图10.14），底层为券廊，上层为科林斯柱廊，彩绘的拱券顶上设有高侧窗，室内大量使用白色与金色，地面采用大理石成几何图案铺就。

　　除了规模宏大的凡尔赛宫外，卢浮宫的扩建和改建也为后世留下了异常华丽的巴洛克设计实例，始建于1662年的阿波罗大厅（Galerie d'Apollon）是其中的典型。路易十四自喻为太阳神阿波罗，特别为他设计的大厅由拱顶覆盖，厅内布满绘画和雕刻（图10.15）。在宫殿建设之外，路易十四时期还建造了一些教堂，其中最为著名的是恩瓦立德教堂（S.Louis des Invalides，图10.16），教堂呈集中式平面，中厅覆盖有高敞的大穹顶，室内除了带有镀金边框的彩绘镶板与穹顶上的绘画外，主要使用灰色石材。窗户设在穹顶下的鼓座上，身处室内的人们无法看到这些窗户，创造出了空间与光的戏剧性效果，这种空间的壮观程度具有一定的震撼力，也许正因

为此，拿破仑选择此处作
为自己的安息之地。

　整体来看，路易十四
时期的法国室内设计多有
着宏大气派的空间尺度，房
间与房间多采用串套联系，
有壮丽的透视景深。窗户
面积增加，室内大量使用
镜子，营造出了风格壮美

图 10.17（左）
法国衣柜（18 世纪中期）

图 10.18（右）
法国音乐钟（1756 年）

的内景。墙面装饰使用强调竖向的壁柱作为墙面分隔构件，弱化了横
向的布置设计，绘画常带有描金画框，以图案形式排列于墙上，而不
按内容排列，创造了令人愉快的视觉感受，实现了统一背景中的色彩
变化，这一方法一直沿用至 19 世纪。织锦挂毯在室内装饰中占有重
要地位，其他的墙面织物还有茶色哔叽面料、缎子和天鹅绒。除了昂
贵富丽的大理石地面外，拼花木地板也常常使用，一种人字形木地板
拼花图案因为在凡尔赛宫大量使用而被称作"凡尔赛图案"。壁炉造
型本身的重要性开始减弱，壁炉台向房间中的凸出减小，形成窄窄的
壁炉架，或者干脆与墙面取平，壁炉台上方墙面常以大幅壁画或镜面
装饰。

　家具的数量大幅增加，无论造型还是装饰均阔大气派。家具大多
数件成套设计，呈对称布置。在凡尔赛宫，除了传统的木制家具外，
还有极为奢华的银制家具，均按具体房间专门定制，国王卧室中有一
套完整的银家具，包括床周围的栏杆、8 个两腿烛台、4 个银盆、2
个香水炉底座、1 个树枝形的装饰灯。遗憾的是，几乎所有的银家具
在 1689 年禁止奢侈的法令下达后，都被熔化掉了，以支付战争所造
成的损失。"沙发"这一新的坐具类型，也从这时开始普遍使用（图
10.17，图 10.18）。

　整日生活在王公大臣簇拥中的国王，开始在凡尔赛宫以外的其他
建筑中寻求逃避，大特里亚农宫（Grand Trianon）便是国王从繁琐
的宫廷礼仪中得以解脱的休闲型处所，该建筑外部饰以精巧的彩色陶
瓷，内部则饰有彩绘壁柱和模仿荷兰的蓝白陶瓷。在 17 世纪 90 年代
的凡尔赛宫一系列作品中，开始排斥以前所有的宏伟壮观的风格，古
典的规则逐步减弱，沉重的嵌板被轻便的模式嵌板取代，檐口的设计
优雅轻快，整体气氛不再沿袭以往的富丽堂皇，而是一派委婉和柔美。
嵌板和顶棚全部用像白色和灰色这样的淡色调，取代了强烈而浓重巴
洛克色彩。一些室内被设计成圆形，进而打破了凡尔赛宫严谨的矩形
房间特点。在路易十四 1715 年逝世之前，法国已经开始在酝酿一场
装饰艺术革命——洛可可。

10.1.3　英国

17 世纪的英国经历了一系列政治变化，1603～1649 年间为詹姆斯一世时期（包括查理一世统治时期），英格兰和苏格兰实现了统一。随后经历了奥利弗·克伦威尔（Oliver Cromwell）领导的清教徒叛乱以及联邦政府的建立（1649～1660 年），这些政治事件打破了皇室的延续。1660 年查理二世（charlie Ⅱ）复辟帝制，1660～1689 年为其统治时期，1689～1702 年为威廉与玛丽时期。17 世纪英国的室内设计与装饰风格从极端的风格主义发展到了复辟时代的巴洛克风格。而在进入 18 世纪时，英国的室内设计没有像欧洲其他地区那样发展，巴洛克并没有自然地过渡到洛可可风格。

詹姆士一世时期，伊尼戈·琼斯（Inigo Jones，1573～1652 年）的设计具有代表性。琼斯将文艺复兴盛期比较协调的古典主义成功地引入了英国，琼斯的外部建筑设计简约巨大，室内设计则丰富多彩，创造出了琼斯式带有法国装饰细节的帕拉第奥风格。在白厅宫（Whitehall Palace）的设计中，琼斯赋予了这座建筑堪与法国凡尔赛宫媲美的品质，如白厅宫的宴会厅部分（Banqueting House），房间整体有两层建筑高，带有严格的帕拉第奥式外立面。室内为双立方体空间，带有出挑的阳台，下层为爱奥尼半柱，上层为科林斯壁柱。顶棚划分为格子状，内有著名画家鲁本斯的作品，周围有华美的石膏装饰（图 10.19）。约翰·韦布（John Webb，1611～1672 年）是琼斯最得意的学生，其职业生涯跨越了 17 世纪 30 年代由皇家赞助的全盛期至英联邦时期和复辟时期。在与老师琼斯合作设计的维尔特郡（Wiltshire）威尔顿府邸双立方体房间中，白色墙面带有彩色和镀金装饰，门与壁炉之间挂有凡·戴克（Van Dyke）的绘画作品，画框周围均带有模仿帐帘的饰物。顶棚呈凹形，带有彩绘镶板和丰富的石膏装饰（图 10.20）。1655 年完成的

图 10.19（左）
白厅宫宴会厅（1619～1622 年）
（约翰·派尔：《世界室内设计史》，142 页，刘先觉译，北京：中国建筑工业出版社，2003）

图 10.20（右）
威尔顿府邸，双立方体房间（1648～1650 年）
（约翰·派尔：《世界室内设计史》，143 页，刘先觉译，北京：中国建筑工业出版社，2003）

谢维宁府大厅（位于肯特郡内），使韦布建立了通向早期英国巴洛克风格的桥梁。

　　在英国巴洛克风格形成的过程中，克里斯托弗·雷恩爵士（Christopher Wren, 1632 ～ 1723 年）的贡献十分重要。1660 年的伦敦大火为多才多艺的雷恩提供了充分展示自己的机会，1665 年出访巴黎使雷恩认识到了法国巴洛克艺术的价值。火灾后，雷恩重新绘制了新的城市规划蓝图，使城市拥有宽阔的广场，林荫大道从广场呈放射状向四方延伸。雷恩设计和重建了伦敦的绝大多数教堂，市民在重建住居时禁止使用木结构。大概由于雷恩对科学与数学的兴趣，在法国、意大利巴洛克风格中糅合了严谨的逻辑特点，从而产生了英国巴洛克的独特设计语汇。在雷恩为伦敦设计的近 51 座教堂中，包括可与罗马圣彼得大教堂媲美的圣保罗大教堂（St. Paul's Cathederal, 1675 ～ 1710 年），这座英国巴洛克风格建筑同时也是雷恩最富纪念性的作品。教堂由中厅、唱诗席和耳堂组成了拉丁十字平面形式，十字交汇处有巨大的穹顶（图 10.21 ～图 10.23）。

　　安妮女王在位期间（1702 ～ 1714 年）可以被认为是英国巴洛克风格发展的晚期，该时期的建筑继续保持着巴洛克式的壮观风格，而其家具和室内设计呈现出了一种更为追求实用、舒适与朴素的风格。这个时期重要的设计师有约翰·范布勒（John Vanbrugh, 1664 ～ 1726 年）、尼古拉·霍克斯莫尔（Nicholas Hawksmoor, 1676 ～ 1734 年）。范布勒设计的布伦海姆府邸（Blenheim Palace, 1705 ～ 1724 年）可与法国的凡尔赛宫相媲美，其建筑与室内均体现出了巴洛克风格的典型特征。在府邸的沙龙客厅中，入口的石雕细部淹没在墙壁上那些以绘画手法表现的建筑构件中，墙壁上充满了柱子、壁柱以及假想的室外景象和雕刻人像。室内优美的家具似乎也要消失在这种复杂的空间装饰之中（图 10.24）。霍克斯莫尔的天才在他为伦敦设计的气势磅礴、颇富独

图 10.21（左）
圣史蒂芬·威尔布鲁克教堂（1672 ～ 1679 年）
（约翰·派尔：《世界室内设计史》，144 页，刘先觉译，北京：中国建筑工业出版社，2003）

图 10.22（中）
圣保罗大教堂剖面（1675 ～ 1710 年）
（约翰·派尔：《世界室内设计史》，144 页，刘先觉译，北京：中国建筑工业出版社，2003）

图 10.23（右）
圣保罗大教堂（1675 ～ 1710 年）
（约翰·派尔：《世界室内设计史》，144 页，刘先觉译，北京：中国建筑工业出版社，2003）

图 10.24（左）
布伦海姆府邸沙龙客厅
（1705 ～ 1724 年）
（约翰·派尔：《世界室内设
计史》，146 页，刘先觉译，
北京：中国建筑工业出版社，
2003）

图 10.25（右）
斯图塔菲尔兹基督教堂
（1714 ～ 1729 页）
（约翰·派尔：《世界室内设
计史》，146 页，刘先觉译，
北京：中国建筑工业出版社，
2003）

创意义的教堂建筑中得到表现，如位于斯皮塔费尔兹（Spitalfields）
的基督教堂（1724 ～ 1729 年，图 10.25），中厅是一个十分高敞的平
顶空间，设计师将巴洛克复杂的设计语汇巧妙地引入了简单的平顶空
间中。在这个空间中，柱子支撑着券廊，券廊向着侧廊敞开，在圣坛
的端部，柱子上端支撑着横木状的檐部，整个中厅空间充满了惊奇和
戏剧性的效果。

　　在室内装饰设计中，格雷林·吉本斯（Grinling Gibbons）的
木雕作品几乎达到了完美的境界，1674 年为沃特福特（Warford）的
卡西奥伯里宫（Cassiobury House）设计的楼梯，吉本斯采用了一
种自然主义的透雕工艺，替代了 17 世纪 30 年代栏杆装饰中常用
的窄带交织成的装饰图案。而在汉姆宫（Ham House）的装饰设计
中，嵌板上的图案题材中出现了军队战利品内容。另外还有温莎城
堡（Windsor Castle）、索德伯里（Sudbury）、伯利府（Burghly）、拜
德敏顿（Badminton）和拉姆斯伯里的室内作品中，橡木墙壁嵌板成为
各阶层人士喜爱的装饰，嵌板中的肖像画用凸出的嵌线加以突出。英
国 17 世纪室内装饰设计的一个主要特点是严谨，特别是采用橡木嵌
板的室内，即使是富丽的家具也在相当程度上强调了这一特点。皮革
挂饰十分流行，尤其是在餐厅中，这些挂饰装饰着东方图案或者几何
形的图案，包银以及装饰化的家具采用许多不同的木材材料，甚至龟
甲也变得较为流行。镜子的大量使用给许多室内带来了光彩。自东印
度公司进口的陶瓷和织物，对于装饰设计来说也相当的重要。然而，
1715 年后，在科伦·坎贝尔（Colen Campbell）和伯林顿爵士（Lord
Burlington）领导下的帕拉第奥复兴兴起后，使得许多充满想象力的
异国情调消失了，代之以古典主义风格，从而形成了 18 世纪英国装
饰艺术的基本特点。

(a)　　　　　　　　　　　(b)

10.1.4　其他国家的室内设计

　　北欧地区的人们对巴洛克怀有极大的热情，特别表现在当时的教堂、修道院设计中所运用的复杂的空间概念上，世俗建筑空间处理则相对简单。该时期的建筑室内表面常常覆盖着丰富精致的装饰，有些作品已经表现出法国洛可可的影响。位于奥地利林茨城附近的圣佛洛里安修道院（S.Florian,1718 ~ 1724 年，图 10.26）由卡罗·安东尼奥·卡罗内（Carlo Antonio Carlone,1686 ~ 1708 年）设计，修道院的顶棚被处理成一系列小穹顶，穹顶表面绘有彩画，拱面上利用透视变形手法制作的建筑装饰细部，使得穹顶在视觉上显得更加高耸。距离该修道院不远的梅尔克修道院（the Abbey of Melk,1702 ~ 1738 年）由雅各布·普蓝图尔（Jakob Prandtauer,1660 ~ 1726 年）设计，其在教堂内部的建筑细部以及顶棚上绘制的幻觉绘画手法，应该是来自意大利的影响。而在其图书馆的室内设计中，则更多地体现出了世俗建筑对功能性的强调（图 10.27）。在维也纳，圣查尔斯教堂（Church of ST.Charles,1716 ~ 1737 年）是该地区巴洛克风格的典型，由冯·艾拉奇（Johann Bernhard Fischer von Erlach,1656 ~ 1723 年）设计，教堂中心由椭圆形穹顶覆盖，周围呈放射状布置着 4 大 2 小的祈祷室，形成了复杂的室内空间。室内通过穹顶高窗采光，其中有一束正好落在深远的祭坛上，照亮了陈设于祭坛之上的旭日形饰针（图 10.28）。瑞士的艾恩济登大修道院（the Abby of Einsiedeln,始建于 1703 年）位于苏黎世附近，由卡斯珀·莫斯布鲁格尔（Kaspar Moosbrugger,1656 ~ 1723 年）设计，设计师在这座修道院教堂内展示了自己对于复杂空间的处理能力，教堂内丰富的雕刻重重叠叠，建筑细部与顶棚绘有色彩斑斓的幻觉绘画，营造了戏剧性的巴洛克效果（图 10.29）。

　　17 世纪早期，德国逐步接受了意大利的文艺复兴思想，并由于意大利工匠的加盟，使意大利艺术直接影响了德国室内装饰的风格，这种状况一直持续至洛可可的产生。设计于 1612 ~ 1616 年左右的市

图 10.26（左）
圣佛洛里安修道院(1718 ~ 1724 年)
（约翰·派尔：《世界室内设计史》，100 页，刘先觉译，北京：中国建筑工业出版社，2003）

图 10.27（右）
梅尔克修道院（1702 ~ 1738 年）
（约翰·派尔《世界室内设计史》，101 页，刘先觉译，北京：中国建筑工业出版社，2003）
(a) 修道院内部 ;(b) 修道院图书馆

图 10.28　圣查尔斯教堂（1716 ~ 1737 年）
（约翰·派尔：《世界室内设计史》，102 页，刘先觉译，北京：中国建筑工业出版社，2003）

图 10.29 （左）
艾恩济登修道院教堂 (1691 ～
1735 年)
（约翰・派尔：《世界室内设
计史》，102 页，刘先觉译，
北京：中国建筑工业出版社，
2003）

图 10.30 （中）
修道院与朝圣教堂 (1745 ～
1751 年)
（约翰・派尔：《世界室内设
计史》，102 页，刘先觉译，
北京：中国建筑工业出版社，
2003）

图 10.31 （右）
巴伐利亚维斯朝圣教堂
(1744 ～ 1754 年)
（约翰・派尔：《世界室内设
计史》，102 页，刘先觉译，
北京：中国建筑工业出版社，
2003）

政厅，强烈地反映出意大利风格的影响，市政厅拥有着涂有灰泥和色彩的中楣、大理石门框，顶棚上有坎迪德（Peter Candid）寓言式的绘画；完成于 1667 年的阿德尔海德的"心爱密室"里，精雕细刻的镀金、彩绘顶棚和中楣，已明显地体现了法国和威尼斯的巴洛克设计思想。在普鲁士，安德烈斯・施鲁特（Andreas Schliite，1664 ～ 1714年）领导了柏林的巴洛克艺术，施鲁特喜欢在室内设计中广泛地使用雕塑，并且比许多同时代设计师更多地表现室内装饰的细节。位于德国比诺（Birnau）的朝圣教堂（1745 ～ 1751 年）拥有一个简单的长方形空间，沿着墙壁周边设计了一圈挑台，圣坛凸出，增加了室内空间的趣味性。室内装饰采用了奢侈的泥塑与复杂的绘画，使得原本简洁的室内空间都有被淹没的可能（图 10.30）。位于巴伐利亚的维斯朝圣教堂（Die Wies，1744 ～ 1754 年）内部采用了复杂的泥塑，并采用了大量的白色和金色，顶棚边缘的建筑细部有一部分是真实的三维处理手法，而另一部分则是纯粹的虚幻表现（图 10.31）。班贝格城附近的十四圣徒朝圣教堂是一座典型的巴洛克建筑，拥有着令人难以置信的室内空间语汇，但其室内装饰却出现了典型的洛可可手法，大量采用了白色、金色以及粉红色，淡雅的雕塑与绘画营造出了特殊的光感与动感（图 10.32）。

尽管荷兰发展了一种独立于其他欧洲国家的文化，但路易十四的欧洲霸主地位仍影响了荷兰，荷兰人在室内装饰设计中发展出了"资产阶级古典主义"风格，具体体现为大规模室内的华而不实与小规模室内的亲切、朴素两种倾向。西班牙的"库里格拉斯科"（Churrigueresco，1650 ～ 1780 年）风格平行于其他地区的巴洛克与洛可可风格，由库里格拉（Jose Churriguera，1665 ～ 1725 年）的名字命名，其设计表现出了对简朴严谨的装饰风格的反叛，在建筑物室内表面出现了极其繁琐艳丽的装饰手法。最著名的是位于格拉纳达的拉卡图亚教堂（La Cartuja）中的老圣器室，由阿雷瓦诺（Luis de Arevalo）、瓦兹夸兹（Fray Manuel Vazquez）设计，室内墙面上覆盖着一层霜状的装饰泥塑层，将建筑本身的古典柱式以及檐部构件都淹没于其中（图 10.33）。而后世也很难将其真正归纳为巴洛克或者洛可可风格，"库里格拉斯科"风格似乎超出了该时期任何有规律的分类范畴。

　　在 17 世纪的较早的扩张中，殖民地时期的美国东部建筑设计开始是效仿荷兰巴洛克，并带有一些德国和斯堪的纳维亚的风格特点。而最强劲的影响来自英格兰东部的本土建筑风格，其室内设计非常朴素，表面采用灰泥覆盖，白色涂料饰面。在西南部的西班牙殖民地——得克萨斯、亚利桑那、新墨西哥和加利福尼亚，其室内装饰风格是西班牙巴洛克与当地的印第安传统相混合的风格。不过令人遗憾的是，这个时期的室内实物没有保存下来。

10.2　洛可可时期的室内设计

　　洛可可是欧洲艺术中贵族理想的最后一次富有创造力的完美表现，不论人们如何争论洛可可绘画的起源，但这种风格的室内装饰最早出现于法国。早在 1687 年朱尔·阿杜安·孟萨为路易十四设计的大特里亚农宫中就已经预示了这种新风格的出现，在孟萨的努力下，辉煌富丽的巴洛克手法发生了变化，柱子和壁柱以及沉重的嵌板和笨重的壁炉饰架消失不见。在新装修的宫殿里，可以看到轻盈的嵌板、精致的檐口，以及壁炉上方的大镜子，这些均是洛可可初期最重要的革新之一。在孟萨的设计中甚至还出现了在洛可可晚期流行的设计元素，如从墙上凸出来放置花瓶的托架、装饰在壁炉颈部的海贝壳和阿拉伯式蔓藤花纹（也称海藻纹样）等。

　　洛可可的室内风格是第一个在装饰与家具之间取得完全综合的一种风格。华丽美妙的家具往往是独立的，像大工艺家克雷桑（Cressent）、戈德罗克斯（Gaudreaux）、迪布瓦（Dubois）和德拉努瓦（Delanois）所设计的法国洛可可家具，孤立起来看都很美，但只有摆在室内才会充分体现出它的装饰意义，因为它们常常是为某一室内特别设计的，许多绘画、雕塑、陶瓷和纺织品也同样如此。墙壁嵌板、灰泥制品以及家具上常常饰以精美的阿拉伯式蔓藤图案，取代了不对称的雕刻或彩绘装饰。源自阿拉伯的阿拉伯式图案，在洛可可时期变得更加轻盈空灵，形成了该时期设计的主要特点：自然的植物、展开的翅膀、有花纹的圆雕饰（常放在墙的中央和门嵌板的中央）、贝壳和波纹图案。中国题材和幽默的猴子图案也被引进，具有中国特色的纹饰在 18 世纪早期洛可可的影响之下迅速传播开来，比如龙、奇异的鸟和具有独特装饰作用的中国人物等图案出现在墙面、纺织品、家具和陶瓷上，有时整个房间都用中国风格来修饰。壁炉的规模大为减

图 10.32（上）
十四圣徒朝圣教堂(1742 ～ 1772 年)
（约翰·派尔：《世界室内设计史》，103 页，刘先觉译，北京：中国建筑工业出版社，2003）

图 10.33（下）
拉卡图亚教堂老圣器室
(1713 ～ 1747 年)
（约翰·派尔：《世界室内设计史》，133 页，刘先觉译，北京：中国建筑工业出版社，2003）

少，强调了与洛可可室内相一致的舒适感。洛可可风格用壁炉装饰品替代了巴洛克固定笨重的壁炉饰架，这些装饰品包括一个放在中央位置的大钟，钟的两侧对称地摆放着陶瓷花瓶，这种布置一直延续至今天的室内装饰中。熠熠闪光的镜子在装饰中起了重要作用，成为白色、金色雕刻的衬托。17世纪60年代皇家镜子工厂建立以后，为皇室住宅提供各种尺寸的镜子变得容易起来，在洛可可时期，几乎在每一个重要的房间都至少要有一面镜子。

10.2.1　法国

法国洛可可的发展大致由摄政王时期与路易十五时期组成。1715年路易十四逝世时，路易十五（Louis XV, 1715～1774年在位）年仅5岁，路易十四的外甥奥尔良公爵成为了摄政王（1715～1723年），历时9年，法国洛可可发展的第一篇章即是在这一时期。摄政王将巴黎作为他的政府所在地，严格的宫廷礼仪有所放松，追求感官享受和标新立异的愿望日渐鲜明，成为新风格流行的动力。摄政王时期的代表作集中在巴黎的旧皇宫改建工程中，但实物未能完整保留下来。这一时期的室内设计与装饰体现出了早期洛可可的特征，也被称为"摄政王风格（Regence Style）"，房间尺度明显减小，空间多为规整的方形，墙面呈完整的竖向构图，全木镶板的墙面大量出现，也多采用木地板铺装地面。室内装饰以壁炉架为中心，设有"S"形曲线的开口。壁炉饰架上常设高高的镜子，窗间壁台上方有一面或多面壁镜与之相呼应，壁炉多用白色或彩色大理石制成，并有富丽的镀金铜底座。蜿蜒松散的线状装饰成为室内装饰的主要特征，家具设计在此时也更加注重舒适感，尺度减小、线条柔和。

路易十五亲政（1723年）至18世纪中叶期间，是法国洛可可风格充分发展的时期，后世也将这种风格称为"路易十五风格"。洛可可时期是一个以精美设计和精湛工艺著称的时代，"摄政王风格"在此时变得更加轻盈和精致，室内装饰以柔美细腻为特征，全木镶板墙面多使用白、粉红、粉绿、淡蓝、淡黄等娇嫩颜色；墙面线性装饰丰富，常用的装饰母题包括蚌壳、涡卷、各种植物曲线以及"中国母题"等。家具是路易十五风格的重要组成部分，此时的家具设计几乎所有构件都呈曲面，直线线条完全消失不见。这些曲面本身又有着丰富精致的装饰，如镀金、雕花、彩绘、镶嵌等。随着行业分工越来越细，这一时期的家具要经由木工、雕刻工、镀金工、漆工、软垫工等诸多技艺高超的工匠合作完成，工艺极为精湛。1743年，行会规定每一位家具制作者都必须在其作品上署名，同时留下"JME"（"细木工匠行会"的法语缩写字母）标记，以表明设计和制作的水准。室内空间趋于小型化，更加强调空间的亲密性，并完美地与它的许多小装饰品保持一致。门框和窗子都带有圆的或椭圆的上框，或者压低的拱形框，窗台不断地降低直至与地面水平而成为落地窗，被英国人称作"法式窗户"。法国在整个洛可可时期都保持了直角的房子和平坦的顶棚，精细的墙面装饰与朴素顶棚，通过表面的特质而完美地表现出来。人们考虑到绘画的目的，绘画作品常常被安排到预定的位置，"摄政时期"讲究对称的装饰画布局，"路易十五"时期变成了 S 形曲线。法国洛可可风格的室内设计很少使用强烈的色彩来装饰墙壁，这些绘画闪烁的色彩和珍珠似的肉色色调被优雅的白色、金色墙壁背景完美地衬托出来。著名的洛可可画家弗郎索瓦·布歇（Fransois Boulher）等为室内提供了优美的画作。1730 年，级尧姆（Guillaume）和艾蒂安－西蒙·马丁兄弟（Etienne-Simon Martin）发明了一种清漆（"马丁漆"），大量应用于家具和墙面的装饰中，使物体表面产生了一种接近瓷釉的精美品质，更加丰富了室内装饰的语汇。

1735 年，博弗兰（Gabriel Germaine Boffrand）设计了苏俾士府邸（Hotel de Soubise）的公主沙龙，客厅室内空间配以十分复杂的装饰手法，展示出惊人的洛可可艺术技巧（图 10.34）。墙面基本呈白色，顶棚呈蓝色。窗户、门、镜子和绘画周围都被镀金的洛可可细部装饰环绕着，白色的丘比特在镀金的花丛与贝壳装饰间玩耍，房间中陈设着带有大理石基座的装饰钟，巨大的枝形水晶花灯悬挂在房间中央，这一切在镜子的多次反射下，创造出了万花筒般的室内效果。

位于凡尔赛的小特里亚农宫（Petit Trianon），由加布里埃尔（Ange-Jacques Gabriel，1698～1782 年）于 1762～1768 年间完成，为了让皇室成员远离凡尔赛宫的豪华气派，建筑采用了非常朴实的形式，其内部空间却是洛可可风格最杰出的代表，可以被视为法国洛可可风格设计的顶峰之作。简单的方形楼梯厅饰以乳白色石头贴面，铁质楼梯扶手华美而有节制，嵌以镀金的字母图案，厅中央悬挂着枝形花灯。起居空间使用了木制镶板，在有限的白色中点缀以金色，壁炉架造型简洁，其上安置镜子及烛架。王后玛丽·安托瓦内特(Marie-Antoinette)卧室位于一个夹层上的小房间内，墙面贴镶板，浅灰色漆，带有白色、金色的雕刻细部。大理石壁炉上安装有一圈镜子，带有帐幔的床、椅子以及室内幔帘均为十分适宜的金黄色。这里的装饰大多出自夏尔·米克（Richard Mique）之手，路易十五去世后他成为备受皇室欢迎的设计师。同时小特里亚农宫的室内装饰也暗暗预示了一种新风格的端倪，即紧随其后的新古典主义（图 10.35）。

图 10.34　苏俾士府邸公主沙龙凡尔赛（1735 年）（约翰·派尔：《世界室内设计史》，124 页，刘先觉译，北京：中国建筑工业出版社，2003）

10.2.2　欧洲其他国家的洛可可设计

　　洛可可风格在欧洲其他地方得到了很好的传播，自 18 世纪 20 年代起，法国以外涌现出了无数天才，由设计实例来看，他们的设计均受到法国的巨大影响。

　　德国洛可可的设计风格十分丰富多彩，通过一系列的建造和设计，使整个德国土地上出现了对洛可可风格前所未有的狂热。许多在 17 世纪与 18 世纪之交时以巴洛克风格开始的巨大宫殿，最终由洛可可工艺师完成了室内装饰。弗朗索瓦·迪·居维利埃（Franscois du Cuvillies，1695 ～ 1768 年）在 43 年的漫长时期中，创造了最伟大的洛可可室内设计杰作。建于慕尼黑宁芬堡宫（Nympheburg Palace）内的阿马连堡小宫（the Amalienburg，1734 ～ 1739 年）是居维利埃的代表作之一，其中厅是一个简单的圆形，设有 3 间朝向花园的窗户，以银色和天蓝色为主色调，所有的洛可可细部装饰都采用泥塑完成，不施彩绘。厅中央悬挂有灿烂辉煌的枝形花灯，墙壁上的镜子将原本简单精致的室内幻化得犹如万花筒般扑朔迷离（图 10.36）。始建于 1735 年的维尔茨堡的雷西登茨宫（the Residenz）由诺曼（Johann Balthasar Neumann，1687 ～ 1753 年）主持设计，在这座大型宫殿中，有一所装饰精致的洛可可式小礼堂，顶棚装饰以提埃波罗（Giovanni Battista Tiepoio，1696 ～ 1770 年）绘制的壁画，丰富的石膏装饰细部与绘画

互相结合，画面溢出画框，使得雕刻消失在整体画面中，表达出了无限的空间感。室内主题色调由粉红、蓝色、金色组成（图 10.37）。由利本霍芬设计的奥格斯堡（Augsburg）施纳茨勒府邸（Schnaezler Palace，1765 ～ 1770 年）舞厅，也是德国洛可可室内设计与装饰风格的代表，墙面上有典型的洛可可石膏工艺、木雕以及精美的镜框，覆盖了整个表面。镜子旁的烛台与悬挂在房间内的枝形烛架，使得舞厅内的夜晚灯火通明（图 10.38）。

在英国，由于帕拉第奥建筑流派的兴起，限制了洛可可的发展。洛可可不仅没有在装饰设计中产生重要影响，还被英国的建筑师们有意识地拒绝。18 世纪中叶洛可可风格传入英国时，这种法国王室风格以其赏心悦目的轻松格调引起人们的注意，其装饰手法在英国主要出现于家具的装饰上，并且没有形成主流，在室内设计与装饰中也只是被零星地采用。"离奇口味"被用来称呼英国设计活动中的洛可可倾向，其设计的主要特征通常包括使用娇嫩的色彩方案；表面雕刻精致纤细；大量使用不对称的设计、流动的线条、植物与花卉图案、"S"形与"C"形涡卷；偏爱来自中国的装修材料、室内用品和所谓的中国主题。不过，18 世纪中叶的"离奇口味"风行了很短一段时间，几乎没有留下有影响的重要设计。与之形成对比的是，该时期英国出现了"新古典主义"倾向，这一思潮的影响一直持续到 19 世纪，造就了一批具有国际性声望的英国设计师和优秀作品。

这个世纪早期的美国，室内空间中窗扇的设计特色鲜明，嵌板以一种更建筑化的方法镶嵌。在弗吉尼亚的斯特拉特福德厅（始于 1725年），木嵌板比 17 世纪更加精细，通常由松木彩绘做成，胡桃木和桃花心木用于门和楼梯上。在查尔斯顿附近的德雷顿厅（1738 ～ 1742 年）的设计中，最早反映了帕拉第奥思想，厅中的壁炉是基于伊尼戈·琼斯的设计基础。像英国一样，美国欣然地采用了帕拉第奥风格，认为这种风格最好地体现了实用与美观、繁荣与良好教养的平衡结合，拒绝洛可可的奢华无度。

10.3　新古典主义与古典复兴时期的室内设计

"新古典主义"一词最早出现在 19 世纪 80 年代时，用来形容 18世纪中叶以后流行的一种简朴、挺拔的直线型的室内设计风格，这种风格的诞生使洛可可风格成为了过去。至 19 世纪上半叶时，"新古典主义"又为各种历史风格的复兴运动所取代。

从 16 ～ 18 世纪，在帕拉第奥理论问世后的 300 多年里，欧洲人的古代建筑与装饰知识有了极大增长，特别是 18 世纪上半叶对庞贝和赫库兰尼姆遗址的大规模系统发掘，首次向世人展示了古代希腊罗马居住建筑的情况。事实上，18 世纪的设计师不仅对古代希腊、罗马成就有更全面的掌握，而且对希腊罗马以外的世界，也有区别于意大利文艺复兴设计师的认识和评价。他们并不反对将中世纪的、哥特的、甚至埃及的和中国的古代经验，统统纳入"新古典"的视野。与知识积累和审美流行变化相比，社会结构的变革来得更为剧烈，在经历了启蒙运动、法国革命、美国独立战争和英国工业革命等一系列政治与经济革命之后，18 世纪的设计师所面对的不再是 16 世纪的贵族化要求，而是 18 世纪更为务实、庞杂的中产阶级市场。

18 世纪上半叶的考古发掘，对新古典主义的产生起到了一定促进作用，如 1748 年开始的意大利南部赫库兰尼姆与庞贝的系统考古发掘，以及雅典等地的希腊古代遗址的发掘与研究，将艺术家、建筑师和学者们的眼光引向了古罗马与古希腊。影响新古典主义思潮兴起的有两位重要人物，即皮拉内西（Giovanni Battista Piransi, 1720 ~ 1778年）和温克尔曼（Johann Joachim Winckelmann, 1717 ~ 1768 年）。皮拉内西主要通过铜版画将古罗马建筑的魅力传向四方，温克尔曼则是通过不朽的著作，将人们的目光引导向古典的源头——希腊。皮拉内西出生于威尼斯，拥护罗马艺术，在其最大的雕版图书系列《罗马景观（Vedute di Rome》（1748 ~ 1778 年）一书中收藏有 137 幅全面表现罗马古代建筑废墟景观的铜版画；在《辉煌壮丽的罗马建筑（Della Magnificenza ed Architettura de' Romani》（1761 年）一书中皮拉阐述了其观念，认为伊特鲁斯坎人是罗马艺术的唯一创建者，并认为其历史比希腊更为悠久；1765 年皮拉内西又出版了《关于建筑的看法（Parere su I' Architettura)》一书，试图证明罗马艺术高于希腊艺术的观点。温克尔曼于 1755 年定居在罗马，成为阿尔巴尼红衣主教的顾问，并发表了著作《希腊绘画雕塑沉思录》（1755）和《古代艺术史》（1764）。这些著作重新塑造了希腊的地位（他拥护了希腊艺术而贬低罗马艺术），并带来了一种新的风格。

新古典主义发端较早的是英国建筑，首先以帕拉第奥复兴的形式表现出来，影响深远的"如画式"风景园林运动也随之兴起。18 世纪中叶以后，新古典主义思潮先后到达了德国、俄国、美国等地，其中综合着法国新古典主义以及英国帕拉第奥主义的影响。实际上，"新古典主义"这个名称概括了各种不同的风格，所有不同形式的新古典主义在不同的阶段都有一个目的——模仿或者唤起古代世界的艺术风格，在建筑中追求永恒的、真实的、自然的风格。虽然目的一致，却在各地产生出了丰富多样的结果，在整个欧洲甚至美洲形成了一种国际新古典主义运动。

10.3.1　英国

在 15 ~ 18 世纪的漫长过程中，英国特有的节制与理性精神始终控制着室内设计风格的发展。1714 年，安妮女王的去世宣告了斯图亚特王朝统治的结束，代之而起的是汉诺威王朝（House of Hanover, 1714 ~ 1901 年），乔治一世至乔治四世是汉诺威王朝的前 4 位君主一百余年的统治时期，从 18 世纪初一直贯穿到 19 世纪初（1714 ~ 1830 年）。这一时期由"新帕拉第奥主义（New Palladianism)"（1715 ~ 1775 年）与如画式园林设计为开端，英国新古典主义迅速发展并取得巨大成果。进入 18 世纪以后，英国的主流设计开始面向中产阶级市场，以其个性化和通俗主义的倾向独树一帜，对整个欧洲的设计方向均产生了重要影响。

1）新古典主义设计的建筑与室内

1715 ～ 1775 年间，英国建筑界再度兴起了对帕拉第奥理论与实践的强烈兴趣，代表人物有柏林顿爵士（Richard Boyle Burlington，1694 ～ 1753 年）、威廉·肯特（William Kent，1685 ～ 1748 年）。柏林顿爵士曾前往罗马考察古典建筑，并专门到维琴察研究帕拉第奥的作品，同时将自己收购的大量帕拉第奥建筑图纸带回英国。1725 年柏林顿爵士与肯特一起设计了伦敦附近的其斯威克府邸（Chisweck House），模仿帕拉第奥的圆形别墅造型，规模适度、简洁明快。肯特是 18 世纪上半叶英国最负盛名的建筑师、室内装饰师与园林设计师，18 世纪 30 年代设计的霍尔克姆宫（Holkham Hall）同样受到了帕拉第奥设计的启发，其中值得称道的是门厅与楼梯间融为一体的大厅设计，将古罗马柱廊式巴西里卡、维特鲁威"埃及大厅"，以及帕拉第奥设计的威尼斯救世主教堂室内手法有机地结合了起来。肯特还创造性地设计了"两段式"壁炉设计（two-tie design），在新帕拉第奥主义豪宅中大量使用。肯特也是最早将家具设计作为建筑与室内装饰设计有机组成部分的英国设计师之一。

新帕拉第奥主义的传播和发展对新古典主义起到了非常重要的影响。新帕拉第奥主义的建筑大多为石造，采用对称的平面和复合三段式古典构图的立面，具有纪念性的宏伟尺度。室内设计技巧较为丰富复杂，既有与意大利文艺复兴风格相联系的"建筑性"室内装饰方案，同时也不排除巴洛克和洛可可的设计因素。室内装饰常用灰色、浅黄色、橄榄绿色，与白色、金色相配合，精致的线脚通常会以鎏金加以强调。新帕拉第奥主义家具体量较大，明显区别于斯图亚特晚期胡桃木家具的朴素与简洁风格。沙发设计采用了气派的巴洛克式样，沙发软垫包面选用了与墙面饰面相同的织物，取得和谐的效果。在新帕拉第奥主义室内装饰方案中，对灰墁浮雕饰面的使用非常普遍。在整个 17 世纪里，重要房间大多采用壁画和天顶画装饰，然而进入 18 世纪以后，灰墁浮雕占据了主要的地位。欧洲近代园林的一大特点是去除花园与大自然的界限，18 世纪初的英国园林就体现了这一点。

"新帕拉第奥主义"倾向于以帕拉第奥的价值观评价古代建筑，注意力集中于古典建筑，特别是古罗马大型公共建筑的设计理念与词汇，而"新古典主义"的历史语言及其表述方式则更为丰富。它允许艺术家更大范围地发掘古代设计成就、给予艺术家更多的创作自由，从而使所谓的"历史风格"具有更广阔的市场适应性。18 世纪下半叶英国重要的新古典主义建筑师有罗伯特·亚当（Robert Adam, 1728～1792年）、钱伯斯（Sir William Chambers, 1723～1796年）、怀亚特（James Wyatt, 1746～1813年）、丹斯（George Dance, 1741～1825年）和索恩（Sir John Soane, 1752～1837年）等人。而在家具设计领域，出现了齐彭代尔（Thomas Chippendale, 1718～1779年）、赫普尔怀特（George Hepplewhite, ?～1786年）、谢拉顿（Thomas Sheraton, 1751～1806年）三位杰出的设计师，与亚当一起被称作"18世纪四大英国设计师"，并形成了以本人名字命名的个人风格。

　　罗伯特·亚当是位考古型的建筑师，曾赴意大利考察。他的贡献主要在于室内设计方面，以古典的柱廊赋予当代显贵的宅邸以古代宫殿的辉煌，建立起纤细柔媚、高度个性化的新古典主义"亚当风格（Adam style）"。亚当最大的贡献在于将古典建筑语言运用于民用建筑上，使之具有一种帝王气派。德比郡的凯德尔斯顿府邸（Kedleston Hall）是一座新古典主义大府邸，亚当设计了罗马君士坦丁凯旋门式样的南立面，室内也再现了这一帝王式的主题形式，前门位于巨型科林斯式门廊之内，通向长方形的大厅。大厅具有古代皇宫的气派，科林斯柱立于墙壁之前，支撑着笔直的柱上楣，墙上开有圆拱形的雕像壁龛。亚当最优秀的室内设计还有西翁府邸（Syon House，图10.39），室内设计不强调古典建筑细节的正确性，而体现了一种如画式的风格。在前厅的墙壁前，亚当将12根从台伯河打捞起来的罗马柱子放在前厅的墙壁前，并重新设计了爱奥尼亚柱头，上部安放有优雅的涂金男雕像。这些并无承重功能的蓝色大理石圆柱，营造了堂皇的宫殿效果，而这种古罗马公共建筑上的设计手法被用在民用建筑的室内，使得西翁宅邸大厅成了当时欧洲最漂亮的大厅之一。在距此不远的奥斯特利庄园（Osterley Park, 1762～1769年）中，亚当设计了一个装饰有希腊花瓶图画的客厅（这些图画当时被认为是伊特鲁利亚风格）（图10.40），而在其他的一些设计中则带有明显的庞贝风格的细部。

图 10.39（左）
西翁府邸（1752～1769年）
（约翰·派尔：《世界室内设计史》，149页，刘先觉译，北京：中国建筑工业出版社，2003）

图 10.40（右）
奥斯特利庄园（1762～1769年）
（约翰·派尔：《世界室内设计史》，149页，刘先觉译，北京：中国建筑工业出版社，2003）

　　亚当的设计作品可以被视为是真正意义上的环境艺术，完整而和谐，尽管亚当的外部建筑在比例和轮廓上都是帕拉第奥式的，但他反对帕拉第奥的沉重风格。亚当旨在用一种美丽而轻盈的、并体现古典美的模式来替代"繁琐的支柱、沉重的间隔顶棚和壁龛框架"，这样的设计给这个国家的实用艺术带来了一场优雅的革命。在替代了沉重形式又强调了门框、顶棚和壁炉上的个性化设计后，亚当比较喜欢用一种装饰风格统一所有的表面，尽可能采用平坦的顶棚，这种方法使他易于将自己的室内设计放进现存的建筑外壳中。就亚当风格的室内设计而言，室内装饰一般不强调"建筑性框架"，这一点与帕拉迪奥的手法有所区别。在亚当的设计中，壁炉很少采用"两段式"造型，顶棚的设计也有别于帕拉迪奥式的强烈组织结构，大多都采用平面式的处理。亚当风格的装饰图案通常文雅、轻松俏丽，带有明显的法国意味，这些装饰图案多从古代艺术宝库中获取灵感。亚当偏爱路易十五风格淡而柔和的色彩，擅长使用粉红色和淡蓝色，有时也采用黄色、红色、棕色和黑色配合，即所谓的"伊特鲁利亚色系"。亚当风格的灰塑浮雕浅平而纤细，做工极为精致，顶棚或墙面通常分块施以色调相配的不同底色，浮雕本身会采用其他颜色或镀金。家具比例和谐、装饰丰富，通常采用直线构图，造型简洁明快，具有古典神韵。椅子背部喜用方形、六角形、八角形和椭圆形嵌板。家具腿多为圆柱形或方锥形，以垂直的凹槽装饰，并附有锄形脚垫。装饰纹样精美，多用彩绘和镶嵌工艺，较少雕刻。亚当十分注重室内的每一处细节，除墙面、地面、顶棚装饰与装修、家具设计外，室内的垫子、地毯、壁炉挡板、烛台和窗幔等的设计也备受关注。

　　钱伯斯被誉为"中英式园林大师"，17 岁起在瑞典东印度公司工作，并在此服务十年，使得他有机会接触到东方艺术，并在法国巴黎美术学校学习。他的古典式的公共建筑敦厚沉稳、气度不凡，其代表作萨默赛特宫（Somerset House）是欧洲近代第一座大规模政府机关建筑。怀亚特是一位风格跨度很大的建筑师，善于将伊特鲁斯坎、罗马万神庙的结构与空间处理手法运用于当代建筑中，甚至对哥特式建筑也深有研究。代表作希顿宫（Heaton Hall）是一座简洁的新古典主义建筑，其中的圆顶大厅是对伊特鲁利亚风格的复兴。丹斯最重要的新古典主义设计作品是伦敦新门监狱（Newgate Prison），其粗面石的沉重墙体以及入口门道的垂花饰，类似于皮拉内西的铜版画。索恩是维多利亚时代之前英国新古典主义的最后一位大师，个人风格十分鲜明，善于在建筑中运用基本的几何形状，并在简洁单纯的古典氛围中追求朦胧的诗意美，代表作有英格兰银行（Bank of England）。

　　奇彭代尔、赫普尔怀特和谢拉顿均为学徒出身的家具商，并出版有关家具设计与制作的著作，其中最为杰出的是奇彭代尔。奇彭代尔出生于约克郡，年轻时曾在伦敦一家木匠作坊当学徒，后来成为当时英国最大的家具制作企业主之一。奇彭代尔的家具设计将简洁朴素的英国传统与纤细柔媚的法国洛可可艺术融合在一起，装饰母题广泛涉及古典的、中世纪的、甚至中国的因素。奇彭代尔所著的《业主与橱柜制造者指南（The Gentleman and the Cabinet Maker's Direct）》于1754年出版，并多次增补、重版，销往欧洲大陆甚至美国殖民地，深受欢迎。奇彭代尔作为家具业供应商，不仅设计和制作各种成品家具供客户选用，同时还向客户提供咨询服务，并供应装饰一个房间或一幢建筑所需要的全部物件；奇彭代尔还善于接受优秀建筑师的委托，开始介入最高水平的项目设计。18世纪中叶时，专业事务所间的合作开始出现，其工作方法十分接近现代的室内设计工作方式，对设计活动的普及、设计水平的保证和设计质量的提高均具有积极意义。奇彭代尔与他的事务所，不仅影响或改变了英伦三岛的许多建筑室内，同时他的名字也成为18世纪英国商业设计师的象征。在该时期，设计师们开始竭力迎合由商人、金融家和中上层社会绅士所组成的消费社会，设计师的工作也由从前几乎完全为王室和宗教服务，开始面向社会化、平民化方向发展。

　　赫普尔怀特的家具设计主要完成于1770～1786年间，并著有著作《橱柜与幔帘制作者指南》（1788～1794年）。赫普尔怀特的家具造型以直线条为主，曲线处于从属地位。家具腿多采用亚当式上粗下细的方腿，其最具创造性的形式特征表现于椅背，椅背轮廓通常呈盾形、交叉心形或椭圆形，心部雕刻采用绶带、团花或竖琴等装饰母题，被称为"赫普尔怀特式"。谢拉顿的家具设计大多完成于1790～1805年间，著有著作《橱柜制造者和帘幔制造者参考图集》（1790～1794年）。谢拉顿进一步放弃了对曲线的使用，使家具造型细长清秀，其设计强调竖线条，椅背轮廓多为方形（图10.41）。

　　2）市镇住宅建筑与"乔治风格"

　　在英国中产阶级城镇住宅建设活动中，存在一种被称作"乔治风格"（Georgian style，1715～1830年）的设计倾向，其与新帕拉第奥

图10.41　18世纪下半叶英国家具设计
(a)"中国椅子"，齐彭代尔设计，1754年；(b)赫普尔怀特风格的盾形靠背椅，约1790年；(c)书橱，赫普尔怀特设计，1787年；(d)图书桌，谢拉顿设计，1793年

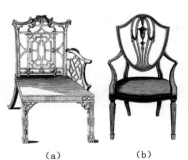
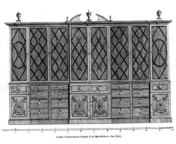

(a)　　　　　(b)　　　　　(c)　　　　　(d)

主义建筑几乎同时并存，这种以当朝国王名称命名的设计思潮，在很大程度上可以看作是新帕拉第奥主义的适度化和本土化。为适应庞大的中产阶级市场，这样的改良显然是必要的。乔治风格的住宅既有石造的也有砖造的，通常仍保留着未完全退化的小院，以整洁的小院栏杆和美丽的铸铁大门面对道路。这类住宅往往采用对称设计，只有在受到场地或空间制约时，才会变换中心。它们的主要外部特征包括：高耸的屋顶；成组的烟囱和烟囱管；有韵律的窗洞布置；水平的楼层标志线脚、檐口和屋脊线；作为装饰重心的入口门廊。随着时间的推移，后来的实例比早期的实例更为节制，具有一种视觉上的平静感。乔治风格在室内设计中有充分地表现，特别是在较小的住宅中，大面积的大理石和灰墁浮雕很少使用，而壁纸和织物是常见的墙面装饰材料。壁纸问世于 17 世纪，最早的产品是单张的，18 世纪中叶滚筒印刷工艺出现后，开始生产成卷的产品。壁纸的真正普及，与 18 世纪中产阶级消费市场的形成联系在一起。壁炉仍是房间的视觉焦点，但设计较为节制，很少采用"两段式"造型，精致秀丽是这类壁炉佳作的基本特征。

　　乔治王朝时期的英国设计可以被认为是历史上最受赞赏的设计之一，在设计理念上表现出的秩序与逻辑的一致性，细部处理的典雅与严谨被广泛接受，从而使不论是大型建筑还是朴素的联排住宅都产生了一种统一感。而 18 世纪的秩序和连贯性逐步让位于以技术革新为主要特征的 19 世纪，并随着技术革新带来了深刻而广泛的社会变化，使得乔治王朝时期的传统遭受到了巨大挑战。而当我们研究 20 世纪的现代主义建筑时，又往往会回顾 18 世纪设计中这种风格的一致性，并视其为逻辑上的重要起点。

10.3.2　法国

1）路易十六风格

　　路易十六于 1774 ～ 1792 年间在位，1789 年法国爆发大革命，1793 年路易十六与王后玛丽·安托瓦内特被押上路易十五广场的断头台。路易十六统治时期，优秀的法国新古典主义作品开始频频出现，但通常所说的"路易十六风格"（约 1775 ～ 1800 年）是指一种兼有洛可可和新古典主义两种品质的混合风格。就室内设计与装饰而言，这一风格保持了路易十五室时期的一些手法，如连续木镶板的使用，室内多采用竖向构图方式，以及对明朗色彩的喜好。但同时也强调直线造型与古典母题。路易十六风格通常更多是洛可可风格与新古典主义学院派形式的结合，以新古典主义的形式表现极端奢华的洛可可神韵，这种手法应该是法国宫廷风格对国际流行潮流的迎合与妥协。位于巴黎旺多姆广场的圣雅姆府邸大厅，由弗朗索里·约瑟夫·贝朗热于 1775 ～ 1780 年间设计，在这个壮丽的大沙龙客厅里，墙面使用白色粉刷，有镀金的装饰和镜子，顶棚上以壁画为饰。拼花地板中央有旭日形装饰图案。带有精致装饰细部的壁炉台、枝形烛架、座钟等均为当时流行的式样（图 10.42）。由于法国大革命的来临（1783 ～ 1799 年），法国宫廷风格逐步失去了发展的动力。

早在加布里埃尔设计的小特里亚农宫中，就已经体现出了对法国巴洛克与洛可可的反叛，自 18 世纪初直至 18 世纪下半叶，法国出现了一系列类似的建筑与设计思想，建筑师们呼吁当代建筑应该返回到流畅自然的古典风格中，去除所有不必要的装饰。苏夫洛（Jacques Germain Sooufflot, 1713 ～ 1780 年）是该时期最为杰出的建筑师之一，在圣热纳维耶芙教堂的设计中，苏夫洛使这座体量庞大的建筑具有了轻盈的效果，教堂呈希腊十字形，四周回廊环绕，十字交叉点上覆盖着高高的穹顶，地面铺设大理石（图 10.43）。同时期的布隆代尔（Jacques-Francois Blondel, 1705 ～ 1774 年）则是一位优秀的建筑师与教育家，布隆代尔推崇古罗马与文艺复兴建筑，通过自己的著作，不遗余力的研究探索维特鲁威与意大利、法国文艺复兴以来的建筑理论，考察古希腊、罗马建筑遗址，并将这些主张贯穿在自己的教学中。稍后的佩尔（Marie-Joseph Peyre, 1730 ～ 1785 年）与瓦伊（Charles de Wailly, 1730 ～ 1798 年）也是法国新古典主义的重要建筑师，尤其是瓦伊在此时成立了自己的工作室，开展小型宅邸设计与室内陈设设计。勒杜（Claude Nicolas Ledoux, 1736 ～ 1806 年）可以被视为法国新古典主义最后一位建筑师，其设计于巴黎以及周边地区的城市住宅与城堡，都具有着优雅的古典主义特色。

"路易十六风格"在家具设计领域也有很好的体现，洛可可的曲面和弯腿变成了平面和直腿，更多地使用直线和几何形式。红木非常流行，随着庞贝城与赫库兰尼姆城的考古发掘，古希腊的装饰细部也被引进，与当时的新古典主义结合在一起。窗帘在此时变得十分流行，常常带有深红色和金黄色的流苏边饰。著名工匠雅各布（Georges Jacob, 1739 ～ 1814 年）是路易十六风格优秀家具的制造者之一，他的设计紧随路易十六风格，但更加趋于严谨的古典主义，多使用直线条。

2）帝国风格

路易十六时代结束后，1794 年起法国进入了大革命后期的"督政府时期"。帝国风格由拿破仑一世的名字命名，最主要的设计师有佩尔西埃（Charles Percier,

图 10.42（左）
圣雅姆府邸大厅（1775 ～ 1780 年）
（约翰·派尔：《世界室内设计史》，126 页，刘先觉译，北京：中国建筑工业出版社，2003）

图 10.43（右）
圣热纳维耶芙教堂（万神庙）
（约翰·派尔：《世界室内设计史》，129 页，刘先觉译，北京：中国建筑工业出版社，2003）

1764 ～ 1838 年）与封丹（Pierre Fransois Leonard Fontaine,
1762 ～ 1853 年）。尽管两位都是建筑设计师，却将大部分精力投入到
了室内设计中，并著有著作《室内装饰集》等。书中展示了多种多样
的室内装饰手法以及细节，包括顶棚、壁炉、家具以及铸铁制品，都
以图示的方式向人们传达当时的法国室内设计精神，使得帝国风格通
过出版物在欧洲其他国家备受欢迎和追捧。佩尔西埃与封丹的室内设
计多表现庞贝题材的魅力，并引入军事和帝王符号，在豪华奢侈中透
露着严谨与精确。如拿破仑时期在枫丹白露宫中的一些套房中，采用
了庞贝的红墙、镀金装饰以及镜子，陈设有黑色或者金色的室内家具。
在巴黎附近的马迈松府邸（Malmaison）设计中，他们为约瑟芬皇后
（Josephine，拿破仑妻子）卧室设计了华丽帐篷的形式，暗喻拿破仑
忙碌于征战的生活，室内设计了船形大床，周围编织着帐篷。在府邸
的其他房间中，高贵的家具常漆以黑色油漆，并带有镀金的细部，诸
如以象征皇权的鹰、束棒以及拿破仑名字的首字母"N"等图饰作为
装饰母题使用频繁（图 10.44）。建于 1804 ～ 1849 年间的军功庙（Church
of the Madeleine，也称马德莱娜教堂）体现了帝国风格时期的某些
特征，教堂建筑希望再现古代罗马由科林斯柱廊环绕的神庙样式，教
堂上方设计有 3 个穹顶，每个穹顶均可以为室内采光。室内装饰暗示
了古罗马巴西利卡或者其他纪念性建筑风格，巨大的科林斯柱式支撑
着拱券，较小的爱奥尼柱式支撑着上层柱廊以及侧面的小礼拜堂。虽
然遗留至今的古罗马建筑室内从来没有出现过这种样式，但是此处所
表现出来的冷漠的新罗马帝国式的壮观，应该是十分符合拿破仑趣味
的表现（图 10.45）。

　　3）地方风格

　　自文艺复兴时起，法国的室内设计风格主要都是围绕宫廷贵族
展开的，普通市民的建筑与室内设计方法则一直沿袭着中世纪实用的
工匠传统。17 世纪与 18 世纪时期，商人、工匠和专业技术人员阶层
开始发展，并对建筑与室内设计提出了相应的要求。同时，制造者们
也开始关注这一消费群体，为他们提供适宜的织物、家具以及各种各
样的家庭用具，逐步形成
了"法国地方风格（French
Provincial）"。这些设计开
始出现了原来仅仅在豪华府
第和宫殿中才能享有的优雅
品质，如格拉斯地方风格的
卧室、起居室或者厨房。起
居室内的壁炉周围和炉台上
的装饰，体现了一定程度的

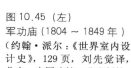

图 10.44（左）
马尔迈松城堡约瑟芬皇后
卧室

图 10.45（左）
军功庙（1804 ～ 1849 年）
（约翰·派尔：《世界室内设
计史》，129 页，刘先觉译，
北京：中国建筑工业出版社，
2003）

图 10.46（左）
法国地方风格的厨房（现陈列于弗拉戈纳尔博物馆）

图 10.47（右）
法国地方风格的卧室－起居室（现陈列于弗拉戈纳尔博物馆）

雅致，室内布置有漂亮的床以及家具，墙壁上贴有简洁条纹装饰的壁纸（图 10.46）；而在一些厨房中，贴有瓷砖的炉灶表明当时烹饪方法的改进（图 10.47）。地方风格的家具虽然在法国的不同地区表现不尽相同，但均是由路易十四、路易十五时期的华贵家具发展而来，提取其中的某些元素并进行简化。材质多使用实心木料，如橡木、胡桃木或者苹果树、樱桃树等的木材，家具常常带有趋于华丽的细部雕刻，开始采用曲线。

主要参考资料

[1] 王其钧编著. 永恒的辉煌 外国古代建筑史（第二版）. 北京：中国建筑工业出版社，2009.

[2]（美）刘易斯·芒福德. 城市发展史. 起源、演变和前景. 北京：中国建筑工业出版社，2005.

[3]（美）约翰·派尔. 世界室内设计史. 北京：中国建筑工业出版社，2003.

[4] 陈平. 外国建筑史：从远古至 19 世纪. 南京：东南大学出版社，2006.

[5] 刘珽. 西方室内设计史（1800 年之前），同济大学博士学位论文，1998.

[6] 张夫也. 外国工艺美术史. 北京：中央编译出版社，2005.

第 11 章　19 世纪西方的室内设计

　　整个 19 世纪蕴含了人类有史以来最大的、最具前瞻性的变化。法国大革命与英国工业革命几乎同时发生，为西方世界带来了十分深远的影响。自文艺复兴起直至 18 世纪的几个世纪中，人类的生活经历了具有某种逐步演变的连续性；而随着科学的发展、工业化的来临，19 世纪出现了与从前经验截然不同的现代生活。设计界在巨大的变化面前，只能艰难应对。可以说，整个 19 世纪的设计都在变化与反变化的矛盾中学习成长并发展着。

　　18 世纪中叶至 19 世纪上半叶，新古典主义与浪漫主义两种主要艺术潮流在西欧并行发展并互相交织，虽然古典主义强调规范与准则，浪漫主义注重反叛与创造，然而在实际设计中，新古典主义建筑师并不乏怀旧的浪漫情怀，而浪漫主义建筑师也同样充满了复兴古典与世界各民族文明的激情。随着浪漫主义思潮的发展，19 世纪首先迎来了对各种历史风格的"复兴"，如哥特式复兴、罗马式复兴、希腊复兴、新文艺复兴、巴洛克复兴等等，甚至东方异域风格复兴。总体来看，以哥特复兴与希腊复兴为主。

　　同时，工业革命带来的变化打乱了设计历史所具有的延续性。新材料与新技术促进了新的建筑观念的萌芽，与机械化有关的诸多生产领域给社会和经济带来了巨大变化，给设计师带来了新的环境。我们一般仍然认为典型的维多利亚室内设计是不同时期设计元素的混合，19 世纪后半叶的维多利亚时期，标志着设计师努力面对新现实的成功和失败的状况。19 世纪晚期至 20 世纪初，随着工艺美术运动与新艺术运动的发生发展，摩天大楼的诞生、沙利文与芝加哥学派的早期试验，预示着人们已经站在了现代主义设计的门槛前。

11.1　复古思潮与室内设计

　　18 世纪晚期，浪漫主义思潮在各个艺术领域得以发展，当现代的技术开始取代过去的许多东西时，人们对这种浪漫主义的渴望达到了顶峰。沃尔顿·斯科特（Walten Scott）爵士的浪漫主义小说，舒伯特、贝多芬、舒曼、勃拉姆斯的音乐，吉里科尔特、得拉克罗伊克斯、康斯特布尔、特内的艺术，都脱离了古典主义的逻辑和局限，而转向更富情感表达的方向。设计中的浪漫主义引发了重创或者"复兴"以往样式的兴趣，复古主义的最好定义也许是一种态度，而不是一种风格，这种态度遍及所有的艺术界。中世纪、文艺复兴、巴洛克甚至东方历史全都被借用来作为多彩的表现，19世纪的设计师们非常认真地再现过去种种样式而为现代设计服务，这种设计思想似乎也概括了整个19世纪的设计思想。随着复古思潮的广泛传播，复古主义令设计产生了一种新的国际主义风格。

11.1.1　希腊复兴与室内设计

在成功抵抗了拿破仑的入侵之后，普鲁士的民族主义思潮被极大地激发了起来，也因此引发了在建筑与设计领域的希腊复兴。该时期最重要的设计师有辛克尔（Karl Friedrich Schinkel，1781～1841年）和克伦策（Leo von Klenze，1784～1864年）等。辛克尔所设计的一系列公共建筑为柏林树立起了解放后欧洲大国首都的庄严形象。这一批设计也被视为欧洲当时最富有想象力的希腊复兴式建筑。辛克尔最重要的设计之一是柏林博物馆（Altes Museum，即老博物馆，图11.1），该博物馆是最早的专门为博物馆设计的建筑之一，由于古希腊庙宇建筑的室内多较小且较为昏暗，室内空间很难满足博物馆的需求，因此辛克尔在室内设计中做了相应的调整。老博物馆位于门廊后，从门外楼梯大厅凉廊可直达中心穹顶下的大圆厅，楼梯再将人们引向中央大厅上层的展览馆。展览室呈矩形，设有2个采光井，室内充满了新古典主义主题的细部、绘画以及雕塑。该博物馆的设计在当时十分先进，展品均按照介质、出土地点和年代来进行陈列。

英国人经过艰苦卓绝的斗争，终于战胜了拿破仑，这一胜利同样极大地激发了英国人心中的民族自豪感，在建筑设计中由摄政时期的新古典主义迅速地过渡到了希腊复兴样式。斯墨克（Robert Smirke）爵士是该时期重要的代表设计师之一，其最著名的希腊复兴式设计是大英博物馆（British Museum）。这座庞大的建筑围绕一个方形庭院布局，建筑的前方两翼向前凸出，爱奥尼亚围柱加上中央入口的山花门

图11.1　柏林博物馆上层展厅（1824～1830年）
（约翰·派尔：《世界室内设计史》，176页，北京：中国建筑工业出版社，2003）

廊，给人以极为庄重的印象。博物馆的室内设计十分精致，尤其是在主楼梯与国王图书馆的室内（kings library，图11.2），笔直的线脚与扁平的壁柱，构建起简洁、实用的空间。在这座建筑中，设计师采用了混凝土与铸铁作为承重材料，可谓是一位新材料的开拓者。与大英博物馆大量使用爱奥尼亚柱式不同，菲利普·哈德威克（Philip Hardwick, 1792 ～ 1870 年）设计的尤斯顿站（Euston）则采用了多立克柱式，而在车站宏伟的大厅中，几乎找不到希腊精神（图11.3）。也许正是由于希腊建筑外观与适宜的室内空间之间所存在的矛盾，才最终导致了英国希腊复兴的衰落。

希腊复兴在美国的繁荣程度超过了欧洲，这个新独立的国家宣称自己是民主政体的现代国家，而雅典的民主政治似乎才代表美国人的新理想。希腊复兴的建筑样式是将这种理想视觉化的有效途径，因此，希腊古典建筑语言被成功地移植到了美国各种公共建筑与民用建筑中。罗伯特·米尔斯（Robert Mills，1781 ～ 1855 年）是美国希腊复兴的重要代表，其设计的华盛顿纪念碑高 170m，这座巨型大理石方尖碑以其庄严质朴且坚忍不拔的造型体现了美国第一届总统的精神气质。米尔斯之后又设计了华盛顿的一系列公共建筑，如财政部大楼（Treasury Building, 1836 ～ 1842 年）、专利局（Patent Office, 1836 ～ 1840 年）、老邮政局（Old Post Office, 1839 ～ 1842 年）等，这些建筑均带有门廊与柱廊。另一位希腊复兴的代表是威廉·斯特里克兰（William Strickland, 1788 ～ 1854 年），他设计了位于费城的美国第二银行（1818 ～ 1824 年），在这座希腊庙宇形式的建筑里，室内空间采用了希腊人所不熟悉的处理方法，使其更加符合银行空间的需求，这种室内处理方式在其他希腊庙宇式建筑中被广泛采用。希腊复兴时期的美国，不仅仅大型公共建筑采用希腊建筑形式，在一般居住建筑中希腊复兴同样很受欢迎（图11.4）。

图 11.2（左）
伦敦大英博物馆国王图书馆内景（1823 ～ 1846 年）
（陈平：《外国建筑史：从远古到 19 世纪》，492 页，南京：东南大学出版社，2006）

图 11.3（中）
伦敦尤斯顿车站大厅（1846 ～ 1849 年）
（约翰·派尔：《世界室内设计史》，176 页，北京：中国建筑工业出版社，2003）

图 11.4（右）
希腊复兴式的联排住宅内部（1832 年）
（约翰·派尔：《世界室内设计史》，178 页，北京：中国建筑工业出版社，2003）

11.1.2　哥特复兴与室内设计

对英国哥特复兴产生过重要影响的人物有奥古斯都·维尔贝·普金（Ausgustus Welby Pugin, 1812 ～ 1852 年）与约翰·拉斯金（John Ruskin, 1819 ～ 1900 年）。普金是 19 世纪 20 年代后期哥特复兴的有力倡导者，他认为中世纪建筑是高于一切时期的建筑，哥特式建筑不仅是美的而且也是真实的，在建筑中应用哥特式是一种道义与责任。普金还出版了一系列附有插图的著作，强化了哥特式建筑的风格，从理论上促进了哥特复兴的进程。在《尖顶建筑或基督教建筑真谛（*The True Principles of Pointed or Christian, Londo*)》（1841 年）一书中，普金提出建筑中不应该存在就便利性、结构和适宜性而言是多余的东西，装饰也只能是对建筑基本结构的美化。哥特式建筑之所以是真实的，在于其诚实地使用建筑材料，并将结构暴露出来，功能从而得以展示。普金的这一思想被后世理论家们视为功能主义设计思潮的先驱。

约翰·拉斯金是英国著名的文学评论家、艺术家、经济学家和社会学家。在英国美术史上，他是继威廉·荷加斯（William Hogarth, 1697 ～ 1764 年）之后最为重要的艺术批评家和美学理论家。拉斯金是第一个对工业产品的美学问题做出认真研究、并提出自己独到见解的人。轰轰烈烈的工业革命和工业化给人们的生活带来太多的变化，由于机器批量生产，工业产品不断涌入市场，而当时的工业产品并没有给自己寻找到一个适宜的出场形式。没有经过认真设计的工业产品被任意的搭配着各个时期的装饰，显得粗制滥造。拉斯金激烈地批评工业革命，愤怒的指责机器："不管怎么说，有一件事我们是能办到的，不使用机器制造的装饰物和铸铁品。所有经过机器冲压的金属，所有人造石，所有仿造的木头和金属——我们整天都听到人们在为这些东西的问世而欢呼——所有快速、便宜、省力的处理，那些以难为荣的方法，所有这一切，都给本来已经荆棘丛生的道路增设了障碍。这些东西不能使我们更幸福，也不能使我们更聪明，他们既不能增加我们的鉴别能力，也不能扩大我们的娱乐范围。她们只会使我们的理解力更肤浅，心灵更冷漠，理智更脆弱。"拉斯金明晰地将手工制作的、无拘无束的、生机盎然的作品与机器生产的无生气的精密物品对立起来：手工制作象征生命，而机器则象征死亡。他在著作《建筑的七盏明灯（*Seven lamps in Architecture, London*)》（1849 年）这部关于建筑和装饰设计原理的书中，竭力宣扬将工业化的英国恢复到中世纪时期的思想，拉斯金认为，就伦理与宗教而言哥特式是最诚实的建筑。同时，巴蒂·兰利的《以哥特方式修复与改良的古建筑（*Ancient Architecture, restored and improved ……in the*

Gothick Mode）》（1742 年）、克里曼（Thomas Richman, 1776 ～ 1841 年）的《论考辨从诺曼征服到宗教改革期间英国建筑的各种风格（*An Attempt to Discriminate the Style of English Architecture from the Conquest to the Reformation*）》（1817 年）等出版物的发行，也在一定程度上推动了英国哥特复兴的进程。

霍拉斯·瓦尔波（Horace Walpole）设计的草莓山庄（Strawberry Hill）清楚地表明了哥特复兴在英国的开始。草莓山庄是将哥特式运用于民用建筑的革命性创举，其平面抛弃了当时流行的新古典主义的对称格局，采取了非对称样式。在室内装饰与家具设计方面，草莓山庄采用了精致、统一的英国垂直式风格（图 11.5）。伦敦的议会大厦（House of Parliament, 也称威斯敏斯特宫）庞大且复杂，拥有着合乎逻辑秩序的整体布局，建筑外立面与室内均采用了英国哥特式的处理手法。议会大厦的主设计师巴里（Sir Charles Barry, 1795 ～ 1860 年）与普金合作，普金丰富的中世纪教堂与装饰知识，在这里也得到了很好的展现（图 11.6）。与英国大多数哥特复兴建筑所不同的是，威廉·巴特菲尔德（William Butterfield, 1814 ～ 1900 年）的设计往往更具有创造力。位于伦敦的全圣教堂（All Saints, 1849 ～ 1859 年）包括教堂本身、教士会堂和学校建筑群，他们十分紧凑地环绕成一个小庭院。全圣教堂是一座砖结构建筑，室内采用了简洁的哥特式手法，覆以不同的釉砖、地砖与大理石，形成了色彩强烈的几何图案。在教堂的内部装饰中，巴特菲尔德所秉承的设计理念并非为浪漫主义思潮，更强调"诚实"的设计，这一尝试和探索预示了 20 世纪现代主义设计的某些思想（图 11.7）。

受欧洲浪漫主义思潮的影响，哥特复兴在美国也十分流行。出生于英国的厄普约翰（Richard Upjohn, 1802 ～ 1878 年）于 1829 年移居美国，将普金所代表的英国哥特复兴式带入了美国。厄普约翰最重要的设计作品之一是位于纽约的圣三一教堂（Trinity Church, 1846 年），

图 11.5（左）
伦敦草莓山庄大走廊（1759 ～ 1763 年）
（陈平：《外国建筑史：从远古到 19 世纪》，472 页，南京：东南大学出版社，2006）

图 11.6（中）
议会大厦上议院（新西敏寺宫，1836 ～ 1852 年）
（约翰·派尔：《世界室内设计史》，182 页，北京：中国建筑工业出版社，2003）

图 11.7（右）
伦敦玛格里特街全圣教堂（1849 ～ 1859 年）
（约翰·派尔：《世界室内设计史》，183 页，北京：中国建筑工业出版社，2003）

图 11.8（左）
圣三一教堂（1846 年）
（约翰·派尔：《世界室内设计史》，179 页，北京：中国建筑工业出版社，2003）

图 11.9（右）
林德哈斯特府邸（1838 ～ 1865 年）
（约翰·派尔：《世界室内设计史》，180 页，北京：中国建筑工业出版社，2003）

是一座英国垂直式建筑的精致版本（图 11.8）。厄普约翰认为中世纪的建筑形式可以促进当时社会道德的改善，材料、结构与目的的真实性是设计中最重要的因素。厄普约翰在美国设计有大量的教堂建筑，并著有《厄普约翰的乡村建筑（*Upjohn's Rural Architecture*）》，（1852年）一书，使其设计思想在美国广为流传。当哥特形式被视为教堂建筑的适合形式时，这种手法迅速地向其他建筑类型蔓延，如公共建筑与居住建筑等。位于纽约的林德哈斯特（Lyndhurst，1838 ～ 1865 年）府邸由戴维斯设计，许多房间都充满了哥特式的细部，木制的尖券、镶板、花饰窗格和铅花玻璃窗联系在一起，室内家具也通过木雕细部与室内装饰相呼应（图 11.9）。

　　从 1813 年到该世纪的中期，德国资产阶级住宅室内设计的特点是所谓的比德迈风格。这种风格从法国帝国风格装饰形式发展而来，一方面强调舒适性，同时对实用性的强调也达到了一个惊人的程度。这种风格逐步形成了自己的特点，注重简洁和家庭性，即一种放松的气氛在中产阶级家庭生活中开始普及，在高大的房间中，家具陈设很少高于眼睛平视的水平线。19 世纪时期，许多室内流行大而沉重且有精细雕刻和镀金框架的绘画，在这时已被较小的但更加亲切的油画、水彩画和印刷品所取代，并成排、成行地悬挂在室内。墙被涂上了清澈明亮的色彩，顶棚则为白色或灰色；除了舒适的椅子以外，还有一些小的家具。比德迈风格的房间十分简洁，甚至以现代的眼光去看都是如此。简单的拼花地板、有地毯的素面地板或者为室内量身定做的精致地毯，都进一步强化了其简洁性。在较小规模的比德迈风格室内，会放置红木、樱桃木、梨木、枫木、岑树木或胡桃木家具，以覆有精美条纹状和小花图案的墙纸或织物的墙面为家具的背景。窗帘和织物帷帐为白色或浅色，一般挂在黄铜窗帘杆上，固定于窗架上的活动窗帘也很普及。

11.2　工业革命与室内设计

11.2.1　工业革命与工业化

18 世纪后期，英国首先发生了工业革命，到 19 世纪 30 年代末，英国的工业革命已经初见成效。继英国之后，美国于 19 世纪初期、法国于 19 世纪 20 年代、德国于 19 世纪 40 年代，也都先后开始了工业革命。到了 19 世纪中后期，这些国家的工业化基本上由轻工业向重工业部门扩展。在 19 世纪的最后 30 年间，这些国家的工业化先后到达发展的高潮，重工业取得的进步最为明显。这些西方主要国家完成了由以传统农业和手工业为主的社会向工业化社会的过渡。

直到 18 世纪，人类还处在传统的农业社会中。而从 18 世纪末期开始，经过 19 世纪，我们看到的已经是完全不同的景象。19 世纪初期，法国人首先使用"工业革命"[1] 一词，来表达当时的经济与社会变革。之后，人们也沿用这一词汇来描述英国、西欧国家和美国等国家逐渐进入现代工业国家的复杂历程。

英国是最早通过社会革命进入资本主义社会体系的国家，也首先经历了工业革命和工业化过程。第一次工业化浪潮来自于几项至关重要的发明创造，如詹姆斯·瓦特（James Watt）的蒸汽机，为人类带来了全新的动力；约瑟夫·卡特赖特（Joseph Cartwright）的织布机和蒸汽动力结合以后，使得纺织厂能够大量生产和制造便宜的衣服。到 1850 年，英国蒸汽机产生的能量已经占据整个欧洲产量的一半以上，大不列颠被称为"世界的车间"[2]，由于经济的迅猛发展，英国成为当时世界上最富裕的国家。来自英国的工业品占领了 1/3 的世界市场，而当时的制成品世界市场有 1/2 都归属英国。

英国工业革命所取得的各项成果，如技术、商业、金融等方面的知识逐渐传播至欧洲其他国家，19 世纪 30 年代左右，欧洲其他国家和美国都逐渐经历了工业革命和工业化的过程，资产阶级通过大规模的工业生产积累原始资本，并通过向外扩张和对外贸易使自己的财富迅速增长。这些早期的工业化国家开始变得富有而强大，最终成为欧洲和美洲的统治阶级。

工业化正像 8000 年前新石器时代农耕定居的出现一样，深刻地改变了人类的历史，欧洲从未发生如此突然、如此剧烈的变化。[3] 而当我们回望人类历史，也很快会发现这样的事实，人类在近 200 年中所发生的变化远远大于在此之前的漫长的 5000 年。18 世纪时，人类的

1　（法）阿尔德伯特等著：《欧洲史》，490 页，蔡鸿宾等译，海口：海南出版社，2002。
2　（法）阿尔德伯特等著：《欧洲史》，492 页，蔡鸿宾等译，海口：海南出版社，2002。
3　（法）阿尔德伯特等著：《欧洲史》，492 页，蔡鸿宾等译，海口：海南出版社，2002。

生活方式与古代埃及人以及美索不达米亚人相比，并没有什么本质上区别，人们一直在使用同样的材料建筑房屋，使用同样的牲畜运人、运物，用同样的帆和桨驱动船只进行运输，用同样的蜡烛和火炬来照明。但是经过19世纪直至今天，金属和塑料制品补充了石材和木材；铁路、汽车和飞机取代了畜力成为主要出行方式；蒸汽、柴油、核动力船只取代了风力和人力；多种合成纤维与传统的棉布、羊毛和亚麻竞争；电力取代了蜡烛，成为只需轻轻按动开关就源源不断的能源。[1]

11.2.2　工业化的建筑与室内

19世纪以前，世界的绝大多数人口都是农业人口，城市很少，而且规模也不大。工业革命后，欧洲和美国等国家出现了一个大量人口向城市集中的过程，形成了许多规模很大的城市，这也是所谓的城市化过程。新兴的大工业企业需要更多的工人在一起劳作，大量人口涌入工业中心，这些工人聚居在工厂的附近，形成了市镇。由于生活的需要，和生活息息相关的其他行业人士也纷纷聚居在此，如面包师、鞋匠、裁缝等大批搬至市镇。于是小市镇逐渐发展成了小城市，小城市又逐渐地发展成了大城市。随着运输业的发展，粮食运输为这些城市人口提供了生活保障，医学上的进步也使得一些危害性很强的疾病和瘟疫得到控制，更进一步促使世界各地的大城市飞快发展。1880年时，伦敦人口为90万，巴黎为60万，但到了1900年，这两个城市的人口数量分别增到470万和360万。据有关资料统计，人口超过50万的大城市，欧洲已经有16座左右。

人口的聚集、大城市的逐步形成，对新城市的规划和建设提出了新的要求，新兴的工业和技术也为城市的建设提供了更多的可能，在新的需求与新技术的相互作用下，新的建造方法开始逐步应用起来。变化比较明显的是钢铁在建筑中的使用，随着工业革命地不断推进，钢铁冶炼技术获得很大发展，铁作为高强度和低投入的材料，使得木材与砖石等建筑基本材料发生了变化。当时的一些桥梁建设，以及使用机器的大工厂和铁路建设，都需要建造很多大跨度的，或者拥有巨大室内空间的耐火和耐震动的建筑，这些建筑同时应该是施工时间短、低成本的。而铁构件的使用可以快速进行组装建筑构件，同时铁构件和玻璃等新材料的使用也比传统建筑要更加节省。最早使用铁构件的是桥梁的建设，后来慢慢被运用到大型的工厂厂房，之后，进入了民用房屋的建设。同时，我们也可以注意到，最早采用新结构和新技术的建筑，大部分都是实用型的建筑，如厂房、车站、商业办公大

1　（美）斯塔夫里阿诺斯，《全球通史（第七版）》，477页，董书慧、王昶、徐正源译，北京：北京大学出版社。

楼、百货商店、大型旅馆等。与钢铁的使用一样，
玻璃也作为这一时期的新的建筑材料被广泛应用。
而大跨度的桥梁、厂房、车站棚等，在建设中带
来了新的工程问题，尽管这些新技术与工程结构
起初对古典复兴时期的建筑师影响不大，但随着
这些新材料、新技术的参与以及新时期生活各方
面的变革，必然给设计上带来深刻变化。

1779 年，设计师托马斯·特尔福德（Thomas
Telford）设计了英国什罗普郡科尔布鲁克代尔
（Coalbrookdale）第一座铁桥，横跨赛文河（River
Severn），单跨度达 30m。1826 年建成的梅耐海峡
（Menai Strait）大吊桥也由特尔福德设计，跨度
达到了 579 英尺（约 177m），其高度被尽可能地
提高，以保证海轮可从桥下顺利通过。新材料与
新技术同样被应用至大跨度的车站站棚设计中，
1850～1852 年间，设计师刘易斯·丘比特设计
了伦敦京斯克罗斯车站（King's Cross Station）
的站棚（图 11.10），是典型的适应工业革命需要
的工程性成就。

图 11.10（上）
伦敦京斯克罗斯火车站火
车站棚，1850～1852 年

图 11.11（下）
巴黎圣热纳维耶芙图书馆
1844～1850 年

19 世纪上半叶，欧洲许多建筑师开始在一些公共建筑中使用铁与
玻璃，如博物馆、图书馆、教堂、市政厅等，这些局部性的使用在很
大程度上促进了新材料与新技术的发展与应用，在解决工程问题与功
能性的同时，逐步开发出了这些新材料的审美特性。约翰·纳什（John
Nash）于 1815～1822 年间设计的布赖顿皇家行宫，是英国古典复
兴时期的杰出作品，其圆顶使用铁皮制成，室外的小尖塔、栏杆以及
室内的陈设，均大量使用铸铁工艺。拉布鲁斯特（Pierre Francois
HenriLabrouste）于 1839～1851 年间设计建造的巴黎圣热纳维耶芙
（St.Genevieve）图书馆，在观念以及设计手法上均十分先进，这座
两层建筑物上层为书库，下层为阅览室，室内是一个完整的大空间，
由两个筒拱顶的大厅组成，中央有一排长长的铸铁圆柱支撑着拱券，
构成了一个轻盈的铸铁承重系统，成功地解决了传统建筑语言与工业
化材料以及技术相结合的难题，而铁质构件上的穿孔用作装饰也是史
无前例的（图 11.11）。巴黎国家图书馆（Bibliotheque Nationale）
也是由拉布鲁斯特于 1859～1867 年间设计建造的，在主阅览室内有
16 根细铁柱子支撑着相互连接的铁券，形成 9 个方形的开间，每间上
均有穹顶，光线来自穹顶中央的圆形天窗，细铁柱以其特有的强度为
室内赢得了开敞优美的空间，图书馆内首次使用了汽灯，成为当时夜
晚仍可开放的图书馆（图 11.12）。

图 11.12（左）
巴黎国家图书馆（1859～
1867 年）

图 11.13（中）
伦敦水晶宫（1851 年）

图 11.14（右）
巴黎廉价商场（1876 年）
（约翰·派尔：《世界室内设
计史》，189 页，北京：中国
建筑工业出版社，2003）

　　英国的"水晶宫（The Crystal Palace）"与圣热纳维耶芙图书馆同一年落成，"水晶宫"堪称是 19 世纪最伟大的铁与玻璃建造的巨型建筑，在通向现代建筑之路上迈出了革命性的一步（图 11.13）。"水晶宫"是为 1851 年英国世界博览会而修建的展馆建筑，由帕克斯顿爵士（Sir Joseph Paxton）设计，其灵感来源于女王的温室花房。由于展览馆建筑的工时短，在博览会后需要拆除，于是他需要既可快速施工又能快速拆除的、省时省料同时耐火的方案。帕克斯顿的方案是全新的甚至是革命性的，整个水晶宫没有使用传统的建筑材料，它由 3300 根铸铁柱和 2224 根铁横梁结成框架，墙面和屋面都是玻璃。展览馆长 1851 英尺（约 33m），宽 72 英尺（约 22m），获得了巨大的内部空间，面积超过 80 万平方英尺（约 74321m²），以至于场地里的榆树都被保留在展馆内部，整个室内显得优美简洁。欧文琼斯为室内作了色彩设计，由鲜艳的红、黄、蓝三原色构成，其间以白色区分，这种用色概念似乎是受到了古希腊神庙彩饰品原理的影响。"水晶宫"于 1850 年 8 月开工，在 1851 年 5 月建成，如此之快的速度取决于玻璃和铁这两种主要材料。博览会结束后，水晶宫被成功地拆除并重新组装到伦敦郊区，1936 年毁于火灾。博览会历时 140 天，参观人数高达 630 多万人次。水晶宫世博会被后世称为首届具有现代意义的世界博览会。博览会的展览馆是一座由铁和玻璃构成的巨大建筑，由于钢铁构架和大面积的玻璃幕墙，使得整个建筑物显得轻巧光亮。人们为这个全新的建筑物取名为"水晶宫"。

　　在"水晶宫"建成 10 年以后，意大利米兰建成了维克托·伊曼纽尔二世廊街（Galleria Vittorio Emanuele Ⅱ），由工程师门戈尼（Giuseppe Mengoni）设计，用一条覆盖有玻璃拱顶的街道将教堂前广场与邻近的剧院连接在一起，并在十字交叉处建起透明大圆顶，这一奇景吸引了来自世界各地的观光客，也是钢铁、玻璃结构与古典建筑语言完美的结合范例（图 11.14）。19 世纪令人激动的新建筑还有法国巴黎埃菲尔铁塔（Eiffel Tower），铁塔建于 1889 年，是为纪念法国大革命胜利 100 周年，在巴黎举办国际博览会而建的主体建筑之一，以设计师埃菲尔的名字命名。塔高 300m，1959 年在塔的顶部安装了广播天线，其高度又被推进到 320m。在 1889 年以前，人类所建造的最高建筑物德国乌姆教堂塔，高为 161m，因此铁塔的高度在当时实在令人振奋。埃菲尔铁塔属钢铁结构建筑，底部支撑体系为 4 条向外撑开的塔腿，在地面形成一个边长 100m 的正方形。塔腿由石砌的墩座支撑，墩座下有混凝土基础。整个铁塔共有 12000 多个构件，用了 250 万个螺栓和铆钉连接成为整体，总共使用了 7000t 优质钢铁。塔身自下而上以优美的线条逐渐收缩，在距离地面 57m、115m、274m 处分别设置了平台。塔内原来安装有 4 部液压升降机，后改用电梯。现在每一层都设有酒吧和饭馆，供游客在此小憩，领略独具风采的巴黎市区全景，每逢晴空万里，这里可以看到远达 70km 之内的景色。在铁塔筹建的初期，曾遭到法国名人的激烈反对，然而历史最终证明了它不朽的价值，铁塔成为巴黎进入新时代的象征。钢筋混凝土的发明与使用也是 19 世纪的重要贡献，混凝土早在古罗马时期就已有使用，但直到 19 世纪时方才再次突显出来。

早期工业革命对室内设计的影响，主要集中在技术领域。由于技术发明的成果在室内的应用，19 世纪以来，我们的生活起居是大大不同于过去的。现代化的管道系统使得城市里上下供水和排水问题得到解决，自来水、抽水马桶、阻止下水道气体排出的排水阀门，都在 19 世纪初被广泛应用。新的铁制火炉出现，同时使用煤炭来作为燃料，新的铁制的灶具也取代过去的形式。自家里的淋浴器和澡盆已经不再是奢侈品，而成为城市住宅的标准。管道提供的气体照明方式也改变了灯具的形式，后来改为电灯。这一系列的变化势必引起室内陈设和布局的改变，比如，浴室、厨房、灯具等。铸铁和玻璃在建筑中的广泛使用，也给室内带来了新的变化。

11.3 维多利亚风格与室内设计

英国维多利亚女王在位时间很长（1837 ～ 1901 年），基本上涵盖了复古风格至工艺美术运动的时期。然而，"维多利亚"作为一种风格，则主要指英、美 19 世纪在设计中追求装饰，甚至是过度装饰的一个时期。20 世纪时期，许多设计批评家和设计史家倾向于将这种风格描述为品质粗糙、品位低劣的一个时期。当然，维多利亚风格的形成有其特定的历史背景，19 世纪时上层贵族逐步失去了在政治、经济中的主导地位，伴随着贵族阶级地位日益衰落的是新兴中产阶级的日益壮大，中产阶级学会了将工业革命的成果转化为新的财富来源并逐步富裕起来。昔日由技艺高超的工匠设计制作的富丽、精致的装饰品，如今已经可以通过新的机械化手段大批量地生产，日新月异的新材料也逐步取代原来的昂贵材质。机械化的参与使得先前缓慢的、熟练的手工技艺变得容易实现，纺织机能够织出装饰精美的织物和毯子，类似铸铁这样的装饰材料被大量采用，因为一旦拥有一个模子，复杂的设计可以被便捷高效地复制，卷锯和雕刻机可以雕刻木制构件的细部，让人回想起难得的手工雕刻。更为重要的是，这样的装饰品价格低廉，可以让更多人拥有。在这里我们看到了设计业所面临的前所未有的困境，在工业世界来临之前，艺术家、建筑师以及技艺精湛的工匠们都是在长期传统工作中慢慢地发展起来的，设计也主要由这一小部分受过良好训练的人们负责。而当新型工厂发展以后，富有的工厂主或作坊主的工厂需要与生产相配套的经理、销售人员、会计师，并且也促进了银行、证券市场、保险业等现代商业相关体系。然而，在产品生产环节，操作机器的工人并不参与设计，设计权由没有经验的工厂主与经理们控制着，设计的品质也就无从保证。在描绘 1851 年"水晶宫"博览会的插图中，可以看见椅子、桌子、镜子、钢琴、壁炉、壁炉架、瓷器、玻璃器皿等，一切物品都被众多装饰覆盖着，这些装饰借用树叶、花或者动物的形象，复杂而华美，遍布每一个物品。之后，喜爱对所有样式的装饰元素进行自由组合的"维多利亚"风格最终击败了其他样式，成为了当时的社会风尚（图 11.15）。

不过，在维多利亚时期，除了主张华丽装饰的设计风格外，在功能性的工业领域，如交通、新兴科技领域形成了实用化、功能化的简洁的地方性设计语汇，这种功能主义的设计思想可以被视为 20 世纪现代主义的先兆。被各种有着过度装饰嫌疑的展品充斥着的"水晶宫"博览会展馆，本身就是一座新型工业材料成功运用的结果。

英国维多利亚风格的府邸一般体量较大，甚至追求宏伟的效果，室内空间常常有大厅、小礼拜堂、数目众多的卧室以及佣人、警卫用房。新兴的富商、制造商、银行家们渴望拥有豪华的贵族宅第，而富有的阶级又常常可以按照自己的喜好自由地混合、变更和重新装饰室内。一些富有的雇主们拥有的城镇住宅多成排布置，保持着古典传统的乔治时期样式，室内则被复杂甚至混乱的装饰充斥着（图 11.15）。

在 19 世纪的大部分时间里，欧洲的建筑师们将极大的热情投入到公共建筑的设计与建造中，并在历史风格中演绎自己的才华。这些建筑师们在一定程度上排斥钢铁、玻璃等新材料构筑的建筑，甚至认为那些背离传统的形式并非真正的建筑。然而，正当历史主义的公共建筑在蓬勃发展之际，在私人住宅中出现了反抗历史主义的设计思想与实践。这种思潮最早起源于英国本土建筑师对本土建筑材料与装饰母题的兴趣，集中体现在 19 世纪 60 年代兴起的"老英格兰风格（Old English Style）"中，其代表人物为诺曼·肖（Richard Norman Shaw）和内斯菲尔德（William Eden Nesfield）。这一风格的设计体现出设计师们对工业革命以及城市发展的反抗，在设计中要求返回

前工业时代更加充满乡土气息、与人的尺度更加适宜的建筑形式，设计的作品往往给人怀旧的、舒适放松的感受。除了私人住宅的返璞归真思想外，在城市住宅中出现了"安妮女王风格复兴（Queen Anne Revival）"风格，在设计中大量吸取英国 17 世纪与 18 世纪住宅设计的要素进行设计（图 11.16）。

　　维多利亚风格也影响到了美国，财主、富商、植物园主以及新兴的市民、经理、商人们对华美住宅的向往，在不断增多的欧洲进口物资中得到了支持，并逐步发展出了哥特式、意大利式、孟萨式、安妮女王式等主要风格样式（图 11.17，图 11.18）。

11.4　工艺美术运动与室内设计

11.4.1　英国工艺美术运动

　　在 19 世纪中期，欧洲和美国的富有家庭室内均存在矫揉造作的

图 11.15（上左）
卡莱尔住宅切尔西厅的室内（1857 年）
（约翰·派尔：《世界室内设计史》，194 页，北京：中国建筑工业出版社，2003）

图 11.16（上右）
斯旺住宅客厅（1876 年）
（约翰·派尔：《世界室内设计史》，195 页，北京：中国建筑工业出版社，2003）

图 11.17（下左）
金斯科特住宅（1839 年建，1881 年扩建）
（约翰·派尔：《世界室内设计史》，196 页，北京：中国建筑工业出版社，2003）

图 11.18（下右）
奥兰纳住宅(1874 ～ 1889 年)
（约翰·派尔：《世界室内设计史》，197 页，北京：中国建筑工业出版社，2003）

过分装饰的趋向，在风格多变的墙纸、织物和地毯背景中，摆放着各种家具、陶瓷、金属制品以及小古玩，这种繁缛的不加选择的装饰潮流被人们作为舒适、名望和趣味的同义词。随着工业化的不断发展，机械化生产源源不断地为人们提供设计拙劣的工业产品，而这一结果似乎使得人们的生活更趋粗俗。在1851年英国"水晶宫"博览会之后，人们对维多利亚时期的各种历史主义、过度装饰风格以及工业产品的低劣设计日渐反感，这些反对的呼声逐步发展成为有组织的运动，其中影响最为深远的是英国"工艺美术运动（the Art & Crafts Movement）"，也称为"美学运动"。其代表人物是诗人、设计家和理论家威廉·莫里斯（William Morris, 1834 ～ 1896 年）与理论家约翰·拉斯金（John Ruskin）。如前所述，约翰·拉斯金提倡在建筑构造上与材料使用上的"诚实"，其高度赞扬哥特式建筑所取得的成就。拉斯金强烈指责工业产品，认为机器生产的产品无法避免品位低下与俗套的窠臼，而这些必定导致手工艺的回归。拉斯基的思想不但影响了英国的哥特复兴，同时也影响了威廉·莫里斯，对于产品功能、材料与技术表达的"诚实"，以及坚信唯有手工艺才能达到这种诚实，是莫里斯所倡导的核心思想。虽然同在拉斯金思想的影响下，哥特复兴与工艺美术运动有着一定程度上的交叉，然后复古主义者们所提倡的是对哥特实践的回归，而莫里斯及其追随者们所要寻找的是符合自己时代的设计。据比较一致的理解，这场运动自1851年伦敦世界博览会开始，在1880 ～ 1890 年间达到顶峰，并越过大洋在美国发展成为了"工匠运动"。虽然该运动主要局限于手工艺设计领域，但首先提出了"艺术与技术相结合"的原则，号召艺术家关心并从事产品设计，它所开创的真实、自然的设计风格有助于设计中摆脱玩弄技巧和雕琢堆砌的弊病，并在一定程度上与20 世纪的现代主义运动直接相联。

　　1）威廉·莫里斯的成就与贡献

　　威廉·莫里斯不曾直接参加建筑实践，但他的早期设计理想集中体现在自己的住宅设计中。莫里斯住宅建于1859年，由菲利浦·韦布（Philip Webb, 1831 ～ 1951 年）设计完成。房子在平面布局、外部形式、装饰细节以及门窗的安排上都严格恪守功能需求来进行设计。房子在平面布局上基于功能的考虑，设计为非对称的"L"形，在外部装饰中摒弃了古典主义的立面和细部装饰，直接将红砖外露，没有覆盖灰泥，也没有多余的装饰，由于其朴实简洁的红砖墙，被后世称为"红屋"。房子的内部也没有了维多利亚时代的阴郁和拥挤，整个内部空间舒适而明亮。莫里斯夫妇及其朋友们亲自动手设计了房子里的大部分陈设品，无论是窗户的彩绘玻璃、精致的刺绣窗帘，还是房子里的所有家具和细部陈设，都充满了艺术的构思（图 11.19）。

（a）

（b）

图 11.19　红屋
（a）建筑外观（1851 年）；
（b）室内效果（1859～1860）

　　"红屋"被视作迈向现代设计观念的关键一步，在整个设计中表现出与纯粹模仿复古主义思想的决裂。在红屋的设计中，韦布拒绝采纳自从文艺复兴以来就支配了欧洲建筑的对称比例，非对称的室内布局营造出了一种舒适的感觉，为古典英国乡村或近郊住宅建立了样式。该房子的许多内部特点与以往的趣味是极其不同的，正是在这种朴素的建筑框架的基础上，莫里斯才能够放置他自己设计的墙纸和纺织品。威廉·莫里斯在牛津接受教育时，结识了拉斐尔前派画家爱德华·伯恩·琼斯（Edward Burne Jones，1834～1898 年），爱德华尝试进行绘画改革，并试图回归至文艺复兴前的绘画理想，拉斯金的思想对爱德华以及莫里斯的影响都很大，他们热爱艺术与手工艺之间的密切联系。莫里斯的创造如同他的前拉斐尔派画家朋友的绘画作品一样，表达了对中期维多利亚艺术的笨拙和学院式呆板的反击。

　　1861 年，莫里斯创建了莫里斯·马歇尔·福克纳联合公司（Morris，Marshall，Faulkner & Co.，1861～1875 年），设计生产墙纸、挂毯、彩色玻璃和家具等。除了一些室内家具之外，莫里斯专注于二维产品设计，如纺织品、墙纸、书籍和印刷等。莫里斯所设计的纺织品表达出对自然界的极大尊重，树木、花鸟等均为设计的主题，设计作品中时常散发着简洁、高贵以及富有生气的品质。1875 年，莫里斯成为公司的唯一拥有者，改称莫里斯公司，生产自己以及雇员设计的作品，如印花棉布、手工地毯等。莫里斯公司也致力于室内设计，运用工艺美术运动的相关主题进行室内的统一处理（图 11.20～图 11.22）。

　　莫里斯在这个时期逐渐形成自己的设计思想，在设计上强调设计的服务对象，同时也希望能够重新振兴工艺美术的民族传统，反对矫揉造作的维多利亚风格。他曾经在 1877 年撰写的一篇文章《小艺术（The Lesser Art）》中明确地提出自己的设计思想：我们没有办法区

图 11.20（上左）
伦敦维多利亚和艾伯特博物馆绿色餐厅（莫里斯建筑公司，1866 年）

图 11.21（上中）
Kelmscott 庄园画室（沙发套的图案由莫里斯设计，约 1860 年）

图 11.22（上右）
Cragside 卧室（采用了莫里斯设计的石榴壁纸）

图 11.23（下左）
可调节座椅（黑檀木与绘有飞鸟图案的天鹅绒软垫，莫里斯－马歇尔－福纳克公司生产制造）

图 11.24（下中）
莫里斯设计的织物图案

图 11.25（下右）
莫里斯设计的壁纸图案

分所谓的大艺术（指造型艺术）和小艺术（指设计），把艺术如此区分，小艺术就会显成是毫无价值的、机械的、没有理智的东西，推动对于流行风格的抵御能力，丧失了改革的力量；而从另外一方面来说，失去了小艺术的支持，大艺术也就失去了为大众服务的价值，而成为毫无意义的附庸，成为有钱人的玩物。莫里斯公司设计的作品都具有非常鲜明的特征，后来被称为"工艺美术"运动风格的特征，强调手工艺，明确反对机械化的生产；在装饰上反对矫揉造作的维多利亚风格和其他各种古典、传统的复兴风格；提倡哥特风格和其他中世纪的风格，讲究简单、朴实无华、良好功能；主张设计的诚实、诚恳，反对设计上的哗众取宠、华而不实的趋向；装饰上还推崇自然主义，东方装饰和东方艺术的特点。很多装饰都为东方式的、特别是日本式的平面装饰特征，采用大量卷草、花卉、鸟类等等为装饰动机，使设计上有一种特殊的品位（图 11.23～图 11.25）。

2）英国工艺运动时期的室内设计

莫里斯的追随者主要有菲利浦·韦布、克里斯托弗·德莱赛（Christopher Dresser, 1834～1904 年）、爱德华·W·戈德温（Edward W·Godwin, 1833～1886 年）、查尔斯·伊斯特莱克（Charles Locke Eastlake, 1836～1906 年）、欧内斯特·吉姆森（Ernest Gimson, 1864～1919 年）、查尔斯·R·阿什比（Charles R.Ashbee, 1836～1942 年）、麦凯·休·贝利·斯科特（Mackay Hugh Baillie Scott, 1865～1945 年）等。另外还有更具前瞻性的查尔斯·弗朗西斯·安斯利·沃伊齐（Charles Francis Annesley Voysey, 1857～1941

年）、亚瑟·海盖特·麦克姆度（Arthur Heygate Mackmurdo, 1851～1942年）、查尔斯·伦尼·麦金托什（Charles Rennie Mackintosh, 1868～1928年），这三位处于工艺美术运动中的设计师在很大程度上预示了下一场设计运动的开始——"新艺术"运动，对他们的介绍也将放在这场新运动的开始中。

韦布所设计的房屋内部空间一般较大，然而与维多利亚时期的拥挤、密集的特征不同，韦布的设计更多体现出了一种简洁和独创性。克劳茨住宅（Clouds, 1881～1891年）是韦布设计的一个典型例子，在这座宽敞、明亮的府邸大客厅中，韦布安排了大面积的白色墙壁。同样在图书室中也拥有被漆成白色的木装修和白色粉刷的墙壁，室内设计有形式简洁的壁炉与莫里斯的地毯。在萨里郡的斯坦登住宅（Standen, 1891～1894年）设计中，墙壁用被漆成白色的、简洁的嵌板处理，显示了工艺美术运动盛期的室内设计特点，室内细部设计清晰明确，来自莫里斯设计的地毯、织物和墙纸，为室内营造了一种愉悦简洁的氛围（图 11.26）。

克里斯托弗·德莱赛主张将植物形式作为"实用艺术"的基础，并对日本艺术和设计兴趣浓厚，其所设计的陶瓷器、玻璃器皿、纺织品、墙纸、银器、铁器等，都带有惊人的现代观念（图 11.27）。爱德华·W·戈德温对日本物品的热爱给这个时期带来了一种罕见的精致设计，并于19 世纪 60 年代成立了自己的艺术家具公司，专门出产"英日"混合风格的家具（图 11.28）。早在 1862 年，戈德温在自己的住宅中以一种强烈的简洁方法进行装饰，墙面简单涂饰，室内只使用了波斯地毯，并使用日本印刷品和少量的精致家具进行补充。1887～1888 年间，戈德温与画家惠斯勒合作设计了这个阶段一些十分华美的室内设计作品，比如在孔雀屋的装饰设计中，内墙壁覆盖着皮革，设置有细木支撑的格架，上面陈设有日本陶瓷器。惠斯勒被孔雀羽毛激发出了灵感，使用油漆营造整个房间的基调，被称为"蓝色和金色的和谐"，戈德温则为孔雀屋设计了成套的家具（图 11.29）。戈德温是第一位娴熟地巧妙采用平衡色彩配比的英国设计家，他为获得准确的色彩平衡进行不懈努力，使得这些室内设计成为 19 世纪区别于维多利亚风格典型。

图 11.26（左）
斯坦登住宅（1891～1894年）

图 11.27（中）
部分上釉陶盘（德莱赛设计，1872 年）

图 11.28（右）
餐具柜（仿乌木、桃花心木，在方格中镶嵌日本皮纸，戈德温设计，1867 年）

图 11.29　蓝色与金色的和谐：孔雀厅（1876 年）

　　1867 年，查尔斯·伊斯特莱克出版了《家庭趣味提示》一书，不久迅速出现了 4 个英文版和美国的 6 个英文版。似乎正是从这个时候开始出现了"艺术家具"这一正式称呼，"审美"一词也广泛地被用于描述新出现的轻快、不太折衷的装饰和布置风格的趣味上。这一时期在英国开始出现大量的有关各种室内装饰和布置的书籍和期刊杂志，这类书刊与过去的指南明显不同，他们更多地提供建议，建议人们"怎么"装饰房子，读者们可以从书中随意挑选他们所需要的，这也意味着室内装饰不再只为富有者独享，或者是见多识广的少数人独享，尽管富人们仍然可以享有设计师的服务。

　　在工艺美术运动时期的室内设计中，细部设计常常备受重视。墙面也常常被分成几个水平区域，如在踢脚板和木腰线之间是"护墙板"（墙裙），在腰线上方是最大的墙面区域，在墙面和灰泥檐口之间有装饰线围绕着整个房间。每一区域可用不同类型的墙纸，装饰线有时用一种连续的浅灰色浮雕或用一种浮雕和镀金的仿革异型纸。靠近装饰线的木质挂镜线，可以随意被加深以形成一种东方情调；瓷碟、扇子和蓝白陶瓷等东方产品成为流行的室内陈设品。壁炉架以及家具上方悬挂的沉重织物不再出现，沉重的镀金画框和镜框也随之消失，充斥着小古玩的过度拥挤的维多利亚式样房间成为了过去。人们开始使用造型轻巧的家具，绘画或及印刷品使用更为轻巧框架装饰。电灯和照明装置常常设计成盒子状，在新型的灯泡外面罩有磨砂玻璃或彩色玻璃。

11.4.2　美国的工艺美术运动

　　美国内战之后，维多利亚风格占据着主要地位。19 世纪末开始，英国的工艺美术运动开始对美国设计产生了影响，发展为一场"工匠运动"。主要的代表人物有美国建筑家弗兰克·赖特（Frank Lloyd Wright）、古斯塔夫·斯蒂克利（Gustav Stickley，1858～1942 年）、威尔·布雷德利（Will Bradley，1868～1962 年）、亨利·霍布森·理查森（Henry Hobson Richiardson，1838～1886 年）、查尔斯·萨姆纳·格林（Charles Summer Green，1868～1957 年）、亨利·马瑟·格林（Henry Mather Greene，1870～1954 年）、伯纳德·梅贝克（Bernard R Maybeck，1862～1957 年）等等。在他们的设计中反映出对矫饰的维多利亚风格的厌恶，对工业化的恐惧感以及对手工艺的依恋，以及对于日本传统风格的好奇。他们的设计宗旨和基本思想和英国"工艺美术"运动的代表人物相似，但是强调中世纪或者哥特风格特征比较少，更加讲究设计装饰上的典雅，特别是东方风格的细节。与英国"工艺美术"运动产品设计特别是家具设计不同，美国的设计具有非常明显的受东方设计影响的痕迹，英国设计中的东方设计影响主要存在于平面设计与图案上，而美国设计中东方影响则是结构上的。

美国的"工艺美术"运动延续时间比英国长，一直到 1915 年前后才结束。在英国的影响下，美国在 19 世纪末出现了一系列类似英国行会式的设计组织，比如 1897 年在波士顿成立的波士顿工艺美术协会（Boston Society of Arts and Crafts）等。1897 年，在波士顿的科普利大厅举办了第一届美国工艺美术展览；1900 年纽约工艺美术行会成立，完全遵照英国"工艺美术"运动行会的方式运作，推动美国的工艺美术设计运动；1903 年，芝加哥成立了威廉·莫里斯协会（Wiilliam Morims Society），研究英国工艺美术设计，促进美国的设计水平。

弗兰克·赖特是美国现代建筑和设计的最重要奠基人物之一。他的设计生涯非常长，风格也随之不断变化，19 世纪末期设计的建筑有明显的受日本传统建筑影响的痕迹，而这个时期他设计的家具，具有中国明代家具的特征。他更加重视纵横线条造成的装饰效果，而不拘泥于东方设计细节的发展，因此，与苏格兰的"格拉斯哥"四人小组探索比较接近。古斯塔夫·斯蒂克利曾经到欧洲各国旅行，受英国"工艺美术"运动影响很大，回国以后集中精力于家具设计，斯蒂克利热衷于中国家具与日本家具的简洁与朴实的结构以及典雅的装饰手法，因此把英国工艺美术风格的朴实大方与东方家具的典雅融为一体，将功能与装饰吻合，取得了非常显著的成果（图 11.30）。斯蒂克利在纽约建立了自己的公司总部，展示和销售自己的设计作品。1901 年斯蒂克利开始出版杂志《手艺人》，通过从建筑、设计两方面表达工艺美术运动的设计思想，同时斯蒂克利的成功引起了追随者的模仿，出现了许多生产工艺型家具和其他产品的工厂。在世纪之交时，维多利亚风格开始逐步失去了市场，"工匠运动"所形成的设计思想越来越重要。

威尔·布雷德利原来是一位热衷手工艺风格的商业插图家，后来从事住宅、室内以及家具的设计，设计思想通过《妇女家庭杂志》而广为流传（图 11.31）。格林兄弟的设计是基于对手工理想的理解，精细、复杂的木工细部受到东方风格的影响，格林兄弟设计有大量的家具，并体现出对中国明代家具的多样参考，无论是总体结构还是细节装饰，都具有浓厚的东方味道。这些硬木家具强调木材本身的色彩和肌理，造型简朴，装饰典雅。位于加利福尼亚州的甘布尔住宅（the Gamble House, Pasadena, 1904 年），整个建筑采用木构件，讲究柱结构的功能性和装饰性，设计细节带有明显的日本民间传统建筑结构特点，室内富有独创性的灯具和窗户上的彩色玻璃，使得室内空间既具有创造性，又不失传统情调（图 11.32）。

图 11.30　餐具柜（橡木与铜，古斯塔夫斯蒂克利设计，1905 ～ 1910 年）

图 11.31 （左）
布雷德利设计的室内，
1902 年
（约翰·派尔：《世界室内设
计史》，221 页，北京：中国
建筑工业出版社，2003）

图 11.32 （右）
甘布尔住宅，1908 年
（约翰·派尔：《世界室内设
计史》，222 页，北京：中国
建筑工业出版社，2003）

主要参考资料

[1] （法）阿尔德伯特等著．欧洲史．蔡鸿宾等译．海口：海南出版社，2002.

[2] （美）斯塔夫里阿诺斯．全球通史（第七版）．董书慧，王昶，徐正源译．北京：北京大学出版社．

[3] （美）大卫·瑞兹曼．现代设计史．（澳）王栩宁等译．北京：中国人民大学出版社，2007.

[4] （美）约翰·派尔．世界室内设计史．刘先觉等译．北京：中国建筑工业出版社，2003.

[5] （美）理查德·韦斯顿．20 世纪住宅建筑．孙红英译．大连：大连理工大学出版社，2003.

[6] （英）德扬·苏季奇，（澳）图尔加·拜尔勒．20 世纪名流别墅．汪丽君等译．北京：中国建筑工业出版社，2002.

[7] （英）格兰锡．20 世纪建筑．李洁修等译．北京：中国青年出版社，2002.

[8] （英）菲奥纳贝克，基斯贝克．20 世纪家具．彭雁等译．北京：中国青年出版社，2002.

[9] （瑞士）弗雷格编著．阿尔瓦阿尔托全集．王又佳等译．北京：中国建筑工业出版社，2007.

[10] 王寿之．世界现代建筑史．北京：中国建筑工业出版社，1999.

[11] 何人可．工业设计史．北京：北京理工大学出版社，2000.

[12] 李砚祖．外国设计艺术经典论著选读（上下）．北京：清华大学出版社，2006.

[13] 李砚祖．环境艺术设计．北京：中国人民大学出版社，2005.

[14] 紫图大师图典丛书．新艺术运动大师图典．西安：陕西师范大学出版社，2003.

[15] 吴焕加．外国现代建筑二十讲．北京：生活·读书·新知三联书店，2007.

[16] 陈平．外国建筑史：从远古到 19 世纪．南京：东南大学出版社，2006.

第12章 20世纪早期西方的室内设计 （1900～1920）：现代主义 设计的萌芽

　　刚刚过去的20世纪，是人类历史上最令人难忘的一个世纪。在这100年中，人类的生活随着科学技术的发展而发生了前所未有的变化，新技术、新材料、新思想层出不穷，与人类生活最密切相关的建筑和室内设计更是让人眼花缭乱。从19世纪末的工艺美术运动、"新艺术"运动开始，设计界逐步经历着从对传统的缅怀到现代主义设计思潮发生、发展、成熟、衰落的过程。至20世纪晚期，设计走上了更加多元化的发展道路。

　　在19世纪，人们努力寻找新的设计方向，工艺美术运动、新艺术运动都保持着和过去的联系。工艺美术运动希望回归前工业时代的手工技艺。"新艺术"运动在寻找新的装饰语汇，但却没能认识到涉及现代生活方方面面的变化所具有的强大影响力。折中主义被用来作为旧形式向现实情况转化的手段。19世纪装饰主义繁琐的细部和肤浅的历史主义的折中作品均成为人们抨击的焦点。现代主义的领导者们，在某种意义上说也是革命者，尽管他们同政治意义的革命观念并无直接的联系。在设计领域，如同在音乐、文学和艺术领域一样，新思想对社会主流都具有扰乱和震撼的意义。

　　纵观整个20世纪的设计，大约在1900～1920年间经历了现代主义的萌芽期；1920年～1940年的两次世界大战期间，现代主义设计在欧洲发生并获得了一次发展，但又随着新一轮的复古思潮而沉寂；第二次世界大战之后，现代主义思潮在美国获得了蓬勃发展，并最终影响了更多的国家和地区，被称为"国际主义风格"；1960年以后，现代主义建筑开始衰落，代之而起的是纷繁复杂的各种风格和流派，如后现代主义、高技术风格、未来风格、解构主义等等，这些风格都具有企图否定现代主义的共同特点，或者企图对现代主义进行重新诠释。

12.1　"新艺术"运动与室内设计

　　英国的工艺美术运动以及与之平行的美国工匠运动，并没有影响至欧洲大陆，在斯堪的纳维亚国家也没有引起显著变化。19 世纪末期的设计领域经历了纷繁复杂的发展变化，欧洲大陆出现了"新艺术"（Art Nouveau）运动，旨在探索适于现代世界的新的设计方法。"新艺术"运动受到"工艺美术运动"思潮的影响，于19 世纪末20 世纪初在欧洲产生和发展，时间跨度大约在 19 末到 20 世纪初，涉及数十个国家，特别是西欧各个国家基本都有这个运动的探索和试验。此次运动的影响范围相当大，几乎涵盖了设计的各个领域，如建筑、家具、产品、首饰、服装、平面设计、书籍装帧、插图等等，甚至包括雕塑和绘画。我们似乎可以作出这样的结论，除了紧随其后的现代主义设计运动，在设计界产生如此广泛影响的应该就是"新艺术"运动了。

　　"新艺术"运动和英国的"工艺美术运动"有着很多相似之处，由于工业革命的深入，工业化社会到来，在机器大生产不断普及的同时，新的技术和材料层出不穷，人们一面为新世界的来临而欢呼，一面也对机器大生产带来的一系列问题而困惑甚至担忧。在"新艺术"运动中，明显地可以看到人们对当时矫饰的维多利亚风格和其他过分装饰风格的反对，以及对工业化的强烈反应。在"新艺术"运动兴起之时，19 世纪的欧洲美学界也正经历着混乱复杂的变化，各种流派争相问世，此起彼伏，如自然主义、浪漫主义、象征主义与唯美主义等风潮，这些美学流派都在新艺术运动中留有痕迹。新艺术的设计师们渴望在作品中表现出自然的、有机的、感官的风格，神秘而绚丽的自然可以提供一切素材和灵感。基于这种渴望和热爱，自然主义风格成为新艺术作品的主要风格之一，藤蔓、花卉、蜻蜓、甲虫等等，都成为新艺术大师们常用的主题。对自然的生动而别具情趣的刻画，使作品的装饰效果有别于从前的矫饰和繁缛。在被作者的主观情感赋予了高于自然的新意义后，这些作品不仅仅呈现出视觉上的审美效果，并且传递着各种各样的内在气息。在奥勃利·比亚兹莱（Aubrey Beardsley）的插画设计里，可明显感受到唯美主义的气息（图 12.1）。东方风格特别是日本美术对新艺术运动产生了重要影响，1895 年，日本艺术的鉴赏家、商人和作家萨姆尔·宾（Samuel Bing）在巴黎开了一家画廊，主要经营风格优雅、独具异国情调的日本艺术品，并且展示当时最有影响力的设计师所设计的玻璃彩绘、艺术玻璃、招贴画和珠宝首饰等，这个画廊

图 12.1　戏剧高潮（奥勃利·比亚兹莱，1894 年）

（a）　　　　　　　　　　　（b）

图 12.2（左）
日本浮世绘美人图（彩色木版画，约 1830 年）

图 12.3（右）
马克默多设计作品
（a）《雷恩的城市教堂》封面，1883 年；（b）桃花木与皮饰椅子，1883 年

带来了遥远东方的艺术风格，特别是日本浮世绘[1]风格（图 12.2），对新艺术运动时期的艺术家和设计师产生了极大的吸引力，日本艺术对于自然的颂扬与"新艺术"运动回归自然的思想不谋而合，在新艺术大师们的作品里有直接受到日本影响的鸢尾、蜻蜓等等，日本艺术中那强烈的装饰风格，也在新艺术时期的作品里屡屡出现。"新艺术"时期重要的代表画家克林姆特的画作就明显带有日本装饰风格的影响。另外，巴洛克与洛可可风格也对这场运动产生了一定的影响。

12.1.1　"新艺术"运动的先驱

阿瑟·马克默多（Arthur Mackmurdo，1851～1942 年）是英国"工艺美术运动"中的一名主将，早年接受过建筑师的培训，但在莫里斯的影响下转向了日用品设计。1882 年，马克默多以莫里斯公司的运行模式为范本创设了"世纪行会"。一个由艺术家、设计师与工匠组成的主要从事日用品设计和生产的组织，其宗旨在于打破艺术与手工艺的界限。该行会先后创办了《木马》《工作室》等颇具影响力的艺术设计方面的刊物，大力宣传莫里斯的学说，倡导新型的设计方法，评介艺术设计方面的新人、新作。这些刊物为推动英国工艺美术运动发挥了重要作用。马克默多本人擅长家具设计，而且精通纺织品的设计与平面设计。完成于 1882 年的椅子，在椅背上设计了旋涡状的、类似花朵形状的镂空图案；在 1883 年完成的《雷恩的城市教堂》封面设计中，使用了不对称的羽毛状草叶纹作为封面的主体装饰，自由奔放的造型形式和对比强烈的黑白层次使人耳目一新。整体来看，马克默多的这些作品显示出一种新颖的风格，可以被视作是新艺术风格的最初萌芽（图 12.3）。

1　日本德川时代（江户时代 1603～1867 年）兴起的一种民间绘画。"浮世"是现世的意思，其绘画的题材大都是民间风俗、淑女、武士等。多采用剖面的构图法，一瞬间定格的手法来描绘，其迷人之处在于其幽默性和戏剧性，这和西方的艺术风格有着极大的区别。

图 12.4（左）
佩利小农庄

图 12.5（中）
"果园"住宅（1900 年）

图 12.6（右）
格拉斯哥艺术学校图书馆
内景（1907～1909 年）

　　查尔斯·弗朗西斯·沃伊齐（Charles Francis Annesley Voysey, 1857～1941 年）是英国最富创新精神的工艺美术建筑师。沃伊齐主要从事建筑、墙纸、织物和毛毯等的设计，1894 年设计的佩利小农庄（Perry croft，图 12.4）是其早期作品，这座住宅建筑气派地坐落在莫尔文山上，外部墙面为白色并布满碎卵石，宽石板屋顶上耸立着高高的烟囱，小格窗户成带状排列。佩利小农庄内部体现出了一种非常传统的独立单元结构，布局上实用而进步。在为自己设计的住宅"果园"（Orchard, 1900 年，图 12.5）中，室内风格简洁而优雅，已经十分接近现代主义思潮的某些特征，不过沃伊齐本人十分厌恶现代主义。在一系列纺织印花布设计中，沃伊齐运用了自由曲线的织物形式，在这些作品中已经可以感受到欧洲大陆"新艺术"的端倪。

　　查尔斯·雷尼·麦金托什（Charles Rennie Mackintosh, 1868～1928 年）是一位具有一定国际性影响力的英国设计师。麦金托什与朋友赫伯特·麦克耐尔（Herbert Macnair）、麦当娜姐妹（MacDonald sister）组成了著名的"格拉斯哥四人小组"，其设计风格也被称为"格拉斯哥风格（Glasgow Style）"。麦金托什最初的业绩是在格拉斯哥美术学校（Glasgow School of art，图 12.6）的建筑设计上体现出来的，并显示出了其之后风格的萌芽。山宅（Hill House，图 12.7）是麦金托什重要的住宅设计之一，整体布局上极其协调地围绕一条环形路径进行设计，新颖而别致。这座外部具有传统苏格兰风格的住宅，使人们联想起苏格兰的豪华，分散的窗户显得井然有序。在起居室中，向外突出凸窗为室内带来了重组的阳光，使室内布满了来自大自然的几何图案与抽象图案。位于格拉斯哥梭奇汀大街的格朗斯顿茶馆（Cranston Tea-rooms，图 12.8）设计可谓是麦金托什的顶峰之作，简洁的格子形主宰着室内，整体配色柔和。麦金托什还是一位多面手，除建筑与室内设计外，还涉足家具、玻璃器皿、织物等领域，在其家具设计中，体现出了一种更加理性的直线风格（图 12.9）。

12.1.2　欧美各主要国家的"新艺术"运动与室内设计

图 12.7 （左）
山宅室内（1902 年）

图 12.8 （中）
餐室（1896～1911 年）

图 12.9 （右）
椅子（1897～1900 年）

　　"新艺术"运动在不同的国家都呈现出不同的特点和风格，"新艺术"一词也就成为这多种风格的集合体，在不同的国家也有着不同的名称。综观新艺术运动时期的各国风格时，会明显感受到德国、奥地利、苏格兰等地区的理性风格和法国、比利时等国家曲线风格的对比。

　　比利时的新艺术运动被称作"自由美学（Libres Esthetiques）"风格，其最具代表性的艺术家是维克多·霍尔塔（Victor Horta，1861～1947 年）。霍尔塔是充分发挥"新艺术"特点进行住宅室内设计的第一位建筑师，他往往将建筑与内部装饰结合起来，因此霍尔塔不仅仅只是个装饰师。如同洛可可艺术一样，"新艺术"运动的精华在于将建筑和装饰合成一个不可分割的统一体。霍尔塔在建筑与室内设计中擅长使用葡萄藤蔓般相互缠绕和螺旋扭曲的线条，这些线条的起伏常常与结构、构造直接联系。同时，在建筑中霍尔塔表现出了对铁质材料的极大兴趣，"新艺术"运动崇拜光线、纤细、透明以及弯曲的线条，铁意味着细小部件加工的自由。在塔塞尔饭店的设计中，霍尔塔在凡是能够运用曲线的地方，坚决摒弃了直线及锐利的角度，铸铁构件的使用使得内部空间具有突出的开放性特征。在塔塞尔饭店的楼梯间中，地面摇曳的水生植物图案，门把形如缠藤，这些细节上愉悦的曲线犹如和音一般，伴奏着由楼梯开始的空间里流动着的旋转回荡的旋律（图 12.10）。19 世纪末，霍尔塔接受了几个商铺设计的委托，WauQuee 百货商店的屋顶采用了玻璃设计，以使光线能够充分地进入建筑内部。霍尔塔采用了淡雅的灰绿色调，与精致的铸铁支架及米色的大理石墙壁融合在一起，形成既雅致又端庄的氛围；暴露在

图 12.10　塔塞尔饭店的楼梯间（1892 年）

（a）　　　　　　　　　　　　　（b）

图 12.11（上左）
Wauquez 百货商店（1906年）

图 12.12（上右）
霍尔塔公馆
（a）室内细部一；（b）室内细部二

图 12.13（下左）
书桌（凡·德·维尔德设计，1898～1899 年）

图 12.14（下右）
巴黎多菲内港（Porte Dauphine）地铁车站入口（约1900 年）

外的屋顶铁框架，被设计师处理得生动柔和（图 12.11）。霍尔塔公馆（图 12.12）是霍尔塔设计生涯的巅峰之作，可以称作新艺术建筑的里程碑。公馆外表由白色砂岩构成，极其平淡，而在一些细节处表现了活跃的新艺术曲线，室内则是一个感情丰富的新艺术世界。另一位非常重要的比利时设计师是亨利·凡·德·维尔德（Henry Van de Velde，1863～1957 年），为了避免使人们沉溺于表象的奢华，维尔德在设计中提倡有节制的装饰，在自己的住房设计中尽可能地摒弃装饰。1899 年迁居德国并将自己的设计思想带入，值得注意的是，维尔德的思想也可以被视为是包豪斯的理论基础（图 12.13）。

　　在法国，由埃克托尔·吉马尔德（Hector Guimard，1867～1942 年）设计的一系列地铁入口，人们曾将法国的"新艺术"风格冠以"吉马尔德"风格的称号。地铁站设计概括了吉马尔德擅长的令人愉快的蜿蜒的植物风格（图 12.14），1894～1989 年间，在帕塞（Passy）喷泉街 14 号"贝朗格城堡（Castel Berantger）"的设计中，吉马尔德反对麦金托什和维也纳人的理性主义，他将墙面镜和门框设计得似乎是从包含它们的结构中生长出来一般，为人们提供了一种极富想像力的元素（图 12.15）。

　　西班牙的新艺术风格被称为"年轻风格（Arte Jowen）"，以安东尼奥·高迪（Antonio Gaudi，1852～1926 年）的建筑设计为代表。这位在整个新艺术运动中最引人注目、最复杂、最富天才和创新精神的人物，吸取了东方的设计风格与哥特式建筑的结构特点，以浪漫主义的幻想，将极力软化的柔性趣味渗透到三度空间的建筑之中去。高迪著名的设计作品有巴特罗公寓、米拉公寓、圣家族教堂等（图 12.16）。

　　在苏格兰，新艺术风格被称为"格拉斯格风格（Glasgow Style）"，因格拉斯格学派所作的设计而得名，其代表设计师查尔斯·雷尼·麦金托什（Charles R.Mackintosh）在作品中发展了不同于其他国家流动曲线风格的直线风格。德国的新艺术运动被称为"青年风格（Jugendstil）"，其作品主要集中在建筑和室内设计上。

　　在奥地利，德国的"青年风格"在一群被称为"分离论者"的艺术家与建筑师中十分流行，并于 1877 年成立了维也纳"分离派"（Seccessionist），是为打破奥地利首都的保守艺术而创立的一种新风格。"分离派"与早期风格决裂的决心，使得它的新艺术宣言更坚定地与现代主义联系在了一起。在"分离派"设计的影响下，以直线

图 12.15　贝朗热城堡的铁制主门（1897～1898 年）

（a）

（b）

（c）

（d）

图 12.16　安东尼奥·高迪设计作品
（a）巴特罗公寓（1907 年）；（b）巴特罗公寓室内（1904～1906 年）；（c）米拉公寓（1906～1910 年）；（d）圣家族教堂（1884 年至今）

（a）　　　　　　　　　　　　　　　　（b）

（c）　　　　　　　　　　（d）　　　　　　　　（e）

图 12.17　维也纳"分离派"
设计作品
（a）"分离派"建筑展览馆
（1897 年）；（b）"分离派"
展览馆室内；（c）斯托克
莱特宫室内（1905 ～ 1911
年）；（d）霍夫曼设计的扶
手椅（1908 年）与三折屏风
（1889 ～ 1900 年）；（e）霍
夫曼设计的游戏椅

造型为特征的奥地利设计很快名扬世界，"分离派"运动虽然是整个欧洲"新艺术"运动的一个组成部分，但从其设计的功能性和简洁性来说，已构成了奥地利现代主义设计的一个先声。三位缔造了维也纳"分离派"的设计师是奥托•瓦格纳（Otto Wagner，1841 ～ 1918 年）、约瑟夫•马里亚•奥布里奇（Joseph Maria Olbrich，1867 ～ 1908 年）和约瑟夫•霍夫曼（Joseph Hoffmann，1870 ～ 1955 年）。1903 年，霍夫曼和艺术家莫瑟（Koloman Moser）创立了类似德国工业同盟的"维也纳工业组织"，其设计领域涉及书籍装帧、皮革制品、金属制品、家具、漆器、首饰和建筑等。"分离派"最著名的室内设计是布鲁塞尔的斯托克利特宫（Palais Stoclet），霍夫曼对该住宅表面的处理以及内部装饰的彻底性，使其成为二战前最为突出的设计作品之一。斯托克利特宫似乎可以更好地体现欧洲人美化生活的理念，通过艺术将作为日常生活普通设施的居所带到了一个更高的境界（图 12.17）。

　　"新艺术"运动的思想漂洋过海，在大洋彼岸的美国也取得了非凡成就。美国的新艺术传播得到了众多人物的支持，其中有路易斯•康弗特•蒂凡尼（Louis Comfort Tiffany，1848 ～ 1933 年），华丽色彩的彩色玻璃窗是他室内设计的最炫目的特点（图 12.18）。弗兰克•劳埃德•赖特早期的作品也具有新艺术运动的特点（图 12.19）。

12.2　折中主义与室内设计

随着工业革命以及工业化社会的来临，19 世纪的设计界经历了工艺美术运动与"新艺术"运动，在迈向现代主义设计的道路上不断探索前行。如果按照历史进步发展的逻辑模式，在这两场运动之后似乎应该进入 20 世纪的现代主义运动。然而这些改革先驱们的努力在 20 世纪之初被一种新的历史主义热潮推到一边，这种来自于对历史模仿的风格通常被称为"折中主义"。

折中主义在设计领域表现为从所有历史先例中进行挑选，盲目重塑过去，并放弃任何形式上的创新可能。越来越多的设计师根据个人爱好做出选择，他们搅乱了整个建筑的面貌：穹顶、尖券、柱式和埃及的金字塔，甚至印度和美索不达米亚的建筑风格都被拿来使用。没有严格固定的程式，任意模仿历史上各种风格，或自由糅合各种式样，因而各种建筑形式——东方、西方、古代、中世纪风格纷纷出现，汇于一堂，所以这种风格也叫"集仿主义"。折中主义在美国尤其盛行，这大概是由于美国的建筑活动并没有十分悠久的历史风格可依据，而对欧洲历史风格的模仿逐渐被美国的新贵们所青睐，成为了该时期美国公共建筑的主要风格，再现了旧世界宏伟的政府建筑、大学以及教堂的雄姿，并且逐步蔓延至住宅设计与装饰中。

12.2.1　美国的折中主义与室内设计

美国的折中主义思潮同法国巴黎美术学院有着不解之缘，巴黎美术学院是第一座真正意义上的建筑专业学校，在这里学生们掌握了对古

图 12.18（左）
南北战争阵亡将士纪念馆内的大玻璃穹顶与镶嵌方块玻璃的地面（蒂凡尼设计，1895 年）

图 12.19（右）
苏珊·达纳别墅内的餐厅凸窗（赖特设计，1903 年）

图 12.20（左）
巴黎歌剧院内景（1861～
1875 年）

图 12.21（中）
纽约公共图书馆内景
（1902～1911 年）

图 12.22（右）
波士顿公共图书馆内景
（1895 年）

典历史主义技巧娴熟地运用于建筑布局中的方法。巴黎美术学院吸引了世界各地的学生前来，并逐步发展出了被称为"学院派"的设计方法。让·路易·夏尔·加尼埃（Jean-Louis Charles Garnier，1825～1898 年）设计的巴黎歌剧院，是学院派设计的杰出代表。歌剧院建于 1861～1874 年，这座马蹄形多层包厢式剧院全部用钢铁框架结构，非常轻巧，只是设计师小心翼翼地把这些钢铁结构包装了起来，使人们感觉不到新材料、新技术的痕迹。歌剧院内部装饰采用了辉煌的巴洛克风格，富丽之极。门厅、休息厅到处布置着雕塑、绘画、灯具等饰物，花团锦簇，由于歌剧院一身珠光宝气，被喻为"巴黎的首饰盒"。首饰盒中央的大楼梯设计得最为出色，用雕像、树形灯、彩色大理石和券廊把整个楼梯装饰得华丽无比，成功的烘托着观众的盛装艳服和得意的气色，甚至有人觉得歌剧院就是为了大楼梯而造的。歌剧院观众厅的屋顶被设计成一顶王冠的样式，以显示它皇家歌剧院的身份（图 12.20）。

　　该时期的美国似乎形成了一个历史风格大集会，设计者可以选择任何看起来对某一工程合适的样式进行设计。城市、集镇甚至乡村出现了彼此毫无关联的建筑式样，如古典样式的银行和法院、哥特式的教堂、乔治王朝殖民式的各种其他建筑。住宅中可见殖民式、诺曼式、法国文艺复兴式、西班牙教会式、都铎王朝的半木结构形式、中世纪哥特式，以及各种风格相混合而来的新样式，在这些设计中只是对过往遗产的模仿而非任何形式的创新。

　　纽约公共图书馆（1902～1911 年，图 12.21）至今仍在使用，由约翰·卡雷尔（Johnm Carrere，1858～1911 年）和托马斯·黑斯廷斯（Thomas Hastings，1860～1919 年）两位学院派弟子所设计，图书馆平面布局复杂，环绕两个内部院落布置着许多精美的房间。麦金、米德和怀特事务所（Mckim，mead & White）设计了波士顿公共图书馆（1895 年），借书大厅采用了意大利文艺复兴样式，顶部是带有彩画的大梁，室内设有大型壁炉和壁炉台，门洞由大理石科林斯柱子装饰（图 12.22）。纽约中央火车站（1907～1913 年）由惠特尼·沃

伦（Whitney Warren, 1864～1948 年）和查尔斯・威特莫尔（Charles D. Wetmore, 1866～1948 年）设计，是该时期折中主义的代表作品，其立面的古典柱式与立面顶部的华丽雕刻装饰均代表了学院派风格鼎盛时期的水平。此外，由麦金、米德和怀特事务所设计的宾夕法尼亚火车站（1904～1910 年），宏伟的大厅以古罗马卡拉卡拉浴场为模型，威严的拱形车站主要大厅内布置着巨大的科林斯柱子和镶板拱顶，使其成为 20 世纪最为壮观的室内空间之一（图 12.23）。

　　该时期住宅设计的典型例子有理查德・莫里斯・亨特（Richard Morris Hunt, 1827～1895 年）设计的浪花府邸（The Breakers, 1892～1895 年）与比尔特莫尔住宅（Biltmore, 1890～1895 年）。前者采用了古典文艺复兴样式，房间环绕着一个两层高的中庭对称布局，墙面装饰着科林斯壁柱（图 12.24）；后者依旧采用法国文艺复兴样式，在这座别墅建筑中，每个房间都似乎是这座精美博物馆古代装饰风格的有机组成部分（图 12.25）。除了这些大型府邸之外，一般住宅与公寓的设计与装饰也有着折中主义的倾向。"殖民式"是普遍可见的样式，同时在不同的地区表现出了各自的喜好，如西班牙式多出现在加利福尼亚和西南地区；南部则更加流行新奥尔良铁制品。人们还通过杂志介绍或者邮购目录订购各种风格的室内用品，甚至整幢住宅都可以通过邮购方式预定。

　　受折中主义思潮的影响，摩天大楼设计中出现了许多怪异甚至荒诞的尝试，如哥特样式的纽约渥尔华斯大厦（Woolworth Tower, 1913 年，图 12.26），建筑外部采用了哥特风格细部，而公共大厅中采用了拜占庭式的细部，并以大理石和陶瓷锦砖进行装饰。1922 年，美国在芝加哥举办了一次设计竞赛，竞赛题目是为《论坛报》总部设计一座高层塔楼，尽管最终的获胜者为豪威尔斯（Houells）

图 12.23（左）
宾夕法尼亚火车站内景
（1904～1910 年）

图 12.24（中）
浪花府邸的餐厅（约 1895 年）

图 12.25（右）
阿什维尔・比尔特莫尔府邸室内（1890～1895 年）

图 12.26　渥尔华斯大厦
（1913 年）

图 12.27（左）
沙里宁住宅室内（1928 ～
1930 年）

图 12.28（中）
金斯伍德女子学校室内
（1931 年）

图 12.29（右）
福尔杰·莎士比亚图书馆
室内（1930 ～ 1932 年）

与胡德（Hood）所提交的哥特折中主义方案，但参加此次竞赛的其他作品似乎更胜一筹，如阿道夫·路斯（Adolf Loos）、沃尔特·格罗皮乌斯、阿道夫·迈耶（Adolf Meyer）等，其中获得第二名的芬兰设计师伊利尔·沙里宁（Eliel Saarinen）提交的方案最令人注目。沙里宁设计了相对简洁的阶梯形塔楼形式，十分强调带状玻璃之间的石质垂直线条，尽管在细部依然蕴含着传统的意味，但这座建筑并没有对任何历史作品进行明显的模仿。伊利尔·沙里宁应邀前往美国主持克兰布鲁克基金会所述的克兰布鲁克艺术学院（Cranbrook Academy of Art）。在伊利尔·沙里宁的主持下，克兰布鲁克学院的设计显示出了更强的现代意识。完成于 1928 ～ 1930 年间的沙里宁自用住宅（图 12.27）与金斯伍德女子学校餐厅（图 12.28）的室内，均显示出了早期现代设计的简洁性。1925 年起，沙里宁负责了一个克兰布鲁克的设计师团体，这个团体的设计风格逐步由折中转向了一种现代语汇，在这场折中主义设计大潮中，沙里宁及其追随者们对美国的建筑与室内设计产生了意义非凡的影响。

12.2.2　简洁式古典主义的出现

在第一次世界大战后，折中主义的建筑设计逐步从对历史的真实模仿转向了一种更为简洁的形式，即很少装饰的罗马和文艺复兴建筑样式的创造，通常被称为"简洁式古典主义（Stripped Classicism）"。在美国，这一风格与设计师保罗·菲利普·克里特（Paul Phillipe Cret，1876 ～ 1945 年）关系密切，在其完成的美国华盛顿福尔杰·莎士比亚图书馆（Folger Shakespearean Library，1930 ～ 1932 年，图 12.29）设计中，尽管在设计上严格模仿了伊丽莎白剧院（Elizabethan theater）的形式，但室内设计整体上遵循了一种源自古典形式与比例的模式，装饰物被简化成了一种几何语汇，室内大量使用了精美的大理石和优质木材。室内采用了"间接照明"方式，即将光源隐匿起来，创造出了整体的、近乎不产生阴影的照明效果。

　　20 世纪 30 年代时，美国政府以支持大型公共建筑建设项目来增加经济萧条时期的失业救济，"简洁式古典主义"建筑由于其庄重与保守的形式逐步作为当时理想的形式被采纳，大量应用于邮局、法院等公共建筑中。在欧洲，尽管折中主义的实践广为传播，但却并没有形成其在美国那样的影响与规模。20 世纪 30 年代时，"简洁式古典主义"得体的传统形态和现代主义手法相结合，以及在经济萧条岁月中所起到的经济性和有效性，使得这种风格获得了一次较大范围的发展，逐渐成为政府建筑设计所采用的官方风格。

　　拥有着折中主义格调室内的轮船，承载着殖民者到达了世界上不发达的地区。在这些地区，人们迫切渴望以折中风格重建自己的家园。印度、澳大利亚以及其他殖民地区的西化建筑均表现为罗马古典主义、哥特式和文艺复兴的主题，甚至中国与日本，均出现了折中式建筑。在中国，这一方面是由于英国人涉足香港和上海，另一方面则是中国建筑师自己的原因，一部分在美国建筑学院接受了设计训练的设计师们将这一风格成功地带回故乡，而在他们接受训练的时期，正是美国学院式折中主义被广泛接受的时期。

　　这就需要一种新的改革力量把折中主义推开，为 20 世纪的现代主义开辟道路。20 世纪 30 年代和 20 世纪 40 年代，为了根除对历史主义的热爱，人们进行了长期的斗争。随着设计训练的注意力逐渐偏离折中主义，设计专业慢慢被根植于现代技术世界之上的新一代设计师所控制。同时，为了抵制对所有历史风格的模仿，斗争仍在继续着。

12.3　现代主义设计的萌芽

　　20 世纪的早期，工业化及其所依赖的工业技术为人们的生活带来了巨大变化，这种变化丝毫不逊色于自火的发明以来人类世界所产生的任何变化。电话、电灯，轮船、火车、汽车和飞机，以及以钢筋混凝土为材料的结构工程，所有这些都为人类的经历带来翻天覆地的变化，常被人称为"第一机器时代"。在当今世界，手工产品已经很难见到，工厂生产的产品趋于标准化与批量化，人口的增长和城市贫困都成为新的问题，法西斯主义以及第一次世界大战造成的灾难均带来技术无法解决的问题。艺术、建筑及设计领域终于显示出了其关键变革，那就是历史上一直遵循的"传统"与这个现代世界不再有关系了。

　　20 世纪初设计领域最重要的发展是适应现代世界的一种设计语汇的出现，这种设计语汇实质同现代世界的先进技术和技术所带来的新的生活方式有关。"现代主义（Modernism）"是所有新形式的总称，这些形式涉及所有艺术领域，如绘画、雕塑、建筑、音乐与文学。学术界至今没有对"现代主义"下一个准确、确切的定义。按照学术界的普遍观点，美学和文学领域中的"现代主义"有广义和狭义两种理解。广义的理解是指 19 世纪 80 年代和 19 世纪 90 年代兴起的一系列反传统的美学、文学思潮，即所谓的西方现代文学艺术思潮的总和。现代主义设计从建筑设计开始，很快便影响到城市规划设计、环境设计、家具设计、工业产品设计、平面设计和几乎所有的传达设计等领域，成为一场前所未有的、声势浩大的设计运动。在现代主义真正到来之前，无数具有前瞻性的先驱者为此付出了不懈努力，他们身体力行并清晰且肯定地指向了新的方向，如芝加哥学派、德国工业同盟、荷兰风格派、俄国构成主义等等，1919 年包豪斯的成立，为现代主义设计开辟了道路。

12.3.1　芝加哥学派与路易斯·沙利文

芝加哥是美国的第二大城市，位于伊利诺斯州北部。大约在 1673 年，两名法国探险者首先发现了这块美丽的沃土。1850 年前后，芝加哥发展成为美国中西部农产品的贸易中心、商业和金融中心。煤和石油的开采也发展起来。铁路建成后，这里也是铁路、公路和水运的交通枢纽，城市人口日益密集。1871 年，一场大火将市区主要街道焚毁殆尽，为重新建造一个新型的大都会创造了条件。因地价昂贵，政府提倡修建高层建筑，摩天大楼像雨后春笋一般矗立起来。在这次大规模建设中，也为利用新技术和新材料提供了一个大显神威的机会，电梯（电动升降机）也被很快发明出来并广泛应用。

建筑师威廉·勒巴戎·詹尼（William LeBaron Jenriey）和他的事务所在芝加哥重建过程中崭露头角，受到伦敦"水晶宫"的启发，他们尝试着在民用建筑中使用钢筋结构与混凝土结合起来的建筑方法，路易斯·沙利文（Louts Sullinari）此时也在该事务所供职。事务所承接的第一座高层建筑物是芝加哥家庭保险公司大楼，高 10 层，以钢铁支架组成内部支撑结构，这是之后摩天大楼的普遍施工方法。大楼于 1885 年完成时，巴黎的埃菲尔铁塔（1889 年）、杜托特与孔塔明设计的世界博览会机械馆（1900 年）都还没有出现。詹尼事务所的建筑师们也为纽约设计高层建筑，掀起了 20 世纪以来的第一次建设高层建筑的高潮。1904 年，沙利文设计了纽约的本法罗信托银行大厦，运用了意大利文艺复兴的分割比例，顶端设计了美丽的弧形连拱楣饰以及新艺术风格的浮雕装饰，因而也被纳入"新艺术"运动的范畴。到了 20 年代，出现了纽约电话电报公司大厦、斯夸波大厦、荷兰大厦、花园大街 2 号大厦、列夫考特服装中心大厦、布里肯大厦、约翰街 111 号大厦、百老汇 1410 号大厦，以及斯图瓦德公司大厦和 1930 年完工的克莱斯勒大厦，帝国大厦和洛克菲勒大厦也都在 30 年代建立起来。经过这 40 多年的努力，美国的芝加哥、纽约、洛杉矶等城市已经拥有摩天大楼林立的形象。在现代建筑史上，一般把这批芝加哥设计师通称为"芝加哥建筑学派（the Chicago School of Architecture）"，该学派突出了功能在建筑设计中的主导地位，明确了功能与形式的主从关系，力图摆脱折中主义的羁绊，使建筑设计符合新工业化时代的精神。芝加哥学派的众多建筑师都非常注重建筑的内部功能，强调结构的逻辑表现，建筑立面简洁、明快，采用整齐排列的大片玻璃窗户。

　　1907 年之后，沙利文成为"芝加哥学派"的代表人物。沙利文曾在巴黎美术学院学习，1875 年进入詹尼的事务所；1881 年成立建筑事务所，与合作者们共同设计了分布在美国各地的一百多幢高层建筑。由于在高层建筑方面的实践和理论建树，被认为是美国现代建筑（特别是摩天楼建筑美学方面）的奠基人。沙利文对现代设计的卓越贡献主要在于其所提出的"功能第一"的主张，在沙利文的理论中，自然界的一切事物，不论是鸟、兽、鱼、虫，或是树木、太阳、白云，都有着自己独特的造型。这些造型的形成，只能是以怎样才能使自身的物种存留于世，并且继续发展为依据的，绝不是以美的法则为依据的。鱼之所以是鱼的样子，是适应水中生活的结果；鸟之所以是鸟的样子，是适应空中生活的结果。他因此而得出结论：形式只能永远服从功能的需要。这一观点由他的学生弗兰克·赖特（Frank Lloyd Wright，1869～1959 年）进一步加以发挥，成为 20 世纪前半期占据统治地位的功能主义理论的主要论点。沙利文的理论基点是彻底的功能主义的，但是，在他设计的建筑物上，仍然到处可以看到当时在欧洲国家广为流行的"新艺术"运动风格的曲线形装饰纹样。例如斯各脱百货公司大厦的铸铁大门，媚板和窗沿装饰，都利用卷曲的涡状纹、波浪纹、花草纹来做饰件，形成有强烈的运动感和韵律感的形式美效果（图 12.30）。

（a）　　　　　　　　　　　　　　　　（b）

图 12.30　沙利文设计作品（a）芝加哥大会堂（1886～1890 年）；（b）纽约州信托银行大厦（1894 年）

弗兰克·赖特是芝加哥学派的另一位主要代表，在吸收沙利文观点的基础上，力图发展出一种建筑学上的有机整体观念，即建筑的功能、结构、适当的装饰以及与建筑的环境融为一体，形成一种适于现代生活的艺术表现。

12.3.2 "装饰与罪恶"与阿道夫·路斯

在维也纳工业组织中，除了霍夫曼和莫瑟之外，著名的设计师还有 1910 年加入工业组织的阿道夫·路斯（Adolf Loos），他不仅从事大量的设计工作，而且还对当时的设计进行理论探讨，出版了一些宣传现代主义与工业设计思想的重要著作。1908 年，路斯发表了影响深远的《装饰与罪恶（Ornament and Crime）》一文，文中抨击那些大量运用装饰的设计风格，他认为这种装饰是毫无用处的、衰退的表现，是被现代文明所排斥的。因为这样的装饰已经不适应现代机械化产品的需要，机械化产品将成为 20 世纪大多数设计的中心。路斯的设计作品不多，在其著作与文章中所强调的现代设计的重点，应该是纯净和简洁，其工艺则应该关注材料与制作的真实性。

在大约 1903 年，由路斯设计的维也纳某公寓中，已经预示了一种几何形式的简洁性，嵌入式的壁柜、座位以及厨具，都表明了一种设计中的功能化倾向；不过地板仍铺设了装饰性的地毯，室内还陈设有带有装饰的座钟。在 1910 年设计的斯坦纳住宅（Steiner House）中，路斯将朴素的程度发挥到了近乎粗野的程度，白色墙壁上分散布置着窗户，室内装饰较少。1930 年设计的位于布拉格的缪勒住宅（Mǔller house），立方体形式的建筑掩盖了其内部空间的复杂组织（图 12.31），每一个空间的材料与色彩都进行了精心的设计（图 12.32）。

图 12.31（左）
缪勒住宅

图 12.32（右）
缪勒住宅室内

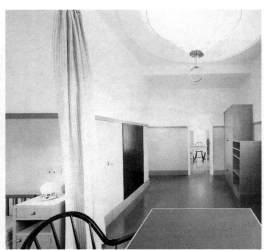

12.3.3　德国工业同盟、穆特修斯与彼得·贝伦斯

1851 年伦敦举行"水晶宫"博览会时，德意志版图仍然四分五裂，以传统农业为主要经济形态。普法战争（1870～1871 年）结束以及在此后的 30 年中，德国完成了自己的统一，并且持续保持着高速的工业发展。德国设计界的努力也是推进其工业化进展的重要因素之一，而当时的德国政府也已开始重视设计的发展。

德国以"青年风格"为特征的"新艺术"运动并没有从根本上解决现代工业中所出现的设计问题，大约从 1902 年开始，一部分德国设计师从"青年风格"中分离出来，试图从新的角度、新的方面去探索工业化和机械化条件下新的设计艺术形式，其代表人物是赫尔曼·穆特修斯（Herman Muthesius，1869～1927 年）和彼得·贝伦斯（Peter Behrens，1868～1940 年）。1907 年，穆特修斯创建"德意志工业同盟"（Deutscher Werkbund），他认为机械化与新技术是提高德国设计艺术的前提，坚决反对立足于装饰和手工业的德国青年风格，反对任何设计上对单纯艺术风格、单纯装饰的盲目追求，主张设计艺术必须合乎目的，讲究实用功能，讲究成本核算，极力宣传功能主义的设计原则。工业同盟对工业和机械的肯定是前所未有的，在德国工业同盟的宣言中，明确表现出了这些思想：艺术、工业、手工艺应该结合；通过教育和宣传，提高德国的设计水平，促进艺术、工业和手工艺的合作；德国设计界应当宣传和贯彻功能主义和承认现代工业的主张；反对任何形式的装饰；主张推行标准化和批量化生产方式，并以此为设计的参照系。1911 年，穆特修斯在发表题为《我们立足何处？》的报告中提出，设计家应当遵循的三大守则——产品的质量、单纯和抽象的外型、产品的设计标准化，也从而引发了关于标准化的论战。穆特修斯的观点得到大多数人的赞同，从而推进了德国设计的进步。由第一次世界大战导致的工业产品和零部件的标准化，成为工业化发展的历史必然，也为德国成为理性主义的设计大国埋下了伏笔。

在德国工业联盟的会员中，最著名的设计师是彼得·贝伦斯，他不仅肯定大工业的机械生产方式，更找到了适应大生产设计方式的功能主义的内核，这些在他的设计中有完整的体现，被称为现代工业设计的先驱与现代主义设计思潮的先驱。

完成于 1908～1909 年间的德国通用电气公司汽轮机工厂，使用了现代混凝土材质，厂房拥有着平滑、宽阔的大玻璃窗户以及直接裸露在外的金属结构，起主要支撑作用的柱子使内部空间宽阔高敞，这样的建筑结构可以更好地满足厂房空间的需求，该建筑也被建筑界视为第一座真正意义上的现代建筑。自 1907 年起，贝伦斯便作为设计

顾问的身份为通用电气公司效力，除负责宣传推广事务外，还同产品工程师协作设计工业与家用电动产品，其产品设计大都朴实无华，强调实用，并正确地体现了产品的功能、形式与材料之间的关系。贝伦斯注意到企业形象系统的频繁使用，为通用电气公司进行了企业整体形象系统设计，统一了全部企业形象，当时的标志也一直沿用至今，开创了现代企业识别系统设计的先河（图 12.33）。此外，贝伦斯还是一位杰出的设计教育家，他的学生中包括了 20 世纪最为伟大的现代建筑师与设计师，如沃尔特·格罗皮乌斯斯、密斯·凡·德·罗、勒·柯布西耶。

12.3.4　荷兰风格派与俄国构成派

风格派（De Stijl）是以荷兰为中心的一场国际艺术活动，活跃于 1917～1931 年间。风格派是一场松散的运动，没有具体的组织形式，只是主要成员彼此有相似的美学观念，通过 1917 年在莱顿城创建的名为《风格》的月刊交流各自的理想，风格派也由此得名。该刊的编辑兼出版人、画家杜斯伯格（Theovan Doesburg）是风格派的重要理论家和发言人，主要成员还有画家蒙得里安（Piet Mondrian）、建筑师兼设计师里特维尔德（Gerrit Rietveld）等。风格派艺术从立体主义走向了完全抽象的艺术形式，它对 20 世纪的现代艺术、建筑和艺术设计产生了持久的影响。

里特维尔德是风格派的重要设计师之一，他将风格派艺术由平面推到了三度空间，通过使用简洁的基本形式和三原色创造出了优美而功能性强的家具与建筑。他的系列设计以完美和简洁的形态反映了风格派的哲学，并向人们表明抽象的原理完全可以产生出实用且令人满意的作品。"红蓝椅"（图 12.34）是里特维尔德流传至今的代表作品

图 12.33（左）
德国通用电气公司汽轮机
工厂（1908～1909 年）

图 12.34（右）
红蓝椅（1918 年）

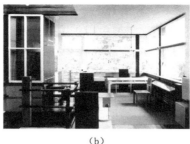

　　　　(a)　　　　　　　　　　　(b)　　　　　　　　　　　(c)

图 12.35　施罗德住宅
（a）施罗德住宅立面；
（b）施罗德住宅内景；
（c）施罗德住宅内景

之一，因其完美表现了风格派的主张，几乎被视为风格派的圣物。另一件著名的作品是位于荷兰中部城市乌德勒支（Utrecht）的施罗德府邸，一座用现代派绘画演绎出来的造型简洁的私人住宅（1924 年，图 12.35）。施罗德府邸是施罗德夫人在丈夫去世后建造的新住宅，施罗德夫人希望在这里可以有机会以自己的方式抚养三个孩子。这座住宅被认为是特别考虑了孩子和母亲亲密无间的关系的新型住宅，设计突出体现了风格派将几何图形作为新的表达方式的尝试，整座住宅设计几乎就是蒙德里安画作的三维版本，红、白、黄、蓝的配色方案，仿佛就是来自于蒙德里安的调色板。住宅的设计包括一系列构架，主要是立方体形式，分布在房屋主体结构的各处。屋内设计了很多拉动隔断，使房屋随时变大或变小，屋内的家具就好像是房屋的一部分那样十分和谐统一。这座住宅实际面积为 139m²，两层高，设计中为了更加强调家庭成员间共同生活非常亲密的关系，起居室和就餐区安置在楼上，靠近所有的卧室。所有这些房间仅有一个固定隔墙，其余全部采用没有任何隔声性能的推拉墙，图书室位于楼下。住宅被构想成一部精巧的机器，人们居住于其中。没有使用任何奢侈的材料，而是采取了平实谦虚的手法，设计的目的源自一种对全新的生活方式的理想，而非某种夸耀的虚饰。正是其所具有的实用性，施罗德住宅曾一度被作为现代主义的圣地。

　　俄国构成主义设计（constructivism）诞生于俄国十月革命前后，主要是由一小批先进知识分子、设计师所引发的一场前卫艺术运动和设计运动，其目的是致力于满足新社会制品的需要。这场运动就其所达到的深度与所探索的范围而言，都毫不逊色于德国工业同盟与荷兰"风格派"运动。但由于在 1925 年前后遭到前苏联政府的禁止，使得这场设计运动的影响具有一定的局限性。

　　构成派的许多作品都是半抽象或抽象性的，主张使用长方形、圆形、直线等构成半抽象或全抽象型的画面或雕塑，注重形态与空间之间的影响。主要代表人物有马列维奇（Kasimir Malevich，1868～1935年），弗拉基米尔·塔特林（Vladimir Tatlin）、亚历山大·罗德钦柯（Alexander Rodchenko）、安托万·佩夫斯纳（Antoine Pevsner）

图 12.36　第三国际纪念碑模型（1919～1920 年）

和瑙姆·嘉博（Naum Gobo）。其中，塔特林、罗德钦柯二人倾向实用功利作用，主要应用于工业设计、建筑、电影、广告、实用美术设计等领域。塔特林在探索机械精神与设计艺术结合方面颇具独特之处，被设计学界视为构成主义最主要的代表人物。塔特林强调设计与工程的紧密联系，认为发展新的设计美学是批量化、标准化生产的必然结果。"第三国际纪念碑"是塔特林的代表作，也是构成主义设计的经典作品，因当时的技术条件无法实现，所以作品处于模型探索阶段（图 12.36）。

12.3.5　包豪斯的贡献

第一次世界大战之后，沃尔特·格罗皮乌斯（Walter Gropius，1883～1969 年）接任魏玛造型艺术与工艺美术两所学校的校长，后将两校合并，取名为包豪斯（Staatliches Bauhaus），德语为"zu bauen"（字面意思即"建造"），该词同时也包含有"创作"之意。经过十余年的努力，包豪斯集中了 20 世纪初期欧洲各国对于设计的新的探索和试验成果，如荷兰"风格派"运动、俄国构成主义运动等，并加以发展和完善，最终成为集欧洲现代设计运动大成的中心，将欧洲的现代主义设计运动推到了一个空前的高度。第二次世界大战之后通过在美国的发展，终于把包豪斯的影响扩展到了全世界。

1）包豪斯的成立

包豪斯（Bauhaus）于 1919 年在德国成立，1933 年被迫关闭，是世界上第一所完全为发展设计教育而建立的学院。在包豪斯存在的 14 年中，曾三迁校址，即魏玛时期（1919～1924 年）、德绍时期（1925～1930 年）、柏林时期（1931～1933 年）；三易校长，即沃尔特·格罗皮乌斯（1919～1927 年）、汉斯·梅耶（1927～1930 年）、密斯·凡·德·罗（1931～1933 年）；期间共有 1250 名学生和 35 名全日制教师在其中工作和学习。

包豪斯的宗旨是创造一个艺术与技术接轨的教育环境，培养出适合于机械时代理想的现代设计人才，创立一种全新的设计教育模式。这一宗旨集中地体现在包豪斯成立当天所发表的由格罗皮乌斯亲自拟定的《包豪斯宣言》中：

"完整的建筑物是视觉艺术的最终目的。艺术家最崇高的职责是美化建筑。今天，他们各自孤立地生存着；只有通过自觉，并且和所有工艺技术人员合作才能达到自救的目的。建筑家、画家和雕塑家必须重新认识：一栋建筑是各种美观的共同组合的实体，只有这样，他们的作品才能灌注进建筑的精神，以免流为"沙龙艺术"。

建筑家、雕塑家和画家们，我们应该转向应用艺术。

艺术不是一门专门职业，艺术家与工艺技术人员之间并没有根本上的区别，艺术家只是一个得意忘形的工艺技师，在灵感出现，并且超出个人意志的那个珍贵的瞬间片刻，上苍的恩赐使他的作品变成艺术的花朵，然而，工艺技师的熟练对于每一个艺术家来说都是不可缺乏的。真正的创造想象力的源泉就是建立在这个基础之上。

　　让我们建立一个新的艺术家组织，在这个组织里面，绝对不存在使得工艺技师与艺术家之间树起自大障碍的职业阶级观念。同时，让我们创造出一栋将建筑、雕塑和绘画结合成三位一体的新的未来的殿堂，并且用千百万艺术工作者的双手将它耸立在云霞高处，变成一种新的信念的鲜明标志。"[1]

图 12.37　法格斯工厂厂房

　　包豪斯的理论原则在于废弃传统的产品（建筑）形式以及与功能无关的装饰，主张形式服从功能，强调形式的单纯、简单、明晰，尊重结构自身的逻辑，促进标准化并考虑商业因素。在美学方面，从工业生产的合理性中探索产品（建筑）形态的决定性因素。包豪斯通过设计实践，实现了技术与艺术的真正统一，形成了设计中的理性主义设计原则，开创了面向现代工业社会的设计方法，填补了长期以来一直存在的现代艺术与技术、手工艺与工业之间的鸿沟。其范围包括了建筑、城市规划、广告和展览设计、舞台设计、摄影与电影，以及使用木、金属、陶瓷、纺织品为材料的产品设计。这些设计思想在包豪斯的教学体系中得到具体的贯彻和实施。包豪斯建立了新的教学纲领，并确立了自己的设计三原则，即艺术与技术的新统一；设计的目的是功能，而不是产品；设计必须遵循自然与客观法则进行。同时，包豪斯所建立的一整套教学方法和教学体系，给设计领域带来深远影响，其形成的主体课程框架在 20 世纪的设计教学中被作为基本的框架，一直被沿用。

　　2）沃尔特·格罗皮乌斯

　　提及沃尔特·格罗皮乌斯（Walter Gropius），我们总是会在他的名字前加上一长串的定语：现代主义建筑与设计的奠基人、现代设计教育的启蒙家、整个现代主义运动中最杰出的设计师之一、包豪斯（Bauhaus）的创始人等等。格罗皮乌斯 1883 年 5 月 18 日生于德国柏林，1969 年 7 月 15 日在美国波士顿去世。1907 年进入彼得·贝伦斯的设计事务所工作，之后自己开业从事建筑设计。1911 年，设计了欧洲第一所真正采用玻璃幕墙结构的法格斯工厂（图 12.37）。1919～1928 年间创建包豪斯设计学院，开创了现代设计教育事业，并在此期间担

1　摘自王受之《世界现代建筑史》，174 页，北京：中国建筑工业出版社，1999。

图 12.38（左）
包豪斯新校舍

图 12.39（右）
魏玛包豪斯办公室（1923
年）

任校长。1925 年设计了包豪斯在德绍（Dessau）的新校舍以及教工住宅，这些设计都体现出他对现代设计的观念和思想。在 1938 年前往美国后，担任哈佛大学建筑学院的院长，进一步推动了现代建筑、现代设计、现代设计教育体系，使之进入国际化和成熟阶段。

1925 年，包豪斯由魏玛迁至德绍，沃尔特·格罗皮乌斯设计了包豪斯的新校舍（图 12.38）。这是一个为教学、实习以及为学生提供生活服务所需要的综合性建筑群，包括教室、工作室、实习车间、办公室、图书馆、体育馆、学生宿舍、餐厅，还有一座兼作影剧院的礼堂。环境布局呈开放式的方框形，大门留在正面建筑物的中央，类似拱式通道。前面是办公区和教学区，后面是学生生活区，左侧是教室、工作室，右侧是图书馆、礼堂，中央留有较大的空间，可以做操场和自由活动空间。各个建筑有高有低，完全根据需要而定，因而造成高低错落、自然有序的效果。各个区域之间，互以天桥和连廊相连接，既实用又美观。在建造楼房时，格罗皮乌斯尽量采用现代化的新材料，强调合理的结构与单纯的形式，不论在总体布局上，还是单体建筑的体量形态上，都必须符合功能的要求，体现了现代主义建筑观的主要精粹。

包豪斯校舍室内设计非常简洁，一如其强调功能性的外观形式，格罗皮乌斯设计了校长办公室（图 12.39），是以线性几何形式进行探索的结果，对白色、灰色的运用以及重点应用原色的格调可使人想起荷兰"风格派"的影响，室内还配以包豪斯的教师与学生所设计的家具与室内用品。

1932 年，建筑历史学家亨利·拉塞尔·希契科克（Henry-Russell Hitchcock）与菲利普·约翰逊（Philip Johnson）共同组织了一个现代作品展览，于纽约现代艺术博物馆展出。展览的组织者将包豪斯建筑以及其他所有类似的现代作品描述为"国际式"，并将这种国际式现代主义定义为具有抽象性、立体派和代表了 20 世纪的机械特性风格，即"机器时代（machine age）"风格。这一术语反映了一个事实，即早期设计史中强烈的地域差异特性在现代主义身上日渐消退，当现代主义设计思潮传播至欧洲其他国家时，这一点变得越来越明显，即这种现代主义是真正国际性的。

现代主义的先驱以及他们的追随者们，坚信设计应该满足大众的需求，设计对于建筑物和物品的所有者来说，都应该一视同仁。现代主义建筑设计的主要原则之一，是建筑设计应从室内的布置开始，进而引出符合逻辑的外部形式，室内设计也同样具有简洁的功能和形式，放弃了历史的、装饰的细部等建筑外部形式特征。

3）密斯·凡·德·罗

密斯·凡·德·罗（Mies Van Der Rohe）是现代主义建筑设计的最重要的大师之一，他通过自己一生的实践，奠定了明确的现代主义建筑风格，提出了"少就是多"（Less ismore）的现代主义设计立场和原则，并通过教学影响了好几代现代设计家，从而改变了世界建筑的面貌。美国作家汤姆·沃尔夫曾在他的著作《从包豪斯到我们的房子》中提到，"密斯的原则改变了世界都会 1/3 的天际线"，这一形容并不夸张。他对于现代主义建筑和设计的影响，大约只有沃尔特·格罗皮乌斯可相媲比。

密斯 1886 年 3 月 27 日出生于德国亚琛（Aachen）的一个石匠家庭，1907 年进入彼得·贝伦斯的设计事务所工作，1913 年在柏林开办了自己的设计事务所。第一次世界大战之后，密斯设计了许多带有整体外部玻璃幕墙的高层建筑方案，以及一栋混凝土结构的办公楼建筑，这栋办公楼建筑带有连续的水平带状窗户。密斯的这些设计方案大多并没有付诸实施，但却通过印刷出版对 20 世纪 50 年代和 60 年代的欧美现代主义产生了巨大影响。

1927 年，密斯参加了魏森霍夫住宅区的设计展览，诸如彼得·贝伦斯、格罗皮乌斯、勒·柯布西耶等众多现代主义设计大师都应邀参加，要求采用新的风格设计样板住宅，以表明新的邻里关系。密斯设计了一座高 3 层、带有屋顶平台的公寓住宅，是此次展览中最大的作品。住宅带有光洁的白墙、宽阔带状连续长窗，均为国际式现代主义的典型特征。1929 年为巴塞罗那世界博览会设计的德国展馆（现常称巴塞罗那馆）以及内部家具，进一步奠定了密斯作为大师的地位。展馆布置在一处宽敞的大理石平台上，有两个明净的水池。整体结构由8 根钢柱组成，柱上支撑着平板屋顶。建筑内部没有承重的封闭墙体，玻璃以及大理石材质的隔屏呈不规则的直线形布置，其中一部分延伸至了室外。室内色彩组合丰富，浓艳的绿色和橙红色的大理石墙体、钢结构柱上闪烁的镀铬光泽、鲜红色的织物以及蛋白色玻璃，均使得展馆本身成为一件抽象的艺术品。人们可以在开敞的空间中漫步，欣赏建筑富丽的材质、抽象的平板组合以及陈设于其中的现代雕塑作品。密斯为展馆设计的家具，至今仍被视为经典（如巴塞罗那椅）。巴塞罗那馆似乎是第一座为充分发挥钢、混凝土等现代结构能力而建造

图 12.40 巴塞罗那国际博览会德国馆（1929 年）

的建筑，在这种结构中，墙体不再起承重作用，而可以自由地以各种材质和形式设置，使得室内空间可任意开敞和分隔，以满足不同的功能需求（图 12.40）。

吐根哈特住宅（Tugendhat House，1928～1930 年）是密斯迁居美国之前所设计的最为著名的住宅建筑，与巴塞罗那展馆设计于同一时期。吐根哈特住宅（图 12.41）是其父母赠给弗里茨·吐根哈特的结婚礼物，屋主希望其不仅仅是一座住宅，同时也可成为一个文化宣言。

住宅沿陡峭的坡地布置成 3 层，从沿街的一面看上去整个住宅似乎仅为一个单层建筑，入口和车位位于上层（临街）。在临街处，住宅向紧连的一个平台和管家门房小屋开敞。卧室占据顶层空间，在下面一层安排了开敞空间的主起居室，仅仅使用一扇条纹大理石屏风分隔出起居空间与书房空间。在起居室内，设有一曲线形檀木雕花屏风分隔就餐区。密斯在吐根哈特住宅中非常认真地圆了现代主义运动的技术之梦，住宅以钢框架结构为基础，采用了可作为密斯标志的镀镍十字形钢柱，整体建筑制作十分精美，光亮如镜的钢表面，使人们几乎注意不到它们的存在。吐根哈特住宅配备了集中供热系统，还有按钮、电控的可伸缩玻璃窗以及光电电池，在晚上可以自动地关闭入口层平台与街道间的大门，厨房内还安装有抽气风扇。

密斯于 1931 年出任包豪斯（Bauhaus）的第三任校长，他的非政治化倾向为此时的包豪斯作出了巨大贡献，通过改革，终于使包豪斯成为以建筑教育为中心的新型设计学院，为战后不少设计学院奠定了新的体系模式。他认为建筑就是建筑，并没有什么社会的意义。在设计中对政治问题的漠不关心，也使他成为整个现代主义运动中极其独特的一位。1933 年包豪斯被迫关闭后，密斯于 1938 年前往美国，长期担任伊利诺斯州立大学建筑系主任，并通过设计实践推动了战后国际主义风格的发展。

图 12.41 吐根哈特住宅
（a）外观；（b）立面

(a)　　　　　　　　　　　　　　　　　　　　(b)

主要参考资料

[1]（美）大卫·瑞兹曼．现代设计史．（澳）王栩宁等译．北京：中国人民大学出版社，2007.

[2]（美）约翰·派尔．世界室内设计史．刘先觉等译．北京：中国建筑工业出版社，2003.

[3]（美）理查德·韦斯顿．20 世纪住宅建筑．孙红英译．大连：大连理工大学出版社，2003.

[4]（英）德扬·苏季奇，（澳）图尔加·拜尔勒．20 世纪名流别墅．汪丽君等译．北京：中国建筑工业出版社，2002.

[5]（英）格兰锡．20 世纪建筑．李洁修等译．北京：中国青年出版社，2002.

[6]（英）菲奥纳贝克，基斯贝克．20 世纪家具．彭雁等译．北京：中国青年出版社，2002.

[7]（瑞士）弗雷格编著．阿尔瓦·阿尔托全集．王又佳等译．北京：中国建筑工业出版社，2007.

[8]（美）罗伯特·文丘里著．建筑的复杂性与矛盾性．周卜颐译．北京：中国水利水电出版社，2006.

[9]（美）罗伯特·文丘里，丹尼丝·斯科特·布朗等著．向拉斯维加斯学习．徐怡芳等译．北京：知识产权出版社，2006.

[10]（美）肯尼斯·弗兰姆普敦著．现代建筑：一部批判的历史．张钦楠等译．北京：三联书店，2007.

[11] 王寿之．世界现代建筑史．北京：中国建筑工业出版社，1999.

[12] 何人可．工业设计史．北京：北京理工大学出版社，2000.

[13] 李砚祖．外国设计艺术经典论著选读（上、下）．北京：清华大学出版社，2006.

[14] 李砚祖．环境艺术设计．北京：中国人民大学出版社，2005.

[15] 紫图大师图典丛书．新艺术运动大师图典．西安：陕西师范大学出版社，2003.

[16] 吴焕加．外国现代建筑二十讲．北京：生活·读书·新知三联书店．

第 13 章　20 世纪中期西方的室内设计（1920 ～ 1960）：现代主义设计的传播与发展

13.1　早期现代主义设计的发展（1920 ～ 1940）

20 世纪上半叶，折中主义设计虽然一直占有统治地位，但现代主义思想还是逐渐得到了传播。在两次世界大战期间，现代主义设计在欧美各国均有所发展。但是随着第二次世界大战的爆发，现代主义在欧洲大陆与英国的发展被迫暂时中断，直到二战之后又在美国发起新一轮的发展盛况。

13.1.1　早期现代主义设计在欧洲的传播发展

1）法国现代主义设计

19 世纪末 20 世纪初，法国的设计以"新艺术"运动和"装饰艺术"运动为主流，现代主义的设计表现并不突出。尽管如此，法国在这一时期还是出现了现代主义设计的探索与尝试，勒·柯布西耶（Le Corbusier，1887 ～ 1968 年）即是其杰出代表。这位 20 世纪著名建筑师与设计艺术理论家，被称为现代主义运动中最有影响的三位大师之一（其他两位是格罗皮乌斯和密斯·凡·德·罗），勒·柯布西耶于 1887 年出生于瑞士，原名为查尔斯·艾德瓦德·吉尼雷特（Charles Edouard Jeaneret），1930 年加入法国国籍。勒·柯布西耶被誉为开创现代主义建筑的鼻祖，机器美学的重要奠基人，在诞辰一百周年时，联合国以其名义将这一年定名为国际住房年，以表彰他的卓越贡献。勒·柯布西耶一生做了大量的设计实践，更重要的是他把现代建筑以及规划运动推广到前所未有的深度及广度。勒·柯布西耶总能倡导时尚又能及时发现它的弊端，通过否定过去的甚至是自己的而获得前进。然而他前卫的建筑理念经常不被人理解，因而他一生总是左右逢敌，受到非难和嘲弄。

　　1910 年左右，勒·柯布西耶进入彼得·贝伦斯的设计事务所工作，后于维也纳为霍夫曼（Josef Hoffmann）短暂工作。1917 年移居巴黎，加入了名为 A·奥西芳（Amédée Ozenfant）的艺术家组织，旨在发展一种立体派的抽象绘画形式，称为"纯粹主义"。1920 年他们联合创办了《新精神（L Esprit Nouveau）》刊物，并连续发表文章表达自己的设计思想。1923 年，勒·柯布西耶将这些文章汇编成成书出版，即《走向新建筑》。这本书是一个完整的现代主义建筑宣言，提倡新的社会秩序、建筑的革新。勒·柯布西耶认为在现代技术的潜力和现实之中存在极大的矛盾，这个矛盾使很少人能够真正享受现代技术的好处。他试图通过新的建筑形式为广大人民提供良好的生活方式与条件，从而把现代技术的潜力最大限度地发挥出来。

　　《走向新建筑》至今仍被认为是"现代建筑"的经典著作之一，全书共 7 章：①工程师的美学与建筑；②建筑师的三项注意；③法线；④视若无睹；⑤建筑；⑥大量生产的住宅；⑦建筑还是革命。勒·柯布西耶系统地提出了革新建筑的见解与方案，他首先称赞工程师通过经济法则与数学计算而形成的不自觉的美；历史性建筑，如古希腊建筑，因其抽象的、精美的品质同样备受勒·柯布西耶赞扬，但他反对那些在建筑思潮中占主导地位的复古主义、折中主义样式，并如此评价那些在设计中对折中主义的模仿："路易十四、十五、十六和哥特式等风格，对建筑来说，就像女人发型的一根头发；它有时漂亮，但不总是如此，并且除此之外，一无他物"。他认为建筑师应该注意的是构成建筑自身的平面、墙面和型体，并应在调整它们的相互关系中，创造纯净与美的形式，比如他倡导将工厂、轮船、汽车、飞机构成的图案可以和帕特农神庙的细部相媲美。现代机械的美学正被应用在现代世界真正的艺术性表达中，同时，勒·柯布西耶提出了革新建筑的方向，包括居住建筑与城市规划。他认为，社会上普遍存在着的恶劣居住条件，不仅有损健康而且摧残着人们的心灵，并提出革新建筑首先要向先进的科学技术和现代工业产品——海轮、飞机与汽车看齐。他认为："机器的意义不在于它所创造出来的形式……而在于它主导的、使要求得到表达和被成功表达的逻辑……我们从飞机上看到的不是一只鸟或一只蜻蜓，而是会飞的机器。"于是，勒·柯布西耶提出了他的惊人论点——"房子是居住的机器"。对于这一观点，勒·柯布西耶解释道：住宅不仅应像机器适应生产那样适应居住要求，还要能够像生产飞机与汽车等机器那样被大量生产，这是由于它形象、真实地表现了其生产效能是美的，而住宅也应该如此。能满足居住要求的、卫生的居住环境，有促进身体健康、"洁净精神"的作用，这也为建筑的美奠定了基础。因而这一观点既包含了住宅的功能要求，也包含了住宅的生产与美学要求。《走向新建筑》第二版出版时，勒·柯布西耶这样写道："目前这本书起作用的方式，不是说服专业人员，而是要说服大众，一个建筑时期来临了"；"因此建筑成了时代的镜子"；"现代的建筑关心住宅，为普通而平常的人关心普通而平常的住宅。它任凭宫殿倒塌。这是时代的一个标志"。

勒·柯布西耶对建筑设计的主要贡献集中于两次世界战争之间，其开放和强有力的个性也明确地表现在室内设计中。1922 年设计的沃克雷森（Vaucresson）住宅，采用了开放的内部设计，起居室和餐厅空间的分隔由一个可以活动的部分完成，大的落地窗户可使更多的阳光射入。对勒·柯布西耶来说，窗户是室内和室外的一个过渡部分，混凝土结构为窗户的历史带来了革命，对于所有城市房屋来说，外墙不再承重，可以自由敞开或封闭。窗户现在可以从正面的一端一直延续至另一边，成为房屋的一种可重复的服务性的元素。结构元素也注入进了勒·柯布西耶的室内，如在巴黎附近的加奇斯（Garches）斯坦（stein）别墅（图 13.1，1927 年），整个建筑是一个立方体体块，大体量的柱子贯穿室内，空间的分隔用一种几乎抽象的方法，与传统建筑形状和尺寸概念及相互关系完全不同。与 20 世纪 20 年代其他几所较大住宅设计一样，位于加奇斯的别墅建筑似乎与古典别墅大师帕拉第奥（Palladio）展开了一场对话。支柱格栅在宽开间与窄开间之间切换，在中心地区，古典主义的印记闪亮登场又遭到贬诋：带状窗户将人们的视线迫到了边缘，透过窗户的入射光线在平面的周边散开。正立面是一个非对称的杰作，由隐藏其中的基准线几何性地控制着：带状窗户与车库相平衡；主入口和悬臂天篷在相匹配的仆人的入口上方显示着它们的私密性，并下落到一个突出的阳台下，整个阳台被隐藏在主楼层上主楼梯的后面。花园正门显得比较安静，动人且具有渗透性。这种在构成上的分离模式让人想起后现代立体派绘画风格，但参观者往往无法把握其全貌，而这些构思在勒·柯布西耶的"散步建筑（Promenade architecturale）"理念中陆续展示出来，这一在对雅典卫城冲击过程中激发出来的灵感，随着勒·柯布西耶的"萨伏伊别墅"的落成而达到了巅峰，这位著名的建筑师也将住宅建筑推向了完美的极致。

图 13.1　斯坦别墅，1927 年

萨伏伊别墅设计建造于 1929～1931 年间，位于巴黎郊区。这座白色独立别墅精美、优雅、神奇、令人满意。整个建筑由钢筋结构柱支起，取代了传统的墙体支撑结构。驱车前来参观的人穿过支柱把车停在车库里，经过主楼层下面的玻璃箱进入别墅，在凸出的水盆里洗漱后，沿弯道或楼梯登上主客厅。这个设计的奇特之处在于很难分辨出哪里是门内哪里是门外，最大限度地利用自然采光和空气流动，从室内任何角度，都

（a）　　　　　　　　　　　　　　（b）

可以欣赏到法国恬美的田园风光。萨伏伊别墅成为机械美学的宣言和现代建筑发展的里程碑，被公认为 20 世纪 20 年代世界最重要的建筑之一，也为勒·柯布西耶的现代建筑设计奠定了坚实基础（图 13.2）。

在第二次世界大战之前，勒·柯布西耶自称为"功能主义（functionalism）"者，所谓"功能主义"，人们常以包豪斯学派的中坚德国建筑师 B. 托特的一句话："实用性成为美学的真正内容"作为解释。而勒·柯布西耶所提倡的要摒弃个人情感、讲究建筑形式美的"住房是居住的机器"，恰好就是如此。勒·柯布西耶还认为建筑形象必须是新的，必须具有时代性，必须同历史上的风格迥然不同。他说："因为我们自己的时代日复一日地决定着自己的样式"。他在两次世界大战之间的主要风格就是具有"纯净形式"的"功能主义"的"新建筑"。后来同与格罗皮乌斯和密斯·凡德罗所提倡的"新建筑"，再加上以赖特为代表的"有机建筑"，被统称为"现代建筑"。

虽然"住宅是居住的机器"这一美学理念由勒·柯布西耶提出，然而在皮埃尔·沙雷奥（Pierre Chareau）、伯纳德·比诺维（Bernard Bijovet）设计的巴黎韦尔别墅（Maison de Verre，1928～1932 年）中得到了体现。韦尔别墅（图 13.3）紧密地融入周围的环境当中，其两个立面几乎全部使用了常见于公共厕所中的玻璃砖，以 4 块砖块为 1 格，以一种 91cm 的模块体系贯穿着整个设计。整栋别墅被设计成一个充满光线的盒子，楔入了一个紧密的巴黎式的庭院。住宅的空间特性以及空间组合的复杂层次，把勒·柯布西耶突出的机器美学作为设计的主要思路。室内充满了具有创意性的细节，如书架似的栏杆与充满了暖气的空心钢楼板；类似于轮船中使用的可移动楼梯；浴室使用弯曲有细孔的铝板遮蔽（这种方法被后人广泛效仿）；铝合金制成的光滑的衣柜以及抽屉等等，那些用来开关窗户的齿轮、外露的管道、所有的开关都带有着令人惊叹的宝石般的精度。[1] 韦尔住宅竣工后，引起了勒·柯布西耶的极大兴趣，同时在 20 世纪 50 年代又被詹姆斯·斯

图 13.2（左）
萨伏伊别墅
（a）立面；（b）室内一景

图 13.3（右）
韦尔别墅立面

1　（美）理查德·韦斯顿著：《20 世纪住宅建筑》，52 页，孙红英译，大连：大连理工大学出版社，2003 年。

特林与理查德·罗杰斯等高技派设计师们所推崇。

在《走向新建筑》"住宅的便览"一节中，勒·柯布西耶同时明确地提出了住宅设计的具体要求：要有一个大小如过去的起居室那样朝南的浴室，以供日光浴与健身活动之用；要有一个大的起居室而不是几个小的；房间的墙面应该光洁；尽可能设置壁橱来代替重型的家具；厨房建于顶层，可隔绝油烟味；采用分散的灯光；使用吸尘器；要有大片玻璃窗。认为选择比一般习惯略为小些的房屋，并且永远在思想和实际行动中注意住宅在日常使用中的经济与方便等等，均表达了勒·柯布西耶住宅室内的设计思想。同时，勒·柯布西耶也是在住宅设计中首先关注浴室设计的一位现代主义大师。在萨伏伊别墅的浴室设计中，虽然勒·柯布西耶以上宣言并没有得到发挥和实现，但是在萨伏伊别墅的浴室中设计有波浪形的地板和嵌入式的罗马浴盆，也是当时非常独特的洗浴构想。

在改革室内家具设备方面的成就，勒·柯布西耶的贡献无论在欧洲还是在美国均产生了巨大影响。自 1925 年起，他与外甥皮埃尔·吉纳雷特和查罗德·彼雷安德一起合作，开始设计和生产室内家具。1929 年在巴黎装饰艺术家秋季沙龙上展出的公寓楼中，所有"现代室内"的元素都在此得到了充分的展示，包括固定的架子和橱柜，层压板表面和隐蔽光源，所有这些都与镀镉钢管家具相连。

住宅中的厨房设计，直到 20 世纪 20 年代前都不为人们所重视，因为这些空间通常是为佣人们所使用，大多数厨房的设计都像一个车库或者轮船的锅炉房一样。第一次世界大战结束后，建筑师们逐步开始对住宅设计感兴趣，而这些新设计的住宅中并不雇佣佣人工作；同时，中产阶级不断壮大，并逐步形成了新的生活方式，即他们往往将厨房作为家庭生活的中心。因此，厨房的功能性设计更加受到重视，设计师们努力寻找一些天然材料以使得功能形式与形式相符合。玛格丽特·舒特－利霍特斯基（Margaret Schutte-Lihotzky）便是该时期一位十分重要的厨房设计师。在 20 世纪 20 年代中，她为法兰克福的新建公寓设计了一系列标准化厨房，并成为了所有适应性厨房设计的鼻祖（图 13.4）。舒特－利霍特斯基设计的厨房既经济又优雅，有整齐的储物箱与挂物架，操作台的设计更加注重便于清洁。预制混凝土洗

图 13.4　法兰克福厨房

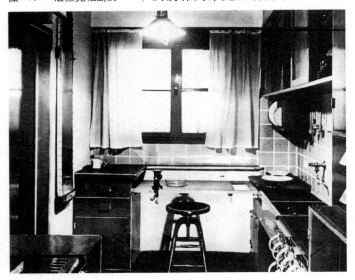

涤槽的设计降低了生产成本，并使所有使用需求尽可能地压缩在尽量小的空间中。比如在某些情况下洗涤可以和烹饪结合在一起，如果洗涤槽上设计有盖子，还可以作为额外的操作台面。在厨房和起居室之间设计了宽推拉门，以便让工作中的主妇们可以时刻关注起居室里的孩子。同时，舒特－利霍特斯基设计的厨房也是现代家电消费品的主要市场，如烤箱、冰箱等等。

　　2）英国的现代主义设计

　　两次世界大战之间的英国由于政府、建筑专家干预，同时也由于公众口味所具有的保守主义态度，使得现代主义的发展和传播具有一定的阻力。随着 20 世纪 30 年代从德国和奥地利逃难到英国的设计师的影响，现代主义设计潮流迎来了一次兴盛的景况。英国虽然没有像德国、荷兰、俄国那样曾经经历大规模的现代主义建筑与设计运动，但该时期也出现了非常杰出的现代主义设计大师和设计作品，如罗伯逊（Robert son）与伊顿（Easton's）设计的伦敦园艺馆（1928 年），采用了弯曲状的钢筋混凝土屋顶；1927～1928 年托马斯·塔伊特（Thomas Tait）为克里托尔制造公司设计的大楼，具有一定的立体主义形式；1929～1939 年由阿姆亚斯·康聂尔（Amyas Connell）设计的"高悬大楼（High and over）"；1930～1932 年间建成的带有大玻璃幕墙的伦敦"每日快报"大厦，由埃利斯（Ellis）、克拉克（Clark）、威廉（Williams）等设计，这些建筑均标志着现代主义建筑已经进入了英国，并逐步为大众所接受。

　　瓦尔特·格罗皮乌斯曾于 1934 年在英国短暂停留，之后前往美国。在英国期间与马克斯韦尔·弗赖伊（Maxwell Fry, 1899～1987 年）合作设计了剑桥郡的伊姆平顿学院建筑（Impingten College），两人还合作了本·利维（Benn Levy）住宅，在住宅的平面布局、外

图 13.5　太阳住宅，1936 年

部形式与室内设计方面，均为英国现代主义的杰出代表；1936 年，马克斯韦尔·弗赖伊设计了伦敦汉普斯特德的太阳住宅，堪称为英国最早的现代主义住宅室内之一（图 13.5），该住宅使用了现代主义建筑典型的大面积玻璃墙，简洁的室内带有现代主义家具与装饰细部。在这些项目中，引人注目的还有德·拉·沃尔展览馆，由门德尔松与切梅耶夫于

图 13.6（左）
德·拉·沃尔展览馆，
1935～1936 年

图 13.7（中）
海波因特公寓（1936～
1938 年）

图 13.8（右）
伦敦地铁车站（1934 年）

1935～1936 年设计，是最早证明现代主义观念在英国的重要例证之一，这座位于海边名胜区的公共展馆，也可以被称作是现代建筑最好的例子之一。建筑内设计有一个会堂、展览空间、餐馆，以及户外休息空间，设计师设计了弧形的悬臂楼梯，大面积的玻璃幕墙使得人们可以看到对面美妙的海景（图 13.6）。生于俄国的伯索德·卢贝特金（Berthold lubetkin, 1901～1990 年）于 1936～1938 年设计了位于伦敦高门区（Highgate）的海波因特多层公寓住宅，这座住宅证明了现代建筑语汇同样能够像服务于公众那样服务于普通住宅，在入口门厅简洁轻快的设计中，体现出了典型的现代主义设计风格（图 13.7）。1934 年之后建造的伦敦地铁系统，成为介绍现代主义设计的先锋，通过车站、车厢、标识系统等将现代主义的理念广泛地传达给了英国公众（图 13.8）。

　　3）斯堪的纳维亚的设计风格

　　广义上，斯堪的纳维亚国家包括芬兰、挪威、瑞典、丹麦、冰岛 5 国，其中以瑞典、丹麦、芬兰在现代设计上发展得最为稳健和迅速。从 20 世纪初期开始，当"新艺术"运动在欧洲传播时，瑞典、丹麦和芬兰也产生了自己模式的"新艺术"运动，并且在家具、陶瓷、玻璃器皿、金属制品、纺织品设计以及传统工艺品设计上得以发展。这 3 个国家都制定了相关政策，以保证传统工艺在工业化发展过程中不至于受到损害。他们希望能够将传统与现代工业设计结合起来，并称这一目的是为发展"工业艺术（Industrial Arts）"。

　　20 世纪 20 年代至 30 年代，斯堪的纳维亚国家逐步形成了自身的设计风格特征，即将现代主义设计思想与传统设计文化相结合，在设计中既注重产品的实用功能，又强调设计中的人文因素，并避免过分的形式和装饰因素，尊重自然材料，从而产生一种富于人情味的现代设计美学，其设计集中于室内设计、家具、陶瓷、玻璃、灯具等方面。瑞典是北欧现代主义运动起步最早的国家。1900 年即已成立了"瑞典设计协会"，该协会旨在促进提高瑞典的设计水平，非常类似于 1917 年成立的德国工业联盟那样的设计组织。布鲁诺·马特松（Bruno Mathsson）是这一时期瑞典最著名的设计师，主要从事家具和室内设计。在设计中既强调现代主义的功能主义原则，又强调图案的装饰性和传统与自然形态的重要性。

芬兰的现代设计直到 1917 年芬兰独立后才开始发展。20 世纪20 年代和 30 年代芬兰最著名的设计师是阿尔瓦·阿尔托（Alvar Aalto，1898～1976 年），他通过其建筑、室内、家具等设计成为斯堪的纳维亚国家最具有影响力的现代主义大师。阿尔瓦·阿尔托于1898 年 2 月生于芬兰科塔涅（Kuortane），1976 年 5 月于芬兰赫尔辛基去世，是现代主义建筑的重要奠基人之一，也是现代城市规划、工业产品设计的重要代表。阿尔瓦·阿尔托在建筑设计领域所取得的成就与影响，与格罗皮乌斯、密斯、勒·柯布西耶、赖特等现代主义先驱一样，为后人称颂。阿尔瓦·阿尔托在设计中强调功能主义原则和有机形态相结合的方式，在设计中广泛使用自然材料，如木材、砖等传统建筑材料，使得他的建筑设计具有与众不同的亲和感，其设计更加具有人文色彩，也更多地重视人的心理需求。正是这些特征，使阿尔瓦·阿尔托成为现代主义设计先驱中非常独特的一位。

1927～1928 年间，是阿尔瓦·阿尔托建筑设计生涯中非常重要的奠基时期。该时期的主要设计作品有萨诺马特大楼、帕米欧肺结核疗养院、维堡图书馆（已毁），均体现了现代主义建筑的特征，如采用钢筋混凝土结构、无装饰、高度功能主义和理性主义的处理，以及通透自由的内部空间、宽大的阳台、宽阔的窗户等等。同时，阿尔瓦·阿尔托在设计中也表现出了独特性，如在建筑上部分采用有机形态，不仅仅拘泥于简单而刻板的几何形式；在室内材料上也使用了大量的木材；照明上则采用大型的顶部灯孔方式，也包括一系列有机形态的弯木家具，这些处理手法被一些评论家称为"有机功能主义（Organic Functionalism）"。

萨诺马特大楼是 1929 年为土伦萨诺马特（Turun Sanomat）一家报社设计的建筑，带有白墙以及不对称布局的带状窗户。在印刷车间内，钢筋混凝土柱子向内倾斜，柱子的弧形边缘以及向上扩大的柱头，使其能够舒缓地与顶部相结合。室内的细部设计亦十分讲究，从照明设备至门把手，都经过仔细研究，使得整体设计的理念被完整地贯彻到每个细节中。

1930～1933 年，阿尔托设计了芬兰帕米欧肺结核疗养院（Paimio Sanatorium，图 13.9，图 13.10），他最初设计的现代化家具也在此亮相。在设计中，阿尔瓦·阿尔托使光、空气以及阳光都尽可能满足治疗肺结核病人的需要。整个建筑依地势起伏铺开，与周围环境和谐统一。平面大致呈长条状，由通廊连接，

图 13.9　帕米欧疗养院（1933 年）

（《阿尔瓦·阿尔托全集（第一卷）》，28 页，王又佳等译 . 北京：中国建筑工业出版社，2007）

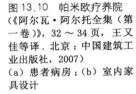

图 13.10　帕米欧疗养院
(《阿尔瓦·阿尔托全集(第
一卷)》,32 ~ 34 页,王又
佳等译. 北京:中国建筑工
业出版社,2007)
(a) 患者病房;(b) 室内家
具设计

(a) 　　　　　　　　　　　　　　(b)

各条通廊之间不相互平行,表现出功能和自由结合的风格。最前排是
病房,共 7 层,朝南略偏东,可容纳 290 张床位,每间病房住两人,
公共走廊则朝北。东端是日光室和治疗区,朝向正南与主楼成一定角
度。主楼屋顶是平屋顶,一部分作为花房。第二排建筑高 4 层,为了
不受前排的光线遮挡,不与主楼平行,其一层为行政区,二、三层为
医务院,四层是餐厅和文娱阅览室。第三排是单层,设有厨房、锅炉房、
备餐间和仓库等。整体采用钢筋混凝土框架结构,建筑布局简洁,长
条玻璃窗重复排列,形成干净、简洁的韵律。最底层采用黑色花岗石,
和白色墙面形成强烈对比。阳台的玫瑰色栏板使得建筑简洁的线条充
满跳跃的动感。室内采用淡雅的色彩,细节充分考虑到病人的起居需
要,而不是单纯追求理想化和抽象化的造型模式,大大扩展了功能主
义的含义。1956 年,在意大利的一个演讲中,阿尔托如此描述帕米欧
疗养院:"建造这座建筑的主要目的是作为治疗的工具。治疗的基本
条件之一是有一个完全安静和平的环境……房间的设计完全考虑到病
人的感受:顶棚的颜色温馨;布置灯光照明时,避免病人在卧床时产
生眩目;在顶棚上设置暖气;自然风通过高窗进入室内;水从水龙头
里流出时没有噪声,确保不会影响到隔壁。"

维堡图书馆位于维普里(Viipuri),是一座由两个矩形体量组成
的简洁的建筑,图书馆建筑平面分为三部分:阅览室、讲堂和办公区;
借书处与门厅;此外还有半地下书库、衣帽间、茶室、卫生间等。入
口大厅的楼梯连接大型礼堂,楼梯外是玻璃幕墙。儿童图书馆、借书处、
阅览室和基础连在一起形成主体建筑。讲堂和办公部分是钢结构框
架,立面采用大面积玻璃窗,公园美丽风景可尽收眼底。伸出的主入
口通往借阅处以及正对着的"观赏塔"。借书处和阅览室的部分外墙
厚 75cm,四壁不开窗,采用空调控温,满足北欧的保暖需要。顶部采
光采用在平屋顶上预制漏斗形天窗,天窗共 57 个,上大下小,保证
光线均匀漫射。天窗有两层玻璃,配有辅助灯光,以便晚上和冬天积
雪时使用。同时灯光的温度能融化天窗顶的积雪,确保采光需要以及

承重安全。天窗垂直向室内伸入一部分，组成有
韵律的顶棚图案。其他重要的创新设计包括灯光
的大量应用、未经粉饰的木格窗、大胆自由的室
内造型以及经过特殊设计的灯光设备。阿尔瓦·阿
尔托还为室内设计了独特的家具（图 13.11，图
13.12）。

　　20 世纪 30 年代的早期，阿尔托对呆板的教条
主义和反对自然、崇尚人为因素的现实主义表现
出怀疑和否定。他的这种理念表现了其对芬兰自
然、质朴的热爱，以及对意大利人文主义的崇拜，著名的巴黎和纽约
世界博览会芬兰馆正是以这种理念为基础设计的。阿尔瓦·阿尔托为
巴黎世界博览会设计的芬兰展馆，由一系列参差不齐的建筑物交汇在
一起，形成一种抽象的拼贴风格。它们是由开放的小型展馆和两个相
对开阔的大厅构成，大厅向内倾斜，中心部分下沉。曲线墙面环绕在
一个有树荫的日本风格的花园周围。盒子一样的室内空间因自由、流
动的墙体而显得十分有趣，波浪形木条构成的倾斜墙体，构成的空间
令人兴奋。在此次建筑设计比赛中，阿尔托提出的两个方案，以及其
妻子递交的第三个方案均全部获奖。在最终的方案里，阿尔托设计了
一座波浪形的高墙，向内倾斜，增大了展区面积，又使室内空间产生
了流动感和浪漫的气氛。他通过在影院悬挂一个船形的顶棚来避免封
闭、沉闷的感觉，室内有一系列蜿蜒的平台，一面是悬挑式楼梯。在
展馆中很多展品既做展品又是展馆的材料设备，譬如一个芬兰产的压
制板做成的螺旋桨既是展品又实现空气流通；作为墙体材料的木头也
是芬兰当地产业的展示品。阿尔瓦对它的评述是："展览馆就像仓库，
各种各样的展品堆放在一起陈列。我尽力开辟最大空间集中展示他们，
密集摆放在一起，农产品和工业产品只有数寸之隔——好像把一个个
单独的音符串成一篇乐章。"

　　阿尔瓦·阿尔托的住宅设计中有为迈雷·古利克森（Maire
Gullichsen）设计的玛里亚别墅（Villa Mairea，1938～1941 年），位

图 13.11　维堡图书馆的
室内天窗效果与出纳台
（《阿尔瓦·阿尔托全集（第
一卷）》，40 页，王又佳等
译．北京：中国建筑工业出
版社，2007）

图 13.12　维堡图书馆的
主要阅览室
（《阿尔瓦·阿尔托全集（第
一卷）》，41~43 页，王又佳
等译．北京：中国建筑工业
出版社，2007）
（a）主要阅览室；
（b）报告厅

（a）

（b）

图 13.13（左）
玛里亚别墅总图
（《阿尔瓦·阿尔托全集（第
一卷）》，85 页，王又佳等
译．北京：中国建筑工业出
版社，2007）

图 13.14（右）
玛里亚别墅客厅一角
（《阿尔瓦·阿尔托全集（第
一卷）》，90 页，王又佳等
译．北京：中国建筑工业出
版社，2007）

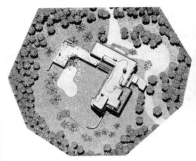

于诺尔马库（Noormarkku）。设计灵感来自于原始山野，住宅中包含了美丽的手工艺技巧，显得精巧、复杂却富于隐喻。这座住宅直至二战前夕才圆满竣工，因此也成为战前著名的现代主义住宅作品中的最后一个（图 13.13，图 13.14）。芬兰 20 世纪 30 年代建造的一系列私人住宅大都模仿德国大师格罗皮乌斯的风格，但是 1934 年阿尔托在设计他的工作室和房地产经理人住宅的时候，根据芬兰当地的特点对住宅的风格做了一些改进：采用不同的材料，以木材为主，砖石点缀，用一种新的手法将老式建筑主体融入整体中。但是阿尔托最重要的创新在于一种新的、贴近自然的、非几何形体的空间结构。同时，之后的事实也证实这座独特的建筑所采用的新的理念，同样适用于普通人的住宅。如果我们排除那些为经理官员们设计的住宅，在阿尔托所有作品中，只有小部分私人住宅缺少人性化的情趣。他的独立私人住宅有很多是为艺术家朋友设计，由于艺术家专注于自己的工作，以至于不能在工作和休息之间划分出明确的界线，因此阿尔托希望将它们融洽地联系在一起，这样的设计使得他将住宅的工作区和生活区连成一个整体，并力求表现出主人的艺术素养和个人魅力。所以他的这些住宅就像是独一无二的个人肖像，迈雷别墅被称为"把 20 世纪理性构成主义与民族浪漫运动传统联系起来的构思纽带"。

　　古利克森夫人玛里亚（Villa Mairea）是当时芬兰最大的工业家族之一——阿尔斯托姆的继承人，这个家族拥有芬兰大量木材、矿藏、水力资源、木夹板厂、玻璃厂、造纸厂、塑料厂等；同时，玛里亚对艺术有着浓厚的兴趣，她允许阿尔瓦·阿尔托在设计中进行大胆的创新和试验，并希望新别墅不仅能够具有符合时代特色的建造形式，同时还要有独特的个人魅力。阿尔瓦·阿尔托曾写道："在这座建筑中所运用的形式概念，是想使它与现代绘画相关联"。玛里亚别墅是一座大型的避暑别墅，共两层，底层包括一个矩形服务区域和一个正方形的大空间，其中有高度不同的楼梯平台、接待客人的空间、由活动书橱划分出来的书房和花房。公共空间和私人起居空间由中间的餐厅和降低的入口门厅分隔开来，除了服务区之外整个空间都是开敞的。L 形的别墅和横放着的桑拿房、不规则形的游泳池围合成一个庭院，桑拿房位于院子一角，连接着门廊，一道 L 形毛石墙强调了院落的空间。入口处，未经修饰的小树排列成柱廊的模样，雨篷的曲线自由活泼，从浓密的枝叶中露出一角，颇有几分乡村住宅的味道。从入口门厅过去就是起居室，这种向周围自然空间开敞的形式，在 1937 年巴黎世界博览会芬兰馆中也采用过。位于起居空间内的楼梯由不规则排列的柱子所围合，柱子上围绕绿色藤条，形成亦虚亦实的情趣空间，而不是做成普通的全封闭楼梯间。楼梯直达二层的过厅，过厅把二层的游戏区、夫妻卧室、画室分开；游戏区连接 4 个小卧室和餐厅上方的室外露台；其余则是佣人房间和贮藏室。这座建筑的特别之处在于二层平面布局和底层有着很大的区别，在建筑结构上没有必然的联系。

现代主义建筑追求自由的平面布局，尽量减少实墙分隔，力图让室内空间自由流动起来。这是因为新型建筑材料的应用使得梁柱成为承重体系，墙体被解放出来，可以只依据空间需要决定墙的布局。像玛里亚别墅这样休闲避暑的住宅更需要自由生动的空间情趣，阿尔托最具创新的地方是把梁柱的自由度和传统材料巧妙地结合起来：曲线的入口雨篷、船形画室和曲线的游泳池使得建筑的线条更自然流畅、富有变化；二层的画室像是从底层升起的一座塔楼，外表覆着深褐色的木条，立面的其他部分是白色砂浆抹灰。同时木材本身的纹理颜色也有细微变化，看上去不至单调呆板：比如在餐厅的外墙的挑台上，采用经过防腐处理的圆木棍横竖交叉着组成露台的栏杆，衬在背后的白粉墙上形成有韵律的线条；白色墙面的顶部也布置有白色的金属栏杆；平地上露台的楼梯扶手嵌在餐厅的外墙上，底衬是宝蓝色釉面砖，脚下的台阶是未经打磨的碎石，形成了典型的北欧原始粗犷的风格。

4）美国的现代主义设计

在 20 世纪的大部分时间里，美国最成功的建筑师和设计师都是折中主义的拥护者，他们的思想基础来自巴黎美术学院的学院派。1929 年前后，西方各资本主义国家经历了严重的经济衰退，其中美国所受影响最为严重。但是建筑的发展在此时依然持续，尤其是高层建筑的发展更是十分迅速。这个时期是欧美"装饰艺术"运动发展的高潮期，纽约和芝加哥的高层建筑大多带有"装饰艺术"风格的影响。如前述提及的克莱斯勒大厦（1929 年）、帕莫里夫大厦（1929～1930 年）、帝国大厦（1930～1932 年）、洛克菲勒中心（1930 年）等。不过由于高层建筑的实际技术限制，这些"装饰艺术"风格的高层建筑逐步向着更加简洁、理性的欧洲现代主义形式发展。

芝加哥论坛报大楼是美国最早出现的现代主义风格的高层建筑，大约自此起，现代主义逐步被美国人所接受，直至"装饰艺术"运动式微，美国的建筑依然持续着以装饰掩盖建筑结构的方式进行设计，而现代主义则强调结构的明确和暴露。1932 年建造的"费城储蓄基金

图 13.15（左）
费城储蓄基金会大楼
（PSFS，1929～1932 年）
（约翰·派尔：《世界室内设
计史》，321 页，刘先觉译，
北京：中国建筑工业出版社，
2003）

图 13.16（中）
纽约现代艺术博物馆（1939
年）
（约翰·派尔：《世界室内设
计史》，321 页，刘先觉译，
北京：中国建筑工业出版社，
2003）

图 13.17（右）
洛杉矶道奇住宅（1915～
1916 年）
（约翰·派尔：《世界室内设
计史》，314 页，刘先觉译，
北京：中国建筑工业出版社，
2003）

会"大楼便是一座完全清晰交代建筑结构的现代主义建筑，大楼由威廉·莱斯卡兹（William Lescaze，1896～1969 年）与乔治·豪（George Howe，1886～1955 年）合作完成，其巨大的尺度、严格的几何体量，黑石表面的基座与巨大的转角玻璃窗，震惊了在建筑观念上依然保守的费城公众。由于在美国找不到可与其相匹配的室内家具，设计师采用包豪斯设计中的一般语言，为大楼设计了配套家具（图 13.15）。1933 年罗斯福总统开始实行"新政"，并着手兴建大量的低收入居住区。该时期许多建筑师都参与政府项目，设计建造快捷、造价低廉的住房建筑。由于这类型的建筑仅仅为了有效解决基本的住房问题，因而在外形上并无特别的要求，大多采用简洁的几何形外形。美国虽然没有经历欧洲那样的理性主义探索，但在实际需求中不自觉地形成了欧洲现代主义风格的建筑。这一切都是建立在美国流行的实用主义立场和政策之上的。加之，美国工业发达，许多制造业中所取得的技术成就很快被应用在建筑中。

　　设计于 1939 年的纽约现代艺术博物馆，是美国该时期现代主义设计的杰出例子，由菲利普·L·戈德温（Philip L·Godwin，1885～1958 年）和爱德华·达雷尔·斯通（Edward Durrell Stone，1902～1978 年）合作完成，其内部空间、大厅、楼梯、礼堂以及屋顶层的会员休息室，均由建筑师亲自设计。位于博物馆顶楼房屋的会员休息室所使用的现代椅子，包括了布劳恩、马特松（Mathson）记忆拉塞尔·莱特的作品（图 13.16）。20 世纪早期美国也有一些现代主义的室内设计作品，如加利福尼亚建筑师欧文·吉尔（Irving Gill，1870～1936 年）设计的洛杉矶道奇住宅（Dodge House，1915～1916 年，图 13.17），室内有着简洁的未经装饰的白墙，不设线脚和格子的光滑的木墙促使室内空间产生了强烈的现代感。吉尔的尝试和探索在现代主义被普遍接受之前，起到了非常重要的基础作用。鲁道夫·辛德勒（Rudolph Schindler，1887～1953 年）设计的自用住宅完成于 1922 年，连续带状高窗为室内提供了充足的光源，推拉墙可使室内空间自

(a)　　　　　　　　　　　　　　　　　　(b)

由连通室外，壁炉与烟囱均简洁无装饰，搭配着设计师自己设计的家具（图 13.18）。理查德·诺伊特拉（Richard Neutra，1892～1970 年）于 1927 年完成了洛弗尔住宅（图 13.19）的室内设计，其也是美国当时重要的现代主义设计作品。洛弗尔住宅是一个明确的国际式现代主义例子，拥有游泳池、健身房、户外躺廊，大面积的玻璃面使室内获得了更多阳光照射，建筑内外使用无装饰的白墙，起居区内铺设灰色地毯，采用简单的固定式家具。

　　而该时期最值得称道的是弗兰克·劳埃德·赖特所做的尝试和探索。赖特于 1867 年 6 月 8 日生于美国威斯康星州，1959 年 4 月 9 日与世长辞，在长达 70 年左右的创作生涯中，为我们留下了数以百计的优秀作品。是举世公认的 20 世纪伟大的建筑师、艺术家和思想家。设计师埃罗·沙里宁（Eero Saarinen）曾赞美他为"20 世纪的米开朗琪罗"。

　　赖特于 1922 年自日本返回美国直至 1935 年间，创作的作品比较少，其中 1921 年落成于洛杉矶的霍利霍克住宅（Hollyhock House）是一座大型近乎纪念性的建筑，使用了混凝土浇筑技术，建筑外部暗示了玛雅人建筑的特点，其内部的大房间只开设有限的门窗（图 13.20）。1923 年建于帕萨迪纳的米勒德住宅（Millard House）可算作是该时期最为成功的作品。这座住宅建在一座山坡上，厨房、餐厅与花园同处于较低的位置，通过阳台可以俯瞰两层高的大起居室，每层起居室都包含有一个卧室以及浴室。1938 年，《建筑论坛》整版介绍了以前少为人知的赖特的作品，以及其在塔里埃森的工作建筑群，展示了连续的带状窗户、高窗以及精美的于室内空间随处可见的家具设计（图 13.21）。与此同时，赖特最为成功的住宅设计照片也被展示了出来，被人们誉为现代建筑形式中最为浪漫的例子。

　　1934 年，德国富商之子考夫曼经人介绍读了赖特的自传，对赖特十分崇敬，便于同年十月到赖特的设计学校学习，一个月之后老考夫曼在探望儿子时结识了赖特，由于志趣相投成为挚友，之后，赖特被邀请为其设计位于宾夕法尼亚州熊跑溪的周末别墅。这座建筑选择的地点在熊跑溪的上游，密林环绕远离公路，气氛十分清幽。在首次实

图 13.18 （左）
洛杉矶辛德勒住宅（1921～1922 年）
（约翰·派尔：《世界室内设计史》，320 页，刘先觉译，北京：中国建筑工业出版社，2003）

图 13.19 （右）
洛杉矶洛弗尔住宅
(a) 住宅内部；
(b) 住宅外廊

图 13.20（左）
艾琳·巴恩斯多尔住宅（霍
利霍克住宅,1916～1921 年）
（约翰·派尔：《世界室内设计
史》，316 页，刘先觉译，北京：
中国建筑工业出版社，2003）

图 13.21（右）
塔里埃森学院（1925 年）
（约翰·派尔：《世界室内设计
史》，316 页，刘先觉译，北京：
中国建筑工业出版社，2003）

（a）   （b）   （c）

图 13.22 流水别墅
（a）外观；（b）室内；
（c）室内家具

地勘察之后，赖特在头脑中已经出现了一个与溪流节奏感相配合的模糊创意。之后，我们看到了他富有想象力的设计（图 13.22），该别墅可称为所有现代建筑形式中最为浪漫的例子之一，也是当时富有探索精神的新建筑形式。整个建筑就像是一堆平面铺开的盘子，共分 3 层，层层挑出，底层直接与溪水相连，形体均采用简单的长方形。好像是山溪旁一个峭壁的延伸，生存空间靠着几层平台凌空在溪水之上，建筑使瀑布变成了生活中一个不可分离的部分，横向连贯的窗户使居者可以随心所欲地看到室外的四季美景，赖特为这幢别墅取名为"流水"。室内和部分外部墙面和地面采用本地的石料，外部阳台宽大，暖灰、米黄和少量大红的色彩搭配符合赖特一贯偏爱的暖色系列。虽然工程师们对结构提出了否定性的疑问，但工程还是在 1936 年春动工了。由于考夫曼的富有，赖特如鱼得水，使这幢高价的别墅成为了建筑艺术精品。当这座别墅在 1937 年秋完工时，造价已经从原来的 35000美元上升到 75000 美元。1963 年，小考夫曼决定把这个住宅捐给宾夕法尼亚政府，在捐赠仪式上他说：流水别墅的美依然像它所配合的自然那样新鲜，它曾是一处绝妙的栖身之地，但又不仅如此，它是一件艺术品……这是一件人类为自身而做的作品，而不是一个人为另一个人所做的，它是一个公众的财富，而不是私人拥有的珍品。

　　1939 年完工的纽约制蜡公司办公楼（图 13.23）是赖特著名的非住宅建筑工程，建筑大部分为一个单独的"大房间"，用作普通办公空间，室内混凝土结构柱类似"蘑菇"状，自下而上逐步扩展为一个

大圆盘，圆盘之间为玻璃管填充而形成的天窗，使得室内拥有重组的光源。周围的砖墙并不开窗，而是在墙顶和柱顶之间设计了一条玻璃带。在一些办公室内，赖特设计了独特的家具，应用了圆形与半圆形元素，以使其可以与建筑的结构设计相互呼应。写字台的抽屉可以绕轴转出，并在许多写字台沿后边设计了上部搁板，提供了一个额外的储物空间（图 13.24）。

图 13.23（左）
威斯康星州拉辛市约翰逊制蜡公司办公楼（1936～1939 年）

图 13.24（中）
约翰逊制蜡公司大楼私人办公室

图 13.25（右）
第一基督教堂（犹太教堂），1942 年

　　埃罗·沙里宁（Eero Saarinen，1910～1961 年）是芬兰著名建筑大师埃利尔·沙里宁（Eliel Saarinen，1873～1950 年）的儿子，在父亲创办的美国著名设计学院——克兰布鲁克艺术学院（Cranbrook Academy of Art）学习。这个学院把欧洲的现代主义思想和体系有计划地引入了美国的高等教育体系，重视设计观念的形成和功能问题的解决，学院的重点是建筑和家具设计。沙里宁父子于 1938 年设计了纽约州布法罗城的克兰汉斯音乐厅，室内简洁、高雅，无装饰的木质墙体表面给人一种温暖的感觉，这座音乐厅被称为 20 世纪第一座达到优秀音响的美国音乐厅。1942 年建成的第一基督教堂位于印第安纳州哥伦布城，这座教堂大概是美国本土第一座现代建筑风格的教堂设计，拥有着极为简洁的比例和优雅的内部空间。沙里宁父子使用白墙和砖砌体使室内产生了强烈的宁静感，长窗、十字架、白色与天然木色共同造就了一处安静沉思的空间（犹太教堂，图 13.25）。1939 年沙里宁父子与其他设计师合作，主持设计了克罗岛学校（Crow Island School），其成为现代主义对典型美国公立学校建造影响的一个美好范例。

13.1.2　早期现代主义在欧洲的终结

　　20 世纪 30 年代前后，欧洲的几个独裁国家出现了非常独特的古典主义风潮，德国、意大利等国家修筑了大量的古典罗马风格建筑，并且在装饰、建筑规模上将古典主义加以夸张发展。同时，苏联也出现了古典复兴的热潮，集中了古典主义和东正教建筑的特征，建造了大批公共建筑。20 世纪 20 年代和 30 年代之间，欧洲一些国家出现了法西斯抬头的迹象，这些国家更加强调通过大规模的国家军国主义来挽救国家命运。而城市规划和建筑也需要经过大规模的相应改造，以符合法西斯的统治意图。因此，古典罗马风格的大型公共建筑被特别强调并大量建造，被后世建筑史家和理论家称为"伪古典主义"。随着"伪古典主义"建筑的繁荣，对欧洲的现代主义设计思潮造成了非常严重的冲击，现代主义建筑被纳粹视为没有文化根基（rootless）、物质主义（materialistic）、不舒服的（uncomfortable）、无人情味（inhuman）、共产主义的、反德意志的（anti-German），进行打击和消灭。

然而，尽管遭受到了一系列不利于发展的因素，欧洲的现代主义还是在一定程度上获得了发展。现代主义建筑设计具有非常合理的因素，如经济考虑、采用廉价的材料和结构、功能主义立场等，来自德国和意大利的主要反对力量虽然否定现代主义设计的思想，但是在具体的建筑设计中，还是在很大程度上采用了现代主义设计所开创的一系列方法和结构体系。1938 年前后，大量的欧洲建筑家移居美国，为美国建筑界带来了不可估量的新鲜力量。他们具有非常丰富和成熟的、自成体系的现代主义思潮体系，并富有实践经验，他们的到来结合美国的实际需求，终于形成了影响深远的"国际主义"风格。

13.2 装饰艺术运动与室内设计

20 世纪 20 年代和 30 年代，与欧洲的现代主义设计运动同时兴起与发展的还有"装饰艺术（Art Deco）"运动。这场运动大约发轫于 1910 年左右的法国，其名称来自 1925 年在巴黎举办的一个大型展览——装饰艺术展览，至 1935 年前后式微。该运动在法国与美国所取得的成就最为显著，"装饰艺术"运动并非指一种单纯的设计风格，其所包含的范围实际上相当广泛，从 20 世纪 20 年代色彩鲜艳的"爵士（Jazz Patterns）"图案，到 20 世纪 30 年代的流线型设计样式，从简单的化妆包到洛克菲勒中心大厦，都被包含其中。就其整体风格特征而言，在造型语言上更加趋于简单的几何形，但不过分强调对称；强调直线的应用也不完全囿于直线。几何扇形、放射状线条、闪电型、曲折型、重叠箭头型、星星闪烁型、连锁的几何构图、"之"字形或金字塔形的造型是其设计造型的主要形态，并在取材上通过贵重金属、宝石或象牙等高档材料来表现，给人以新奇和时髦的造型感受。在色彩的运用上，特别重视鲜红、鲜蓝、鲜黄、鲜橙以及金属色等鲜明、强烈的色彩，达到了绚丽夺目甚至金碧辉煌的效果。如设计于 1928 年巴黎艺术装饰师的一处客厅，阶梯形化妆桌、非洲主题的折叠屏风，以及灯具、地毯、镜子等的使用，都传达了典型的艺术装饰风格（图 13.26）。再如完成于 1931 年的伦敦《每日快报》大厦入口大厅，黑

图 13.26（左）
巴黎艺术装饰的客厅（米歇尔·鲁·施皮茨设计，1928 年）

图 13.27（右）
伦敦《每日快报》大厦（艾丽斯和克拉克及欧文·威廉设计，1931 年）

色玻璃、镀铬的装饰风格壁饰、引人注目的顶棚灯具等，均形成了 20 世纪 30 年代期间的装饰风格场景（图 13.27）。

13.2.1　法国"装饰艺术"运动与室内设计

"装饰艺术"运动发源于法国，以巴黎为中心，20 世纪 20 年代和 30 年代时达到顶峰，第二次世界大战前夕逐步趋于衰落直至消亡，当时法国也有人称之为"现代主义（moderne）"。法国的"装饰艺术"运动涉及面非常广泛，包括室内设计、家具设计、陶瓷、漆器、玻璃器皿、金属制品、首饰与时装配件、绘画、海报和时装插图等设计艺术领域。其中室内设计与家具是该运动设计风格最集中的体现之一，其室内设计创造出了一种所谓的"小客厅（boudoir style）"风格，侧重于富丽的材料、豪华的家具和亲密的环境，常用亚洲的蔷薇木、苋木、崖柏、巴西红木等材料，使用象牙和鲨革作为点缀。注重将东方情调的艺术引入到室内设计中，形成了图案完全不同的强烈对比，色彩鲜艳；其家具造型强调简单、夸张的几何形式，简单明快的几何形与复杂的表面装饰形成对比，同时利用纺织品创造豪华和绚丽多彩的装饰品位。著名的设计师有艾琳·格雷（Eileen Grey, 1878～1977 年）、让·迪南（Jean Dunand, 1877～1942 年）、毛里斯·杰洛特、杰克—伊麦尔·卢赫尔曼（Jacques—Emile Rulhlmann, 1879～1933 年）等，成绩最为突出的是格雷和卢赫尔曼。

1925 年在巴黎举办的装饰和工业艺术展览，是法国 20 世纪 20 年代设计的最高峰，其展馆设计同样令人耳目一新。杰克—伊麦尔·卢赫尔曼是展览会中最突出的艺术家，他的技艺可与 18 世纪的伟大家具师相媲美，并且与他们一样共享奢华材料的趣味。卢赫尔曼在展览中展出的作品反映了他的设计思想，在大而圆的客厅中，一个巨大的

图 13.28　卢赫尔曼家具设计
(a) 黄柏木墙角柜 (1916年)；
(b) 床——太阳 (1930年)

(a)　　　　　(b)

水晶树枝形装饰灯占主导地位；墙面上覆盖着重复图案的丝绸，图案是风格化的花瓶，在砖结构的壁炉上方悬挂了琼·杜巴斯（Jean Dupas）的装饰嵌板画"雌鹦鹉"。在卢赫尔曼的家具设计中，其造型多简单明快，常常与复杂华丽的表面装饰形成强烈对比，华丽的光面、丰富的细部强化了传统造型，象牙镶嵌，有时加上铜银饰板以增强这些装饰图案的效果（图 13.28）。

图 13.29　艾琳·格雷家具设计
(a) 穿衣柜 (1932年)；
(b) 独木舟沙发 (1919年)

　　"装饰艺术"运动时期，巴黎的一些设计家尝试用漆器作为装饰和设计的手段，特别是利用漆器来设计屏风、门、室内壁板、家具以及其他装饰构件。这一时期，擅长漆器设计的艺术家有艾琳·格雷和让·迪南。英国设计家艾琳·格雷定居巴黎，是一位擅长室内设计的女性设计师，注重豪华的装饰效果，同时也强调现代主义的表现手法，特别是对现代主义材料的运用和形式特征的发挥。格雷设计的由斑马、美洲豹等豪华皮革材料和钢管组合的家具，被视为装饰艺术运动时期的经典设计。格雷还被认为是 20 世纪 20 年代漆饰的狂热始作俑者，她对深色和大而简洁形式的趣味预示了这个年代后期的国际风格的元素。设计于 1925 年的比本达姆扶手椅、1924 年设计的特兰赛特椅（1930 年申请专利），以及样式丰富的彩色几何图案的柜子、沙发、桌子和灯具以及地毯等等，均使得她的室内设计绚丽多姿（图 13.29）。

(a)　　　　　　　　　　　　　(b)

E.1027 是格雷于 1929 年完成的作品，作为送给其好友简·巴多维西的礼物（Jean Bado vici），这座两层楼的住宅共有 160m²，通过自身作为家具设计师的敏感度使得建筑内部的每一处细节均受到关注，对该建筑评论充分体现在《生动建筑（L'Architecture vivante）》的序言中，巴多维西与格雷以对话的形式向人们展示了这座建筑设计精神，格雷说道："为了使我们再一次意识到自由的存在，必须铲除旧的压迫，而与现代机器苛刻的规则对于对应的冷静的理智，只能是一种过渡"，"现在有必要挖掘掩藏在塑料外壳里的人类，重新发现物质表面下人类的愿望与现代生活的哀怨"。之后，随着人们对于现代主义设计中理性主义的批判之声越来越多，格雷的观点也被越来越多的人赞同（图 13.30）。让·迪南是第一次世界大战前法国"新艺术"运动的主要人物，在 20 世纪 20 年代期间其设计更趋于装饰艺术风格，他自己建厂生产漆饰的屏风、柜子、椅子以及桌子等室内家具陈设品，同时他还像一名室内装饰师那样，为不同的客户创造与其家具相适应的房间（图 13.31）。

图 13.30　海滨 E.1027 号（1929 年）
(a) 建筑外观；(b) 室内效果

像卢赫尔曼一样，安德尔·格鲁特（Andre Groult，1884～1967 年）成为 20 世纪 20 年代最受欢迎的装饰师之一。他将 18 世纪家具放入简洁的路易十六室内中，再加上大胆的当代特点，如查尔斯·马丁的壁画嵌板（蓝色、粉色和灰色为主色调），拉布尔和马里·劳伦西的墙纸——他们的绘画"在音乐结束的地方开始"被时髦的设计家所热爱。在"装饰艺术"运动中相当重要的还有精致的铁饰品，有突出贡献的如爱德加·布朗特（Edgar Brandt），他将铸铁与青铜结合，采用广泛的题材，如图案化的鸟、云彩、光线、喷泉和受 20 世纪 20 年代设计家喜爱的抽象花束。在法国，其他重要的铁艺工还有雷蒙德·苏贝斯（Raymond Subes）、保罗·凯斯（Paul Kiss）、加布里尔·拉克罗瓦克斯（Gabriel Lacroix）、琼·杜那德（Jean Dunand，1877～1942 年）。杜那德既是铁艺工又是漆工，他为 1925 年展览设计了一个吸烟室，用红和镀银漆饰嵌板，顶棚饰以银叶，红漆修饰（不同深度的薄片式），光线落在高度抛光的黑色家具和白色的地毯上。

图 13.31　让·迪南的设计
(a) 翁形花瓶（1922 年）；
(b) 为法国大使馆设计的吸烟室（1925 年）

"装饰艺术"在法国不失时机地悄悄混入了现代主义中，勒·柯布西耶和吉耐里特、普勒安德的当代思想得到了普及。许多室内装饰都将其效果主要依靠非常简单的构成形式上，在这种形式下才能反衬出豪华的装饰，正是这些简单的线条轮廓开始支配 20 世纪 20 年代末的室内。在这方面的最重要的设计师之一是让·米歇尔·弗兰克（Jean-michel Frank，1895～1951 年）发展的一种装饰风格，既具有当时装饰艺术风格的共性，同时也十分关注如超现实主义之类的现代艺术新成果。在设计中他多采用弱色、技巧性的对比质地和非常简单的家具。他的自然色彩的丝绸窗帘简单地从顶棚垂挂到地面，并用隐藏的光源来进一步柔化室内光线效果。罗伯特·马里特·斯特文（Robert Mallet Stevns, 1886～1945年）和皮埃奈·查罗（Piene Chareau, 1883～1950年）也以他们不同的豪华现代主义获得了成功，后者"将新鲜和谐的品蓝和灰色，柠檬黄和灰色或珍珠，玫瑰红和蓝色调来替代失去光泽的和满是灰尘感的色调……"。以玻璃制品著称的勒内·拉利克（Rone Laliqlu, 1860～1945年）在1925年的巴黎展览会上为"塞夫勒国家工厂的展馆"创造了一个餐厅，米色大理石墙上嵌入银或白色合成物，一种意大利式的有玻璃木绗条和镶板的顶棚隐蔽了光源。

13.2.2　美国"装饰艺术"运动与室内设计

美国的"装饰艺术"运动集中体现在建筑设计以及与此相关的室内装饰、家具、家居用品等的设计上，该时期的装饰艺术，如雕塑与壁画等，也都依附于建筑设计，我们甚至可以认为美国的"装饰艺术"运动是由建筑设计引导的设计运动，同时在家具设计、陶瓷设计以及图形设计方面也有不俗的表现。美国的"装饰艺术"运动开始于纽约及东海岸，逐渐向中西部和西海岸扩展。到达洛杉矶以后，逐步发展出了美国本土的诠释，出现了适合美国通俗文化的所谓的"加利福尼亚装饰艺术"风格以及为电影院设计而特别发展出来的"好莱坞风格"。在佛罗里达州的迈阿密地区，设计风格形式温和，色彩浪漫。这种经过发展后的"装饰艺术"风格在20世纪30年代又传回欧洲，产生了不小的影响。

艾里·坎（Ely Jacques）是美国重要的"装饰艺术"建筑师，在一些美国建筑学著作中也将他视为现代主义建筑的奠基人。其设计风格融现代主义因素和"装饰艺术"因素于一炉，代表作有斯夸波大厦（Squibb Building）、荷兰广场大厦（Holland Plaza Building）、电影中心大厦（the Film Center）等十多座著名建筑，均位于纽约。纽约作为美国"装饰艺术"运动风格的最初发生地，重要的建筑物还有克莱斯勒大厦、帝国大厦、洛克菲勒中心大厦等。这些建筑的室内设计大多豪华而现代，大量使用金属材料带有棱角的装饰、壁画及漆器等被布置在室内，把法国雕琢味道很浓的风格加以极端发展而转变为美国化的风格特征。这其中影响最大的是由威廉·凡·阿伦（William Van Alen, 1883～1954年）设计的克莱斯勒大厦，大厦顶部阶梯状退缩的不锈钢尖顶装饰意在暗示克莱斯勒公司生产的汽车前灯和水箱罩细部。这座建成后即成为曼哈顿最高建筑的摩天大楼，最上面是重达27t的金属尖顶，闪闪发光，高耸入云，被视为这次运动的纪念碑建筑。由威廉·兰柏（William Lamb）设计的帝国大厦和洛克菲勒中心大厦，装饰构思和表现均极具创意。洛克菲勒中心的无线电音乐厅，由唐纳

  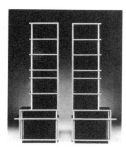

德·德斯基（Donald Deskey, 1894～1989 年）设计于 1932 年，在设计上十分大胆豪华（图 13.32），洛克菲勒中心的门厅中也带有典型的"装饰艺术"运动风格（图 13.33）。

　　"装饰艺术"运动在纽约以外的地区逐渐发生变化，一些设计师开始探索适合于本地区风土人情和市场的改良型"装饰艺术"运动风格，主要在美国的西海岸的洛杉矶和加利福尼亚的一些城市。洛杉矶"装饰艺术运动"风格逐步发展出了两种主要形式，即 20 世纪 20 年代的"曲折型现代主义（Zig-zag Moderne）"与 20 世纪 30 年代的"流线型现代主义（Streamlining Moderne）"，在设计中强调简单的几何特征，采用曲折线型和流线型的结构，使建筑具有时代感、速度感和运动感。"曲折型现代主义"与法国"装饰艺术"运动关系密切，以位于洛杉矶市南百老汇街上的东哥伦比亚大楼为代表；"流线型现代主义"则是交通领域根据空气动力学原理发展起来的设计风格，在其他设计领域的模仿，典型代表建筑是洛杉矶的可口可乐公司大厦。另外，"加利福尼亚装饰艺术（California Art Deco）"风格将当地原有的装饰手法融入建筑设计当中。位于洛杉矶市中心的联合中央火车站的设计就结合了流线型风格、美国殖民地时期风格，以及土著印第安文化特点，这几种风格有机结合，使之浑然一体，形成独特的设计艺术特色。除此之外，南加利福尼亚形成了反映电影院建筑设计的"好莱坞风格（Hollywood Style）"，在设计中往往集中大胆的创意与构思，被称为"梦的宫殿"（dream palace），这样的剧院不但在洛杉矶地区比比皆是，在美国的其他地区也十分发达。

　　美国的家具设计也受到了"装饰艺术运动"风格的影响，但它并没有拘泥于欧洲风格，最终开创了独特的美国式装饰家具设计。在维也纳接受过教育的保罗·弗兰克尔（Paul Frankl, 1878～1958 年），长期在美国工作，于 20 世纪 30 年代设计出了"摩天楼"家具，其灵感来自美国高楼的阶梯形式。他的作品常采用加利福尼亚的红木，外层常漆成红色或黑色，里层漆成蓝色或绿色（图 13.34）。

图 13.32（左）
纽约无线电城音乐厅（1932 年）

图 13.33（中）
纽约洛克菲勒中心（1935 年）

图 13.34（右）
一对摩天大厦式书架（1930 年）

13.2.3　欧洲其他国家的"装饰艺术"运动与室内设计

总体来看,"装饰艺术"运动的影响主要在法国和美国。除此之外,在英国的部分地区和少数设计师的作品中也有一定的体现,英国的设计在工业化风格与"装饰艺术"运动的影响下,首先于家具设计领域发生了变革,开始采用钢管、皮革等新材料,在形式上也引入了"装饰艺术"运动风格的设计特征,色彩渐趋鲜艳明快。

除了家具设计外,英国此次运动中的建筑设计与室内设计也颇有建树,尤其在大型公共场所的室内设计中表现突出。典型的例子有巴希尔·爱奥尼德(Basil Ionides)于 1929～1930 年间主持设计的伦敦克拉里奇旅店(Claridge's Hotel),这个项目大量采用了强有力的简单几何造型,色彩非常强烈,采用了罕见的黑色与米白色作为地毯的基本色,墙壁用大面积的镜子作为装饰,镜子是利用腐蚀和雕刻手法以植物纹样为中心装饰的。这些手法的目的,都是为了造成内部空间更加高大和宽敞的视觉错觉。旅馆的各个客房、餐厅以及其他部分,包括灯具、室内用具等都体现了统一的英国"装饰艺术"风格,室内大量采用大理石,造型则大量使用曲折线。另一个突出例子是由奥利维·伯纳德(Oliver Bernard)在 1930 年设计的斯特兰宫殿大酒店(Strand Palace Hotel),这个酒店的室内设计更加典型地体现了英国"装饰艺术"运动风格特征。内部大量使用镜子和玻璃壁板,广泛应用曲折线、闪电图案、放射形图案、扇形图案等,还采用了大量古代埃及风格的装饰人体图案,室内陈设有体量巨大的黑色装饰陶罐。酒店大厅墙面采用银色树叶图案为装饰,加上金色辅件和漆器点缀,显得鲜艳辉煌。上述提及的伦敦《每日快报》大厦(埃利斯、克拉克、威廉设计)主入口大厅由阿特金森设计,是在英国出现的"装饰艺术"风格的最早例子之一(图 13.27)。英国也出现了一系列受到美国"好莱坞风格"影响的电影院,如韦登与马赛(Weeden and Mather)设计的位于来赛斯特广场(Leicester Square)上的影院,完成于 1937 年,内部有美洲豹皮革做成的椅子套垫装饰,配以金色点缀的墙面,效果十分强烈。此次运动中,英国私人住宅室内设计也有不俗成就,如 1930 年完成的位于剑桥的"芬涅拉住宅(Finella Hotel)",由雷蒙·麦格拉斯(Raymond McGrath)设计,利用各种特殊的几何图形、金色金属和大量镜子,造成了奇特的效果。在陶瓷器的设计方面,英国"装饰艺术风格"也十分浓厚,出现了克拉丽丝·克里夫、苏西·库伯等一批著名设计师。

在其他一些欧洲国家,甚至遥远东方的中国上海也能看到该风格的建筑与室内设计。在意大利著名设计师乔·蓬蒂为理查乔诺里公司设计的装饰品中,造型简洁,以各种体育运动作为装饰题材,风格别致。

比利时则主要表现在布希兄弟公司设计制作的造型简洁、装饰活泼的陶器上。奥地利反映在由达哥贝尔·贝希指导下所制作的精美装饰品。斯堪的纳维亚国家受"装饰艺术"运动影响最小，只有丹麦的王家哥本哈根大公司和瑞典玻璃工业产品中依稀可见其踪迹。"装饰艺术"运动可以被认为是装饰运动在 20 世纪初期的最后一次尝试，从材料的应用到装饰的构思，再到产品的表面处理技术，都为后世研究提供了重要的素材。其中对东方与西方风格的融合，以至于其表现出的人情化与机械化相结合的尝试，都成为 20 世纪 80 年代后现代主义时期重要的研究中心。单就形式而言，此次运动与 20 世纪 80 年代的后现代主义似乎也有着千丝万缕的关系。

13.3　战后现代主义设计的新发展（1940～1960）

第二次世界大战导致欧洲以及美国现代主义设计的停滞，随着战后各国经济得以逐步复苏，设计也开始趋于兴旺。二战前夕，一大批欧洲现代主义的主要人物移居美国，为美国的现代主义设计带来了新的发展契机。在这些现代主义大师的推动下，结合了美国的现实实际，现代主义设计获得了一次蓬勃发展的机会。源自欧洲的现代主义设计思潮逐渐受到美国人的欢迎，随着材料和技术的发展，这种思潮又自其新的发源地（美国）向世界各地传播，最终发展成为一场国际主义风格运动。

第二次世界大战爆发前，欧洲的一批现代主义大师纷纷移居美国，沃尔特·格罗皮乌斯、马歇尔·布劳耶尔于 1937 年前往哈佛大学，格罗皮乌斯担任了哈佛大学设计研究生院的院长。1938 年，密斯·凡德罗成为伊利诺伊理工学院（阿莫学院）建筑系主任。二战后，美国的经济保持着蓬勃发展的态势，为现代主义设计的发展提供了十分有利的基础，获得了一次极大的发展机会。人们逐步超出了之前的平屋顶、白墙以及大玻璃窗而产生了新的形式，不断扩展的企业需要办公场所，大学、医院以及其他大型机构也出现了与发展计划相适应的建筑与室内需求，伴随着新兴的建筑材料与营造技术的成就，大玻璃幕墙的摩天大楼成为了商业、办公大楼成功的标志，这种样式的建筑塞满了城市的中央区域。除了美国各大城市，甚至在伦敦以及巴黎这样传统保守的城市也开始出现了这种新的高层建筑，这种形式的设计迅速蔓延至世界上更多的国家和地区。因此，"国际主义风格"这一称呼并不过分。

而值得注意的是，设计本身与之前的任何时候相比，都更加"国际化"，通过书本、杂志、电视以及网络等多种媒介，设计与公众之间的交流变得十分普及与便捷；随着交通事业的蓬勃发展，设计师在全球范围内的活动也得以保证，诸多为人们熟知的现代设计大师，其设计实践往往不受国家和地区的区域限制，这使得设计师这一职业真正趋于"国际化"。

13.3.1　美国

沃尔特·格罗皮乌斯1937年设计的位于马萨诸塞州林肯城的自用住宅，是该时期的杰出例子。这座住宅拥有典型的平屋顶、大面积的玻璃墙，白墙部分采用了新英格兰本地建筑中的舌纹木板，整个室内高雅朴素，配有该时期现代主义设计大师们完成的家具。1949年，格罗皮乌斯组织了一个名为建筑师合作事务所的公司，负责哈佛研究生中心庭院周围住宅建筑群的设计任务。其简洁的形式，室内和室外设计手法，逐步形成了许多美国大学建筑词汇。

除了大型建筑项目外，该时期住宅建筑的开发常常由地产开发商经营，出现了大面积的住宅区。室内设计在此时也发生了变化，普通住宅室内设计往往由业主进行装修，同时由于家庭装修零售产品的日趋发达，这些室内设计大多取决于业主本身的喜好以及市场所提供的产品。室内设计师的工作大多服务于商业、机关、政府部门等，在这些领域，出现了一些较为优秀的设计作品。

在移居美国后，密斯·凡德罗设计出了所有世纪中最为精美的住宅建筑，同时，他还设计出了一些办公大楼和高层公寓，让开发商获利不菲。美国企业总裁们曾说："密斯就是金钱"，这绝非空口无凭的吹捧。密斯在该时期的主要作品有伊利诺斯理工学院克朗楼（crown Hall，1956年）、范斯沃斯住宅（Farnsworth House，1945～1951年）、西格拉姆大厦（Seagram Building，1954～1958年）等等。密斯出任芝加哥伊利诺伊理工学院建筑系主任一职，规划了伊利诺伊理工学院的新校园，其中包括克朗楼（Crown Hall）的设计，使得极少主义简洁手法得到了发展。克朗楼（图13.35）整体呈简洁的矩形，由钢结构梁架支撑屋顶，室内无固定隔墙，使得室内空间开敞通透，建筑四面为玻璃幕墙。由于室内不设承重柱，室内空间的分隔十分自由且手法丰富。从外观看，结构元素均被漆成黑色，因而在玻璃墙体中不引

图13.35　克朗大楼（1956年）

图 13.36　法恩斯沃斯府
（a）建筑外观；（b）入口效果；
（c）住宅内餐厅；（d）室内家具

人注目。持"极少主义"设计观念的设计师们常常使用此类手法，在这些建筑中，对结构简洁的细部表现出特别的关注；同时，微妙的比例也使建筑物具有如同古希腊建筑那般宁静、古典的韵味。

1946 年，伊迪斯·范斯沃斯委托密斯在伊利诺伊乡村设计一个周末别墅——范斯沃斯住宅（Farnsworth House，图 13.36）。别墅位于开阔的郊区，与外界隔绝，邻近福克斯河。该住宅是体现密斯"少即是多（less is more）"设计理念的经典建筑之一，整体感觉既纯洁高雅又雄伟庄严。别墅全部由镀锌钢架焊接而成，远看去完全是一个透明的玻璃屋，纯白的钢架被打磨得异常光亮，盖住了一切装配的痕迹，隐藏着排水零件的大理石板如镜面一般，落地窗成为晶莹的玻璃幕墙，所有的可视元素被最大限度地简化。室内地面被抬起至距离地坪几英尺处，看上去整个建筑似乎浮在空中。这座开敞的玻璃盒子里仅有一处被封闭，安排着浴室和其他一些设备；起居部分只有一个房间，长 23m，宽 8.5m。由非承重挡板间隔而成了厨房、浴室以及客厅和卧室，使主人的生活犹如僧侣般简单，却可以在不同空间的巧妙连接中灵活变换，室内家具也由密斯亲自设计。

与范斯沃斯住宅同样令人难忘的还有菲利普·约翰逊（Philip Johnson）的自用住宅——"玻璃住宅（Glass House）"，比范斯沃斯住宅完成的时间稍早，不过约翰逊自己也承认该设计受到密斯的巨大影响。菲利普·约翰逊是建筑史上一位非常突出和复杂的设计师，他既是现代主义建筑的重要设计师，也是国际主义风格的命名人和最主

(a)　　　　　　　　　　　　　　　　(b)

图 13.37　玻璃住宅
(a) 建筑外观；(b) 室内效果

要的推动者，同时又是后现代主义建筑的重要代表。无论在现代主义还是后现代主义时期，他都做出过卓越的贡献。1942 年，约翰逊设计了位于马萨诸塞州的坎布里奇住宅，这个简单的带有围墙的矩形建筑，在很大程度上表现出设计师对密斯设计思想的热情，室内使用了大量密斯设计的家具。1949 年，约翰逊在康涅狄格州设计了自用住宅——"玻璃住宅"（图 13.37），在这里他将密斯"少即是多"的设计思想体现到了无以复加的地步。建筑本身仅仅是一个巨型的玻璃盒子，透明空间的对面是与之辨证存在的不透明客房，直径 3m 的红砖柱筒内包含着壁炉和浴室，将内部空间等分为三个部分。建筑的细节处理十分讲究，平滑光亮的钢构件尽可能地贴近玻璃的内表面，以减少阴影和最大限度增加透明感和反射效应。室内家具均出自密斯之手。这座"玻璃住宅"已成为传达室内空间开敞布局可能性逻辑的极端例子。

　　无论好坏，人们普遍认为那些没有什么装饰的钢筋玻璃办公大楼都受了密斯·凡·德·罗的影响。西格拉姆大厦是西格拉姆酿酒公司的一座豪华写字楼，位于纽约曼哈顿的花园大道，由密斯和约翰逊合作设计于 1954～1958 年间。大厦是强大的财力和极端的国际主义风格的象征，奠定了国际主义风格的实践基础。大厦主体建筑有 38 层，高 158m。从街道红线退后 90 英尺（27.4m），前面留出一片带水池的小花园，供人们休息，同时还可获得足够的视距来欣赏这座建筑。二战以后，在 20 世纪 50 年代，西方建筑思潮的主导思想曾经主张追求技术的精美，密斯所追求的纯净、透明和施工精确的钢铁与玻璃盒子建筑，成为这种倾向的代表。西格拉姆大厦完全是一个黑色的巨大长方形盒子，精练得没有一丝多余的建筑元素，钢构件采用造价昂贵的黑色青铜，一垂到底。为了取得绝对平整的外观效果，垂直升降的窗帘只采用三种方式：完全打开、完全关闭、一半开合。如此设计使大厦永远闪着凛冽的寒光，与曼哈顿街区的金融氛围颇为相符，大厦被认为是纽约最豪华、最精美的大楼之一。从此，玻璃盒子式建筑深入人心，这也是工业时代的价值和审美情趣的集中体现。大厦室内空间和流通空间完全采用简单的意大利灰花石线条为装饰，大厦底层餐厅（四季厅）由约翰逊与装饰师威廉帕尔曼（William Pahlmann）合作

设计而成，采用了密斯的布尔诺椅子，配合着巨大的玻璃
幕墙，并装饰着黄铜和紫铜色铝链垂挂的弧形装饰物，酒
吧间里挂有理查德里波德的雕塑作品，入口处悬挂的门帘
来自毕加索的作品（图 13.38）。

　　埃罗·沙里宁设计了肯尼迪机场的 TWA 航站楼（1956～
1962 年）、位于弗吉尼亚州杜勒斯机场航站楼（1962 年）、
麻省理工学院圆形小礼拜堂、克雷斯吉会堂（1955 年）、
纽约 CBS 设计的无装饰的黑塔摩天楼（1965 年）等作品。
肯尼迪机场的 TWA 航站楼的建筑外形像展翅的大鸟，动
感十足。屋顶由 4 块钢筋混凝土壳体组合而成，几片壳体
在几个点上相连，空隙处布置有天窗，楼内的空间富于变
化。这是一个凭借现代技术把建筑同雕塑结合起来的作
品。杜勒斯机场航站楼为悬索屋顶，跨度为 45.6m，长度
为 182.5m，人流沿着纵向行进。跨中屋顶低矮，下设办理登记手续

图 13.38　西格拉姆大厦

等一系列管理用房，跨端空间高敞，供旅客集散之用。结构形式与
功能结合妥善，轻巧的悬索屋顶象征着飞翔，与结构本身的特点合拍，
显得十分自然。阿尔瓦·阿尔托前往美国后，应邀至麻省理工学院
讲学，并于 1947 年设计了麻省理工学院的一座宿舍楼——贝克大楼
（Baker House），是阿尔托在美国最重要的作品。

　　纽约古根汉姆艺术博物馆是弗兰克·劳埃德·赖特二战后的重要
作品，也是他一生中最令人瞩目的作品。1943 年，赖特接受邀请设计
这个位于纽约第五大道的私人收藏品博物馆，已经 76 岁的高龄并没
有影响他的想象力和创作灵感。美术馆的投资者古根汉姆先生希望在
此收藏大量现代艺术品，当他看到赖特的构思草图时曾大吃一惊，同
时也由于防火规范和高昂的造价予以反对，也正因为这些障碍，使得
赖特为之进行了 16 年的努力。博物馆于 1959 年建成时，让人吃惊的
是它竟像一个外星飞碟那样降落人间，最引人注目的是其连续不断的
螺旋造型，走廊与画廊在向上的盘旋中合而为一，摆脱了传统的博物
馆以单个房间为单位，分离展示艺术品的模式。巨大的螺旋坡道使参
观者置身于不稳定的雕塑中，这本身就是一种艺术的体验。但形式和
观念的大胆突破不能掩盖功能上的欠缺，博物馆倾斜 3°的坡道使墙
上的绘画很难与地面完全垂直，1996 年，博物馆在螺旋形建筑后加盖
了一幢长方形盒子式高层建筑，将尺寸较大的绘画作品移置其中，问
题才得到解决。作为 20 世纪最重要的建筑作品，古根汉姆艺术博物
馆体现了赖特特立独行的设计风格，正是这种与众不同使赖特在国际
建筑界始终不入主流，却占据着显著而重要的位置（图 13.39）。

　　二战后，美国逐步出现了拥有数百名职员的大型建筑公司，建筑
师事务所开始逐渐承接大公司、公共团体、政府等的项目。1936 年成

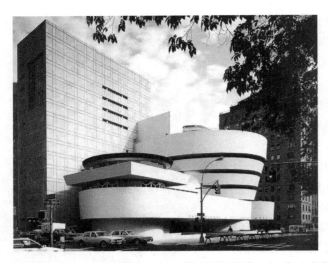

图 13.39　纽约古根汉姆
艺术博物馆

立的 SOM 事务所（斯基德莫尔、奥因斯、梅里尔事务所）便是其中之一。该公司除了在办公领域取得成就外，还在诸如海滨宾馆等诸多领域有所收获。

随着现代城市的迅猛发展，现代生产技术的推进，人们逐步进入了与以往生活方式差异巨大的现代生活中，如出行、消费、工作甚至交流方式等，这其中涉及室内设计话题较为突出的例子，应该是办公空间的设计与办公设施的设计。自 20 世纪中期以来，办公空间以及办公设施设计已经成为室内设计实践的一个重要领域，与此对应的设计职业也逐步成长起来，其主要目的是提供有效的办公功能，并切实解决人员在工作场所中的舒适与便捷性等实际需求。该领域中较为成功的设计组织为 ISD（室内空间设计）、SLS 环境公司、空间设计集团等等。与此同时，家具设计在办公空间设计中所扮演的角色日益显著，当然这一现象在其他类型的室内设计中也是如此。随着公共大楼的扩展，美国的家具制造商开始为现代办公空间生产成套的系列家具，以满足私密性、便捷性、高效性等各种现代办公场所的需求。家具设计师们注意到了全日制工作人员的实际需求，在椅子等办公设备的设计上更多地关注更为健康有益的设计思路，如人机工程学椅子的发展以及景观设计等等。值得关注的是，家具、室内用品等的设计与生产，在这个世纪也已经完全进入了现代产品设计的行列，这种生产模式对室内设计产生了十分重要的影响。

13.3.2　欧洲各国

第二次世界大战后，法国的建筑与室内设计最值得称道的是勒·柯布西耶的后期作品，如朗香教堂、马赛公寓以及建于苏黎世的勒·柯布西耶中心。

勒·柯布西耶对城镇规划方面的关注首次在为巴黎中心区所做的"伏瓦生"规划中得到了发展。在这一规划中，巴黎中心地带的大部分建筑被拆除，以便获得足够的空间来建造由巨大摩天大楼组成的未来城市，城市中设置了一套高架道路系统。这一规划中还包含了大型建筑的概念，该类建筑每幢将成为一个小型的邻里单位，拥有各种尺寸的套房，建筑中有一条商业街，另外还有各种社区服务设施，如餐厅、学校、娱乐场、小型旅馆等，这种规划理念被勒·柯布西耶称为"居住单位（Unite D' Habitation)"。

关于城市的"居住单位"的设想最终在马赛公寓（1947～1952 年）

的设计中变成了现实。马赛公寓位于马赛港口附近，东西长 165m，进深 24m，高 56m，共有 17 层（不包括地面层与屋顶花园层）。其中第七、八层为商店，其余 15 层均为居住用。公寓拥有 23 种不同类型的居住单元，可供从未婚到拥有 8 个孩子的家庭共 337 户使用。马赛公寓不仅是一座独立的居住建筑，同时更像一个居住小区，独立且集中地包括了各种生活与福利设施的城市基本单位。马赛公寓在布局上的特点是每 3 层作 1 组，只有中间一层有走廊，这样 15 个居住层中只有 5 条走廊，节约了交通面积。室内层高 2.4m，各居住单元占两层，内有小楼梯。起居室 2 层高，前有一绿化廊，其他房间均为 1 层高。第七、八层的服务区有食品店、蔬菜市场、药房、理发店、邮局、酒吧、银行等。第十七层有幼儿园、托儿所，并有一条坡道引导到上面的屋顶花园。屋顶花园有室内运动场、茶室、日光室和一条 300m 的跑道。

　　二战后，勒·柯布西耶的作品风格由早期工程所具有的立体派长方形体量，转向比较自由的有雕塑感的风格形式。朗香教堂设计建造于 1950～1953 年间，即位于法国朗香地方的高山圣母教堂（Norte-Dame-du-Haut at Ronchamp）。在这一作品中，一向以讲究几何构图的形式美、主张采用新技术来满足新功能和创造新形式的现代主义建筑、并在建筑创作实践中遵循理性主义方向而赫赫有名的建筑家，却设计出了一个具有震动性的奇特的建筑。这座位于群山之中的小小的天主教堂，突破了几千年来天主教堂的所有形制，造型扭曲混沌，超常变形，怪诞神秘，如岩石般稳重地屹立在群山环绕的一处被视为圣地的山丘之上。曲线形混凝土墙体围蔽出一个不规则、晦暗的室内空间，教堂屋顶是一个线性的钢筋混凝土结构，剖面中空，类似飞机的机翼。教堂共有 3 个礼拜堂，2 个低矮，1 处略高，顶部卷曲伸出屋顶。室内光线非常暗，光线主要通过顶部暗窗投射到礼拜堂内。屋顶架在两堵墙的小窄柱上，屋顶与墙顶端之间留出一道玻璃缝隙，使得屋顶看上去好像飘浮在空中一般。其中一堵墙非常厚重，上面开着长方形的漏斗状孔洞，孔洞内侧较大，越向外越小，直至墙体外侧形成小小的窗户，上面镶嵌着色彩缤纷的玻璃，尽管教堂室内依然采用了白色墙壁，但是透过玻璃的光线使室内产生了多彩的光芒。在圣坛后面，墙体上点缀着许多小玻璃窗户，当人们在教堂内移动时，透过的光线若隐若现。勒·柯布西耶所设计的教堂内色彩斑斓的窗户、礼仪性的彩饰入口、座椅以及祭坛等设施，创造了一个神秘流动的空间，这一空间可使人想起哥特教堂的室内效果。

　　在勒·柯布西耶职业生涯的晚期，参加了印度旁遮普邦新首府的规划，即印度的昌迪加尔规划。这位西方建筑师在第一次踏上印度大地时即被喜马拉雅山的神圣、人们脸上永恒的微笑、印度历史建筑无比优美的比例所折服，他盛赞"这里有一切适于人的尺度"。在领略

图 13.40　勒·柯布西耶中心 (1967 年)

了异域文化的震撼后，勒·柯布西耶认识到必须尊重自然、尊重传统，使现代的思想、技术、材料在这片神圣的土地获得重生。昌迪加尔首府的规划模式就源于他对人的关心，贯穿了以"人体"为象征的布局理念。勒·柯布西耶把首府的行政中心当做城市的"大脑"，主要建筑有议会大厦、邦首长官邸、高级法院等，它们被布置在山麓顶端，可俯视全城。博物馆、图书馆等作为城市的"神经中枢"位于大脑附近，全城商业中心设在作为城市主干道的交叉处，象征城市的"心脏"。大学区位于城市西北侧，好似"右手"；工业区位于城市东南侧，好似"左手"；道路系统象征"骨架"；水、电、通信系统象征"血管神经系统"；建筑组群好似"肌肉"；绿地则象征呼吸系统"肺脏"。1967 年建于瑞士苏黎世的勒·柯布西耶中心是其晚期作品，玻璃和一些板块包围着一组主要为立方体的模数制构件，而这实际上是一座完整的建筑。建筑的一部分是理想的示范住宅，另一部分是展览中心，由一个伸出的封闭坡道将二层露面联结起来（图 13.40）。

　　孕育了现代主义设计思潮的德国，于 1952 年成立了乌尔姆设计学院，努力实现并发展包豪斯的理想，在设计中强调理性主义、功能主义，并通过与布劳恩公司的合作，发展出了系统化的设计的理念。该学院的建筑完成于 1955 年，具有明确的国际式特点，迪特尔·拉姆斯（Dieter Rams）、汉斯·古吉罗（Hans Gugelot）发展出了极少主义风格。该时期德国涌现出来的大批办公大楼，多数拥有典型严谨的现代主义风格特征，在公共空间的设计中，发展出了开敞的"景观办公室"概念，在这样的开敞空间中，利用可自由移动的家具、屏风等自由连通与阻隔实际空间，这一概念也逐步成为现代办公室布局的基准。

　　斯堪的纳维亚国家在战后设计中成就卓越，丹麦一度成为战后室内设计的领导者，主要设计师有芬恩·朱尔（Finn Juhl，1912～1989 年）、阿恩·雅各布森（Arne Jacobsen，1902～1971 年）、乔恩·伍重（Jorn Utzon）等。同时，丹麦的现代家具设计在室内范围内流行，结合丹麦的陶瓷、日用品等家用产品的发展，使得丹麦现代设计成为了一种国际流行风格。芬兰一直保持着高水准的设计地位，在室内、家具以及日用品设计领域成就显著；瑞典战后的设计思想在先进城镇规划中备受瞩目，同时其质量精美的家具、家用日用品、纺织品等都逐步在世界市场中占有重要地位。

　　意大利在战后开始向世界各国出口家具和其他产品，从而逐步成为二战后激动人心的设计中心，这里的设计师们向那些渴望新的、富有想象力的客户提供优秀的设计。其重要设计师有皮尔·路易吉·奈尔维（Pier Luiqi Nervi，1891～1979 年）、弗兰克·阿尔比尼（Franco Albini，1905～1977 年）、马尔科·扎努索（Marco Zanuso，生于 1916 年）、托比亚·斯卡帕（Tobia Scarpa，生于 1935 年）、卡洛·莫利诺（Carlo Molino，1905～1973 年）、维科·马吉斯特雷蒂（Vico Magistretti，生于 1920 年）、乔·哥伦布（Joe Colombo，1930～1971 年）。在接近 20 世纪 60 年代的时候，意大利也率先出现了激进的"反设计"思潮，对现代主义的设计观点提出了质疑甚至是反抗，从而逐步开启了 20 世纪最后阶段的设计新历程。

　　现代主义设计萌发于 19 世纪末期，在 20 世纪的头十年中崭露头角，于两次世界大战期间获得了初步的发展，在二战结束后蓬勃发展成为一种席卷全球的设计风格。现代主义也被人们称为理性主义、功能主义、极简主义等。无论如何也无论在何地，这种功能主义的思想都适应了工业文明社会机械化的要求，在这种思想引领下的设计，标准化与批量化似乎不可避免，这也为人们日后指责其"千篇一律"、"单调"、"乏味"的形式埋下了伏笔。而纵观整个现代主义的发展过程，这一概念应该是一个吸收了广泛涉及范围的命名，既包含了早期的设计，也囊括了新近的成果；既有思想丰富的创造，也有单调乏味的模仿。而实际上，这一覆盖面极广的设计思潮，在不同国度、不同地区显示出了明显的个性与差异性。自 20 世纪 50 年代和 60 年代起，对于现代主义的批评之声不绝于耳，对其"失败"的指责主要集中在一些大型的住宅区表现出来的千篇一律的单调与乏味笨拙的方盒子大玻璃幕墙办公大楼中。

主要参考资料

[1] （美）大卫·瑞兹曼.现代设计史，（澳）王栩宁等译，北京：中国人民大学出版社，
2007.

[2] （美）约翰·派尔.世界室内设计史，刘先觉等译，北京：中国建筑工业出版社，2003.

[3] （美）理查德·韦斯顿.20世纪住宅建筑，孙红英译，大连：大连理工大学出版社，
2003.

[4] （英）德扬·苏季奇.（澳）图尔加·拜尔勒，20世纪名流别墅，汪丽君等译，中国建筑
工业出版社，2002.

[5] （英）格兰锡.20世纪建筑，李洁修等译，北京：中国青年出版社，2002.

[6] （英）菲奥纳贝克、基斯贝克.20世纪家具，彭雁等译，北京：中国青年出版社，2002.

[7] （瑞士）弗雷格编著.阿尔瓦阿尔托全集.王又等译.北京：中国建筑工业出版社，
2007.

[8] 王受之.世界现代建筑史.北京：中国建筑工业出版社，1999.

[9] 何人可.工业设计史.北京：北京理工大学出版社，2000.

[10] 李砚祖.《外国设计艺术经典论著选读（上下）》.北京：清华大学出版社，2006.

[11] 李砚祖.《环境艺术设计》.北京：中国人民大学出版社，2005.

[12] 紫图大师图典丛书.《新艺术运动大师图典》.西安：陕西师范大学出版社，2003.

[13] 吴焕加.《外国现代建筑二十讲》.北京：生活·读书·新知三联书店，2007.

第 14 章 20 世纪晚期西方的室内设计（1960 ～ 2000）：设计的多元发展

自 20 世纪 20 年代和 30 年代以来，现代主义一直是西方建筑的主流，建筑美学思想也建立在理性、结构、功能的基础之上。第二次世界大战之后，现代主义对纯粹理性的注重和尊崇，在设计中逐步显露出因片面强调功能性和经济性，形成了单调、统一，甚至刻板的建筑形式，而忽视了人的情感因素和环境的作用。20 世纪 50 年代和 60 年代起，现代主义建筑形式开始出现了反思与分裂，随后逐渐发展出了对现代主义建筑反叛的新的设计形式，至 20 世纪 70 年代后期最终形成了新时期的建筑主流风格与形式。

第一次世界大战之后，欧洲、美洲抑或遥远的东方都进入了设计风格的新阶段，此时期的设计并不主张多样性，而更多地趋于千篇一律，具体表现为"国际风格"的风靡。"功能主义"的建筑适应工业文明社会机械化的要求，设计师们高举实用性的大旗，提出了"为普通人建造的住宅"的口号，这些住宅建筑更加强调标准化而消除个性特征的存在。"居住的机器"可谓是"功能主义"者们的最佳公式，这种思想反映了将科学朴素而机械地理解为一种固定的、可作逻辑论证的、在数学上无可置疑的不变的真理。"功能主义"者致力于解决广大劳动群众的城市规划以及居住问题，他们为最低限度住宅、为建筑标准化和工业化付出了不懈的努力。

新近的二三十年来，建筑师、评论家逐步对"现代主义"建筑运动失去了信心，这类评论主要出现在 20 世纪 60 年代，不仅仅在英、美，而且遍布全世界。在人们心目中，威望急剧下降的建筑有两类，即作为现代建筑运动主体的住宅与办公大楼，更为重要的是，这些大量出现的建筑还代表了现代城市的主要特征。建筑师与评论家们发现，这场建筑运动的规模早已超出居住范围，开始伸向社会民主政治并追求城市中心的商业效益，似乎是突然闯进城市中的一个怪物。那些曾经把建筑师捧为社会救世主的批评家们开始意识到，正是这些建筑师毁灭了城市，其主要原因在于他们过于藐视人的需求。20 世纪 70 年代和 80 年代，设计界出现了多种向现代主义挑战的流派，一时间众说纷纭，令人眼花缭乱。

既然室内设计是一个不断发展的领域，甚至是竞争的领域，因此在竞争中出现几种不同的发展方向以求掌握未来的设计，并且由此产生相互抵触和混乱便不足为奇。无论人们选用什么样的名称来描述近来的设计变化，都可以清楚的认出和辨别三种主要发展方向，即晚期现代主义、高技术主义和后现代主义。

14.1   现代主义设计的持续与反叛（1960 ~ 1980）

早在现代主义设计思潮蓬勃发展之际，美国以弗兰克·赖特为代表的有机建筑论者，欧洲以奥托为代表的以及瑞典的一些建筑师，同时还有一批年轻的意大利建筑设计师们，开始在设计中追求更为复杂的需求和功能，提出了建筑和建筑设计人性化的任务，此类设计不但在技术上和实用上满足功能需求，而且在人类心理方面也要予以考虑。换句话说，如果功能主义者集中解决了数量的问题，有机建筑则注意到人类的尊严、个性和精神意图，也认识到建筑既有数量问题也有质量问题。而这些探索和思考正是现代主义设计式微之后的各种主义的源头。

20 世纪 60 年代，英国首先出现了波普艺术运动，并扩展至了美国。在差不多同一时期，意大利的一部分年轻设计师中发展出了"反设计"的思潮。他们把设计当作表达意识形态、弘扬个性和直击社会的手段，他们主张走"另外的道路"，提供"坏品位"或者任何非正统的风格，反对正统的国际主义设计，开始了标新立异、不循常规而大胆的设计探索。这实质上是一股具有强烈反叛味道的设计运动。大量的意大利设计师开始意识到，他们设计的精致考究的家具产品等，实际上是同政府、企业之间的合作，而这只会强化阶级差别，将商品消费局限于富有阶层，设计师们因此开始寻求一种全新的设计策略的可能，以便于可以重新定义设计与消费之间的关系。

至 20 世纪 60 年代，美国经济开始进入空前繁荣的阶段。商业主义引导下的美国产品设计得到了空前发展，追求式样不断变化的设计与进入丰裕社会之后新一代消费群体的崛起，促进了美国夸张、艳俗、虚华的享受主义风格设计的形成。这种享受主义设计风格发展使经济、社会的可持续发展陷入了困境，美国一些有识之士开始对美国在二战后所推行的设计政策、设计思想和理念进行反思，并开始探索适应新形势、新时代下经济、社会可持续发展的设计思想和方法。自20 世纪 60 年代起，便有一些人站出来严厉批评和抨击制造商、设计师和产品。著名评论家拉尔夫·纳德（Ralph Nader，生于 1934 年）在 1965 年出版的著作《任何速度都不安全：美国汽车的设计性危险（*Unsafe at Any Speed: the designed-in dangers of the American automobile*）》中指出，美国的大轿车虽然装饰华贵，但从工程角度来说是不安全的，他甚至称这些汽车是"死亡陷阱"，既浪费能源又不安全，完全没有存在的必要。纳德的写作目的在于指出通用汽车为了增加销售量，在产品样式设计方面进行了大量投资，而忽略了产品本身的安全性、产品的信誉以及公众的利益。尽管纳德的努力并没能彻底改变汽车制造商们对产品样式的青睐，但其努力提醒消费者保持清醒，并最终通过法律手段对汽车安全性进行了监控。当人们对企业只关注设计、科技进步的理念产生质疑时，开始呼吁设计革新，并希望设计能够承担更多的社会责任感。20 世纪 60 年代末，美国著名设计理论家维克多·巴巴纳克（victor Papanek，1926～1998 年）在 1971 年出版的《为真实世界而设计（*Design for the Real World*）》中提出了自己对设计目的性的看法，明确提出了设计的三个目的：设计应该为广大人民服务，而不是为少数富裕国家和阶层服务；设计不但应为健康人服务，而且要考虑为残疾人服务；设计必须考虑地球的有限资源使用问题，必须为保护地球服务。美国社会对现代主义设计的反思，表现得相当全面和深入，与此同时，新的设计风格的形成也表现得异常迅速。20 世纪 70 年代后期，美国设计界逐步形成了一股在理论和实践上反对现代主义设计的艺术思潮，认为产品设计不仅要有良好的技术和功能，还要具有丰富的个性和多样的形式，注重人情化和象征意味，其目的就是建立一种适应后工业社会文化环境的生活方式的设计原则。这些原则在 20 世纪 80 年代得到了很好的贯彻和实施。

14.2　现代主义之后的多元发展方向（1960～1980）

14.2.1　晚期现代主义

晚期现代主义（Late Modernism）发展于 20 世纪最后阶段里，是设计的诸多发展方向中最为保守的流派。该流派的设计理念基本上建立于现代主义的基础之上，并自始至终地坚持现代主义的设计原则，在设计中也最大可能地避免使用任何历史装饰的手法。这一流派的优秀设计师主要有路易·康（Louis Kahn）、保罗·鲁道夫（Paul Rudolph）、理查德·迈耶（Richard Meier）、贝聿铭（Ieoh Ming Pei）等。晚期现代主义的设计师们始终如一地坚持现代主义的宗旨，但有所不同的是，他们发展出了新的形式、新的设计观念和设计手法，将现代主义进行了新的诠释，很大程度上丰富了现代主义的创作内容和设计观念。

贝聿铭是晚期现代主义中十分重要的一位设计师，1917 年出生于中国广东省，1935 年赴美留学，1955 年在美国创办建筑师事务所，设计作品遍布世界各地，1983 年获得了建筑界最高的国际大奖——普利茨克奖。贝聿铭是为数不多的能够坚持自己的原则，又能不断发展现代主义的设计师。他认为"建筑是一种社会艺术的形式"，在设计中强调建筑的社会性，建筑的艺术表现要以社会需求为前提，而不仅仅是建筑师个人意志的表现。贝氏的设计往往强调历史文脉，强调建筑和周围环境的协调。同时主张建筑虽受科技的影响，但并非完全建立在科学技术之上，它还需要其他的条件，如建筑师的个人感受，环境的、社区的需求也必须被考虑，这些思想使他的建筑具有更强的亲和感和艺术韵味。

贝聿铭一生设计过许多作品，如位于华盛顿市的美国国家美术馆东馆、法国巴黎卢浮宫扩建工程、中国银行香港分行大厦、北京香山饭店等，均被视为世界建筑史上的经典杰作。

卢浮宫作为一所世界闻名的美术馆，因时代所需，于 20 世纪末叶时进行了扩建。作为一所现代美术馆，扩建前的卢浮宫显得有些拥挤，似乎不能很好地满足现代的需求。扩建工程由美籍华人贝聿铭主持，于 1984 ～ 1989 年完成（图 14.1）。在地面建筑完全不动的情况下，贝聿铭创造性地在拿破仑广场建造了 2 层地下空间，以获得 46450m^2 的建筑面积，供观众活动和服务场所所需。重新装修后的卢浮宫展出面积大为增加，基本符合了现代美术馆的常规需求。在地下建筑的主要入口处，贝聿铭设计了玻璃金字塔以覆盖入口。璀璨晶莹的玻璃金字塔全部采用钢结构和玻璃材质，在位于中央的大金字塔周围还有 3 个小金字塔，这 3 个小金字塔为提供地下光源的大金字塔做了二级自然光源补充，整个建筑极具现代感又不乏古老纯粹的神韵。该方案起

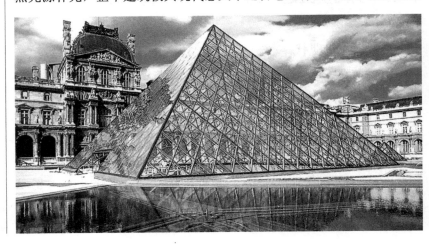

图 14.1　卢浮宫扩建工程

初曾遭到法国各界的一致反对，而建成后则颇有些惊世骇俗的意味。

华盛顿美国国家美术馆（也称为西馆）原由建筑师辛克尔于 1941 年完成，是一座新古典主义风格的建筑。由于收藏越来越多，特别是现代艺术品收藏日益增多，展览空间趋于局促且不能完全满足需求，投资兴建新美术馆（东馆，图 14.2）的计划由此而生。新馆选在面对美国国会的一块顶端为锐角的三角形狭长地带，这个地形本身对设计师颇具挑战。在这个三角形的狭长地带上，新建的建筑必须与新古典主义的西馆配合，又需要与新古典主义和折中风格的国会建筑相协调，使得整个广场中的各种类型、建于不同时期的建筑具有相互呼应的关系，贝聿铭先生不得不充分考虑这些因素。建成后的东馆包括一个等腰三角形的展览空间和一个直角三角形的研究中心。外墙使用与西馆相同的大理石材料，甚至与广场中间的华盛顿纪念碑保持联系，为了进一步协调与近在咫尺的旧馆的联系，新馆的设计采用了同样的檐口高度，内部采用了大天窗顶棚，三角形的符号反复在各个地方被运用，强调建筑形式的特征。展览大厅内有若干面积不等、空间高度变化不同的展室，这些展室由形状各异的台阶、电梯、坡道和天梯连接。明媚的阳光可以从不同角度倾泻而下，在展厅的墙壁上和地面上形成丰富多变、美丽动人的图案。

1980 年 5 月 30 日，在纽约清华同学会为欢迎清华大学代表团访美举办的科学技术报告会上，贝聿铭作了"关于北京城市规划和中国建筑民族化问题"的演讲，贝聿铭认为，"如何在城市规划的建筑创作方面找到一条具有民族风格的道路，这是一个重要的先决条件"，"怎样进行新的开发同时又保护好文化遗产，避免造成永久的遗憾，这正是北京城市规划的一个重要课题"，而"新材料、新技术固然重要，但对于建筑艺术创作来说，更为重要的则是找到正确的民族化道路，使建筑具有独特的民族形式与风格"，而这些，也正是当下的设计师们深深思考的问题。

在当代所有的公共建筑物中，最为壮观的要数丹麦建筑师杰恩·伍重设计的悉尼歌剧院了。悉尼歌剧院是澳大利亚的著名象征，这座举世闻名的建筑是 20 世纪施工合约最长的建筑之一，从 1959 年一直到 1973 年，前后长达十几个春秋。造价结算合 5000 万英镑，超出原预算 14 倍多。歌剧院位于澳大利亚的悉尼海港，从巨大的海港大桥可以俯瞰整个建筑的全景。歌剧院由三组巨大的壳片构成基本样式，彼此相连的壳

图 14.2　美术馆东馆

图 14.3　悉尼歌剧院

片来自同一个球体。最高的壳片之下是主音乐厅，三层的墩座墙在主音乐厅和听众席间形成了长长的通道，墙内是主要的公共活动区域。音乐厅的功能要求极为苛刻，于是设计者在内墙贴覆树脂玻璃板，加强声音的反射，改善了音响环境，由于设计师约恩·伍重当时参加竞赛的设计方案过于简略，在施工中遇到一系列复杂而困难的技术问题，仅为了研究和设计壳片的结构就耗时 8 年，实际费用也远远超过了剧院原来的预算。剧院的设计体现了伍重的"累计建筑"思想，他曾引用芬兰建筑大师阿尔托的原话："每朵花在枝条上的位置各不相同，但他们各自的构成一模一样……这就是我设计的基础"。悉尼歌剧院是在不平常的条件下产生的，用不平常的入场路线和不平常的壳型屋顶，造成施工困难，终于用极不平常的做法完成。然而。悉尼歌剧院依然是 20 世纪以来最生动、最激动人心的建筑艺术形象。它再次证明了建筑艺术可以成为伟大的宣言，为人们带来新奇的景观（图 14.3）。

如果说国际风格因统一、千篇一律和简洁的特点而令人质疑的话，后来的现代建筑师则不再寻求单一的真正现代主义风格或单一理想的解决方法，开始重视个性和多样化，他们告别密斯·凡·德·罗，重新返回到安东尼·高迪的米拉公寓和勒·柯布西耶的朗香教堂，如路易·康（Louis Kahn）、理查德·迈耶（Richard Meier）、查尔斯·格瓦思梅（Charles Gwathmey）、丹下键三（东京都新市政厅大厦、东京代代木国力综合体育馆）、黑川纪章（日本名古屋市美术馆）、西萨·佩里（纽约世界金融中心及冬季花园）、KPF 事务所（芝加哥韦克大道 333 号大厦）、SOM 事务所（芝加哥西尔斯大厦）等。他们同样沿着早期现代派所追求的方向发展，一直坚持现代派的宗旨。

14.2.2　高技派风格

高技术派（High Tech）风格是一种在设计基础上与现代主义相同，而某些方向又存在一定变化的风格。高技派更加侧重于开发利用以及有形展现现代化的技术，凸显科学技术的象征性内容，以夸张的形式来突出高科技。最初，现代主义设计业即与技术紧密相连，其主要兴趣是在机器本身，以及试图通过机器来创造出一种适合现代技术世界的设计表现形式。在高技派风格的设计师们看来，过分地集兴趣于单一的机器已变得过时，把机器化设计视为解决一切问题的手段则显得天真。高技术派设计已开始进入电子和空间开发利用的"后机器时代（Post-Machine-Age）"，以便从这些领域中学到先进技术和从这些领域里的产品中寻求一种新的美感。这一风格首先在工业设计中被体现出来，运用精细的技术结构，讲究现代工业材料和工业加工技术的运用，赋予工业结构、工业构造、机械部件以美学价值。今天来看，无论在工业设计还是建筑设计中，这一风格都取得了突出的成就。

"高技术"一词最早来自于詹·克朗（Joan Kron）、苏珊·斯莱辛（Susan Slesin）的著作《高科技》中，作者在书中指出这一术语所包含的两个特定内容，即强调工业技术（Technology）与高品位（Highstyle）。 这种成熟的设计风格与先进技术的结合，使得高科技派具有未来性，持这一设计观念的设计师主要有伦佐·皮亚诺（Renzo Piano）、理查德·罗杰斯（Pichard Rogers）、詹姆斯·斯特林（James Stirling）、诺尔曼·福斯特（Norman Foster）、查尔斯·伊姆斯（Charles Eames），以及美国的室内设计师约瑟夫·保尔·德·乌尔素（Joseph Paul D'urso）等。

沿着这一方向，人们可以从巴克明斯特·富勒（Buckminster Fuller）的设计中找到他在设计发展方向所做的先前努力。富勒因发展了球体网架结构而闻名于世，这种结构之后一直被广泛采用，包括建于 1967 年的蒙特利尔国际博览会的美国馆。查尔斯·伊姆斯（Charles Eames）于 1949 年在自己的住宅和家具设计上也展现了这一方向，其住宅采用了工厂预制件装配而成，在 1946 年以后，伊姆斯的家具设计也开始广为流行。高技术风格把工业环境中的技术特征引入到了家庭产品与住宅设计中，自公共空间引入到了高度私密的个人空间中（图 14.4）。

高技术派建筑最为辉煌的作品出现在巴黎，即由意大利的皮亚诺和英国人罗杰斯设计的蓬皮杜文化艺术中心（图 14.5）。该工程要求创造出一个连续的、互不干扰的内部空间，有高度技术化的地下设计，以便布置展品和满足各种不同使用功能的需要。这座 6 层高的周身缠绕各种色彩鲜艳的管道和输送管的建筑，看上去像一座化工厂，不同功能的管道用不同的颜色表示：红色代表交通通信系统、绿色代表供

图 14.4　伊姆斯住宅
（a）外立面；（b）室内；（c）室内

（a）　　　　　　　　　　　（b）　　　　　　　　　　　（c）

图 14.5　蓬皮杜文化艺术中心（局部）

水系统、蓝色代表空调系统、黄色代表供电系统……朝向广场的西立面，架设着交叉贯穿广场上空的巨大玻璃管道，里面设有自动电梯，人们就像输油管道里的油液一样，流动往返于各大区间。尽管这座建筑物的外观令人眼花缭乱，但是其内部空间却很简单，6 层的大楼，每层都高 7m、长 166m、宽 48m，剩下两侧的 12m 用来布置自动楼梯和各种管道。在这样有大约两个足球场大的空间里面没有一根柱子，也不设一面固定的墙面。室内空间通过家具、屏风或活动隔断临时分隔，极为自由。设计师罗杰斯曾开诚公布地说："我们把建筑看成是人在其中应该按自己的方式干自己事情的自由的地方。建筑应当设计得能让人在室内和室外都能自由自在地活动，自由和变动的情况就是房屋的艺术表现"。

14.2.3　后现代主义

后现代主义这一称谓来自查尔斯·詹克斯（Charles Jencks），理论基础则是来自罗伯特·文丘里（Robert Venturi）所著的《建筑的复杂性与矛盾性（*Complexity and Contradiction in Architecture*）》。查尔斯·詹克斯（Charles Jencks）是后现代主义建筑理论的重要代表人，在其 1977 年发表的著作《后现代建筑语言（*The Language of Post-modern Architecture*）》中，詹克斯首次把"后现代主义"这个 1940 年即已出现的词语变成国际通用的术语。影响后现代主义理论形成和发展的因素很多，其中现代语言学理论的发展对后现代主义理论产生了非常深刻的影响，包括语义学（semiotics）、结构主义理论（structuralism）、后结构主义（post-structuralism）理论。20 世纪 60 年代，后现代主义的建筑师们从语言学的分析中了解到，通过语言性的传载来表达意义，具有非常严格的体系，这使他们很感兴趣。因此他们开始试图把这种方式体系运用到建筑中，使建筑能够作为语言来表达意义。建筑在什么情况下可以像语言一样具有普遍性、为人理解性，怎样能够使非建筑师的普通人能够通过建筑的普遍性来了解建筑的意义。在《后现代建筑语言》中，作者通过一些实际的例子来说明语义学在建筑艺术交流中的作用，"建筑艺术与语言有许多共享的类似方法。若是我们不甚严格地使用这些术语，我们可以用建筑的'词汇'、'短语'、'句法'和'语义'等来表情达意。而现代建筑艺术极为忽视这一切"。[1]

1　李砚祖：《外国设计艺术经典论著选读（上）》，223 页，北京：清华大学出版社，2006。

　　1966 年《建筑的复杂性与矛盾性》出版，道出了设计中的复杂性、矛盾性和模糊性。正如在第一章"非直截了当 / 错综复杂的建筑：一个温和的宣言"所写的那样，此书表达了对现代主义纯粹简化的反抗。罗伯特·文丘里对现代主义的逻辑性、统一性和秩序性提出质疑，从理论上向当时主流的现代主义刻板、单调的建筑开炮，他将现代主义建筑大师密斯的名言"less is More（少即是多）"调侃成"less is boring（少就是乏味）"。文丘里明确提出要在现代建筑中采用历史因素，从而改变建筑单一、刻板的面貌。他指出现代主义建筑与自己所推崇的具有历史折中主义特点的后现代主义建筑之间的矛盾，如现代主义建筑的纯粹性与后现代建筑的多元性（pure/hybrid）、现代主义的直截了当与后现代主义的扭曲（straight for word/distorted）、现代主义的清晰与后现代主义的模糊（articulated/ambiguous）三对矛盾，进而论证了自己的观点，即建筑应该是复杂的，而不是如现代主义推崇的那样简单、单调纯粹与直截了当。[1]1972 年，罗伯特·文丘里、丹尼斯·斯科特·布朗、斯蒂文·艾泽努尔一起出版了《向拉斯维加斯学习（Learning from Las Vegas）》，将美国的通俗文化引入到严肃的建筑理论和实践中。

　　后现代主义由于运用装饰、讲究文脉而同现代主义分离。这些传统符号的出现并不是简单地模仿古典建筑样式，而是对历史的关联趋向于抽象、夸张、断裂、扭曲、组合，利用与现代技术相适应的材料进行制作，通过隐喻、联想，给人以无穷的回味。后现代主义极具丰富的创造力，使我们的现代生活变得多姿多彩，属于这个设计阵营的队伍最为壮大，他们有迈克·格雷夫斯(Michael Graves)、矶崎新(Arata Isozaki)、查尔斯·摩尔（Charles Moore）、菲利普·约翰逊（Phillip Johnson）、文丘里、孟菲斯集团（Memphis）等等。

　　文丘里在 1962 ～ 1963 年为母亲设计的位于宾夕法尼亚的维娜·文丘里（Vanna Venturi）住宅中（图 14.6），提出了自己后现代主义的形式宣言。住宅正立面乍一看似乎出自儿童的画作，画面为对称式的，拥有山形墙体，中间耸立着高高的烟囱，门设在中间，两边分设窗户。然而仔细观察后，问题随即趋于复杂，山形墙自中间裂开，左边的窗户是大小不等的正方形，而右边的窗户是微型的类似柯布西耶式可以滑动至墙角的带状长窗，一个层拱将不同的窗门连接了起来。室内空间因那些超出常规的夹角形打乱了熟悉的方形转角而出人意料，室内家具的设计也脱离了现代主义的经典样式。这座住宅设计得十分灵巧，由此可发现文丘里的建筑复杂性包含着丰富的内涵，这座住宅在整体规划上讲究对称格局，但又"服从"功能的需求，文丘里对此处"服

1　王受之：《世界现代建筑史》，319 页，北京：中国建筑工业出版社，1999。

(a)

(b)

(c)

图 14.6　文丘里母亲住宅
（上）
（a）正立面;（b）背立面;（c）
室内效果

图 14.7　意大利广场（下）

从"的使用有着特殊的含义。卧室与厨房对称又不绝对，似乎是为了满足功能的需要。（查尔斯·詹克斯曾经称其为"双重准则"），即建筑物不仅仅向建筑界传递高水准的美学思想，同时也要向普通人传递大众化的信息。[1]在 1986 年设计的英国伦敦国家艺术博物馆圣斯布里厅，文丘里采用了严肃的历史建筑结构和装饰细节，与现代结构浑然一体，建筑本身不但功能良好，又具有独特的历史韵味，同时又与都市邻里非常协调。查尔斯·摩尔的著名设计作品是位于路易斯安那州新奥尔良市的"意大利广场"（图 14.7，1977 ～ 1978 年），摩尔对建筑设计持有一种非常浪漫的艺术态度，"意大利广场"位于新奥尔良的西西里人聚居区，其艳丽的色彩使整个广场洋溢着浓郁的意大利文化。广场设计采用了古典的罗马风格拱券形式，同时使用了鲜艳的色彩和霓虹灯，将古典主义和美国通俗文化融为了一体。尽管格雷夫斯不喜欢"后现代主义"这一提法，但他是最享盛誉的后现代主义的设计大师。1980 年完成的波特兰市的公共服务中心（Portland Public Service Building）是后现代主义作品的早期代表。同时，他诙谐有趣的家具和室内设计已纷纷为其他项目所效仿（图 14.8）。在意大利，孟菲斯（Memphis）设计集团始终发展带有后现代主义倾向的室内设计，其色彩和形式更加随意和怪诞，他们给设计界带来了很大的冲击和影响（图 14.9）。

　　菲利普·约翰逊（Phillip Johnson）是建筑史上一位非常突出和复杂的设计师，他既是现代主义建筑的重要设计师，是国际主义风格的命名人和最主要的推动者，同时又是后现代主义建筑的重要代表。无论在现代主义还是后现代主义时期，他都作出过卓越的贡献。1932年任纽约市现代艺术博物馆建筑部主任，同年，和建筑史学者、艺术家拉瑟—希区柯克（Henry Hitchcock）合作出版了世界上第一部讨论现代主义建筑的著作——《国际主义风格：1922 年以来的建筑（*The*

1　（美）理查德·韦斯顿,《20 世纪住宅建筑》,孙红英译 , 190 页,大连:大连理工大学出版社,
　　2003。

（a）　　　　　　　　　　（b）　　　　　　　　　　（c）

（a）　　　　　　　　　　（b）

international style : Architecture since 1912》，并举办展览，首次向美国介绍欧洲的现代主义建筑，提出现代主义建筑将成为国际潮流的观点，该书是奠定国际主义风格理论基础的第一本理论著作。约翰逊与密斯·凡·德·罗私交很好，其早期的作品受密斯"少即是多（less is More）"的观点影响很大，代表作品有他为自己设计的"玻璃"住宅（glass house 1940～1970 年）。20 世纪 60 年代和 70 年代，约翰逊对密斯那种过于刻板、统一的设计面貌产生了疑问，他希望发展建筑的丰富面貌，在设计中引入典雅的手法，使国际主义风格趋向丰富和典雅，代表作有纽约的"林肯中心"。1973 年，他设计出了美国电报与电话公司大楼（AT & T），标志着约翰逊进入了个人设计生涯的后现代主义时期（图 14.10）。

14.2.4　解构主义

在此需要特别提及一下"解构主义（Deconstruction）"，作为后现代主义时期设计探索的形式之一而产生并发展的风格流派，"解构主义"是由"结构主义（Constructesim）"演化而来，其形式实质是

图 14.8　格雷夫斯住宅（上）
（a）建筑外观；（b）室内效果；
（c）格雷夫斯设计的梳妆台与坐凳

图 14.9（下左）
孟菲斯的室内家具
（a）博古架；（b）博古架（索特萨斯设计，1981 年，孟菲斯制造）

图 14.10（下右）
纽约美国电话电报公司大楼

(a)　　　　　　　　　　　(b)

图 14.11（左）
盖里住宅
（a）建筑外观；（b）住宅内
部效果

图 14.12（右）
西班牙毕尔巴鄂古根海姆
博物馆

对结构主义的分解或者"破坏"。这一流派的代表人物主要有弗兰克·盖里（Frank Gehry）、伯纳德·屈米（Bernard Tschumi）、彼得·埃森曼（Peter Eisenmen）、扎哈·哈迪特（Zaha Hadit）、丹尼·雷柏斯金（Daniel Libeskind）、库珀·辛门布劳（Coop Himmelblau）等。

弗兰克·盖里是解构主义中影响最大的一位设计师，盖里住宅（图 14.11）是其代表作之一。这座完成于 1978 年的建筑原是一座荷兰式的小住宅，盖里分别在中、东、西三面进行了扩建，最后形成了一座具有一种漫不经心、没有完工的支离破碎的感觉的新住宅。 被漆成白色的门式窗户突兀地立在立面的墙壁上，房子的扩建部分仿佛是掉落在原有建筑物上的一个箱子，以一种随意而奇特的角度凝固在空中。而建筑内部墙面剥去了抹灰层，木板条直接裸露在外。盖里设计于西班牙毕尔巴鄂的古根海姆博物馆（Guggenheim Museum，1998 年）堪称一座惊世骇俗的作品，整个建筑外形看上去扭曲弯卷，类似一朵巨大的金属花，或者一艘奇特的大船，内部由钢架结构支撑，外部曲折多变的形式反映了复杂的内部空间。建筑外墙包以闪亮的钛合金材料，造价昂贵，这种设计脱离了现代主义所要求的功能实用原则（图 14.12）。盖里在家具设计领域成就颇丰，采用多层模压硬纸板为材料制作系列家具，并于 1990～1992 年间为诺尔公司开发桌椅。

巴黎不仅是古典建筑的中心，更是后现代主义的试验场。拉维莱特公园就是其中"解构主义"环境设计的代表作品。拉维莱特公园位于巴黎大区的东北角，占地 86 英亩，是法国 200 周年国庆的十大建筑之一。法国政府当时的要求是将拉维莱特建成 21 世纪的公园。

伯纳德·屈米设计规划的巴黎拉维莱特公园也是解构主义的重要作品之一，拉维莱特原是一个肉类供应周转站，至今保留有百年前建成的大跨度的交易大厅。在此基础上，屈米新规划了音乐城（包括音乐及乐器博物馆）、科技馆、演出场所、展览场所及其他的附属娱乐、餐饮休闲设施及建筑。在屈米的方案中，占地 25000m² 的肉类交易大厅与可容纳 6500 人的银色轻体帐篷式建筑、音乐城、科技馆，以及其他各种用途和不同形式的建筑都被一个个 $120m^2$ 的方格网统一的组成一体。屈米在谈论自己的方案时介绍说，点、线、面三个系统被任意重叠时，会出现各种不同的、意想不到的效果，这样才能体现出作者的"偶然的"、"巧合的"、"不协调"、"不连续"的设计思想。[1]

　　从某种意义上来说，建筑和环境艺术的历史永远不会终结，它是一个不断发展、不断进步的新陈代谢的过程。而每一次的进步和发展，每一种风格的诞生，都会在历史的长河中找到相同或相似的情感倾向。任何一种新观点的崛起，新技术的进步都会改变我们周围的环境，同时它也改变着历史的面貌。我们发现自己总是试图从每一个发明和创造中追溯它们得以产生的根源，即试图找出设计者在探求形式的过程中所受到的有意识或无意识的影响。

1　李砚祖：《环境艺术设计》，254 页，北京：中国人民大学出版社，2005。

主要参考资料

[1]（美）大卫·瑞兹曼.现代设计史.（澳）王栩宁等译.北京：中国人民大学出版社，2007.

[2]（美）约翰·派尔.世界室内设计史.刘先觉等译.北京：中国建筑工业出版社，2003.

[3]（美）理查德·韦斯顿.20世纪住宅建筑.孙红英译.大连：大连理工大学出版社，2003.

[4]（英）德扬·苏季奇，（澳）图尔加·拜尔勒.20世纪名流别墅.汪丽君等译，北京：中国建筑工业出版社，2002.

[5]（英）格兰锡.20世纪建筑.李洁修等译.北京：中国青年出版社，2002.

[6]（英）菲奥纳贝克，基斯贝克.20世纪家具.彭雁等译.北京：中国青年出版社，2002。

[7]（瑞士）弗雷格格编著.阿尔瓦·阿尔托全集.王又佳等译.北京：中国建筑工业出版社，2007.

[8]（美）罗伯特·文丘里著.建筑的复杂性与矛盾性.周卜颐译.北京：中国水利水电出版社，2006.

[9]（美）罗伯特·文丘里，丹尼丝·斯科特·布朗等著.向拉斯维加斯学习.徐怡芳等译.北京：知识产权出版社，2006.

[10]（美）肯尼斯·弗兰姆普敦著.现代建筑：一部批判的历史.张钦楠等译.北京：三联书店，2007.

[11]王受之.世界现代建筑史.北京：中国建筑工业出版社，1999.

[12]何人可.工业设计史.北京：北京理工大学出版社，2000.

[13]李砚祖.外国设计艺术经典论著选读（上、下）.北京：清华大学出版社，2006.

[14]李砚祖.环境艺术设计.北京：中国人民大学出版社，2005.

[15]紫图大师图典丛书.新艺术运动大师图典.西安：陕西师范大学出版社，2003.

[16]吴焕加.外国现代建筑二十讲.北京：生活·读书·新知三联书店.

第 15 章　中国近代室内设计

15.1　鸦片战争后中国的现代建筑与室内设计

　　鸦片战争前，中国以小农业和家庭手工业相结合的自给自足的自然经济模式占据社会经济的主导地位，对外国商品的需求量不大。为了打破中国对外贸易的旧有格局，英帝国主义采取了向中国倾销鸦片的极端行为。爆发于 1840 年的鸦片战争失败后，中国国门被迫打开，西方列强纷纷依靠一系列不平等条约在中国沿海城市设立租界，抢占商业地盘，形成列国瓜分之势。至 1895 年，列强在中国所开设的商埠已达 34 处，不仅分布在沿海和长江流域城市，中国内地和偏远地区也有深入。列强进入中国后，开始了大规模的建设活动，公使馆、领事馆、巡捕房、兵营、银行、宾馆、饭店、商场以及海关、码头、火车站等都陆续在许多城市中出现，西方建筑技术及建筑形式陆续传入中国，其中在上海和南京等经济发达城市的租界区，西式建筑较为集中。与以往建筑文化交流所不同的是，这种传入和吸收是建立在一方强势主动，而另一方被动接受的不平等地位之上。因此，也有学者称此时的建筑为"外发次生型"建筑，"中国的近、现代建筑不是'内发自生型'而是'外发次生型'"[1]，中国现代建筑学科的建立也经历了一个"外来学科移植"的过程。[2]

15.2　"西风东渐"与现代设计概念的传入

　　近代西学大规模输入中国大致经历了两个较为典型的阶段，1852～1895 年甲午中日战争失败为第一阶段，史称洋务运动时期；第二阶段集中于甲午中日战争至辛亥革命之间。[3] 第一阶段输入中国的主要是西方的现代科学技术，同时也有涉及对西方政治、法律等领域著

1　吴焕加：《现代化、国际化本土化》，10~13 页，《建筑学报》，2006 (1)。
2　赖德霖：《中国近代建筑史研究》，115 页，北京：清华大学出版社，2007。
3　姚登权：《全球化与民族文化——一个马克思主义哲学视角的考察》，63 页，上海：复旦大学 2004 年博士论文。

作的翻译和引进。"随着'西器''西艺'大规模的引进,'西教''西政'即西方社会政治学说,也开始陆续传入中国",在这些学说中有法律类,如《万国公法》、《拿破仑法典》、《新加坡律例》等;外国史志类,如《万国史记》、《欧洲史略》、《泰西新史揽要》等;还有经济类和教育类的译著,如《富国策》、《政治经济学入门》、《西国学校》、《文学兴国策》、《七国新学备要》等等,[1]这些涉及西方社会制度和社会精神的译著被大规模引入,对中国的社会变革起到了更深层次的促进作用。至第二阶段,除了现代科学技术输入外,西方的社会科学更多地涌入中国。严复首先翻译了英国赫胥黎的《天演论》,向中国输入了"物竞天择,适者生存"的思想。严复还翻译了《群己权界论》、《原富》等著作,系统介绍西方社会的自由思想,传播西方资产阶级的天赋人权、平等博爱等理论,"在中国思想界起来了振聋发聩的启蒙作用"。[2]与此同时,康德、叔本华、笛卡儿、培根、尼采等人的哲学思想也被系统引入中国,这些社会科学领域译著的传入,对中国的社会文化产生了深远的影响。

鸦片战争后,国门的打开使得外国商品如潮水般涌入,即使在中国较偏远地区,也能看到这些舶来品。国人逐渐形成了观西洋景、用西洋货的风潮,这其中既包含着对洋货物美价廉的追崇,也包含着对西洋先进生产技术的艳羡。试图"师夷长技"而救亡图强的先驱们意识到发展工业和提高产品质量的重要性,现代设计概念(design)应时代之急需而被引入。随着对外通商口岸的开设,使得明清时期已经东来的西洋诸事物,此时更为流行多见。从沿海城市开始,人们对西洋风物的追崇逐渐形成了一种"尚西"风气,自上层统治阶级至下层平民百姓皆有所影响。至19世纪70年代和19世纪80年代,随着西洋货品地不断输入,中国的内陆城市也逐步接触到了西洋事物,如云南昭通这样的内陆城市,市场上也出现了大量的洋货,如哔叽、羽纱、法兰绒、西洋钟表和玻璃器等等,甚至还有英国伯明翰生产的纽扣。这些物美价廉的货品在中国市场上极有优势,严重冲击着中国传统手工艺和日用品生产。

1901年,两湖总督张之洞与两江总督刘坤一上书要求光绪皇帝"修农政,劝工艺",发展国内的工艺生产。1902年,清政府颁布了"钦定学堂章程",引进日本学制,规定全国高、中、小须开设图画课。1903年,清政府颁布"钦定大清商法",令各地官员大力兴办工商业。自此,全国各地陆续兴办了新式学堂,其中很多举措是围绕着改进生

1　宝成关：《略论洋务运动时西方社会学说的引进与传播》,84~88页,载《广西社会科学》,1994(3)。
2　姚登权：《全球化与民族文化——一个马克思主义哲学视角的考察》,65页,上海：复旦大学2004年博士论文。

产工艺和培养新式生产人才开展的。如高等师范学校三江师范学堂，"设图画、手工等课程；政府商部设立京师工艺局，内设有织工、绣工、木工、染工、皮工、藤工、铁工、纸工、画漆、图画十余科，并招收艺徒 500 名"；上海爱国女校设立女工传习所；上海速成女工师范开办传习所，"下设绒线、针黹、织造、车造四科"；张謇在南通创办工艺传习所等技术学校。1906 年，清政府商部开设艺徒学堂，天津北洋女子师范学堂、杭州工艺女学堂、四川女工师范讲习所、上海女子蚕业学校等和手工科相关的专业学校相继开办；1907 年，保定北洋优级师范学堂亦开设图画手工科，杭州创办两级师范学堂，四川开办艺徒学堂；1908 年，上海开设沪江大学，直隶省开办艺徒学堂"；[1] 1909 年，商务印书馆在上海招收"技术生"，传授艺术设计之方法；1911 年，广东优级师范学堂开办图画手工科，周湘在上海开办"图画传习所"；1912 年，民国政府刚成立，即要求大、中、小学、师范及各类教育会制定现代型的学校修业年限及课程内容。同年，私立丹阳正则工艺学校创办，浙江两级师范学堂创办高等师范图画手工专修科；至 1920 年，各级师范学校基本上都开设了图画手工科。从清政府到民国政府的各项努力中可以判断，在国内外形势的推动下，发展民族工商业的迫切需求促进了新兴教学和新兴专业创办与发展，这些工艺学校和工艺传习教育均是为围绕制造水平的提高而开设的，在此意义上，可以被看作是中国现代技术教育的发端。

　　现代设计的概念也在这个过程中逐步引入，最早进入中国的是来自日本的"工艺美术"、"图案"等现代设计概念。这些词语由日语转译英文"design"而来，姜丹书在 1917 年教科书《美术史》中将美术分为建筑、雕刻、绘画和工艺美术 4 章，并指出"工艺美术"含有装饰的意味，是带有美术意味的工艺。1920 年，蔡元培在《美术的起源》中写道："美术有狭义的和广义的。狭义的专指建筑、造像（雕刻）、图画与工艺美术等"，他所谈的"工艺美术"，与姜丹书中所谓的"工艺美术"所指一样，涵盖了现代工业的美术设计在内。因此，蔡元培又指出："近如 Morris 痛恨美术与工艺的隔离，提倡艺术化的劳动，倒是与民初美术的境象，有点近似。这是很可以研究的问题。"在 20 世纪初的中国，知识界已经注意到了英国威廉·莫里斯的工艺美术运动，其出发点诚如蔡元培所说是基于对"美术与工艺隔离"的反感，基于发展本国的制造业、改良本国的产品质量，所希求的是艺术设计之方法。[2] 俞剑华于 1926 年发文指出"国人既欲发展工业，改良制造品，以与东、西洋相抗衡，则图案之讲求，刻不容缓"，并引入了"图案"

1　李砚祖：《设计之道：20 世纪中国设计理论的形成与发展》，《香港会议论文》，2007（12）。
2　李砚祖：《工艺美术概论》，3 页，北京：中国轻工业出版社，2003。

概念。同时代的其他先驱们也开始著书立说,对"工艺美术"和"图案"二事进行大力推广,介绍西方工业设计运动的发展及其基本原理,致力于中国产品设计的改良。早期"工艺美术"、"图案"等名词均为西方现代设计的翻译,虽然叫法不一,其实所指相同。"20 世纪初,在使用工艺美术或美术工艺一词的同时,还使用着图案、实用美术、实用艺术等异型同质的概念,人们试图从不同角度对同一事物进行解说,因而在本质上或趋向上是一致的"[1]。由此可见,现代设计最初进入中国,是在大力发展民族工商业现实目的推动下促生了这一专业在中国的萌芽与发展。

15.3　现代建筑的出现及现代主义设计思潮的传播

中国的传统建筑制度是建立在自然经济基础之上的,在漫长的发展过程中传统建筑制度和外来建筑文化不断进行着交流和碰撞,但这种影响主要局限在形式与技术的范围之内,即使是澳门圣保罗教堂和北京圆明园西洋楼的建造,都不曾改变传统的建筑制度。近代以来,随着列强侵略行径的加深,通商口岸的开设,西来的建筑文化和建造材料及技术大规模输入,尤其是在经济较发达的上海,逐渐产生了现代意义上的建筑制度,本土建筑师登上历史舞台,同时现代建筑教育也在此时开始萌芽。

上海是开埠最早的城市之一,集中了中国近代时期最多、最大、最好的建筑,被称作是"东方的巴黎"、"远东的纽约"。是中国近代发展速度最快的一座城市,在不到一百年的时间里,从"昔日不过一片泥潭、三数茅屋而已"的荒郊,一跃而变为"各种民族荟萃之地,其伟大与殊奇全球盖无其匹"的"国际都市"。[2]"随着西方政治、经济、宗教、文化而进入上海的西方建筑,标志着上海建筑走上近代化轨道的开端",而 19 世纪 50 年代以后上海迅速崛起的现代房地产业成为了"推动上海建筑业迅速步入近代化进程的真正动力"[3]。1910 年以后,随着上海公共租界的迅速扩大,由房地产业带来的巨大经济效益有力促进了西方人在上海的建筑活动,并于 1930 年达到了其鼎盛时期。

洋人在公共租界的建设活动主要是为了经济利益,但也在无意中起到了传播西方先进建筑技术的作用。随着建造技术的东传,中国人在短时间内便掌握了西方的建造手法,并能够单独承包洋人在上海的建筑业务。1863 年 7 月,上海建筑工匠魏荣昌率先作为承包商中标承建法租界公董大楼,自此,中国建筑工匠走向了近代承包营造业。这

1　李砚祖:《工艺美术概论》,2 页,北京:中国轻工业出版社,2003。
2　赖德霖:《中国近现代建筑史研究》,25~26 页,北京:清华大学出版社,2007。
3　伍江:《上海百年建筑史(1840～1949)》,43 页,上海:同济大学出版社,1996。

些传统工匠需要尽快熟悉，掌握陌生的西式建筑建造方法和新的经营管理手段，这样就能够在最短的时间里适应新的资本主义的施工业经营方式。至 1920 年时，上海的建筑施工行业已经几乎被中国人所垄断。同时，近代建筑材料工业也开始兴盛起来，1853 年英国在上海租界开设了第一家大型建材工厂——上海砖瓦锯木厂。之后和建筑相关的其他建材工厂相继开设，如家具厂、玻璃厂等等。[1] 自 1920 年起，上海开始陆续出现了 10 层以上的高楼，电梯也开始使用。1934 年建成的百老汇饭店（图 15.1）高 76.6m，共 21 层；国际饭店（图 15.2）高 83.8m，共 24 层，均采用了钢框架结构和钢筋混凝土楼板。国际饭店为了增加整体刚度而采用了全钢筋混凝土的外墙，这标志着当时远东现代建筑结构的最高水平。

图 15.1　百老汇饭店

图 15.2　国际饭店

　　中国传统建造业中并没有建筑师一职，从事建筑的人们都被视为工匠。自 20 世纪 20 年代起，社会对于建筑学的理解和对该职业的认同发生了很大变化，除科学性外，其艺术性也得到认知。"可以说，对建筑的科学性以及艺术性的新认识使它摆脱了传统匠作的低下地位而获得中国现代社会精英们的认同。"[2] 庚子赔款之后留学美国的第一批建筑专业学生学成归国，成为中国历史上第一批职业建筑师。他们开设自己的设计事务所，取得了和洋人相抗衡的力量。1923 年，中国创办了第一个建筑系，引进了主要来自美国的教育模式，开始了现代建筑教育。

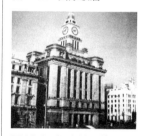

图 15.3　江海关大楼

　　与建筑技术及材料的传入不同，近代上海的建筑形式风格则是杂陈多样的。最初在上海出现的西洋建筑为殖民地式，大都属于东南亚一带的英殖民地建筑风格，建筑师往往是当时前来传教的传教士。随着东来淘金的西洋人士剧增，专业的建筑师开始出现，此时不适应上海气候的殖民地式建筑逐渐退出，上海的租界内出现了更多的西洋样式，大都可归纳为"古典式"。尽管外滩建造的全部建筑都采用了钢筋混凝土框架或者钢框架结构，但建筑形式却没有和技术同步，"在 1925 年以前建造的建筑中，建筑形式极少受到西方现代建筑运动的影响，几乎完全是西方复古样式，尽管它们的内部结构都是新材料和新技术。"如当时的汇丰银行大楼，完全采用了现代的钢筋混凝土框架和局部钢框架，但却包裹在完整严实的古典形式外衣之下。1925 年以后，西方现代主义建筑思潮的影响才开始出现，江海关大楼立方体钟塔的建造应该是比较早的现代建筑形式（图 15.3），1933 年左右，现代主义建筑思潮在中国正式传播，介绍"万国式"建筑的文章也大量出现在各家报刊杂志中（图 15.4）。

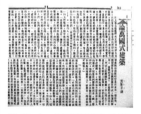

图 15.4　《申报》刊登的《论"万国式"建筑》一文

1　伍江：《上海百年建筑史（1840～1949）》，45 页，上海：同济大学出版社，1996。
2　伍江：《上海百年建筑史（1840～1949）》，136 页，上海：同济大学出版社，1996。

15.4 现代主义室内设计的出现及其设计思潮的传播

中国传统建筑的建造方式和西方建筑有很大不同，中国传统建筑以木作为主，墙体并不承重。西洋建筑以砖石为主，墙体承重，室内格局较为固定。中国传统建筑的独特形制也带来了其迥异于西洋建筑的室内风格，如梁思成先生所说，中国建筑以木构为主，两柱之间也常用墙壁，但墙壁不负重，只是像"帷幕"一样，用以隔断内外，或分隔内部空间而已。因此，门窗的位置和处理都很自由，由全部用墙壁至全部开门窗，乃至既没有墙壁也没有门窗（如凉亭），都不妨碍负重的问题；房顶或上层楼板的重量总是由柱承担的。

随着西洋建筑传入中国，新型的建筑室内空间与新兴的室内装饰，给中国人带来了全新的感受。至 1920 年左右，随着西式建筑在租界的大规模建设，以及西洋人的生活起居方式开始对中国的建筑建设产生影响。上海租界内开始设立路灯、煤气、自来水等自动化设备，令人羡慕。一时间，西洋的室内格局和室内摆设也成为当时租界内华人追逐的时尚，尤其是对于房间内的设备、设施的全新感受，更是促进了人们对这种起居方式的追崇。在当时的报纸中可以看到有关室内的描述，大都是关于人们在使用这些先进设备时的感受，并逐步发展成了一种时尚，比如煤气、抽水马桶、卧室和客厅的区分、浴室的设备等等。

1931 年 8 月 13 日上海《时事新报》在一篇名为《国人乐住洋式楼房之新趋势》的文章中描述到，当时华人租得洋房之后往往显露出"欣欣然现得意之色，此辈华人家庭，当其由旧式住房迁至新式洋房之时，莫不欢悦相告，喜形于色，此后除非遇绝大变故，或家况残落外，决不愿再迁入旧式住房，殆无疑义，以是知洋式房屋，实有甚大之吸引力，如窗户之四辟，楼房之舒适，自来水盥洗盆，抽水马桶，唰浴盆等设备，均属应用便利，清洁而无污浊之存留，足使住房之人，易于养成卫生清洁之习惯，故欲使之重返其故居，已觉格格不相入，其曾受教育之知识分子，尤将感觉难堪。""上海尚有一种风尚，亦是华人趋好洋式住宅之佑证者，如各商行之店东，各洋行之员司书记，各学校之学生等，每有招聚同伴若干人定期合开大旅馆之房间者，或一周一次，或半月一次，届时宾朋咸集，连床夜话，兴会淋漓，彻旦不去……其所以趋之若鹜，亦以各大旅馆全属洋式设备，并有冷热水管，使溽暑严冬，咸感舒适，因此辈朋伴，多半住局于旧式住宅，然其仰慕洋房之心理，固人同此心也。"[1]

1930 年之后，随着建筑界对现代主义设计思潮的讨论和传播，现代室内设计的理论探讨也在中国有所发展，可被视为中国早期现代室

---

1 赖德霖：《中国近代建筑史研究》，187 页，北京：清华大学出版社，2007。

图 15.5 （左中）
《申报》刊登的室内设计文章

图 15.6 （右）
《申报》建筑专刊创刊号

内设计的萌芽。创刊于 1926 年的《申报（建筑专刊）》曾有多篇文章论及现代室内设计的设计方法（图 15.5），在《申报》建筑专刊（图 15.6）的发刊词中即表述了当时办刊者对于建筑理论探讨的重视："今之世界，一进化之世界也。今之学术，一专门之学术也。惟学术之趋于专科，然后始于进化。亦惟其趋于进化，而后益不能不工于专科。执此以衡度世界，执此也探讨学术。无论其于政治军事、教育经济，于理一也。

本刊所负之使命，约略言之，厥有二端。一唤起民众对于建筑之兴会，藉以直接发展建筑业，间接巩固上海之繁荣。一为忠实有系统之史料，并由专家主撰，严格之指导批评。脾以促进现代建筑事业之进步。同为后来者据建筑史者之取材。秉此二端，孜孜勤求，并搜罗各种图案记载统计消息，务使本刊并为动态之历史，顺应环境，以致力于专门。责任所在，想为作者所乐闻乎？"[1]

在建筑专刊的所刊行文章中，除了广泛讨论的现代建筑历史、形式、技术、材料及地产信息外，现代室内设计的探讨也为数不少。"室内装饰"、"室内布置"、"理想住宅"等话题已经很多见，其中林朋在其文章中明确提到了"室内装饰设计"一词。

在一篇讨论室内格局划分的文章中，作者认为室内格局的合理划分需要精密的设计；而对房间的描述，使用的是"幽美"一词；在房间大小的安排上使用了"功用"和"合理"等词语。"关于房屋内部的划分，比较起来现代精密得多。像从前房屋，有起居室和客厅，到了现在，只须一间幽美的房间，足以替代它了。从前的餐室是很大的，现在的却小得多了。厨房现在也经过一种大改革的，地位只有平常用的一半大小，可是功用却大。并且对于需要物的取用亦可省力。浴室也缩小了，缩小到既极有用而又合理的地步。总之，现在的房屋，在地位方面，已节省了不少，而在功用方面，却又增加多多了，这不得不归功于建筑师的精密地设计"。[2]

也有文章介绍如何布置房间，介绍欧美的起居方式，分析当今

1　发刊词：《申报建筑专刊》，1926-12-1。
2　春莺：《明日之建筑》，载《申报》，1933-8-7。

房间的使用和家具的布置问题。"在城市中,就大体说来,在欧西各国,大概房屋的建筑有日趋较小而精美的趋向","就事实上说来,在英国,就一般的新屋,大概所有的食物洗藏所、洗涤室,是慢慢的在消失了。同时里面的房屋,人们在里面烹调食物的,现在也慢慢的变作商店了。瓦斯和电力的烹饪法,已把厨房的职权和地位,全部的夺了过来。洗浴的热水,有单独的煤火燃烧,改用电力和瓦斯来煮的热水,是多么的经济,而手续又非常的简便。因此好多人家的厨房,现在已改作膳堂了"。在房间的摩登和便利经济问题上,"会客室,设置的目的,并不是为了偶然的集会,或星期的消遣。里面的布置,不需要的东西,也完全不用了。布置得非常简单,而唯一的目的,只是在于求起居的安全","从前房屋之中,有四根柱子的(床),有一顶蚊帐的,现在是没有了。一架大理石的面池台,上面摆满了瓶盆肥皂海面等等,现在几乎要当作古董看待了。每一间寝室,里面都装各一个洗面的瓷盆,这样一来,洗浴的里面,除了浴盆之外,手巾等,可以不必放在里面。而浴室所占的地位,自然也可以小了。在这种情形之下,我们在里面,可以不一定要雇用女仆了,自然可以省些工钱呢",至于房间内冬天取暖用的火炉所造成的不整洁,也给出了具体的建议,"这种火炉要占去不少地位,而装了火炉,四周还要留出一圈空地。要占去不少地面很不经济。因此,在小的屋子里,装着火炉,很是不便,总有废去的一天"。"一间屋子,如果建筑的方法非常适当,那么可以节省不少工作的时间,譬如热水的供给,不供给热气和洗涤。光线的充足,光火的有利,门口的易清除,建造的适当,都足增加工作的效率的"。[1]

对中国的现代主义建筑思潮传播起着重要作用的建筑师林朋,亦对室内设计提出了具体的建议,尤其是对于包裹在古典装饰外衣下的现代办公建筑,林朋就其建筑外形与室内功用的迥然不同表示否定,在这篇文章中,林朋使用了"国际式"的"室内装饰设计"一词。"世界著名建筑师林朋氏,日前于其九江路十号大陆大楼新事务所,招待各界,林氏详述其所倡国际式之新式室内装饰设计,据云近代世界之工业机械及科学,皆有猛烈之进展,他如政局社会及吾人之日常生活,亦日有变化,独于建筑方面之室内装饰,其进境独见迟缓"。"艺术须有创造,亦须有变化。屋内之装饰,更不宜仿造陈旧式样,因其与吾人之日常生活,接触最多,故屋内之一切,须求要适宜生活之情形为最要。余日前会参观一新建之银行,一切皆仿罗马古式之建筑,其建造时之困难费时,固且勿论,其浪费之金钱,更闻可观。至于实用则无丝毫价值可言。且此银行开幕以后,其各部工作,皆将为最新式者,

---

1　影呆:《未来的建筑趋向》,《申报》,1933-8-15 (34)。

然此最新式之工作，乃在一远过两千年式样之房屋中，宁非笑谈。""设计，须据吾人之生活而定，绝非东抄西抄能够，更不可过作特异形巧，而忽其实用。余对屋内装修，及国际式建筑法，素有研究，余来海上工作之计划，乃力求新式建筑材料于新式之用途，使其适合于海上之生活。若银行、剧院、商店、住宅，及一切娱乐场所，其内部装饰，余皆乐为之设计，并建造，务使其尽善尽美，各部有各部之实用，以期简单美观及经济之目的，斯为余之所愿也[1]（图 15.7）。"林朋的这一篇文章，可以看到当时室内设计已经受到很大重视，对如何进行室内设计也进行了深刻的探讨，现代主义设计的方法亦开始在室内设计领域有所实践。

图 15.7　《申报》刊登的《林朋建筑师谈室内装饰》一文

15.5　民族形式与"中国固有式"

1920 年左右，国人对中国传统建筑的讨论开始抬头。时值民族危亡之际，高昂的民族主义情绪愈演愈烈，留学欧美的中国建设师陆续归国，逐渐形成了和西洋建筑师相抗衡的力量，"二十年度（1933 年）蓬勃的建筑界里，有一点最使人快慰的，就是有一半以上的大建筑物，是出于中国建筑师的设计，结果，不但建筑物本身是美观适用的，并且极为经济，足见中国建筑师的学识和经验，已足于所谓"打样鬼"争一日长短了""……最后希望业主破除迷信"打样鬼"的习惯，因为在中国的建筑物，洋建筑师是不能彻底明了中国当地情形，所以常有很不经济的建筑物，结果，是不适合时代的需要"。[2]

值得注意的是，此时对民族建筑形式的探索已经上升到了"使命"的高度，"一个民族之不亡，全赖着一个民族固有的艺术的不亡，所以我们要竭力把大中华的东方艺术来发扬"[3]。"融合东西方建筑学制特长，以发扬吾国建筑固有之色彩"[4]。《怎样踏上新建筑的路程》一文中更是慷慨陈词：新一代建筑对建筑科学的接受只是迈向新建筑的一部分，而另一部分要完成的是，不能忘记自己祖上富丽堂皇的历史，要下决心发扬东方的艺术。"当此国难日亟，民族日渐消沉之秋，建筑师们应该赶快起来负起大中国文艺复兴的责任"，"要把民族勃兴，我们要抬高我们在国际上的地位"。[5]1925 年，南京国民政府成立，就首

1　林朋：《建筑师谈室内装饰》，《申报》，1933-8-15（34）。
2　海声：《新年对于建筑界之展望》，《申报》，1934-1-1。
3　沈麋鸣：《建筑师新论》，载《时事新报》，1932-11-23。
4　赵深：《中国建筑》发刊词。
5　沈麋鸣：《怎样踏上新建筑的路程》，载《申报》，1934-1-1。

图 15.8　《申报》刊登的上海市政府大楼设计图片

都南京的政府建筑形式问题，提出了能够代表中国固有文化的"中国固有式"的要求，即中国宫殿式建筑（图 15.8）。国民政府的《首都计划》对该形式的选择也做了解释，认为"国都为全国文化荟萃之区，不能不藉此表现，一方以观外人耳目，一方以策国民之奋兴也"。该时期的官方建筑大都采用了该形式，如铁道部、华侨招待所、交通部、蒋介石官邸等。同时值得注意的是，这些建筑大都由中国第一代建筑师主持设计。但是，由于中国传统宫殿建筑的造价颇高，给国民政府的财政造成了巨大压力。其后，设计师们逐渐放弃了对中国宫殿建筑的整体模仿，而在建筑中应用传统建筑的装饰纹样以及局部构件进行模仿。这样，"中国固有式"走向了在造价上更为适合的形式，即简朴实用的形式。在这一次建筑界的民族主义探索中，经由初始的政府行为逐步扩展向商业建筑，经由初始的完全对古典宫殿式的模仿逐步走向了主动的创造性探索，发展出了一种"于趋从现代矜式之中，仍寓有本国文化之精神"的简朴式中国形式。在这些探索中，吕彦直的中山陵设计方案所选择的"中国古式"可谓成功的杰作（图 15.9）。

　　在积极进行实践探索的同时，对中国传统建筑的理论研究也异常活跃，"有识者开始考虑从中国的实际情况出发，寻求独立的新文化。这时，学者们不满足于仅仅接受西方文化思想，他们对西方的工业文明进行反思，同时研究中国的传统，寻求中国的出路"。1929 年中国营造学社成立，并于 1930 年创办《中国营造学社汇刊》，在营造学社活跃的 7 年多时间里，对中国 15 个省市、200 多个县，2000 多个单位的古建筑与文物进行了测绘，并对中国古代有关建筑的典籍进行收集整理。在对传统建筑进行认真梳理和研究之后，学者们对中国传

图 15.9　中山陵
（a）全景图片；
（b）细部装饰

（a）

（b）

统建筑做出了颇有信心的积极论断，"中国建筑为东方最显著的独立系统，渊源深远，而演进程序简纯，历代继承，线索不紊，而基本结构上又绝未受外来影响致激起复杂变化者，……虽则同时在艺术工程方面，又皆无可置议的进化至极高程度"。而针对外国人对中国传统建筑的"低劣幼稚"印象，林徽因先生认为是由于"西方人对东方文化的粗忽观察，常作浮躁轻率的结论，以致影响到中国人自己对本国艺术发生极过当的怀疑乃至于鄙薄"，针对这种错误印象，国人应该"急起直追，搜寻资料考据，作有价值的研究探索，更正外人的许多隔膜和谬误处"。　西方新的科学技术传入之后，中国建筑不但不会在新兴科学技术面前固步不前，而是会迎来"因新科学，材料，结构，而又强旺更生的时期"。

营造学社的活动和成果使得人们对中国传统建筑具有了初步认识，更重要的是，它建立了一种信心，对传统建筑的自信心。这在当时西洋文化强力冲击之下具有十分现实的意义。

主要参考资料

[1] 杨秉德. 中国近代城市与建筑. 北京：中国建筑工业出版社，1993.

[2] 高瑞泉. 中国近代社会思潮. 上海：华东师范大学出版社，1996.

[3] 建筑工程部建筑科学研究院中国建筑史编辑委员会. 中国近代建筑简史：[建筑理论及历史研究室中国建筑史编辑委员会编]. 北京：中国工业出版社，1962.

[4] 萧默. 中国 80 年代建筑艺术. 北京：经济管理出版社，1990.

[5] 汪坦. 中国近代建筑总览. 北京：中国建筑工业出版社，1993.

[6] 杨永生，顾孟潮. 20 世纪中国建筑. 天津：天津科学技术出版社，1999.

[7] 陈保胜. 中国建筑 40 年. 上海：上海同济大学出版社，1992.

[8] 龚德顺，邹德侬，窦以德. 中国近现代建筑史纲（1949～1985）. 天津：天津科学技术出版社，1989.

[9] 王建国. 杨廷宝建筑论述与作品选集（1927～1997）. 北京：中国建筑工业出版社，1997.

[10] 张复合. 中国近代建筑研究与保护（1）. 北京：清华大学出版社，1999.

[11] 刘先觉，张复合，等. 中国近代建筑总览（南京卷）. 北京：中国建筑工业出版社，1992.

[12] 汪坦，张复合. 第三次中国近代建筑史研究讨论会论文集. 北京：中国建筑工业出版社，1990.

[13] 汪坦，张复合. 第四次中国近代建筑史研究讨论会论文集. 北京：中国建筑工业出版社，1993.

[14] 汪坦，张复合. 第五次中国近代建筑史研究讨论会论文集. 北京：中国建筑工业出版社，1996.

[15] 杨秉德. 新中国建筑—创作与评论. 天津：天津大学出版社，2000.

[16] 王受之. 世界现代建筑史. 北京：中国建筑工业出版社，1999.

[17] 吴焕加. 20 世纪建筑史（上、下集）. 台北：田园城市文化，民 87.

[18]（英）詹克斯，[摘译] 李大夏. 后现代建筑语言. 北京：中国建筑工业出版社，1986.

[19] 刘志琴，李长莉. 近代中国社会文化变迁录. 北京：人民出版社.

[20] 严昌洪. 中国近代社会风俗史. 杭州：浙江人民出版社，1992.

[21] 李砚祖. 装饰之道. 北京：中国人民大学出版社，1993.

[22]（美）戴维·哈维，[译] 阎嘉. 后现代的状况：对文化变迁之缘起的探究. 北京：商务印书馆，2003.

第16章 中国现代室内设计(1940～2000)

16.1 建国初期的建筑与室内设计

16.1.1 "政治挂帅"和现代设计起步

1949年10月1日，中华人民共和国宣告成立，中国进入了一个全新的历史时期。三年国民经济恢复后，在"以阶级斗争为纲"的政治纲领指引下，先后经历了全面学习苏联、大跃进、反右倾、"文化大革命"等此起彼伏的政治运动。在近30年的发展过程中，建筑设计的最大特点莫过于设计思想上的"政治挂帅"，尤其是全面引进苏联经验后，由于建筑本身具有的艺术属性，使得建筑创作思潮被视为文艺理论的一部分。苏联建筑创作反对现代主义和结构主义，提倡建筑形式要体现"社会主义的内容"和"民族的形式"，并且大力推行"社会主义现实主义"创作方法，这使得建国前萌芽的现代主义设计思潮失去了发展的空间和土壤。此期间，室内设计专业获得了一定的发展，室内设计学科得以确立并在设计实践中取得了一定的经验，同时在设计理论上也进行了一定的探讨。

16.1.2 "社会主义内容、民族形式"和"社会主义现实主义"

中华人民共和国建国成立后的最初三年是国民经济恢复时期，中国的现代主义建筑设计获得了一次短暂的发展空间和机会，出现了不少优秀的设计作品，如北京市儿童医院等（图16.1）。建国前从事建筑和室内设计的设计师成为新时期的主要执业者，他们的创作活动多沿袭之前的设计思路。这一时期政治氛围相对宽松，国营建筑公司和私人事务所并存，新政府也没有正式颁布过相关的政策方针，对建筑设计的干预很小。1951年6月16日《人民日报》社论《没有工程设计就不能施工》一文曾警告"施工必先有设计"，对建筑创作和施工并不进行"行政干预"。[1]

---

1 《没有工程设计就不能施工》，载《人民日报》，1951-6-16。

图16.1 北京市儿童医院

而在建筑师一方，在任务急、工期短的情况下，自然采用他们过去所熟悉的设计思想和方法，即现代建筑的设计原则，或者"花园城市"的规划原则"。[1] "国民经济恢复时期历时短暂，条件严峻，但建设效率很高，不但完成了巨大的建筑面积，而且建筑形式丰富多样，成为新中国建筑的良好开端"。[2]

从 1953 年开始，中国经历了第一个五年计划（1953 ～ 1957 年）、"大跃进"和经济困难时期（1958 ～ 1960 年）、国民经济调整时期（1961 ～ 1964 年）以及十年文化大革命（1965 ～ 1976 年），在这 20 多年中，由于政治政策方针的强力干预，建筑和室内设计进入了一个非常特殊的阶段。共和国成立之后，政治路线的核心思想是"阶级斗争"，苏联以阶级斗争为纲的"社会主义文化"全面进入中国，"社会主义"和"资本主义"政治斗争的思想渗透到了经济和文化艺术等各个领域。1953 ～ 1957 年间，中共中央提出了发展国民经济的第一个五年计划，集中主要力量进行苏联援助项目，建立中国社会主义工业化的基础。在 1950 ～ 1955 年内，先后确定给中国政府 3 亿美元和 5 亿卢布的长期低息贷款，在苏联援助的 150 个项目中，有 44 个为军事项目，冶金项目 20 个，化工项目 7 个，机械项目 24 个，能源项目 52 个，轻工业和医药项目 3 个，这些项目的建设和中国"一五"计划重点进行重工业建设的指导方针一致。在引进苏联援助项目的同时，全面学习苏联迅速发展成为全国性的政治纲领，其中也包括文化艺术领域的指导思想。

1925 年，斯大林在苏联首先提出了建设无产阶级文化的创作口号——社会主义内容、民族形式。斯大林在"东方大学的政治任务"的演讲中对这一口号做了解释：在建设无产阶级文化时，各民族人民依照语言、生活方式的不同而采取不同的表现形式是正确的，但是所要表现的内容是无产阶级的，形式是民族的。

1932 年，斯大林在与本国作家会晤时又提出了"社会主义现实主义"的创作概念，1934 年苏联召开了第一次苏联代表大会，正式将"社会主义现实主义"作为统一的创作方法，通过了《苏联作家协会章程》，并对"社会主义现实主义"方法做了解释：

"在无产阶级专政的年份中，苏联文学和苏联文学批评，与工人阶级一同前进，由共产党所领导，已经创造出了自己的新的创作原则。这些创作原则，其形式一方面是由于对过去文学遗产的批判地摄取，另一方面是根据对社会主义胜利建设经验与社会主义文化成长的

---

1 邹德侬，张向炜，戴路：《20 世纪 50—80 年代中国建筑的现代性选择》，33 页，载《时代建筑》，2007（5）。

2 龚德顺等：《中国现代建筑史纲（1949 ～ 1985）》，39 页，天津：天津科学技术出版社，1998。

研究，已经在社会主义现实主义原则中找到了自己的主要表现。社会主义现实主义，作为苏联文学与文学批评的基本方法，要求艺术家从现实的革命发展中真实地、历史具体地去描写现实。同时艺术描写的真实性和历史具体性必须与用社会主义精神从思想上改造和教育劳动人们的任务结合起来。"[1]

　　来自苏联的"社会主义内容、民族形式"以及"社会主义现实主义创作方法"很快在中国建筑界吹起波澜，并成为建筑创作所奉行的理论指导和创作原则。苏联的建筑设计首先反对构成主义和世界主义，认为那是资本主义的东西，需要坚决地清算。"结构主义"也是构成主义，是 20 世纪 20 年代初期在苏联形成的一种追求高技术和机械审美观的苏联现代建筑流派，以众所周知的塔特林设计的第三国际塔为代表作（图 16.2）。"世界主义"指的是当时风行欧美的国际主义风格，苏联专家认为这种风格是一种殖民地风格，其消灭了当地的民族风格和文化，奴役了人民，是没有人性的"方盒子"和"鸡腿柱"。苏联在反对资本主义国家的思想文化时，推崇俄国曾经灿烂一时的古典艺术传统，苏联艺术创作中的民族形式即"俄罗斯以及加盟共和国各民族的古典主义艺术和建筑"，此时期的苏联建筑采用的是俄罗斯古典主义建筑艺术形式（图 16.3），并以此为武器，将苏联的构成主义建筑排挤在外。

图 16.2（上）
塔特林的第三国际塔

图 16.3（下）
莫斯科苏维埃宫方案模型
（1934 年）

　　1953 年 10 月 14 日人民日报发表社论《为确立正确的设计思想而斗争》，其中对建国前在中国萌芽并取得一定成果的现代主义设计思潮进行了清算，文章认为在近代的企业设计中，有两种指导思想，"一种是资本主义的设计思想，一种是社会主义的设计思想"。资产阶级的设计原则是以资本家追求个人的最高利润为目的，设计人员受资本家的雇佣，一方面实现资本家的意愿，同时也为提高自己的名望和物质待遇而进行设计。"资产阶级的设计思想是孤立的，短见的，没有国家和集体观念，又常常是保守落后的。"[2] "设计的正确与否，是个立场、观点和方法问题，技术本身是没有阶级性的，但如何对待、使用技术则有鲜明的阶级性。由于阶级立场、观点、方法的不同，往往同样的技术水平，可以设计出完全不同的工厂，起着完全不同的作用。而社会主义思想指导下的设计，比之资本主义思想指导下的设计不知要优越多少倍。"而要提高设计水平，改进设计质量，克服设计总的错误，就必须批判和克服资本主义的设计思想，学习社会主义的设计思想，特别是向苏联专家学习。"社会主义的内容，民族的形式"和"社会主义现实主义"成为建筑设计的指导方针和唯一方法。该时期由苏

1　杨春时：《"社会主义现实主义"批判》，4～16 页，载《文艺评论》，1989（2）。
2　邹德侬：《为确立正确的设计思想而斗争》，载《人民日报》，1953-10-14。

图 16.4 (a)
北京四部一会大楼

图 16.4 (b)
湖南大学图书馆

联中央设计院设计的北京苏联展览馆，主楼 4 万 m^2，主体钢筋混凝土结构高 44.3m，铁塔高 45m，室内、外运用了大量俄罗斯风格装饰构件及黄金等贵重材料。

1953 年 10 月中国建筑工程学会第一次代表大会在北京召开，与会的设计界和文艺界人士对中国的建筑设计发表意见，肯定了苏联的设计思想和方法，会议中探讨中国建筑设计的"社会主义内容"和"民族形式"。这次讨论中提出了"民族形式"和"复古主义"的区别，同时警惕了在追求"民族形式"的过程中可能造成的"复古主义"形式。在建筑创作的过程中，中国的建筑设计师选择了中国传统建筑的"大屋顶"作为其"民族形式"的表现形式。一时间，耗资巨大的屋顶建筑层出不穷（图 16.4）。1954 年 11 月，苏联针对国内"社会主义内容、民族形式"所导致的复古风建筑进行了批评，转向了发展预制钢筋混凝土构件的工业化建筑方法，中国于 1955 年初开始了建筑设计中的"反浪费运动"，"大屋顶"建筑因为高昂的建筑费用遭到政治高度的严厉批判。而"社会主义现实主义"创作方法和建筑形式中的"社会主义内容"和"民族形式"依然指导着中国建筑设计的方向。

在 1949 ～ 1976 年这段历史中，建筑创作始终是在国家政策方针的指引下以确保正确的政治路线。1953 年围绕着政治问题，否定了现代建筑；民族形式的探索进行至 1955 年，反浪费运动批评了复古主义的"大屋顶"，走向全面节约。

16.1.3　室内设计学科的确立和室内设计理论的发展

1956 年 11 月，中央工艺美术学院成立，成为我国第一所高等设计学府。1957 年，中央工艺美术学院组建了室内装饰系，至 1959 年更名为建筑装饰系。在建国十周年的国庆工程中，中央工艺美术学院建筑装饰系的师生们积极参与了十大建筑的室内设计和施工监理工作，积累了丰富的设计经验。此时期关于室内设计的理论探索也取得了相当大的进展。

室内设计也围绕着设计中的"社会主义内容、民族形式"以及创作方法上的"社会主义现实主义"展开实践和理论探讨。不过和建筑形式所具有的对政治路线的高度敏感不同，室内设计显得略微宽松和自由。在当时的主要刊物《建筑学报》、《装饰》、《美术》杂志的相关文章中，可以总结出这些早期的理论成就。

奚小彭先生是国庆十大建筑室内设计的直接参与者，设计完成后，他于 1959 年分别于《建筑学报》和《装饰》发表文章，对设计实践进行总结，并提出了自己对于新时期室内设计的看法。在《现实、传统、革新——从大礼堂的创作实践看建筑创作和装饰的若干问题》一文中，奚小彭首先总结了"结构主义"和"复古主义"的特点，并对社会主义新时期的设计提出了"革新"要求："降低复杂的社会生活要求，把建筑解释为与现实世界没有任何联系的孤立的存在，片面的强调结构、技术和材料在建筑创作中的作用，以单纯的科学技术来替代建筑的思想性和艺术性，这便是结构主义的基本特征。装饰艺术在他们的心目中失去了任何价值。他们认为，最合理的建筑除了必要的构架之外，不应该再有所谓形式的结构。""新的社会制度，给人提供了新的生活方式，新的人生哲学，给人带来的新的美学观点。社会在前进着，新的结构，新的材料、新的施工技术在不断出现，一个具有远见的装饰美术工作者应该觉察到这些新鲜事物，努力使自己的创作能够契合时代的脉搏。企图运用老一套方法进行设计，强使新的结构，新的材料，新的施工技术服从老的艺术形式，已经不合时宜。这就需要革新。"那么,应该采取什么样的室内装饰（设计）形式呢？奚小彭先生提倡"社会主义现实主义"的创作方法，提倡"民族形式"："表现形式对于装饰艺术来说具有重要意义。寻求最恰当的形式来表现我们这个时代充满诗意的生活内容，是社会主义现实主义装饰美术家的当前急务。在一个民族的装饰艺术中，深刻的反映了该民族人民的精神面貌和民族特征，民族的形式是具体的反映了这个民族装饰艺术的整个历史发展过程，并且对后代起着作用"。而对建筑设计和室内设计的关系，"在社会分工如此细致的今天，建筑师不可能包办代替所有人的工作。建筑师和装饰美术家原来都是一个建筑物的共同设计人，他们对一个建筑物的经济质量和艺术质量负着同等的责任。不同的只是他们之间的分工而已"。[1]

在《对建筑装饰研究工作的几项建议》[2]一文中，作者张仲一先生对室内设计提出了学术上和技术上的两方面建议，认为建筑装饰设计的研究要上升到学术高度，由于光、色彩等因素的要求，已经交叉到了技术、材料和设备，需要加强交叉学科的研究。"建筑装饰的研究，不能脱离经济性和时代性而片面地推崇装饰，其目的在于以正确的观点指导实践工作。"在其另一篇文章《北京几个公共建筑室内装饰的设计分析》[3]中的讨论基本上脱离了"形式"或者"表面装饰"的范畴，进入了现代意义上的室内设计分析。文章对北京和平宾馆（图16.5）、北京火车站（图16.6）和北京工人体育场（图16.7）的室内进行了横向比较和分析，并对室内设计和使用功能、室内设计和空间体量、空间设计的整体性等方面做出了极具前瞻性的理论总结。作者提出室内装饰的几大类型，即"结构性的装饰，例如柱

图16.5 和平宾馆

图16.6 北京火车站

图16.7 北京工人体育场

1 奚小彭：《现实、传统、革新－从大礼堂的创作实践看建筑创作和装饰的若干问题》，3～7页，载《装饰》，1959（5）。
2 张仲一：《对建筑装饰研究工作的几项建议》，13页，载《建筑学报》，1962（11）。
3 张仲一：《北京几个公共建筑室内装饰的设计分析》,13～15页,载《建筑学报》,1963（12）。

图 16.8   工人体育场入口门厅

子等构件的装饰加工"、"装饰性的结构，如雀替、装饰作用的拱梁列柱"、"表面装饰纹样及色彩"、"附属艺术品的运用"。而在处理手法上，"装饰必须符合被装饰物体的性质；符合被装饰对象的功能特点；符合装饰材料本身的特征。"那么，装饰就绝不能局限在表面纹样，而具体的表现风格也绝不会是单纯的一种。和过去的装饰概念不同，"今天的装饰概念则是建立在面的基础上，保持面和空间感的完整是其主要原则，偏重于视觉上的平衡"；"建筑装饰的处理必须符合建筑功能和技术因素的要求。简洁本身并不是目的，而是一种含有整体性的美"。例如文中对北京工人体育馆门厅的室内设计介绍（图 16.8），十分推崇这种功能、结构和美的统一，在这个门厅中"没有把装饰局限于表面花饰，而是扩大到建筑结构形态和空间的特征方面"，使人感到"处于一个完整而流畅的空间之中"。认为成功之处在于设计者果断地避免了运用表面性的花饰，以"服从建筑的功能和空间的特征为前提"，保持了空间的完整和动态。张仲一先生的这些观点，在当时已经具有极强的现代设计意识，室内表面装饰和室内设计的区别已经十分清晰地被提出。

在《建筑装饰的繁与简》中，作者将中国苏州留园揖峰轩和柯布西耶的沙窝耶别墅（萨伏伊别墅）、密斯·凡·德·罗的吐根哈特住宅进行比较，认为同样运用了很少的装饰，却都达到了极有趣味的丰富效果。"少"不是"简洁"，而"多"并不一定意味着"繁琐"，"多既可复杂烦乱，也可丰富而简洁"，"少既可简洁而丰富，也可简陋而琐碎"。而针对"少就是多"、"多就是多"等绝对化的说法进行了质疑，认为"建筑装饰的多少与繁简所得的艺术效果是相对的，是可以互相转化的"，并将中国传统设计的是否"适宜"运用到衡量"繁简"手法中去。这样的理论总结和探讨在 1963 年的中国是相当的难能可贵的。

和同时期其他文章中的"室内装饰设计"、"建筑装饰"等说法不同，在《谈城市住宅的室内设计》[1] 一文中作者明确提出了"室内设计"概念。并对住宅室内设计的范围做了介绍：住宅室内设计包括家具、灯具、门窗小五金、水暖五金、电器五金、卫生设备等配件设计。针对建筑面积较小的问题，对如何充分利用室内空间提出了改进的办法——平面布局合理、家具尺寸适当改进。并提出了折叠家具、悬挂家具等改进办法。

在这些为数不多的文章中，部分文章针对中国传统室内设计进行了介绍和分析。在《传统建筑的空间扩大感》[2] 一文中，侯幼彬先生分

1   北京工业建筑设计院第五室：《谈城市住宅的室内设计》，12～14 页，《建筑学报》，1964(01)。
2   侯幼彬：《传统建筑的空间扩大感》，10～12 页，载《建筑学报》，1963（12）。

析了中国传统建筑对于有限空间的巧妙安排，以达到扩大空间的感觉。"建筑的空间观感大于真实尺度，称为建筑空间扩大感，它是创造建筑意境的一种手段。通过它，在有限空间里取得观感上的高、大、宽、阔、深、远"等效果，室内空间的处理安排也很类似，"常用隔墙、槅扇、屏门、太师壁、博古架和各式花罩、帷慢，分隔内景成为几个间隔的空间"，达到了空间上的灵活多变。对于传统室内空间的布置，单士元先生在其《中国旧式槅扇》[1]一文中，详细分析了因传统建筑的内部格局需要而产生的槅扇，以及槅扇的种类和样式。"由于我国老式建筑的屋顶完全由木骨架承担，在室内没有厚重的荷重墙，几间房子内部的面积，就是一座宽阔的大厅，若要将大厅划分成为几个部分，完全可以由居住地主人根据生活的需要与个人爱好"进行分隔，槅扇就起到了实用和增加装饰美的作用。

16.1.4　"民族形式"和"现代派"

1956 年毛泽东提出"百花齐放、百家争鸣"的方针，建筑创作出现短暂活跃，《建筑学报》刊登了年轻学生蒋维泓、金志强的文章——《我们要现代建筑》[2]，"如果我们出现了装配式壳体的厂房，大玻璃的航空站，运动场上能报道比数的大墙以及压制的轻便家具，如果跑在那用钢索做成的大吊桥上，我们一定会高声赞美：我们的时代！"。但是 1957 年"反右"运动开始后，这一切又归于沉寂。为庆祝建国十周年，1958 年 5 月，中国政府决定在首都修建国庆工程。这些工程工期短、规模大，因而采取了集思广益、全民动员的方法。国庆工程包括人民大会堂、中国革命和中国历史博物馆、北京火车站、中国人民革命军事博物馆、北京工人体育场、全国农业展览馆、迎宾馆、民族文化宫、民族饭店、华侨大厦等（图 16.9）。其中农业展览馆、民族文化宫、北京火车站采用了宫殿式琉璃瓦屋顶，属于探索民族形式的优秀作品。人民大会堂部分采取了西洋古典风格，而中国人民革命军事博物馆采用的是苏联建筑的模式。同时在北京火车站、民族饭店、工人体育场等建筑中采用了现代结构和技术，如薄壳结构、预置装配结构等现代建筑技术。[3]此时，传统的"大屋顶"依然存在，但是在形式和施工技术上已经大大不同于"传统"，这些"民族形式"已经在新的时代发生了变化。以木作为主的中国传统建筑，在此时已经转向了全新的材料和技术的探索。

人民大会堂位于天安门广场西侧，占地 15ha，总建筑面积 17.18

1　单士元：《中国旧式槅扇》，56～57 页，载《装饰》，1961（03）。
2　蒋维泓、金志强：《我们要现代建筑》，56 页，载《建筑学报》，1956（6）。
3　北京市规划委员会，北京城市规划学会：《北京十大建筑设计》，161 页，天津：天津大学出版社，2002。

（a）

（b）

（c）

（d）

（e）

图 16.9　国庆工程
（a）人民大会堂；
（b）民族饭店；
（c）民族文化宫；
（d）全国农展馆；
（e）军事博物馆

万 m²。其平面造型对称，台基、柱廊、屋檐采用中国传统的建筑风格。大会堂工程主要采用钢筋混凝土框架结构、钢性基础和钢屋架。大会堂会场挑台的钢梁悬臂伸出达 16m，屋顶钢屋架短跨度 60m，宴会厅上部的钢屋架最重达 142t。整个建筑物内共有 100 个大厅和会议室，采暖、空调采用遥控设施，热源有高压热水、高压蒸汽、煤气和制冷设备。

人民大会堂由大会堂、宴会厅和全国人民代表大会常务委员会办公楼三部分，由中央大厅作为三者的连接。中央大厅选用的是桃红色大理石地面，厅中 20 根明柱和二层的走马廊栏板采用汉白玉镶砌在井字梁形式的顶棚上，悬挂有五组水晶玻璃吊灯。大会堂会场平面呈椭圆卵形，宽 76m，深 60m，屋顶高 46.5m，顶棚净高 33m。会场墙面和顶棚圆角相连，采用"水天一色、浑然一体"的处理手法，顶棚成水波状，层层外扩，中央穹顶镶着一颗巨大的五角星红灯，环以金色葵花花束（图 16.10）。

宴会厅东西宽 102m，南北纵深 76m，可一次容纳 5000 人参加宴会。大厅南部设主席台，其余三面为两层柱廊。厅内顶部以米黄、浅绿、白和金色调组成一个万盏灯火、光彩夺目的图案，四周黄色廊柱、壁柱沥粉贴金彩画，整个厅堂明快华丽。中央交谊大厅面积约 2000m²，地面全部铺设绿色大理石，中间 4 根方柱为红色大理石覆盖，顶棚为九宫格式（图 16.11）。位于交谊大厅南部的大楼梯通向宴会大厅，楼梯全部用汉白玉石镶砌。

大会堂室内装饰的主要参与者奚小彭先生在其《人民大会堂建筑装饰实践》[1]一文中，对人民大会堂的室内装饰过程做了说明，"自从1955年建筑思想批判以后，建筑师很少提到美观问题，对于建筑装饰更是讳莫如深""人民大会堂的设计工作开始之初，确实有人怀疑建筑装饰的可能性。""然而，这里有个纯粹结构，纯粹功能的角度注定解决不了的问题，那就是有赖于建筑艺术来表现我们民族的特性和悠久的艺术传统，来反映我们社会主义现实""我们认为，评价一个建筑设计的优劣，除了考察那些向它提出的社会生活，经济价值，营造技术，以及政治思想方面的任务之外，很大程度上取决于它底装饰质量——亦即是建筑物室内空间处理，色彩选择，细部装修，家具陈设等的艺术手段""建筑装饰不是建筑物本身之外什么附加的东西，而是构成建筑整体不可缺少的有机部分。把建筑和建筑装饰截然分开，因而得出结论，以为建筑装饰对于建筑来说是多余的，这种看法是荒谬的。""美不是用钱换来的，金钱可以把一个建筑弄得豪华和繁琐，但却不能买到真正的美丽"，"装饰效果的好坏，取决于那种巧妙的空间组合和卓越的造型手段，取决于均衡、对称、比例、分割等基本法则的精确运用，取决于大胆而不落陈套的色彩调配，以及装饰题材的现实性和表现形式的逻辑性。""各个大厅自有它特殊的使用要求和艺术要求，因而在处理这几个大厅装饰的时候，必须采取不同的手法，以求造成多种情境，从而在人们的感觉中引起和功能相适应的反应。为此，我们把中央大厅处理得简洁大方，充分显示了中国人朴实的生活作风和豪迈爽朗的英雄本色。雪白的柱子，衬以浅绛色墙面；素洁的平顶上，饰以金光粲然的几何图案，5 盏直径 3.6m，高 5.5m，用晶体玻璃制成的大吊灯，照得大厅晶莹明彻、壮丽辉煌。这里没有虚夸的装饰，但却给人一种心情舒畅，朝气蓬勃的感觉"。"大会堂穹顶作水波状，层层向外扩展，它和墙面、台口之间没有明显的界限，宛如

图 16.10（左）
人民大会堂大会场

图 16.11（右）
人民大会堂宴会厅顶棚部分

1　奚小彭：《人民大会堂建筑装饰实践》，31～33 页，载《建筑学报》，1959（21）。

水天相接，浑然成为一体。象征着党的领导和人类一切美好愿望的五角红星，在穹顶中央放射出道道金光。整个会堂显得庄严肃穆，那种宏伟磅礴的气势给人留下了永生不忘的印象"。"交谊厅的装饰简约和谐，总有嘉宾如云，仍不失其优雅宁静的特色。大厅上部万盏灯火组织成一个光华夺目的平顶图案。室内色彩以郁金色为主调，间以湖绿、纯白、橙红，色彩绚烂而不浮华。""常委接待厅是国家领导人接见各国外交使团的地方，它具有无比的严肃性和不可侵犯性。为了表现祖国悠久的文化和艺术传统，在这里采用了中国建筑常用的装饰手法，把藻井的尺度根据室内比例适当放大，表面饰以色彩鲜艳、纹样生动的彩画。墙面做金黄色，五只制作精美、具有民族特色的吊灯使大厅显得格外壮丽。"

"人民大会堂是国家最高权力机关制订国家大计的场所，它具有无比的严肃性和不可侵犯性。但是它又是人民自己行使权利的地方，这就要求她必须给人一种亲切而又乐于接近的感觉。我们不能把适合剧院或者展览建筑的装饰题材借用过来。原因是这里不能像剧院那样宁馨闲适大度，不能像展览建筑那样轻灵剔透有失端庄。人大礼堂装饰艺术必须是庄严凝重、雍容大方，但又不能流于滞拙和矫作。自然的花花草草，美则美矣，但不免显得纤弱；镰刀，斧头，星星虽好，用多了又担心陷于一般化。研究再三，最后决定在石膏、石刻浮雕上，大量采用卷草纹样，吸收魏晋纹饰的质朴和唐宋纹饰的流畅，融汇糅合，另创新意。人大礼堂的灯具设计一到手，真是无所适从。最初采用改良宫灯形式，但是多数人反映嫌其陈旧。后来又企图采用西洋的枝形吊灯形式，但是来的反应还是嫌其陈旧。两者不同，前者是从中国形式出发考虑问题，后者是从西洋形式出发考虑问题。中国也罢，西洋也罢，都不能给人一种鲜明的时代感觉。首先从使用出发，只要有助于达到使用目的，制作材料和制作技术符合我们目前生产情况，对于人们的感情又不是那么格格不入的形式，不论古今中外，间收并蓄，大胆创造，使它变为我们自己的东西。大礼堂建筑装饰大量采用沥粉彩画不是偶然的。自古以来，多少画工花费了毕生精力，为后代留下了这一份宝贵遗产，它深受人们欢迎并且以此为自豪。建筑师和装饰美术家正确估计了这些情况，就在宴会大厅、交谊厅和国宾接待厅里运用了这种装饰形式。我们有意避免重复某些中国彩画繁缛琐碎的缺点，汲取那些章法严整，纹样生动，色彩明快的优点，重新加以处理，不受原来格局和画法的限制。在题材选择上大破陈规，利用了民间和少数民族的装饰纹样，给彩画艺术注进了新的血液，能够给人一种新颖的、生动的感觉[1]。"

---

1 北京市规划委员会，北京城市规划学会：《北京十大建筑设计》，161 页，天津：天津大学出版社，2002。

北京火车站是国庆十大建筑之一，由杨廷宝和陈登鳌主持设计。建筑在形式上采用了中国传统的屋顶样式，并结合先进的预应力双曲扁壳形式。火车站是功能性很强的建筑，对内部大空间的要求较高，因此新结构的应用是其必然选择。同为国庆十大建筑，和人民大会堂的室内处理手法不同，注重空间的实用功能而较少没有必要的装饰，"交通建筑并不要求用装饰来吸引人们驻足停留，相反它的目的是要促使人们在其中迅速通过"，火车站高架候车厅由薄壳结构构成的中央顶盖部分的空间较高，两侧的空间较低；通过顶盖下四周腰窗处理，成功地解决了室内天然采光问题。

图 16.12　和平宾馆鸟瞰图

　　尽管在政治政策的统领之下，建筑和设计的形式受到很大限制，对西方资本主义意识形态的抵抗和否定也导致了现代主义设计思潮被切断。然而，从当时的设计作品以及论文、论著中依然可以看到现代主义建筑和室内设计的实践和探索。同时，由于"无产阶级专政"并不反对现代技术，而常常把现代技术作为实现现代化的重要工具，以及衡量现代化的重要参照，因此，在《建筑学报》、《装饰》等主要期刊中，可以看到当时为数众多的关于建造施工技术的文章，家具、灯具等相关设计文章也不在少数。

　　和平宾馆建造于 1951～1953 年，由杨廷宝设计，是新中国成立后的第一个宾馆建筑。整体建筑立面简洁利落，是中国现代建筑的代表作。从其鸟瞰图中（图 16.12）可以清晰地看到被保留的两颗大榆树，以及宾馆主楼前的一组四合院（清末大学士那桐的住宅），这种处理手法本身蕴含着的设计原则在今天仍令人受益匪浅。在全面学苏之后，和平宾馆简洁利落的形式遭到了批判，认为是"结构主义"和"方盒子"资本主义建筑。1963 年，张仲一先生曾将和平宾馆的室内设计作为室内设计的经典作品进行分析，认为"设计者将功能、技术与美三因素通盘考虑，恰当地处理了装饰问题"，虽然总体效果趋向于简洁，但却是"根据客观条件所形成的合理"以及"必然结果"。为了实现室内的完整的视觉效果，顶棚部分没有采用任何琐碎的表面花饰，保持了"空间体量形成的美"。在建筑内部空间的分隔上，巧妙运用了细部装饰手法，如大厅中的楼梯间被有意识地处理成高出大厅地面 5个踏步，标示着由此通向了另外的空间。在照明设备和家具的设计布置上都采用了统一的简洁手法。在大厅和会客厅的不同空间中，灯具的处理亦不同，前者为了达到空间的统一完整，照明设备被隐藏处理。而后者采用的是单个下垂的球形挂灯，均为了服从于建筑空间的功能需求和整体氛围的营造。在和平宾馆中没有使用复杂的梁枋彩画，"仅从八角形的平面处理，顶棚上面通风口所组成的简洁的图案、回廊部分红色柱子以及台口挂落上的回纹装饰细部，间接地拟示出了民族特征"。[1]

　　尤其值得注意的是，此时期的室内设计处理手法上重视传统文化，注重整体空间的营造，同时传统纹样和装饰手法都进行了再创造，由该时期的设计作品可以看出，"复古"意识的淡去以及"创新"意识的增强。除了上述提及的室内作品外，此时期优秀的作品如北京饭店西楼门厅，表现了极为浓郁的传统宫廷风格；北京展览馆的电影厅顶棚装饰；民族文化宫改造工程的入口与室内灯饰处理手法；北京饭店东楼门厅沥粉贴金柱与顶棚藻井等，都可以看到该时期室内设计的主要特点。

16.2　改革开放和设计繁荣

　　1979年12月，中共中央召开了第十一届三中全会，确定了新的政治政策方针，结束了"以阶级斗争为纲"、"无产阶级专政下继续革命"的指导思想。1980年，深圳、珠海、汕头、厦门四个经济特区批准开始建立。1982年，在中国共产党第十二次全国代表大会上，党中央制定了新时期的总任务，即实现工业、农业、科学和国防技术现代化的政策目标，俗称"四化"。至1984年，中国又开放了大连、秦皇岛、天津、烟台、上海、广州、湛江、北海等14个沿海城市。随着国家政治政策的转向，对外交流空前增加，封闭了30年之久的中国通过多种渠道和西方世界建立了联系。1992年，前联合国秘书长加利在联合国日的致辞中宣布了全球化时代的来临。新的世界格局开始形成，政治、经济、文化等各个领域的国际交流形成了新模式。尤其是改革开放政策的实施，中国广泛实现了与世界的接轨，融入了全球化的语境之中，设计也迎来了一个蓬勃发展的阶段。

16.2.1　经济建设和现代室内设计的繁荣

　　1979年起，建筑界进行了体制上的改革，设计单位企业化，推行合同制。1979年1月6日至15日，国家建委在北京召开全国勘察设计工作会议，讨论设计工作的重点如何转移到四个现代化建设方面来，会议提出，设计单位要实行企业化，推行合同制。这年，各地已经有28个设计单位实行了企业化试点。邓小平在1980年谈及中国建筑和住宅的问题时，认为过去中国把建筑作为消费领域的问题，而现在看来，建造业可以成为一个产业部门，为国家增加收入的行业，并认为西方世界将建筑作为本国经济发展的一大支柱是值得思考和借鉴的。从1980年1月1日起，中国建筑业开始试行企业化取费。随着宽松

1　张仲一：《北京几个公共建筑室内装饰的设计分析》，13～15页，载《建筑学报》，1963（12）。

的创作氛围和逐步繁荣的市场需求，建筑设计和室内设计行业开始步入新中国成立以来的繁荣发展时期。

改革开放从深圳开始逐步向内陆推进，随着装饰热潮的推进室内设计行业迅速膨胀，从业人员的需求量越来越大。以深圳为例，由于经济迅速发展，专业人员的培养相对滞后，许多相关专业（如油画、国画、服装、陶瓷）人员转行进入室内设计专业，另外还有更多的美术爱好者和干脆受市场利润吸引的非专业人员加盟该行业，初步完成了室内设计行业从业人员的筹备期。因此室内设计专业形成了由于迅速膨胀而造成的学术水平参差不齐的现象。由于专业院校培养专业人才的周期较长，一时间各种"专业效果图"速成班成为热门，而"港澳台设计图录"等印刷品也开始充斥于书市。从业人员对于"图录"的需求远远胜过了对专业理论的需求，在大面积的"图录"印刷品中几乎找不到文字介绍。

1977 年，因"文革"而一度停顿的中央工艺美术学院开始恢复招生，并从 1978 年开始培养设计专业硕士研究生。1988 年，中央工艺美术学院成立了中国首个环境艺术系，分室内设计、景观设计和家具设计 3 个专业，1998 年开始招收环境艺术设计专业博士研究生。1986 年，中国首家室内设计杂志《室内》创刊，1989 年中国建筑学会室内设计分会成立，并把《室内》杂志选为分会的会刊。针对室内设计专业一直开设在艺术院校的问题，1988 年起，同济大学建筑系和重庆大学建筑工程学院建筑系开始设立室内设计专业，之后，各建筑院校开始设立室内设计专业或环境艺术设计专业。经过这一系列努力，理清了室内设计和建筑设计的关系，使室内设计专业真正独立于建筑设计。在相当长的时期内，中国的室内设计专业一直由"建筑装饰"、"建筑室内装饰"、"建筑的室内装饰设计"等名词代指，除直接表示了室内设计和建筑的不可分割的关系外，却也片面理解了室内设计的含义，"装饰"在很多时候都被认为是可有可无的。因此，20 世纪 60 年代张仲一、奚小彭等老一辈先生虽然努力解释过室内设计的含义和作用，但是在专业名词和概念上的彻底确立则是在改革开放之后。

在对外交流空前加强之后，外国的建筑大师作品、建筑理论和思潮在此时形成了巨大洪流，进入封闭了 30 年之久的中国，冲击着当时的建筑观念和设计方法，同时也广泛涉及建筑材料和建筑设备工业，形成了继 1950 年全面学苏之后的第二个理论引进高潮。在 1979～1989 年这 10 年间，通过中国设计界的几家主要媒体《建筑学报》、《建筑师》、《世界建筑》、《室内》的引进，现代主义建筑、后现代主义思潮、建筑新技术、设计文化等相关领域的知识和信息进入中国。1986 年，由 13 本专著组成的《建筑理论译丛》出版，同年，《国外著名建筑师丛书》共分 12 本出版发行，介绍了世界公认的 12

位建筑师。然而，在此我们会遇到一个有趣的现象，即后现代主义思潮的先入为主。在开放之时，正值西方社会后现代理论风行的时期，因此国门一开，建筑设计首先面对的是查尔斯·詹克斯带来的"后现代主义"设计思潮。这种思潮占据中国建筑主流近10年时间，可谓极具生命力。

　　1991年，中央工艺美术学院环境艺术系的张绮曼、郑曙旸主编的《室内设计资料集》[1]正式出版，该书是中国第一本室内设计工具书。1994年和1999年，《室内设计经典集》[2]和《室内设计资料集2》[3]、《环境艺术设计理论》[4]、《室内设计原理》[5]分别出版，这些具有理论建树的专业书籍的出现，对室内行业的发展起到了非常大的促进作用。

16.2.2　20世纪80年代的建筑与室内设计

　　改革开放后，外国建筑师设计作品首先在旅馆建筑领域出现，这与开放后旅游业以及对外交流事务增加有直接关系。20世纪80年代北京的几家重要宾馆建筑皆出自外国设计师之手，其中有1982年由美籍华人贝聿铭设计的香山饭店、美籍建筑师陈宣远建筑师事务所于1982年设计建成的建国饭店，以及美国培盖特国际建筑事务所于1983年设计建成的北京长城饭店等。

　　香山饭店（图16.13）是中国改革开放后最早引进的外国建筑师作品。贝聿铭将香山饭店设计成最高不超过4层的园林式院落组合建筑群，在该作品中加入了浓郁的中国江南园林设计气息，同时也有老

图16.13
香山饭店大厅内景

1　张绮曼，郑曙旸：《室内设计资料集1》，北京：中国建筑工业出版社，1991。
2　张绮曼，郑曙旸主编：《室内设计经典集》，北京：中国建筑工业出版社，1994。
3　张绮曼，潘吾华主编：《室内设计资料集2》，北京：中国建筑工业出版社，1999。
4　张绮曼主编：《环境艺术设计与理论》，北京：中国建筑工业出版社，1996。
5　来增祥，陆震纬主编：《室内设计原理》，北京：中国建筑工业出版社，1996。

北京四合院的印记。

　　建国饭店是标准不高的典型美国假日旅店形式，在室内和室外的设计上都透露着朴实的居住气氛。长城饭店（图 16.14）是中国第一个玻璃幕墙建筑，引起社会各界的极大关注，其造价之高，也引起了社会上不小的震动。

　　邓小平南巡讲话以后，房地产业迅速崛起，国内外的开发商积极寻求投资合作的机会，许多国际知名的设计事务所已在中国站稳脚跟。如日本最大的事务所日建设计，自 1970 年以来已经设计了 50 多个项目，加拿大的 B+H 事务所，在中国参与了 20 余项设计。海外建筑师产生广泛影响的设计领域首先表现在建筑超高层的突破上，如上海 460m 高的环球金融中心（美国 KPF 事务所）、420.5m 的金茂大厦（美国 SOM 事务所），不但有比较先进的建筑理念，同时需要掌握难度较大的建筑设计技术。其次，大型机场和航站楼等不但需要高超的设计技术，同时需要有丰富的设计经验，因而学习外国建筑师的经验尤为重要。第三是超大型、综合性多功能的复杂公共建筑的建成，例如上海大剧院、北京国家大剧院、东安市场、恒基中心等。此时对海外建筑设计经验的学习，多数并不集中于"文革"前倍加讨论的建筑形式，而更多关注了诸如管理、技术、设备和全新的设计理念等。

　　在首都北京，方盒子建筑已经不在少数，而被赋予了民族文化内涵的优秀建筑也频频出现。有关形式之争的话题已经不再围绕着"阶级"和"党性"，建筑师们在经济建设的大目标下，努力体现着祖国的现代化建设风貌。1987 年，《北京日报》、《北京晚报》等新闻单位组织了北京 20 世纪 80 年代十大建筑评选活动，由市民投票选举。《北京日报》从 1987 年 8 月至 1988 年 4 月先后 11 次向市民推荐了 30 个候选建筑，共收到市民选票 22 万多份，选出了北京图书馆新馆、中国国际展览中心、中央彩色电视中心、首都机场候机厅、北京国际饭店、大观园、长城饭店、中国剧院、中国人民抗日战争纪念馆、地铁东四十条站 10 个建筑[1]（图 16.15）。在这 10 个建筑中，就建筑的形式而言，是多种多样、丰富多姿的；其室内设计的共同特征则更加关注功能，关注内部空间的合理塑造。如北京国际饭店大堂环廊采用的民间剪纸艺术创作的十二生肖钢板浮雕、咖啡厅顶棚的蜂窝状造型（图 16.16）；首都机场候机厅的大厅和小报告厅所采取的不同设计手法（图 16.17）；国际展览中心室内简练的现代处理手法等（图 16.18）。

1　北京市规划委员会，北京城市规划学会：《北京十大建筑设计》，131 页，天津：天津大学出版社，2002。

图 16.14　长城饭店

（a）

（b）

（c）

（d）

图 16.15　20 世纪 80 年代北京十大建筑
（a）北京图书馆新馆；
（b）东四十条地铁站内景；
（c）彩色电视中心；
（d）国际饭店

图 16.16 北京国际饭店
(a) 国际饭店首层大堂；
(b) 国际饭店咖啡厅内景

图 16.17 首都机场
(a) 首都机场候机大厅；
(b) 首都机场小报告厅

图 16.18 国际展览中心
(a) 国展中心展览大厅；
(b) 国展中心展览馆 2-5 号馆

16.2.3　20世纪90年代的建筑与室内设计

如果说 20 世纪 80 年代的室内设计大都集中在楼堂馆所的设计领域的话，那么 20 世纪 90 年代的中国室内设计则是一个走向大众的过程，"城乡装修热"、"商业店铺热"、"办公场所"热，直接推动了室内设计的全民化。室内设计已经发展成为一个巨大的行业，从业人员较 20 世纪 80 年代大幅增加。20 世纪 90 年代北京依然通过民选选出了自己的十大建筑设计，即中央广播电视塔、北京植物园展览温室、首都图书馆新馆、清华大学图书馆新馆、外语教学与研究出版社办公楼、北京恒基中心、北京新东安市场和北京国际金融中心。在这 10 座建筑中，我们可以看到北京广播电视塔塔身造型的传统文化意蕴，也能够看到植物园展览温室的高技派风格。

20 世纪 90 年代的大型建筑和室内设计在走向现代化的过程中，依然十分重视传统文化的现代表达，出现了很多不同表现形式。现代主义设计思潮和后现代主义设计手法大量传入中国，对当时的室内设计形成了很大影响，现代主义设计强调功能、理性，后现代主义则强调文脉和历史。后现代主义设计思潮迎合了中国社会对传统文化的传承心理，因此，在 20 世纪 90 年代的室内设计中，既能够看到纯粹的现代主义设计，也有后现代手法的表现。在继承和发扬民族文化的设计过程中，许多优秀的作品涌现，设计师们对待民族文化的态度渐趋成熟和理性。"民族形式与现代建筑结合有多种方式，不一定只有大屋顶才代表民族形式"，"传统与现代的结合渗透在生活中的每一个细节，不是可以轻易分开的"，"建筑设计从外观到室内，都和民族传统分不开。在中国做设计，不能不分析中国人的特点和习惯"。[1] 中国的现代主义设计应该是中国的表达，现代主义设计的原则在中国的运用应该产生中国的现代主义。室内设计也是如此，在北京新世界中心的内厅、西餐厅以及过厅中（图 16.19），来自中国传统文化的设计元素清晰可见。植物园内景（图 16.20）和金融中心的入口（图 16.21）设计，则是纯粹的高技派表现手法。新东安商场（图 16.22）和恒基中心商场（图 16.23）室内部分的表达手法虽然也属现代主义风格，却和上述两者不同。

此外，文化部办公楼大堂的设计表达了中国传统文化的意蕴（图 16.24）；外交部办公楼的贵宾接待厅（图 16.25）所采用的传统装饰语汇与其入口门廊所使用的现代材质形成对比（图 16.26）；完成于 1995 年的全国政协办公楼室内则更多地使用了传统纹饰和装饰手法（图 16.27）；2000 年完工的北京大学 100 周年纪念讲堂运用新材料、新技术，结合声、光、电灯等设备，营造了简洁厚重的室内效果（图 16.28）；在中国移动通信集团公司总部、银河证券公司总部等现代企业办公大楼的室内处理上，看到更多的是简练、高效甚至是冷峻的大空间处理。

在此值得一提的是此时期的一些后现代主义室内设计实践，如人民大会堂澳门厅、人民大会堂香港厅、清华大学图书馆等。

澳门厅（图 16.29）的室内气氛"明快、亲切、绚丽、辉煌、端庄、

图 16.19 北京新世界室内空间
（a）中心内厅；（b）中心内景；（c）中心西餐厅

（a）　　　　　　　　（b）　　　　　　　　（c）

---

1 北京市规划委员会，北京城市规划学会：《北京十大建筑设计》，48 页，天津：天津大学出版社，2002。

图16.20　植物园展厅

图16.21　金融中心入口

图16.22　新东安商场
内景

图16.23（上左）
恒基中心商场
图16.24（上中）
文化部办公楼大堂
图16.25（上右）
外交部办公楼的贵宾接待厅

图16.26（左）
外交部办公楼橄榄厅
图16.27（右）
全国政协办公楼会议大厅

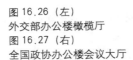

图16.28　北京大学百年大
讲堂
（a）三层走廊；
（b）首层大厅

（a）

（b）

（a）

（b）

（c）

（d）

图 16.29 人民大会堂澳门厅
（a）门厅入口；
（b）澳门厅内部 1；
（c）澳门厅内部 2；
（d）澳门厅四季厅

典雅，并且富有时代的气息，采用了澳门建筑风格特色——西方古典建筑模式的变异和后现代相结合的手法，采用西方现代派设计思想，运用形、光、色、质的构成规律，取得建筑室内的整体效果"。在这一方案中，充分重视空间布局的安排，营造空间起伏变化的序列和装饰的高潮。在布局上将几个独立的六面体运用空间穿插手法，分隔成大小不一、方向不定的 6 个空间，符合中国传统建筑中"小中见大"的理论。室内充分运用"光"这一活跃的装饰手段，运用照明光晕和体面受到光照取得的光、影、形、色的丰富变化，以及现代装饰艺术中的光影迷离的效果，取得明快或阴暗的氛围。为了取得明快的气氛，墙面大部分采用淡黄色"象牙白"骨色，顶棚、墙面、地面，以及主要的物体均采用了协调而类似的统一色调，大面积的单色使空间产生了典雅、端庄的效果，而在重点部位又大胆地运用了强烈的对比色，如古铜色的柱头用在白色大理石之上，玻璃天穹的色彩深且鲜艳。[1]

香港厅（图 16.30）的设计被设计师王炜钰归纳为"中西合璧、古为今用"，在整体风格上采用了西方公共建筑风格，厅内顶棚整体饰以中国传统彩画，并配以巧妙的灯光处理，顶棚采用了直径 25m 的

1 王炜钰：《人民大会堂澳门厅的设计构思》，11 页，载《室内设计与装修》，1996（1）。

（a）　　　　　　　　　　　　　　（b）

图 16.30　人民大会堂香港厅
（a）香港厅楼梯厅；
（b）香港厅会议厅细部；
（c）香港厅主会议厅；
（d）香港厅主会议厅细部

（c）　　　　　　　　　　　　　　（d）

水晶大吊灯，无论是晶莹的水晶材料，还是灯具与天花沥粉贴金的闪烁，相映形成了耀眼生辉的光环境，营造了大厅辉煌和高贵的效果。会议厅的墙面、地面均大面积地采用了西班牙旧米黄色大理石，色彩明快，光滑的表面反射出星星点点的水晶灯饰，显得高雅温馨。应香港市民的要求，室内细部处理非常讲究，设计师形容为"使用了建筑上最豪华、最考究的手法，使人感到华丽、气魄、精致"。[1]

　　清华大学图书馆新馆（图 16.31）的设计则更多是基于环境心理学的原理来设计的，对这一原理的运用，成功地提高了建筑使用质量和艺术质量，图书馆是读书学习的场所，同时也可提供休息、交流、谈话布置展览等多种公用，而营造适合这些功用的心理环境是设计师

1　王炜钰：《人、环境、风格：记人民大会堂香港厅设计构思》，载《室内设计与装修》，1998（1）。

（a）

（b）

图16.31　清华大学图书馆
（a）图书馆新馆；（b）新馆
共享空间

关注的焦点，亦庄亦谐、有张有弛。室内外围栏、门头、窗下设置了相当数量的花草盆，以便于种植植物，减少噪声，美化环境。[1]

1　关肇邺：《尊重历史、尊重环境、为今人服务、为先贤增辉：清华大学图书馆新馆设计》，26页，
　　载《建筑学报》，1985（07）。

主要参考资料

[1] 邹德侬. 中国现代建筑史. 天津：天津科学技术出版社，2001.

[2] 杨秉德. 中国近代城市与建筑. 北京：中国建筑工业出版社，1993.

[3] 高瑞泉. 中国近代社会思潮. 上海：华东师范大学出版社，1996.

[4] 建筑工程部建筑科学研究院中国建筑史编辑委员会. 中国近代建筑简史. 北京：中国工业出版社，1962.

[5] 萧默. 中国80年代建筑艺术. 北京：经济管理出版社，1990.

[6] 汪坦. 中国近代建筑总览. 北京：中国建筑工业出版社，1993.

[7] 杨永生，顾孟潮. 20世纪中国建筑. 天津：天津科学技术出版社，1999.

[8] 陈保胜. 中国建筑40年. 上海：上海同济大学出版社，1992.

[9] 龚德顺，邹德侬，窦以德. 中国近现代建筑史纲（1949～1985）. 天津：天津科学技术出版社，1989.

[10] 王建国. 杨廷宝建筑论述与作品选集（1927～1997）. 北京：中国建筑工业出版社，1997.10.

[11] 张绮曼，郑曙旸. 室内设计资料集（1）. 北京：中国建筑工业出版社，1991.

[12] 张绮曼，潘吾华. 室内设计资料集（2）. 北京：中国建筑工业出版社，1999.

[13] 张绮曼，郑曙旸. 室内设计经典集. 北京：中国建筑工业出版社，1994.

[14] 中国当代室内艺术编委会. 中国当代室内艺术. 北京：中国建筑工业出版社，2003.1

[15] 黄钢，张绮曼. 环境艺术设计理论. 北京：中国建筑工业出版社，1998.

[16] 北京市规划委员会，北京城市规划学会. 北京十大建筑设计. 天津：天津大学出版社，2002.

[17] 杨冬江. 中国室内设计师年鉴（I）. 北京：中国建筑工业出版社，2001.

[18] 张复合. 中国近代建筑研究与保护（1）. 北京：清华大学出版社，1999.

[19] 刘先觉，张复合，等. 中国近代建筑总览（南京卷）. 北京：中国建筑工业出版社，1992.

[20] 汪坦，张复合. 第三次中国近代建筑史研究讨论会论文集. 北京：中国建筑工业出版社，1990.

[21] 汪坦，张复合. 第四次中国近代建筑史研究讨论会论文集. 北京：中国建筑工业出版社，1993.

[22] 汪坦，张复合. 第五次中国近代建筑史研究讨论会论文集. 北京：中国建筑工业出版社，1996.

[23] 中国建筑学会室内分会. 中国室内设计年刊（第一期）. 北京：中国计划出版社，1997.

[24] 中国建筑学会室内分会. 中国室内设计年刊（第二期）. 北京：中国计划出版社，1998.

[25] 中国建筑学会室内分会. 中国室内设计年刊（第三期）. 北京：中国计划出版社，1999.

[26] 杨秉德. 新中国建筑—创作与评论. 天津：天津大学出版社，2000.

[27] 王受之. 世界现代建筑史. 北京：中国建筑工业出版社，1999.

[28] 王受之. 世界现代设计史. 北京：中国青年出版社，2002.

[29] 陈文捷. 世界建筑艺术史. 长沙：湖南美术出版社，2004.

［30］（英）丹尼斯·夏普，21 世纪世界建筑：精彩的视觉建筑史．胡正凡，林玉莲译．北京：
　　　中国建筑工业出版社，2002.

［31］吴焕加．20 世纪建筑史（上、下集）．台北：田园城市文化，民 87.

［32］陈志华．外国古建筑二十讲．北京：生活．读书．新知（三联书店），2004.

［33］徐纺．中国当代室内设计精粹．北京：中国建筑工业出版社，1998.

［34］张绮曼，郑曙旸．室内设计实录集．北京：中国建筑工业出版社，1996～1999.

［35］张绮曼．室内设计经典集．北京：中国建筑工业出版社，1994.

［36］（英）詹克斯，后现代建筑语言．李大夏译．北京：中国建筑工业出版社，1986.

［37］刘志琴，李长莉．近代中国社会文化变迁录．北京：人民出版社．

［38］严昌洪．中国近代社会风俗史．杭州：浙江人民出版社，1992.

［39］高瑞泉．中国近代社会思潮．上海：华东师范大学出版社，1996.

［40］李砚祖．装饰之道．北京：中国人民大学出版社，1993.

［41］（美）戴维·哈维，［译］阎嘉．后现代的状况：对文化变迁之缘起的探究．北京：商
　　　务印书馆，2003.

图书在版编目（CIP）数据

室内设计史/李砚祖，王春雨编著. —北京：中国建筑工业
出版社，2013.2（2022.9重印）
设计史论丛书
ISBN 978-7-112-14067-1

I.①室… II.①李…②王… III.①室内装饰设计-建筑
史-世界 IV.①TU238-091

中国版本图书馆CIP数据核字（2012）第026855号

本书主要围绕人类的室内环境设计进行叙述，地域包括中国与外国两大部分，时间自上古时期起至20世纪末期结束，内容丰富。叙述上基本按照历史编年顺序和建筑结构、空间形态、室内装饰装修、室内家具陈设等分类梳理，探索其发展脉络。尤其是中国古代部分，结合文献、考古及实物资料等进行印证。为了方便读者整体把握室内环境设计漫长复杂的发展历史，本书各章节均配有该时期的代表作品图片，共计千余幅，图文并茂。本书适合于环境设计、家具、建筑等设计工作者以及相关专业的高等院校师生阅读、参考。

为更好地支持相应课程的教学，我们向采用本书作为教材的教师提供教学课件，有需要者可与出版社联系，邮箱：cabpkejian@126.com。

本书得到以下基金资助：

教育部人文社会科学研究规划基金项目：中国古代建筑"小木作"文献考释及民间匠作口诀整理研究，项目号：19YJA760062。

责任编辑：张　晶　陈　桦
责任设计：董建平
责任校对：刘梦然

设计史论丛书
李砚祖　主编
室内设计史
李砚祖　王春雨　编著

*

中国建筑工业出版社出版、发行（北京西郊百万庄）
各地新华书店、建筑书店经销
北京嘉泰利德公司制版
北京中科印刷有限公司印刷

*

开本：787×1092毫米　1/16　印张：28$\frac{1}{2}$　字数：690千字
2013年11月第一版　2022年9月第八次印刷
定价：85.00元（赠教师课件）
ISBN 978-7-112-14067-1
　　　　（22097）